普通高等教育“十三五”规划教材

理论力学

主　编　张克义　王珍吾

副主编　符春生　史永芳　阮启坊

　　　　张　兰

参　编　曾　娟　余宏涛　史冬敏

东南大学出版社

·南京·

内 容 简 介

本书是按照教育部关于工科理论力学的教学基本要求编写的。全书分为三篇:静力学、运动学和动力学。静力学部分主要讲述物体受力分析的方法和力系的简化与平衡;运动学部分主要从几何的观点论述质点和刚体的运动规律;动力学部分讨论物体的运动及其受力的关系。全书内容涵盖了理论力学课程的基本要求,共分14章,内容包括绪论、静力学公理及物体的受力分析、平面汇交力系与平面力偶系、平面任意力系、空间力系、摩擦、运动学基础、点的合成运动、刚体的平面运动、质点动力学基本方程、动量定理、动量矩定理、动能定理、达朗贝尔原理、虚位移原理及动力学普遍方程。书后还附有各章习题(计算题)部分答案。

本书可以作为50~70学时的理论力学课程教学用书,也可以作为工程力学课程中理论力学部分教学的教材,还可以作为相关专业的电大、夜大和函授的自学教材,也可供其他专业学生和技术人员参考使用。

图书在版编目(CIP)数据

理论力学 / 张克义,王珍吾主编. 一 南京:东南大学出版社,2017.1

ISBN 978-7-5641-6634-2

Ⅰ.①理… Ⅱ.①张… ②王… Ⅲ.①理论力学一高等学校一教材 Ⅳ.①O31

中国版本图书馆CIP数据核字(2016)第160899号

理论力学

出版发行:东南大学出版社
社　　址:南京市四牌楼2号　邮编:210096
出 版 人:江建中
责任编辑:史建农　戴坚敏
网　　址:http://www.seupress.com
电子邮箱:press@seupress.com
经　　销:全国各地新华书店
印　　刷:常州市武进第三印刷有限公司
开　　本:787mm×1092mm　1/16
印　　张:19
字　　数:490千字
版　　次:2017年1月第1版
印　　次:2017年1月第1次印刷
书　　号:ISBN 978-7-5641-6634-2
印　　数:1—3000册
定　　价:45.00元

本社图书若有印装质量问题,请直接与营销部联系。电话:025-83791830

前　言

本书是按照教育部关于工科理论力学的教学基本要求编写的。

全书分为三篇:静力学、运动学和动力学。静力学部分主要讲述物体受力分析的方法和力系的简化与平衡;运动学部分主要从几何的观点论述质点和刚体的运动规律;动力学部分讨论物体的运动及其受力的关系。

全书内容涵盖了理论力学课程的基本要求,共 14 章,内容包括绪论、静力学公理及物体的受力分析、平面汇交力系与平面力偶系、平面任意力系、空间力系、摩擦、运动学基础、点的合成运动、刚体的平面运动、质点动力学基本方程、动量定理、动量矩定理、动能定理、达朗贝尔原理、虚位移原理及动力学普遍方程。书后还附有各章习题(计算题)部分答案。

本书是编者多年教学工作的经验总结。

理论力学是工科类专业一门重要的专业基础课。由于它的理论性强,逻辑严密,使得学生在学习本课程时感觉有一定的难度,因而在编写本书的过程中,强调基础知识,注意由浅入深,遵循由概念到理论的过程。为了使学生更好地掌握本书的基本知识,每章后面都安排了大量的概念题,包括填空题、判断题和选择题。这些习题的安排注重基础性,同时又不失普遍性、典型性和新颖性。学生通过练习这些基本概念题,可以及时巩固学过的知识,理解书中的基本概念和定理。各章后面安排了适当的计算题(书后附有部分计算题答案),学生通过练习,巩固学过的内容,同时提高应用知识解决实际问题的能力。

本书由东华理工大学张克义、井冈山大学王珍吾任主编,东华理工大学符春生、三峡大学科技学院史永芳、井冈山大学阮启坊、南昌理工学院张兰任副主编,参与编写的还有三峡大学科技学院曾娟、东华理工大学余宏涛和史冬敏。全书最后由张克义负责统稿。本书绪论,第 1、2 章,由张克义编写;第 3、4 章由王珍吾编写;第 5、6 章由符春生编写;第 7、8 章由史永芳编写;第 9、10 章由阮启坊编写;第 11、12 章由张兰编写;第 13 章由余宏涛编写;第 14 章由史冬敏编写。

本书可以作为 50～70 学时的理论力学课程教学用书,也可以作为工程力学课程中理论力学部分教学的教材，还可作为相关专业的电大、夜大和函授的自学教材，也可供其他专业的学生和技术人员参考使用。

由于编者水平所限，书中难免存在不妥之处，敬请读者批评指正。

编者

2016 年 10 月

目　录

第二篇　运动学部分

第三篇 动力学部分

绪　论

一、理论力学的研究内容

理论力学是研究物体机械运动一般规律的科学。

物体在空间的位置随时间的改变，称为机械运动。在所有的运动形式中，机械运动是最简单的一种。例如，车辆的行驶、机器的运转、水的流动、建筑物的振动及人造卫星的运行等，都是机械运动。平衡是机械运动的特例，例如物体相对于地球处于静止的状态。

理论力学研究的内容是速度远小于光速的宏观物体的机械运动，它以伽利略和牛顿总结的基本定律为基础，属于古典力学的范畴。至于速度接近于光速的物体和基本粒子的运动，则超出了理论力学的研究范围，必须用相对论和量子力学的观点来加以解释。

理论力学通常分为静力学、运动学和动力学三部分。

(1) 静力学——主要对物体进行受力分析，对各种力系进行简化，建立各种力系的平衡条件。

(2) 运动学——从几何上来研究物体(点或刚体)的运动(如轨迹、速度、加速度等)，而不考虑引起物体运动的物理因素。

(3) 动力学——研究物体的运动变化与其所受的力之间的关系。

在理论力学中，力是一个很重要的概念。力是物体间的相互作用，这种作用使物体的机械运动状态或形状发生改变。力使物体机械运动状态发生变化的效应称为力的运动效应(也称外效应)；力使物体发生变形的效应称为力的变形效应(也称内效应)。在理论力学中只讨论力的运动效应。

二、理论力学的研究方法

科学的认识过程符合辩证唯物主义的认识论。理论力学的发展也遵循这个正确的认识规律。第一，通过观察生活和生产实践中的各种现象，进行多次的科学实验，经过分析总结，得到力学最基本的规律。第二，在基本规律的基础上，建立力学模型，形成概念，然后经过逻辑推理和数学演绎，建立理论体系。第三，将理论力学的理论用于实践，用实践来验证和发展理论力学体系。

理论力学普遍采用抽象化和数学演绎的方法来研究物体的机械运动。

抽象化的方法是根据所研究问题的性质，抓住主要的、起决定作用的因素，撇开次要的、偶然的因素，深入事物的本质，了解其内部联系。理论力学中，可把实际物体抽象为力学模型作为研究对象。理论力学中的力学模型有质点、质点系和刚体。

数学演绎是建立理论力学体系的重要方法。经过抽象化，将长期实践和实验所积累的感性材料加以分析、综合、归纳，得到一些基本的概念、定律和原理之后，再以此为基础，经过严密的数学推演，得到一些定理和公式，构成了系统的理论力学理论。这些理论揭示了力学中一些物理量之间的内在联系，并经实践证明是正确的。

近代计算机的发展和普及，为解决复杂的力学问题提供了数值计算的方法。计算机已成为学习理论力学知识的有效工具，并在逻辑推演、公式推导、力学理论的发展中发挥重大作用。

三、学习理论力学的目的

理论力学研究的是力学中最一般、最基本的规律，它是机械、航空、水利、土建类专业的技术基础课。许多后继课程，例如材料力学、机械原理、机械设计、结构力学、弹塑性力学、流体力学、飞行力学、断裂力学、振动理论等课程，都要以理论力学的理论为基础。理论力学分析问题、解决问题的思路和方法，对学好后续课程也很有帮助。

一些日常生活中的现象和工程技术问题，可直接运用理论力学的基本理论去分析研究。比较复杂的问题，则需要用理论力学知识结合其他专业知识进行研究。所以，学习理论力学知识，可为解决工程实际问题打下一定的基础。

理论力学的研究方法与其他学科的研究方法有不少相同之处。理解理论力学的研究方法，不仅可以深入地掌握这门学科，而且有助于学习其他科学技术理论，有助于培养辩证唯物主义世界观，对于掌握科学的逻辑思维方法，培养正确地分析问题和解决问题的能力，也起着重要作用。

伴随着科学技术的日益发展和我国现代化进程的加快，会不断提出新的力学问题。在机械行业，机械结构小型化、轻量化设计，复合材料的研制，机械人、机械手的研究和应用等，给力学知识的发展和应用提供了新的机遇和天地。学好理论力学知识，将有利于我们去解决和理论力学有关的新问题，从而解决生产实际问题，更好地从事科学研究工作，促进科学技术的进步。

第一篇　静力学部分

1　静力学公理及物体的受力分析

本章导读

本章介绍静力学的基本概念和静力学公理是静力学的重要基础。本章引入了约束和约束反力的概念，介绍了几种常见的约束。对物体进行受力分析，正确地画出物体的受力图是静力学乃至动力学的重要内容。

教学目标

了解：静力学公理。

掌握：力的基本概念和性质、约束及约束反力。

应用：几种常见约束的约束反力特性。

分析：熟练地取出隔离体并正确地画出其受力图。

1.1　静力学的基本概念

静力学研究物体在力系作用下的平衡规律。它包括物体的受力分析、力系简化、各种力系的平衡条件等内容。在工程中，平衡是指物体相对于地面保持静止或做匀速直线运动，是物体机械运动的一种特殊情况。

力系是指作用在物体上的一群力。在保持力系对物体作用效果不变的条件下，用另一个力系代替原力系，称为力系的等效替换。这两个力系互为等效力系。若一个力与一个力系等效，则称此力为该力系的合力，而该力系的各力称为此力的分力。

用一个简单力系等效替换一个复杂力系，称为力系的简化。通过力系的简化可以容易地了解力系对物体总的作用效果。在一般情况下，物体在力系的作用下未必处于平衡状态，只有当作用在物体上的力系满足一定的条件时，物体才能平衡。物体平衡时作用在物体上的力系所满足的条件，称为力系的平衡条件。满足平衡条件的力系称为平衡力系。力系的简化是建立平衡条件的基础。平衡力系可以简化，非平衡力系亦可以简化。因此，力系简化方法在动力学中也得到了应用。

凡对牛顿运动定律成立的参考系称为惯性参考系,工程中一般可以把固结在地球上或相对地球做匀速直线运动的参考系看做惯性参考系。

1.1.1 刚体

所谓刚体是指在任意力(或力系)作用下不变形的物体。其特点表现为物体受力后内部任意两点的距离始终保持不变。这是一种理想化的力学模型。实际上,物体受力后均会产生不同程度的变形。但当变形十分微小,对所研究的问题不起主要作用时,可以略去不计,这样可使问题大为简化。在静力学中,所研究的物体只限于刚体,故又称为刚体静力学。

1.1.2 力

力是物体间相互的机械作用,这种作用对物体产生两种效应,即引起物体机械运动状态的变化和使物体产生变形,前者称为力的外效应或运动效应,后者称为力的内效应或变形效应。物体对物体的施力方式有两种:一种是通过物体间的直接接触而施力;另一种是通过力场对物体施力。

实践表明,力对物体的作用效果取决于力的大小、方向和作用点三个要素,简称力的三要素。力的大小指物体之间机械作用的强度。在国际单位制中,力的单位是牛顿(N)或千牛顿(kN)。力的方向表示物体的机械作用具有方向性。力的方向包括力的作用线方位和力沿作用线的指向。力的作用点是指物体间机械作用的位置。物体相互接触发生机械作用时,力总是分布在一定的面上。如果力作用的面积较大,这种力称为分布力。反之,如果力作用的面积很小,可以近似地看成作用在一个点上,这种力称为集中力,此点称为力的作用点。用通过力的作用点表示力的方位的直线称为力的作用线。

力的三要素表明力是矢量,且为定位矢量。它可以用一条具有方向的线段表示。如图 1-1 所示:线段的长度按一定的比例尺表示力的大小,箭头的指向表示力的方向,线段的起点(或终点)表示力的作用点,而与线段重合的直线表示力的作用线。本书中矢量的符号用粗斜体表示,如图 1-1 中作用于 A 点的力用矢量 $\boldsymbol{F}$ 表示。

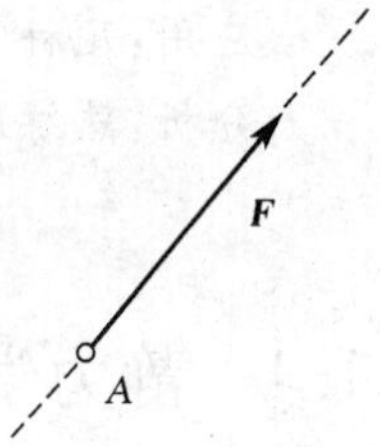

图 1-1

1.2 静力学公理

静力学公理是人们关于力的基本性质的概括和总结,它们是静力学理论的基础。公理是人们在生活和生产活动中长期积累的经验总结,又经过实践的反复检验,证明是符合客观实际的最普遍、最一般的规律。

公理 1　力的平行四边形法则

作用在物体上同一点的两个力，可以合成为一个合力。合力的作用点也在该点，合力的大小和方向由这两个力为边构成的平行四边形的对角线确定，如图 1-2(a)所示。或者说，合力矢等于两个分力矢的矢量和，即

$$\boldsymbol{F}_{\mathrm{R}}=\boldsymbol{F}_1+\boldsymbol{F}_2 \tag{1-1}$$

力的平行四边形也可演变成为力三角形，由它能更简便地确定合力的大小和方向，如图 1-2(b)或图 1-2(c)所示，而合力作用点仍在汇交点 A。

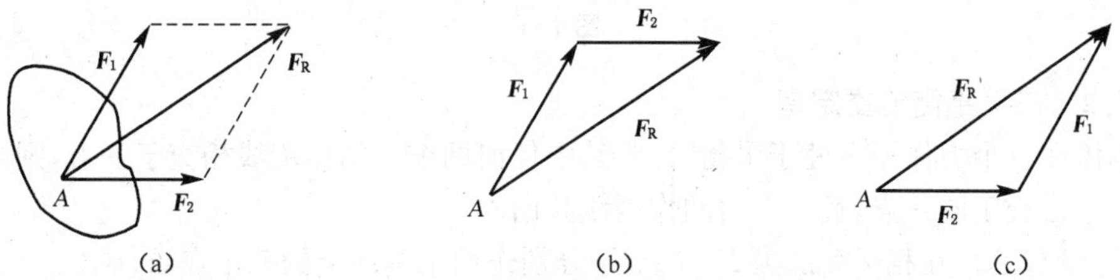

图 1-2

这个公理表明了最简单力系的简化规律，它是复杂力系简化的基础。

公理 2　二力平衡公理

作用在同一刚体上的两个力使刚体平衡的充要条件是：这两个力大小相等，方向相反，且作用在同一条直线上。如图 1-3 所示的刚体在力 F_1 和 F_2 作用下平衡，则有 $F_1=-F_2$。

该公理给出了作用在刚体上的最简单的力系平衡时所必须满足的条件，它是以后推证平衡条件的基础。这个条件对于刚体是充分必要的；对于变形体只是必要但不是充分的。

只在两个力作用下平衡的构件，称为二力构件(简称二力杆)。由二力平衡公理可知，二力杆所受的两个力必定沿两力作用点的连线，且等值、反向。力在工程实际中经常遇到二力杆，比如不考虑自重而只在两端受有约束反力而平衡的构件就是二力杆。

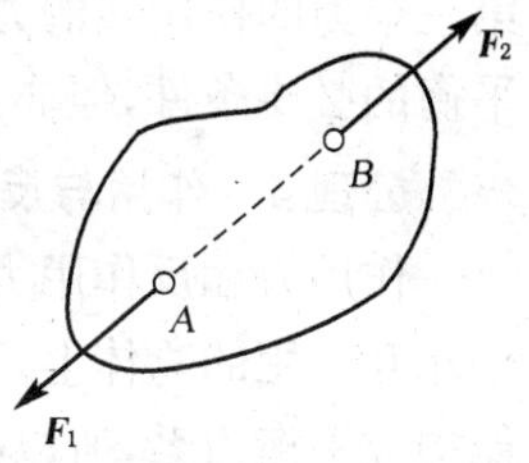

图 1-3

公理 3　加减平衡力系公理

在已知力系上加上或减去任意的平衡力系，并不会改变原力系对刚体的作用效果。该公理提供了力系简化的重要理论基础。

根据公理 3 可以导出下列推论：

推论 1　力的可传性原理

作用在刚体上的力，可以沿其作用线移到刚体内任意一点，而不改变该力对刚体的作用效果。

证明：如图 1-4(a)所示的刚体，在点 A 受力 F 作用。若在力 F 的作用线上任一点 B 加上一平衡力系 F'、F'' 且使 $F''=-F'=F$，如图 1-4(b)所示。由于 F 与 F' 构成一平衡力系，将此平衡力系去掉后，可得到作用于 B 点的力 F''，如图 1-4(c)所示。由于 $F''=F'$，所以原作用于 A 点的力 F 可以沿其作用线移到 B 点。推论证毕。

由此可见，作用在刚体上的力的三要素可表示为力的大小、方向和作用线。作用于刚体上

的力可以沿着作用线移动，这种矢量称为滑动矢量。

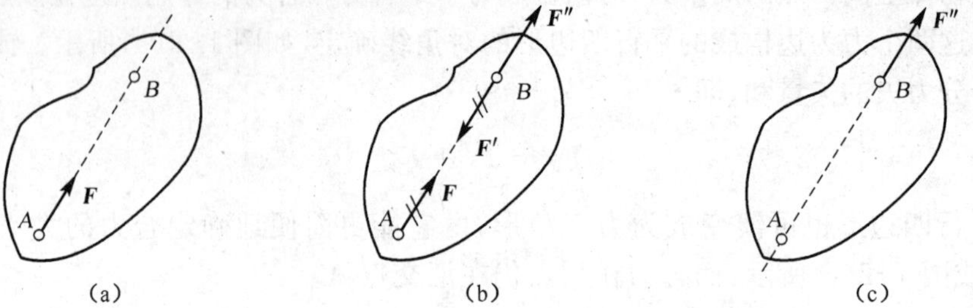

图 1-4

推论 2　三力平衡汇交定理

当刚体在三个力作用下处于平衡时，若其中任何两个力的作用线相交于一点，则第三个力的作用线亦必交于同一点，且三个力的作用线共面。

证明：设有三个互相平衡的力 F_1、F_2、F_3 分别作用于刚体上的三个点 A、B、C。已知 F_1 和 F_2 的作用线交于点 O，根据力的可传性，将力 F_1 和 F_2 移到汇交点 O。根据力的平行四边形法则，得 F_1 和 F_2 的合力 F_{12}，则 F_3 应与 F_{12} 平衡。由于两力平衡必须共线，所以，力 F_3 必定与力 F_1 和 F_2 共面，且通过力 F_1 和 F_2 的汇交点 O。推论证毕。

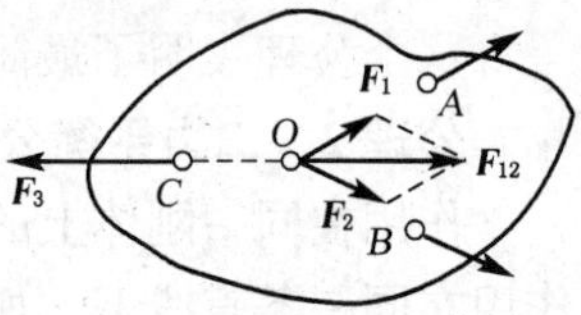

图 1-5

三力平衡汇交定理说明了不平行的三个力平衡的必要条件。在画物体的受力图时，若已知两个力的作用线，可用此定理来确定第三个力的作用线的方位。但是，值得注意的是，三力汇交是刚体平衡的必要条件，但非充分条件。

公理 4　作用与反作用公理

作用力和反作用力总是同时存在，两力的大小相等，方向相反，沿同一直线分别作用在两个相互作用的物体上。由于作用力和反作用力分别作用在两个不同的物体上，这两个力并不能构成平衡力系，所以必须把作用与反作用公理与二力平衡公理区别开来。

这个公理概括了自然界物体间相互作用的关系。它表明作用力与反作用力总是成对出现。在对两个相互作用的物体分别进行受力分析时，必须遵循该公理。

公理 5　刚化原理

变形体在某一力系作用下处于平衡，如把此变形体刚化为刚体，则平衡状态保持不变。

这个原理提供了把变形体抽象成刚体的条件，建立了刚体力学与变形体力学的联系。

刚体的平衡条件对变形体来说只是必要的，而不是充分的。例如，如图 1-6(a)所示的刚性杆在两个等值反向的拉力作用下处于平衡。若将其变为绳索，则平衡状态保持不变；但对刚性杆受两个等值反向压力作用而平衡时，如果将该刚性杆变为绳索，则不能保持平衡状态，如图 1-6(b)所示。

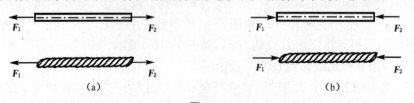

图 1-6

1.3 约束与约束反力

我们经常看到的物体，如吹出的气泡、飞行的飞机、发射的炮弹等，它们在空间的位移不受任何限制。凡位移不受任何限制可以在空间作任意运动的物体称为**自由体**。

相反，有些物体在空间的位移受到一定的限制，如火车受铁轨的限制，只能沿轨道运动；电机转子受轴承的限制，只能绕轴线转动；重物由钢索吊住，不能落地等。这种在空间某些方向的位移受到限制的物体称为**非自由体**。

约束是指对非自由体的某些位移起限制作用的周围物体。约束通常是通过与被约束体之间相互连接或直接接触而形成的。铁轨是火车的约束，轴承是电机轴的约束，钢索是重物的约束。这些约束分别阻碍了被约束物体沿着某些方向的运动。

约束作用于被约束物体上的力称为**约束反力**，正是约束反力阻碍物体沿某些方向运动。

在静力学中，对约束反力和物体受到的其他已知力（称为主动力）组成平衡力系，主要分析计算约束反力的大小和方向。约束反力的方向总是与约束所能阻止的运动方向相反，这是确定约束反力方向的准则；至于约束反力的大小，在静力学中可由静力平衡条件确定。在工程实际中，物体间连接方式很复杂，为分析和解决实际力学问题，必须将物体间各种复杂的连接方式抽象化为几种典型的约束模型。

下面介绍工程中常见的几种典型的约束模型，并根据它们的构造特点和性质，分析约束反力的作用点和方向。

1.3.1 柔性体约束（柔索约束）

如胶带、绳索、传动带、链条等柔软的不可伸长的不计重力的柔性连接物体所构成的约束均为柔索约束。

柔索约束的特点是只能承受拉力，不能承受压力，因而只能限制物体沿着柔性体伸长方向的运动。所以柔性体的约束反力是作用在接触点，方向沿柔索背离物体，恒为拉力，通常用 $\boldsymbol{F}$ 或 $\boldsymbol{F}_T$ 表示。

图 1-7(a)所示为起重机用绳索吊起大型机械主轴。绳索的约束反力都通过它们与吊钩的连接点，沿着各绳索的轴线，背离吊钩。吊钩和主轴的受力图如图 1-7(b)、(c)所示。

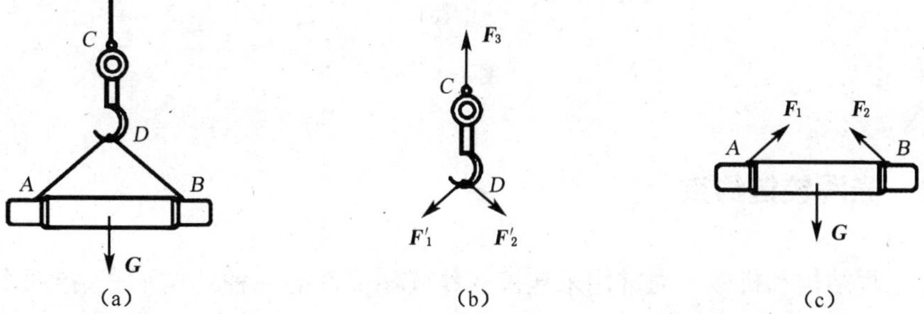

图 1-7

链条和胶带也只能承受拉力，当它们绕在轮子上，对轮子的约束力沿轮缘的切线方向。例如图 1-8 所示的皮带传动机构，皮带给带轮的约束反力沿着皮带方向，背离带轮，恒为拉力。$\boldsymbol{F}_1$ 与 $\boldsymbol{F}_1'$，$\boldsymbol{F}_2$ 与 $\boldsymbol{F}_2'$，分别是作用力与反作用力。应该注意：两边的皮带拉力 $\boldsymbol{F}_1$ 与 $\boldsymbol{F}_2$（$\boldsymbol{F}_1'$ 和 $\boldsymbol{F}_2'$）大小不相同。

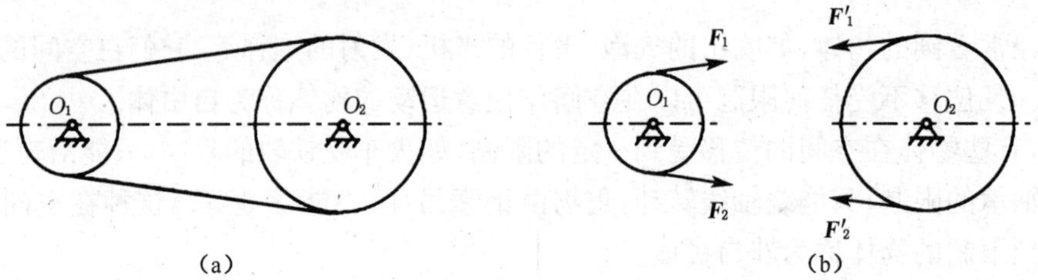

图 1-8

1.3.2 光滑接触面约束

凡是两物体直接接触、不计接触处摩擦而构成的约束均属于光滑接触面约束。

光滑接触表面的约束特点是：不能限制物体沿切线方向位移，它只能阻碍物体沿接触表面公法线向约束内部的位移，因此，其反力作用在接触点上，方向沿接触表面的公法线，指向被约束的物体，只能是压力。光滑接触面的反力又称为法向反力，通常用 $\boldsymbol{F}_{\mathrm{N}}$ 表示。

图 1-9 所示为各种光滑接触面约束。图 1-9(a)是重量为 G 的物块 A 放在光滑的水平地面上，地面对物块的约束反力可简化为 $\boldsymbol{F}_{\mathrm{NA}}$；图 1-9(b)是重量为 G 的球 B 放在光滑的凹槽内，凹槽对球的约束反力为 $\boldsymbol{F}_{\mathrm{NB}}$；图 1-9(c)是两个互相啮合的轮齿，不计齿面之间的摩擦，右齿对左齿 C 的约束反力为 $\boldsymbol{F}_{\mathrm{NC}}$。各图中的约束反力均为光滑接触面的约束反力，恒为压力。

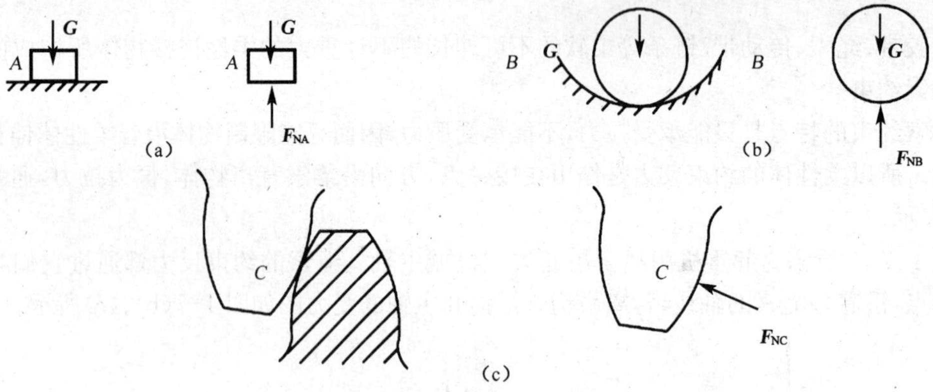

图 1-9

1.3.3 光滑铰链约束

铰链是工程结构和机械中通常用来连接构件或零部件的一种结构形式，指两个带有圆孔的物体，用光滑圆柱形销钉相连接。这类约束的特点是只能限制物体任意径向移动，不能限制物体绕圆柱销轴线的转动和平行于圆柱轴线的移动，因此它也称为圆柱铰链约束。

一般根据被连接物体的形状、位置及作用分为以下几种形式。

1）向心轴承（径向轴承）

如图 1-10(a)所示为轴承装置，可画成如图 1-10(b)所示的简图。轴可在孔内任意转动，也可以沿孔的中心线移动；但是，轴承阻碍轴沿径向向外的位移。当轴和轴承在点 A 光滑接触时，轴承对轴的约束反力 F_A 作用在接触点 A，且沿公法线通过轴心，指向被约束的轴，如图 1-10(a)所示。

但是，当轴所受的主动力改变时，轴和轴承接触点的位置也随着改变。一般情况下，当约束反力的方向不能预先确定时，通常用两个大小未知的正交分力 $\boldsymbol{F}_{Ax}$、$\boldsymbol{F}_{Ay}$ 表示，如图 1-10(b)所示，这里 $\boldsymbol{F}_{Ax}$、$\boldsymbol{F}_{Ay}$ 的指向暂时可先任意假定，最后通过计算来确定其指向。

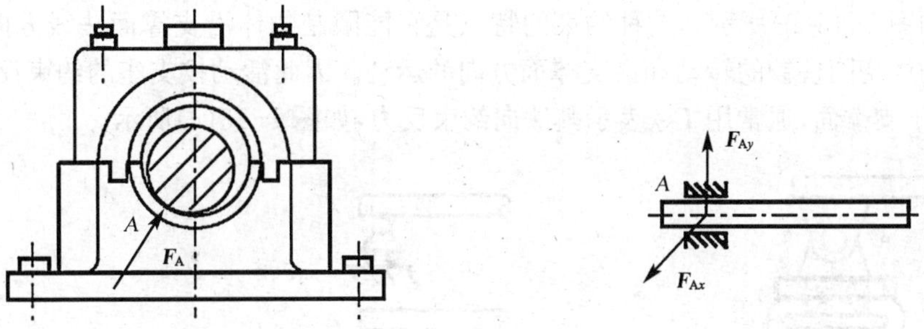

(a) (b)

图 1-10

2）圆柱铰链

圆柱铰链的结构如图 1-11(a)、(b)所示。1、2 分别是两个带圆孔构件，将圆柱形销钉穿入构件 1 和 2 的圆孔中，构成圆柱铰链，结构简图如图 1-11(b)所示。由于销钉与构件的圆孔表面都是光滑的，两者之间总有缝隙，只能产生局部接触，其本质上是光滑面约束，那么销钉对构件的约束反力应通过构件圆孔中心，垂直于销钉轴线，方向不定，可表示为图 1-11(c)。因圆柱铰链约束反力 $\boldsymbol{F}_R$ 的方向未知，所以通常用两个正交分力 $\boldsymbol{F}_{Rx}$、$\boldsymbol{F}_{Ry}$ 来表示。

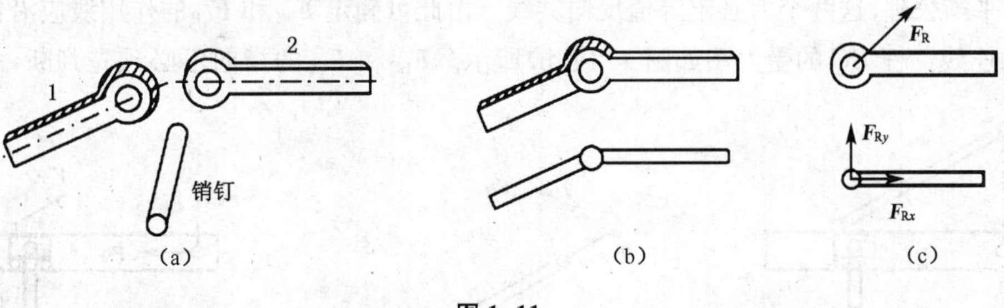

(a) (b) (c)

图 1-11

3）固定铰链支座

如果铰链连接中有一个构件固定于地面或机架，则这种约束称为固定铰链支座，简称固定铰支，其结构简图如图 1-12(a)所示。这种约束的特点是构件只能绕铰链轴线转动，而不能发生垂直于铰轴的任何移动。所以,固定铰链支座的约束反力垂直于圆柱销轴线,通过圆柱销中心,方向不定。通常用两正交的分力 $\boldsymbol{F}_{Ax}$、$\boldsymbol{F}_{Ay}$ 表示,如图 1-12(b)所示。

图 1-12

4) 滚动铰链支座(活动支座)

若铰链连接中有一个构件的底部安放若干滚子,并置于光滑支撑面上,则构成滚动铰链支座,又称辊轴支座(或活动支座),如图 1-13(a)所示。这类支座常见于桥梁、屋架等结构中,其结构简图如图 1-13(b)所示。这种约束的特点是只能限制物体沿支撑面法线方向的运动,而不能阻止物体绕圆柱铰的转动和沿支撑面方向的运动。因此活动铰支座的约束反力通过销钉中心,垂直于支撑面,通常用 $\boldsymbol{F}_{NA}$ 表示其法向约束反力,如图 1-13(c)所示。

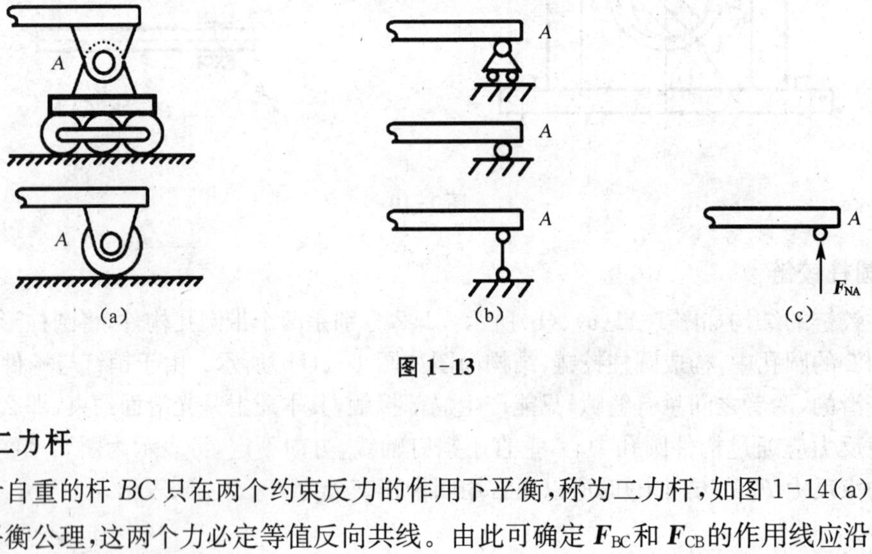

图 1-13

5) 二力杆

不计自重的杆 BC 只在两个约束反力的作用下平衡,称为二力杆,如图 1-14(a)所示。根据二力平衡公理,这两个力必定等值反向共线。由此可确定 $\boldsymbol{F}_{BC}$ 和 $\boldsymbol{F}_{CB}$ 的作用线应沿铰链中心 B、C 的连线。杆 BC 的受力图如图 1-14(b)所示。$\boldsymbol{F}_{BC}$ 和 $\boldsymbol{F}_{CB}$ 的指向不必预先判断,一般可先

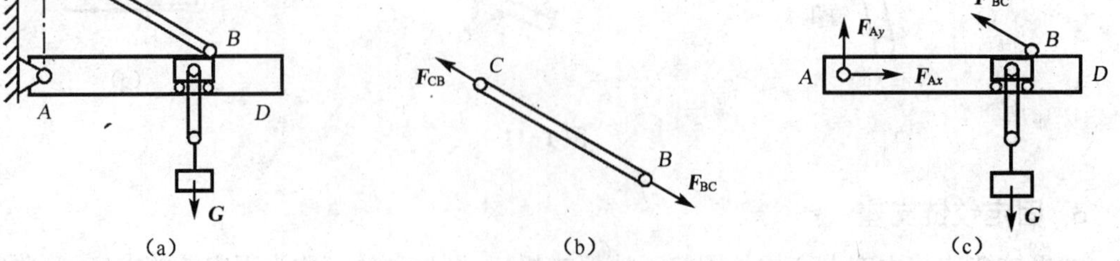

图 1-14

假定杆受拉力，然后列平衡方程，通过计算来确定其指向。如果求得的结果为正，说明杆受拉；反之，若结果为负，则说明杆受压。有时我们也把二力杆作为一种约束，如梁 AD 受二力杆 BC 的约束，根据作用反作用公理 $\boldsymbol{F}'_{BC}=-\boldsymbol{F}_{BC}$，梁 AD（包括重物）的受力图，如图 1-14(c)所示。

值得注意的是，二力构件有时是曲杆，如图 1-15(a)中的杆 AB，此时作用于杆 AB 的两个约束反力 $\boldsymbol{F}_{AB}$ 和 $\boldsymbol{F}_{BA}$ 的作用线仍应沿铰链中心 A 与 B 的连线，如图 1-15(b)所示。

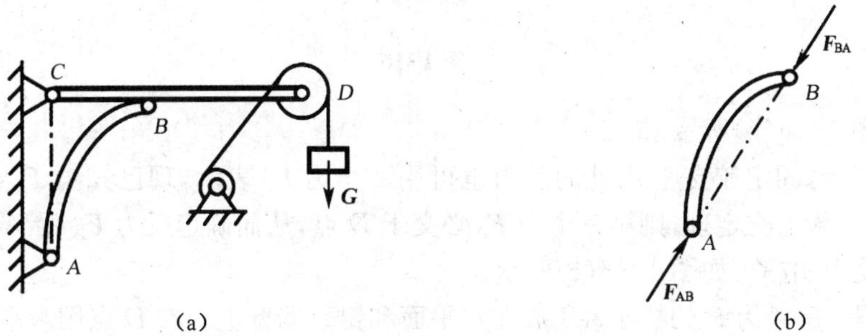

图 1-15

1.4 物体的受力分析和受力图

在工程实际中，为了求出未知的约束反力，需要根据已知力应用平衡条件求解。为此，首先要确定构件受了几个力，每个力的位置和力的作用方向，这种分析过程称为物体受力分析。

作用在物体上的力可分为两类：一类是主动力，例如物体的重力、风力、气体压力等，一般是已知的；另一类是约束对于物体的约束反力，为未知的被动力。

为了清晰地表示物体的受力情况，需要把研究的物体（称为受力体）从与其相联系的周围物体（称为施力体）中分离出来，单独画出它的简图，这个步骤称作取研究对象或取分离体。然后把施力体作用于研究对象上的主动力和约束反力全部画在简图上，这种表示物体受力情况的简明图形称为受力图。

正确地画出物体的受力图，是解决静力学问题，乃至动力学问题的一个重要步骤。画受力图的步骤如下：

(1) 根据题意及已知条件确定研究对象，取分离体，单独画出其简单图形。

(2) 画出作用于分离体上的主动力。

(3) 画出分离体上所受到的每个约束反力。凡在去掉约束处，根据约束的类型逐一画上约束反力。应特别注意二力杆的判断。有些情况也可应用三力平衡汇交定理判断出铰链处约束反力的方向。

【例 1-1】 水平简支梁 AB 如图 1-16(a)所示，在 C 处作用一集中载荷 $\boldsymbol{F}$，梁自重不计，画出梁 AB 的受力图。

解：取梁 AB 为研究对象。作用于梁上的力有集中载荷 $\boldsymbol{F}$，B 端可动铰支座的反力 $\boldsymbol{F}_B$ 垂直于支承面向上，A 端固定铰支座的反力用通过 A 点的相互垂直的两个分力 $\boldsymbol{F}_{Ax}$ 与 $\boldsymbol{F}_{Ay}$ 表示。

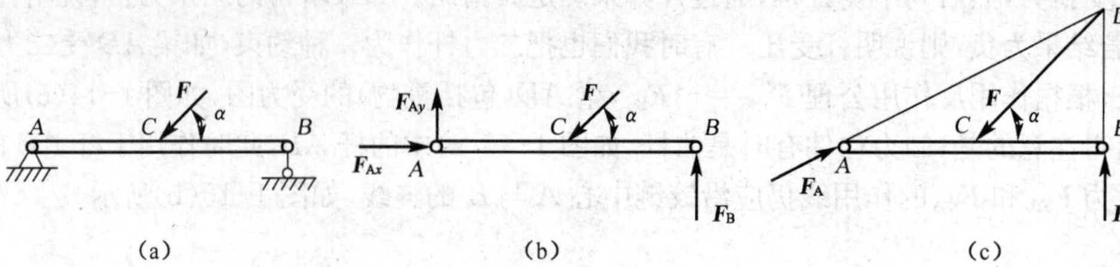

图 1-16

其受力图如图 1-16(b)所示。

进一步讨论，固定铰支座 A 处的反力也可用一个力 $\boldsymbol{F}_A$ 表示，现已知力 $\boldsymbol{F}$ 与 $\boldsymbol{F}_B$ 相交于 D 点，根据三力平衡汇交定理，则第三个力 $\boldsymbol{F}_A$ 必交于 D 点，从而确定反力 $\boldsymbol{F}_A$ 沿 A、D 两点连线。故梁 AB 的受力图亦可如图 1-16(c)所示。

【例 1-2】 重量为 P 的梯子 AB 放在水平面和铅垂墙壁上。在 D 点用水平绳索 DE 与墙面相连，如图 1-17(a)所示。不计摩擦，试画出梯子 AB 的受力图。

解：选择梯子为研究对象。将梯子 AB 从周围物体的联系中分离出来，单独画出其轮廓简图。画主动力，梯子受主动力 $\boldsymbol{P}$ 作用，作用点在梯子的重心上，方向铅垂向下。然后根据约束的性质画出约束反力。使梯子成为分离体时，需要在 B、C、D 三处分别解除地面、墙壁、绳索的约束，因此，必须在这三处加上相应的约束反力，用来代替地面、墙壁、绳索对梯子的约束。根据 A、D 两处均为光滑面约束的特点，地面、墙面作用于梯子的约束反力 $\boldsymbol{F}_B$、$\boldsymbol{F}_C$ 分别沿各自接触面公法线方向指向梯子。绳索作用于梯子的拉力 $\boldsymbol{F}_D$ 沿着 DE 方向背离梯子。梯子的受力图如图 1-17(b)所示。

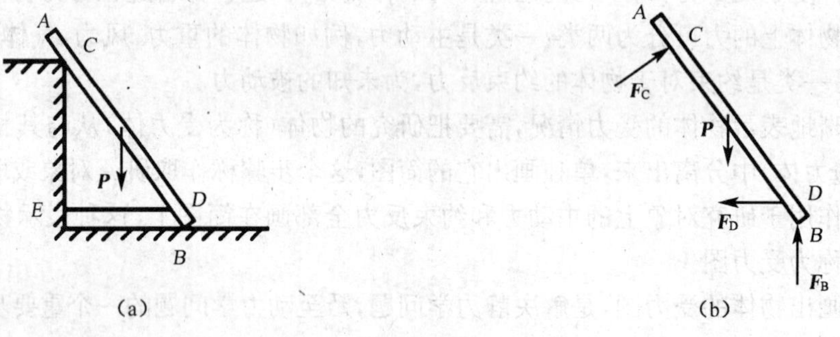

图 1-17

【例 1-3】 水平梁 AB 用斜杆 CD 支撑，A、C、D 三处均为光滑铰链连接，如图 1-18(a)所示。均质梁 AB 重量 P_1，其上放置一重量为 P_2 的电动机。不计斜杆 CD 的自重，试分别画出斜杆 CD 和梁 AB(包括电动机)的受力图。

解：先画出斜杆 CD 的受力图。取 CD 为研究对象，由于斜杆 CD 自重不计，且只在 C、D 两处受铰链约束，因此斜杆 CD 为受压二力杆。由此可确定 C、D 两处的约束反力 $\boldsymbol{F}_C$ 和 $\boldsymbol{F}_D$ 的作用线沿铰链中心 C 与 D 的连线，方向如图 1-18(b)所示。且再取梁 AB(包括电动机)为研究对象，梁 AB 受主动力 $\boldsymbol{P}_1$ 和 $\boldsymbol{P}_2$ 的作用。在铰链 D 处受斜杆 CD 给它的约束反力 $\boldsymbol{F}'_D$ 的作用，根据作用和反作用公理 $\boldsymbol{F}'_D=-\boldsymbol{F}_D$。$A$ 处受固定铰支座给它的约束反力的作用，由于方向未知，可用两个正交分力 $\boldsymbol{F}_{Ax}$、$\boldsymbol{F}_{Ay}$ 表示。梁 AB 的受力图如图 1-18(c)所示。

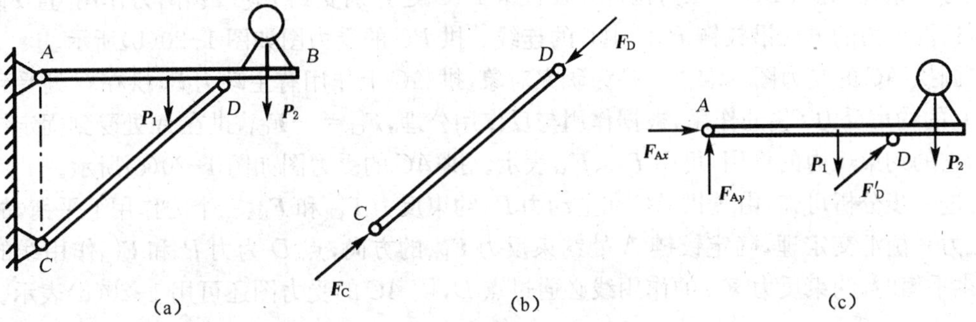

图 1-18

【例 1-4】 多跨梁用铰链 C 连接，载荷和支座如图 1-19(a)所示，试分别画出梁 AC、CD 和整体的受力图。

解：先画梁 AC 的受力图。以梁 AC 为研究对象，画出主动力 $\boldsymbol{F}_1$ 和作用于 BC 梁段的均布荷载，其荷载集度为 q。然后再画梁 AC 所受的约束反力。A 处受固定铰支座的约束，约束反力用 $\boldsymbol{F}_{Ax}$、$\boldsymbol{F}_{Ay}$ 表示；B 处受辊轴支座的约束，约束反力用 $\boldsymbol{F}_{By}$ 表示；C 处受中间铰链的约束，约束反力用 $\boldsymbol{F}_{Cx}$、$\boldsymbol{F}_{Cy}$ 表示。梁 AC 的受力图如图 1-19(b)所示。图中所有约束反力的指向都是假设的。

再画梁 CD 的受力图。作用在梁 CD 上的力有：主动力是荷载集度为 q 的均布荷载；约束反力有辊轴支座 D 的约束反力 $\boldsymbol{F}_D$，方向垂直于支撑面向上；中间铰链 C 的约束反力用 $\boldsymbol{F}'_{Cx}$、$\boldsymbol{F}'_{Cy}$ 表示，根据作用与反作用公理，其方向分别与 $\boldsymbol{F}_{Cx}$、$\boldsymbol{F}_{Cy}$ 相反。梁 CD 的受力图如图 1-19(c)所示。

最后画整体受力图。作用在整体上的力有主动力 $\boldsymbol{F}_1$ 和作用于梁 BD 段的荷载集度为 q 的均布荷载；约束反力有 $\boldsymbol{F}_{Ax}$、$\boldsymbol{F}_{Ay}$、$\boldsymbol{F}_{By}$ 和 $\boldsymbol{F}_D$。整体的受力图如图 1-19(d)所示。值得一提的是，中间铰链的约束反力对于梁 AC 和梁 CD 来说是外力，而对于整体来说是内力，内力不能在受力图中表示出。

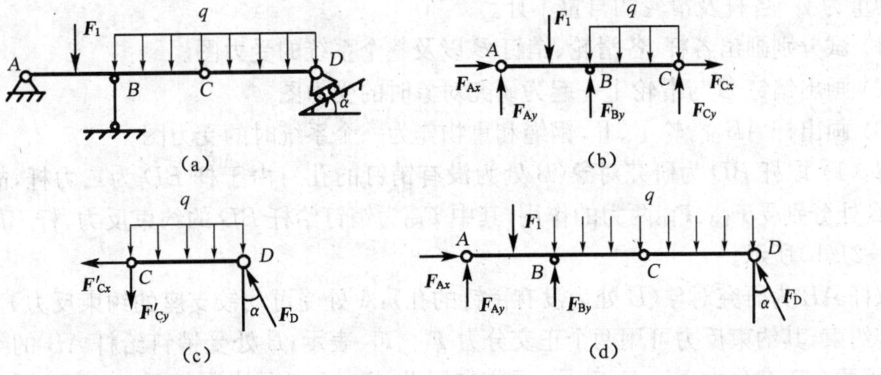

图 1-19

【例 1-5】 如图 1-20(a)所示的三铰拱桥，由左右两拱铰接而成。设各拱自重不计，在拱 AC 上作用有载荷 $\boldsymbol{P}$。试分别画出拱 AC、CB 的受力图。

解:先画拱 BC 的受力图。取拱 BC 为研究对象,由于拱 BC 自重不计,且只在 B、C 两处受到铰链约束,因此拱 BC 为二力构件。在铰链 B、C 处分别受到 $\boldsymbol{F}_{BC}$、$\boldsymbol{F}_{CB}$ 两力作用,且 $\boldsymbol{F}_{BC}=-\boldsymbol{F}_{CB}$,这两个力的方向沿铰链 B、C 中心的连线。拱 BC 的受力图如图 1-20(b)所示。

再画拱 AC 的受力图。取拱 AC 为研究对象,拱 AC 上作用有主动力 $\boldsymbol{P}$,拱在 C 处受到拱 BC 给它的约束反力 $\boldsymbol{F}'_{CB}$ 的作用,根据作用与反作用公理,$\boldsymbol{F}'_{CB}=-\boldsymbol{F}_{CB}$,拱在 A 处受到固定铰链支座给它的约束反力的作用,可用 $\boldsymbol{F}_{Ax}$、$\boldsymbol{F}_{Ay}$ 表示。拱 AC 的受力图如图 1-20(c)所示。

再进一步分析可知,由于拱 AC 在主动力 P、约束反力 $\boldsymbol{F}'_{CB}$ 和 $\boldsymbol{F}_{RA}$ 三个力作用下平衡,故可根据三力平衡汇交定理,确定铰链 A 处约束反力 $\boldsymbol{F}_{RA}$ 的方向,点 D 为力 P 和 $\boldsymbol{F}'_{CB}$ 作用线的交点,当拱平衡时,约束反力 $\boldsymbol{F}_{RA}$ 的作用线必通过点 D,拱 AC 的受力图还可用 1-20(d)表示。

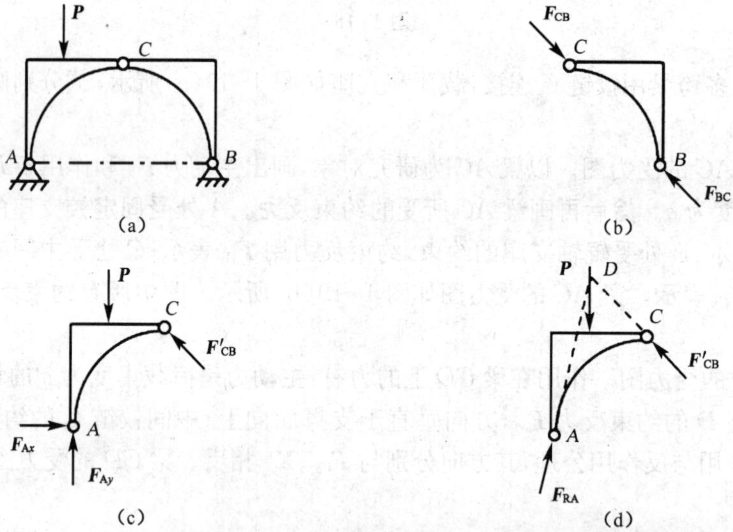

图 1-20

【例 1-6】 如图 1-21(a)所示的平面构架,由杆 AB、DE 及 DB 铰接而成。A 为可动铰链支座,B 为固定铰链支座。钢绳一端拴在 K 处,另一端绕过定滑轮Ⅰ、动滑轮Ⅱ后拴在销钉 B 上。物重为 W,各杆及滑轮的自重不计。

(1) 试分别画出各杆、各滑轮、销钉 B 以及整个系统的受力图。

(2) 画出销钉 B 与滑轮Ⅰ一起为研究对象时的受力图。

(3) 画出杆 AB,滑轮Ⅰ、Ⅱ,钢绳和重物作为一个系统时的受力图。

解:(1) 取杆 BD 为研究对象(B 处为没有销钉的孔):由于杆 BD 为二力杆,故在铰链中心 D、B 处分别受 $\boldsymbol{F}_{DB}$、$\boldsymbol{F}_{BD}$ 两力的作用,其中 $\boldsymbol{F}_{BD}$ 为销钉给杆 BD 的约束反力,杆 BD 的受力图如图 1-21(b)所示。

取杆 AB 为研究对象(B 处为没有销钉的孔):A 处受可动铰支座的约束反力 $\boldsymbol{F}_A$ 的作用;C 为铰链约束,其约束反力可用两个正交分力 $\boldsymbol{F}_{Cx}$、$\boldsymbol{F}_{Cy}$ 表示;B 处受销钉给杆 AB 的约束反力作用,可用两个正交分力 $\boldsymbol{F}_{Bx}$、$\boldsymbol{F}_{By}$ 表示,可方向假设,杆 AB 的受力图如图 1-21(c)所示。

取杆 DE 为研究对象:D 处受二力杆 BD 给它的约束反力 $\boldsymbol{F}'_{DB}$ 作用;K 处受钢绳的拉力 $\boldsymbol{F}_K$ 作用,铰链 C 受到反作用力 $\boldsymbol{F}'_{Cx}$ 与 $\boldsymbol{F}'_{Cy}$ 作用;E 为固定铰链支座,其约束反力可用两个正交分力 $\boldsymbol{F}_{Ex}$ 与 $\boldsymbol{F}_{Ey}$ 表示,杆 DE 的受力图如图 1-21(d)所示。

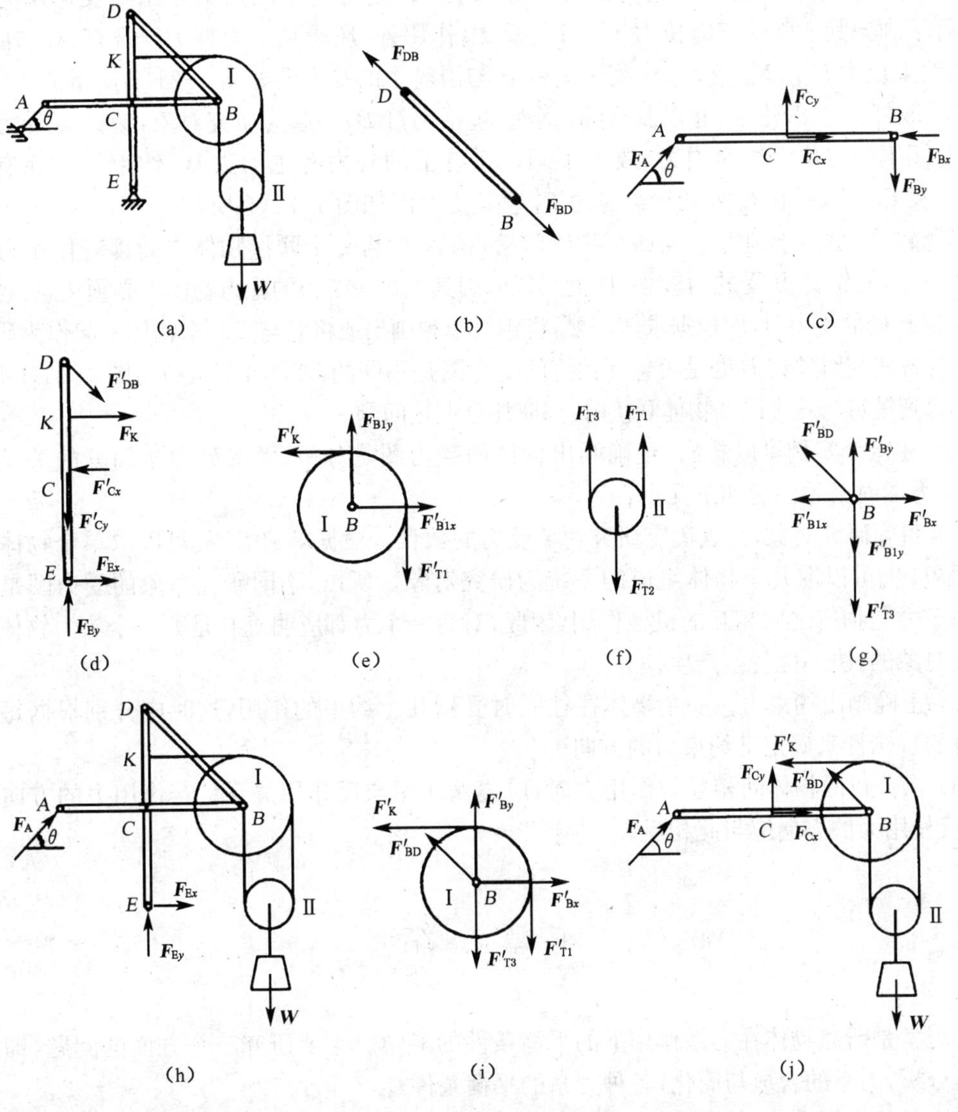

图 1-21

取轮Ⅰ为研究对象(B 处为没有销钉的孔):其上受两段钢绳的拉力 $\boldsymbol{F}'_{T1}$、$\boldsymbol{F}'_{K}$和销钉 B 对轮Ⅰ的约束反力 $\boldsymbol{F}_{B1x}$及 $\boldsymbol{F}_{B1y}$作用,轮Ⅰ的受力图如图 1-21(e)所示。

取轮Ⅱ为研究对象:其上受三段钢绳拉力 $\boldsymbol{F}_{T1}$、$\boldsymbol{F}_{T2}$、$\boldsymbol{F}_{T3}$作用,轮Ⅱ的受力图如图 1-21(f)所示。

单独取销钉 B 为研究对象:它与杆 DB、AB、轮Ⅰ及钢绳四个物体联接,因此这四个物体对销钉都有力的作用。二力杆 DB 对它的约束反力为 $\boldsymbol{F}'_{BD}$,杆 AB 对它的约束反力为 $\boldsymbol{F}'_{Bx}$、$\boldsymbol{F}'_{By}$,轮Ⅰ给销钉 B 的约束反力为 $\boldsymbol{F}'_{B1x}$、$\boldsymbol{F}'_{B1y}$,另外还受到钢绳对销钉 B 的拉力 $\boldsymbol{F}'_{T3}$作用。销钉 B 的受力图如图 1-21(g)所示。

取整体为研究对象:铰链 B、C、D 处受力及钢绳的拉力均为内力,故可不画。系统的外力除主动力 $\boldsymbol{W}$ 外,还有约束反力 $\boldsymbol{F}_{A}$与 $\boldsymbol{F}_{Ex}$、$\boldsymbol{F}_{Ey}$。整体的受力图如图 1-21(h)所示。

(2) 取销钉 B 与滑轮Ⅰ一起为研究对象：销钉 B 与滑轮Ⅰ之间的作用与反作用力为内力，故可不画。其上除受三绳拉力 $\boldsymbol{F}'_{T3}$、$\boldsymbol{F}'_{T1}$ 及 $\boldsymbol{F}'_{K}$ 作用外，还受到二力杆 BD 及杆 AB 在 B 处对它的约束反力 $\boldsymbol{F}'_{BD}$、$\boldsymbol{F}'_{Bx}$ 及 $\boldsymbol{F}'_{By}$ 作用。销钉 B 与滑轮Ⅰ的受力图如图 1-21(i)所示。

(3) 取杆 AB、滑轮Ⅰ、Ⅱ以及重物、钢绳(包括销钉 B)一起为研究对象：销钉 B 受力及轮Ⅰ、轮Ⅱ间钢绳的拉力均为内力，故可不画。系统上的外力有主动力 $\boldsymbol{W}$，约束反力除有 $\boldsymbol{F}_{A}$、$\boldsymbol{F}'_{BD}$、$\boldsymbol{F}_{Cx}$ 及 $\boldsymbol{F}_{Cy}$ 外，还有 K 处的钢绳拉力 $\boldsymbol{F}'_{K}$。其受力图如图 1-21(j)所示。

本题较难，是由于销钉 B 与四个物体联接，销钉 B 与每个联接物体之间都有作用力与反作用力关系，故销钉 B 受的力较多，因此必须明确其上每一个力的施力物体。必须注意：当分析各物体在 B 处的受力时，应根据求解需要，将销钉单独画出或将它与某一个物体一起作为研究对象。因为各研究对象在 B 处是否包括销钉的受力图是不同的，如图 1-21(e)与图 1-21(i)所示。以后凡遇到销钉与三个以上物体联接时，都应注意上述问题。

从上述六个实例可以看出，正确画出物体的受力图是分析、解决静力学问题的关键。所以，画受力图时必须注意如下几点：

(1) 明确研究对象，正确确定研究对象受力的数目。根据求解需要，可以取单个物体作为研究对象，也可以取几个物体组成的系统为研究对象。所以，不同研究对象的受力图是不同的。由于力是物体之间相互的机械作用，因此，对每一个力都应明确它是哪一个施力物体施加给研究对象的，决不能凭空产生。

(2) 正确画出约束力。一个物体往往同时受到几个约束的作用，这时应分别根据每个约束本身的特殊性来确定其约束力的方向。

(3) 当分析两物体间相互的作用力时，应遵循作用与反作用关系。若作用力的方向确定后，则反作用力的方向应与此相反。

本章小结

静力学是研究物体在力系作用下的平衡条件的科学。主要研究三个方面的问题，即物体的受力分析，力系的合成与简化，各种力系的平衡条件。

静力学基本概念、公理及物体的受力分析是研究静力学的基础。静力学概念主要包括力、刚体、平衡等。静力学公理包括力的平行四边形法则、二力平衡公理、加减平衡力系公理、作用与反作用公理以及刚化公理。

对物体某方向的位移起限制作用的周围物体称为约束。约束对被约束物体的作用力称为约束反力(约束力)。约束反力的方向总是与约束所能阻碍的物体的运动方向相反，应根据约束类型的特殊性来确定约束力。

在分离体上画出所受的主动力和全部约束反力的图形称为物体的受力图。对物体进行受力分析，正确画出物体的受力图是解决静力学问题的关键。

复习思考题

一、是非题（正确的在括号内打“√”，错误的打“×”）

1. 刚体是指在力的作用下不变形的物体。 （ ）

2. 只受两个力作用而平衡的构件称为二力杆，其约束反力的作用线一定在这两个力作用点的连线上。 （ ）

3. 平衡指物体相对于惯性参考系静止或做匀速直线运动的状态。 （ ）

4. 作用力与反作用力也可构成一个二力平衡力系，因为它们满足二力平衡的条件。 （ ）

5. 约束是对物体某方向位移取限制作用的周围物体，约束对被约束物体的作用力称为约束反力。 （ ）

6. 作用于刚体上的三个力，若其作用线共面且相交于一点，则刚体一定平衡。 （ ）

二、填空题

1. 力是物体间相互的机械作用，这种作用对物体的效应包括________和________。

2. 作用在物体上的一群力称为________，对同一物体的作用效应相同的两个力系称为________。

3. 静力学公理包括________、________、________和________。

4. 力的可传性适用条件是________________________________。

5. 把研究对象从与其相联系的周围的物体中分离出来，单独画出它的简图，这个步骤____。

三、作图题

如图 1-22 所示，试分别画出图示的构架中滑轮 A 和杆 AB、CD 的受力图。物体的重力除图上注明外，均略去不计，所有接触均假定为光滑。

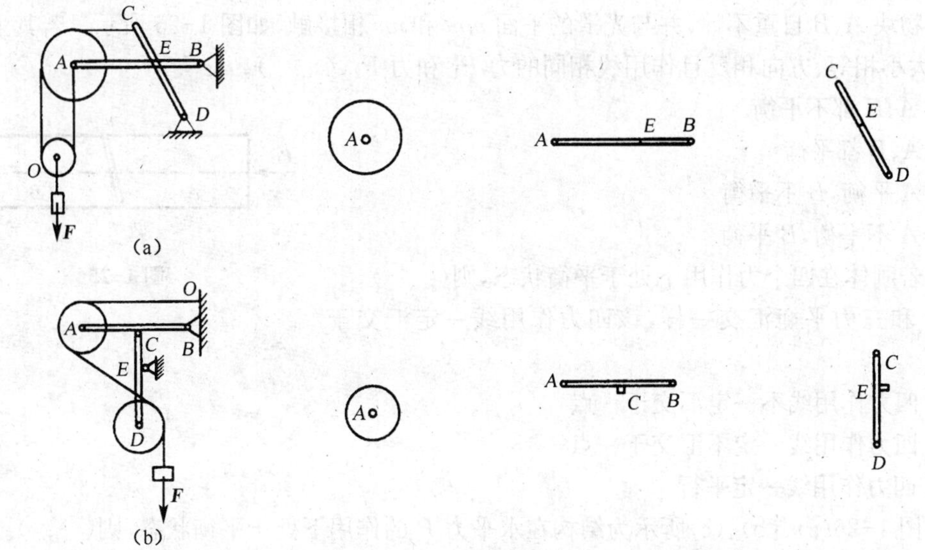

图 1-22

四、选择题

1. 图 1-23 所示为均质圆盘用细绳悬挂，并靠在光滑斜面上。在图 1-23 中所示的四种状态中，只有图(　　)可以保持平衡。

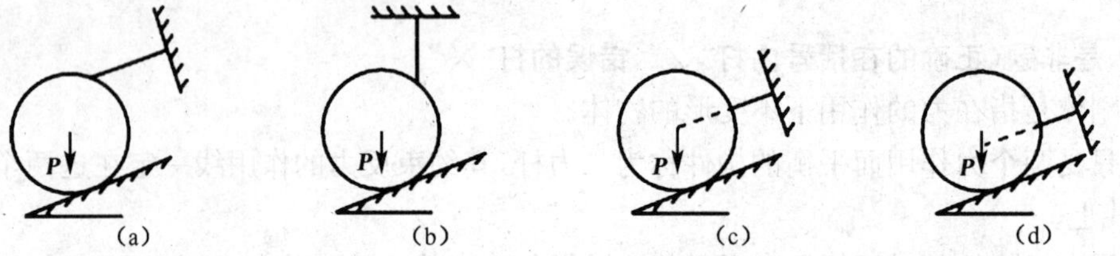

图 1-23

2. 支架如图 1-24(1)所示，P、Q 分别为杆 AB、AC 自重，在 D 处作用一铅垂力 F。图 1-24 中选项所示的分别是两杆 AB 和 BC 的四种可能受力图，其中图(　　)正确。

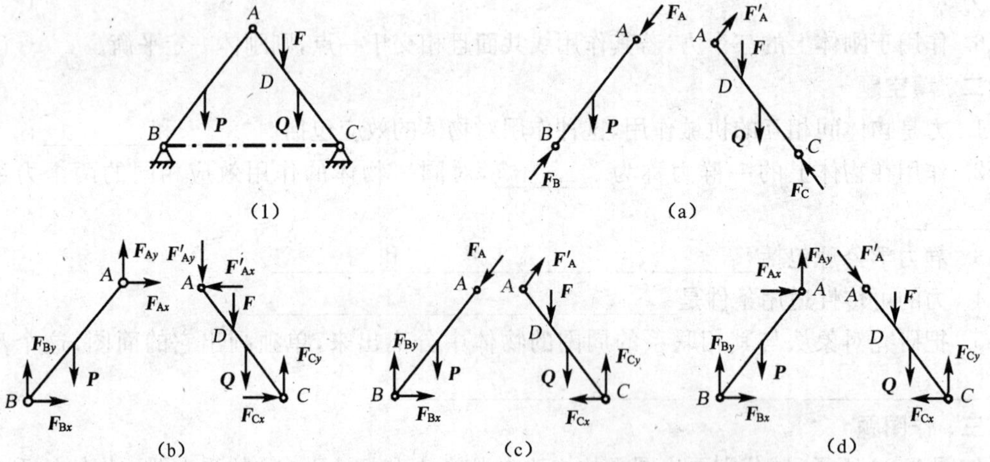

图 1-24

3. 物块 A、B 自重不计，并与光滑的平面 mm 和 nn 相接触，如图 1-25 所示。若其上分别作用有大小相等、方向相反且作用线相同的力 P_1 和力 P_2，(　　)。

A. A、B 都不平衡

B. A、B 都平衡

C. A 平衡，B 不平衡

D. A 不平衡，B 平衡

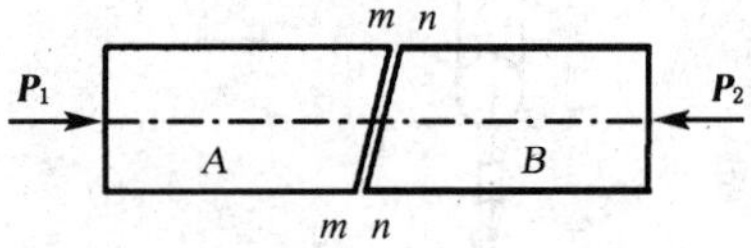

图 1-25

4. 若刚体在四个力作用下处于平衡状态，则(　　)。

A. 和三力平衡汇交一样，该四力作用线一定汇交于一点

B. 四力作用线不一定汇交于一点

C. 四力作用线一定不汇交于一点

D. 四力作用线一定平行

5. 图 1-26(a)、(b)、(c)所示为结构在水平力 P 的作用下处于平衡状态，则(　　)。

A. 在图(a)和图(b)中,铰链 A 的约束反力方向相同

B. 在图(a)和图(c)中,铰链 A 的约束反力方向相同

C. 在图(b)和图(c)中,铰链 A 的约束反力方向相同

D. 三种情况下,铰链 A 的约束反力方向均不相同

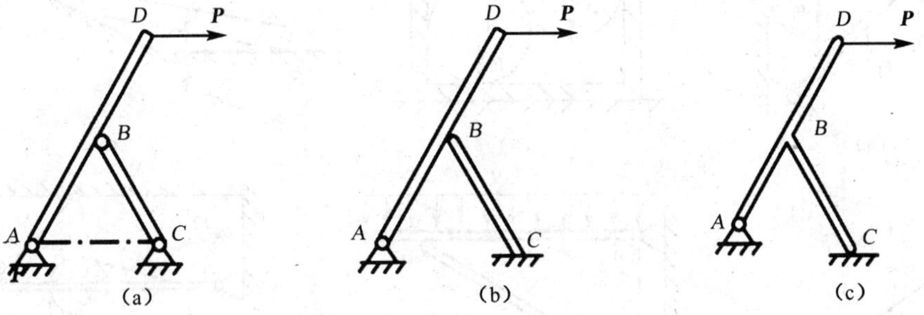

图 1-26

五、画受力图题

1. 画出如图 1-27 所示各物体的受力图。设各接触面均为光滑,未画出重力的物体的重量均不计。

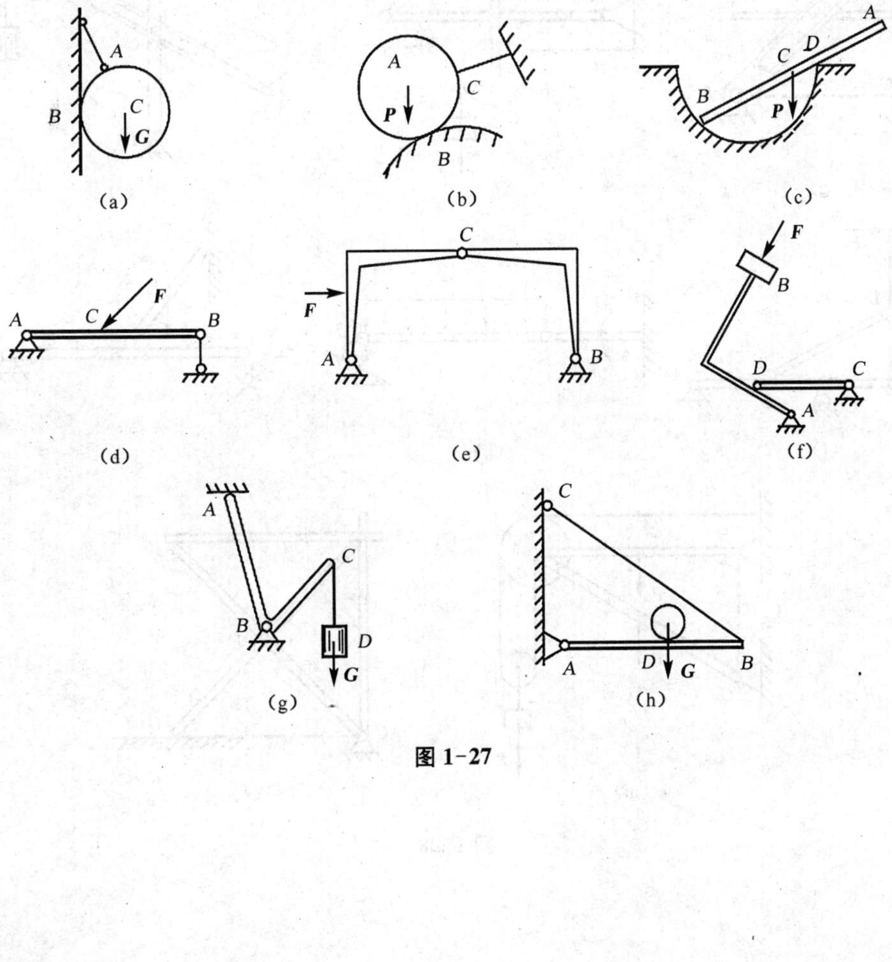

图 1-27

2. 画出图 1-28 中每个标注字母的物体及整体的受力图。设各接触面均光滑，未画出重力的物体的重量均不计。

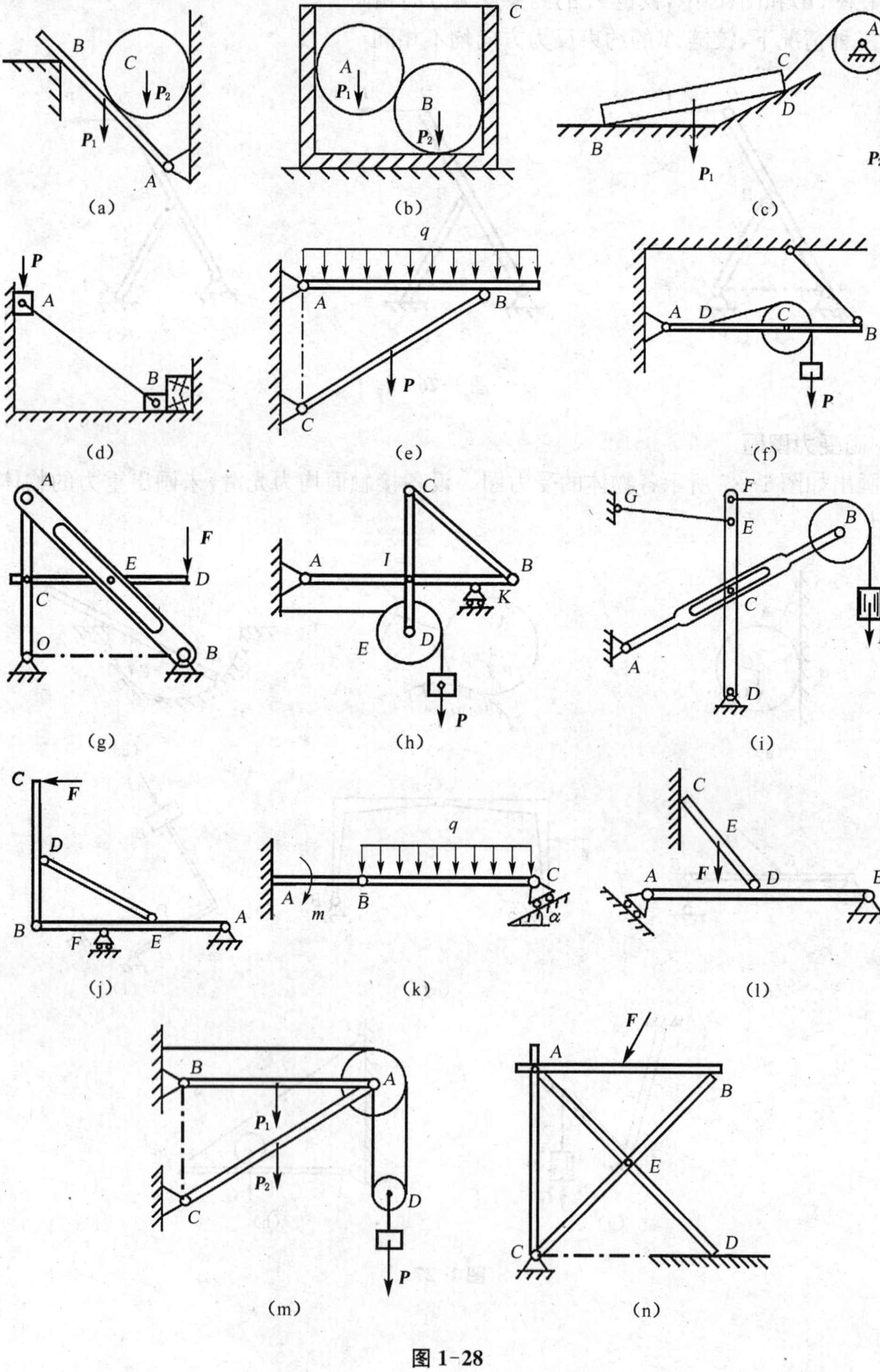

图 1-28

2 平面汇交力系与平面力偶系

本章导读

力系有各种不同的类型，它们的简化结果和平衡条件也各不相同。平面汇交力系和平面力偶系是平面力系中的两种简单力系。本章主要讨论平面汇交力系和平面力偶系的合成和平衡问题。

教学目标

了解：平面汇交力系合成的几何法及力多边形法则。

掌握：平面汇交力系合成与平衡的几何法和解析法。

应用：平面力对点之矩的概念及计算方法。

分析：平面汇交力系和平面力偶系的平衡方程求解相应的平衡问题。

2.1 平面汇交力系合成与平衡的几何法

所谓平面汇交力系指各力的作用线在同一平面内且汇交于一点的力系。为了求解平面汇交力系和平面力偶系的合成和平衡问题，首先应用几何法求平面汇交力系的合力，得到平面汇交力系平衡的几何条件。

2.1.1 平面汇交力系合成的几何法及力多边形法则

设一刚体在点 A 受到由力 $\boldsymbol{F}_1$、$\boldsymbol{F}_2$、$\boldsymbol{F}_3$、$\boldsymbol{F}_4$ 组成的平面汇交力系的作用，如图 2-1(a)所示，现求该力系合成的结果。

为合成此力系，可在图 2-1(a)中连续应用力的平行四边形法则，依次两两合成各力，最后求得一个作用线也通过力系汇交点 A 的合力 $\boldsymbol{F}_R$。为了用更简便的方法求此合力 $\boldsymbol{F}_R$的大小和方向，下面介绍力多边形法则。

在平面汇交力系所在的平面内，任取一点 a，按一定的比例尺，将力的大小用适当长度的线段表示，根据力三角形法则，先作矢量$\overrightarrow{ab}$平行且等于 $\boldsymbol{F}_1$，再从点 b 作矢量$\overrightarrow{bc}$平行且等于力 $\boldsymbol{F}_2$，用虚线连接矢量$\overrightarrow{ac}$，即代表力 $\boldsymbol{F}_1$ 和 $\boldsymbol{F}_2$ 的合力 $\boldsymbol{F}_{R1}$ 的大小和方向；再过力 $\boldsymbol{F}_{R1}$ 的终点 c 作矢

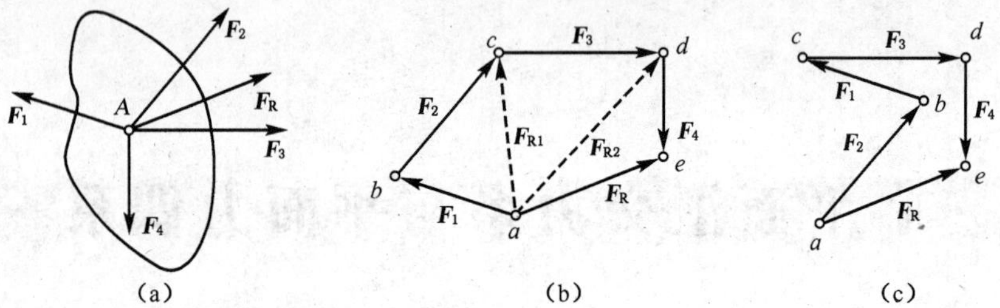

图 2-1

量$\overrightarrow{cd}$平行且等于力 $\boldsymbol{F}_3$，虚线连接矢量$\overrightarrow{ad}$，即代表力 $\boldsymbol{F}_{R1}$ 和 $\boldsymbol{F}_3$ 的合力 $\boldsymbol{F}_{R2}$ 的大小和方向（也就是 $\boldsymbol{F}_1$、$\boldsymbol{F}_2$、$\boldsymbol{F}_3$ 的合力大小和方向）。最后将 $\boldsymbol{F}_{R2}$ 与 $\boldsymbol{F}_4$ 合成得矢量$\overrightarrow{ae}$，即得到该平面汇交力系的合力 $\boldsymbol{F}_R$ 大小和方向，如图 2-1(b)所示。多边形 $abcde$ 称为此平面汇交力系的力多边形，矢量$\overrightarrow{ae}$称为此力多边形的封闭边。封闭边矢量$\overrightarrow{ae}$即表示平面汇交力系合力 $\boldsymbol{F}_R$ 的大小和方向，而合力 $\boldsymbol{F}_R$ 的作用线仍应通过原力系汇交点 A，如图 2-1(a)所示。上述求合力的作图规则称为力多边形法则，根据矢量相加的交换律，任意变换各分力矢的作图次序，可得形状不同的力多边形，但其合力矢$\overrightarrow{ae}$仍然不变，如图 2-1(c)所示。必须注意，作力多边形的矢量规则为：各分力的矢量沿着环绕力多边形边界的某一方向首尾相接，而合力矢量沿相反的方向，由第一个分力矢的起点指向最后一个分力矢的终点。值得一提的是，在作力多边形时，如图 2-1(b)中的虚线矢量$\overrightarrow{ac}$、$\overrightarrow{ad}$不必画出。

上述结果表明：平面汇交力系合成的结果是一个合力，合力作用线通过各力的汇交点，合力的大小和方向等于原力系中所有各力的矢量和，即

$$\boldsymbol{F}_R = \boldsymbol{F}_1 + \boldsymbol{F}_2 + \cdots + \boldsymbol{F}_n = \sum \boldsymbol{F}_i \tag{2-1}$$

若力系中各力的作用线重合，则该力系称为共线力系。它是平面汇交力系的特殊情况，其力多边形在同一直线上，合力的作用线与力系中各力的作用线相同。若沿直线的某一指向为正，反之为负，则合力的大小与方向取决于各分力的代数和，即

$$\boldsymbol{F}_R = \sum \boldsymbol{F}_i \tag{2-2}$$

2.1.2 平面汇交力系平衡的几何条件

平面汇交力系可用其合力来代替。显然，平面汇交力系平衡的必要和充分条件是：该力系的合力等于零，即

$$\boldsymbol{F}_R = \sum_{i=1}^{n} \boldsymbol{F}_i = 0 \tag{2-3}$$

力系平衡时，在力多边形中最后一个力的终点与第一个力的起点重合，此时的力多边形自行封闭。于是，平面汇交力系平衡的几何条件可表述为：该力系的力多边形自行封闭。

利用这个几何条件，可以通过作图的方法来确定未知的约束反力，这种方法称为图解法。即按比例先画出封闭的力多边形，然后，直接量得或利用三角关系计算出所要求的未知量。下

面通过例子来说明图解法的应用。

【例 2-1】 如图 2-2(a)所示，平面吊环上作用有四个力 $\boldsymbol{F}_1$、$\boldsymbol{F}_2$、$\boldsymbol{F}_3$、$\boldsymbol{F}_4$，它们汇交于圆环的中心。其中 $\boldsymbol{F}_1$ 水平向左，大小为 10 kN；$\boldsymbol{F}_2$ 指向左下方向，与水平轴夹角为 30°，大小为 15 kN；$\boldsymbol{F}_3$ 垂直向下，大小为 8 kN；$\boldsymbol{F}_4$ 指向右下方，与水平方向夹角为 45°，大小为 10 kN。试求其合力。

解：根据图中所示的力的比例尺，按顺序画出各力 F_1、F_2、F_3、F_4 的矢量，得到力多边形 $abcde$，封闭边矢量 $\overrightarrow{ae}$ 即表示平面汇交力系合力矢 $\boldsymbol{F}_R$，如图 2-2(b)所示。按比例量得 $\boldsymbol{F}_R=27.5$ kN，并量得该矢量与水平方向的夹角为 $\alpha=55°$。合力结果示于图 2-2(a)中，合力通过原力系的汇交点。

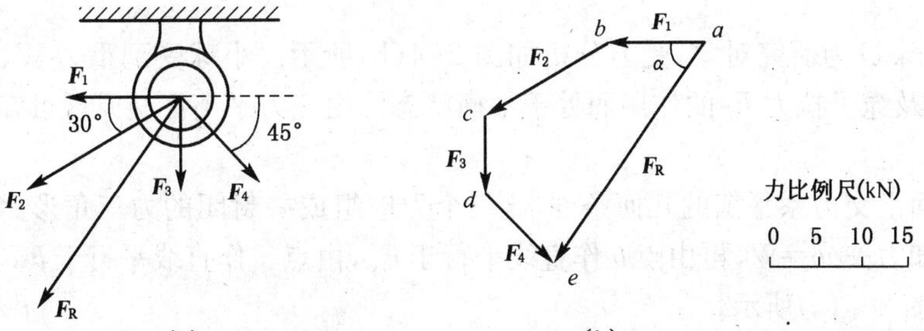

图 2-2

【例 2-2】 如图 2-3(a)所示的简支梁在中点 C 处受集中力 $\boldsymbol{F}=20$ kN 的作用，其与水平线夹角为 60°，应用图解法求梁两端约束反力的大小。

解：选取梁 AB 为研究对象，画出梁 AB 的受力图如图 2-3(b)所示。其中由于 B 处为活动铰链支座，其约束反力垂直于斜面。然后应用三力平衡汇交原理可确定固定铰链支座 A 处的约束反力的方向。

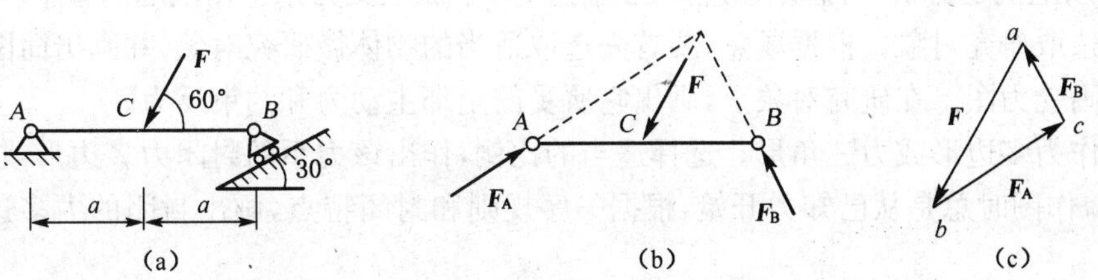

图 2-3

根据平面汇交力系平衡的几何条件，这三个力应组成一封闭的力三角形。按照一定的比例先画出已知力矢 $\overrightarrow{ab}=\boldsymbol{F}$，再由点 b 作直线平行于 $\boldsymbol{F}_A$，由点 a 作直线平行于 $\boldsymbol{F}_B$，这两条直线相交于点 c，如图 2-3(c)所示。

在力三角形中，线段 bc 和 ca 分别表示 F_A 和 F_B 的大小，由三角函数关系，可得

$$F_A=F\cos 30°=20\times\cos 30°=17.32\ \text{kN}$$

$$F_B=F\sin 30°=20\times\sin 30°=10\ \text{kN}$$

【例 2-3】 如图 2-4(a)所示的圆球 O 重为 W，放在与水平线成 α 角的光滑斜面上，BC 为

绳索，与铅垂面成β角，求绳索拉力与斜面对球的约束反力。

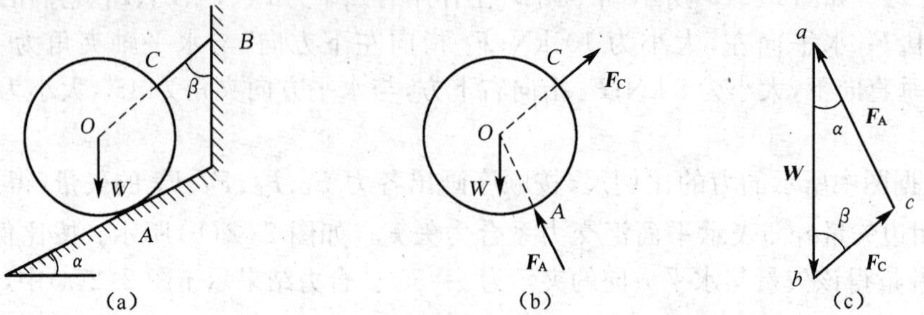

图 2-4

解:选圆球O为研究对象，受力分析如图 2-4(b)所示。小球受到重力W、光滑斜面的法向反力F_A以及绳子拉力F_C的作用而处于平衡状态。由三力平衡汇交原理可知它们构成一平面汇交力系。

根据平面汇交力系平衡的几何条件，这三个力应组成一封闭的力三角形。按照一定的比例先画出已知力矢$\overrightarrow{ab}=W$，再由点b作直线平行于F_C，由点a作直线平行于F_A，这两条直线相交于点c，如图 2-4(c)所示。

在力三角形中，线段bc和ca分别表示F_C和F_A的大小，由三角函数关系，可得

$$\frac{F_A}{\sin\beta}=\frac{F_C}{\sin\alpha}=\frac{W}{\sin(180^0-\alpha-\beta)}$$

解得

$$F_A=\frac{\sin\beta}{\sin(\alpha+\beta)}W,\quad F_C=\frac{\sin\alpha}{\sin(\alpha+\beta)}W$$

通过以上例题分析，可总结出应用几何法求解平面汇交力系平衡问题的基本步骤如下：

(1) 选取研究对象。根据题意，要首先选取适当的物体做研究对象，并画出简图。

(2) 画受力图。在研究对象上，画出它所受的全部主动力和约束反力。

(3) 作力多边形或力三角形。选择适当的比例，作出该力系的封闭力多边形或力三角形。必须注意，作图时总是从已知力开始，根据矢序规则和封闭特点，画出封闭的力多边形或力三角形。

(4) 求出未知量。按比例量出未知量的大小和方向，或者用三角函数公式计算。

2.2 平面汇交力系合成与平衡的解析法

对平面汇交力系，当力系中力的数量较多时，用几何法求解不够方便，因此要应用平面汇交力系合成与平衡的解析法。

2.2.1 力在轴上的投影

设 x 轴是力矢量所在平面内的一个坐标轴，如图 2-5(a)所示。从力矢的端点 A、B 分别作 x 轴的垂线。垂足 a、b 称为 A、B 两点在轴上的投影，而线段 ab 的长度则称为力 F 在 x 轴上的投影，并规定当 ab 的指向与 x 轴的正向一致时取正值，反之取负值。因此，力在轴上的投影是一个代数量，一般记为 F_x。设 F 与 x 轴的正向的夹角为 α，则有

$$F_x = F\cos\alpha \tag{2-4}$$

2.2.2 力在平面直角坐标系中的投影与分解

在平面直角坐标系中，通常用 F_x、F_y表示力 F 在 x、y 轴上的投影。假设力 F 与 x、y 轴正方向的夹角分别为 α、β，如图 2-5(b)所示，则 F_x、F_y可分别表示为

$$F_x = F\cos\alpha \qquad F_y = F\cos\beta \tag{2-5}$$

如果将一个力 F 向两坐标轴方向进行分解，得到力 F 在 x、y 轴上两个分力 F_x和 F_y。对直角坐标系，两分力的大小应分别等于该力在两坐标轴上的投影。这样，力 $\boldsymbol{F}$ 的解析表达式可写为

$$\boldsymbol{F} = F_x\boldsymbol{i} + F_y\boldsymbol{j} \tag{2-6}$$

这里 $\boldsymbol{i}$、$\boldsymbol{j}$ 分别为 x、y 轴的单位矢量。反之，若力 F 的投影 F_x和 F_y已知，则力 F 的大小和方向可由式(2-7)计算

$$\left.\begin{aligned} F &= \sqrt{F_x^2 + F_y^2} \\ \cos\alpha &= \frac{F_x}{F}, \quad \cos\beta = \frac{F_y}{F} \end{aligned}\right\} \tag{2-7}$$

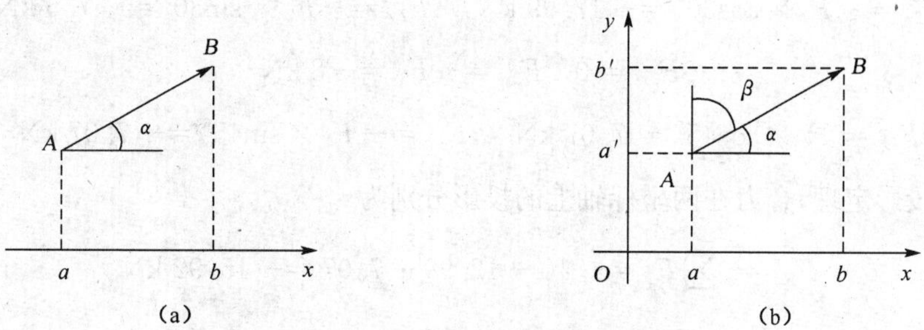

图 2-5

必须指出，只有在直角坐标系中才有上述对应关系。对一般坐标系，一个力在两坐标轴上的投影和该力沿两坐标轴分解所得到的分力在数值上并不一定相等。

利用力在直角坐标系中的投影和力矢量的关系以及合力投影定理，可以用解析法来计算平面汇交力系的合力。

2.2.3 平面汇交力系合成的解析法

前面已应用式(2-1)求解平面汇交力系的合力。将式(2-1)中各力分别写成解析表达式,有

$$\boldsymbol{F}_R = F_{Rx}\boldsymbol{i} + F_{Ry}\boldsymbol{j}, \quad \boldsymbol{F}_1 = F_{1x}\boldsymbol{i} + F_{1y}\boldsymbol{j}, \boldsymbol{F}_2 = F_{2x}\boldsymbol{i} + F_{2y}\boldsymbol{j}, \cdots, \boldsymbol{F}_n = F_{nx}\boldsymbol{i} + F_{ny}\boldsymbol{j},$$

代入式(2-1),有

$$F_{Rx}\boldsymbol{i} + F_{Ry}\boldsymbol{j} = (F_{1x} + F_{2x} + \cdots + F_{nx})\boldsymbol{i} + (F_{1y} + F_{2y} + \cdots + F_{ny})\boldsymbol{j}$$

比较系数,可得

$$\left.\begin{aligned} F_{Rx} &= F_{1x} + F_{2x} + \cdots + F_{nx} = \sum_{i=1}^{n} F_{ix} \\ F_{Ry} &= F_{1y} + F_{2y} + \cdots + F_{ny} = \sum_{i=1}^{n} F_{iy} \end{aligned}\right\} \tag{2-8}$$

式(2-8)称为合力投影定理,即合力在某一轴上的投影等于各分力在同一轴上投影的代数和。若已知合力 F_R在两坐标轴上的投影,则合力 F_R的大小和方向可分别表示为

$$F_R = \sqrt{F_{Rx}^2 + F_{Ry}^2} = \sqrt{(\sum F_x)^2 + (\sum F_y)^2}$$

$$\cos\langle \boldsymbol{F}_R, \boldsymbol{i}\rangle = \frac{F_{Rx}}{F_R} = \frac{\sum F_x}{F_R}, \quad \cos\langle \boldsymbol{F}_R, \boldsymbol{j}\rangle = \frac{F_{Ry}}{F_R} = \frac{\sum F_y}{F_R} \tag{2-9}$$

【例 2-4】 用解析法计算例 2-1 中的合力。

解:选定参考坐标系如图 2-6 所示。根据图中各力的大小和方向,分别求出它们在两坐标轴上的投影。

$$F_{1x} = -F_1 = -10\ \text{kN} \quad F_{1y} = 0$$

$$F_{2x} = -F_2 \times \cos 30^\circ = -12.99\ \text{kN} \quad F_{2y} = -F_2 \times \sin 30^\circ = -7.5\ \text{kN}$$

$$F_{3x} = 0 \quad F_{3y} = -F_3 = -8\ \text{kN}$$

$$F_{4x} = F_4 \times \cos 45^\circ = 7.07\ \text{kN} \quad F_{4y} = -F_4 \times \sin 45^\circ = -7.07\ \text{kN}$$

由合力投影定理,合力在两坐标轴上的投影分别为

$$F_{Rx} = \sum F_x = -10 - 12.99 + 7.07 = -15.92\ \text{kN}$$

$$F_{Ry} = \sum F_y = -7.5 - 8 - 7.07 = -22.57\ \text{kN}$$

合力 F_R的大小和方向分别为

$$F_R = \sqrt{F_{Rx}^2 + F_{Ry}^2} = 27.62\ \text{kN}$$

$$\cos\langle \boldsymbol{F}_R, \boldsymbol{i}\rangle = \frac{F_{Rx}}{F_R} = \frac{-15.92}{27.62} = -0.576\,4, \quad \cos\langle \boldsymbol{F}_R, \boldsymbol{j}\rangle = \frac{F_{Ry}}{F_R} = \frac{-22.57}{27.62} = -0.817\,2$$

$$\langle \boldsymbol{F}_R, \boldsymbol{i} \rangle = 125.2°, \quad \langle \boldsymbol{F}_R, \boldsymbol{j} \rangle = 144.8°$$

由于 $F_{Rx} < 0, F_{Ry} < 0$，可见合力通过原汇交点且指向左下方，如图 2-6 所示。

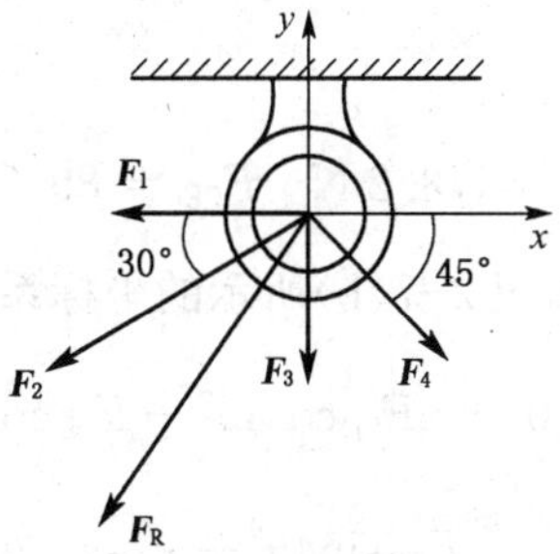

图 2-6

2.2.4 平面汇交力系平衡的解析条件

由前所述，平面汇交力系平衡的必要与充分条件是合力为零，由式(2-9)应有

$$F_R = \sqrt{F_{Rx}^2 + F_{Ry}^2} = \sqrt{(\sum F_x)^2 + (\sum F_y)^2} = 0$$

要使上式成立，必须同时满足

$$\left.\begin{aligned} \sum F_x = 0 \\ \sum F_y = 0 \end{aligned}\right\} \tag{2-10}$$

式(2-10)称为平面汇交力系的平衡方程。即平面汇交力系平衡的必要和充分条件是：力系中各力在任一坐标轴上投影的代数和为零。利用这两个独立方程可求解出两个未知量。

【例 2-5】 重量 G=100 N 的球用两根细绳悬挂固定，如图 2-7(a)所示。试求各绳的拉力。

解：以 A 球为研究对象，其受力图如 2-7(b)所示。

我们可先用几何法计算，根据力多边形闭合条件，作出力三角形。按照一定的比例先画出已知力矢 $\overrightarrow{ab}=G$，再由点 b 作直线平行于 F_{CE}，由点 a 作直线平行于 F_{BD}，这两条直线相交于点 c，如图 2-7(c)所示。

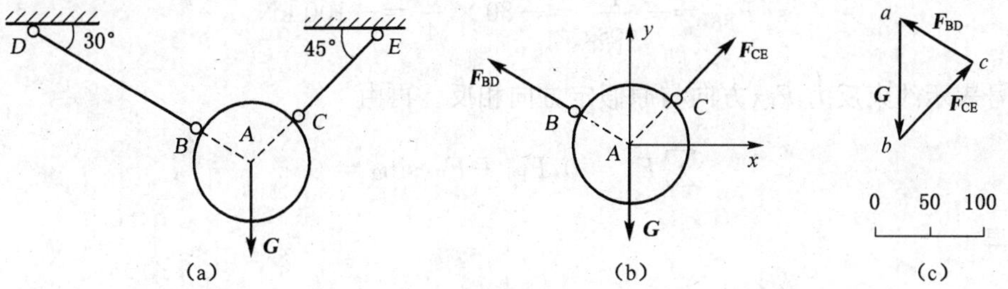

图 2-7

在力三角形中，线段 bc 和 ca 分别表示 F_{CE} 和 F_{BD} 的大小，由三角函数关系，可得

$$\frac{G}{\sin 75^\circ}=\frac{F_{BD}}{\sin 45^\circ}=\frac{F_{CE}}{\sin 60^\circ}$$

解得两绳的拉力分别为

$$F_{BD}=73.2\ \mathrm{N}\quad F_{CE}=89.7\ \mathrm{N}$$

然后再用解析法求解。建立如图 2-7(b)所示的坐标系，列出平衡方程

$$\sum F_x=0\qquad F_{CE}\cos 45^\circ-F_{BD}\cos 30^\circ=0$$

$$\sum F_y=0\qquad F_{CE}\sin 45^\circ+F_{BD}\sin 30^\circ-G=0$$

联立求解，可得两绳的拉力分别为

$$F_{CE}=89.7\ \mathrm{N}\quad F_{BD}=73.2\ \mathrm{N}$$

两种方法解出的结果完全相同。

【例 2-6】 平面刚架在 C 点受水平力 P 作用，如图 2-8(a)所示。设 $P=80$ kN，不计刚架自重，试求 A、B 支座约束反力。

解：取刚架为研究对象，它受到 $\boldsymbol{P}$、$\boldsymbol{F}_{RA}$、$\boldsymbol{F}_{By}$ 三个力作用，其受力图如图 2-8(b)所示。

图 2-8

应用三力平衡汇交定理可以确定 F_{RA} 的作用线通过两点 A、D。列出平衡方程

$$\sum F_x=0,P+F_{RA}\cos\alpha=0$$

解得

$$F_{RA}=-\frac{P}{\cos\alpha}=-80\times\frac{5}{4}=-100\ \mathrm{kN}$$

负号表示约束反力 F_{RA} 方向与原假定方向相反。再由

$$\sum F_y=0,F_{By}+F_{RA}\sin\alpha=0$$

解得

$$F_{By}=-F_{RA}\sin\alpha=-100\times\left(-\frac{3}{5}\right)=60\ \mathrm{kN}$$

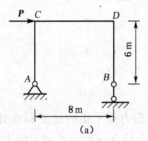

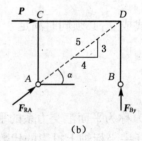

正号表示约束反力 F_{By} 方向与原假定方向一致。

【例 2-7】 简易起重机如图 2-9(a)所示，重物重 $W=10$ kN。不计杆件自重，不计摩擦力，不计滑轮大小。设 A、B、C 处均为铰链约束，试求杆 AB、BC 所受的力(假设起吊时物体做匀速运动)。

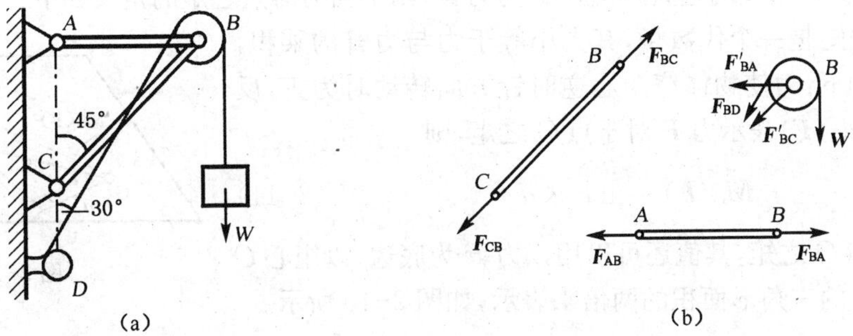

图 2-9

解:杆 AB、BC 均为二力杆，不妨假设二杆均为受拉。将滑轮连同销钉作为研究对象，作出其受力图如图 2-9(b)所示，其中 W 为起吊绳对滑轮的拉力，方向垂直向下。因为物体作匀速直线运动，属于平衡状态，所以拉绳的拉力与物体的重量相等，即 $F_{BD}=W=10$ kN。F_{BA} 为销钉通过铰链作用于杆 AB 上的力，F'_{BA} 是 F_{BA} 的反作用力，F_{BC} 为销钉通过铰链作用于杆 BC 上的力，F'_{BC} 为 F_{BC} 的反作用力。由于不计滑轮的大小，故作用于滑轮上的所有力构成一平面汇交力系。列平衡方程有

$$\sum F_x=0,\ -F'_{BA}-F'_{BC}\times\cos45^\circ-F_{BD}\times\cos60^\circ=0$$

$$\sum F_y=0,\ -F'_{BC}\times\sin45^\circ-F_{BD}\times\sin60^\circ-W=0$$

联立求解，可得

$$F'_{BC}=-\frac{W+F_{BD}\times\sin60^\circ}{\sin45^\circ}=-\frac{10+10\times0.866}{0.707}=-26.39\ \text{kN}$$

$$F'_{BA}=-F_{BD}\times\cos60^\circ-F'_{BC}\times\cos45^\circ=-10\times0.5+26.39\times0.707=13.66\ \text{kN}$$

负号表示 F'_{BC} 的实际方向与假设方向相反，正号表示 F'_{BA} 的实际方向与假设方向相同，因此杆 BC 受压，杆 AB 受拉。

2.3 平面力对点之矩

力对刚体的运动效应使刚体的运动状态发生改变(包括移动与转动)，其中力对刚体的移动效应可用力矢来度量，而力对刚体的转动效应则要用力对点的矩(简称力矩)来度量，即力矩是度量力对刚体转动效应的物理量。

2.3.1 力对点之矩

如图 2-10 所示，平面内作用一力 $\boldsymbol{F}$，在该平面内任取一点 O，点 O 称为力矩中心，简称矩心，矩心 O 到力作用线的垂直距离 d 称为力臂，则平面力对点之矩的定义如下：

力对点之矩是一个代数量，其大小等于力与力臂的乘积，正负号规定如下：力使物体绕矩心逆时针方向转动时为正，反之为负。以 $M_O(\boldsymbol{F})$ 表示力 $\boldsymbol{F}$ 对于点 O 之矩，则

$$M_O(\boldsymbol{F}) = \pm F \times d \tag{2-11}$$

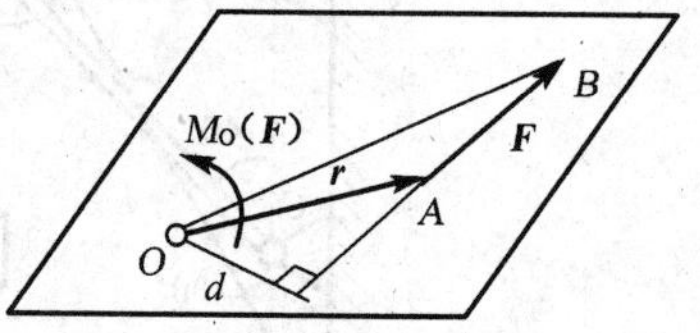

图 2-10

力 F 对点 O 之矩，其值还可以用以力 F 为底边、以矩心 O 为顶点所构成的三角形面积的两倍来表示，如图 2-10 所示。

$$M_O(\boldsymbol{F}) = \pm 2A_{\triangle OAB} \tag{2-12}$$

力矩的单位常用 N·m 或 kN·m。当力的作用线通过矩心时，力臂 $d=0$，则 $M_O(\boldsymbol{F})=0$。当力沿作用线滑动时，该力对任一固定点的矩保持不变。

以 $\boldsymbol{r}$ 表示由点 O 到 A 的矢径，则矢积 $\boldsymbol{r}\times\boldsymbol{F}$ 的模等于该力矩的大小，且其指向与力矩转向符合右手规则。

2.3.2 合力矩定理

定理 平面汇交力系的合力对平面内任一点之矩等于各分力对该点之矩的代数和。

如图 2-11 所示，设平面汇交力系 $\boldsymbol{F}_1$、$\boldsymbol{F}_2$、…、$\boldsymbol{F}_n$ 有合力 $\boldsymbol{F}_R$，则

$$M_O(\boldsymbol{F}_R) = M_O(\boldsymbol{F}_1) + M_O(\boldsymbol{F}_2) + \cdots + M_O(\boldsymbol{F}_n) = \sum M_O(\boldsymbol{F}_i) \tag{2-13}$$

式(2-13)即为平面汇交力系的合力矩定理。

证明：由 $\boldsymbol{F}_R = \boldsymbol{F}_1 + \boldsymbol{F}_2 + \cdots + \boldsymbol{F}_n$，用矢径 $\boldsymbol{r}$ 左乘上式两端（作矢积），有

$$\boldsymbol{r}\times\boldsymbol{F}_R = \boldsymbol{r}\times(\boldsymbol{F}_1 + \boldsymbol{F}_2 + \cdots + \boldsymbol{F}_n)$$

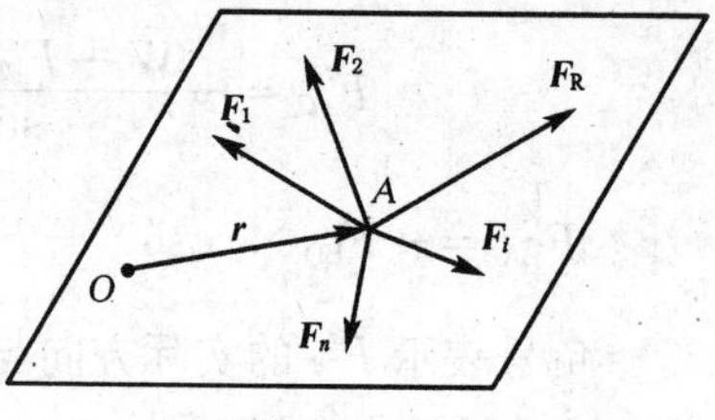

图 2-11

由于各力与矩心 O 共面，因此上式中各矢积相互平行，矢量和可按代数和进行计算，而各矢量积的大小也就是力对点 O 之矩，故得

$$M_O(\boldsymbol{F}_R) = M_O(\boldsymbol{F}_1) + M_O(\boldsymbol{F}_2) + \cdots + M_O(\boldsymbol{F}_n) = \sum M_O(\boldsymbol{F}_i)$$

定理得证。

必须指出，合力矩定理不仅对平面汇交力系成立，而且对于有合力的其他任何力系都成立。

由合力矩定理可得到力矩的解析表达式，如图 2-12 所示，将力 $\boldsymbol{F}$ 分解为两分力 $\boldsymbol{F}_x$ 和 $\boldsymbol{F}_y$，则力 $\boldsymbol{F}$ 对坐标原点 O 之矩为

$$M_O(\boldsymbol{F}) = M_O(\boldsymbol{F}_x) + M_O(\boldsymbol{F}_y) = xF\sin\alpha - yF\cos\alpha$$

或

$$M_O(\boldsymbol{F}) = xF_y - yF_x \tag{2-14}$$

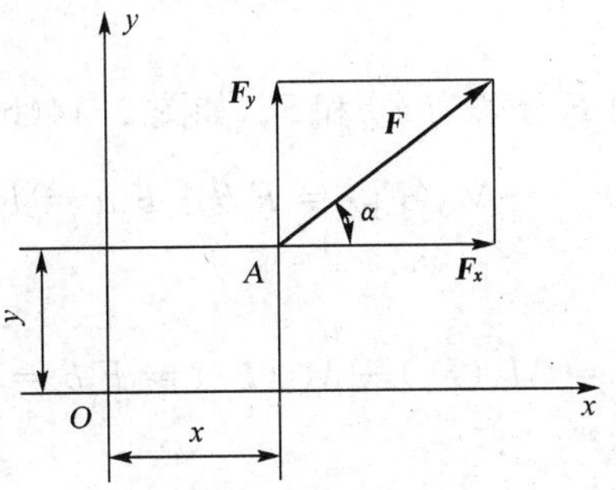

图 2-12

将式(2-14)代入式(2-13),得到合力矩的解析表达式

$$M_O(\boldsymbol{F}_R) = \sum (xF_y - yF_x)$$

2.3.3 力矩的计算

可用力矩的定义式(2-11)或力矩的解析表达式(2-14)计算平面力对某一点之矩。当力臂计算比较困难时,应用合力矩定理,往往可以简化力矩的计算。一般将力分解为两个适当的分力,先求出两分力对此点之矩,然后求其代数和,即得该力对点之矩。

【例 2-8】 如图 2-13(a)所示,直齿圆柱齿轮受啮合力 $\boldsymbol{F}_n$ 的作用。设 $F_n = 1\ \text{kN}$。压力角 $\alpha = 20°$,齿轮的节圆(啮合圆)半径 $r = 60\ \text{mm}$,试计算力 $\boldsymbol{F}_n$ 对轴 O 的力矩。

解:方法一 按力矩的定义计算。

由图 2-13(a)有 $M_O(\boldsymbol{F}_n) = F_n h = F_n r\cos\alpha = 1\,000 \times 0.06 \cdot \cos 20° = 56.38\ \text{N} \cdot \text{m}$

方法二 用合力矩定理计算。

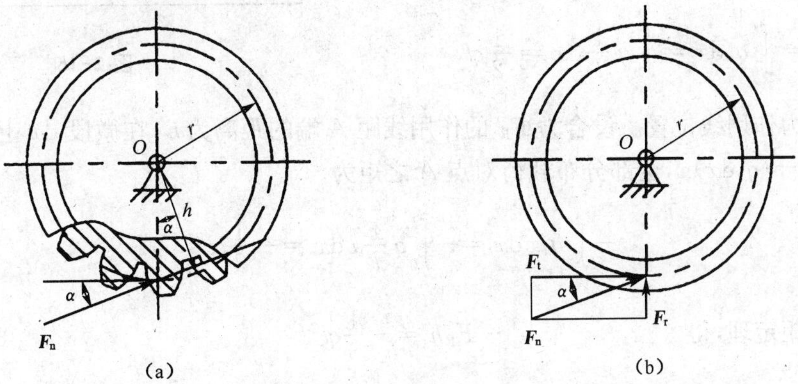

图 2-13

将力 $\boldsymbol{F}_n$ 分解为圆周力(或切向力)$\boldsymbol{F}_t$ 和径向力 $\boldsymbol{F}_r$，如图 2-13(b)所示，则

$$M_O(\boldsymbol{F}_n) = M_O(\boldsymbol{F}_t) + M_O(\boldsymbol{F}_r) = M_O(\boldsymbol{F}_t) = F_n\cos\alpha \times r = 1\,000 \times \cos 20° \times 0.06 = 56.38\ \text{N}\cdot\text{m}$$

【例 2-9】 如图 2-14(a)所示，曲杆上作用一力 $\boldsymbol{F}$，已知 $OA = a$，$AB = b$，试分别计算力 $\boldsymbol{F}$ 对点 O 和点 A 之矩。

解：应用合力矩定理，将力 $\boldsymbol{F}$ 分解为 $\boldsymbol{F}_x$ 和 $\boldsymbol{F}_y$，如图 2-14(b)所示，则力 $\boldsymbol{F}$ 对 O 点之矩为

$$M_O(\boldsymbol{F}) = M_O(\boldsymbol{F}_x) + M_O(\boldsymbol{F}_y) = F_x b + F_y a = Fb\sin\alpha + Fa\cos\alpha$$

力 F 对 A 点之矩为

$$M_A(\boldsymbol{F}) = M_A(\boldsymbol{F}_x) + M_A(\boldsymbol{F}_y) = F_x b = Fb\sin\alpha$$

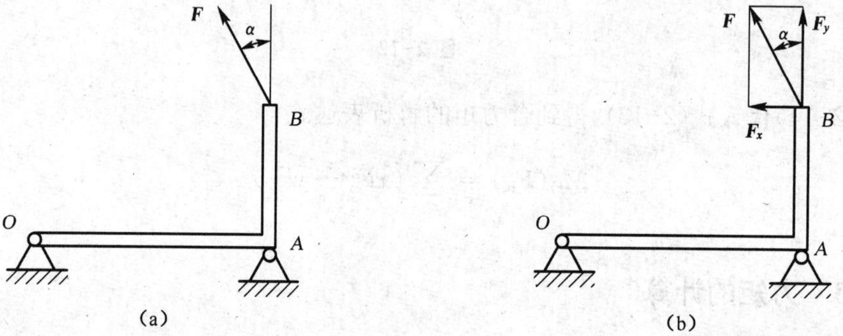

图 2-14

【例 2-10】 三角形分布载荷作用在水平梁 AB 上，如图 2-15 所示。最大载荷集度为 q，梁长 l。试求该力系的合力。

解：先求合力的大小。在梁上距 A 端为 x 处取一微段 dx，其上作用力大小为 $q_x dx$，其中 q_x 为此处的集度。由图 2-15 可知，$q_x = qx/l$，故分布载荷的合力为

$$F_R = \int_0^l q_x dx = \int_0^l q\frac{x}{l}dx = \frac{1}{2}ql$$

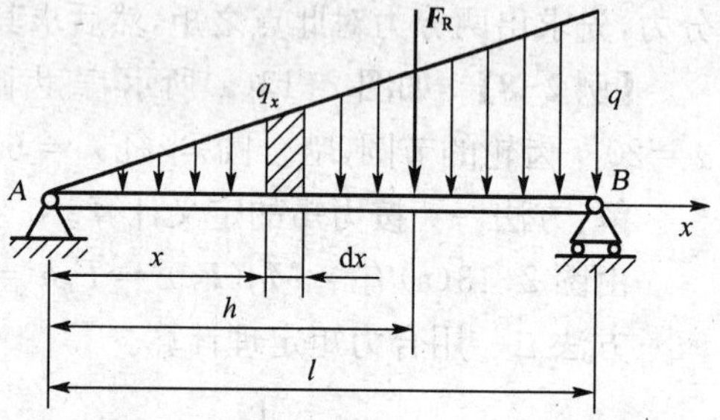

图 2-15

再求合力作用线位置。设合力 $\boldsymbol{F}_R$ 的作用线距 A 端的距离为 h，在微段 dx 上的作用力对点 A 之矩为 $-(q_x dx)x$，全部分布载荷对点 A 之矩为

$$-\int_0^l q_x x dx = -\int_0^l q\frac{x}{l}x dx = -\frac{1}{3}ql^2$$

由合力矩定理，得 $$-F_R h = -\frac{1}{3}ql^2$$

代入 $\boldsymbol{F}_R$ 的值，得 $$h = \frac{2}{3}l$$

即合力大小等于三角形分布载荷的面积，合力作用线通过三角形的几何中心。

2.4　平面力偶系

2.4.1　力偶的概念

在日常生活中，我们经常碰到不自觉地使用力偶的情况，例如用手打开水龙头、用手旋开笔帽、用钥匙开锁等。在机械工程中也有许多力偶的例子，如司机对方向盘的操作、钳工对丝锥的操作等。这些例子告诉我们，力偶是作用在物体上的两个大小相等、方向相反，且不共线的一对平行力所组成的力系，记作($\boldsymbol{F}$, $\boldsymbol{F}'$)，如图 2-16 所示。两个力之间的垂直距离 d 称为力偶臂，力偶所在的平面称为力偶作用面。力偶对刚体的外效应只能使刚体产生转动。

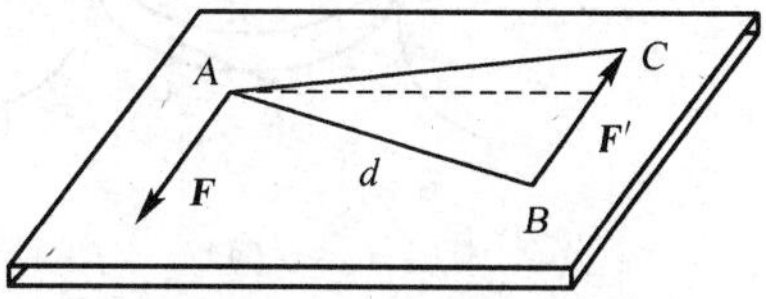

图 2-16

力偶对刚体的转动效应用力偶矩度量。对于平面力偶，力偶矩是代数量。力偶矩以符号 M 表示，即

$$M = \pm Fd \tag{2-15}$$

式(2-15)中的正负号一般以逆时针转向为正，顺时针转向为负。力偶矩的单位为 N·m，由图 2-16 可知，力偶矩的大小也可用力偶中的一个力为底边与另一个力的作用线上任一点所构成的三角形面积的两倍表示，即

$$M = \pm 2A_{\triangle OAB} \tag{2-16}$$

2.4.2　力偶的性质

性质 1　力偶既没有合力，也不能用一个力平衡。

力偶是由两个力组成的特殊力系，该力系不能合成为一个力，或用一个力来等效替换；力偶也不能用一个力来平衡。力偶只能对刚体产生转动效应，而力既能对刚体产生转动效应，同时又能产生平动效应。

性质 2　力偶对其作用面内任意一点的矩恒等于该力偶的力偶矩，与矩心的位置无关。

证明：设有一力偶(F, F')作用在刚体上某平面内，其力偶矩 $M=Fd$，如图 2-17 所示。在此平面上任取一点 O，该点至力 F 的垂直距离为 x，计算力偶对 O 点的矩为

$$M_O(\boldsymbol{F}, \boldsymbol{F}') = F'(x+d) - Fx = Fd = M$$

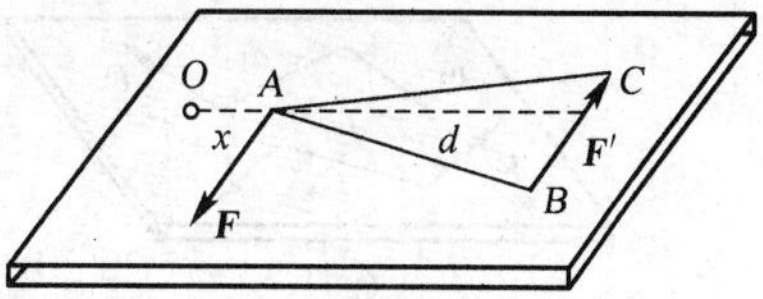

图 2-17

可见，力偶矩与矩心选择无关。因而力偶与力矩不

同，标注力偶矩时不需要指明力偶是对哪一点的矩，而简记为 M。

性质 3　只要保持力偶矩的大小和转向不变，可改变力偶作用的位置，也可同时改变力的大小和力偶臂的长短，而不影响力偶对刚体作用效果。

如图 2-18(a)所示，拧紧瓶盖时，可将力偶加在 A、B 位置或 C、D 位置，其效果相同。因此，力偶对刚体的作用与力偶在其作用面内的位置无关。又如图 2-18(b)所示，用丝锥攻螺纹时，若将力增加 1 倍，而力偶臂减少 1/2，其效果仍相同。因此，只要保持力偶矩的大小和转向不变，可以同时改变力偶中力的大小和力偶臂的长短，而不改变力偶对刚体的作用。

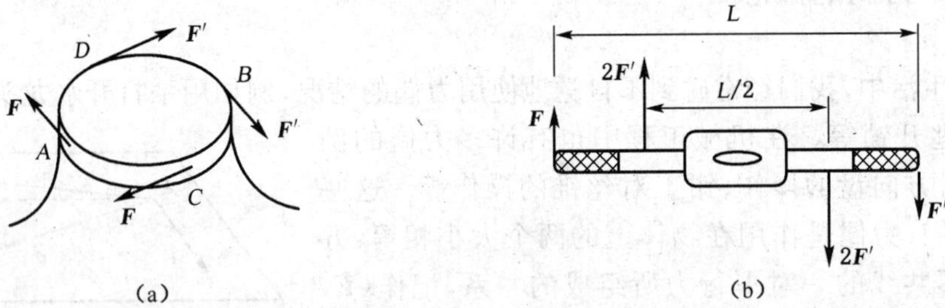

图 2-18

由此得出力偶的等效条件是：作用在同一平面内的两个力偶，只要其力偶矩大小相等、转向相同，则此二力偶彼此等效。

力偶可在其作用面内用一弯曲的箭头表示，如图 2-19 所示。箭头表示力偶的转向，M 表示力偶矩的大小。

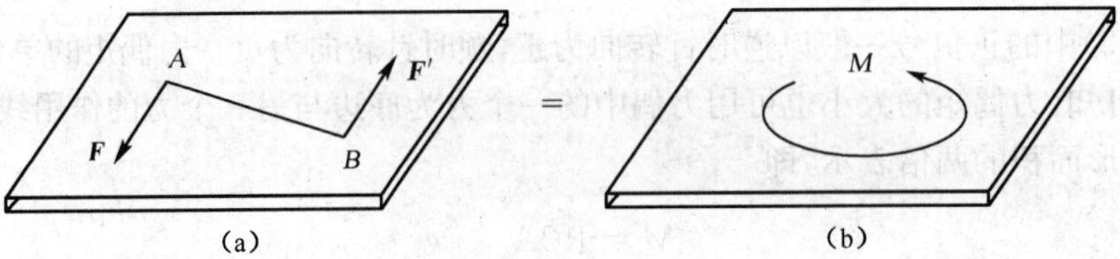

图 2-19

2.4.3　平面力偶系的合成

如图 2-20 所示，假如$(\boldsymbol{F}_1,\boldsymbol{F}_1')$、$(\boldsymbol{F}_2,\boldsymbol{F}_2')$是作用在物体同一平面内的两个力偶，根据力偶的等效性质，$(\boldsymbol{F}_1,\boldsymbol{F}_1')$可以与通过 A、B 两点的一对力$(\boldsymbol{F}_3,\boldsymbol{F}_3')$等效，即 $F_3\times d=F_1\times d_1=M_1$。$(\boldsymbol{F}_2,\boldsymbol{F}_2')$同样可以与通过 A、B 两点的一对力$(\boldsymbol{F}_4,\boldsymbol{F}_4')$等效，即 $F_4\times d=F_2\times d_2=-M_2$。显然 $\boldsymbol{F}_3$、$\boldsymbol{F}_4$ 的合力$\boldsymbol{F}$与$\boldsymbol{F}_3'$、$\boldsymbol{F}_4'$ 的合力 $\boldsymbol{F}'$组成新的力偶$(\boldsymbol{F},\boldsymbol{F}')$，其合力偶矩为

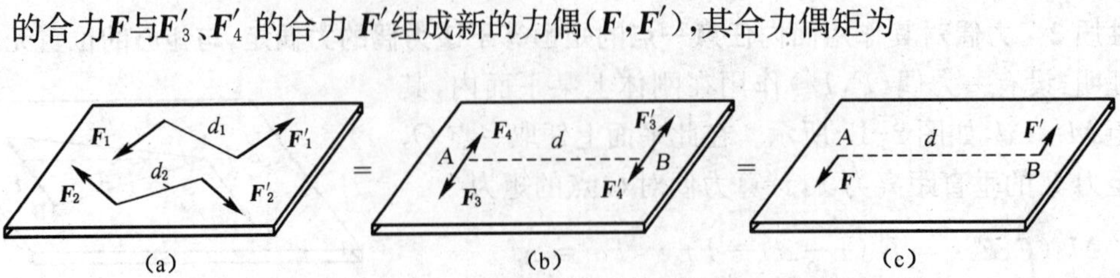

图 2-20

$$M = F \times D = (F_3 - F_4) \times d = F_3 \times d - F_4 \times d = M_1 + M_2$$

平面力偶系合成的结果为一合力偶矩，合力偶矩等于力偶系中各力偶矩的代数和。

上述结论可以推广到任意多个力偶合成的情形，即在同平面内的任意一个力偶可合成为一个合力偶，合力偶的力偶矩等于各已知力偶的力偶矩的代数和。可写为

$$M = \sum M_i \tag{2-17}$$

2.4.4　平面力偶系的平衡

平面力偶系平衡的必要和充分条件：合力偶矩为零。即各力偶矩的代数和等于零。即

$$M = \sum M_i = 0 \tag{2-18}$$

上式也称为平面力偶系的平衡方程，利用这个平衡方程可求解出一个未知量。

【例 2-11】　简支梁 AB 上受力如图 2-21(a)所示，试求梁的反力。

解：以梁 AB 为研究对象，受力分析如图 2-21(b)所示。因为力偶只能与力偶平衡，所以铰链 A 处的约束反力 F_{RA} 与铰链 B 处的约束反力 F_{RB} 必组成一个力偶。由平面力偶系的平衡条件，得

$$\sum M_i = 0 \qquad F_{RB} \times 5 - 6 \times 2 \times \sin 30^\circ = 0$$

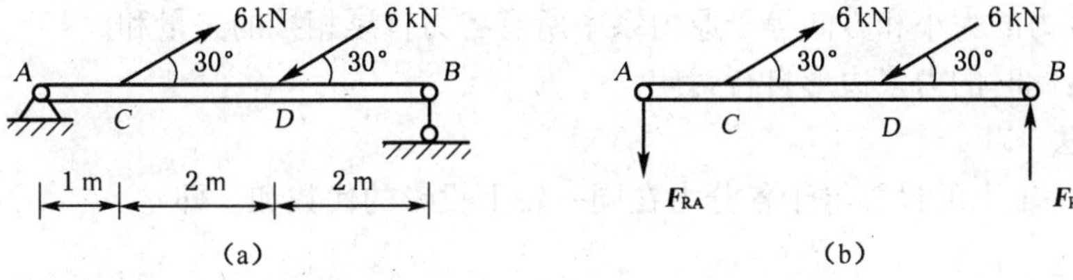

图 2-21

解得　　$F_{RB} = 1.2\ \text{kN}$

则有　　$F_{RA} = 1.2\ \text{kN}$

【例 2-12】　四连杆机构 $OABO_1$，如图 2-22(a)所示。已知在 OA 和 O_1B 上分别作用力偶 M_1 和 M_2，且知 $M_1 = 1\ \text{kN}\cdot\text{m}$，$OA = 40\ \text{cm}$，$O_1B = 60\ \text{cm}$，不计各杆自重，求平衡时力偶矩 M_2 的大小以及 AB 杆所受的力。

解：分别取杆 OA 和 O_1B 为研究对象。因为杆 AB 为二力杆，假设受拉力，则 OA、O_1B 的受力图如图 2-22(b)、(c)所示。它们都是平面力偶系的平衡问题，于是可分别列静力平衡方程：

对 OA：　　$\sum M_i = F_{AB} \times OA \sin 30^\circ - M_1 = 0$

对 O_1B：　　$\sum M_i = M_2 - F_{BA} \times O_1B = 0$

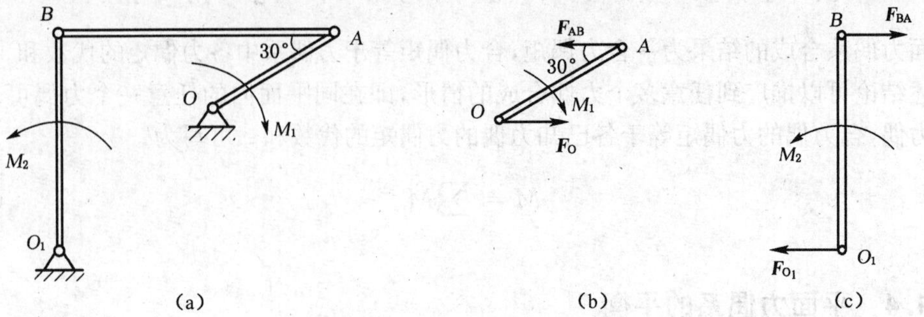

图 2-22

式中，$F_{BA}=F_{AB}$。联立求解，可得平衡时 AB 杆所受的力以及力偶矩 M_2 的大小为

$$F_{AB}=F_{BA}=5\ \text{kN}\quad M_2=3\ \text{kN}\cdot\text{m}$$

本章小结

1）平面汇交力系的合成与平衡

（1）几何法

力系合成：应用力多边形，力多边形的封闭边为平面汇交力系的合力，合力作用线通过各力的汇交点，合力的大小和方向等于原力系中所有各力首尾相接的矢量和。

力系平衡：此时的力多边形自行封闭。

（2）解析法

合力在某一轴上的投影等于各分力在同一轴上投影的代数和。即

$$\begin{cases}F_{Rx}=F_{x1}+F_{x2}+\cdots+F_{xn}=\sum_{i=1}^{n}F_{xi}\\F_{Ry}=F_{y1}+F_{y2}+\cdots+F_{yn}=\sum_{i=1}^{n}F_{yi}\end{cases}$$

力系平衡的解析条件是：力系中各力在两直角坐标轴上的投影的代数和分别等于零。即

$$\begin{cases}\sum F_x=0\\\sum F_y=0\end{cases}$$

2）力矩是度量力对物体转动效应的物理量

$$M_O(\boldsymbol{F})=\pm F\times d$$

3）合力矩定理

平面汇交力系的合力 F，对平面内任一点之矩等于各分力对该点之矩的代数和，即

$$M_O(\boldsymbol{F}_R)=\sum M_O(\boldsymbol{F}_i)$$

4）力偶是等值、反向、不共线的两个平行力组成的特殊力系

力偶无合力，也不能与一个力平衡。力偶对任一点之矩等于力偶矩 M，$M=\pm F\times d$；同平面内力偶的等效条件是力偶矩相等。

5）平面力偶系的合成与平衡

平面力偶系的合力偶矩等于各分力偶矩的代数和，即 $M=\sum M_i$。

平面力偶系平衡的必要和充分条件：各力偶矩的代数和等于零，即 $M=\sum M_i=0$。

利用这个平衡方程可求解出一个未知量。

复习思考题

一、是非题（正确的在括号内打"√"，错误的打"×"）

1. 力在两同向平行轴上投影一定相等，两平行相等的力在同一轴上的投影一定相等。（　　）

2. 用解析法求平面汇交力系的合力时，若选取不同的直角坐标轴，其所得的合力一定相同。（　　）

3. 在平面汇交力系的平衡方程中，两个投影轴一定要互相垂直。（　　）

4. 在保持力偶矩大小、转向不变的条件下，可将如图 2-23(a)所示 D 处平面力偶 M 移到如图 2-23(b)所示 E 处，而不改变整个结构的受力状态。（　　）

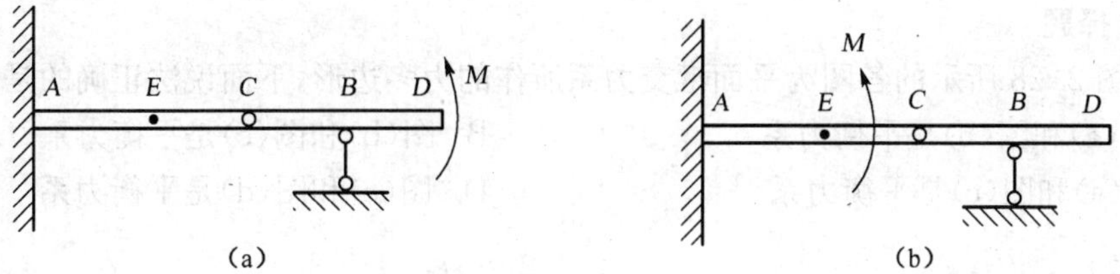

图 2-23

5. 如图 2-24 所示四连杆机构在力偶 $M_1=M_2$ 的作用下系统能保持平衡。（　　）

6. 如图 2-25 所示皮带传动，若仅是包角 α 发生变化，而其他条件均保持不变时，使带轮转动的力矩不会改变。（　　）

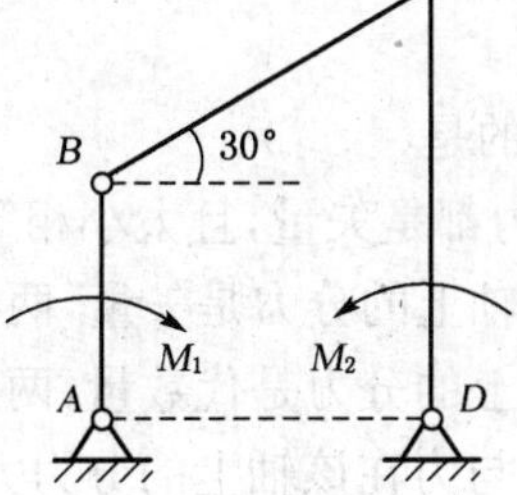

图 2-24

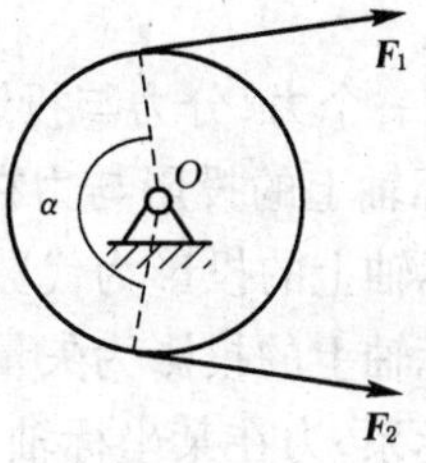

图 2-25

二、填空题

1. 平面汇交力系平衡的充要条件是________，利用它们可以求解________个未知的约束反力。

2. 三个力汇交于一点，但不共面，这三个力________相互平衡。

3. 如图 2-26 所示，杆 AB 自重不计，在五个力作用下处于平衡状态。则作用于点 B 的四个力的合力 $F_R=$________，方向沿________。

4. 如图 2-27 所示结构中，力 P 对点 O 的矩为________________。

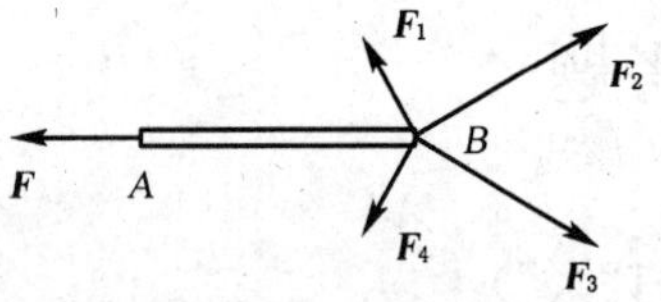

图 2-26

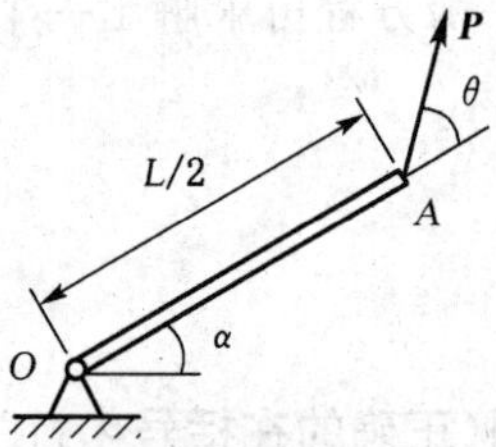

图 2-27

5. 把平面汇交力系中作力多边形的矢量规则为：各分力的矢量沿着环绕力多边形边界的某一方向________________，而合力矢量沿________________的方向，由第一个分力的________________指向最后一个分力的________________。

6. 在直角坐标系中，力对坐标轴的投影与力沿坐标轴分解的分力的大小________________，但在非直角坐标系中，力对坐标轴的投影与力沿坐标轴分解的分力的大小________________。

三、选择题

1. 如图 2-28 所示的各图为平面汇交力系所作的力多边形，下面说法正确的是（　　）。

A. 图(a)和图(b)是平衡力系　　B. 图(b)和图(c)是平衡力系

C. 图(a)和图(c)是平衡力系　　D. 图(c)和图(d)是平衡力系

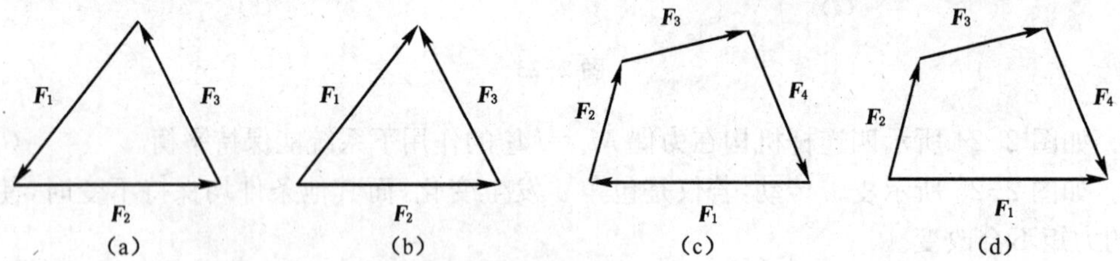

图 2-28

2. 下面关于某一个力、分力与投影的说法正确的是（　　）。

A. 力在某坐标轴上的投影与力在该轴上的分力都是矢量，且大小相等，方向一致

B. 力在某坐标轴上的投影为代数量，而力在该轴上的分力是矢量，两者完全不同

C. 力在某坐标轴上的投影为矢量，而力在该轴上的分力是代数量，两者完全不同

D. 对一般坐标系，力在某坐标轴上投影的量值与力在该轴上的分力大小相等

3. 如图 2-29 所示，四个力作用在一物体的四点 A、B、C、D 上，设 P_1 与 P_2，P_3 与 P_4 大小相等、方向相反，且作用线互相平行，该四个力所作的力多边形闭合，那么（　　）。

A. 力多边形闭合，物体一定平衡

B. 虽然力多边形闭合，但作用在物体上的力系并非平面汇交力系，无法判定物体是否平衡

C. 作用在该物体上的四个力构成平面力偶系，物体平衡由 $\sum M_i = 0$ 来判定

D. 上述说法均无依据

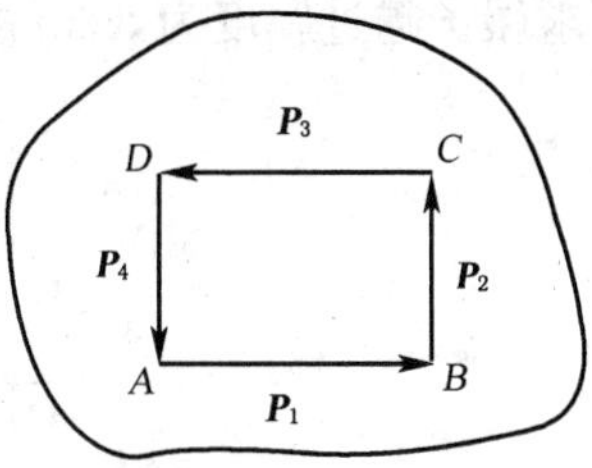

图 2-29

4. 力偶对物体的作用效应，取决于(　　)。

A. 力偶矩的大小

B. 力偶的转向

C. 力偶的作用平面

D. 力偶矩的大小，力偶的转向和力偶的作用平面

5. 一个不平衡的平面汇交力系，若满足 $\sum F_x = 0$ 的条件，则其合力的方位应是(　　)。

A. 与 x 轴垂直　　B. 与 x 轴平行

C. 与 y 轴正向的夹角为锐角　　D. 与 y 轴正向的夹角为钝角

四、计算题

1. 在物体的某平面上点 A 受四个力作用，力的大小、方向如图 2-30 所示。试用几何法求其合力。

2. 螺栓环眼受到三根绳子拉力的作用，其中 T_1、T_2 大小和方向如图 2-31 所示，今欲使该力系合力方向铅垂向下，大小等于 15 kN，试用几何法确定拉力 T_3 的大小和方向。

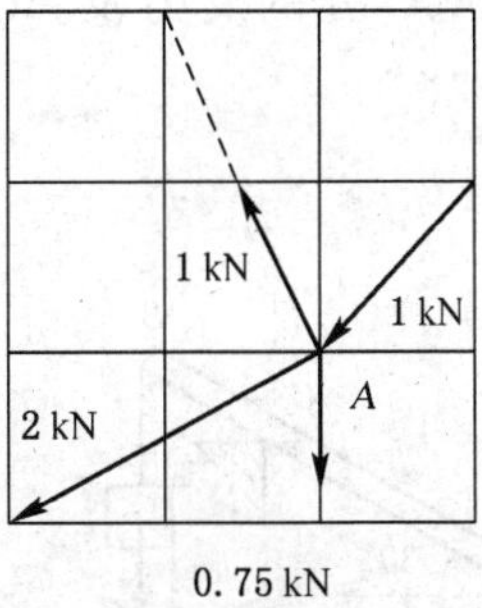

图 2-30

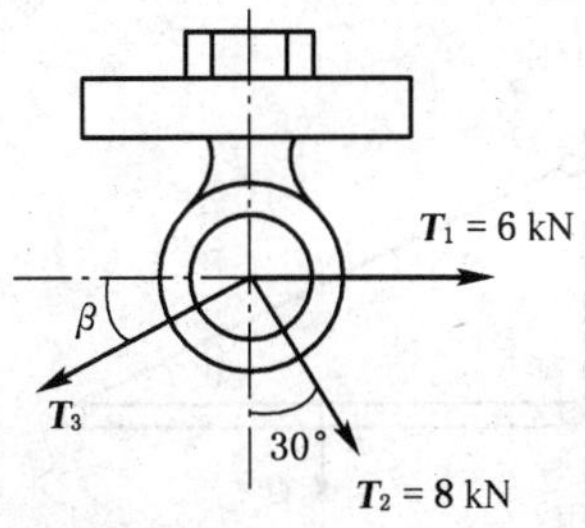

图 2-31

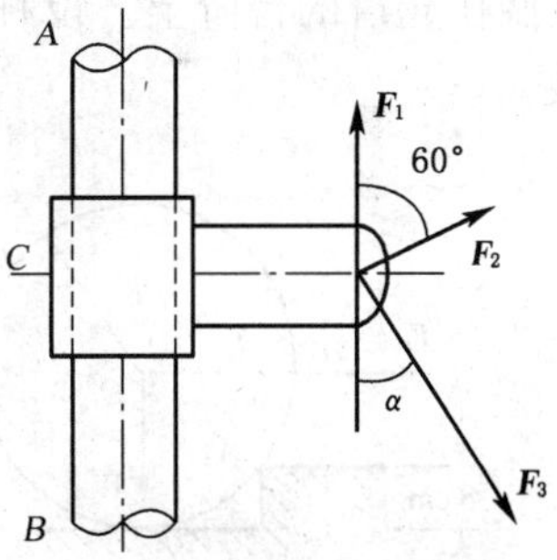

图 2-32

3. 如图 2-32 所示，套环 C 可在垂直杆 AB 上滑移，设 $F_1 = 2.4$ kN，$F_2 = 1.6$ kN，$F_3 = 4.8$ kN，试用几何法求当 α 角多大时，才能使作用在套环上的合力沿水平方向，并求此时的合力。

4. 已知 $F_1 = 100$ N，$F_2 = 50$ N，$F_3 = 60$ N，$F_4 = 80$ N，各力方向如图 2-33 所示。试分别求各力在 x 轴和 y 轴上的投影。

5. 已知图 2-34 所示中 $F_1 = 20$ kN，$F_2 = 14.14$ kN，$F_3 = 27.32$ kN，试求此三个力的合力。

6. 求如图 2-35 所示各梁支座的约束反力。

7. 压路机的碾子半径 $R = 40$ cm，在其中心 O 处受重力 $W = 20$ kN，如图 2-36 所示。试

求碾子越过厚度为 8 cm 的石板时，所需的最小水平拉力 F_{min} 以及碾子对石板的作用力。

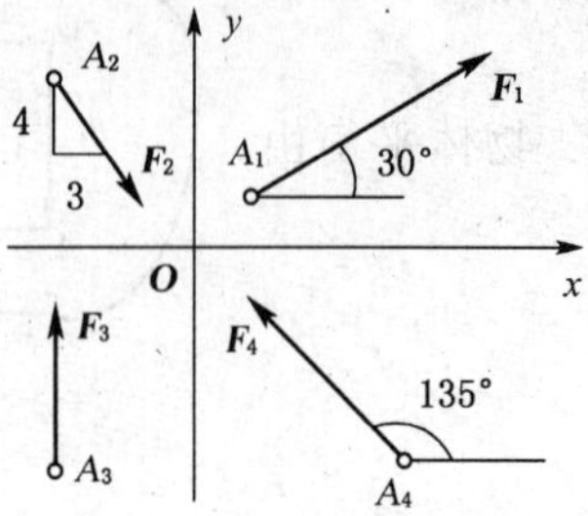

图 2-33

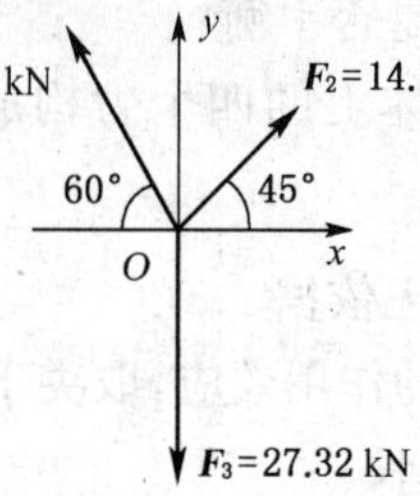

图 2-34

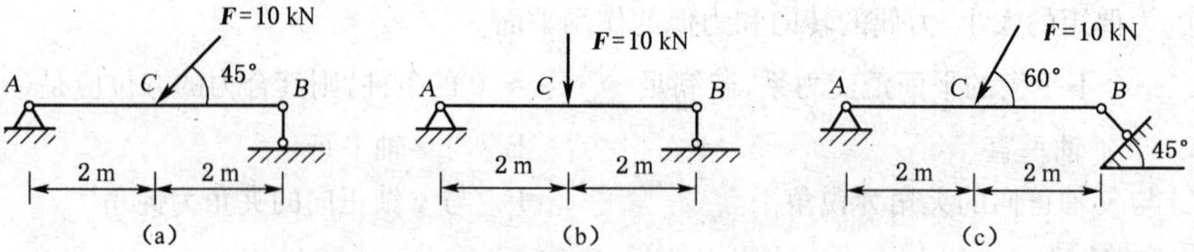

图 2-35

8. 水平杆 AB 分别用铰链 A 和绳索 BD 连接，在杆中点悬挂重物 $G = 1$ kN，如图 2-37 所示。设杆自重不计，求铰链 A 处的反力和绳索 BD 的拉力。

9. 如图 2-38 所示，杆 AB 长 2 m，B 端挂一重物 $G = 3$ kN，A 端靠在光滑的铅直墙上，C 点搁在光滑的台阶上。设杆自重不计，求杆在图示位置平衡时，A、C 处的反力及 AC 的长度。

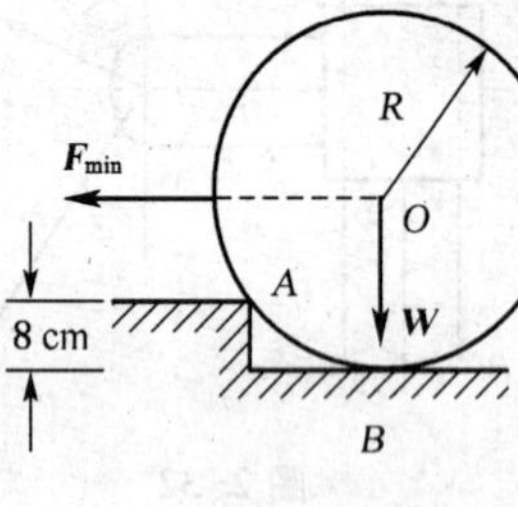

图 2-36

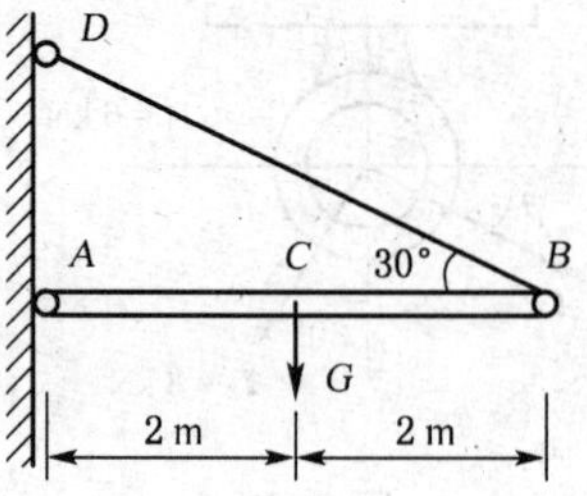

图 2-37

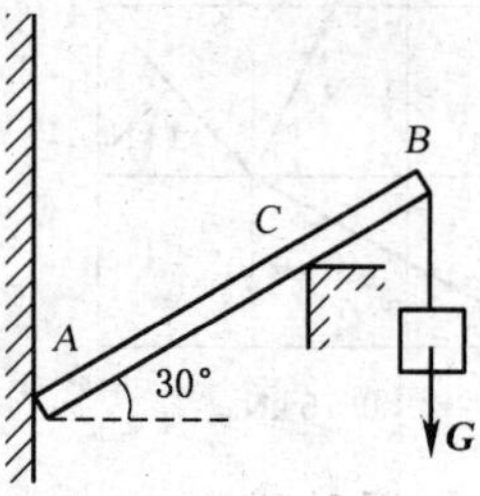

图 2-38

10. 如图 2-39 所示的起重机支架的 AB、AC 杆用铰链支承在立柱上，并在 A 点用铰链互相连接，绳索一端绕过滑轮 A 起吊重物 $G = 20$ kN，另一端连接在卷扬机 D 上，AD 与水平成 30°。设滑轮和各杆自重及滑轮的大小均不计。求平衡时杆 AB 和 AC 所受的力。

11. 如图 2-40 所示，自重为 G 的圆柱搁置在倾斜的板 AB 与墙面之间，圆柱与板的接触点 D 是 AB 的中心，各接触处都是光滑的。试求绳 BC 的拉力及铰 A 处的约束反力。

12. 半径为 R、自重为 G 的圆柱以拉紧的绳子 $ACDB$ 固定在水平面上，如图 2-41 所示。已知绳子的拉力为 F，$AE = BE = 3R$，求点 E 处圆柱对水平面的压力。

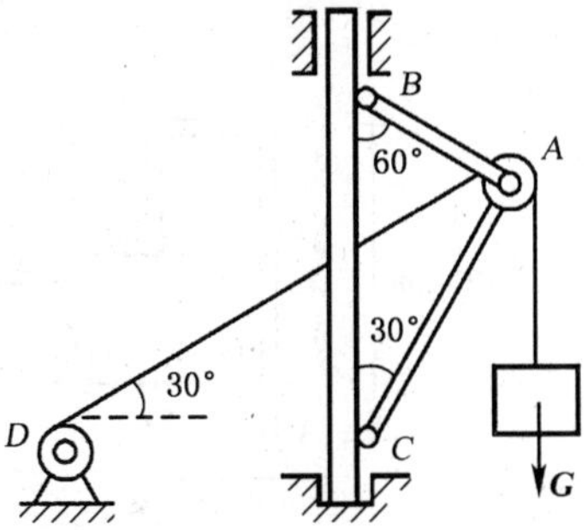

图 2-39

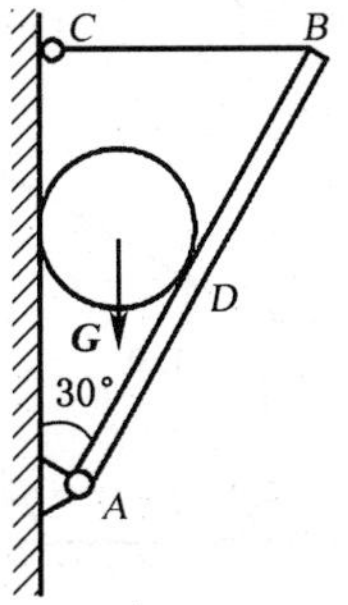

图 2-40

13. 如图 2-42 所示自重为 G 的两均质球，半径均为 r，放在光滑槽内，求在图示位置平衡时，槽壁对球的约束反力。

14. 自重 $G=200$ N 的物体，用四根绳索悬挂，如图 2-43 所示，求各绳所受的拉力。

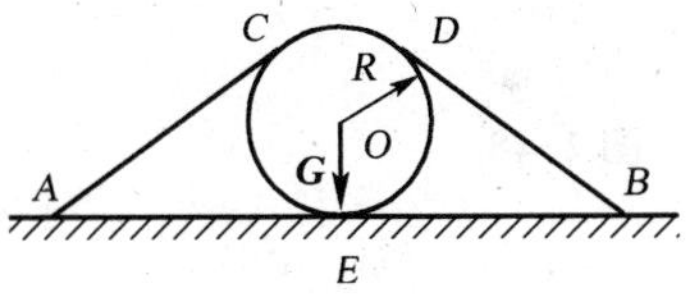

图 2-41

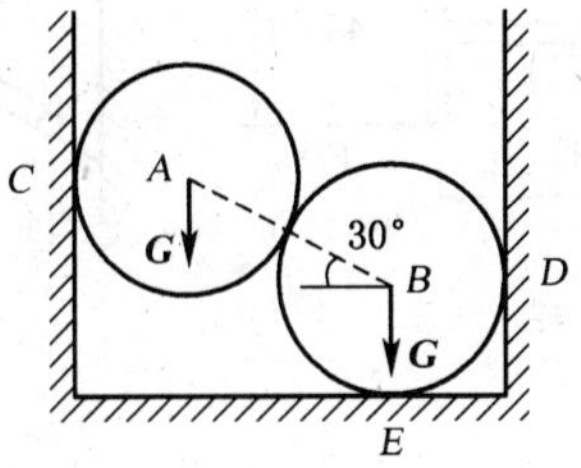

图 2-42

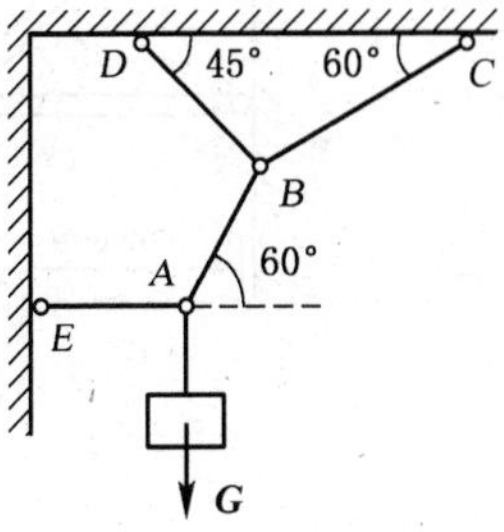

图 2-43

15. 求图 2-44 所示各梁支座处的约束反力。

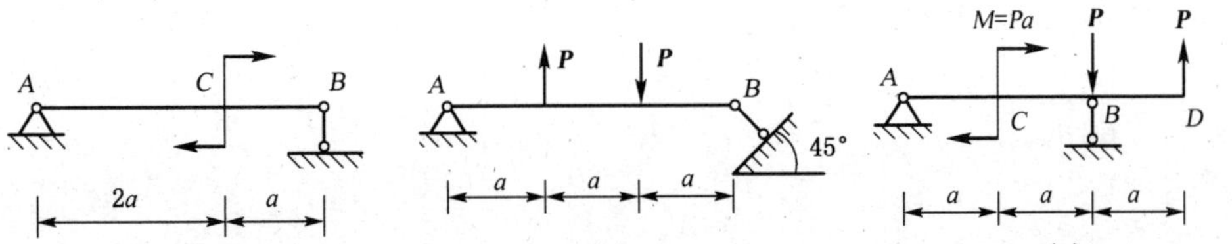

(a) (b) (c)

图 2-44

16. 连杆机构 $OABC$，受铅直力 F_1 和水平力 F，如图 2-45 所示，已知 $F=3.5\,\text{kN}$，求平衡时力 F_1 的大小以及杆 OA、AB、BC 所受的力。不计杆自重。

17. 如图 2-46 所示结构中各构件的自重略去不计，在构件 AB 上作用一力偶，其力偶矩 $M=800\,\text{N}\cdot\text{m}$，求点 A 和 C 的约束反力。

18. 图 2-47 所示构架，已知 $F_1=F_2=5\,\text{kN}$，杆自重不计，求 A 和 C 处的约束反力。

19. 在图 2-48 所示的曲柄滑道机构中，杆 AE 上有一导槽，套在杆 BD 的销子 C 上，销子 C 可在光滑导槽内滑动。已知 $M_1=4\,\text{kN}\cdot\text{m}$，转向如图所示，$AB=2\,\text{m}$，$\theta=30°$，机构在图示位置处于平衡。求 M_2 以及铰链 A、B 的约束反力。

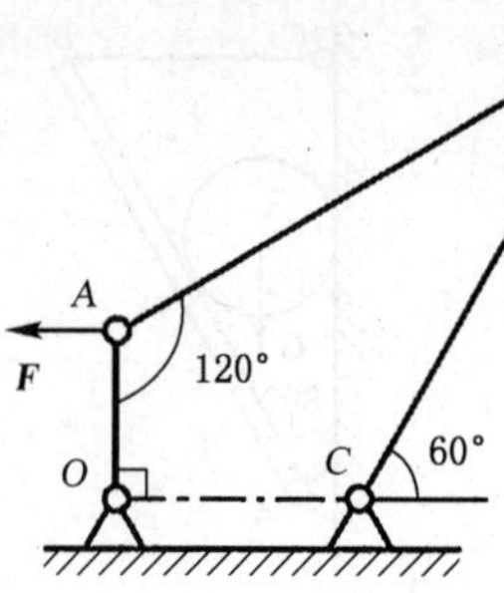

图 2-45

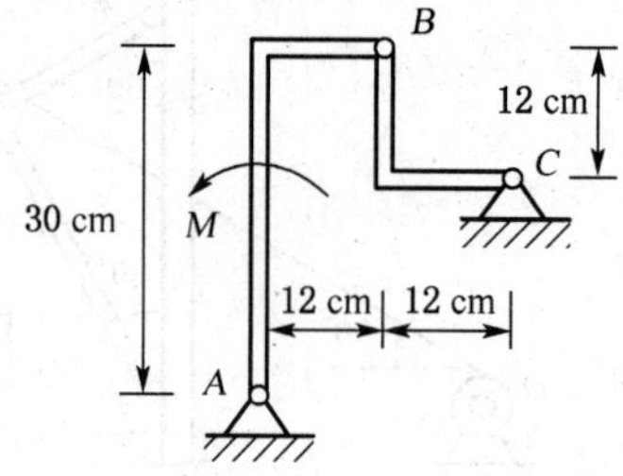

图 2-46

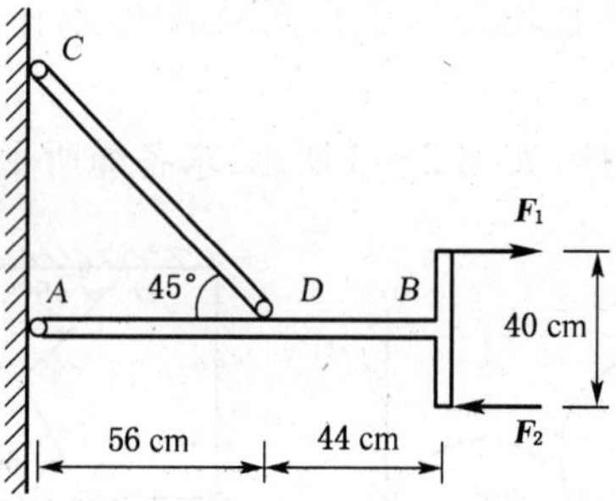

图 2-47

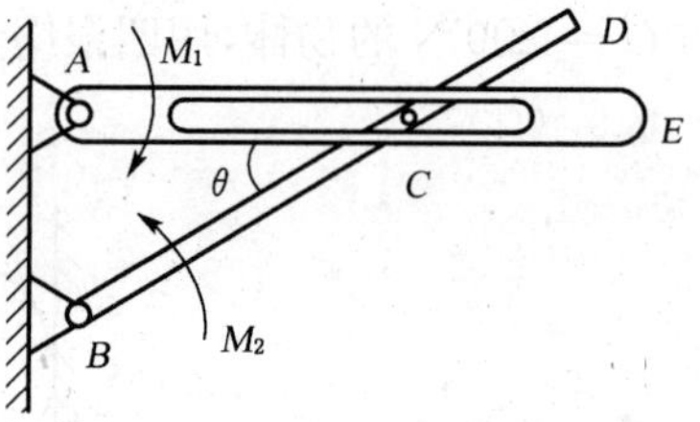

图 2-48

3 平面任意力系

本章导读

本章主要研究平面任意力系的简化和平衡问题。利用力的平移定理，可以将平面任意力系简化为一个平面汇交力系和一个附加力偶，从而利用前面所学知识来解决平面任意力系的平衡问题。

教学目标

了解：主矢、主矩、静定与静不定、桁架等概念。

掌握：力的平移定理、平面任意力系的简化、平面任意力系的平衡条件和方程形式。

应用：灵活应用平衡方程形式，求解平面任意力系的平衡问题以及求解桁架杆件内力。

分析：分析工程实际中与平面任意力系相关问题，通过力系的平衡条件，解决工程问题。

3.1 力的平移定理

对平面力系进行简化时，一般采用力系向一点简化的方法，这种方法较为简便而且具有普遍性。平面力系简化的理论基础是力的平移定理。

力的平移定理：将作用于刚体上的力 $\boldsymbol{F}$ 向某点 O 平移时，为了不改变力 $\boldsymbol{F}$ 对刚体的作用效应，必须附加一个力偶，此附加力偶的力偶矩等于原力 $\boldsymbol{F}$ 对平移点 O 之矩。

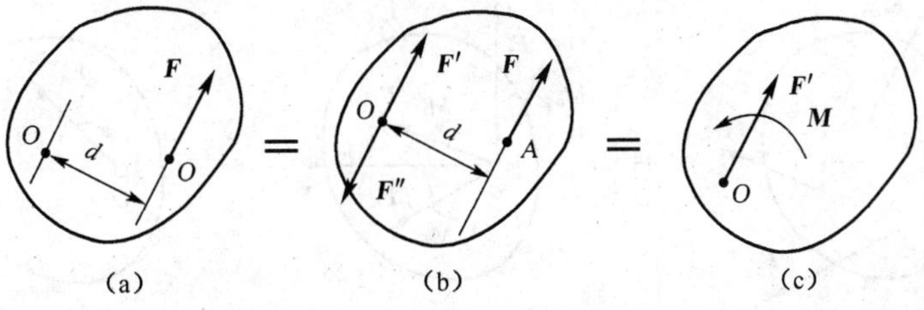

图 3-1

证明：如图 3-1(a)所示，在刚体上点 A 作用有力 $\boldsymbol{F}$，现在刚体上的点 O 处加上一对平衡力 $(\boldsymbol{F}',\boldsymbol{F}'')$，并使得 $\boldsymbol{F}'=\boldsymbol{F}=-\boldsymbol{F}''$(图 3-1(b))。此时，$\boldsymbol{F}$、$\boldsymbol{F}''$组成一力偶，故原作用于 A 点的力 $\boldsymbol{F}$

等效于作用于O点的力$\boldsymbol{F}'$和力偶($\boldsymbol{F},\boldsymbol{F}''$)。

这样,就把作用于点$\boldsymbol{A}$的力$\boldsymbol{F}$平移到了另一点O,但同时附加了一个相应的力偶M,这个力偶称为附加力偶。显然,附加力偶矩为

$$M = Fd = M_O(F) \tag{3-1}$$

即附加力偶矩等于力F对平移点O之矩。因此定理得证。

力的平移定理指出,一个力可等效于一个力和一个力偶,或者说一个力可分解为作用在同平面内的一个力和一个力偶。反过来,可证明其逆定理也成立,即同一平面内的一个力和一个力偶可以合成为一个力。

需要指出的是,力的平移定理中所说的"等效",是指力对于刚体的运动效应不变,当研究变形体问题时,力是不能移动的。力的平移定理是力系向一点简化的理论依据。

3.2 平面任意力系的简化

3.2.1 主矢和主矩

设在刚体上作用一平面任意力系$\boldsymbol{F}_1,\boldsymbol{F}_2,\cdots,\boldsymbol{F}_n$,其作用点分别为$A_1,A_2,\cdots,A_n$(图3-2(a))。在力系所在平面内任选一点$O$,点$O$称为简化中心。根据力的平移定理,每一个力平行移动到点O都会形成一个作用于点O的力和一个附加力偶,于是整个平面力系中所有的力都平移到点O后,则得到作用于点O的平面汇交力系$\boldsymbol{F}_1,\boldsymbol{F}_2,\cdots,\boldsymbol{F}_n$和作用于力系所在平面内的力偶矩$M_1,M_2,\cdots,M_n$(图3-2(b))。这样,平面任意力系分解成两个简单力系:平面汇交力系和平面力偶系。

平面汇交力系$\boldsymbol{F}_1,\boldsymbol{F}_2,\cdots,\boldsymbol{F}_n$,可合成为作用线通过点$O$的一个力$\boldsymbol{F}'_R$(图3-2(c)),即

$$\boldsymbol{F}'_R = \sum \boldsymbol{F}_i \tag{3-2}$$

把原力系中各力的矢量和$\boldsymbol{F}'_R$称为该力系的主矢。主矢与简化中心位置无关。

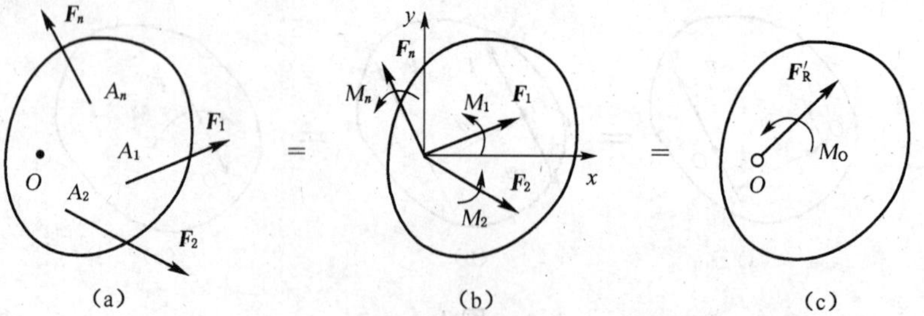

图3-2

再将附加力偶系合成，得到一个力偶，这个力偶的矩等于各附加力偶矩的代数和，用 M_O 表示，则

$$M_O = \sum M_i = \sum M_O(\boldsymbol{F}_i) \tag{3-3}$$

把原力系中各力对简化中心 O 的矩的代数和 M_O 称为该力系对简化中心 O 的主矩。主矩随简化中心位置的改变而改变。因此，凡提到力系的主矩，必须指明对哪一点的主矩。

综上，将平面任意力系向某一点简化，可以得到以下结论：

平面任意力系向作用面内任一点 O 简化的结果，是一个力和一个力偶。这个力作用在简化中心 O，其矢量称为原力系的主矢，并等于原力系中各力的矢量和；这个力偶称为原力系对简化中心 O 的主矩，并等于该力系中各力对简化中心 O 的矩的代数和。

假设有通过简化中心 O 的直角坐标系 Oxy，根据合力的投影定理，有

$$\left.\begin{aligned} F'_{Rx} &= \sum F_x \\ F'_{Ry} &= \sum F_y \end{aligned}\right\} \tag{3-4}$$

故主矢 $\boldsymbol{F}'_R$ 的大小和方向余弦为

$$\left.\begin{aligned} \boldsymbol{F}'_R &= \sqrt{(\sum F_{Rx})^2 + (\sum F_{Ry})^2} = \sqrt{(\sum F_x)^2 + (\sum F_y)^2} \\ \cos\langle \boldsymbol{F}'_R, \boldsymbol{i}\rangle &= \frac{F'_{Rx}}{\boldsymbol{F}'_R}, \cos\langle \boldsymbol{F}'_R, \boldsymbol{j}\rangle = \frac{F'_{Ry}}{\boldsymbol{F}'_R} \end{aligned}\right\} \tag{3-5}$$

3.2.2 固定端约束

工程中，固定端是一种常见的约束，图 3-3(a)所示为夹持在卡盘上的工件；图 3-3(b)所示为固定在飞机机身上的机翼；图 3-3(c)所示为插入地基中的电线杆。这类物体联接方式的特点是联接处刚性很大，两物体间既不能产生相对移动，也不能产生相对转动，这类实际约束均可抽象为固定端(插入端)约束，其简图如图 3-3(d)所示。

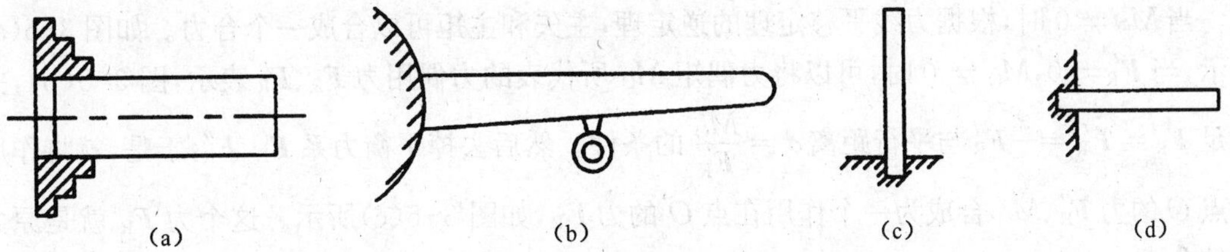

图 3-3

固定端的约束反力可利用平面力系向一点简化的方法来分析。如图 3-4 所示，固定端对物体的作用，是在接触面上作用了一群约束反力，在平面问题中，这些力组成一平面力系，如图 3-4(a)所示。根据力系简化理论，将这群力向作用平面内的 A 点简化，得到一个力和一个力偶，如图 3-4(b)所示。这个力的大小和方向均为未知量，一般用两个未知的分力来代替。因此，在平面问题中，固定端 A 处的约束反力可简化为两个约束反力 $\boldsymbol{F}_{Ax}$、$\boldsymbol{F}_{Ay}$ 和一

个反力偶 M_A，如图 3-4(c)所示。

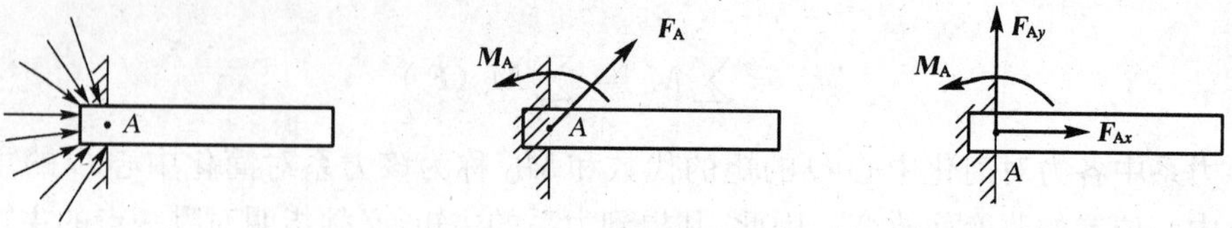

图 3-4

与固定铰支座的约束性质相比，固定端除了限制物体在水平方向和铅直方向移动外，还能限制物体在平面内转动，而固定铰支座不能限制物体在平面内转动。因此，固定铰支座的约束反力只有 F_{Ax}、F_{Ay}，而固定端除了约束反力 F_{Ax}、F_{Ay} 外，还有一个约束反力偶 M_A。

3.2.3 平面任意力系的简化结果分析

任意力系向某一点进行简化，一般得到一个主矢 $\boldsymbol{F}'_R$ 和一个主矩 M_O，可以归结为四种情形：① $\boldsymbol{F}'_R = 0, M_O = 0$；② $\boldsymbol{F}'_R = 0, M_O \neq 0$；③ $\boldsymbol{F}'_R \neq 0, M_O = 0$；④ $\boldsymbol{F}'_R \neq 0, M_O \neq 0$。现对这四种情况作进一步的分析讨论。

(1) 平面力系平衡：$\boldsymbol{F}'_R = 0, M_O = 0$

在这种情况下力系平衡，该平面任意力系平衡的必要与充分条件是力系的主矢和主矩都等于零。

(2) 平面力系简化为一个力偶，$\boldsymbol{F}'_R = 0, M_O \neq 0$

力系的主矢等于零，主矩不等于零时，则表明主矩与原力系等效，即原力系可以合成为一个力偶矩为 M_O 的合力偶，合力偶矩 $M_O = M_O(\boldsymbol{F}_i)$。因为力偶对任一点的矩均等于力偶矩，故力系的主矩不随简化中心的位置而改变。

(3) 平面力系简化为一个合力，$\boldsymbol{F}'_R \neq 0$

当力系的主矩 $M_O = 0$ 时，显然原力系与主矢 $\boldsymbol{F}_R$ 等效，即原力系可以合成一个合力，合力等于主矢，作用线通过简化中心 O。

当 $M_O \neq 0$ 时，根据力线平移定理的逆定理，主矢和主矩可以合成一个合力。如图 3-5(a)所示，当 $\boldsymbol{F}'_R \neq 0, M_O \neq 0$ 时，可以将力偶矩 M_O 所代表的力偶用力 $\boldsymbol{F}_R$、$\boldsymbol{F}''_R$ 表示，图 3-5(b)，并满足 $\boldsymbol{F}_R = \boldsymbol{F}'_R = -\boldsymbol{F}''_R$ 与平行距离 $d = \dfrac{M_O}{\boldsymbol{F}_R}$ 的条件。然后去掉平衡力系 $\boldsymbol{F}'_R$、$\boldsymbol{F}''_R$，于是，就将作用于点 O 的力 $\boldsymbol{F}'_R$、M_O 合成为一个作用在点 O' 的力 $\boldsymbol{F}_R$，如图 3-5(c)所示。这个力 $\boldsymbol{F}_R$ 就是原力系的合力。

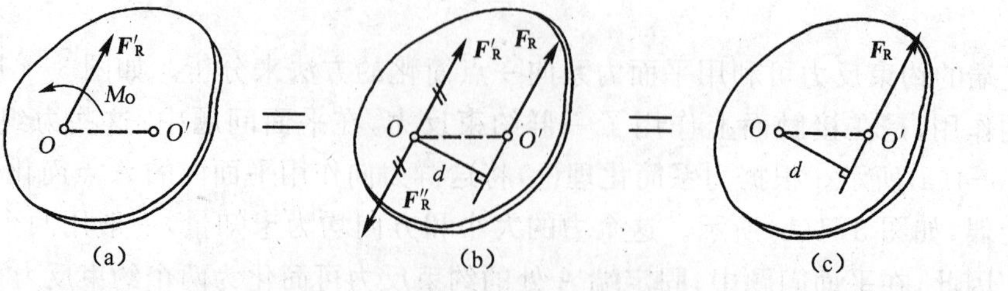

图 3-5

3.2.4 合力矩定理

平面力系的合力矩定理 平面力系的合力对于作用面内任一点之矩等于力系中各力对于同一点之矩的代数和。

证明：由图 3-5(c)可知，合力$\boldsymbol{F}_R$对O之矩为

$$M_O(\boldsymbol{F}_R) = F_R d = M_O = \sum M_O(\boldsymbol{F})$$

故
$$M_O(\boldsymbol{F}_R) = \sum M_O(\boldsymbol{F}) \tag{3-6}$$

式(3-6)即为平面力系的合力矩定理。

由于简化中心O是任意选取的，故式(3-6)具有普遍意义。

【例 3-1】 在长方形平板的O、A、B、C点上分别作用有四个力。其中，$F_1 = 1\ \text{kN}$，$F_2 = 2\ \text{kN}$，$F_3 = F_4 = 3\ \text{kN}$（图 3-6(a)）。试求以上四个力构成的力系对点O的简化结果，以及该力系的最后合成结果。

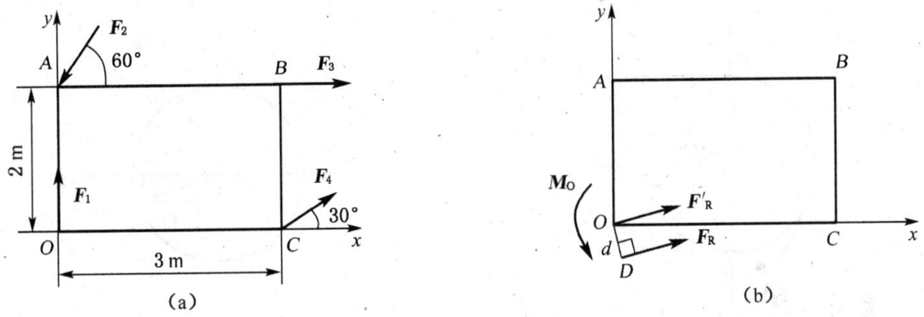

图 3-6

解：取坐标系Oxy如图 3-6(a)所示。此力系向点O简化后，可求得主矢$\boldsymbol{F}'_R$和主矩M_O如下：

主矢$\boldsymbol{F}'_R$在轴x和y上的投影分别等于各力在轴x和y上的投影的代数和，则

$$F'_{Rx} = \sum F_x = F_3 - F_2\cos60^\circ + F_4\cos30^\circ = 4.598\ \text{kN}$$

$$F'_{Ry} = \sum F_y = F_1 - F_2\sin60^\circ + F_4\sin30^\circ = 0.768\ \text{kN}$$

主矢$\boldsymbol{F}'_R$的大小是

$$F'_R = \sqrt{\left(\sum F_x\right)^2 + \left(\sum F_y\right)^2} = 4.662\ \text{kN}$$

主矢$\boldsymbol{F}'_R$的方向可由方向余弦确定

$$\cos\langle \boldsymbol{F}'_R, \boldsymbol{i}\rangle = \frac{\sum F_x}{\boldsymbol{F}'_R} = 0.986$$

$$\cos\langle \boldsymbol{F}'_R, \boldsymbol{j}\rangle = \frac{\sum \boldsymbol{F}_y}{\boldsymbol{F}'_R} = 0.165$$

故得 $\langle \boldsymbol{F}'_R, \boldsymbol{i}\rangle = 9°30'$，$\langle \boldsymbol{F}'_R, \boldsymbol{j}\rangle = 80°30'$。

主矩大小为

$$M_O = \sum M_O(\boldsymbol{F}) = 2F_2\cos60° - 2F_3 + 3F_4\sin30° = 0.5\ \text{kN}\cdot\text{m}\ (\text{逆时针方向})$$

可见，此力系向点 O 的简化结果是作用在点 O 的一个力以及矩矢为 M_O 的一个力偶。

由于主矢和主矩都不等于零，该力系的最后合成结果应该是一个合力 $\boldsymbol{F}_R$。合力 $\boldsymbol{F}_R$ 的大小和方向与主矢 $\boldsymbol{F}'_R$ 相同，其作用线与点 O 的垂直距离为

$$d = \frac{M_O}{\boldsymbol{F}'_R} = 0.11\ \text{m}$$

且由 M_O 的转向可知，点 D 位于点 O 的右下方。

【例 3-2】 平面力系如图 3-7(a)所示，已知 $F_1 = 8\ \text{kN}$，$F_2 = 3\ \text{kN}$，$M = 10\ \text{kN}\cdot\text{m}$，$R = 2\ \text{m}$，$\theta = 120°$，试求：(1)力系向 O 点的简化结果；(2)力系的最后简化结构，并示于图上。

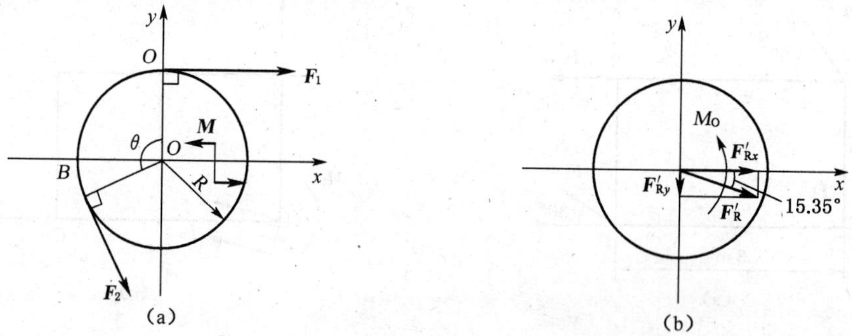

图 3-7

解：(1) 先将力系中各力向 O 点简化，求得其主矢 $\boldsymbol{F}'_R$ 和主矩 M_O。由图 3-7(b)可知，$\boldsymbol{F}'_R$ 在 x、y 轴上的投影分别为

$$F'_{Rx} = \sum F_{ix} = F_1 + F_2\cos60° = 9.5\ \text{kN}$$

$$F'_{Ry} = \sum F_{iy} = -F_2\sin60° = -2.6\ \text{kN}$$

主矢 $\boldsymbol{F}'_R$ 的大小为

$$F'_R = \sqrt{(\sum F_{ix})^2 + (\sum F_{iy})^2} = 9.85\ \text{kN}$$

主矢 $\boldsymbol{F}'_R$ 的方向余弦为

$$\cos\langle F'_R, i\rangle = \frac{\sum F_{ix}}{F'_R} = 0.964, \quad \cos\langle F'_R, j\rangle = \frac{\sum F_{iy}}{F'_R} = -0.264$$

则有 $$\angle\langle \boldsymbol{F}'_R, \boldsymbol{i}\rangle = 344.65°, \quad \langle \boldsymbol{F}'_R, \boldsymbol{j}\rangle = 254.65°$$

力系对 O 点的主矢为

$$M_O = M + F_2R - F_1R = 0$$

(2) 力系最后简化结果为一个力。合力 $\boldsymbol{F}_R$ 的大小和方向与主矢 $\boldsymbol{F}'_R$ 相同,作用线通过 O 点,如图 3-7(b)所示。

3.3 平面任意力系的平衡条件和平衡方程

1) 平衡条件和平衡方程

当平面任意力系向一点简化后,若其主矢和主矩均等于零时,即

$$\boldsymbol{F}'_R = 0, \quad M_O = 0 \tag{3-7}$$

显然,此时原力系必为平衡力系。故式(3-7)为平面任意力系平衡的充分条件。

另外,只有当主矢和主矩均等于零时,力系才能平衡;只要主矢和主矩中有一个不等于零,则原力系简化为一合力或一合力偶,力系不能平衡。故式(3-7)又是平面任意力系平衡的必要条件。

综上,平面任意力系平衡的充要条件是:力系的主矢和对于任一点的主矩都等于零。由式(3-5)和式(3-7)可得

$$\left.\begin{aligned} &\sum F_x = 0 \\ &\sum F_y = 0 \\ &\sum M_O(F) = 0 \end{aligned}\right\} \tag{3-8}$$

式(3-8)表明,平面力系平衡的充要条件是:力系中各力在两个任选的坐标轴上的投影的代数和分别等于零,以及各力对于任一点之矩的代数和也等于零。式(3-8)称为平面力系的平衡方程。

2) 平衡方程的三种形式

平面任意力系的平衡方程可表达为以下三种形式。

(1) 基本形式

平面力系平衡方程的第一种形式为式(3-8)表示的基本形式,也称为一力矩形式。

由于平面力系的简化中心是任意选取的,因此,在求解平面力系平衡问题时,可取不同的矩心,列出不同的矩方程,用矩方程代替投影方程进行求解往往比较简便。

(2) 二力矩形式

第二种形式为三个平衡方程中有两个力矩方程,即

$$\left.\begin{aligned} &\sum M_A(F) = 0 \\ &\sum M_B(F) = 0 \\ &\sum F_x = 0 \end{aligned}\right\} \tag{3-9}$$

其中 x 轴不得垂直于 A、B 两点的连线。式(3-9)为平衡方程的二力矩形式。

现证明二力矩形式的平衡方程也是平面任意力系平衡的充要条件。

方程的必要性很清楚,若力系平衡,必使式(3-7)成立(主矢、主矩同时为零),则该力系中各力对任意轴(包括 x 轴)的投影的代数和等于零,故 $\sum F_x = 0$。因简化中心是任意选取的,故力系对平面内任一点的主矩(包括 A、B 两点)都等于零。即若力系平衡,式(3-9)成立。

如果力系满足式(3-9)中 $\sum M_A(F) = 0, \sum M_B(F) = 0$,则力系不可能简化成一力偶(这由力偶对任意一点之矩是常量的性质决定)。但有两种可能情形:力系或者简化成力,或者平衡。我们用反证法假设力系简化成一合力,这合力必通过 A、B 两点(因为要满足 $\sum M_A(F) = 0, \sum M_B(F) = 0$),如图 3-8 所示。由式(3-9)的限制条件可知,这力必定在 x 轴上有投影,这样就不能满足 $\sum F_x = 0$,要满足方程 $\sum F_x = 0$, 这力必须为零,即力系一定平衡。所以式(3-9)是力系平衡的必要和充分条件。

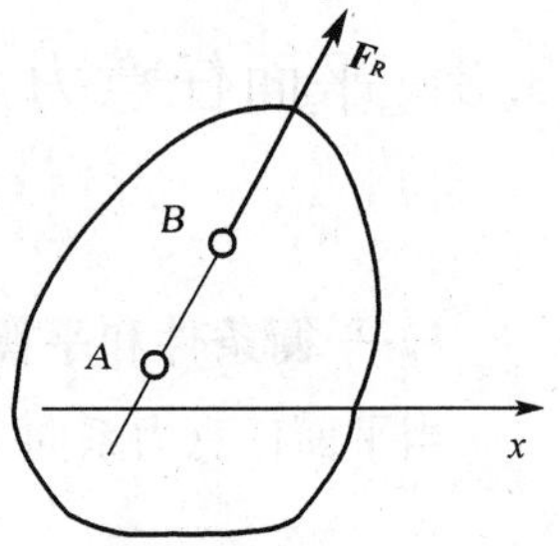

图 3-8

(3) 三力矩式

$$\left.\begin{aligned} \sum M_A(F) &= 0 \\ \sum M_B(F) &= 0 \\ \sum M_C(F) &= 0 \end{aligned}\right\} \tag{3-10}$$

限制条件是 A、B、C 三点不得共线(读者可自行证明)。

必须指出:平面任意力系的平衡方程虽然有三种形式,但每种形式都只有三个独立的平衡方程,任何第四个平衡方程都是不独立的,而是力系平衡的必然结果。因此,当研究物体在平面任意力系作用下的平衡问题时,不论采用哪一种形式,都只能求解三个未知量。在实际应用时,选用平面任意力系平衡方程的哪种形式取决于计算是否简便。为使计算简便,应尽量遵循一个平衡方程只含有一个未知量的原则。为满足这个原则,一般用坐标轴和矩心来解决,取使较多未知量垂直的坐标轴为投影轴,使尽量多的未知量在轴上的投影为零;取较多未知量通过的点作为矩心,使较多的未知量对矩心的矩为零。用这两种方法来达到一个方程尽量含有一个未知量的要求。

3) 平面力系特殊情况的平衡方程

(1) 平面汇交力系的平衡方程

如图 3-9(a)所示,设平面汇交力系汇交点为 O,若取 O 点为矩心,则 $\sum M_O(\boldsymbol{F}) = 0$,因此,平面汇交力系的平衡方程只有两个,即

$$\sum F_x = 0$$
$$\sum F_y = 0$$

(2) 平面平行力系的平衡方程

如图 3-9(b)所示,建立直角坐标系,并使 y 轴与各力系平行,则 $\sum F_x = 0$,因此平面平

行力系的平衡方程只有两个，即

$$\sum F_y = 0$$

$$\sum M_O(F) = 0$$

(3) 平面力偶系的平衡方程

如图 3-9(c)所示，$\sum F_x = 0$，$\sum F_y = 0$ 自然满足，因此平面力偶系的平衡方程只有一个，即

$$\sum M_O(F) = \sum M = 0$$

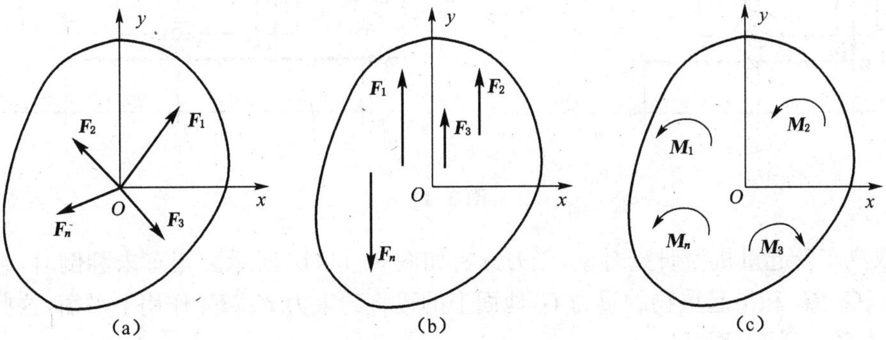

图 3-9

【例 3-3】 梁 AB 上受到一个均布荷载和一个力偶作用(图 3-10(a))，已知梁的每单位长度上所受的力 $q = 100\,\text{N/m}$，力偶矩大小 $M = 500\,\text{N} \cdot \text{m}$。长度 $AB = 3\,\text{m}$，$DB = 1\,\text{m}$。试求活动铰支座 D 和固定铰支座 A 的约束力。

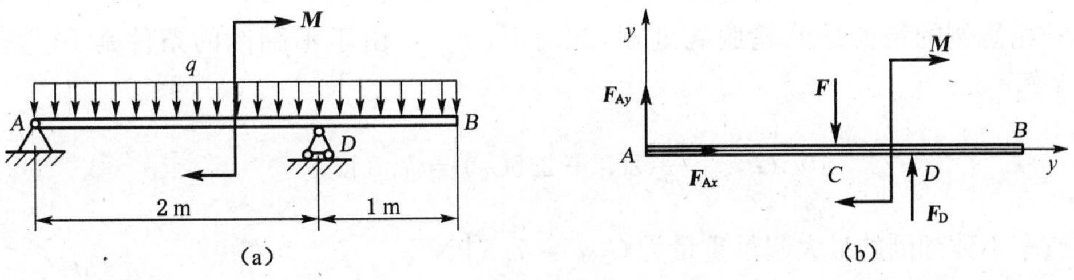

图 3-10

解：取梁 AB 为研究对象，受力分析如图 3-10(b)所示。在求约束力时，可把作用在梁上的均布荷载合成为一个合力，其大小 $F = q \times AB = 100 \times 3\,\text{N} = 300\,\text{N}$，方向与均布荷载相同，并作用在 AB 的中点 C。选如图坐标系，列平衡方程，有

$$\sum F_x = 0, \qquad F_{Ax} = 0$$

$$\sum F_y = 0, \qquad F_{Ay} - F + F_D = 0$$

$$\sum M_A(F) = 0, \qquad -F \times \frac{AB}{2} + F_D \times 2 - M = 0$$

联立求解，得到

$$F_D = 475\ \text{N}, \quad F_{Ax} = 0, \quad F_{Ay} = -175\ \text{N}$$

选取力偶平衡方程时，应尽可能取未知约束力通过的点为矩心，从而使得力偶方程简单。

【例 3-4】 一种车载式起重机，车重 $G_1 = 26\ \text{kN}$，起重机伸臂重 $G_2 = 4.5\ \text{kN}$，起重机的旋转与固定部分共重 $G_3 = 31\ \text{kN}$。尺寸如图 3-11(a)所示。设伸臂在起重机对称面内，且放在图示位置。试求汽车不致翻倒的最大起吊重量 G_{max}。

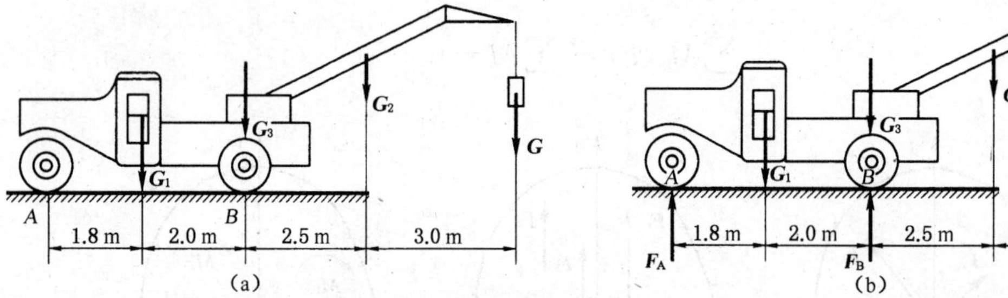

图 3-11

解：取汽车及起重机为研究对象，受力分析如图 3-11(b)所示。当车未翻倒时，它在各部分重力 $\boldsymbol{G}_1$、$\boldsymbol{G}_2$、$\boldsymbol{G}_3$ 和吊起重物的重力 $\boldsymbol{G}$，地面上的铅直约束力 $\boldsymbol{F}_A$、$\boldsymbol{F}_B$ 作用下平衡，这些力组成平面平行力系。列平衡方程，有

$$\sum F = 0, \quad F_A + F_B - G - G_1 - G_2 - G_3 = 0$$

$$\sum M_B(F) = 0, \quad -G\times(2.5+3.0) - G_2\times 2.5 + G_1\times 2.0 - F_A\times(1.8+2.0) = 0$$

解得 $$F_A = \frac{1}{3.8}(2G_1 - 2.5G_2 - 5.5G)$$

车开始翻倒的特征是前轮脱离地面，此时 $F_A = 0$，由于不翻倒的条件是 $F_A \geqslant 0$，可得到

$$G \leqslant \frac{1}{5.5}(2G_1 - 2.5G_2) = 7.5\ \text{kN}$$

故汽车不致翻倒的最大起吊重量为 $G_{max} = 7.5\ \text{kN}$。

【例 3-5】 平面刚架如图 3-12 所示，已知 $F = 50\ \text{kN}$，$q = 10\ \text{kN/m}$，$M = 30\ \text{kN}\cdot\text{m}$，试求固定端 A 处的约束反力。

解：取刚架为研究对象，其上除受主动力外，还受固定端 A 处的约束反力 F_{Ax}、F_{By} 和 M_A 的作用，刚架受力图如图 3-12 所示。列平衡方程并求解。

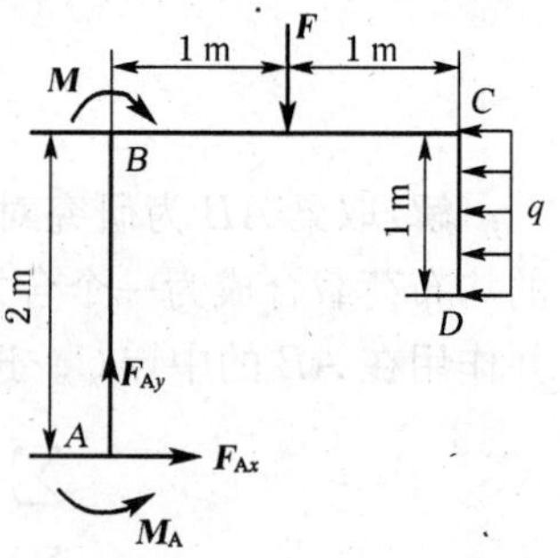

图 3-12

$$\sum F_x = 0 \quad F_{Ax} - q\times 1 = 0$$

$$\sum F_y = 0 \quad F_{Ay} - F = 0$$

$$\sum M_A = 0 \quad M_A - M + q\times 1\times 1.5 - F\times 1 = 0$$

联立求解，得到 $F_{Ax}=10\ \text{kN}$；$F_{Ay}=50\ \text{kN}$；$M_A=65\ \text{kN}\cdot\text{m}$

【例 3-6】 梁 AC 用三根支杆支承，如图 3-13(a)所示。已知 $F_1=20\ \text{kN}$，$F_2=40\ \text{kN}$，试求各支杆的约束力。

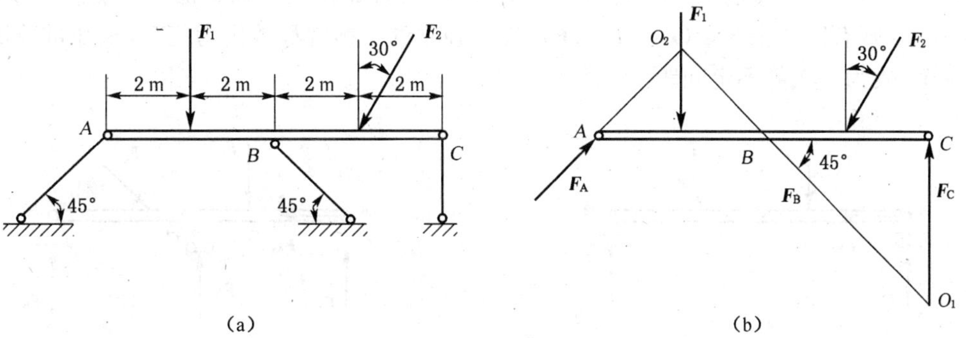

图 3-13

解：取梁为研究对象，其上受主动力 $\boldsymbol{F}_1$、$\boldsymbol{F}_2$ 和约束反力 $\boldsymbol{F}_A$、$\boldsymbol{F}_B$ 和 $\boldsymbol{F}_C$ 的作用，梁受力图如图 3-13(b)所示。列平衡方程并求解。

$$\sum M_{O1}=0;6F_1+2F_2\cos30^\circ+4F_2\sin30^\circ-4F_A\sin45^\circ-8F_A\cos45^\circ=0$$

$$\sum M_{O2}=0;6F_C-4F_2\cos30^\circ-2F_2\sin30^\circ=0$$

$$\sum F_x=0;F_A\cos45^\circ-F_2\sin30^\circ-F_B\cos45^\circ=0$$

联立求解，得到 $F_A=31.74\ \text{kN}$；$F_C=29.76\ \text{kN}$；$F_B=3.46\ \text{kN}$

另外，本题也可列出三力矩形式的平衡方程进行求解，也能达到一个方程解一个未知量的目的。

从以上几个例题可见，对于平面力系平衡问题，选取适当的坐标轴和矩心，可以减少每个平衡方程中未知量的数目。一般说来，矩心应取在两未知力的交点上，而坐标轴应当与尽可能多的未知力相垂直。

3.4 物体系统的平衡静定和静不定问题

3.4.1 静定和静不定概念

平面任意力系的每一个物体存在三个独立的平衡方程，因此，平衡方程能求解的未知约束力数目也是确定的。如果所研究对象的未知约束力数目恰好等于独立的平衡方程数，那么，未知约束力就可全部由平衡方程求得，这类问题称为静定问题，相应的结构称为静定结构；如果研究结构的未知约束力的数目超过独立平衡方程的数目，仅仅运用静力学平衡方程不可能完全求得那些未知量，这类问题称为静不定问题或超静定问题，相应的结构称为静不定结构，未知量的数目减去独立平衡方程的数目称为静不定次数。

在工程实际中,有时为了提高结构的刚度和坚固性,经常在结构上增加多余约束,这样原来的静定结构就变成了静不定结构。如图 3-14(a)所示的简支梁 AB,有三个未知量 $\boldsymbol{F}_{Ax}$、$\boldsymbol{F}_{Ay}$、$\boldsymbol{F}_{B}$,可列出三个独立的平衡方程,是一个静定问题;如在梁中间增加一个支座 C,如图 3-14(b)所示,则有四个未知量($\boldsymbol{F}_{Ax}$、$\boldsymbol{F}_{Ay}$、$\boldsymbol{F}_{B}$、$\boldsymbol{F}_{C}$),独立的平衡方程数仍为三个,未知量数比方程数多一个,故为一次静不定问题。

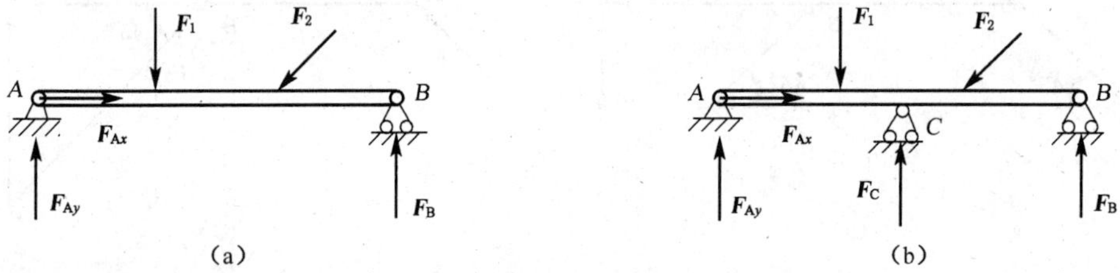

图 3-14

求解静不定问题时,必须考虑物体在受力后产生的变形,根据物体的变形条件,列出足够的补充方程后,才能求出全部未知量。这类问题已超出刚体静力学的范围,将在材料力学等课程中讨论,在理论力学中只研究静定问题。

当未知约束数小于独立的平衡方程数时,其运动状态一般都是变化的,工程中称这样的力学系统为运动机构,这种情况在工程结构设计中应该避免。

3.4.2 物体系统的平衡

由若干个物体通过适当的联接方式(约束)组成的系统称为物体系统,简称物系。研究物体系统的平衡问题时,必须综合考察整体与局部的平衡。

画物体系统、局部、单个物体的受力图时,特别要注意施力体与受力体、作用力与反作用力的关系。由于力是物体之间相互的机械作用,因此,对于受力图上的任何一个力,必须明确它是哪个物体所施加的,决不能凭空臆造。

在求解物体系统的平衡问题时,应根据问题的具体情况,恰当地选取研究对象,这是对问题求解过程的繁简起决定性作用的一步。同时要注意在列平衡方程时,适当地选取矩心和投影轴,选择的原则是尽量使一个平衡方程中只有一个未知量,避免求解联立方程。

【例 3-7】 组合梁由 AC 和 CE 用铰链联接而成,结构的尺寸和载荷如图 3-15(a)所示,已知 $F=5\ \mathrm{kN}$,$q=4\ \mathrm{kN/m}$,$M=10\ \mathrm{kN\cdot m}$,试求梁的支座反力。

解:先取梁的 CE 段为研究对象,受力图如图 3-15(c)所示,列平衡方程,求出 C、E 处的反力。

$$\sum M_C=0 \qquad F_E\times 4-M-q\times 2\times 1=0$$
$$\sum F_x=0 \qquad F_{Cx}=0$$
$$\sum F_y=0 \qquad F_{Cy}+F_E-q\times 2=0$$

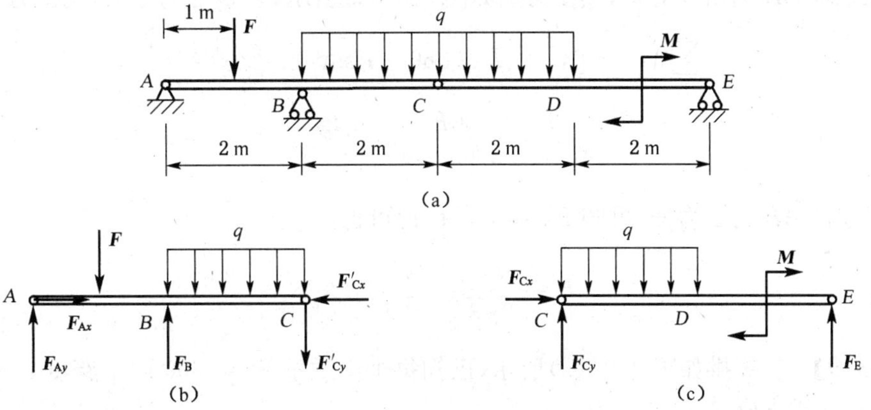

图 3-15

由以上方程可得，$F_E = 4.5\ \text{kN}$；$F_{Cx} = 0$；$F_{Cy} = 3.5\ \text{kN}$。

然后，取梁的 AC 段为研究对象，受力如图 3-15(b)所示，列平衡方程

$$\sum M_A = 0 \qquad F_B \times 2 - F \times 1 - q \times 2 \times 3 - F_{Cy} \times 4 = 0$$

$$\sum F_x = 0 \qquad F_{Ax} = 0$$

$$\sum F_y = 0 \qquad F_{Ay} + F_B - F - q \times 2 - F_{Cy} = 0$$

可求得，$F_B = 21.5\ \text{kN}$；$F_{Ax} = 0$；$F_{Ay} = -5\ \text{kN}$。

【例 3-8】 卧式刮刀离心机的耙料装置如图 3-16(a)所示。耙齿 D 对物料的作用力是借助于物块 E 的重量产生的。耙齿装在耙杆 OD 上。已知 $OA = 50\ \text{mm}$，$OD = 200\ \text{mm}$，$AB = 300\ \text{mm}$，$BC = CE = 150\ \text{mm}$，物块 E 重 $W = 360\ \text{N}$，试求图示位置作用在耙齿上的力 F 的大小。

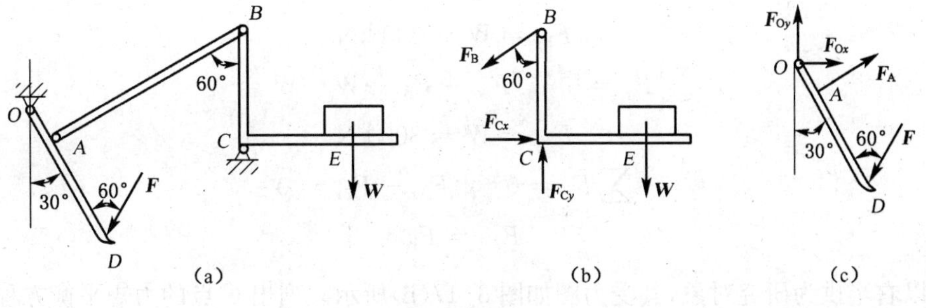

图 3-16

解：先取曲杆 BCE 及物块为研究对象，其受力图如图 3-16(b)所示，列出 C 点的力矩方程。

$$\sum M_C = 0, \quad F_B \sin 60^\circ \times 150 - W \times 150 = 0$$

得
$$F_B = \frac{W}{\sin 60^\circ} = \frac{2}{\sqrt{3}} W$$

再取耙杆 OD 为研究对象，其受力图如图 3-16(c)所示，以 O 点为矩心，列出力矩方程。

$$\sum M_O = 0, \quad F_A \times 50 - F\sin 60^\circ \times 200 = 0$$

得
$$F = \frac{50F_A}{200\sin 60^\circ} = \frac{F_A}{2\sqrt{3}}$$

由于连杆 AB 为二力杆，可知 $F_A = F_B$，因此可得

$$F = \frac{F_B}{2\sqrt{3}} = \frac{W}{3} = 120\ \text{N}$$

【例 3-9】 三铰拱如图 3-17(a)所示，已知每个半拱重 $W = 300$ kN，跨度 $l = 32$ m，高 $h = 10$ m，试求支座 A、B 的反力。

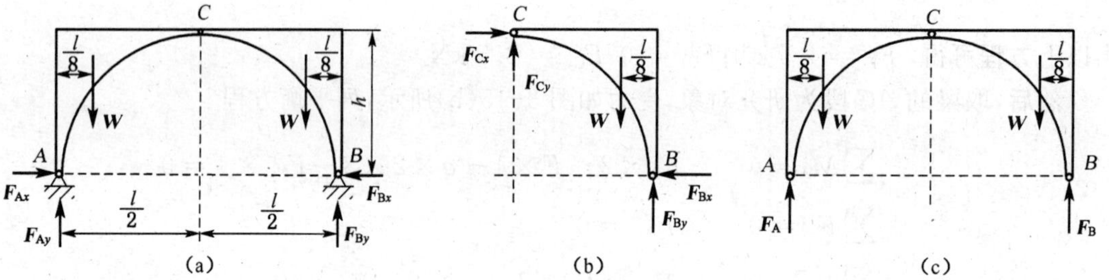

图 3-17

解：首先取整体为研究对象。其受力图如图 3-17(a)所示。可见此时 A、B 两处共有四个未知力，而独立的平衡方程只有三个，显然不能解出全部未知力。但其中的三个约束力的作用线通过 A 点或 B 点，可列出对 A 点或 B 点的力矩方程，求出部分未知力。

$$\sum M_A = 0 \qquad F_{By} \cdot l - W\frac{l}{8} - W\left(l - \frac{l}{8}\right) = 0$$

$$F_{By} = W = 300\ \text{kN}$$

$$\sum F_y = 0 \qquad F_{Ay} + F_{By} - W - W = 0$$

$$F_{Ay} = W = 300\ \text{kN}$$

$$\sum F_x = 0 \qquad F_{Ax} - F_{Bx} = 0$$

$$F_{Ax} = F_{Bx}$$

再以右半拱为研究对象，其受力图如图 3-17(b)所示。列出 C 点的力矩平衡方程

$$\sum M_C = 0 \qquad -W\left(\frac{l}{2} - \frac{l}{8}\right) - F_{Bx}h + F_{By}\frac{l}{2} = 0$$

$$F_{Bx} = \frac{Wl}{8h} = \frac{300 \times 32}{8 \times 10} = 120\ \text{kN}$$

故
$$F_{Ax} = F_{Bx} = 120\ \text{kN}$$

3.5 平面桁架

3.5.1 桁架的基本概念

桁架是由许多直杆在两端用铰链连接而成的几何形状不变的结构。在实际工程中，如桥梁、屋架、塔式起重机、输电线塔架等都可采用桁架结构，如图 3-18 所示。

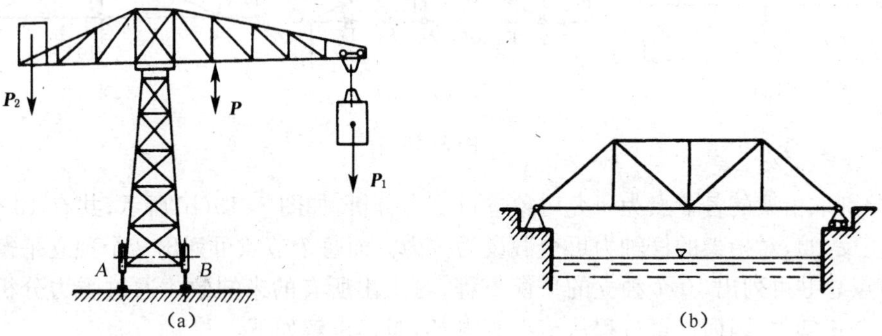

图 3-18

桁架的优点是杆件主要承受拉力或压力，是二力杆，可以充分发挥材料的作用，节约材料，减轻结构自重。

所有杆件的轴线都在同一平面内的桁架称为平面桁架。凡是杆件的内力可用静力学平衡方程求得的桁架，称为静定桁架。桁架中杆件的连接点称为节点。

为简化桁架计算，工程中采用以下几个假设：

(1) 所有杆件都是直杆，其轴线位于同一平面内。

(2) 这些直杆都在两端用光滑铰链连接。

(3) 所有载荷及支座约束力都集中作用在节点上，而且与桁架共面。

(4) 各杆件的重量或略去不计，或平均分配在杆件两端的节点上，故每一杆件都可以看成是二力杆。

这样的桁架称为理想桁架。实际桁架与上述假设是有差别的。例如，实际桁架各杆件多半是铆接，杆件的中心线也不可能绝对是直线，等等。但是，这些假设却反映了实际桁架中最主要的性质，计算结果基本符合要求。

3.5.2 桁架内力的计算

在桁架的初步设计中，需要求出桁架在承受外载荷时各杆件的内力，作为确定截面尺寸和选用材料的依据。计算桁架杆件内力的常用方法有节点法和截面法，也可应用这两种方法联合计算桁架中杆件的内力。

1）节点法

桁架中各杆件都是二力杆，所以每个节点都受平面汇交力系作用。为了求每个杆件的内力，可以逐个地取节点为研究对象，每个节点只能列 2 个独立的平衡方程，所以每次应用节点法时应尽量从只包含 2 个未知力的节点开始计算。

【例 3-10】 平面悬臂桁架如图 3-19(a)所示，已知 $a=2\,\text{m}$，$F=10\,\text{kN}$。求各杆件的内力。

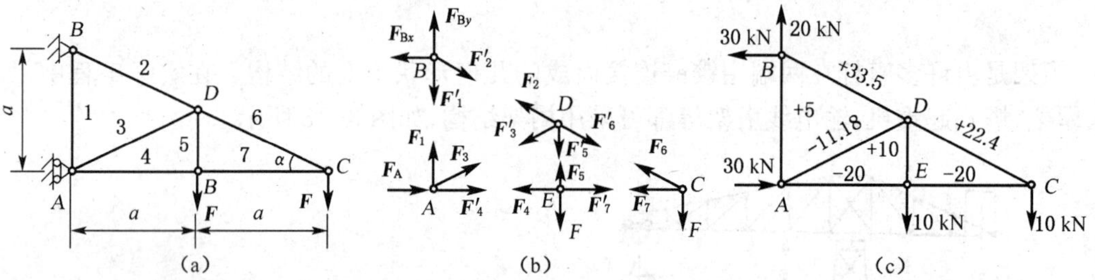

图 3-19

解：分别取桁架的各节点为研究对象进行受力分析，如图 3-19(b)所示，共有 10 个未知数（包括支座反力），对桁架的杆轴力可全假设为拉力。而每个节点可列出 2 个独立平衡方程，现有 5 个节点总共可列出 10 个独立的平衡方程，可求出所有的未知数。通过受力分析，节点 C 上只有 2 个未知力，因而计算过程从节点 C 开始，具体求解如下：

(1) 列出节点 C 的平衡方程

$$\sum F_{iy}=0,\quad F_6\sin\alpha-F=0$$

$$\sum F_{ix}=0,\quad -F_6\cos\alpha-F_7=0$$

$$\text{其中}\ \sin\alpha=\frac{1}{\sqrt{5}},\qquad \cos\alpha=\frac{2}{\sqrt{5}}$$

可求得

$$F_6=\frac{F}{\sin\alpha}=10\sqrt{5}=22.4\ \text{kN}$$

$$F_7=-F_6\cos\alpha=-10\sqrt{5}\times\frac{2}{\sqrt{5}}=-20\ \text{kN}$$

(2) 列出节点 E 的平衡方程

$$\sum F_{ix}=0,\quad -F_4+F'_7=0$$

$$\sum F_{iy}=0,\quad F_5-F=0$$

可求得

$$F_4=-20\ \text{kN}$$

$$F_5=10\ \text{kN}$$

(3) 列出节点 D 的平衡方程

$$\sum F_{ix}=0,\quad F'_6\cos\alpha-F_2\cos\alpha-F_3\cos\alpha=0$$

$$\sum F_{iy}=0,\quad -F'_5-F'_6\sin\alpha-F_3\sin\alpha+F_2\sin\alpha=0$$

可求得
$$F_3 = -5\sqrt{5} = -11.18\ \text{kN}$$
$$F_2 = 15\sqrt{5} = 33.5\ \text{kN}$$

(4) 列出节点 A 的平衡方程

$$\sum F_{iy} = 0,\quad F_1 + F_3\sin\alpha = 0$$
$$\sum F_{ix} = 0,\quad F_A + F_3\cos\alpha + F_4' = 0$$

可求得
$$F_1 = 5\sqrt{5} \times \frac{1}{\sqrt{5}} = 5\ \text{kN}$$
$$F_A = 5\sqrt{5} \times \frac{2}{\sqrt{5}} + 20 = 30\ \text{kN}$$

(5) 列出节点 B 的平衡方程

$$\sum F_{ix} = 0,\quad -F_{Bx} + F_2'\cos\alpha = 0$$
$$\sum F_{iy} = 0,\quad F_{By} - F_1' - F_2'\cos\alpha = 0$$

可求得
$$F_{Bx} = 15\sqrt{5} \times \frac{2}{\sqrt{5}} = 30\ \text{kN}$$
$$F_{By} = 5 + 15\sqrt{5} \times \frac{1}{\sqrt{5}} = 20\ \text{kN}$$

计算结果如图 3-19(c)所示,图中正号表示杆件受拉,负号表示杆件受压,单位为 kN。

2) 截面法

如果只要求计算桁架内某几根杆件所受的内力,可以采用截面法求解。截面法是用适当的截面截取桁架中的某一部分作为研究对象,这部分桁架在外力、约束力及被截杆件内力作用下保持平衡,这些力组成一个平面任意力系,可以列出三个独立的平衡方程,从而求解三个未知量。

截面法的关键在于选取适当的截面。一般来讲,尽管使所作的截面可截断任何个数的杆件,但其中未知内力的杆件一般不得超过三个,而且这三根杆件不能交于一点。

【例 3-11】 利用截面法求解例 3-10 中杆 2 和杆 3 的内力。

解:在图 3-20(a)中用截面 n—n 将杆 2、杆 3 截断,取桁架的右半部分为研究对象,受力图如图 3-20(b)所示。然后用平面任意力系的平衡方程去求解,具体求解过程如下:

$$\sum M_C(F_i) = 0,\quad F_3 \cdot h_5 + F \cdot a = 0$$

解得
$$F_3 = -1.118F = -11.18\ \text{kN}$$

$$\sum M_A(F_i) = 0,\quad F_2 \cdot h_6 - F \cdot a - F \cdot 2a = 0$$

解得
$$F_2 = 3.35F = 33.5\ \text{kN}$$

其中
$$h_5 = h_6 = 2a\sin\alpha = \frac{2}{\sqrt{5}}a$$

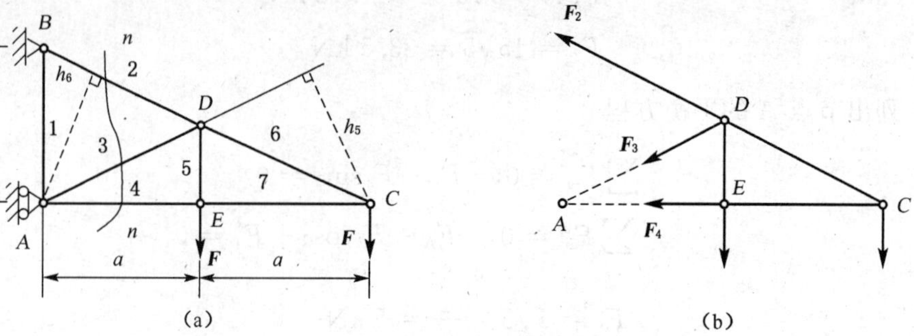

图 3-20

本章小结

本章主要研究平面任意力系的简化与平衡。力系简化的方法是建立在力的平移定理基础上。根据力的平移定理,可将平面任意力系简化为作用于简化中心的一个平面汇交力系和一个附加平面力偶系。此平面汇交力系可合成为作用在简化中心的一个合力,称为原力系的主矢,它等于力系中各力的矢量和而与简化中心的选择无关;此附加平面力偶系可以合成为一个力偶,称为原力系对简化中心的主矩,它等于力系中各力对简化中心之矩的代数和,一般与简化中心的选择有关。

平面力系平衡的必要和充分条件是主矢、主矩都等于零,由此可导出平面力系的平衡方程。

在求解物体系统的平衡问题时,如未知数的数目等于独立平衡方程的数目则可应用刚体静力学的平衡方程求出所有的未知数,该问题为静定问题。如未知数的数目大于独立平衡方程的数目,则仅用刚体静力学的平衡方程不能求出所有的未知数,该问题为静不定问题。

在平面任意力系的学习中,应熟练地应用平衡方程求解物系的未知量。在解题过程中应注意以下几个问题:

(1) 按题意正确画出研究对象的受力图。

(2) 对所选的研究对象选择合适的投影坐标轴、矩心来建立平衡方程。一般应将矩心取在多个未知力作用线的交点上,选择与较多未知力作用线垂直的方向为投影坐标轴,以减少方程中的未知数,简化计算,避免解联立方程。

平面桁架是平面力系在工程结构中的具体应用。计算桁架内力的方法,有节点法和截面法以及两种方法的联合应用。当需要计算桁架中全部杆件的内力时,可采用节点法;如果只需要计算桁架中某几根杆的内力,通常采用截面法。在求解桁架中某些杆件的内力时,为求解简便,也可联合应用节点法和截面法。

复习思考题

一、填空题

1. 已知一平面力系向力系所在平面内 A、B 两点简化的主矩 $M_A \neq 0, M_B \neq 0$，则该力系简化的结果有以下几种可能________________。

2. 如图 3-21 所示力系中，$\boldsymbol{F}_1 = \boldsymbol{F}_2 = \boldsymbol{F}_3 = \boldsymbol{F}_4$，则此力系向 A 点简化的结果是________，此力系向 B 点简化的结果是__________。

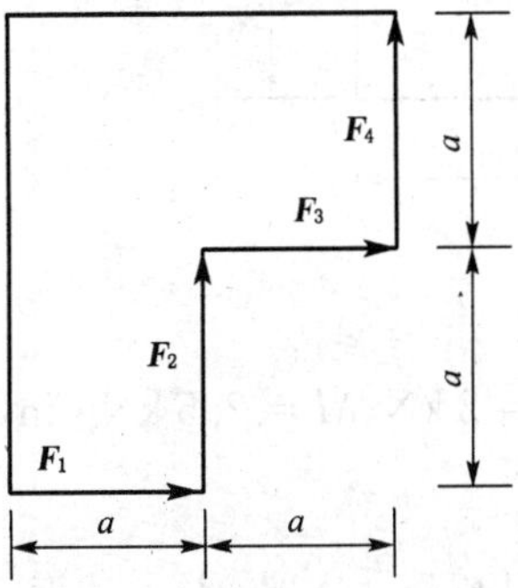

图 3-21

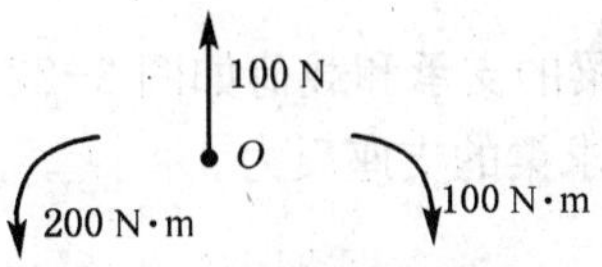

图 3-22

3. 如图 3-22 所示平面力系的合力为____________，此合力到点 O 的距离为__________。（将结果示于图上）

4. 四连杆机构在图 3-23 所示位置平衡，机构中 $AB \neq CD$，则 M_1 及 M_2 的关系为______。

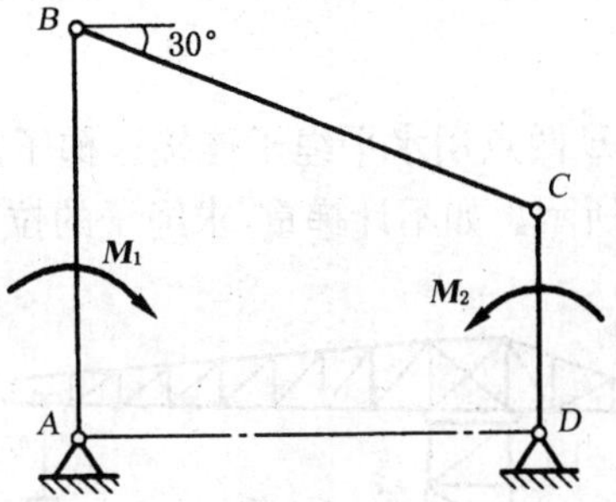

图 3-23

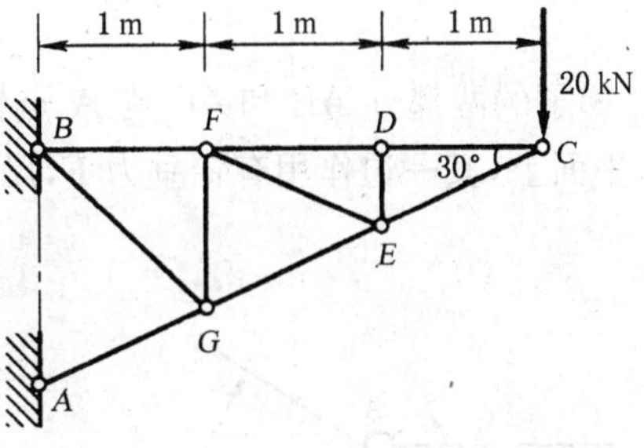

图 3-24

5. 图 3-24 所示桁架中内力等于零的杆件有______________。

二、计算题

1. 已知三力 $\boldsymbol{F}_1$、$\boldsymbol{F}_2$ 和 $\boldsymbol{F}_3$ 的大小等于 100 N，分别作用在等边三角形 ABC 的各边上，如图 3-25 所示。已知三角形边长为 20 cm，求力系合成的结果。

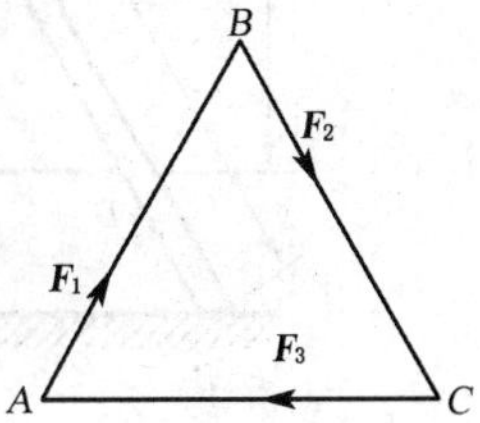

图 3-25

2. 平面上有五个力作用，如图 3-26 所示。已知 $\boldsymbol{F}_1 = \boldsymbol{F}_2 = \boldsymbol{F}_3 = \boldsymbol{F}_5 = 1\,000$ N，$\boldsymbol{F}_4$ 的大小及位置未定。如果要使这五个力的合力 $\boldsymbol{F}_R$ 通

过长方形的形心 C 并铅垂向上，求 $\boldsymbol{F}_4$ 的大小及其与 DE 线的距离 d，并求此时合力 $\boldsymbol{F}_R$ 的大小。

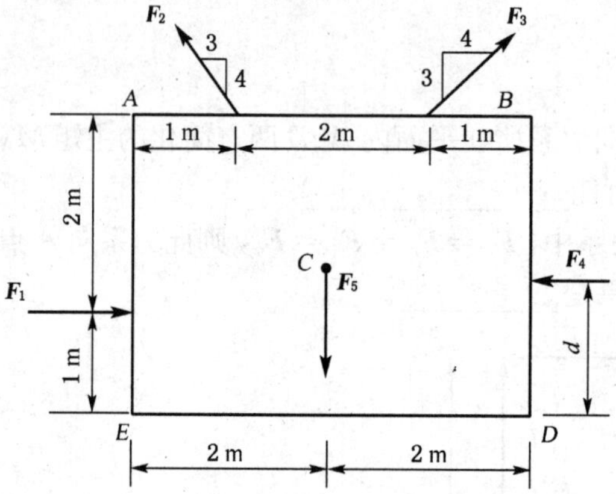

图 3-26

3. 外伸梁的支承和载荷如图 3-27 所示。已知 $F=2\,\mathrm{kN}$，$M=2.5\,\mathrm{kN\cdot m}$，$q=1\,\mathrm{kN/m}$。不计梁重，试求梁的支座反力。

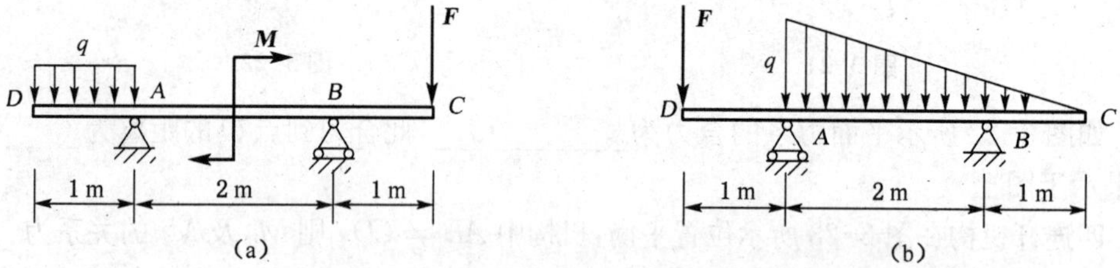

图 3-27

4. 梯子的两部分 AB 和 AC 在 A 点铰接，又在 D、E 两点用水平绳子连接。梯子放在光滑的水平面上，其一边作用有铅垂力 $\boldsymbol{F}$，尺寸如图 3-28 所示。如不计梯重，求绳子的拉力。

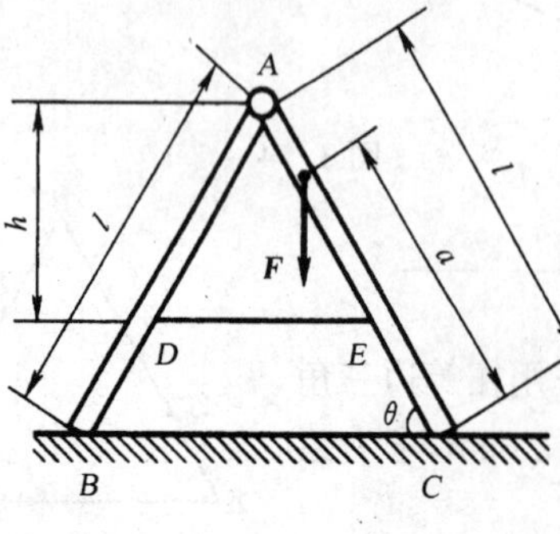

图 3-28

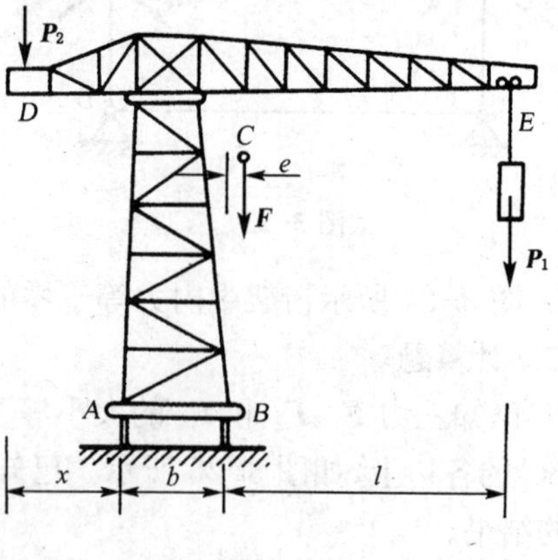

图 3-29

5. 如图 3-29 所示，移动式起重机(不包括平衡锤 D 的重)重为 $F=500\,\mathrm{kN}$，作用在 C 点，

它距右轨为 $e = 1.5$ m。已知：最大起重量 $P_1 = 250$ kN，$l = 10$ m，$b = 3$ m。欲使小车 E 在满载或空载时，起重机均不会翻倒，试求平衡锤最小重量 P_2 及平衡锤到左轨的最大距离 x。

6. 如图 3-30 所示，某机翼上安装一台动力装置，作用在机翼 OA 上的气动力按梯形分布，$q_1 = 600$ N/cm，$q_2 = 400$ N/cm，机翼重 $G_1 = 45$ kN，动力装置重 $G_2 = 20$ kN，发动机螺旋桨的反作用力偶矩的大小 $M = 18$ kN·m。试求机翼处于平衡状态时，机翼根部固定端 O 的约束力和约束力偶。

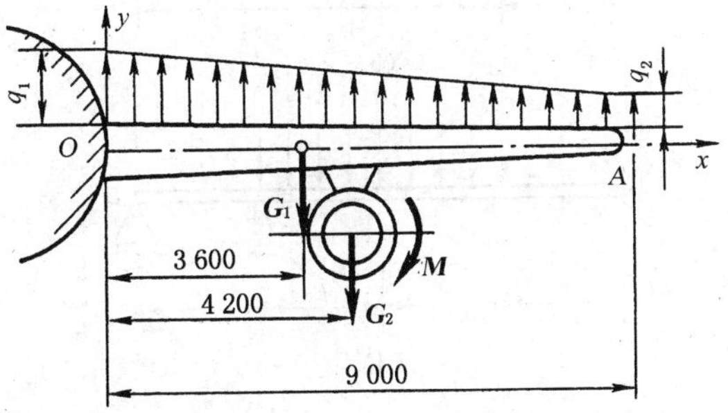

图 3-30

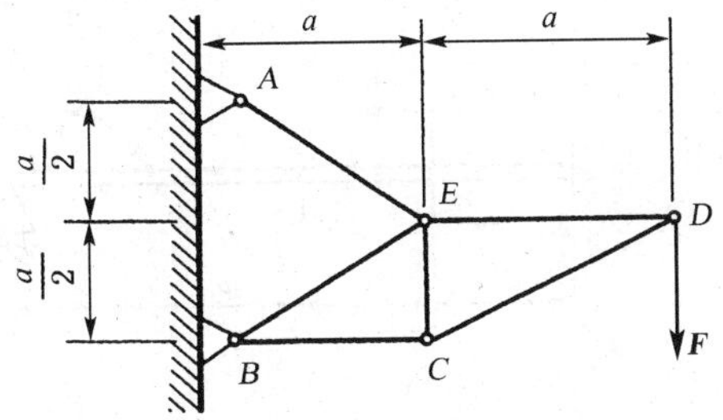

图 3-31

7. 平面桁架荷载和尺寸如图 3-31 所示，已知 F 力的大小，试用节点法计算各杆的内力，并标注在图上。

8. 试用截面法求图 3-32 所示桁架杆 1、2、3 的内力。

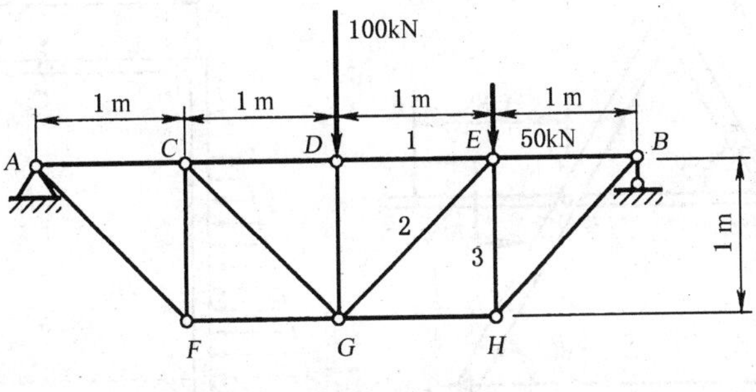

图 3-32

9. 桁架荷载和尺寸如图 3-33 所示，已知 $F = 20$ kN，$a = 3$ m，$b = 2$ m，试求杆 1、2、3 的内力。

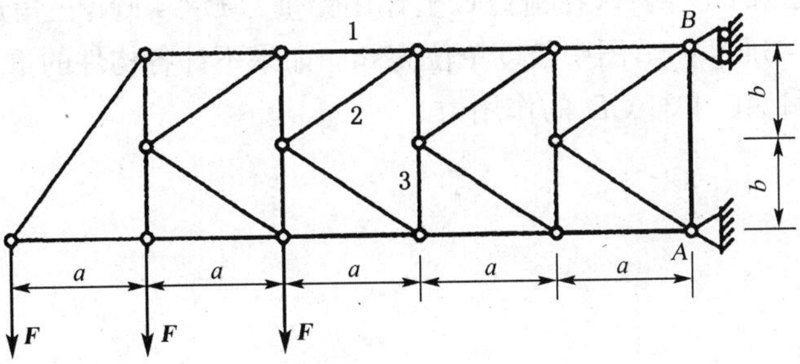

图 3-33

10. 组合梁如图 3-34 所示。已知作用力的大小为 F，力偶矩的大小为 M，均布载荷集度为 q，试求梁的支座反力和铰链 C 处的约束力。

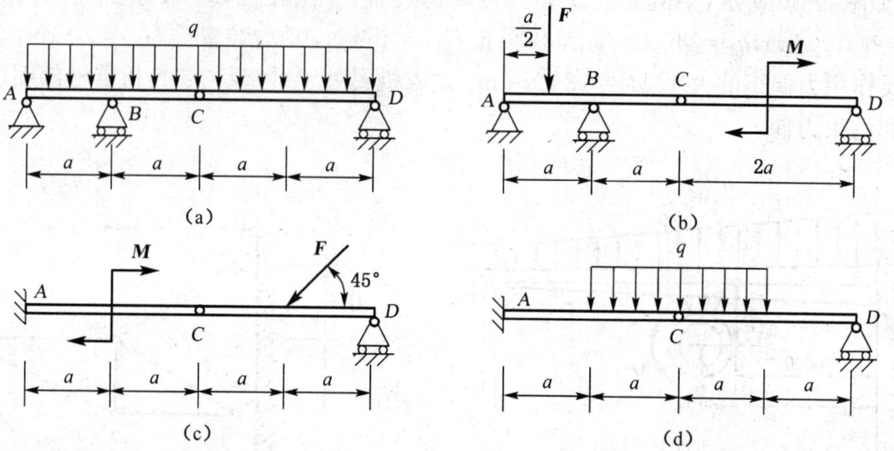

图 3-34

11. 在图 3-35 所示的构架中，BD 杆上的销钉 B 置于 AC 杆的光滑槽内，力 $F=200$ N，力偶矩 $M=100$ N·m，不计各构件重量，试求 A、B、C 处的约束反力。

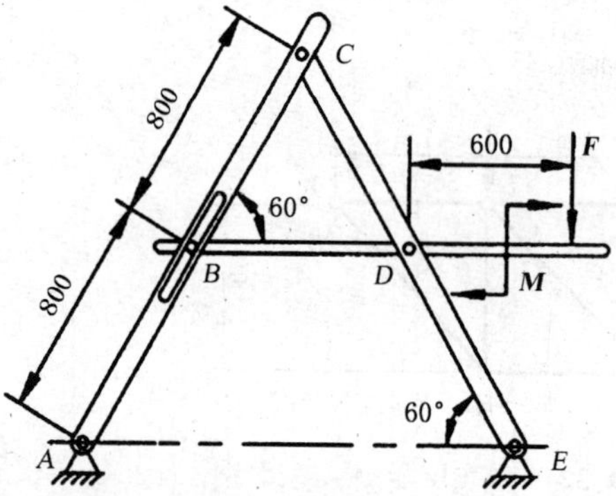

图 3-35

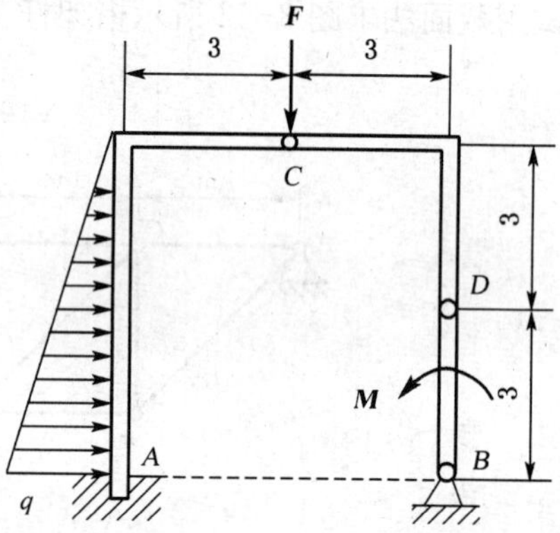

图 3-36

12. 构架由直角杆 AC、CD 和直杆 DB 用铰链 C 和 D 连接，其他支承和载荷如图 3-36 所示。销钉 C 穿过 AC 和 CD 两杆，在销钉 C 上作用铅垂力 $F=4$ kN，三角形分布载荷集度 $q=2$ kN/m，力偶矩 $M=6$ kN·m，图中长度单位为 m。如果不计各构件的重量，求固定端 A 的约束力以及销钉 C 对杆 AC 和杆 CD 的作用力。

4 空间力系

本章导读

本章介绍空间力在坐标轴上的投影、空间力对点之矩和对轴之矩等基本概念以及计算，重点研究空间一般力系的简化和平衡问题；同时还介绍确定物体重心(形心)位置的方法和公式。由于空间力系是平面问题的推广所涉及的基本原理，所以空间力系研究方法和解题步骤与平面力系相似。

教学目标

了解：了解空间力系的简化方法与结果，空间力偶的概念和性质，空间力偶的等效条件，重心的概念等。

掌握：熟练掌握力在空间坐标轴上的投影及力对轴之矩的计算。

应用：能熟练应用空间力系的平衡方程求解空间力系的平衡问题，能熟练计算简单形体(包括组合体)的重心。

分析：从实际工程问题中抽象出空间力系，并通过空间力系的平衡条件解决工程问题。

4.1 空间力系

各力的作用线不在同一平面内的力系称为空间力系。空间任意力系是物体受力最一般的情况。许多工程结构和机械构件都受空间力系的作用。

若空间力系各力的作用线汇交于同一点则称该力系为空间汇交力系。

4.1.1 力在直角坐标轴上的投影

1) 直接投影法

设空间直角坐标系 $Oxyz$ 中有空间力 $\boldsymbol{F}$，则力 $\boldsymbol{F}$ 沿各直角坐标轴的分力分别为 $\boldsymbol{F}_x$、$\boldsymbol{F}_y$、$\boldsymbol{F}_z$，则

$$\boldsymbol{F}=\boldsymbol{F}_x+\boldsymbol{F}_y+\boldsymbol{F}_z \tag{4-1}$$

如图 4-1 所示，设力 $\boldsymbol{F}$ 与 x、y、z 坐标轴的正向夹角分别为 α、β、γ，则力 $\boldsymbol{F}$ 在 x、y、z 轴上的投影 F_x、F_y、F_z 分别为

$$F_x = F\cos\alpha,\quad F_y = F\cos\beta,\quad F_z = F\cos\gamma \quad (4-2)$$

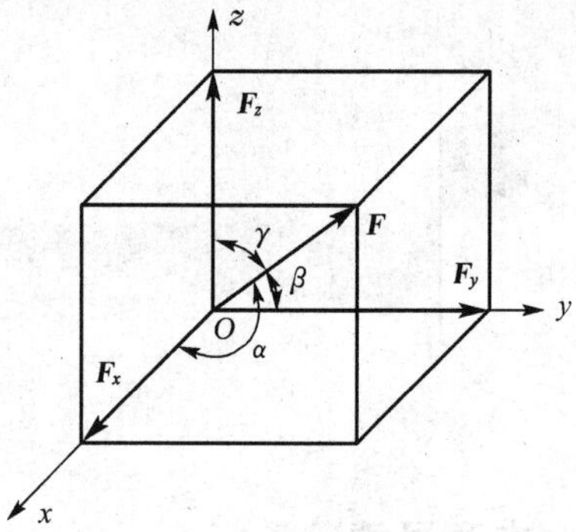

图 4-1

力在坐标轴上的投影为代数量。在式(4-2)中，当 α、β、γ 为锐角时，投影为正，反之为负。这种力在直角坐标轴上的投影方法称为直接投影法。

2）间接投影法

当力与坐标轴间的夹角不易确定时，可将力先投影到坐标平面 Oxy 上，然后再将平面 Oxy 上的分力投影到 x、y 轴上，如图 4-2 所示，这种投影方法称为间接投影法。设 γ 为力与 z 轴夹角，φ 为力在平面 Oxy 上投影与 x 轴的夹角，得

$$F_z = F\cos\gamma$$
$$F_{xy} = F\sin\gamma$$

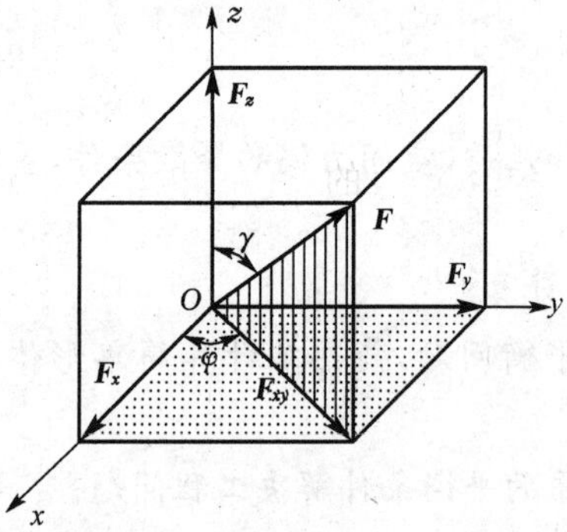

图 4-2

再在平面 Oxy 上将力 $\boldsymbol{F}_{xy}$ 分别向 x、y 轴投影，得

$$F_x = F_{xy}\cos\varphi = F\sin\gamma\cos\varphi$$
$$F_y = F_{xy}\sin\varphi = F\sin\gamma\sin\varphi$$

因此，空间力 $\boldsymbol{F}$ 在 x、y、z 轴上的投影分别为

$$\left.\begin{aligned} F_x &= F\sin\gamma\cos\varphi \\ F_y &= F\sin\gamma\sin\varphi \\ F_z &= F\cos\gamma \end{aligned}\right\} \quad (4-3)$$

反之，若已知力在各坐标轴上的投影，就可以确定力的大小和方向。

$$\left.\begin{aligned} &F = \sqrt{F_x^2 + F_y^2 + F_z^2} \\ &\cos\alpha = \frac{F_x}{F},\cos\beta = \frac{F_y}{F},\cos\gamma = \frac{F_z}{F} \end{aligned}\right\} \quad (4-4)$$

【例 4-1】 在数控车床上加工外圆时，已知被加工件 S 对车刀 D 的作用力（即切削抗力）的三个分力为 $F_x = 300\ \text{N}$，$F_y = 600\ \text{N}$，$F_z = -1\,500\ \text{N}$，如图 4-3(a)所示，试求合力的大小和方向。

解：取直角坐标系 $Oxyz$，如图 4-3(b)所示。合力 $\boldsymbol{R}$ 在 x、y、z 轴上的分力为 $\boldsymbol{F}_x$、$\boldsymbol{F}_y$、$\boldsymbol{F}_z$。由于力在直角坐标轴上的投影和力沿相应直角坐标轴的分力在数值上相等，所以合力 $\boldsymbol{R}$ 的大小和方向可由公式(4-4)求得，即合力的大小为

$$R = \sqrt{F_x^2 + F_y^2 + F_z^2} = \sqrt{300^2 + 600^2 + 1\,500^2} = 1\,643\ \text{N}$$

合力与 x、y、z 轴的夹角分别为

$$\alpha = \arccos\frac{F_x}{R} = \arccos\frac{300}{1\,643} = 79°29'$$

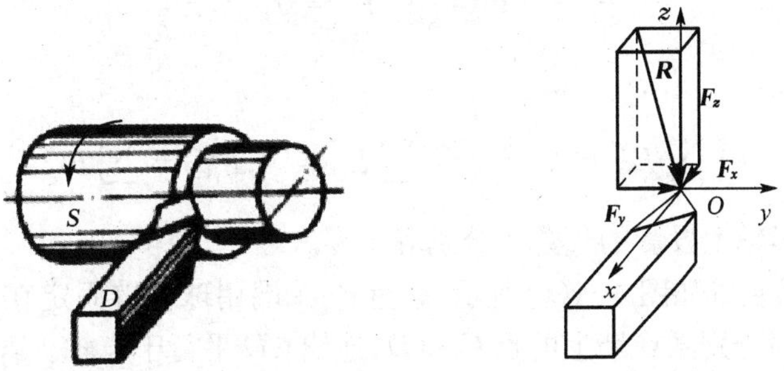

(a) (b)

图 4-3

$$\beta = \arccos\frac{F_y}{R} = \arccos\frac{600}{1\,643} = 68°35'$$

$$\gamma = \arccos\frac{F_z}{R} = \arccos\frac{-1\,500}{1\,643} = 155°55'$$

4.1.2 空间汇交力系的合成

空间汇交力系可简化为一合力,合力等于各分力的矢量和,合力的作用线通过汇交点。即

$$\boldsymbol{F}_R = \boldsymbol{F}_1 + \boldsymbol{F}_2 + \cdots + \boldsymbol{F}_n = \sum \boldsymbol{F}_i \tag{4-5}$$

为了计算合力的大小和方向,可取一直角坐标系 $Oxyz$,先将各分力 F_i 分别向 x、y、z 轴投影,记为 F_{ix}、F_{iy}、F_{iz},再分别将 x、y、z 轴上的分力合成,记为 F_{Rx}、F_{Ry}、F_{Rz},得

$$F_{Rx} = \sum F_{ix}, F_{Ry} = \sum F_{iy}, F_{Rz} = \sum F_{iz}$$

最后将各轴上的力合成,便可以求得空间汇交力系的合力。

$$\begin{aligned}\boldsymbol{F}_R &= F_{Rx}\boldsymbol{i} + F_{Ry}\boldsymbol{j} + F_{Rz}\boldsymbol{k} = \sum(F_{ix}\boldsymbol{i} + F_{iy}\boldsymbol{j} + F_{iz}\boldsymbol{k}),\\ &= (\sum F_{ix})\boldsymbol{i} + (\sum F_{iy})\boldsymbol{j} + (\sum F_{iz})\boldsymbol{k}\end{aligned}$$

而合力的大小和方向余弦为

$$F_R = \sqrt{(\sum F_{ix})^2 + (\sum F_{iy})^2 + (\sum F_{iz})^2}$$

$$\cos\langle \boldsymbol{F}_R, \boldsymbol{i}\rangle = \frac{\sum F_{ix}}{F_R}, \cos\langle \boldsymbol{F}_R, \boldsymbol{j}\rangle = \frac{\sum F_{iy}}{F_R}, \cos\langle \boldsymbol{F}_R, \boldsymbol{k}\rangle = \frac{\sum F_{iz}}{F_R} \tag{4-6}$$

4.1.3 空间汇交力系的平衡条件

空间汇交力系平衡的充分必要条件是:力系的合力等于零。即

$$\boldsymbol{F} = \sum \boldsymbol{F}_i = 0$$

其平衡方程式为

$$F_{Rx} = \sum F_{ix} = 0, F_{Ry} = \sum F_{iy} = 0, F_{Rz} = \sum F_{iz} = 0 \tag{4-7}$$

即力系中各力在坐标轴上投影的代数和分别等于零。

【例 4-2】 起吊装置如图 4-4(a)所示，起重杆 A 端用球铰链固定在地面上，B 端则用绳 CB 和 DB 拉住，两绳分别系在墙上的点 C 和 D，连线 CD 平行于 x 轴。若已知 $\alpha = 30°$，$CE = EB = DE$，$\angle EBF = 30°$，如图 4-4(b)所示，物重 $P = 10\,\text{kN}$。不计杆重，试求起重杆所受的压力和绳子的拉力。

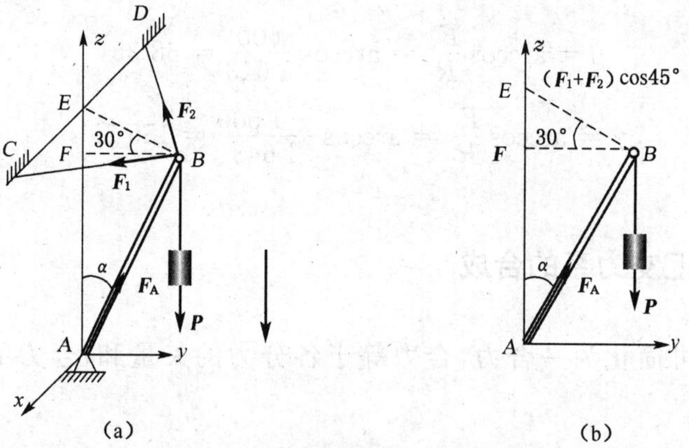

图 4-4

解：取起重杆 AB 与重物为研究对象，受力如图 4-4(a)。由已知条件可知，$\angle CBE = \angle DBE = 45°$。建立图示坐标系，由平衡方程

$$\sum F_x = 0, F_1 \sin 45° - F_2 \sin 45° = 0$$

$$\sum F_y = 0, \quad F_A \sin 30° - F_1 \cos 45° \cos 30° - F_2 \cos 45° \cos 30° = 0$$

$$\sum F_z = 0 \quad F_1 \cos 45° \sin 30° + F_2 \cos 45° \sin 30° + F_A \sin 30° - P = 0$$

解得

$$F_1 = F_2 = 3.54\,\text{kN}$$

$$F_A = 8.66\,\text{kN}$$

F_A 为正值，表明所设 F_A 的方向正确，AB 为压杆。

4.2 力对点之矩和力对轴之矩

4.2.1 力对点之矩

为了描述力对刚体运动的转动效应，需引入力对点的矩的概念。用扳手转动螺母时，螺母

的轴线固定不动，轴线在图面上的投影为点 O，如图 4-5 所示。力 $\boldsymbol{F}$ 可以使扳手绕点 O（即绕通过点 O 垂直于图面的轴）转动。由经验可知，力 $\boldsymbol{F}$ 越大，螺钉就拧得越紧；力 $\boldsymbol{F}$ 的作用线与螺钉中心 O 的距离越远，就越省力。显然，力 $\boldsymbol{F}$ 使扳手绕点 O 的转动效应，取决于力 $\boldsymbol{F}$ 的大小和力 $\boldsymbol{F}$ 的作用线到点 O 的垂直距离 h。这种转动效应可用力对点的矩来度量。力对点的矩实际上是力对通过矩心且垂直于平面的轴的矩。

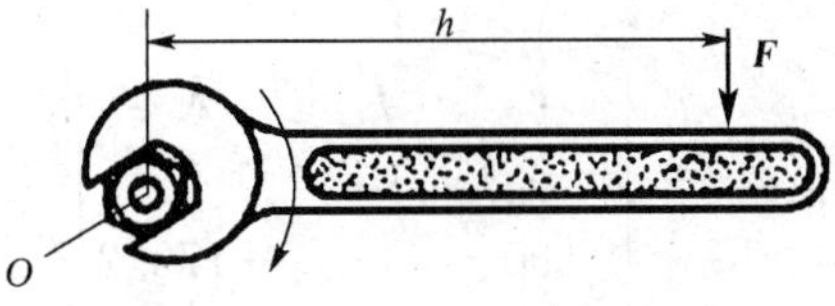

图 4-5

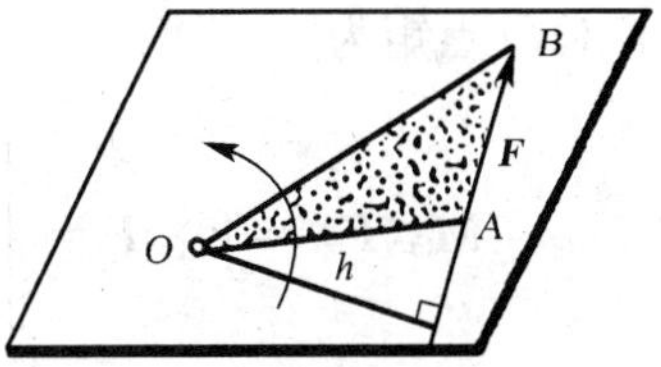

图 4-6

设平面上作用一力 $\boldsymbol{F}$，在该平面内任取一点 O 称为力矩中心，简称矩心，如图 4-6 所示。点 O 到力 $\boldsymbol{F}$ 作用线的垂直距离 h 称为力臂。力 $\boldsymbol{F}$ 对点 O 的矩用 $M_O(\boldsymbol{F})$ 表示，计算公式为

$$M_O(F) = \pm Fh \tag{4-8}$$

即在平面问题中力对点的矩是一个代数量，它的绝对值等于力的大小与力臂的乘积，力矩的正负号通常规定为：力使物体绕矩心逆时针方向转动时为正，顺时针方向转动时为负。

力矩在下列两种情况下等于零：(1)力的大小等于零；(2)力的作用线通过矩心，即力臂等于零。

力矩的量纲是[力]·[长度]，在国际单位制中以牛顿·米(N·m)为单位。

力矩是度量力对物体的转动效应的物理量。对空间三维问题，我们需要建立力对点的矩的矢量表达式。

设 O 点为空间的任意定点，自 O 点至力 $\boldsymbol{F}$ 的作用点 A 引矢径 $\boldsymbol{r}$，如图 4-7 所示。$\boldsymbol{r}$ 和 $\boldsymbol{F}$ 的矢积(叉积)称为力 $\boldsymbol{F}$ 对 O 点的矩，记作 $\boldsymbol{M}_O(\boldsymbol{F})$，它是一个矢量，$O$ 点称为矩心。即

$$\boldsymbol{M}_O(\boldsymbol{F}) = \boldsymbol{r} \times \boldsymbol{F} \tag{4-9}$$

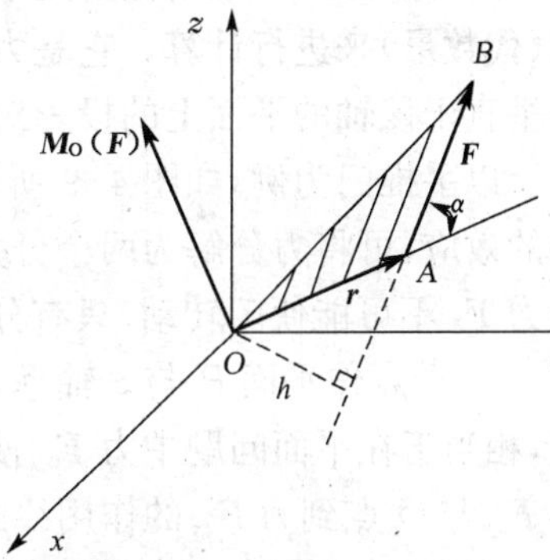

图 4-7

注意式(4-8)中 $M_O(\boldsymbol{F})$ 为代数量(标量)，而式(4-9)中 $\boldsymbol{M}_O(\boldsymbol{F})$ 为矢量。它的模(即大小)等于力与力臂 h 的乘积，方向垂直于力 $\boldsymbol{F}$ 与 O 所确定的平面，指向可按右手法则来确定。由图 4-7 可见

$$|\boldsymbol{M}_O(\boldsymbol{F})| = Fh = 2A_{\triangle OAB} \tag{4-10}$$

式中，$A_{\triangle OAB}$ 表示三角形 OAB 的面积。

【例 4-3】 如图 4-8 所示，大小为 200 N 的力 $\boldsymbol{F}$ 平行于 Oxz 平面，作用于曲柄的右端 A 点，曲柄在 Oxy 平面内。试求力 F 对坐标原点 O 的力矩 $\boldsymbol{M}_O(\boldsymbol{F})$。

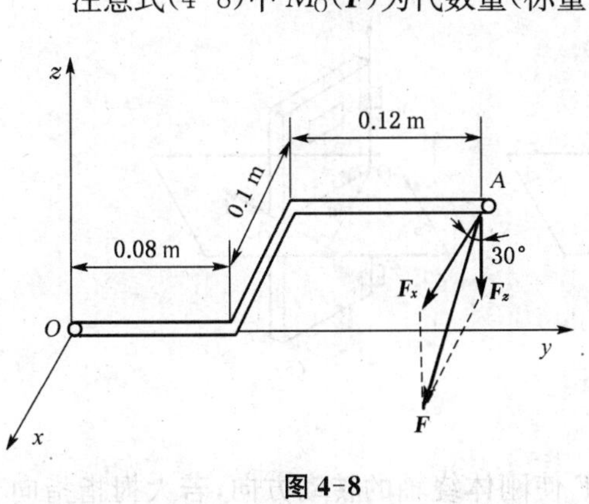

图 4-8

解：曲柄上的右端 A 点坐标为

$$x = -0.1\ \text{m}, y = 0.2\ \text{m}, z = 0$$

力 $\boldsymbol{F}$ 在 x、y、z 轴上的投影为

$$F_x = F\sin 30^\circ = 200 \times 0.5 = 100\ \text{N}$$
$$F_y = 0$$
$$F_z = -F\cos 30^\circ = -200 \times \frac{\sqrt{3}}{2} = -173.2\ \text{N}$$

力 $\boldsymbol{F}$ 对 O 点矩为

$$\boldsymbol{M}_O(\boldsymbol{F}) = \boldsymbol{r} \times \boldsymbol{F} = \begin{vmatrix} \boldsymbol{i} & \boldsymbol{j} & \boldsymbol{k} \\ x & y & z \\ F_x & F_y & F_z \end{vmatrix} = \begin{vmatrix} \boldsymbol{i} & \boldsymbol{j} & \boldsymbol{k} \\ -0.1 & 0.2 & 0 \\ 100 & 0 & -173.2 \end{vmatrix}$$
$$= \begin{vmatrix} 0.2 & 0 \\ 0 & -173.2 \end{vmatrix}\boldsymbol{i} - \begin{vmatrix} -0.1 & 0 \\ 100 & -173.2 \end{vmatrix}\boldsymbol{j} + \begin{vmatrix} -0.1 & 0.2 \\ 100 & 0 \end{vmatrix}\boldsymbol{k}$$
$$= 0.2 \times (-173.2)\boldsymbol{i} - (-0.1) \times (-173.2)\boldsymbol{j} - 0.2 \times 100\boldsymbol{k}$$
$$= -34.64\boldsymbol{i} - 17.32\boldsymbol{j} - 20\boldsymbol{k}$$

4.2.2 力对轴之矩

力对点之矩一般情况下是个矢量，较难计算和表达，所以在工程中常用力对过某点的轴之矩（代数量）来进行计算。它是力使刚体绕某转动轴转动效果的度量，是一个代数量，它等于力在垂直于该轴的平面上的投影对该轴与此平面交点之矩的大小。

以手推门为例，如图 4-9 所示，在门边上的 A 点作用一力 $\boldsymbol{F}$，为了研究力 $\boldsymbol{F}$ 使门绕 z 轴转动的效应，可将力分解为两个分力 $\boldsymbol{F}_z$ 和 $\boldsymbol{F}_{xy}$，其中 $\boldsymbol{F}_z$ 与 z 轴平行，$\boldsymbol{F}_{xy}$ 与 z 轴垂直。实践证明，分力 $\boldsymbol{F}_z$ 不可能使门转动，只有分力 $\boldsymbol{F}_{xy}$ 才能使门绕 z 轴转动。

过 A 点作平面 P 与 z 轴垂直，并与 z 轴相交于 O 点。分力 $\boldsymbol{F}_{xy}$ 产生使门绕 z 轴转动的效应，相当于在平面问题中力 $\boldsymbol{F}_{xy}$ 使平面 P 绕矩心 O 转动的效应。这个效应的强度可用力的大小 F_{xy} 与 O 点到力 $\boldsymbol{F}_{xy}$ 的作用线的距离 d（力臂）的乘积来度量，其转向可用正负号加以区分。

于是，力 $\boldsymbol{F}$ 对 z 轴之矩 $M_z(\boldsymbol{F})$ 定义为

$$M_z(F) = \pm F_{xy} d \tag{4-11}$$

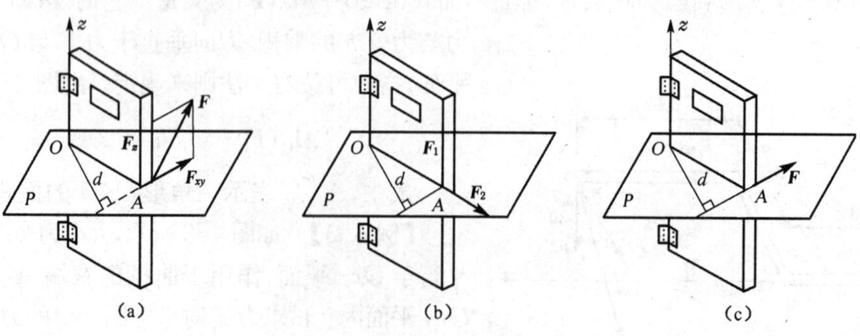

图 4-9

正负号按右手法则确定，即以右手四指表示力 $\boldsymbol{F}$ 使刚体绕轴的转动方向，若大拇指指向

与轴的正向一致，则取正号，反之取负号。也可按下述法则来确定其正负号：从轴的正向看，逆时针转向为正，顺时针转向为负。如图 4-9(a)所示的力 $\boldsymbol{F}$，它对 z 轴之矩为正值。

从力对轴之矩的定义容易看出：当力的作用线与轴平行 ($F_{xy}=0$) 或相交 ($d=0$) 时，力对该轴的矩都必为零。即当力的作用线与轴线共面时，力对该轴之矩也必然为零。图 4-9(b)中的力 F_1、F_2 都与 z 轴共面，因此它们对 z 轴之矩都为零，这两个力都不可能使门绕 z 轴转动。

从图 4-9(c)不难看出，在平面问题中所定义的力对平面内某点 O 之矩，实际上就是力对通过此点且与平面垂直的轴之矩。因此平面力系的合力矩定理，也可以推广到空间情形。可叙述为：若以 $\boldsymbol{F}_R$ 表示空间力系 $\boldsymbol{F}_1$、$\boldsymbol{F}_2$、…、$\boldsymbol{F}_n$ 的合力，则合力 $\boldsymbol{F}_R$ 对某轴之矩，等于各分力对同一轴之矩的代数和，即

$$M_z(\boldsymbol{F}_R)=M_z(\boldsymbol{F}_1)+M_z(\boldsymbol{F}_2)+\cdots+M_z(\boldsymbol{F}_n) \tag{4-12}$$

在计算力对某轴之矩时，经常应用合力矩定理。将力分解为三个方向的分力，然后分别计算各分力对这个轴之矩，求其代数和，即得力对该轴之矩。

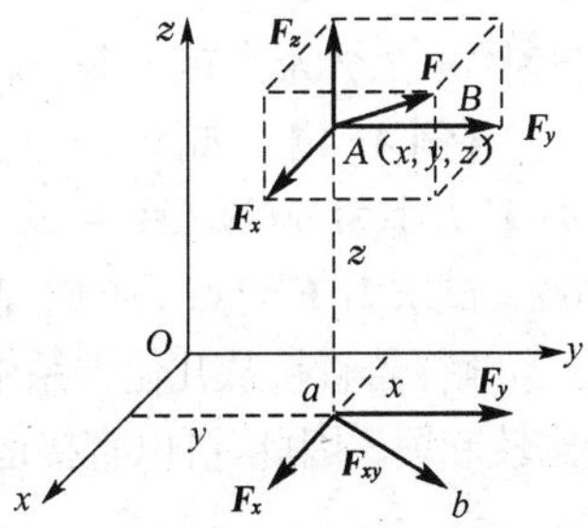

图 4-10

如图 4-10 所示，将力 $\boldsymbol{F}$ 沿坐标轴方向分解为 $\boldsymbol{F}_x$、$\boldsymbol{F}_y$、$\boldsymbol{F}_z$ 三个互相垂直的分力，以 F_x、F_y、F_z 分别表示 $\boldsymbol{F}$ 在三个坐标轴上的投影。

由合力矩定理得

$$\begin{aligned}M_x(\boldsymbol{F}) &= M_x(\boldsymbol{F}_x)+M_x(\boldsymbol{F}_y)+M_x(\boldsymbol{F}_z)\\ &= 0-zF_y+yF_z\\ &= yF_z-zF_y\end{aligned}$$

同理可求出 $M_y(F)$ 和 $M_z(F)$。因此有

$$\left.\begin{aligned}M_x(\boldsymbol{F}) &= yF_z-zF_y\\ M_y(\boldsymbol{F}) &= zF_x-xF_z\\ M_z(\boldsymbol{F}) &= xF_y-yF_x\end{aligned}\right\} \tag{4-13}$$

式(4-13)为求力对坐标轴之矩的公式。只要知道力 $\boldsymbol{F}$ 的作用点的坐标 x、y、z 和力 $\boldsymbol{F}$ 在三个坐标轴上的投影，则由式(4-13)即可算出 $M_x(\boldsymbol{F})$、$M_y(\boldsymbol{F})$ 和 $M_z(\boldsymbol{F})$。

应当指出，式(4-13)中 x、y、z、F_x、F_y、F_z 都是代数量，在计算力对轴之矩时，要注意各量的正负号。

4.2.3 力对点之矩和力对过该点的轴之矩间的关系

设刚体上作用有力 $\boldsymbol{F}$，其矢径为 $\boldsymbol{r}$，它们的解析表达式分别为

$$\boldsymbol{r}=x\boldsymbol{i}+y\boldsymbol{j}+z\boldsymbol{k} \qquad F=F_x\boldsymbol{i}+F_y\boldsymbol{j}+F_z\boldsymbol{k}$$

根据式(4-9)有

$$\begin{aligned}\boldsymbol{M}_O(\boldsymbol{F})=\boldsymbol{r}\times\boldsymbol{F} &= \begin{vmatrix}\boldsymbol{i} & \boldsymbol{j} & \boldsymbol{k}\\ x & y & z\\ F_x & F_y & F_z\end{vmatrix}\\ &= (yF_z-zF_y)\boldsymbol{i}+(zF_x-xF_z)\boldsymbol{j}+(xF_y-yF_x)\boldsymbol{k}\end{aligned}$$

将上式向 x、y、z 轴投影,并由式(4-13),可得

$$\left.\begin{aligned}[\boldsymbol{M}_O(\boldsymbol{F})]_x &= M_x(\boldsymbol{F})\\ [\boldsymbol{M}_O(\boldsymbol{F})]_y &= M_y(\boldsymbol{F})\\ [\boldsymbol{M}_O(\boldsymbol{F})]_z &= M_z(\boldsymbol{F})\end{aligned}\right\}\tag{4-14}$$

上式表明:力对某点的力矩矢在通过该点的任意轴上的投影,等于此力对该轴之矩。这就是力矩关系定理。

求出了力 $\boldsymbol{F}$ 对三个坐标轴的矩之后,根据式(4-14),即可得 $\boldsymbol{M}_O(\boldsymbol{F})$ 的大小和方向。

$$\left.\begin{aligned}&M_O(\boldsymbol{F}) = \sqrt{[M_x(\boldsymbol{F})]^2 + [M_y(\boldsymbol{F})]^2 + [M_z(\boldsymbol{F})]^2}\\ &\cos\alpha = \frac{M_x(\boldsymbol{F})}{M_O(\boldsymbol{F})} \quad \cos\beta = \frac{M_y(\boldsymbol{F})}{M_O(\boldsymbol{F})} \quad \cos\gamma = \frac{M_z(\boldsymbol{F})}{M_O(\boldsymbol{F})}\end{aligned}\right\}\tag{4-15}$$

式中,α、β、γ 为力矩矢与 x、y、z 轴正向间的夹角。

【例 4-4】 如图 4-11 所示,作用在 AB 杆端 B 点的力 $\boldsymbol{F}$ 大小为 50 N,$OA = 20$ cm,$AB = 18$ cm,$\varphi = 45°$,$\theta = 60°$。试求力 $\boldsymbol{F}$ 对点 O 的矩 $\boldsymbol{M}_O(\boldsymbol{F})$ 及对各坐标轴的矩。

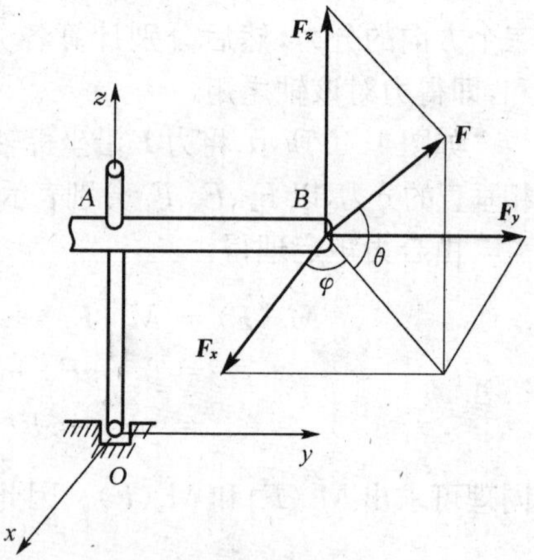

图 4-11

解:若直接从几何关系中求出 $\boldsymbol{F}$ 与 O 点的距离 d,显然比较麻烦。因此,可以直接运用式(4-3),力的投影值为

$$F_x = F\cos\theta\cos\varphi = 17.7\ \text{N}$$
$$F_y = F\cos\theta\sin\varphi = 17.7\ \text{N}$$
$$F_z = F\sin\theta = 43.3\ \text{N}$$

B 点的坐标为:$x = 0$,$y = 18$ cm,$z = 20$ cm。则

$$M_x(\boldsymbol{F}) = yF_z - zF_y = 425.4\ \text{N}\cdot\text{cm} = 4.254\ \text{N}\cdot\text{m}$$
$$M_y(\boldsymbol{F}) = zF_x - xF_z = 354\ \text{N}\cdot\text{cm} = 3.54\ \text{N}\cdot\text{m}$$
$$M_z(\boldsymbol{F}) = xF_y - yF_x = -318.6\ \text{N}\cdot\text{cm} = 3.186\ \text{N}\cdot\text{m}$$
$$|M_O(\boldsymbol{F})| = \sqrt{[M_x(\boldsymbol{F})]^2 + [M_y(\boldsymbol{F})]^2 + [M_z(\boldsymbol{F})]^2} = 6.383\ \text{N}\cdot\text{m}$$

$\boldsymbol{M}_O(\boldsymbol{F})$ 的方向可用方向余弦来表示。

4.3 空间力偶

4.3.1 力偶矩矢

空间力偶的三个要素可以用一个矢量来表示,称为力偶矩矢,记作 $\boldsymbol{M}$,表示的方法如下:矢量 $\boldsymbol{M}$ 的长度表示力偶矩的大小,方位与力偶作用面的法线方位相同,其指向与力偶转向的关系服从右手螺旋法则。即如以力偶的转向为右手螺旋的转动方向,则螺旋前进的方向即为力偶矩矢的指向,或从力偶矩矢的末端看去,应看到力偶的转向是逆时针方向,如图 4-12 所示。由此可知,

力偶对刚体的作用完全由力偶矩矢所决定。

由于力偶可以在同平面内任意移转，并可搬移到平行平面而不改变它对刚体的作用效果，即力偶矩矢可以平行搬移，因此力偶矩矢是自由矢量。应用力偶矩矢的概念，力偶的等效条件可叙述为：力偶矩矢相等的两个力偶等效。

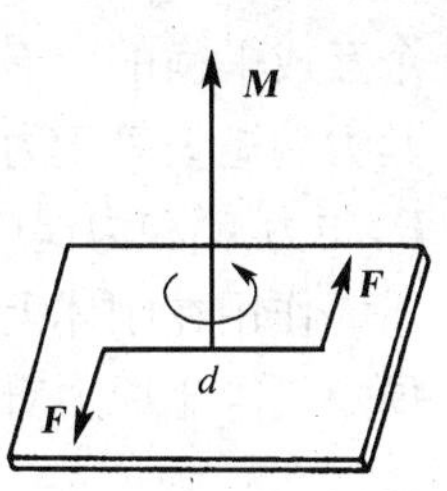

图 4-12

4.3.2 空间力偶的等效条件

由平面力偶理论可知，在同一平面内，力偶矩相等的两力偶等效。实践经验还表明，力偶的作用面也可以平移。例如，用螺钉旋具拧螺钉时，只要力偶矩的大小和力偶的转向保持不变，则力偶的作用面可以沿垂直于螺钉旋具的轴线平行移动，而并不影响拧螺钉的效果。由此可知，空间力偶的作用面可以平行移动，而不改变力偶对刚体的作用效果。反之，如果两个力偶的作用面不相互平行（即作用面的法线不相互平行），即使它们的力偶矩大小相等，这两个力偶对刚体的作用效果也不同。

如图 4-13 所示，三个力偶分别作用在三个同样的物块上，力偶矩都等于 200 N · m。因为图 4-13(a)、(b)中两力偶的转向相同，作用面又相互平行，因此，这两个力偶对物块的作用效果相同，它们使静止物块绕 x 轴转动。如果力偶作用在图 4-13(c)所示的平面上，虽然力偶矩的大小未变，但它使物块绕 y 轴转动，可见与前两个力偶对物块的作用效果不同。

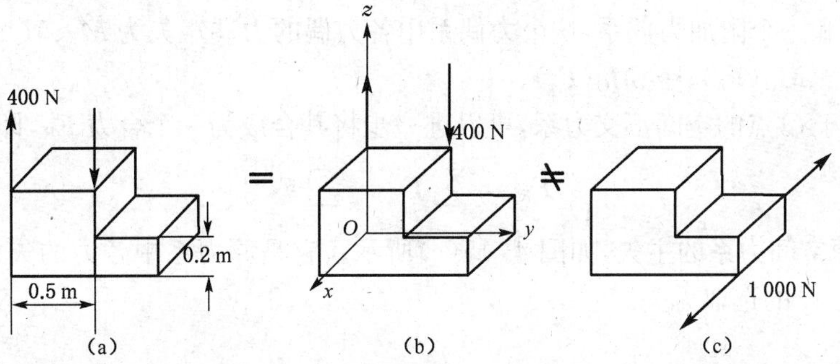

图 4-13

综上所述，空间力偶的等效条件是：作用在同一刚体的两平行平面内的两个力偶，若它们的力偶矩的大小相等且力偶的转向相同，则两力偶等效。可见力偶对刚体的作用与力偶作用面的位置无关，而仅与作用面的方位有关。

由此可知，空间力偶对刚体的作用效果取决于三个要素：①力偶矩的大小；②力偶的转向；③力偶作用面的方位。

4.4 空间任意力系向一点简化矢和主矩

1) 空间力的平移定理

设有一力 $\boldsymbol{F}$，其作用点为 A，在空间中任取一点 B，如图 4-14(a)所示。在 B 点上加上两

个互成平衡的力 $\boldsymbol{F}'$、$\boldsymbol{F}''$，且取 $\boldsymbol{F}'=-\boldsymbol{F}''=\boldsymbol{F}$，如图 4-14(b)所示。不难看出 $\boldsymbol{F}$、$\boldsymbol{F}''$组成一力偶，其力偶矩矢等于力 $\boldsymbol{F}$ 对 B 点的力矩矢 $\boldsymbol{M}_B(\boldsymbol{F})$，如图 4-14(c)所示。可见，原作用在 A 点的力 $\boldsymbol{F}$，与力 $\boldsymbol{F}'$ 和力偶($\boldsymbol{F}$、$\boldsymbol{F}''$)等效。由此可得空间力的平移定理如下：

作用在刚体上的一个力，可平行移至刚体中任意一指定点，但必须同时附加一力偶，其力偶矩矢等于原力对指定点的力矩矢。

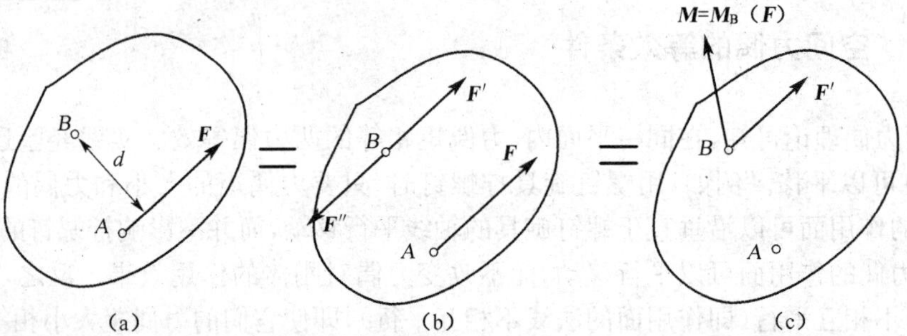

图 4-14

2）空间力系向一点的简化：主矢和主矩

设有一空间力系 $\boldsymbol{F}_1$、$\boldsymbol{F}_2$、…、$\boldsymbol{F}_n$，如图 4-15(a)所示，任选一点 O 为简化中心，将各力平移到 O 点。由力的平移定理可知，各力移到 O 点时，都必须同时附加一个力偶，其力偶矩矢等于该力对简化中心 O 之矩，如图 4-15(b)所示。于是可得到作用于 O 点的一个空间汇交力系 $\boldsymbol{F}'_1$、$\boldsymbol{F}'_2$、…、$\boldsymbol{F}'_n$ 和一个附加力偶系，这个力偶系中各力偶的力偶矩矢为 $\boldsymbol{M}_1$、$\boldsymbol{M}_2$、…、$\boldsymbol{M}_n$，它们分别等于 $\boldsymbol{M}_O(\boldsymbol{F}_1)$、$\boldsymbol{M}_O(\boldsymbol{F}_2)$、…、$\boldsymbol{M}_O(\boldsymbol{F}_n)$。

对于作用于 O 点的空间汇交力系，可以进一步将其合成为一个合力 $\boldsymbol{F}'_R$，即

$$\boldsymbol{F}'_R=\sum\boldsymbol{F}'=\sum\boldsymbol{F} \tag{4-16}$$

$\boldsymbol{F}'_R$ 称为原空间力系的主矢，如图 4-15(c)所示。它是原力系中各力的矢量和，因此主矢 $\boldsymbol{F}'_R$ 与简化中心 O 的选取无关。

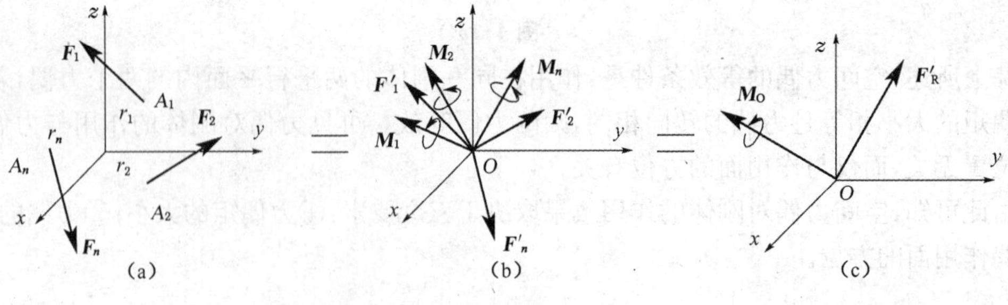

图 4-15

由式(4-4)可得

$$\left.\begin{aligned}F'_R&=\sqrt{(F'_{Rx})^2+(F'_{Ry})^2+(F'_{Rz})^2}=\sqrt{\left(\sum F_x\right)^2+\left(\sum F_y\right)^2+\left(\sum F_z\right)^2}\\ \cos\alpha&=\frac{\sum F_x}{F'_R},\cos\beta=\frac{\sum F_y}{F'_R},\cos\gamma=\frac{\sum F_z}{F'_R}\end{aligned}\right\} \tag{4-17}$$

对于附加力偶系，可以进一步将其合成为一个合力偶，其合力偶矩矢 $\boldsymbol{M}_O$ 为

$$\boldsymbol{M}_O = \sum \boldsymbol{M}_O(\boldsymbol{F}) \tag{4-18}$$

$\boldsymbol{M}_O$ 称为原力系对简化中心 O 的主矩，如图 4-15(c)所示，它等于原力系中各力对简化中心 O 之矩的矢量和。可见主矩 $\boldsymbol{M}_O$ 一般与简化中心的选取有关。以简化中心 O 为原点取坐标系，将式(4-18)向坐标轴投影，然后将式(4-14)代入，得

$$\left.\begin{aligned} M_{Ox} &= \sum M_x(\boldsymbol{F}) \\ M_{Oy} &= \sum M_y(\boldsymbol{F}) \\ M_{Oz} &= \sum M_z(\boldsymbol{F}) \end{aligned}\right\} \tag{4-19}$$

上式表明：主矩 $\boldsymbol{M}_O$ 在某坐标轴上的投影，等于原力系中各力对该轴之矩的代数和。

于是，$\boldsymbol{M}_O$ 的大小和方向余弦为

$$\left.\begin{aligned} M_O &= \sqrt{[\sum M_x(F)]^2 + [\sum M_y(F)]^2 + [\sum M_z(F)]^2} \\ \cos\alpha &= \frac{\sum M_x(F)}{M_O}, \cos\beta = \frac{\sum M_y(F)}{M_O}, \cos\gamma = \frac{\sum M_z(F)}{M_O} \end{aligned}\right\} \tag{4-20}$$

4.5 空间任意力系平衡方程

1) 空间力系的平衡条件和平衡方程

从空间力系的简化结果可得到空间力系平衡的必要和充分条件是：力系的主矢和对任一点的主矩为零，即

$$\boldsymbol{F} = 0, \boldsymbol{M}_O = 0$$

其解析式为

$$\left.\begin{aligned} &\sum F_x = 0, \sum F_y = 0, \sum F_z = 0 \\ &\sum M_x(\boldsymbol{F}) = 0, \sum M_y(\boldsymbol{F}) = 0, \sum M_z(\boldsymbol{F}) = 0 \end{aligned}\right\} \tag{4-21}$$

空间力系平衡的必要与充分的解析条件是：力系中各力在直角坐标系每一坐标轴上投影的代数和为零，对每一坐标轴之矩的代数和为零。

空间力系的平衡方程(4-21)经过简化，可得到几种特殊力系的平衡方程。

(1) 空间汇交力系的平衡方程

由于空间汇交力系对汇交点的主矩恒为零（$\boldsymbol{M}_O \equiv 0$），故其平衡方程为

$$\sum F_x = 0$$
$$\sum F_y = 0$$
$$\sum F_z = 0$$

(2) 平行力系、力偶系等平衡方程

设 z 轴与力系中各力平行，则 $\sum F_x \equiv 0, \sum F_y \equiv 0, \sum M_z(\boldsymbol{F}) \equiv 0$。因此平衡方程为

$$\sum F_z = 0$$
$$\sum M_x(\boldsymbol{F}) = 0$$
$$\sum M_y(\boldsymbol{F}) = 0$$

(3) 空间力偶系的平衡方程

对于空间力偶系，因为力偶在任意轴上的投影恒为零，即 $\sum F_x \equiv 0, \sum F_y \equiv 0, \sum F_z \equiv 0$，因此其平衡方程为

$$\sum M_x(\boldsymbol{F}) = 0$$
$$\sum M_y(\boldsymbol{F}) = 0$$
$$\sum M_z(\boldsymbol{F}) = 0$$

由以上讨论可知，空间汇交力系、空间平行力系和空间力偶系都只有三个独立的平衡方程，只能解三个未知量。

2）空间约束的类型

在空间力系问题中，物体所受的约束类型，有一些与平面力系中常见的约束类型不同。表 4-1列出了一些常见的空间约束类型及其简化画法和作用于物体上的约束力与约束力偶。

表 4-1　常见空间约束及其约束反力

	约束力	约束类型
1	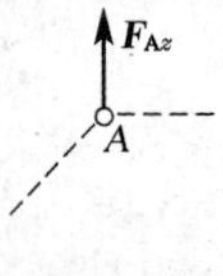	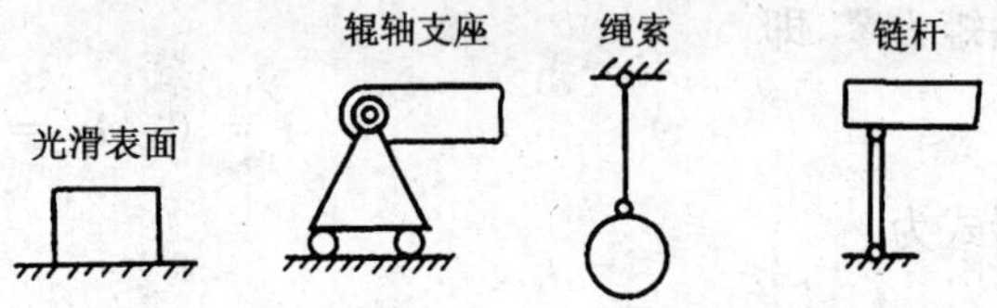
2	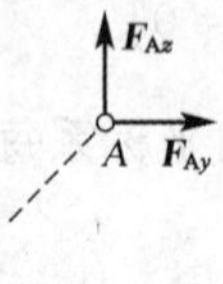	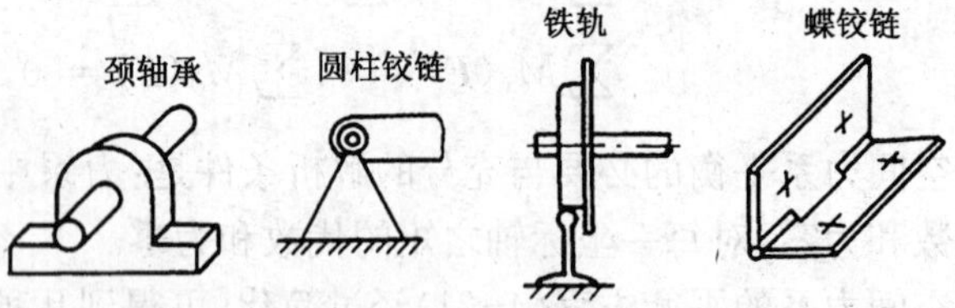
3	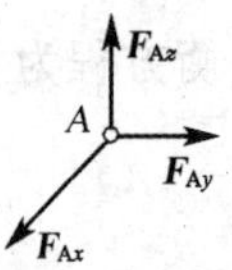	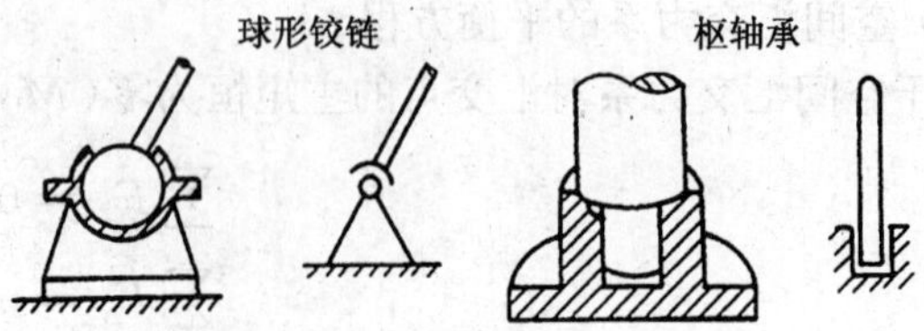

续表 4-1

	约束力	约束类型
4	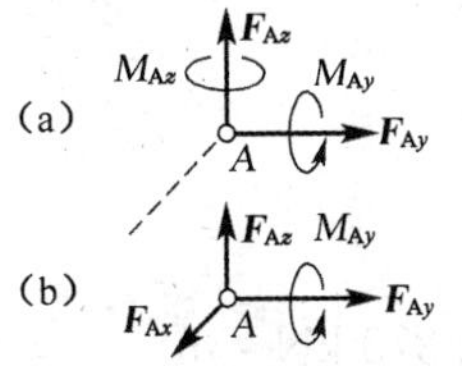	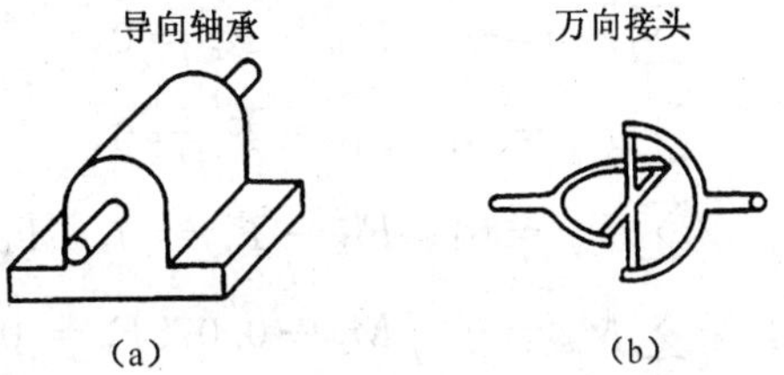
5	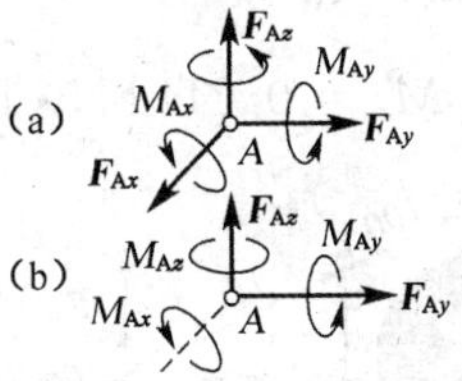	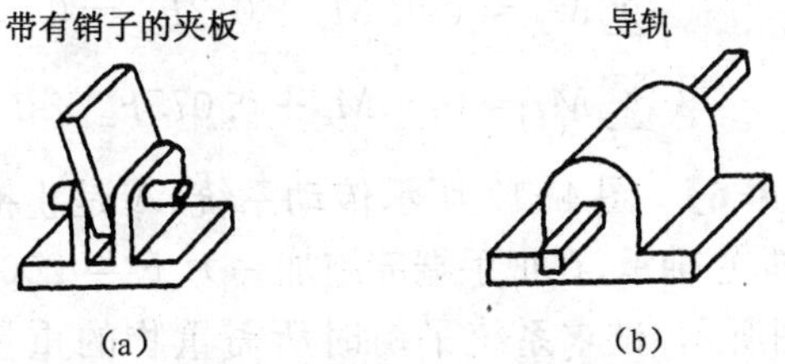
6	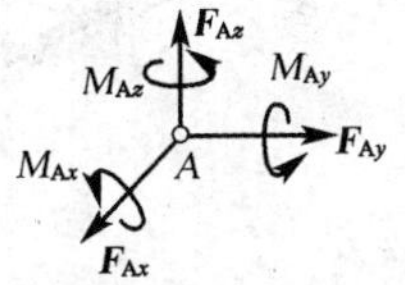	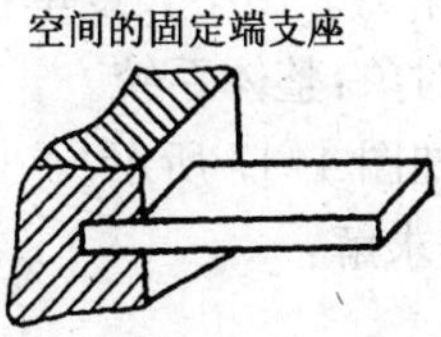

3）空间力系的平衡问题与解题应用

在应用空间力系的平衡方程解题时，其方法和步骤与平面力系平衡问题的求解相似，即先确定研究对象，对研究对象进行受力分析并作出受力图，然后选取适当的坐标系，列出平衡方程并解出待求的未知量。

【例 4-5】 镗刀杆的刀头在镗削工件时受到切向力 F_z、径向力 F_y 和轴向力 F_x 的作用，如图 4-16(a)所示。各力的大小 $F_z = 5\ \text{kN}$，$F_y = 1.5\ \text{kN}$，$F_x = 0.75\ \text{kN}$，刀尖 B 的坐标 $x = 200\ \text{mm}$，$y = 75\ \text{mm}$，$z = 0$。试求镗刀杆根部约束力。

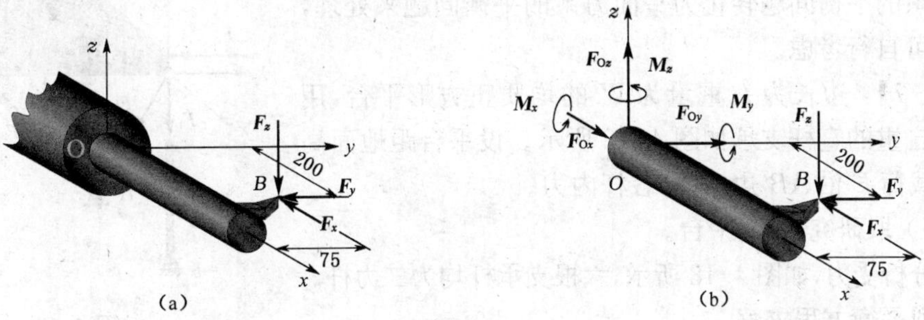

图 4-16

解:(1) 取研究对象:镗刀杆。

(2) 分析受力:镗刀杆根部是固定端约束，由于镗刀杆刀尖受空间力系的作用，因此当镗刀杆平衡时，固定端的约束力也是一个空间力系，将此力系向点 O 简化，得到一约束力和一约束力偶。约束力用直角坐标轴的三个分量 F_{Ox}、F_{Oy}、F_{Oz} 表示，约束力偶用三个正交分力偶矩

M_x、M_y、M_z 表示，如图 4-16(b)所示。

（3）列平衡方程求解：

$$\sum F_{ix}=0:\quad F_{Ox}-F_x=0,\quad F_{Ox}=0.75\ \text{kN}$$

$$\sum F_{iy}=0:\quad F_{Oy}-F_y=0,\quad F_{Oy}=1.5\ \text{kN}$$

$$\sum F_{iz}=0:\quad F_{Oz}-F_z=0,\quad F_{Oz}=5\ \text{kN}$$

$$\sum M_x=0:\quad M_x-0.075F_z=0\qquad M_x=0.375\ \text{kN}\cdot\text{m}$$

$$\sum M_y=0:\quad M_y+0.2F_z=0\qquad M_y=-1\ \text{kN}\cdot\text{m}$$

$$\sum M_z=0:\quad M_z+0.075F_x-0.2F_y=0\qquad M_z=0.244\ \text{kN}\cdot\text{m}$$

【例 4-6】 图 4-17 所示传动系统，A 是止推轴承，B 是向心轴承，在把手端部施加一力 $F=200$ N，方向如图所示，试求系统平衡时所需重物的重量 P 以及 A、B 轴承的约束力。图中长度单位为 mm。

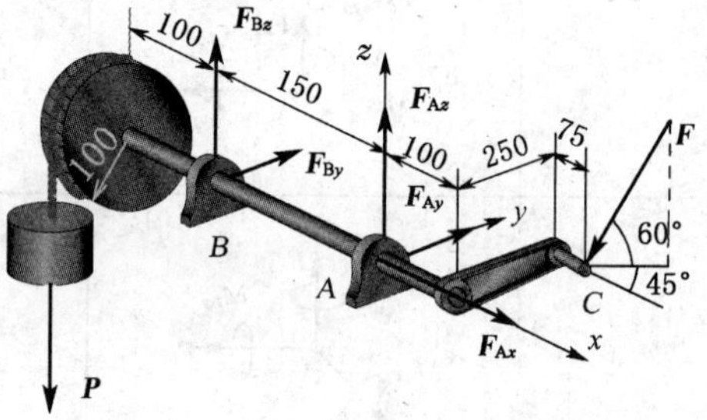

图 4-17

解：（1）取研究对象：整体系统。

（2）分析受力：如图 4-17 所示。

（3）列平衡方程求解：

$$\sum M_z=0:\quad 0.1P-0.25F\sin 60^\circ=0,\quad P=433\ \text{N}$$

$$\sum M_y=0:\quad -0.25P+0.15F_{Bz}+0.175F\sin 60^\circ=0,\quad F_{Bz}=520\ \text{N}$$

$$\sum M_x=0:\quad -0.15F_{By}+0.25F\cos 60^\circ\cos 45^\circ-0.175F\cos 60^\circ\sin 45^\circ=0,F_{By}=35.4\ \text{N}$$

$$\sum F_{ix}=0:\quad F_{Ax}-F\cos 60^\circ\cos 45^\circ=0,\quad F_{Ax}=70.7\ \text{N}$$

$$\sum F_{iy}=0:\quad F_{Ay}+F_{By}-F\cos 60^\circ\sin 45^\circ=0,\quad F_{Ay}=35.3\ \text{N}$$

$$\sum F_{iz}=0:\quad F_{Az}+F_{Bz}-P-F\sin 60^\circ=0,\quad F_{Az}=86.2\ \text{N}$$

本题也可将作用于传动轴上的各力投影在坐标平面上，把空间力系的平衡问题转化为平面力系的平衡问题来处理，对此读者可自行考虑。

【例 4-7】 边长为 l、重量为 W 的均质正方形平台，用六根不计自重的直杆支承如图 4-18 所示。设平台距地面高度为 l 处载荷 F 沿 AB 边，试求各杆内力。

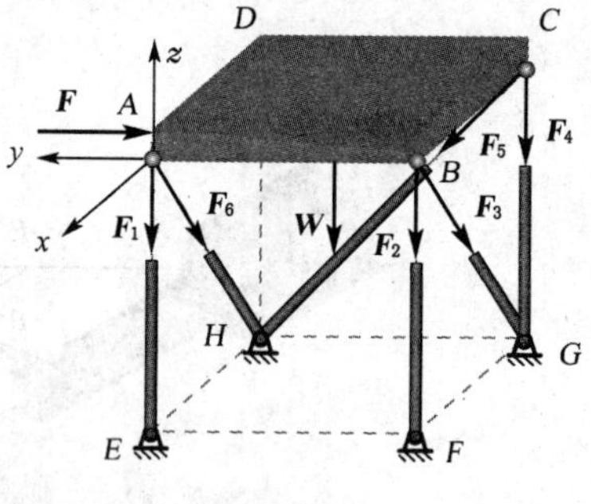

图 4-18

解：（1）取研究对象：平台。

（2）分析受力，如图 4-18 所示，六根支承杆均为二力杆。

（3）列平衡方程求解：

$$\sum M_{GC}=0:\quad -\frac{\sqrt{2}}{2}F_6 l+Fl=0,\quad F_6=\sqrt{2}F$$

$$\sum M_{BC}=0:\quad -F_1 l-\frac{\sqrt{2}}{2}F_6 l-W\cdot\frac{l}{2}=0,\quad F_1=-F-\frac{W}{2}$$

$$\sum M_{HG}=0:\quad F_1 l+F_2 l+W\frac{l}{2}=0,\quad F_2=F$$

$$\sum M_{FB}=0:\quad \frac{\sqrt{2}}{2}F_5 l-\frac{\sqrt{2}}{2}F_6 l=0,\quad F_5=\sqrt{2}F$$

$$\sum M_{HD}=0:\quad \frac{\sqrt{2}}{2}F_3 l+Fl=0,\quad F_3=-\sqrt{2}F$$

$$\sum M_{AB}=0:\quad -F_4 l-\frac{\sqrt{2}}{2}F_5 l-W\frac{l}{2}=0,\quad F_4=-F-\frac{W}{2}$$

4.6 平行力系的重心

在工程实际中，确定物体重心的位置十分重要。重心的位置对物体的平衡和运动都有很大的关系。例如，确定大型预制构件的重心可以合理地安排起吊点；为使行驶的汽车不至于侧翻，也需要准确确定其重心的位置；构件截面的重心位置将影响构件在载荷作用下的内力分布规律。总之，重心与物体的平衡、运动以及构件的内力分布有着密切的关系。

4.6.1 重心的概念及其坐标公式

一个不变形的物体（即刚体）在地球表面无论如何放置，其平行分布的重力的合力作用线，都通过该物体上一个确定的点，这一点就称为物体的重心。所以，物体的重心就是物体重力合力的作用点。一个物体的重心，相对于物体本身来说就是一个确定的几何点，重心相对于物体的位置是固定不变的。

下面来推导物体重心坐标的一般公式。

在图 4-19 上取直角坐标系 $Oxyz$，其中 z 轴与重力方向平行。将物体分割成许多微小部分，任一微小部分 M_i 的重力为 $\boldsymbol{W}_i$，其作用点的坐标为 x_i、y_i、z_i，设物体的重心以 C 表示，重心的坐标为 x_C、y_C、z_C。物体的重力为

$$\boldsymbol{W}=\sum \boldsymbol{W}_i$$

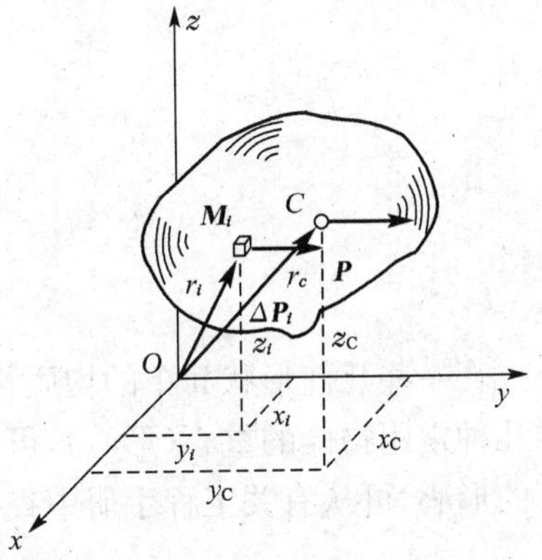

图 4-19

应用合力矩定理，分别求物体的重力对 x、y 轴的矩，有

$$-\boldsymbol{W}y_C=-\sum \boldsymbol{W}_i y_i$$

$$\boldsymbol{W}x_C=\sum \boldsymbol{W}_i x_i$$

由上式即可求得重心的坐标 x_C、y_C。为了求坐标 z_C，可将物体固结在坐标系中，随坐标系一起绕 x 轴旋转 90°，使 y 轴铅垂向下。这时，重力 $\boldsymbol{W}$ 与 $\boldsymbol{W}_i$ 都平行于 y 轴，并与 y 轴同向，如图 4-19 中虚线所示。然后对 x 轴应用合力矩定理，有

$$-\boldsymbol{W}z_C=-\sum \boldsymbol{W}_i z_i$$

综上，可得到物体重心 C 的坐标公式为

$$\left.\begin{aligned} x_C &= \frac{\sum W_i x_i}{W} \\ y_C &= \frac{\sum W_i y_i}{W} \\ z_C &= \frac{\sum W_i z_i}{W} \end{aligned}\right\} \tag{4-22}$$

如果物体是均质的，这时，单位体积的重量 γ=常量。以 ΔV_i 表示微小部分 M_i 的体积，以 $V=\sum \Delta V_i$ 表示整个物体的体积，则有 $W_i=\gamma\Delta V_i$、$W=\gamma V$ 代入式(4-22)，得

$$\left.\begin{aligned} x_C &= \frac{\sum \Delta V_i x_i}{V} \\ y_C &= \frac{\sum \Delta V_i y_i}{V} \\ z_C &= \frac{\sum \Delta V_i z_i}{V} \end{aligned}\right\} \tag{4-23}$$

这说明，均质物体重心的位置与物体的重量无关，完全取决于物体的大小和形状。所以，均质物体的重心又称为形心。确切地说：由式(4-22)所确定的点称为物体的重心，由式(4-23)所确定的点称为几何形体的形心。对于均质物体，其重心和形心重合在一点上。非均质物体的重心与形心一般是不重合的。

如果将物体分割的份数为无限多，且每份的体积无限小，在极限情况下，式(4-23)可改写成积分形式

$$\left.\begin{aligned} x_C &= \frac{\int_V x\,\mathrm{d}V}{V} \\ y_C &= \frac{\int_V y\,\mathrm{d}V}{V} \\ z_C &= \frac{\int_V z\,\mathrm{d}V}{V} \end{aligned}\right\} \tag{4-24}$$

一些几何形状简单的均质物体的重心(形心)，都可由以上积分公式求得。表 4-2 列出了几种常用物体的重心(形心)，可供查用。工程中常用的型钢(如工字钢、角钢、槽钢等)的截面的形心，可从有关工程手册中查得。

表 4-2　简单规则形体的形心位置表

名称	图　形	形心坐标	线长、面积、体积
三角形		在三中线交点 $y_C=\frac{1}{3}h$	面积 $A=\frac{1}{2}ah$

续表 4-2

名称	图　形	形心坐标	线长、面积、体积
梯形	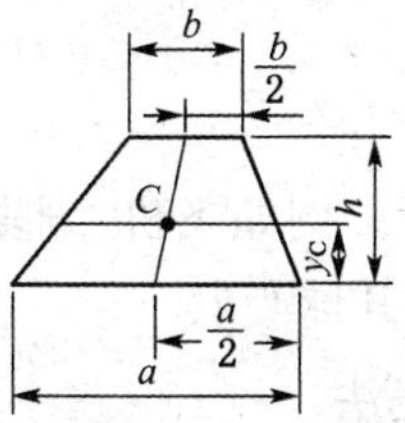	在上下底边中线连线上 $y_C=\frac{h(a+2b)}{3(a+b)}$	面积 $A=\frac{h}{2}(a+b)$
圆弧	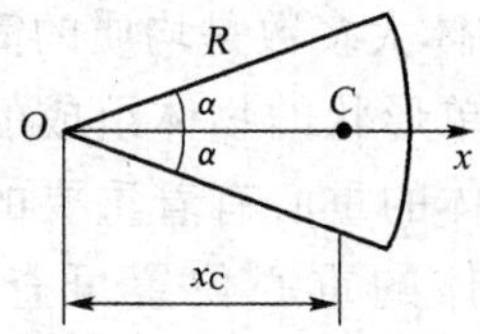	$x_C=\frac{R\sin\alpha}{\alpha}$（$\alpha$ 以弧度计） 半圆弧时 $x_C=\frac{2R}{\pi}$	弧长 $l=2\alpha R$
扇形	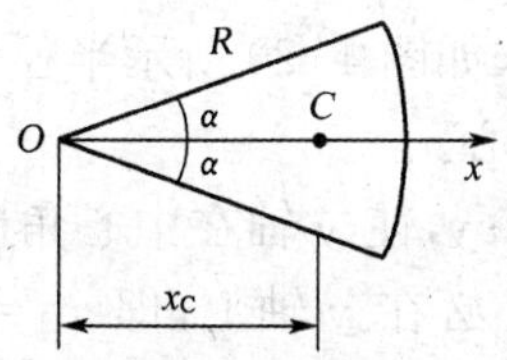	$x_C=\frac{2R\sin\alpha}{3\alpha}$（$\alpha$ 以弧度计） 半圆弧时 $x_C=\frac{4R}{3\pi}$	面积 $A=\alpha R^2$
弓形	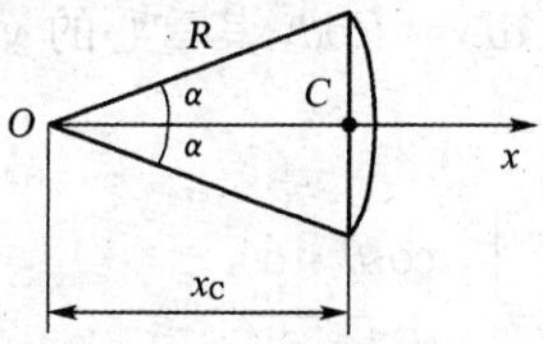	$x_C=\frac{4R\sin^3\alpha}{3(2\alpha-\sin2\alpha)}$	面积 $A=\frac{R^2(2\alpha-\sin2\alpha)}{2}$
抛物线面	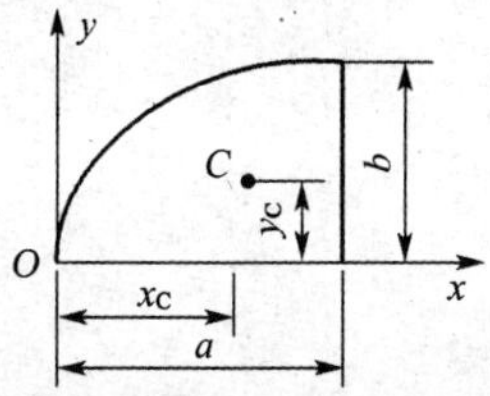	$x_C=\frac{3}{5}a$ $y_C=\frac{3}{8}b$	面积 $A=\frac{2}{3}ab$
	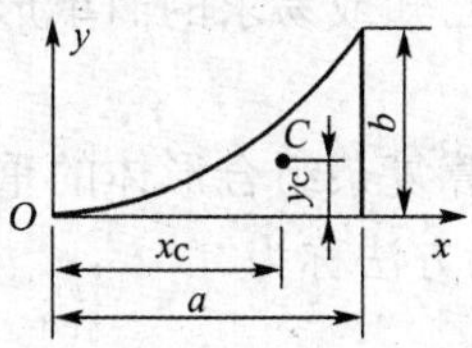	$x_C=\frac{3}{4}a$ $y_C=\frac{3}{10}b$	面积 $A=\frac{1}{3}ab$
半圆球体	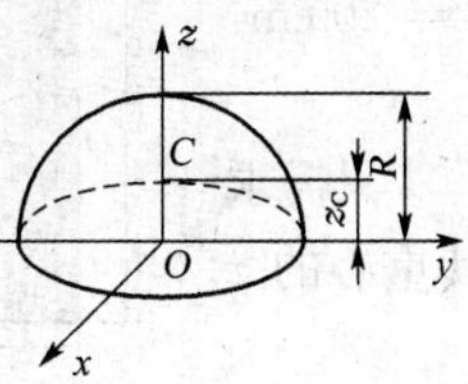	$z_C=\frac{3}{8}R$	体积 $V=\frac{2}{3}\pi R^2$

4.6.2 确定物体重心的方法

1）对称判别法

均质物体的重心必在物体的对称面、对称轴、对称中心上。例如飞机、蝴蝶的重心必在其对称平面上，圆柱体的重心必在其对称轴上，圆球的重心必在其球心上。

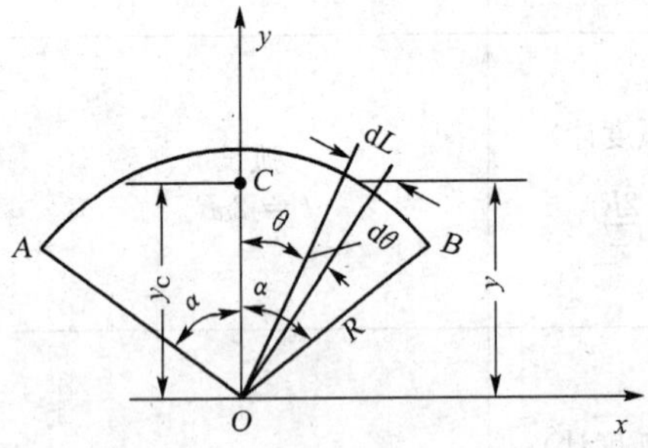

图 4-20

2）积分法和查表法

工程实际中的物体大多数是均质的简单形状的物体，或者是由几个简单形状的物体组成的组合体。因此，确定简单形状物体的重心有着重要的意义。一些简单形状的均质物体的重心位置可查阅有关工程手册。

【例 4-8】 试求如图 4-20 所示半径为 R、圆心角为 2α 的圆弧线的重心。

解：取坐标系 Oxy，使 y 轴在中心角的平分线上，由于对称关系，重心必在 y 轴上，即 $x_C = 0$，则只需求 y_C。

在圆弧 AB 上取微小弧长 $\mathrm{d}L$（可看成直线段），由图知 $\mathrm{d}L = R\mathrm{d}\theta$，其重心的 y 坐标为 $y = R\cos\theta$，则

$$y_C = \frac{\int_L y\mathrm{d}L}{L} = \frac{\int_{-\alpha}^{\alpha} R\cos\theta \cdot R\mathrm{d}\theta}{R \cdot 2\alpha} = \frac{R^2\int_{-\alpha}^{\alpha}\cos\theta \cdot \mathrm{d}\theta}{2R\alpha}$$

$$= \frac{2R^2\sin\alpha}{2R\alpha} = \frac{R\sin\alpha}{\alpha}$$

当 $\alpha = \frac{\pi}{2}$ 即半圆弧时，重心的坐标 $y_C = \frac{2R}{\pi}$。

3）分割法和负面积法

所谓分割法是指将复杂组合形体分割成几个通常重心已知或易求的简单形体组成，然后用求重心的公式求出该形体的重心(形心)。

负面积法是分割法的推广，遇到物体有挖去的部分，计算复杂组合形体的重心，只要把挖去的部分面积用负值代入重心计算公式即可，这种求重心的方法称为负面积(负体积)法。

【例 4-9】 求图 4-21 所示均质面积重心的位置。设 $a = 20$ cm，$b = 30$ cm，$c = 40$ cm。

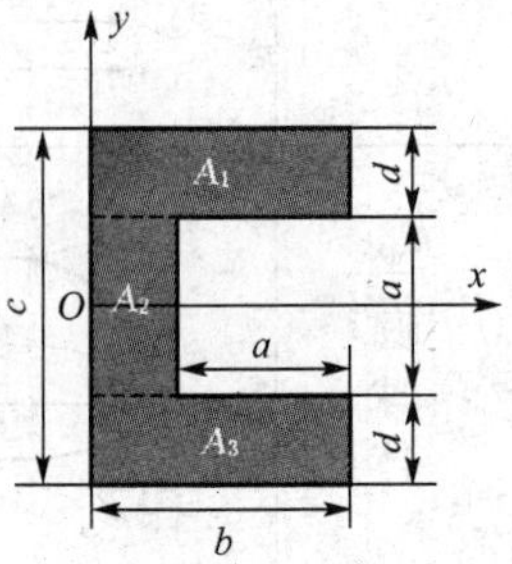

图 4-21

解：(1) 用分割法：因轴为对称轴，重心在此轴上，$y_C = 0$，只需求 x_C，由图上的尺寸可以按分割法算出这三块矩形的面积及其重心的 x 坐标如下：

$$A_1 = 300\ \text{cm}^2, x_1 = 15\ \text{cm}; A_2 = 200\ \text{cm}^2,$$

$$x_2 = 5\ \text{cm}; A_3 = 300\ \text{cm}^2, \quad x_3 = 15\ \text{cm}$$

得物体重心的坐标：$x_C = \dfrac{A_1x_1 + A_2x_2 + A_3x_3}{A_1 + A_2 + A_3} = 12.5\ \text{cm}; y_C = 0$。

(2) 用负面积法：这个图示形体也可以看成由外面的大矩形挖去一个小矩形而得。按照图 4-21 所示的尺寸，可得这两个矩形的面积及其重心的坐标如下。

对于外面大矩形：$A_1 = 1\,200\ \text{cm}^2, \quad x_1 = 15\ \text{cm}, \quad y_1 = 0$

对于小矩形：$A_2 = 400\ \text{cm}^2, \quad x_2 = 20\ \text{cm}, \quad y_2 = 0$

故两块矩形重心 C 的坐标为：$x_C = \dfrac{A_1x_1 - A_2x_2}{A_1 - A_2} = 12.5\ \text{cm}; y_C = 0$。

【例 4-10】 试求图 4-22 所示振动器用的偏心块的形心位置。已知 $R = 100\ \text{mm}, r_1 = 30\ \text{mm}, r_2 = 17\ \text{mm}$。

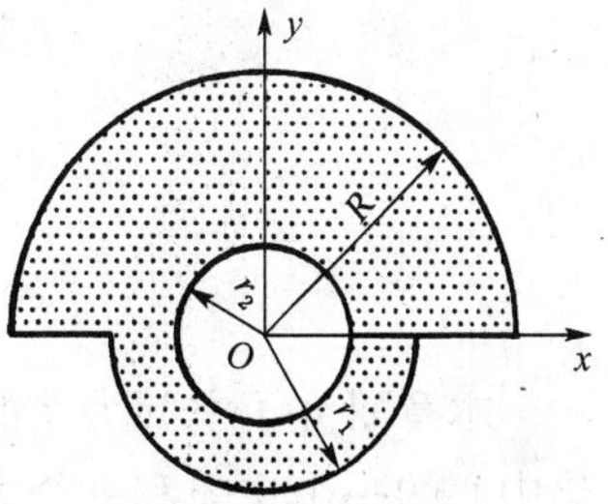

图 4-22

解：取坐标系 Oxy 如图 4-22 所示。偏心块可看作由三部分组成：半径为 R 的半圆 A_1，半径为 r_1 的半圆 A_2，被挖去的半径为 r_2 的圆 A_3。

大半圆的面积和形心 C_1 的坐标为：$A_1 = \dfrac{\pi R^2}{2} = 15\,710\ \text{mm}^2$；

$x_1 = 0, y_1 = \dfrac{4R}{3\pi} = 42.44\ \text{mm}^2$

小半圆的面积和形心 C_2 的坐标为：$A_2 = \dfrac{\pi {r_1}^2}{2} = 1\,414\ \text{mm}^2; x_2 = 0, y_2 = \dfrac{4r_1}{3\pi} = -12.73\ \text{mm}$

大半圆的面积和形心 C_1 的坐标为：$A_3 = \pi r_2^2 = -907.9\ \text{mm}^2; x_3 = 0, y_3 = 0$

形心坐标：$y_C = \dfrac{\sum A_i y_i}{A} = \dfrac{15\,710 \times 42.44 + 1\,414 \times (-12.73) - 907.9 \times 0}{15\,710 + 1\,414 - 907.9} = 40.01\ \text{mm}$；

$x_C = 0$

4）实验法

在工程实际中，经常会遇到外形复杂的物体，应用上述方法计算重心的位置很困难，有时只能做近似计算，待产品制成后，再用实验测定进行校核。实际上，即使在设计时重心的位置算得很精确，但是，由于在制造和装配时难免有误差，材料也不可能非常均匀，所以要准确地确定物体重心的位置，也常用实验法进行测定。

悬挂法和称重法是实验法中常用的两种测重心的方法。

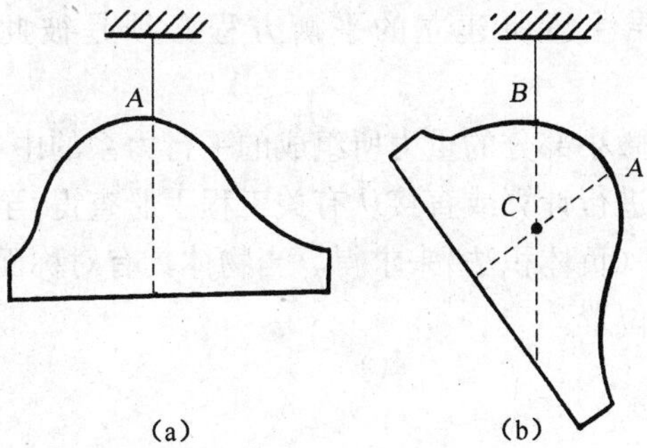

图 4-23

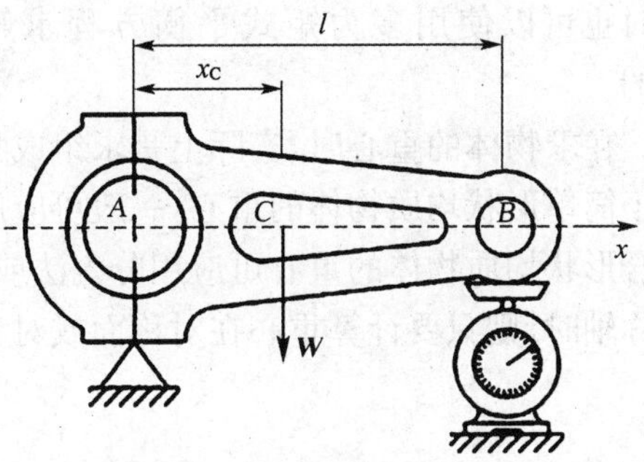

图 4-24

(1) 悬挂法：如果需求一薄板的重心，可先将板悬挂于任一点 A，如图 4-23(a)所示，根据两力平衡条件，重心必在过悬挂点的铅直线上，于是可在板上画出此线；然后再将板悬挂于另一点 B，同样可画出另一直线，两直线相交于 C 点，这点就是重心(图 4-23(b))。

(2) 称重法：如图 4-24 所示，其重心 x 轴上的位置可用如下方法确定：先称出物体的重量 W，然后将其一端支于支点 A 上，另一端支于磅秤上。使 AB 处于水平位置，读出磅秤上的读数 F_{NB}，并量出两支点的水平距离 l，则平衡方程为

$$\sum M_A(F_i) = 0; F_{NB}l - Wx_C = 0$$

得

$$x_C = \frac{F_{NB}l}{W}$$

本章小结

本章研究了空间力系的简化和平衡问题。空间任意力系向一点简化，可得一个作用在简化中心的一个主矢和一个主矩矢。根据主矢和主矩矢的不同情况可判定力系合成的最后结果是一力或一力偶。

空间平行力系、空间汇交力系、空间力偶系的问题可作为空间力系的特殊情况来处理。

力对轴之矩是一个重要的概念，在计算某一力 $\boldsymbol{F}$ 对某一轴 z 之矩时，可先将力 $\boldsymbol{F}$ 投影到与 z 轴垂直的平面上，求得此力的投影 $\boldsymbol{F}_{xy}$，然后取这个投影的大小 F_{xy} 与这个投影到轴的垂直距离 d 的乘积，并加以适当的正负号，就可以求出力 $\boldsymbol{F}$ 对 z 轴的矩。

空间力系平衡的必要和充分条件是主矢和主矩都等于零。由此可导出空间力系的 6 个平衡方程：

$$\sum F_{ix} = 0; \sum F_{iy} = 0; \sum F_{iz} = 0$$

$$\sum M_x(F_i) = 0; \sum M_y(F_i) = 0; \sum M_z(F_i) = 0$$

应用空间平衡方程求解平衡问题是本章的重点。在解题时，为了简化计算要适当地选取投影轴和力矩轴。投影轴选取的原则是要轴与尽可能多的未知力相垂直；力矩轴选取的原则是要轴与尽可能多的未知力相交或平行。为了求解的方便，以减少方程中的未知数，尽量避免解联列方程，一般可先用力矩平衡方程求解，再用投影平衡方程求出其他未知量。有时也可以使用多力矩式平衡方程求解，同时要注意所建立的平衡方程必须是彼此独立的。

在求物体的重心时，实际上是求组成物体的各微小部分的重力所组成的平行力系的中心。对于简单形状均质物体的重心，一般可应用积分法进行计算或直接从有关工程手册查得，至于复合形状均质物体的重心可应用分割法或负面积法(负体积法)来求得。当物体具有对称面或对称轴时，则只要计算重心在对称面或对称轴上的位置。

复习思考题

一、是非题(正确的在括号内打"√",错误的打"╳")

1. 空间力偶中的两个力对任意投影轴的代数和恒为零。 ( )
2. 空间力对点的矩在任意轴上的投影等于力对该轴的矩。 ( )
3. 空间力系的主矢是力系的合力。 ( )
4. 空间力系的主矩是力系的合力偶矩。 ( )
5. 空间力系向一点简化得主矢和主矩与原力系等效。 ( )
6. 空间力系的主矢为零,则力系简化为力偶。 ( )
7. 空间汇交力系的平衡方程只有三个投影形式的方程。 ( )
8. 空间汇交力系的三个投影形式的平衡方程对投影轴没有任何限制。 ( )
9. 空间力偶等效只需力偶矩矢相等。 ( )
10. 空间力偶系可以合成一个合力。 ( )

二、填空题

1. 空间汇交力系的平衡方程________________________。
2. 空间力偶系的平衡方程________________________。
3. 空间平行力系的平衡方程________________________。
4. 空间力偶的等效条件________________________。
5. 空间力系向一点简化得主矢与简化中心的位置______,主矩与简化中心的位置______。

三、计算题

1. 如图 4-25 所示,水平轮上 A 点作用一力 $F=1$ kN,方向与轮面成 $\alpha=60°$ 的角,且在过 A 点与轮缘相切的铅垂面内,而点 A 与轮心 O' 点的连线与通过 O' 点平行于 y 轴的直线成 $\beta=45°$ 角,$h=r=1$ m。试求力 $\boldsymbol{F}$ 在三个坐标轴上的投影和对三个坐标轴之矩。

2. 曲拐手柄如图 4-26 所示,已知作用于手柄上的力 $F=100$ N,$AB=100$ mm,$BC=400$ mm,$CD=200$ mm,$\alpha=30°$,试求力 $\boldsymbol{F}$ 对 x、y、z 轴之矩。

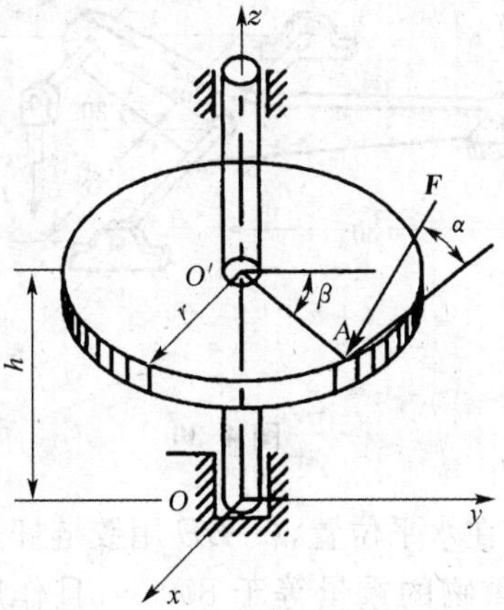

图 4-25

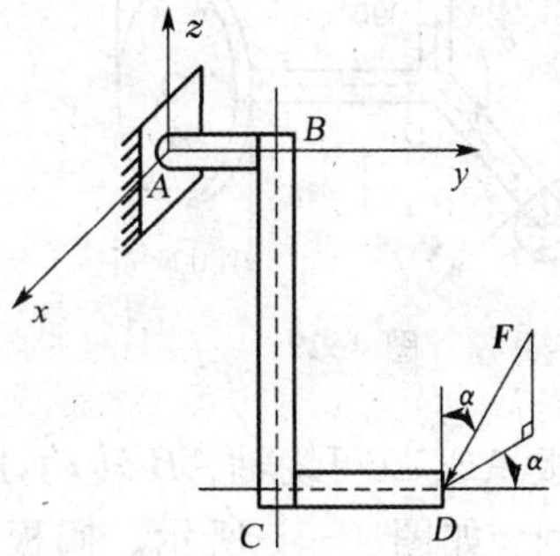

图 4-26

3. 如图 4-27 所示的悬臂刚架，作用有分别平行于 x、y 轴的力 $F_1=5$ kN 与 $F_2=4$ kN。分布力 $q=2$ kN/m，且 q 分布力作用线过 y 轴。刚架自重不计，试求固定端 O 处的约束反力和约束反力偶。

4. 在图 4-28 所示的起重机示意图中，已知 $AB=BC=AD=AE$，点 A、B、C、D 和 E 等均为球铰链连接，如三角形 ABC 的投影为 AF 线，AF 与 y 轴夹角为 α，如图所示，求铅直支柱和各斜杆的内力。

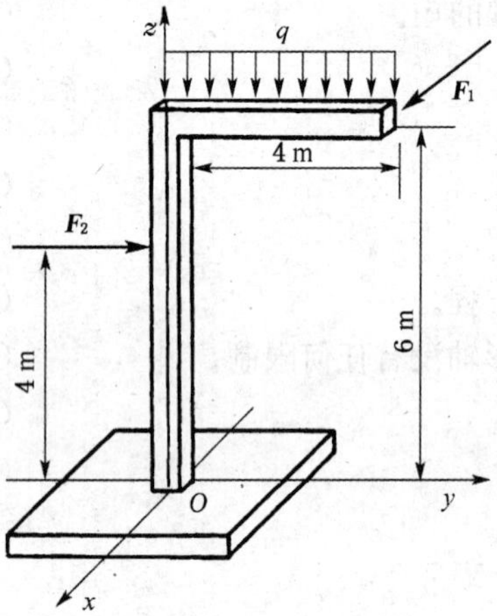

图 4-27

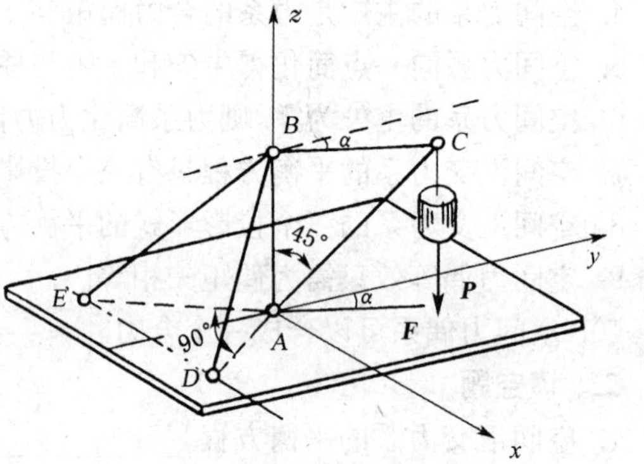

图 4-28

5. 半径分别为 $r_A=30$ cm、$r_B=20$ cm、$r_C=10$ cm 的三圆盘 A、B、C 分别固结于刚连的三臂 OA、OB、OC 的一端，三臂在同一平面内，而盘与固定着的臂相垂直，如图 4-29 所示。盘 A 及 B 内各受一力偶作用，如图所示。求使系统维持平衡所需施加于盘 C 内的力偶之力 F、F' 及臂 OC 与 OB 所形成的夹角 α。

6. 脚踏式操纵装置如图 4-30 所示。已知 $F=3\,000$ N，求铅直操纵杆上产生的拉力 F_T 及轴承 A、B 处的反力(图中尺寸以 cm 计)。

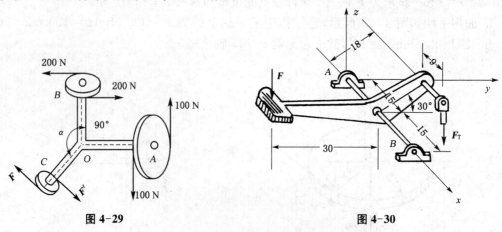

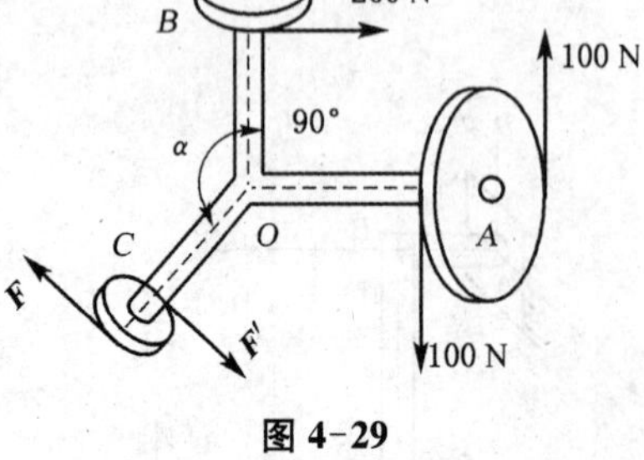

图 4-29

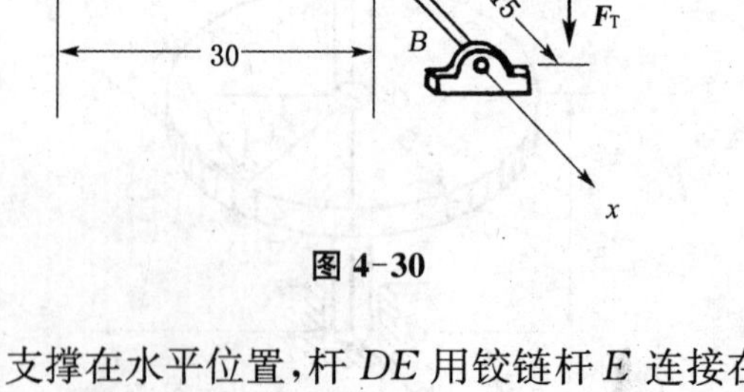

图 4-30

7. 搁板 $ABCD$ 可绕轴 AB 转动，用杆 DE 支撑在水平位置，杆 DE 用铰链杆 E 连接在铅垂墙 BAE 上，如图 4-31 所示。搁板连同其上的重物的重量等于 800 N，且作用在长方形 $ABCD$ 两对角线的交点上。已知 $AB=150$ cm，$BC=60$ cm，$AK=BH=25$ cm，$DE=75$ cm。

杆 DE 自重不计，求杆 DE 的内力以及蝶形铰链 H 和 K 中约束反力的大小。

8. 水平轴上装有两凸轮，如图 4-32 所示。凸轮上分别受已知力 $F_1=830\ \mathrm{N}$ 及未知力 F_2 作用，如轴平衡，试求力 F_2 的大小及轴承 A、B 处的反力。

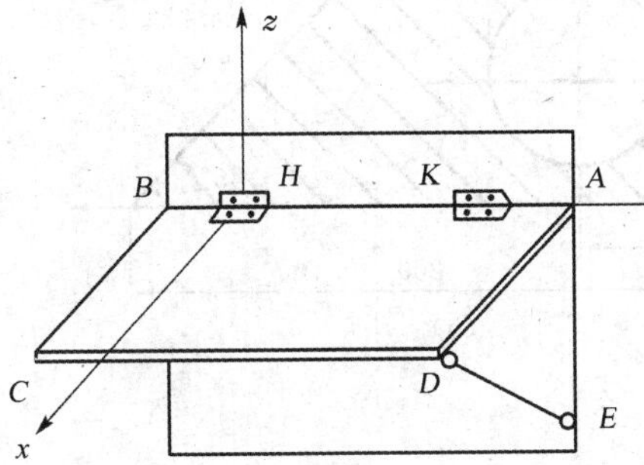

图 4-31

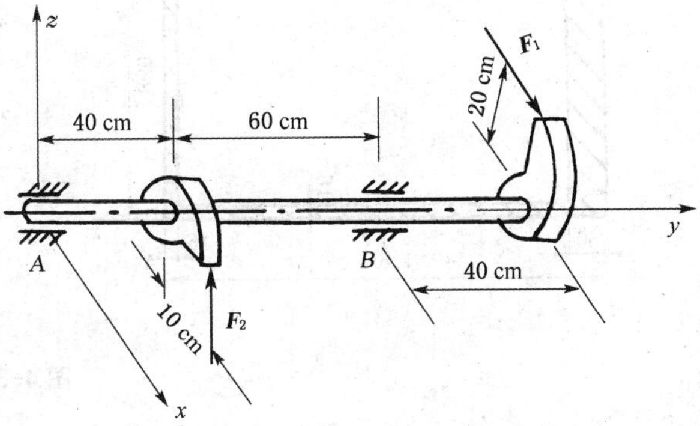

图 4-32

9. 水平板用六根支杆支撑，如图 4-33 所示，板的一角受铅垂力 F 的作用。不计板和杆的自重，试求各杆的受力。

10. 正三角形板用六根杆支撑在水平面内，如图 4-34 所示，其中三根杆与水平平面成 30° 角，板面内作用一力偶矩为 M 的力偶。不计板、杆自重，试求各杆的受力。

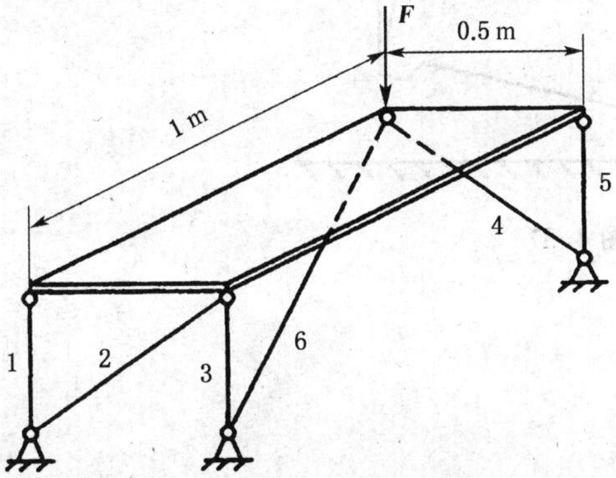

图 4-33

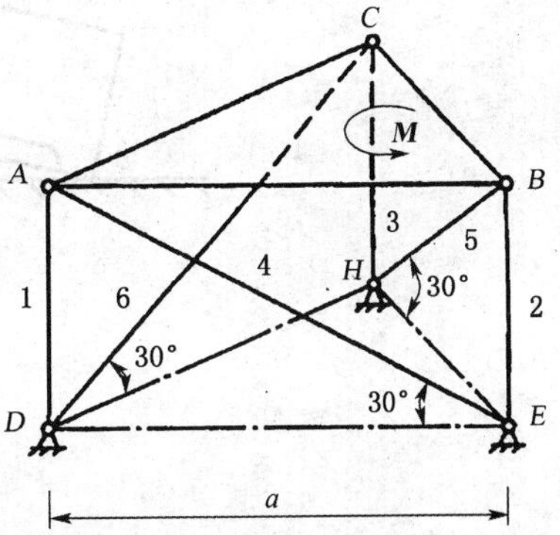

图 4-34

11. 试求图 4-35 所示各型材截面图形的形心位置。

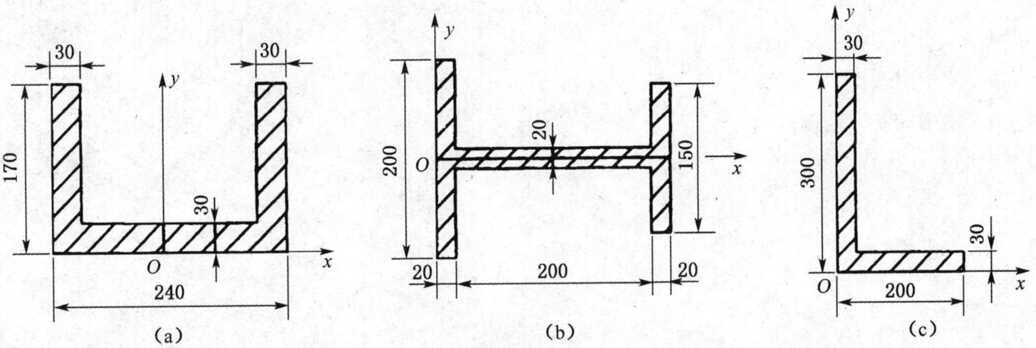

图 4-35

12. 试求图 4-36 所示各平面图形的形心位置。

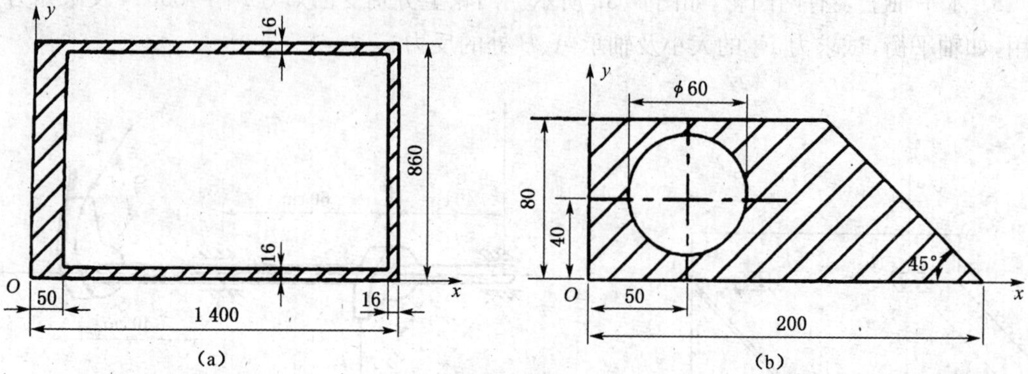

图 4-36

13. 如图 4-37 所示，机床重为 25 kN，当水平放置时($\theta=0°$)，秤上的读数为 17.5 kN，当 $\theta=20°$时，秤上的读数为 15 kN。试确定机床重心的位置。

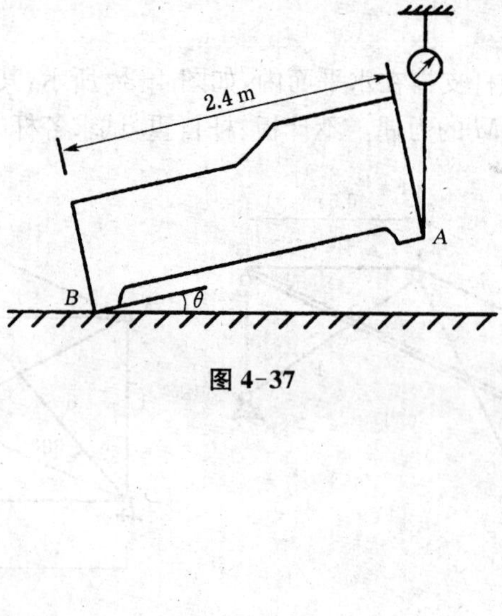

图 4-37

5 摩　擦

本章导读

本章主要介绍了摩擦的基本概念、滑动摩擦和滚动摩擦的有关理论、在摩擦力作用下物体处于自锁状态的原因以及有摩擦存在时物体平衡的特点和分析方法。

本章的重点和难点是带有滑动摩擦的物体的平衡条件。

教学目标

了解:摩擦的概念、静摩擦定律和滚动摩阻等概念。

掌握:摩擦力方向的判断和大小的计算、摩擦角和自锁。

应用:在摩擦力作用下的物体处于平衡状态的受力分析和力的求解。

分析:存在摩擦情况下的力系平衡问题。

5.1　摩擦及其分类

摩擦是自然界最普遍存在的现象之一。它既可以起积极作用,也可以起消极作用。一方面,摩擦是生活上和生产中所不可缺少的。摩擦太小时,甚至人不便行走,车辆不能行驶,机器不能装配。有时还直接利用摩擦来传输动力,以完成特定的工作。在这些情形下,需要尽可能增大摩擦。而在另一方面,摩擦又有着十分不利的影响,如机械加工的动力可以说绝大部分消耗于摩擦,机器运动部件的磨损也主要缘于摩擦,仪表往往因摩擦而降低精密度。

摩擦是一种极其复杂的物理—力学现象,关于摩擦机理的研究,目前已形成一门学科——摩擦学。本章仅介绍工程中常用的简单近似理论。按照接触物体之间的运动情况,摩擦可分为滑动摩擦和滚动摩擦;又根据物体之间是否有良好的润滑剂,滑动摩擦又可分为干摩擦和湿摩擦。本章只研究滑动摩擦中干摩擦时物体的平衡问题。

5.2 滑动摩擦

5.2.1 静滑动摩擦力和最大静滑动摩擦力

两个相互接触的物体，如果有相对滑动或相对滑动趋势，彼此在接触面间就产生阻碍滑动的力，这种阻力称为滑动摩擦力。

设有一重 W 的物体，放在一个粗糙的水平面上(图 5-1(a))，并由绳系着，绳绕过滑轮下挂砝码。显然绳对物体的拉力 F 的大小等于砝码的重量(图 5-1(b))。

当砝码重量较小时，亦即作用在物体上的力 F 较小时，物体有向右滑动的趋势，但仍保持平衡。根据平衡条件，此时平面对物体的约束力，除铅垂向上的力 F_N 外，还必须有向左的摩擦力 F_s 作用，并且 $F_s = F$。这种在两个接触物体之间有相对滑动趋势时产生的摩擦力称为静滑动摩擦力，简称静摩擦力。如果逐渐增加砝码重量，即增大力 F，在一定范围内物体仍保持平衡，这表明，在此范围内摩擦力 F_s 随着力 F 的增大而不断增大。若力 F 值继续增加达到一定值时，物体不再保持平衡而开始滑动，这说明摩擦力与一般约束力有所不同，它有一个最大值，当达到这个最大值后，就不再增加，这个最大值称为最大静滑动摩擦力。若力 F 继续增大，则平衡就被破坏，物体开始滑动。物体运动时，摩擦力继续存在，这个摩擦力称为动滑动摩擦力。

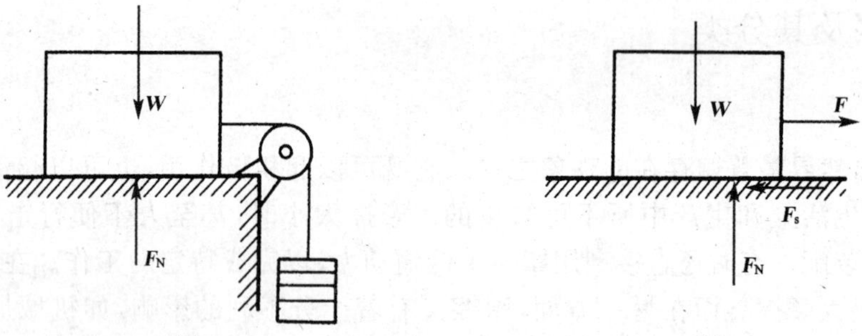

图 5-1

由此看到，作用于物体上的摩擦力，可以分为：①静滑动摩擦力 F_s，它作用于静止的物体上，它的大小、方向可以根据平衡条件求出；②最大静滑动摩擦力 F_{max}，它是静滑动摩擦力的极限，此时物体处于将滑而未滑的临界状态；③动滑动摩擦力 F_d，它作用在已经滑动的物体上，滑动摩擦力的方向始终与物体的相对运动方向相反。

大量实验证明，最大静摩擦力的方向与相对滑动趋势相反，大小与两物体间的正压力(即法向反力)的 F_N 大小成正比，即

$$F_{max} = f_s F_N \tag{5-1}$$

式(5-1)称为静摩擦定律,式中,系数 f_s 称为静滑动摩擦因数,简称静摩擦因数,它的大小与两接触物体的材料以及表面情况(粗糙度、干湿度、温度等)有关,而一般与接触面积的大小无关。静摩擦因数可由实验测定,对于一般的光滑表面其数值可参考表 5-1。

表 5-1　常用材料的滑动摩擦因数

材料名称	静摩擦因数		动摩擦因数	
	无润滑	有润滑	无润滑	有润滑
钢—钢	0.15	0.1～0.2	0.15	0.05～0.1
钢—软钢			0.2	0.1～0.2
钢—铸铁	0.3		0.18	0.05～0.18
钢—青铜	0.15	0.1～0.15	0.15	0.1～0.15
软钢—铸铁	0.2		0.18	0.05～0.15
软钢—青铜			0.18	0.07～0.15
铸铁—铸铁		0.18	0.15	0.07～0.12
铸铁—青铜			0.15～0.2	0.07～0.15
青铜—青铜		0.1	0.2	0.07～0.1
皮革—铸铁	0.3～0.5	0.15	0.6	0.15
橡皮—铸铁			0.2	0.5
木材—木材	0.4～0.6	0.1	0.2～0.5	0.07～0.15

5.2.2　动滑动摩擦力

静滑动摩擦力达到最大值时,若主动力再继续加大,接触面之间产生相对滑动,此时接触面处仍有阻力存在,这种阻力称为动滑动摩擦力。大量实验表明:动滑动摩擦力的大小正比于两接触物体间的正压力,即

$$F_d = f_d F_N \tag{5-2}$$

式中,f_d 是动摩擦因数。动摩擦力与静摩擦力不同,没有变化范围。在一般情况下,$f_d < f_s$,这说明推动物体从静止开始滑动比较费力,但是一旦滑动起来后,要维持物体继续滑动就比较省力了。

从上述讨论可知,物体在静止时应满足 $0 \leqslant F_s \leqslant F_{max}$ 条件,随着主动力变化,达到临界将滑未滑状态时,摩擦力也达到相应的最大静滑动摩擦力 F_{max} 状态。

应该指出,摩擦定律是近似的实验定律,它远不能反映出摩擦的复杂性,然而在一般工程计算中,应用它已能满足要求,因此,式(5-1)还是被广泛采用。

5.3 摩擦角和摩擦自锁

5.3.1 摩擦角

当物体静止时，把它所受的法向反力 $\boldsymbol{F}_N$ 和切向反力(即摩擦力)$\boldsymbol{F}_s$ 合成一全反力 $\boldsymbol{F}_R$，$\boldsymbol{F}_R=\boldsymbol{F}_s+\boldsymbol{F}_N$，称为支承面的全反力，它与接触面的法线成某一角度 φ，如图 5-2 所示，由此 $\tan\varphi=\dfrac{F_s}{F_N}$。

当 $\boldsymbol{F}_s$ 达到极限值 $\boldsymbol{F}_{max}$时，全反力取一个极限值 $\boldsymbol{F}_{Rm}$，同时 φ 也达到极限值 φ_m，则有

$$\tan\varphi_m=\frac{F_{max}}{F_N}=\frac{f_sF_N}{F_N}=f_s \tag{5-3}$$

式中，φ_m 称为该接触面的摩擦角。式(5-3)表示，摩擦角的正切值等于静摩擦因数。

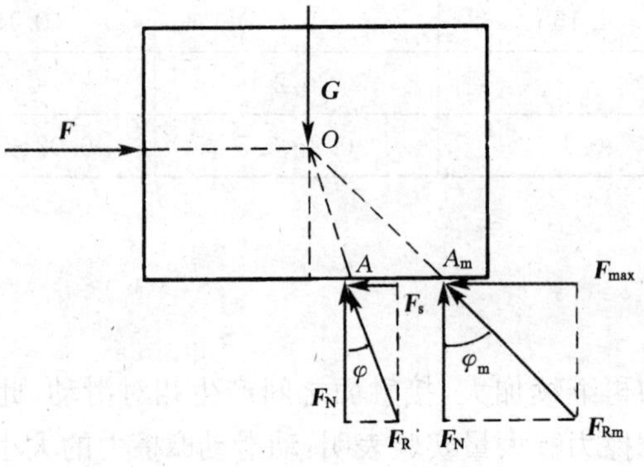

图 5-2

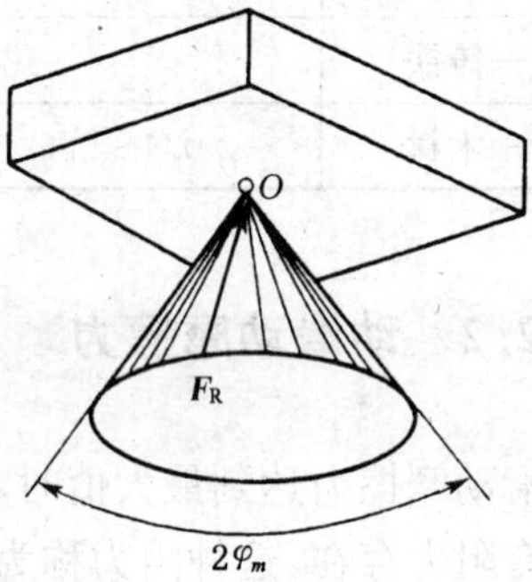

图 5-3

如果在临界状态下，水平力 $\boldsymbol{F}$ 在水平面内的方向可以任意改变，当力 $\boldsymbol{F}$ 绕接触点转一圈，总反力 $\boldsymbol{F}_{Rm}$的作用线将绕水平面的法线画出一个以接触点为顶点的锥面，如图 5-3 所示。锥面成为**摩擦锥**。

5.3.2 自锁现象

物体处于静止状态时，静摩擦力总是小于或等于最大静摩擦力，因而全反力 $\boldsymbol{F}_R$ 与接触面间的夹角总是小于或等于接触面的摩擦角 φ_m。也就是说，物体静止时，$\boldsymbol{F}_R$ 的作用线总是在摩擦锥以内或者正好位于摩擦锥锥面上。

反之，假设作用在物体的主动力的合力与接触面法线间的夹角为 α，要使物体处于静止状态，则 α 应满足

$$\alpha \leqslant \varphi_m \tag{5-4}$$

当物体的主动力的合力作用线在摩擦锥以内且方向指向接触点，则不论这个力多大，支承面总能产生反力来和它平衡，因而物体不能运动。这种现象称为**摩擦自锁**。

当所有主动力的合力位于摩擦锥锥面上时，物体处于平衡与滑动之间的临界状态；位于摩擦锥以外时，物体就要滑动。

5.4 考虑摩擦时物体的平衡问题

求解有摩擦的平衡问题与求解不计摩擦的平衡问题类似，两者都是平衡问题，均满足力系平衡的必要与充分条件，两者的解题方法与步骤大致相同，但也有不同之处：

(1) 分析物体受力时，必须考虑摩擦力，为此增加了未知量的数目。

(2) 画物体受力图时，摩擦力 $\boldsymbol{F}$ 的方向一般不能任意假设，要根据相关物体接触面的相对滑动趋势预先判断确定。切记摩擦力 $\boldsymbol{F}$ 的方向总是与物体的相对滑动趋势方向相反。

(3) 为确定这些增加的未知量，还需列出根据摩擦条件的补充方程，即 $F_s \leqslant f_s F_N$，补充方程数目与摩擦力的数目相同。

(4) 由于物体平衡时摩擦力有一定的范围（$0 \leqslant \boldsymbol{F}_s \leqslant \boldsymbol{F}_{max}$），所以，未知量的解也有一定的范围，而不是一个确定的值。

应当注意，求解有摩擦的平衡问题，判断摩擦力的方向是一个重要问题。摩擦力根据物体所处的状态不同可分三种情况：静止、临界和滑动。静止时摩擦力未达到最大值，在零与最大值之间，具体值由平衡方程解出，指向能预先判定，也可假设；而在临界平衡状态时，摩擦力达到最大，由 $\boldsymbol{F}_{max} = f_s \boldsymbol{F}_N$ 确定，它的指向与相对滑动趋势的方向相反，不能任意假设；在滑动状态，摩擦力的大小由 $\boldsymbol{F}_d = f_d \boldsymbol{F}_N$ 确定，它的指向与相对滑动的方向相反，也不能任意假设。因此，在求解带有摩擦力问题中，确定摩擦力属于哪一种状态十分重要。

【例 5-1】 如图 5-4 所示，正圆锥体高 $h = 40\,\text{cm}$，底半径为 $a = 10\,\text{cm}$，重心距底面亦为 $a = 10\,\text{cm}$，重力大小为 $W = 10\,\text{N}$，放在和水平面成30°的斜面上，摩擦因数 $f_s = 0.5$，水平拉力 F_1 作用在圆锥顶点，并位于与斜面正交的铅垂面内，试求圆锥平衡时 F_1 的值。

解：若 $\boldsymbol{F}_1$ 值较小时，圆锥在重力作用下有可能下滑，若 $\boldsymbol{F}_1$ 值较大时，圆锥有可能向上滑动或倾倒，所以应分三种情况来讨论 $\boldsymbol{F}_1$ 的范围。

(1) 设有向上滑动的趋势并处于临界平衡状态，求 $\boldsymbol{F}_{1max}$。由图 5-4(b)可知，当物体处于平衡状态

$$\sum F_x = 0, \qquad -F_{max} - W\sin 30° + F_{1max}\cos 30° = 0$$

$$\sum F_y = 0, \qquad F_N - W\cos 30° + F_{1max}\sin 30° = 0$$

$$F_{max} = f_s F_N$$

$$F_{1max} = 15.15\,\text{N}$$

(2) 设有向下滑动趋势并处于临界平衡状态，求 $\boldsymbol{F}_{1min}$。由图 5-4(c)可知，当物体处于平

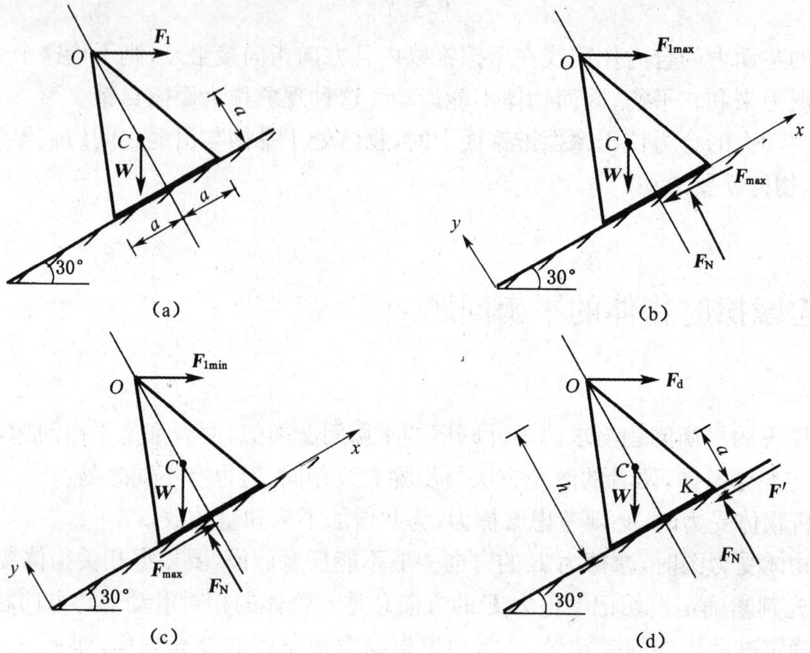

图 5-4

衡状态

$$\sum F_x = 0, \quad F_{max} - W\sin 30° + F_{1min}\cos 30° = 0$$

$$\sum F_y = 0, \quad F_N - W\cos 30° + F_{1min}\sin 30° = 0$$

$$F_{max} = f_s F_N$$

$$F_{1min} = 0.6\ \text{N}$$

(3) 设有倾倒趋势并处于临界平衡状态，求 $\boldsymbol{F}_d$。由图 5-4(d)可知，当物体处于平衡状态

$$\sum M_K(F) = 0$$

$$(h\cos 30° - a\sin 30°)F_d - W(a\sin 30° + a\cos 30°) = 0$$

$$F_d = 4.6\ \text{N}$$

为保持平衡状态，条件是

$$F_{1min} \leqslant F_1 \leqslant F_{1max}$$

即

$$0.6\ \text{N} \leqslant F_1 \leqslant 15.15\ \text{N}$$

【例 5-2】 已知一物块重 $\boldsymbol{P} = 100$ N，用 $\boldsymbol{F} = 500$ N 的力压在铅直表面上，如图 5-5(a)所示，其摩擦系数 $f_s = 0.3$，问此时物块所受的摩擦力为多少？

解：本题首先要了解物体处于静止、临界、滑动三种状态中哪一种，然后根据某一状态来求摩擦力。判断物体处于何种状态的关键是求解 $\boldsymbol{F}_{max}$。

对物块进行受力分析，画受力图如图 5-5(b)所示。

物体在 x 方向上有

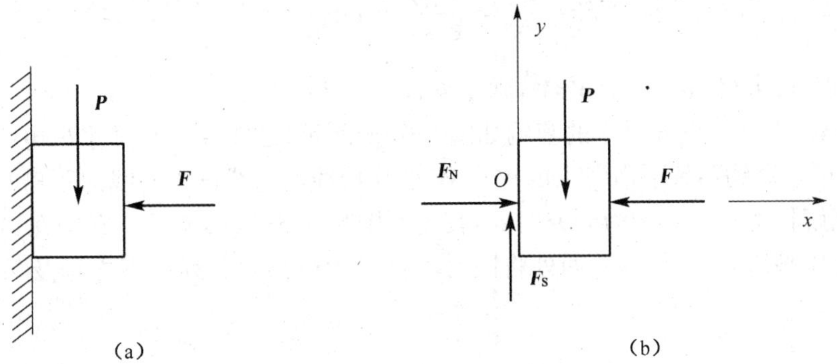

图 5-5

$$\sum F_x = 0, \quad F_N - F = 0, \quad F_N = 500\ \text{N}$$

由静摩擦定律可知

$$F_{max} = f_s F_N = 0.3 \times 500 = 150\ \text{N}$$

假设物体处于静止状态，则物体在 y 方向上有

$$\sum F_y = 0, \quad F_s - P = 0, \quad F_s = P = 100\ \text{N}$$

因为 $$F_s = 100 < F_{max} = 150$$

所以物体处于静止平衡状态，摩擦力为 100 N。

【例 5-3】 砂石与皮带输送机皮带之间的静摩擦因数 $f_s = 0.5$，试问输送带的最大倾角 α 为多大？

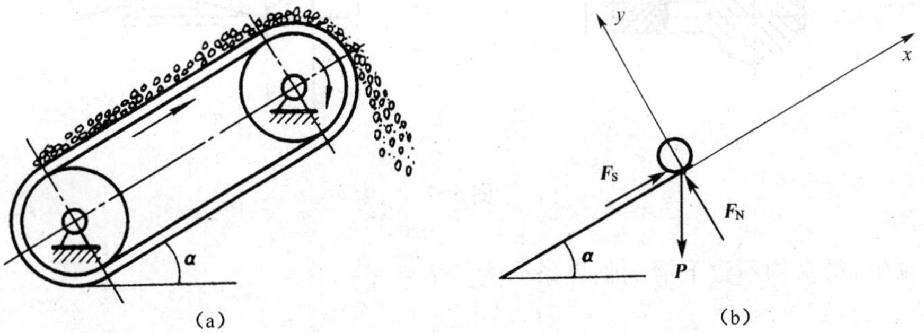

图 5-6

解：这是摩擦角应用的问题，当 $\alpha >$ 摩擦角时，砂石料将从皮带上滚落，故按题意最大倾角 α 应等于砂石与皮带之间的摩擦角。现取砂石为研究对象，受力如图 5-6(b)所示，列出平衡方程（考虑临界情况）。

$$\sum F_x = 0, \quad F_s - P\sin\alpha = 0$$

$$\sum F_y = 0, \quad F_N - P\cos\alpha = 0$$

$$f=\frac{F_s}{F_N}=\frac{\sin\alpha}{\cos\alpha}=\tan\alpha=0.5$$

求解上面方程，可求得：$\alpha_{max}=26°34'$，则 $\alpha\leqslant\alpha_{max}=26°34'$。

【例 5-4】 攀登电线杆时用的套钩如图 5-7(a)所示，已知套钩的尺寸 b、电线杆直径 d、摩擦因数 f_s。试求套钩不致下滑时人的重力 W 的作用线与电线杆中心线的距离 l。

解法一(解析法)：以套钩为研究对象，其受力图如图 5-7(b)所示。套钩在 A、B 两处都有摩擦，分析套钩平衡的临界状态，两处将同时达到最大摩擦力。列平衡方程及 A、B 两处的补充方程

$$\sum F_x=0 \quad F_{NB}-F_{NA}=0$$

$$\sum F_y=0 \quad F_A+F_B-W=0$$

$$\sum M_A=0 \qquad F_{NB}b+F_Bd-W\left(l+\frac{d}{2}\right)=0$$

补充　$F_{Amax}=f_sF_{NA}$；$F_{Bmax}=f_sF_{NB}$

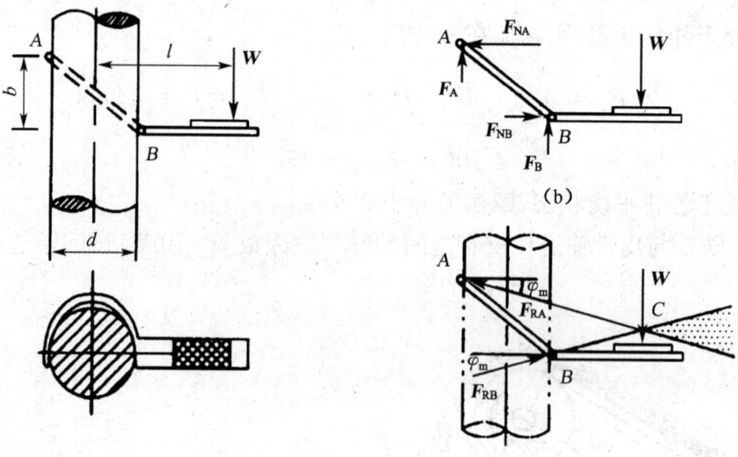

图 5-7

联立求解，得套钩不致下滑的临界条件为　$l=\dfrac{b}{2f_s}$

经过判断，可得套钩不致下滑时 l 的范围为　$l\geqslant\dfrac{b}{2f_s}$

解法二(几何法)：仍然分析套钩平衡的临界状态，现 A、B 两处的约束反力分别用全反力 $\boldsymbol{F}_{RA}$、$\boldsymbol{F}_{RB}$表示，套钩的受力如图 5-7(c)所示。套钩在 $\boldsymbol{F}_{RA}$、$\boldsymbol{F}_{RB}$、W 三力作用下处于平衡状态，故三力必然相交于一点 C，从图中几何关系可得

$$\left(l-\frac{d}{2}\right)\tan\varphi_m+\left(l+\frac{d}{2}\right)\tan\varphi_m=b$$

$$2l\tan\varphi_m=b$$

得
$$l=\frac{b}{2\tan\varphi_m}=\frac{b}{2f_s}$$

下面判断保持平衡时 l 的变化范围：根据摩擦角的概念，全反力 $\boldsymbol{F}_{RA}$、$\boldsymbol{F}_{RB}$ 只能在各自的摩擦角范围内。同时，由三力平衡条件，力 $\boldsymbol{W}$ 必须通过 $\boldsymbol{F}_{RA}$、$\boldsymbol{F}_{RB}$ 的交点。因此，人的重力 W 的作用点必须位于图 5-7(c)所示的三角形阴影区域内。即

$$l \geqslant \frac{b}{2f_s}$$

5.5　滚动摩阻

在工程中，常常以滚动代替滑动可以大大地减少摩擦阻力，提高工作效率，减轻劳动强度。为什么滚动比滑动省力呢？因为这两种摩擦的机理不同。设有一个受自重 $\boldsymbol{P}$ 载荷作用，半径为 R 的车轮，根据刚体的假定，车轮与地面均不变形，则车轮与地面为点接触，如图 5-8(a)所示。在这种情况下，只要在轮心有一个极小的水平力 $\boldsymbol{F}$ 作用，车轮就要发生滚动。但实际上，在推车或拉车时，须加一定的力，才能使车轮滚动。这是因为，实际上车轮与地面的接触处已不再是一点，而是一段变形弧线。地面对车轮的约束力，也就分布在这段弧线上(图 5-8(b))。如果以过轮心 O 作垂线与地面的交点 A 为简化中心，车轮的约束力可以简化为一个力及一个力偶。现把简化到这点上的力仍以 $\boldsymbol{F}_N$ 与 $\boldsymbol{F}_s$ 表示，而绕简化中心的力偶用 $\boldsymbol{M}$ 表示，如图 5-8(c)所示。当轮子平衡时，通过以下三个方程，可以求出 $\boldsymbol{F}_N$、$\boldsymbol{F}_s$ 以及 $\boldsymbol{M}$。

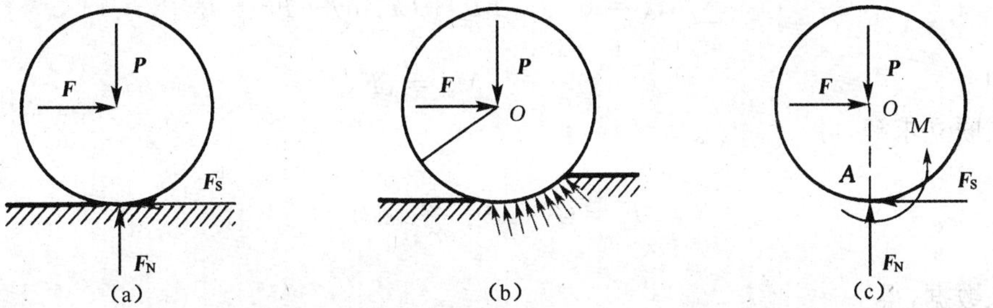

图 5-8

$$\sum F_{ix} = 0, \qquad F_s = F$$
$$\sum F_{iy} = 0, \qquad F_N = P$$
$$\sum M_A(F_i) = 0, \qquad M = F \cdot R$$

可以看到，当 $\boldsymbol{F}$ 逐渐增加时，$\boldsymbol{F}_s$ 和 $\boldsymbol{M}$ 均增加，但均有极限值。当 $\boldsymbol{M}$ 达到它的极限值时，轮子开始滚动，在实际情况下，车轮与接触面间有足够大的静滑动摩擦系数，使轮子在滚动前不发生滑动，即当它达到极限值 $\boldsymbol{M}_{max}$ 时，$\boldsymbol{F}_s$ 还小于它的极限值 $\boldsymbol{F}_{max}$，这样的滚动称为纯滚动。

当一个物体沿着另一个物体表面滚动或具有滚动的趋势时，除可能受到滑动摩擦力外，还要受到一个阻力偶 $\boldsymbol{M}$ 的作用。这个阻力偶称为**滚动摩阻**。静滚动阻力偶 $\boldsymbol{M}_{max}$ 根据实验结果

得到与 F_{max} 类似的近似公式：

$$M_{max}=\delta\cdot F_N \tag{5-5}$$

式中 δ 称为滚阻因数，它与 f_s 相当，决定于接触物体的材料等物理因素。

【例 5-5】 均质轮子的重量 $G=3\,kN$，半径 $r=0.3\,m$。今在轮心 O 上施加平行于斜面的拉力 F，使轮子沿与水平面成 $\theta=30°$ 的斜面匀速向上作纯滚动(图 5-9(a))。已知轮子与斜面间的滚阻系数 $\delta=0.05\,cm$。试求力 $\boldsymbol{F}$ 的大小。

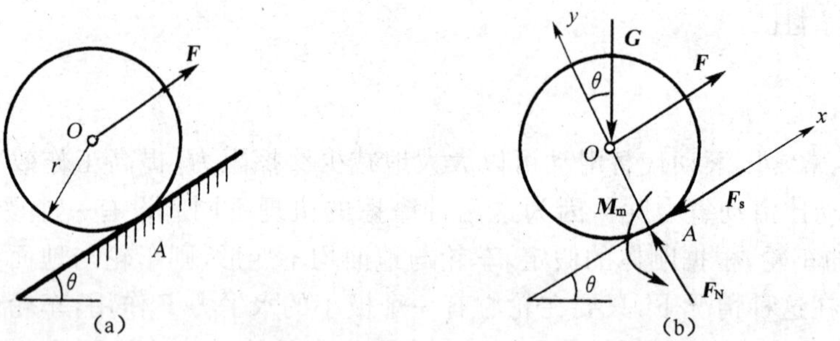

图 5-9

解：因为轮子作匀速运动，作用在轮子的力应自成平衡。轮子除受重力 $\boldsymbol{G}$、拉力 $\boldsymbol{F}$、法向反力 $\boldsymbol{F}_N$ 和静滑动摩擦力 $\boldsymbol{F}_s$ 以外，还受到矩为 $\boldsymbol{M}_m$ 的滚动力偶作用(图 5-9(b))。平衡方程为

$$\sum F_y=0,\qquad F_N-G\cos\theta=0$$

$$\sum M_A=0,\qquad M_m+Gr\sin\theta-Fr=0$$

式中 $$M_m=\delta F_N$$

三式联立求解，得

$$F=G(\sin\theta+\frac{\delta}{r}\cos\theta)$$

代入数据，得

$$F=1\,504\,N$$

【例 5-6】 如图 5-10(a)所示，滚子重力大小 $G=100\,N$，半径 $R=10\,cm$，其上作用一力偶 $M=0.03\,N\cdot m$，滚子与地面间的静滑动摩擦因数 $f_s=0.2$，滚动摩阻系数 $\delta=0.05\,cm$。试求滚子所受的滑动摩擦力及滚动摩阻力偶。

解：选坐标系如图所示。滚子受力图如图 5-10(b)所示，则

$$\sum M_A(F)=0,\qquad M_A-M=0$$

$$\sum F_y=0,\qquad F_N-G=0$$

$$\sum F_x=0,\qquad F_A=0$$

轮子处于一般平衡状态时，有

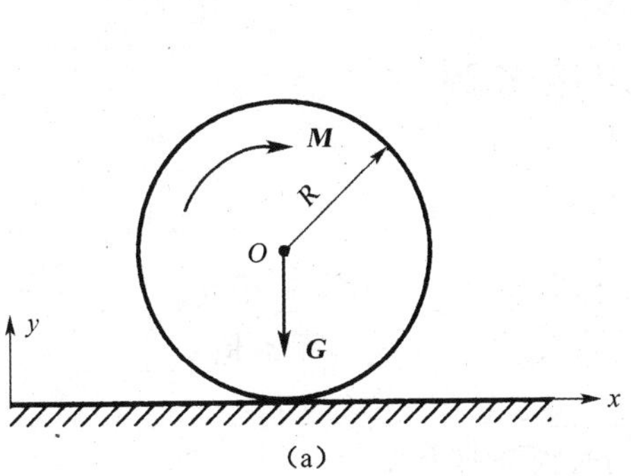

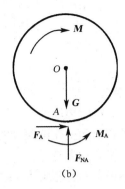

图 5-10

$$M_A = M = 0.03\ \text{N} \cdot \text{m}, \quad F_{NA} = G = 100\ \text{N}, \quad F_A = 0$$

而当物体处于临界平衡状态时，对应的极限滑动摩擦力

$$F_{A\max} = f_s F_{NA} = 20\ \text{N}$$

可见滚动极限滚动摩阻力偶矩

$$M_{\max} = \delta_s F_{NA} = 0.05\ \text{N} \cdot \text{m}, \quad M_A = 0.03\ \text{N} \cdot \text{m} < M_{\max}$$
$$F_A = 0 < F_{A\max}$$

本章小结

本章研究有摩擦时物体的平衡问题。此类问题的解决仍以平衡理论、平衡方程为依据，解题的关键是对摩擦力进行正确分析和计算，包括摩擦力方向的判断、物体平衡状态的分析。

两个相互接触的物体沿接触面发生相对滑动或具有相对滑动趋势时，彼此间产生的阻碍这个运动或运动趋势的切向阻力称为滑动摩擦力。滑动摩擦力可分为三种情况：

(1) 当两物体有相对滑动的趋势，但尚未发生相对滑动时，摩擦力为静滑动摩擦力。其大小 $\boldsymbol{F}_s$ 与主动力大小相关，摩擦力的方向与两物体接触处的相对滑动趋势方向相反。

(2) 当物体处于即将发生相对滑动的临界平衡状态时，摩擦力达到最大静滑动摩擦力。最大静摩擦力 $F_{\max} = f_s F_N$，摩擦力的方向与两物体接触处的相对滑动趋势方向相反。

(3) 当两物体发生相对滑动时，摩擦力为动滑动摩擦力，其大小为 $F_d = f_d F_N$，摩擦力的方向与两物体接触处的相对滑动趋势方向相反。

当物体处于临界平衡状态时，摩擦力达到极限值，即最大静摩擦力 $\boldsymbol{F}_{\max}$，由最大静摩擦力 $\boldsymbol{F}_{\max}$ 和法向反力 F_N 形成的全反力与接触处的公法线间的夹角称为摩擦角 φ_m。摩擦角的正切等于静摩擦因数，即 $\tan\varphi_m = f_s$。

如作用于物体的主动力的合力作用线在摩擦锥以内且方向指向接触点时，无论这个力多大，其沿接触面的切向分力都不能使物体发生运动，这种现象称为摩擦自锁。

当一个物体沿另一个物体表面滚动或具有滚动的趋势时，除可能受到滑动摩擦力外，还要受到一个阻力偶的作用。这个阻力偶称为滚动摩阻。

复习思考题

一、填空题

1. 摩擦力沿摩擦面的________的方向，指向与____________相反。

2. 轮子在地面上作纯滚动时，它的前进阻力是________，而不是________。

3. 自锁平衡的条件是：__________________。

4. 摩擦面上的正压力为 F_N，摩擦因数 f_s，则摩擦力为________。

二、选择题

1. 如图 5-11 所示，当左右两木块所受的压力大小均为 F 时，物体 A 夹在木板中间静止不动。若两端木板所受压力大小各为 $2F$，则物体 A 所受到的摩擦力为(　　)。

A. 和原来相等　　B. 是原来的两倍　　C. 是原来的四倍

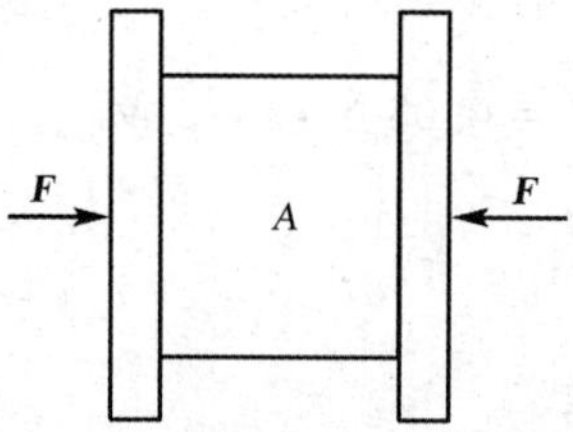

图 5-11

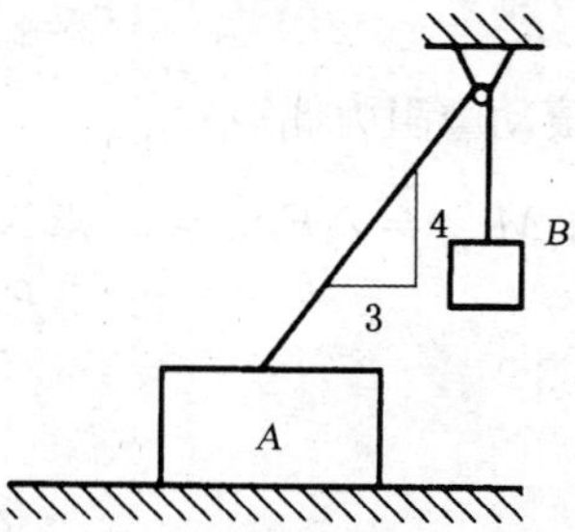

图 5-12

2. 如图 5-12，物块 A 重力的大小为 100 kN，物块 B 重力的大小为 25 kN。物块 A 与地面的摩擦因数为 0.2，滑轮处摩擦不计。则物块 A 与地面间的摩擦力为(　　)。

A. 20 kN　　B. 16 kN　　C. 15 kN　　D. 12 kN

3. 如图 5-13 所示，物块重力为 $\boldsymbol{G}$，放在粗糙的水平面上，其摩擦角 $\varphi_m = 20°$，若力 $\boldsymbol{F}_P$ 作用于摩擦角之外，并已知 $\alpha_m = 30°$，$F_P = G$，则物体(　　)。

A. 能保持平衡

B. 不能保持平衡

C. 处于临界状态

D. F_P 与 W 的值比较小时能保持静止，否则不能

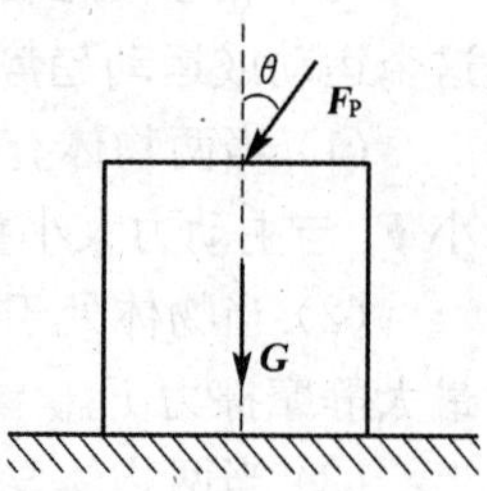

图 5-13

4. 如图 5-14 所示，已知杆 OA 重力为 $\boldsymbol{G}$，物块 M 重力为 $\boldsymbol{G}_1$。杆与物块间有摩擦，而物块与地面间的摩擦略去不计。当水平力 $\boldsymbol{F}$ 增大而物块仍然保持平衡时，杆对物块的正压力(　　)。

A. 由小变大　　B. 由大变小　　C. 不变

5. 如图 5-15 所示，重力为 $\boldsymbol{G}$ 的物体自由地放在倾角为 θ 的斜面上，物体与斜面间的摩擦角为 φ_m，若 $\varphi_m < \theta$，则物体(　　)。

A. 静止　　B. 滑动　　C. 当 G 很小时静止　　D. 处于临界状态

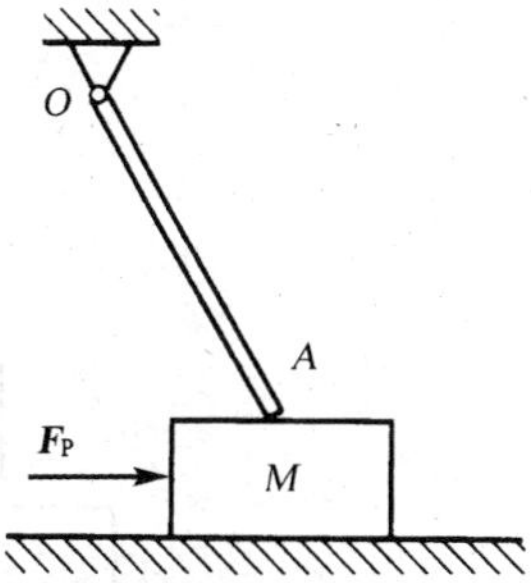

图 5-14

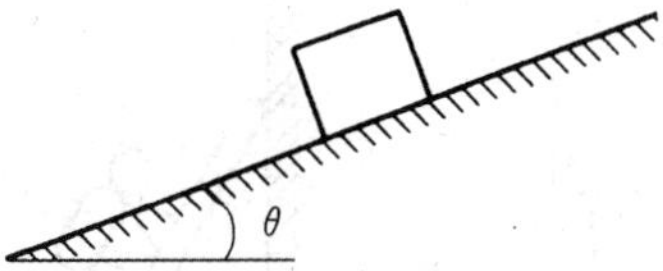

图 5-15

三、计算题

1. 如图 5-16 所示，重 G 的物体，放在粗糙的水平面上，接触面之间的静摩擦因数为 f_s。试求拉动物体所需力 $\boldsymbol{F}$ 的最小值及此时的角 θ。

2. 如图 5-17 所示，置于 V 形槽中的棒料上作用一力偶，当力偶矩 $M = 15\ \text{N}\cdot\text{m}$ 时，刚好能转动此棒料。已知棒料重 $G = 400\ \text{N}$，直径 $D = 0.25\ \text{m}$，不计滚动摩阻。试求棒料与 V 形槽间的静摩擦因数 f_s。

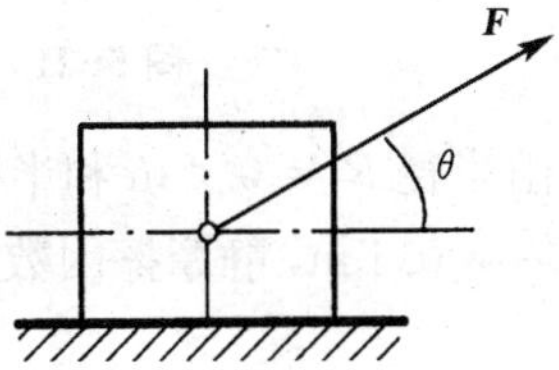

图 5-16

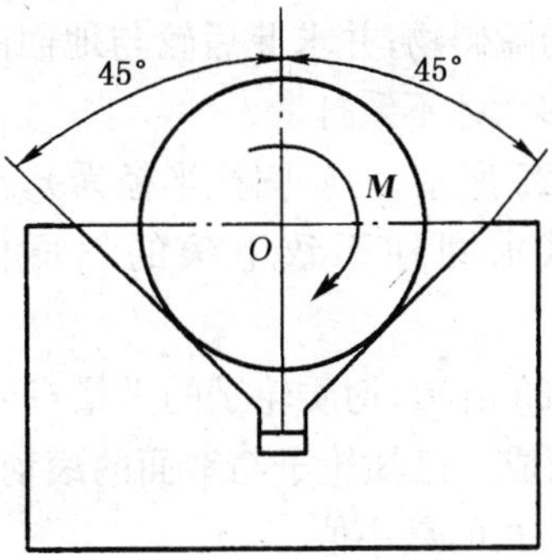

图 5-17

3. 混凝土块夹子尺寸如图 5-18 所示，为了运走重为 G 的水泥块，求 B、D 处的最小摩擦因数。

4. 如图 5-19 所示，长为 l 的铝合金梯子与墙和地面间的静摩擦因数 $f_s = 0.25$，与地面间夹角为 60°。重量为 $G = 200\ \text{N}$ 的人沿梯而上，梯子重量忽略不计。求人沿梯子上升的安全高度 h。

5. 楔块顶重装置如图 5-20 所示。设重块与楔块间的静摩擦系数为 f_s(其他有滚珠处表示光滑)。求：(1) 顶住重块所需力 F 的值(角 α 已知)；(2) 使重块不向上滑所需力 F 的值；(3) 不加力能处于自锁的角 α 应为多大?

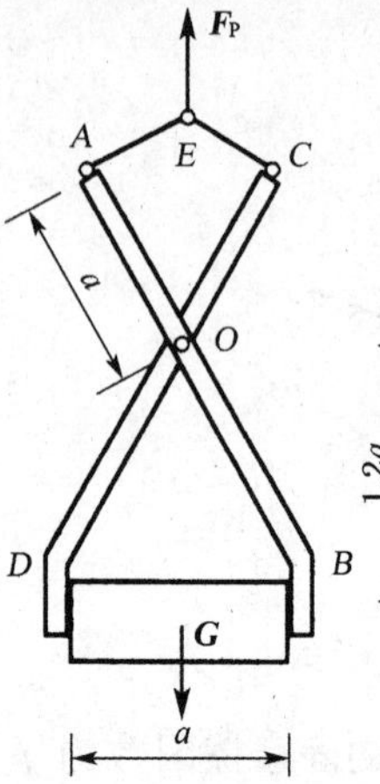

图 5-18

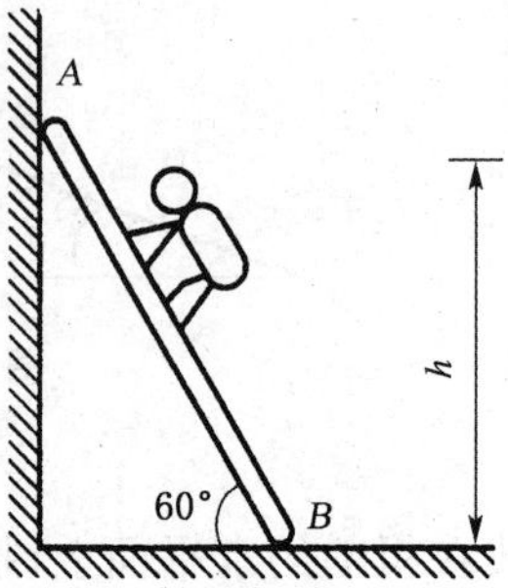

图 5-19

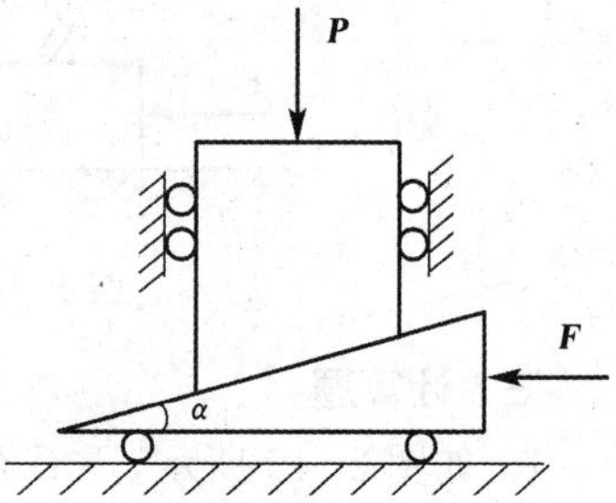

图 5-20

6. 如图 5-21 所示，汽车重 $P=15$ kN，车轮半径 $r=300$ mm，轮与质心间距离 $l=1\,200$ mm。试求发动机应给予后轮多大的力偶矩，方能使前轮越过高 $h=80$ mm 的障碍物；并求此后轮与地面的静摩擦因数 f_s 应为多大才不致打滑。

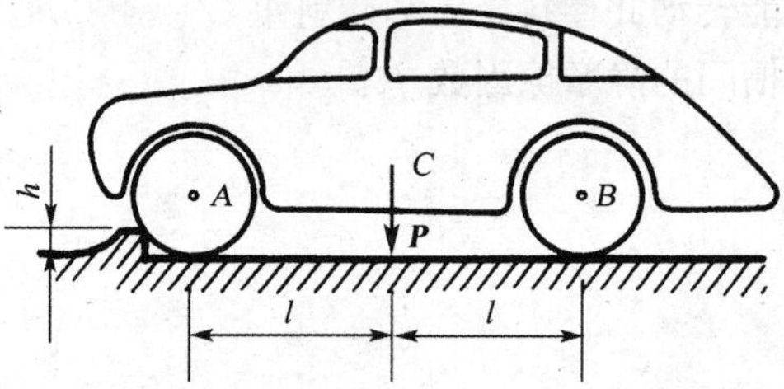

图 5-21

7. 如图 5-22 所示，均质圆柱半径为 r，滚动摩阻系数为 δ。试求圆柱不致下滚的斜面倾角 θ 的值。

8. 如图 5-23 所示，均质轮子的重量 $G=300$ N，由半径 $R=0.4$ m 和半径 $r=0.1$ m 两个同心圆固连而成。已知轮子与地面的滚动摩阻系数 $\delta=0.1$ m，静摩擦因数 $f_s=0.2$。试求拉动轮子所需力 F 的最小值。

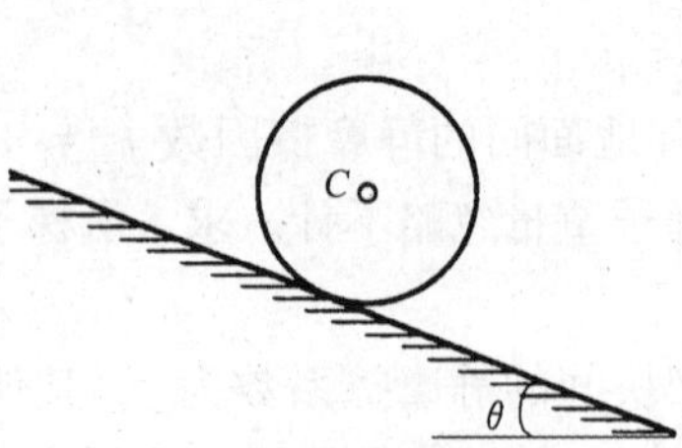

图 5-22

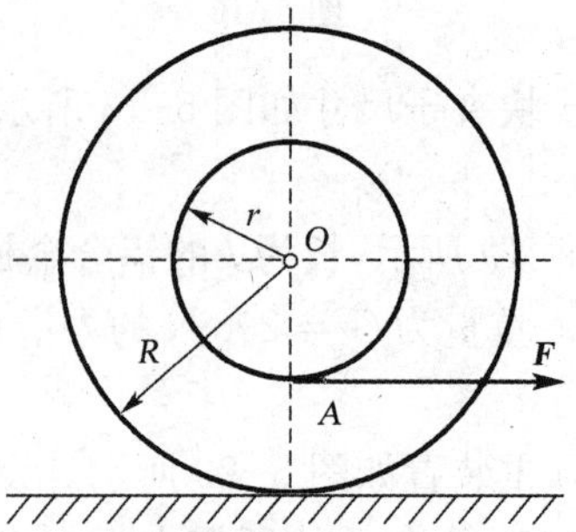

图 5-23

9. 如图 5-24 所示重量为 W 的梯子 AB，其一端靠在铅垂的光滑墙壁上，另一端搁置在粗糙的水平地面上，摩擦因数为 f_s，欲使梯子不致滑倒，试求倾角 α 的范围。

10. 砖夹的宽度为 250 mm，曲杆 AGB 与 $GCED$ 在 G 点铰接，如图 5-25 所示。设砖重 $W=120$ N，提起砖的力 F 作用在砖夹的中心线上，砖夹与砖间的静摩擦因数 $f_s=0.5$，试求距离 b 多大才能把砖夹起。

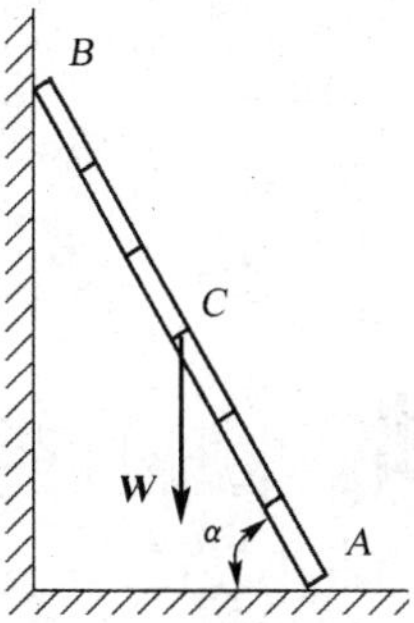

图 5-24

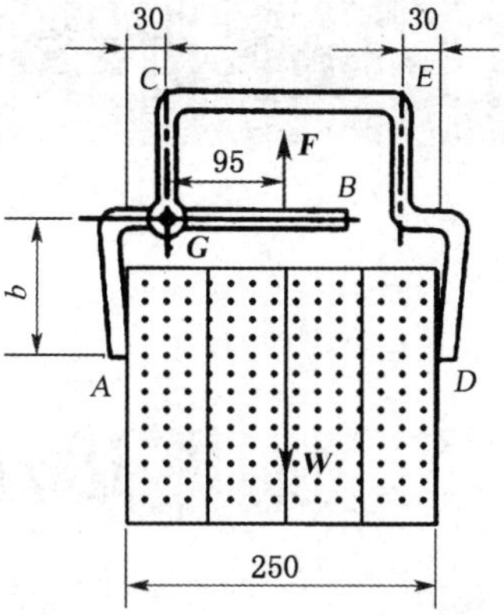

图 5-25

11. 某变速机构中滑移齿轮如图 5-26 所示。已知齿轮孔与轴间的摩擦因数为 f_s，齿轮与轴接触面的长度为 b，如齿轮的重量不计，问拨叉（图中未画出）作用在齿轮上的力 F_1 到轴线间的距离 a 为多大，齿轮才不至于被卡住。

12. 如图 5-27 所示，物 A 重为 20 N，物 C 重为 9 N，A、C 与接触面间的摩擦因数 $f_s=0.25$。若 AB 杆与 BC 杆自重不计，尺寸如图，试求平衡时的力 F。

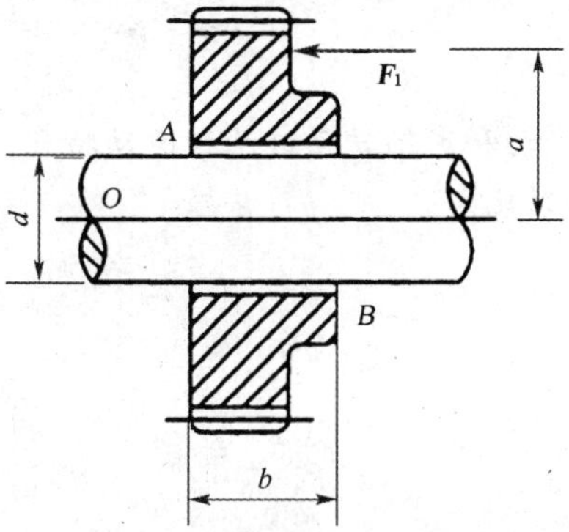

图 5-26

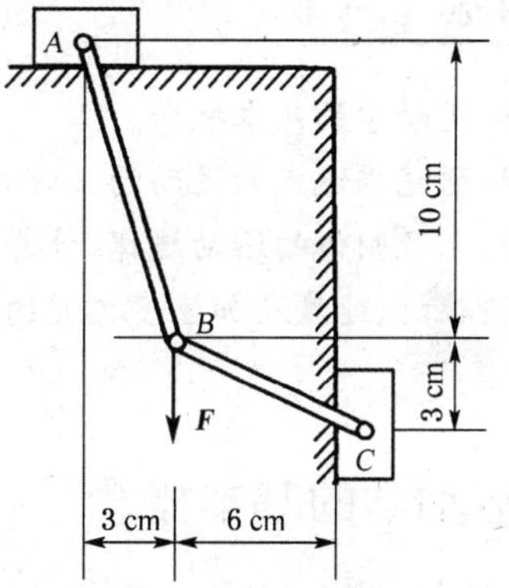

图 5-27

第二篇　运动学部分

6 运动学基础

本章导读

本章介绍运动学的一些基本概念，并研究描述点的运动的三种方法：矢量表示法、直角坐标表示法及自然坐标表示法。介绍刚体的平动和定轴转动这两种简单运动，并分析定轴轮系的传动比。

教学目标

了解：运动学的基本概念。

掌握：研究描述点的运动的三种方法及刚体的平动和定轴转动这两种运动特点。

应用：点及刚体的运动规律，计算定轴轮系的传动比。

分析：轨迹、速度及加速度之间的关系。

6.1　运动学的基本概念

运动学研究物体机械运动的几何性质。如果作用在物体上的力系不平衡，物体的运动状态将发生改变。物体的运动规律不仅与受力情况有关，而且与物体本身的惯性和原来的运动状态有关。在运动学中，我们单独以几何学的观点来研究物体运动的几何性质（运动方程、轨迹、速度及加速度等），而暂不考虑影响物体运动的物理因素。

运动学是动力学的基础，并具有独立的意义，运动学知识是机构运动的基础。

运动是绝对的，而运动的描述是相对的。因此我们要研究一个物体的机械运动，必须选取另一个物体作为参考体，如果所选取的参考体不同，那么物体相对于不同参考体的运动也就不同。所以，在力学中描述任何物体的运动都要指明参考体。与参考体所固连的坐标系称为参考坐标系，简称参考系。一般工程问题中，都取与地面固连的坐标系为参考系。

6.2 点的运动学

点的运动学主要包括点的运动方程、运动轨迹、速度、加速度等,它是研究刚体运动的基础。

6.2.1 点的运动矢量表示法

选取参考系上某确定点 O 作为坐标原点,从点 O 向动点 M 作矢量 $\boldsymbol{r}$,称 $\boldsymbol{r}$ 为点 M 相对于原点 O 的位置矢量,简称矢径。当动点 M 运动时,矢径 $\boldsymbol{r}$ 随时间而变化,并且是时间的单值连续函数,即

$$\boldsymbol{r} = \boldsymbol{r}(t) \tag{6-1}$$

上式称为矢量形式表示的运动方程。动点 M 在运动过程中,其矢径 $\boldsymbol{r}$ 的末端会描绘出一条连续曲线,称为矢端曲线。显然,矢径 r 的矢端曲线就是动点的运动轨迹。如图 6-1 所示。

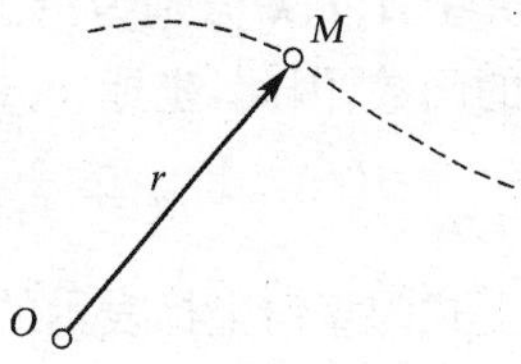

图 6-1

为了描述点运动的方向和快慢,引入点的速度。点的速度是矢量,既有大小又有方向。动点的速度等于它的矢径 $\boldsymbol{r}$ 对时间的一阶导数,即

$$\boldsymbol{v} = \lim_{\Delta t \to 0} \frac{\Delta \boldsymbol{r}}{\Delta t} = \frac{\mathrm{d}\boldsymbol{r}}{\mathrm{d}t} \tag{6-2}$$

动点的速度矢沿着矢端曲线的切线,即沿着动点运动轨迹的切线,并与此点运动的方向一致,如图 6-2 所示。速度的大小即速度矢 $\boldsymbol{v}$ 的模,表明点运动的快慢,在国际单位制中,速度的单位是 m/s。

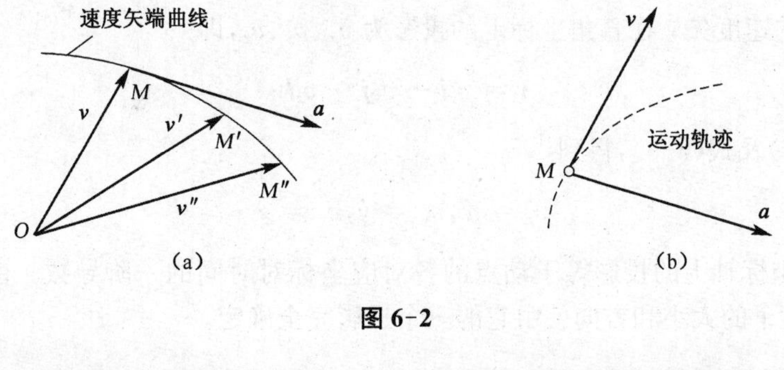

图 6-2

点的速度对时间的变化率称为加速度。点的加速度也是矢量,它表示了速度的大小与方向的变化。动点的加速度矢等于该点的速度矢对时间的一阶导数,或者等于矢径对时间的二阶导数,即

$$a = \lim_{\Delta t \to 0} \frac{\Delta \boldsymbol{v}}{\Delta t} = \frac{\mathrm{d}\boldsymbol{v}}{\mathrm{d}t} = \frac{\mathrm{d}^2 \boldsymbol{r}}{\mathrm{d}t^2} \tag{6-3}$$

在国际单位制中，加速度 $\boldsymbol{a}$ 的单位是 $\mathrm{m/s^2}$。

如在空间任取一点 O，把动点在不同瞬时的速度矢都平移到 O 点，连接各矢量的端点，就构成了速度矢量端点的连续曲线，称为速度矢端曲线，如图 6-2 所示，加速度的方向沿着速度矢端曲线的切线方向。

6.2.2 点的运动直角坐标表示法

过点 O 建立一个固定的直角坐标系 $Oxyz$，则动点 M 在任意瞬时的空间位置也可以用它的三个直角坐标 x、y、z 表示，如图 6-3 所示。由于矢径的原点和直角坐标系的原点重合，矢径 $\boldsymbol{r}$ 可表示为

$$\boldsymbol{r} = x\boldsymbol{i} + y\boldsymbol{j} + z\boldsymbol{k} \tag{6-4}$$

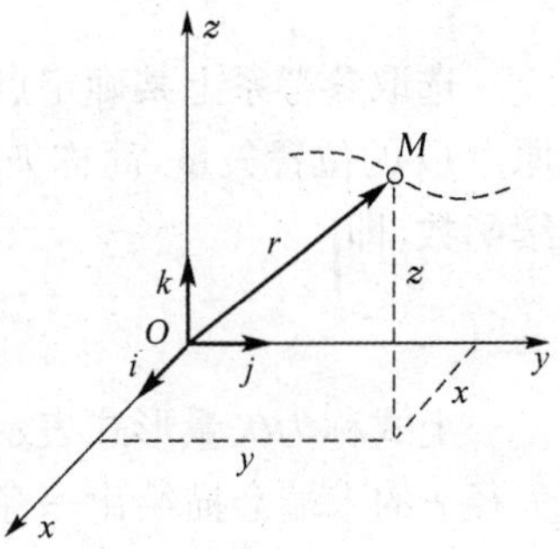

图 6-3

其中，$\boldsymbol{i}$、$\boldsymbol{j}$、$\boldsymbol{k}$ 分别为沿三个定坐标轴的单位矢量。由于 $\boldsymbol{r}$ 是时间的函数，因此，坐标 x、y、z 也是时间的单值连续函数，即

$$x = f_1(t),\ y = f_2(t),\ z = f_3(t) \tag{6-5}$$

上式为直角坐标表示的点的运动方程。如果知道了点的运动方程，就可以求出任意瞬时点的坐标 x、y、z 的值，也就完全确定了该瞬时动点的位置。上式也是点的轨迹的参数方程，而动点的轨迹与时间无关，所以消去式中的参数时间 t，就可得到点的轨迹方程

$$f(x, y, z) = 0 \tag{6-6}$$

将式(6-6)对时间求导，而且 $\boldsymbol{i}$、$\boldsymbol{j}$、$\boldsymbol{k}$ 为大小和方向都不变的恒矢量，因此得到速度的表达式

$$\boldsymbol{v} = \dot{\boldsymbol{r}} = \dot{x}\boldsymbol{i} + \dot{y}\boldsymbol{j} + \dot{z}\boldsymbol{k} \tag{6-7}$$

设动点 M 的速度矢 $\boldsymbol{v}$ 在直角坐标上的投影为 v_x、v_y、v_z，即

$$\boldsymbol{v} = v_x\boldsymbol{i} + v_y\boldsymbol{j} + v_z\boldsymbol{k} \tag{6-8}$$

比较式(6-7)及式(6-8)，得到

$$v_x = \dot{x},\ v_y = \dot{y},\ v_z = \dot{z} \tag{6-9}$$

因此，速度在各坐标轴上的投影等于动点的各对应坐标对时间的一阶导数。由式(6-9)求得 v_x、v_y、v_z 后，速度 $\boldsymbol{v}$ 的大小和方向就由它的三个投影完全确定。

同理，设

$$\boldsymbol{a} = a_x\boldsymbol{i} + a_y\boldsymbol{j} + a_z\boldsymbol{k}$$

则有

$$a_x = \ddot{x},\ a_y = \ddot{y},\ a_z = \ddot{z} \tag{6-10}$$

因此,加速度在直角坐标轴上的投影等于动点的各对应坐标对时间的二阶导数。加速度的大小和方向就由它的三个投影完全确定。

6.2.3 点的运动自然坐标表示法

利用点的运动轨迹建立弧坐标及自然轴系,并用它们来描述和分析点的运动的方法称为自然法。

1) 弧坐标

设动点 M 的轨迹为如图 6-4 所示的曲线,则动点 M 在轨迹上的位置的确定方法为:在轨迹上任选一点 O 作为参考点,并设点 O 的某一侧为坐标的正向,动点 M 在轨迹上的位置由从 O 到点 M 的弧长确定,弧长 s 为代数量,称弧长 s 为动点 M 在轨迹上的弧坐标。

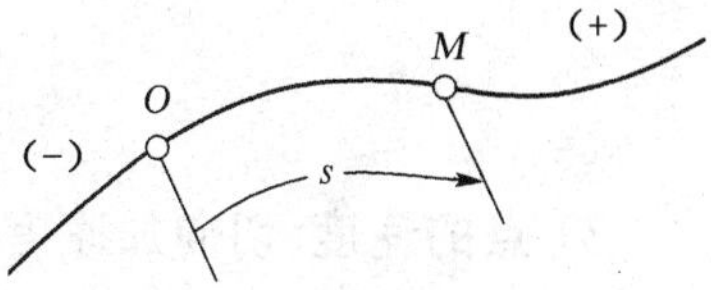

图 6-4

当动点运动时,s 是时间的单值连续函数,即

$$s = f(t) \tag{6-11}$$

上式称为点沿轨迹的运动方程,或以弧坐标表示的点的运动方程。如果已知点的运动方程,可以确定任意瞬时点的弧坐标 s 的值,也就确定了该瞬时动点在轨迹上的位置。

2) 自然轴系

在点的轨迹上过点 M 作切线 MT,切线的单位矢量为 $\boldsymbol{\tau}$,指向弧坐标的正向,如图 6-5 所示。取与点 M 极为接近的点 M_1,该点切线的单位矢量为 $\boldsymbol{\tau}_1$,$\boldsymbol{\tau}$ 和 $\boldsymbol{\tau}_1$ 决定一个平面,令 M_1 无限趋近于点 M,则此平面趋近于某一极限位置,此极限平面称为曲线在点 M 的密切面。过点 M 并与切线垂直的平面称为法平面。法平面与密切面的交线称为主法线,主法线的单位矢量为 $\boldsymbol{n}$,指向曲线的凹侧。过点 M 且垂直于切线及主法线的直线称为副法线,其单位矢量为 $\boldsymbol{b}$,指向为 $\boldsymbol{\tau}$,$\boldsymbol{n}$ 构成右手系,即

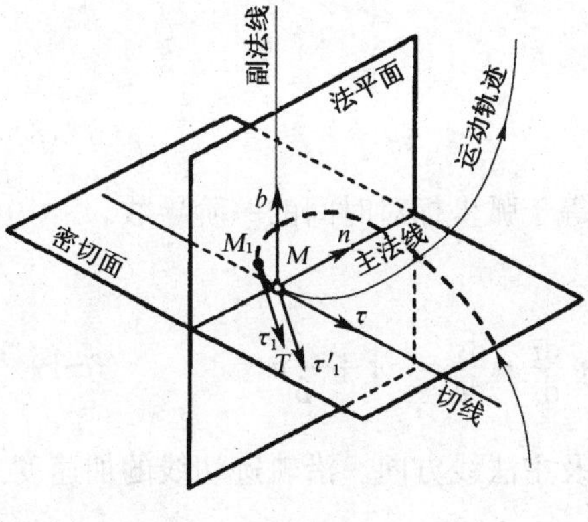

图 6-5

$$\boldsymbol{b} = \boldsymbol{\tau} \times \boldsymbol{n}$$

以点 M 为原点,以切线、主法线、副法线为坐标轴组成的正交坐标系称为曲线在点 M 的自然轴系。这三个轴称为自然轴。必须指出,随着点 M 在轨迹上运动,$\boldsymbol{\tau}$、$\boldsymbol{n}$、$\boldsymbol{b}$ 的方向也在不断变动,自然轴系是沿曲线变动的动坐标系。

在曲线运动中,轨迹的曲率或曲率半径是一个重要参数,它表示曲线的弯曲程度。如果点 M 沿轨迹经过弧长 Δs 到达点 M',如图 6-6 所示。

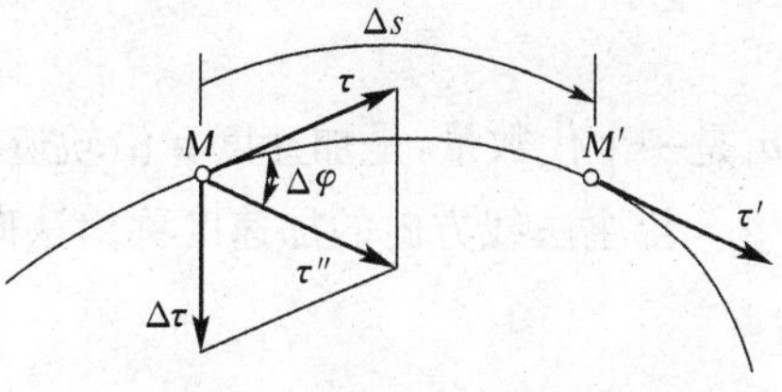

图 6-6

设切线经过 Δs 时转过的角度为 $\Delta\varphi$,则曲率定义为曲线切线的转角对弧长一阶导数的绝对值。曲率的倒

数称为曲率半径，用 ρ 表示，则有

$$\frac{1}{\rho}=\lim_{\Delta s\to 0}\frac{\Delta\varphi}{\Delta s}=\frac{\mathrm{d}\varphi}{\mathrm{d}s} \tag{6-12}$$

由图 6-6 可见

$$|\Delta\boldsymbol{\tau}|=2|\boldsymbol{\tau}|\sin\left(\frac{\Delta\varphi}{2}\right)\approx\Delta\varphi \tag{6-13}$$

当 Δs 为正时，点沿切向 $\boldsymbol{\tau}$ 的正向运动，$\Delta\boldsymbol{\tau}$ 指向轨迹内凹一侧；Δs 为负时，$\Delta\boldsymbol{\tau}$ 指向轨迹外凸一侧。因此有

$$\frac{\mathrm{d}\boldsymbol{\tau}}{\mathrm{d}s}=\lim_{\Delta s\to 0}\frac{\Delta\boldsymbol{\tau}}{\Delta s}=\lim_{\Delta s\to 0}\frac{\Delta\varphi}{\Delta s}\boldsymbol{n}=\frac{1}{\rho}\boldsymbol{n} \tag{6-14}$$

3）点的速度、切向加速度和法向加速度

点沿轨迹作曲线运动，运动方程为 $s=s(t)$，点的矢径 $\boldsymbol{r}$ 随弧坐标 s 变化，由图 6-7 可得

$$\frac{\mathrm{d}\boldsymbol{r}}{\mathrm{d}s}=\lim_{\Delta s\to 0}\frac{\Delta\boldsymbol{r}}{\Delta s}=\boldsymbol{\tau} \tag{6-15}$$

点 M 的速度为

$$\boldsymbol{v}=\frac{\mathrm{d}\boldsymbol{r}}{\mathrm{d}t}=\frac{\mathrm{d}\boldsymbol{r}}{\mathrm{d}s}\cdot\frac{\mathrm{d}s}{\mathrm{d}t}=\frac{\mathrm{d}s}{\mathrm{d}t}\boldsymbol{\tau} \tag{6-16}$$

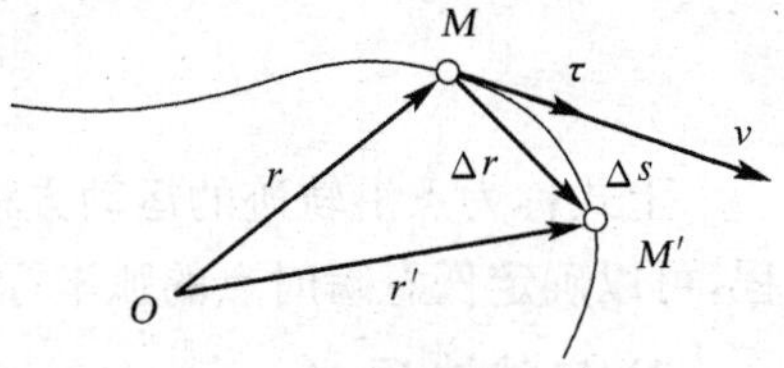

图 6-7

弧坐标对时间的导数是代数量，以 v 表示

$$v=\frac{\mathrm{d}s}{\mathrm{d}t}=\dot{s} \tag{6-17}$$

因此点的速度矢可写为

$$\boldsymbol{v}=v\boldsymbol{\tau} \tag{6-18}$$

由此可得出结论，点的速度沿轨迹切线方向，它的代数值等于弧坐标对时间的一阶导数。

将上式对时间取一阶导数，得到

$$a=\frac{\mathrm{d}\boldsymbol{v}}{\mathrm{d}t}=\frac{\mathrm{d}}{\mathrm{d}t}(v\boldsymbol{\tau})=\frac{\mathrm{d}v}{\mathrm{d}t}\boldsymbol{\tau}+v\frac{\mathrm{d}\boldsymbol{\tau}}{\mathrm{d}t}=\dot{v}\boldsymbol{\tau}+v\frac{\mathrm{d}\tau}{\mathrm{d}s}\cdot\frac{\mathrm{d}s}{\mathrm{d}t}=\dot{v}t+\frac{v^2}{\rho}\boldsymbol{n} \tag{6-19}$$

上式表明，点的加速度有两个分量，分别沿轨迹切线方向及主法线方向。沿轨迹切线的加速度称为切向加速度，用 $\boldsymbol{a}_\tau$ 表示。令

$$a_\tau=\frac{\mathrm{d}v}{\mathrm{d}t}=\dot{v} \tag{6-20}$$

$\boldsymbol{a}_\tau$ 是一个代数量，是加速度 $\boldsymbol{a}$ 沿轨迹切向的投影。

沿主法线方向的加速度称为法向加速度，用 $\boldsymbol{a}_\mathrm{n}$ 表示，大小为

$$a_\mathrm{n}=\frac{v^2}{\rho} \tag{6-21}$$

由此可得，切向加速度反映点的速度大小对时间的变化率，它的代数值等于速度的代数值对时间的一阶导数，或弧坐标对时间的二阶导数，方向沿轨迹切线。法向加速度反映点的速度方向改变的快慢程度，它的大小等于点的速度平方除以曲率半径，方向沿主法线，指向曲率中心。

法向加速度只反映点的速度方向的变化，所以，当速度和切向加速度的指向相同时，即 $\boldsymbol{v}$ 与 $\boldsymbol{a}_\tau$ 的符号相同时，速度的绝对值不断增加，点作加速运动，如图 6-8(a)所示；当速度和切向加速度的指向相反时，即 $\boldsymbol{v}$ 与 $\boldsymbol{a}_\tau$ 的符号相反时，速度的绝对值不断减小，点作减速运动，如图 6-8(b)所示。

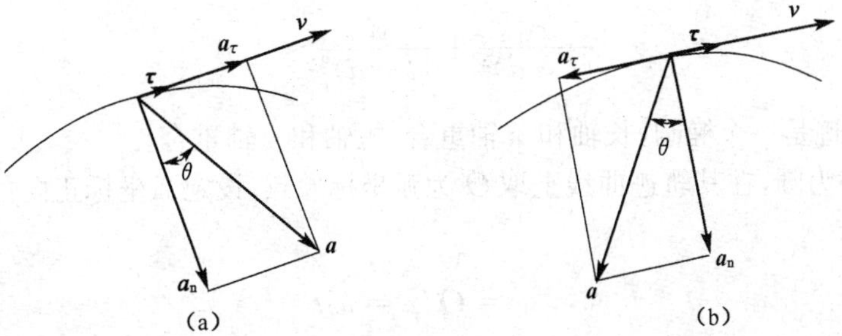

图 6-8

点的全加速度可写为

$$\boldsymbol{a} = \boldsymbol{a}_\tau + \boldsymbol{a}_n = a_t \boldsymbol{\tau} + a_n \boldsymbol{n} \tag{6-22}$$

由于 $\boldsymbol{a}_\tau$、$\boldsymbol{a}_n$ 均在密切面内，因此全加速度也在密切面内。这表明加速度在自然坐标系的副法线方向上的投影为零。

全加速度的大小为

$$a = \sqrt{a_\tau^2 + a_n^2} \tag{6-23}$$

它与法线间的夹角的正切为

$$\tan\theta = \frac{a_\tau}{a_n} \tag{6-24}$$

【例 6-1】 椭圆规的曲柄 OC 可绕定轴 O 转动，其端点 C 与规尺 AB 的中点以铰链相联接，规尺的两端分别在互相垂直的滑槽中运动，如图 6-9 所示。已知：$OC = AC = BC = l, MC = d, \varphi = \omega t$，试求规尺上点 A、B、C、M 的运动方程和运动轨迹。

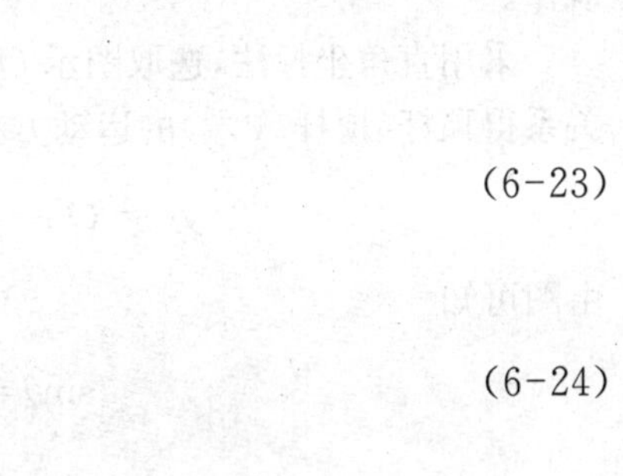

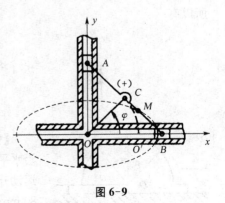

图 6-9

解：分析各点的运动情况，点 A、B 的轨迹为直线，点 M 的轨迹为平面曲线，取直角坐标系，如图所示，建立它们的运动方程。

点 A 的运动方程

$$y_A = AB\sin\varphi = 2l\sin\omega t$$

点 B 的运动方程

$$x_B = AB\cos\varphi = 2l\cos\omega t$$

点 A、B 的运动轨迹分别为长 $4l$ 的铅直、水平直线段。

点 M 的运动方程

$$x_M = (AC + CM)\cos\varphi = (l + d)\cos\omega t$$
$$y_M = (CB - CM)\sin\varphi = (l - d)\sin\omega t$$

消去时间 t，得点 M 的轨迹方程

$$\frac{x_M^2}{(l+d)^2} + \frac{y_M^2}{(l-d)^2} = 1$$

可见，点 M 的轨迹是一个椭圆，长轴和 x 轴重合，短轴和 y 轴重合。

点 C 的轨迹为圆，在其轨迹曲线上取 O' 为弧坐标原点，设定弧坐标正向如图所示，点 C 的运动方程为

$$s_C = OC\varphi = l\omega t$$

点 C 的轨迹是半径为 l 的圆。

【例 6-2】 如图 6-10 所示，偏心轮半径为 R，绕轴 O 转动，转角 $\varphi = \omega t$（ω 为常量），偏心距 $OC = e$，偏心轮带动顶杆 AB 沿前垂直线作往复运动，试求顶杆的运动方程和速度。

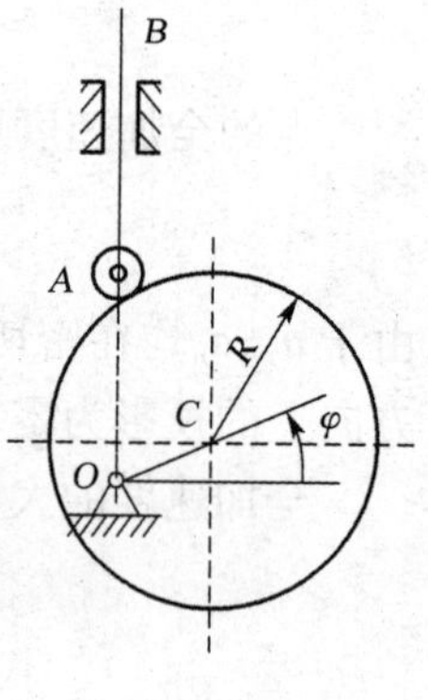

图 6-10

解：顶杆 AB 作直线平移，其上任意一点的运动代表了顶杆的运动规律。

采用直角坐标法，选取图示 Oy 轴，忽略顶杆 A 端小轮尺寸，由几何关系得顶杆（顶杆 A 端）的运动方程为

$$y_A = OA = e\sin\varphi + R\cos\theta$$

由图可知

$$\sin\theta = \frac{e}{R}\cos\varphi$$

所以有

$$y_A = e\sin\omega t + \sqrt{R^2 - e^2\cos^2\omega t}$$

将上述运动方程对时间 t 求一阶导数，即得顶杆的速度

$$v_A = \dot{y}_A = e\omega\cos\omega t + \frac{e^2\omega\sin2\omega t}{2\sqrt{R^2 - e^2\cos^2\omega t}}$$

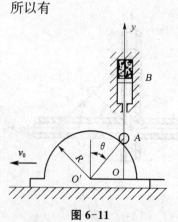

图 6-11

【例 6-3】 如图 6-11 所示，半圆形凸轮以等速 $v_0 = 10$ mm/s 沿水平方向向左运动，从而推动活塞杆 AB 沿铅直方向运动。当运动开始活塞杆 A 端在凸轮的最高点上。如凸轮半径 $R = 80$ mm，试求活塞 B 相对于地面的运动方程、速度和加速度。

解：活塞连同活塞杆在铅垂方向运动，可用其上一点的运动

来描述。下面研究 A 点的运动情况。点 A 相对于地面作直线运动，沿点 A 的轨迹取 y 轴，如图所示，则点 A 的运动方程为

$$y_A = R\cos\theta = \sqrt{R^2-(v_0t)^2} = 10\sqrt{64-t^2}$$

求导得

$$v_A = \dot{y}_A = -\frac{10t}{\sqrt{64-t^2}}$$

$$a_A = \dot{v}_A = -\frac{640}{\sqrt{(64-t^2)^3}}$$

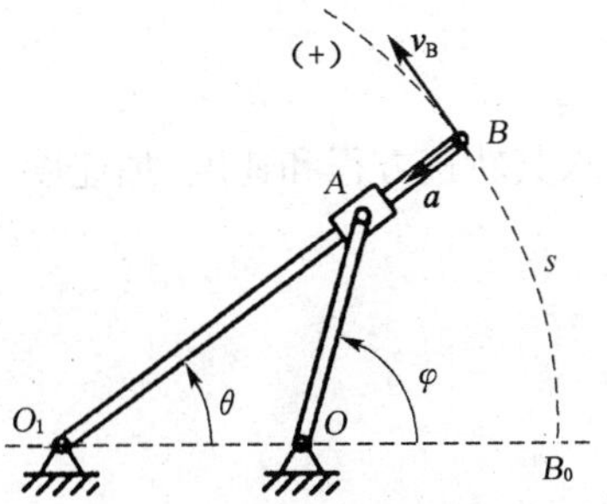

图 6-12

【例 6-4】 曲柄摇杆机构如图 6-12 所示。曲柄长 $OA = 100\text{ mm}$，绕轴 O 转动，$\varphi = \pi t/4$，摇杆长 $O_1B = 240\text{ mm}$，距离为 $O_1O = 100\text{ mm}$，试求点 B 的运动方程、速度、加速度。

解：点 B 的轨迹是以 O_1B 为半径的圆弧，$t=0$ 时，点 B 在 B_0 处，取 B_0 为弧坐标原点，由图可得点 B 的弧坐标为

$$s = O_1B\theta$$

由于 $\triangle OAO_1$ 是等腰三角形，故 $\varphi = 2\theta$，代入上式，得

$$s = O_1B \times \frac{\varphi}{2} = 240 \times \frac{\pi}{8}t = 30\pi t$$

这就是点 B 沿已知轨迹的运动方程。

点 B 的速度、加速度的大小分别为

$$v_B = \dot{s} = 30\pi\text{ mm/s} = 94.2\text{ mm/s}$$

$$a_\tau = \ddot{s} = 0$$

$$a = a_n = \frac{v^2}{\rho} = \frac{94.2^2}{240}\text{ mm/s}^2 = 37\text{ mm/s}^2$$

其方向如图所示。

【例 6-5】 如图 6-13 所示，梯子的 A 端放在水平地面上，另一端 B 靠在竖直墙面上。梯子保持在竖直平面内沿墙下滑。已知 A 端的速度为常值 v_0，M 为梯子上一点，设 $MA = l$，$MB = h$，初始时梯子处于竖直位置。试求当梯子与墙面的夹角为 θ 时，点 M 的速度与加速度。

解：采用直角坐标法。选取图示坐标轴系，点 M 的运动方程为

$$x = h\sin\theta$$

$$y = l\cos\theta$$

式中

$$\sin\theta = \frac{v_0 t}{l+h}$$

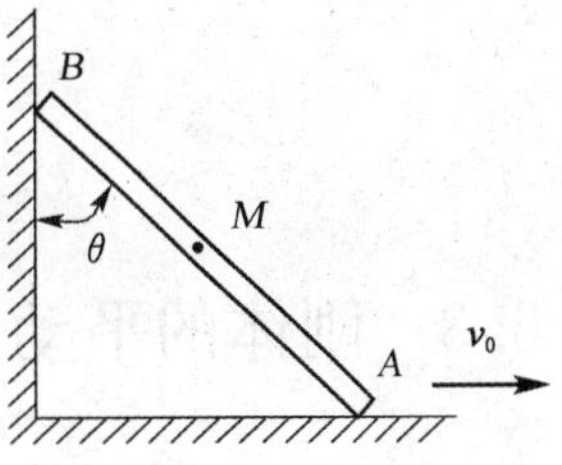

图 6-13

点 M 的速度在 x、y 轴上的投影

$$v_x = \dot{x} = h\cos\theta \cdot \dot{\theta}, v_y = \dot{y} = -l\sin\theta \cdot \dot{\theta}$$

联立前两式，得当梯子与墙面夹角为 θ 时点 M 的速度

$$v = \sqrt{v_x^2 + v_y^2} = \frac{v_0}{l+h}\sqrt{l^2\tan^2\theta + h^2}$$

点 M 的加速度在 x、y 轴上的投影

$$a_x = \ddot{x} = h\cos\theta \cdot \ddot{\theta} - h\sin\theta \cdot \dot{\theta}^2$$

$$a_y = \ddot{y} = -l\sin\theta \cdot \ddot{\theta} - l\cos\theta \cdot \dot{\theta}^2$$

则点 M 的加速度为

$$a = \sqrt{a_x^2 + a_y^2} = \frac{lv_0^2}{(l+h)^2\cos^3\theta}$$

【例 6-6】 已知动点的运动方程为：$x = t^2 - t, y = 2t$，试求其轨迹方程和速度、加速度。并求当 $t=1$ s 时，点的切向加速度、法向加速度和曲率半径。

解：(1) 求轨迹方程

从运动方程中消去时间参数 t，得点的轨迹方程为

$$y^2 - 2y - 4x = 0$$

由方程可知，其轨迹为二次抛物线。

(2) 求速度和加速度

由直角坐标法，得点的速度和加速度分别为

$$v_x = \dot{x} = 2t - 1, v_y = \dot{y} = 2\ \text{m/s}, v = \sqrt{v_x^2 + v_y^2} = \sqrt{4t^2 - 4t + 5}$$

$$a_x = \dot{v}_x = 2\ \text{m/s}^2, a_y = \dot{v}_y = 0, a = \sqrt{a_x^2 + a_y^2} = 2\ \text{m/s}^2$$

(3) 求切向加速度、法向加速度和曲率半径

当 $t = 1$ s 时，点的切向加速度为

$$a_\tau = \dot{v} = \frac{\mathrm{d}}{\mathrm{d}t}(\sqrt{4t^2 - 4t + 5}) = \frac{4t - 2}{\sqrt{4t^2 - 4t + 5}} = \frac{2\sqrt{5}}{5}\ \text{m/s}^2$$

所以，点的法向加速度为

$$a_\mathrm{n} = \sqrt{a^2 - a_\tau^2} = 1.79\ \text{m/s}^2$$

曲率半径

$$\rho = \frac{v^2}{a_\mathrm{n}} = 2.8\ \text{m}$$

6.3 刚体的平动

刚体的运动按照其特征可以分为平动、定轴转动、平面运动、定点运动及一般运动。一般

情况下，运动刚体上各点的轨迹、速度和加速度是各不相同的，但彼此间存在一定的关系。研究刚体的运动，包括研究刚体整体运动的情况和刚体上各点的运动之间的关系。

平动和定轴转动称为刚体的两种基本运动，是刚体运动最简单的形式。刚体的复杂运动均可分解为若干基本运动的合成，所以研究刚体的简单运动是研究复杂运动的基础。

6.3.1 刚体平动的定义

刚体运动时，若其上任一直线始终保持与它的初始位置平行，则称刚体作平行移动，简称为平动或移动。工程实际中刚体平动的例子很多，例如，气缸内活塞的运动，车床上刀架的运动，沿直线轨道行驶的火车车厢的运动等。刚体平动时，其上各点的轨迹如为直线，则称为直线平动；如为曲线，则称为曲线平动。

6.3.2 刚体平动的运动特征

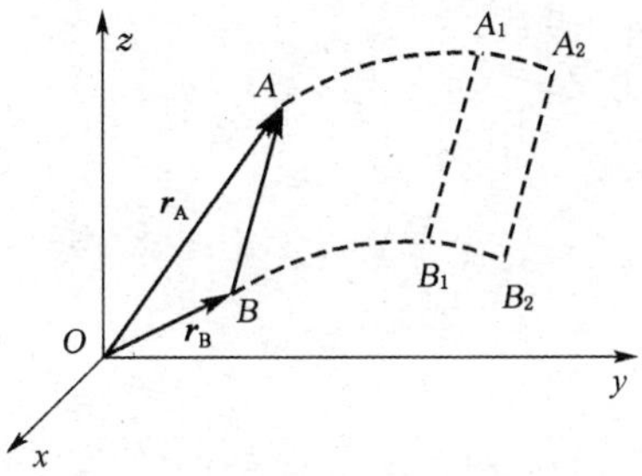

图 6-14

设在作平动的刚体内任取两点 A 和 B，令两点的矢径分别为 $\boldsymbol{r}_A$ 和 $\boldsymbol{r}_B$，并作矢量 $\overrightarrow{BA}$，如图 6-14 所示。

由图可知：

$$\boldsymbol{r}_A = \boldsymbol{r}_B + \overrightarrow{BA}$$

由于刚体作平动，线段 BA 的长度和方向均不随时间而变化，即 $\overrightarrow{BA}$ 是常矢量。因此，在运动过程中，A、B 两点的轨迹曲线的形状完全相同。

把上式两边对时间 t 求导，由于常矢量 $\overrightarrow{BA}$ 的导数等于零，于是得

$$\boldsymbol{v}_A = \boldsymbol{v}_B, \boldsymbol{a}_A = \boldsymbol{a}_B \tag{6-25}$$

此式表明，在任一瞬时，A、B 两点的速度相同，加速度也相同。因为点 A、B 是任取的两点，因此可得如下结论：刚体平动时，其上各点的轨迹形状相同；同一瞬时，各点的速度相等，加速度也相等。

综上所述，对于平动刚体，只要知道其上任一点的运动就知道了整个刚体的运动。所以，研究刚体的平动，可以归结为研究刚体内任一点（例如机构的联接点、质心等）的运动，也就是归结为上一节所研究过的点的运动学问题。

【例 6-7】 荡木用两根等长的绳索平行吊起，如图 6-15所示。已知 $O_1O_2 = AB$，绳索长 $O_1A = O_2B = l$，摆动规律为 $\varphi = \varphi_0 \sin(\pi t/4)$。试求当 $t = 0$ 和 $t = 2$ s 时，荡木中点 M 的速度和加速度。

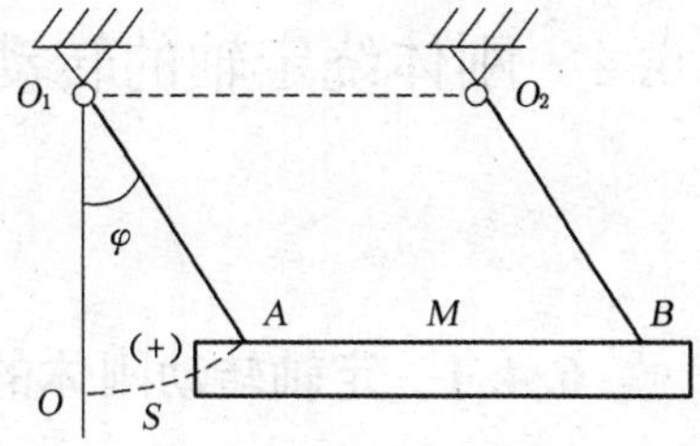

图 6-15

解：根据题意，O_1ABO_2 是一平行四边形，运动中荡木 AB 始终平行于固定不动的连线 O_1O_2，故荡木作平动。由平动刚体的特点知：在同一瞬时，荡木上各点的速度、加速

度相等，即有 $v_M = v_A$，$a_M = a_A$，因此欲求点 M 的速度、加速度，只需求出点 A 的速度、加速度即可。

点 A 不仅是荡木上的一点，而且也是摆索 O_1A 上的一个端点。点 A 沿圆心为 O_1、半径为 l 的圆弧运动，规定弧坐标 s 向右为正，则点 A 的运动方程为

$$s = l\varphi = l\varphi_0 \sin \frac{\pi}{4}t$$

得任一瞬时 t 点 A 的速度、加速度为

$$v = \dot{s} = \frac{\pi l\varphi_0}{4}\cos \frac{\pi}{4}t$$

$$a_\tau = \dot{v} = -\frac{\pi^2 l\varphi_0}{16}\sin \frac{\pi}{4}t$$

$$a_n = \frac{v^2}{\rho} = \frac{v^2}{l} = \frac{\pi^2 l\varphi_0^2}{16}\cos^2 \frac{\pi}{4}t$$

当 $t = 0$ 时，$\varphi = 0$，摆索 O_1A 位于铅垂位置，此时

$$v_M = v_A = \frac{\pi l\varphi_0}{4}$$

$$a_\tau = 0$$

$$a_n = \frac{v^2}{\rho} = \frac{v^2}{l} = \frac{\pi^2 l\varphi_0^2}{16}$$

$$a_M = \sqrt{a_\tau^2 + a_n^2} = \frac{\pi^2 l\varphi_0^2}{16}$$

加速度的方向与 a_n 相同，铅垂向上。

当 $t = 2$ s 时，$\varphi = \varphi_0$，此时

$$v_M = 0$$

$$a_\tau = -\frac{\pi^2 l\varphi_0}{16}$$

$$a_n = 0$$

$$a_M = \sqrt{a_\tau^2 + a_n^2} = \frac{\pi^2 l\varphi_0}{16}$$

加速度的方向与 a_τ 相同，沿轨迹的切线方向，指向弧坐标的负向。

6.4 刚体绕定轴的转动

6.4.1 定轴转动刚体的转动方程、角速度和角加速度

刚体运动时，若其上有一直线始终保持不动，则称刚体作定轴转动。该固定不动的直线称

为转轴或轴线。定轴转动是工程中较为常见的一种运动形式。

设有一刚体绕固定轴 z 转动，如图 6-16 所示。为了确定刚体的位置，过轴 z 作 A、B 两个平面，其中 A 为固定平面，B 是与刚体固连并随同刚体一起绕 z 轴转动的平面。两平面间的夹角用 φ 表示，它确定了刚体的位置，称为刚体的转角。转角是一个代数量，用弧度表示(rad)。当刚体转动时，转角 φ 是时间的函数，即

$$\varphi = f(t) \tag{6-26}$$

此方程称为刚体绕定轴转动的运动方程。

转角 φ 对时间的一阶导数，称为刚体的瞬时角速度，用字母 ω 表示，即

$$\omega = \frac{\mathrm{d}\varphi}{\mathrm{d}t} = \dot{\varphi} \tag{6-27}$$

角速度是代数量，表征了刚体转动的快慢及转向，单位为 rad/s。

角速度对时间的一阶导数，称为刚体的瞬时角加速度，用字母 α 表示，即

$$\alpha = \frac{\mathrm{d}\omega}{\mathrm{d}t} = \ddot{\varphi} \tag{6-28}$$

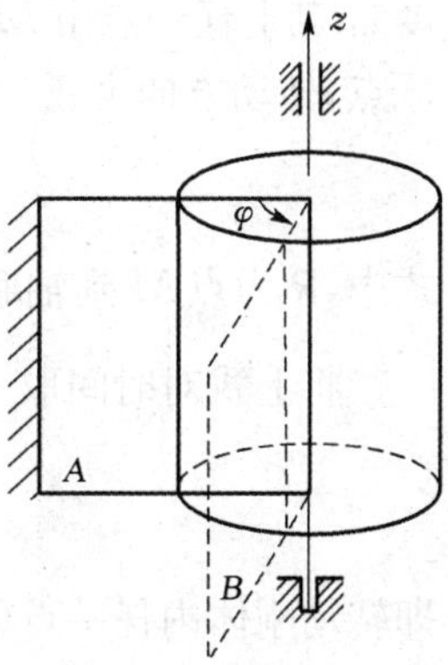

图 6-16

角加速度也是代数量，它反映角速度随时间的变化率，其单位一般为 $\mathrm{rad/s^2}$。

角速度 ω、角加速度 α 都是代数量，若为正值，则其转向与转角 φ 的增大转向一致；若为负值，则相反。如果 ω 与 α 同号(即转向相同)，则刚体作加速转动；如果 ω 与 α 异号，则刚体作减速转动。

机器中的转动部件或零件，常用转速 n(每分钟内的转数，以 r/min 为单位)来表示其转动的快慢。角速度与转速之间的关系是

$$\omega = \frac{2\pi n}{60} = \frac{\pi n}{30} \tag{6-29}$$

现在讨论两种特殊情况：匀变速转动和匀速转动。

若角加速度不变，即 α 等于常量，则刚体作匀变速转动(当 ω 与 α 同号时，称为匀加速转动；当 ω 与 α 异号时，称为匀减速转动)。这种情况下，有

$$\omega = \omega_0 + \alpha t \tag{6-30}$$

$$\varphi = \varphi_0 + \omega_0 t + \frac{1}{2}\alpha t^2 \tag{6-31}$$

其中 ω_0 和 φ_0 分别是 $t=0$ 时的角速度和转角。

如果刚体的角速度不变，即 ω 等于常量，α 等于零，这种转动称为匀速转动，则有

$$\varphi = \varphi_0 + \omega t \tag{6-32}$$

6.4.2 定轴转动刚体内各点的速度和加速度

刚体绕定轴转动时，转轴上各点都固定不动，其他各点都在该点并垂直于转轴的平面内作圆周运动，圆心在转轴上，圆周的半径 R 称为该点的转动半径，它等于该点到转轴的垂直距离。下面采用自然法研究转动刚体上任一点的运动。设刚体由定平面绕定轴转动任一角度 φ，其上任一点由 M_0 运动到 M，如图 6-17 所示。以 M_0 为原点，转动方向为弧坐标的正向，则点 M 的运动方程为

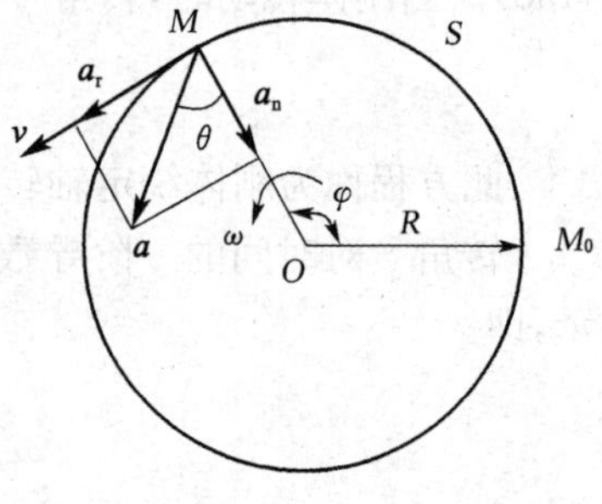

图 6-17

$$s = R\varphi \tag{6-33}$$

式中，R 为点 M 到轴心 O 的距离。

将上式对时间取一阶导数，由于 $\dfrac{d\varphi}{dt} = \omega, \dfrac{ds}{dt} = v$，有

$$v = R\omega \tag{6-34}$$

即转动刚体内任一点的速度，其大小等于该点的转动半径与刚体角速度的乘积，方向沿轨迹的切线(垂直于该点的转动半径 OM)，指向刚体转动的一方。由上式可知，在垂直于转轴的截面上，同一半径上各点的速度按线性规律分布，如图 6-18 所示。

因为点作圆周运动，因此点的加速度有切向加速度 $\boldsymbol{a}_\tau$ 和法向加速度 $\boldsymbol{a}_n$ 两部分，切向加速度的大小为

$$a_\tau = \dot{v} = R\dot{\omega} = R\alpha \tag{6-35}$$

即转动刚体内任一点的切向加速度的大小，等于该点的转动半径与刚体角加速度的乘积，方向沿轨迹的切线，指向与 α 的转向一致，如图 6-19(a)所示。

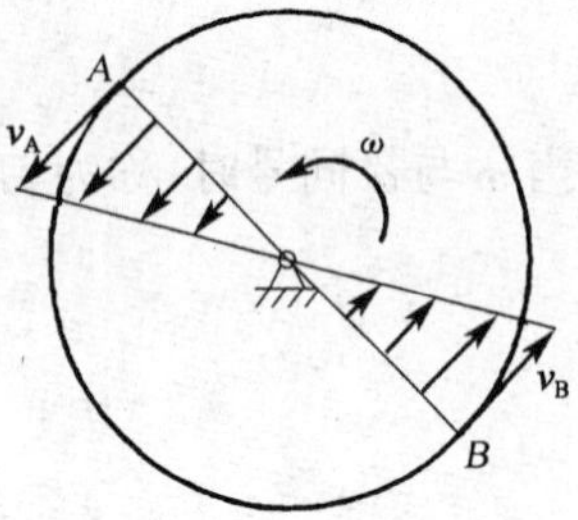

图 6-18

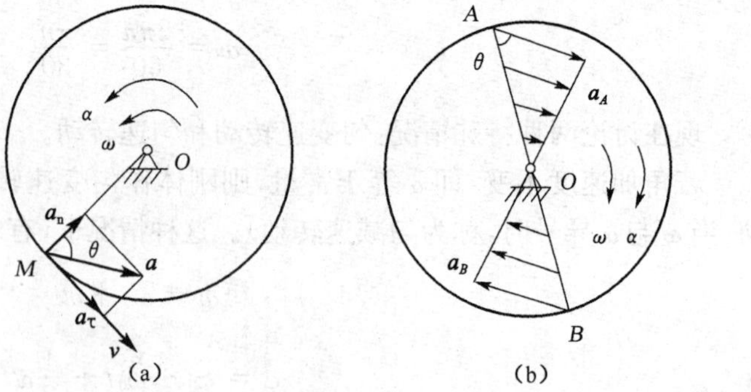

图 6-19

法向加速度为

$$a_n = \frac{v^2}{\rho} = \frac{(R\omega)^2}{R} = R\omega^2 \tag{6-36}$$

即转动刚体内任一点的法向加速度的大小，等于该点的转动半径与刚体角速度平方的乘积，方

向沿半径并指向转轴，如图 6-19(b)所示。

点 M 的全加速度 $\boldsymbol{a}$ 等于其切向加速度与法向加速度的矢量和，如图 6-19(a)所示，其大小为

$$a=\sqrt{a_{\tau}^{2}+a_{n}^{2}}=\sqrt{(R\alpha)^{2}+(R\omega^{2})^{2}}=R\sqrt{\alpha^{2}+\omega^{4}} \tag{6-37}$$

$$\tan\theta=\frac{a_{\tau}}{a_{n}}=\frac{\alpha}{\omega^{2}} \tag{6-38}$$

式中，θ 为加速度与半径的夹角，如图 6-19(a)所示。

由上述分析可以看出，刚体定轴转动时，其上各点的速度、加速度有如下分布规律：

(1) 刚体上各点的速度、加速度与该点的转动半径成正比。

(2) 转动刚体上各点的速度方向，垂直于转动半径，并指向转动的一方。

(3) 同一瞬时转动体内各点的全加速度与其转动半径具有相同的夹角，并偏向角加速度 α 转向的一方。

【例 6-8】 如图 6-20 所示的平面机构中，三角板 AMB 与杆 O_1A、O_2B 铰接，$O_1A=O_2B=l$，$O_1O_2=AB$，杆 O_1A 的摆动规律为 $\varphi=\frac{\pi}{2}\sin\frac{\pi}{6}t$，试求当 $t=0$ 和 $t=1$ s 时三角板上点 M 的速度和加速度。

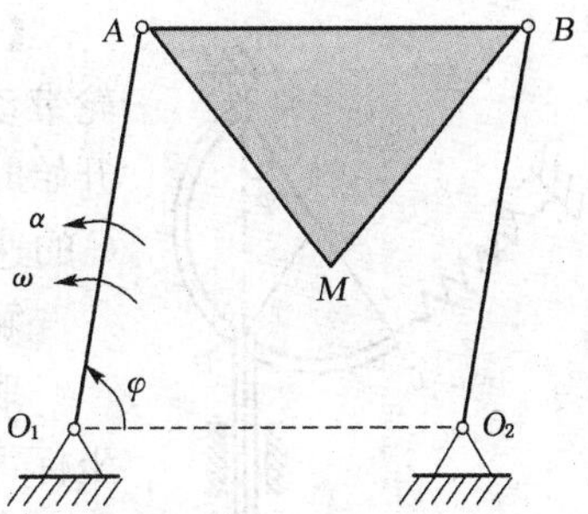

图 6-20

解：杆 O_1A 绕定轴 O_1 转动，将转动方程依次对时间 t 求一阶导数、二阶导数，得到其角速度、角加速度分别为

$$\omega=\dot{\varphi}=\frac{\pi^{2}}{12}\cos\frac{\pi}{6}t,\alpha=\dot{\omega}=-\frac{\pi^{3}}{72}\sin\frac{\pi}{6}t$$

点 A 为杆 O_1A 上的一点，则点 A 的速度、加速度分别为

$$v_{A}=O_1A\cdot\omega=\frac{\pi^{2}l}{12}\cos\frac{\pi}{6}t$$

$$a_{A}=O_1A\cdot\sqrt{\alpha^{2}+\omega^{4}}=l\sqrt{\left(-\frac{\pi^{3}}{72}\sin\frac{\pi}{6}t\right)^{2}+\left(\frac{\pi^{2}}{12}\cos\frac{\pi}{6}t\right)^{4}}$$

点 A 同时也是三角板上的一点，据题意可知，三角板作平移，所以点 M 的速度和加速度与点 A 的速度和加速度相等，则当 $t=0$ 和 $t=1$ s 时点 M 的速度和加速度分别为

$t=0$ 时

$$v_{M}=v_{A}=\frac{\pi^{2}l}{12},a_{M}=a_{A}=\frac{\pi^{4}l}{144}$$

$t=1$ s 时

$$v_{M}=v_{A}=\frac{\sqrt{3}\pi^{2}l}{24},a_{M}=a_{A}=\frac{\pi^{3}l}{576}\sqrt{16+9\pi^{2}}$$

【例 6-9】 如图 6-21 所示的机构中，杆 AB 以匀速 v 沿滑槽向上滑动，通过滑块 A 带动摇杆 OC 绕定轴 O 转动。开始时 $\varphi=0$，试求当 $\varphi=\pi/4$ 时，摇杆 OC 的角速度和角加速度。

解:摇杆 OC 绕定轴 O 转动,据题意有几何关系得摇杆 OC 的转动方程

$$\varphi = \arctan\frac{vt}{l}$$

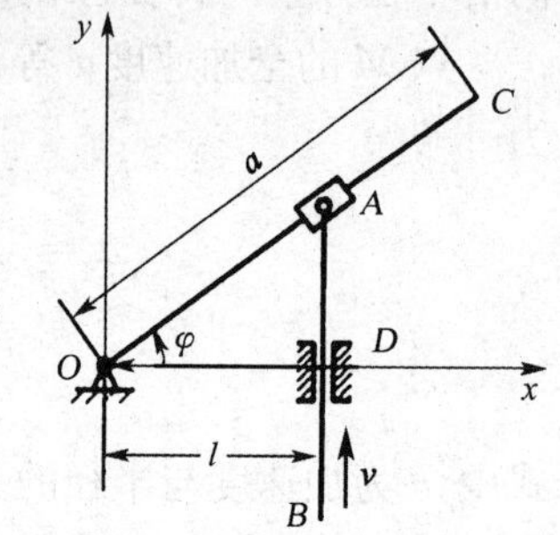

图 6-21

将上述转动方程依次对时间 t 求一阶导数、二阶导数,得其角速度、角加速度分别为

$$\omega = \dot{\varphi} = \frac{vl}{l^2+(vt)^2},\alpha = \ddot{\varphi} = -\frac{2v^3lt}{[l^2+(vt)^2]^2}$$

所以,当 $\varphi=\pi/4$ 时,即 $t=l/v$ 时,摇杆 OC 的角速度和角加速度分别为

$$\omega = \frac{v}{2l},\alpha = -\frac{v^2}{2l^2}$$

【例 6-10】 杆 AB 在铅垂方向以恒速 v 向下运动,并由 B 端的小轮带动半径为 R 的圆弧杆 OC 绕轴 O 转动,如图 6-22 所示。设运动开始时,$\varphi=\pi/4$,试求杆 OC 的转动方程、任一瞬时的角速度以及点 C 的速度。

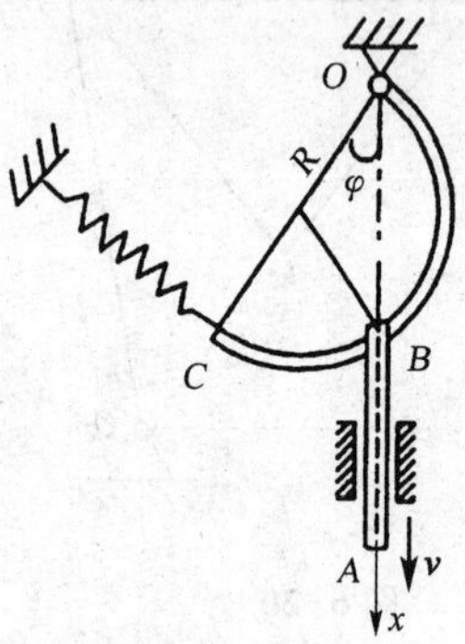

图 6-22

解:(1) 建立 OC 杆的转动方程

取点 O 为坐标原点,作铅直向下的 Ox 轴。杆 AB 上点 B 的位置坐标可表示为

$$x_B = OB = 2R\cos\varphi$$

将上式对时间求一阶导数,并注意到杆 AB 作平动,有 $\dot{x}_B = v$,得

$$v = \dot{x}_B = -2R\sin\varphi\dot{\varphi}$$

整理后积分,有

$$\int_{\frac{\pi}{4}}^{\varphi}\sin\varphi d\varphi = -\int_0^t \frac{v}{2R}dt$$

得

$$\cos\varphi = \frac{1}{2}\left(\sqrt{2}+\frac{vt}{R}\right)$$

故杆 OC 的转动方程为

$$\varphi = \arccos\left[\frac{1}{2}\left(\sqrt{2}+\frac{vt}{R}\right)\right]$$

(2) 求 OC 杆的角速度

$$\omega = \dot{\varphi} = -\frac{v}{2R\sin\varphi}$$

$$\sin\varphi = \sqrt{1-\cos^2\varphi} = \frac{1}{2}\sqrt{2-2\sqrt{2}\,\frac{vt}{R}-\left(\frac{vt}{R}\right)^2}$$

最后得到任一瞬时杆 OC 的角速度为

$$\omega = -\frac{v}{\sqrt{2R^2-2\sqrt{2}Rvt-(vt)^2}}$$

(3) 求点 C 的速度

$$v_C = OC\omega = 2R\omega = -\frac{2Rv}{\sqrt{2R^2-2\sqrt{2}Rvt-(vt)^2}}$$

6.4.3 角速度及角加速度的矢量表示,以矢积表示点的速度和加速度

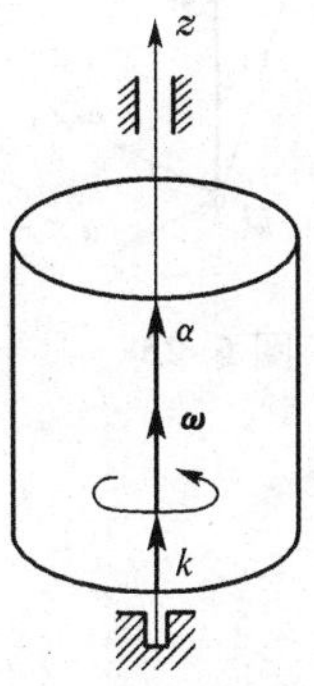

图 6-23

绕定轴转动刚体的角速度可以用矢量表示,表示方法为:当刚体转动时,从转轴上任取一点作为起点,沿转轴做一矢量 $\boldsymbol{\omega}$,如图 6-23 所示,使它的模等于角速度的绝对值,指向按右手法则确定,表示刚体转动的方向。该矢量称为转动刚体的角速度矢。

若以 $\boldsymbol{k}$ 表示沿转轴 z 正向的单位矢量,则转动刚体的角速度矢可写成

$$\boldsymbol{\omega} = \omega\boldsymbol{k} \tag{6-39}$$

同样,转动刚体的角加速度也可以用一个沿轴线的矢量表示,称为角加速度矢

$$\boldsymbol{\alpha} = \alpha\boldsymbol{k} \tag{6-40}$$

注意到 $\boldsymbol{k}$ 是一个常矢量,于是有

$$\boldsymbol{\alpha} = \alpha\boldsymbol{k} = \dot{\omega}\boldsymbol{k} = \dot{\boldsymbol{\omega}} \tag{6-41}$$

即角加速度矢等于角速度矢对时间的一阶导数。

因为角速度矢、角加速度矢的起点可在轴线上任意选取,所以都是滑动矢量。

将角速度、角加速度用矢量表示后,转动刚体内任意一点的速度、加速度就可以用矢积表示。

在转轴上任取一点 O 为原点,用矢径 $\boldsymbol{r}$ 表示转动刚体上任一点 M 的位置,如图 6-24 所示,则点 M 的速度可用角速度矢与矢径的矢积表示

$$\boldsymbol{v} = \boldsymbol{\omega}\times\boldsymbol{r} \tag{6-42}$$

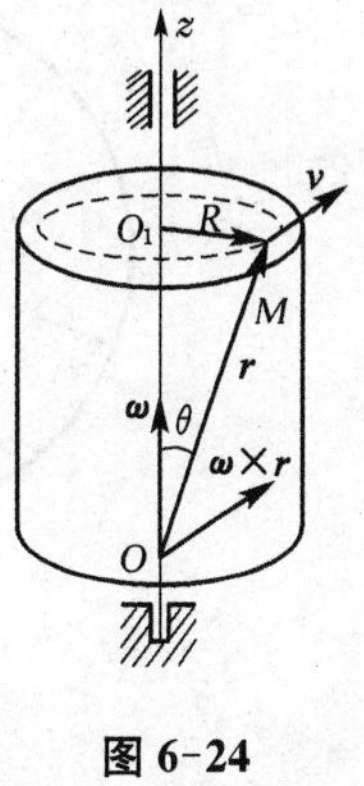

图 6-24

下面从速度的大小和方向上来证明此式的成立。

$$|\boldsymbol{v}| = \omega R = |\boldsymbol{\omega}|\cdot|\boldsymbol{r}|\sin\theta = |\boldsymbol{\omega}\times\boldsymbol{r}|$$

式中,θ 是角速度矢 $\boldsymbol{\omega}$ 与矢径 $\boldsymbol{r}$ 间的夹角,上式说明速度的大小等于矢积 $\boldsymbol{\omega}\times\boldsymbol{r}$ 的大小。

矢积 $\boldsymbol{\omega}\times\boldsymbol{r}$ 的方向垂直于 $\boldsymbol{\omega}$ 与 $\boldsymbol{r}$ 所组成的平面,如图 6-24 所示,即垂直

于平面 OMO_1。由图可知，矢积的方向正好与点的速度方向相同。

于是得出结论，绕定轴转动的刚体上任一点的速度矢等于刚体的角速度矢与该点矢径的矢积。

转动刚体上任一点的加速度矢也可用矢积表示：

$$\boldsymbol{a}=\frac{\mathrm{d}\boldsymbol{v}}{\mathrm{d}t}=\frac{\mathrm{d}}{\mathrm{d}t}(\boldsymbol{\omega}\times\boldsymbol{r})=\frac{\mathrm{d}\boldsymbol{\omega}}{\mathrm{d}t}\times\boldsymbol{r}+\boldsymbol{\omega}\times\frac{\mathrm{d}\boldsymbol{r}}{\mathrm{d}t}$$

已知 $\frac{\mathrm{d}\boldsymbol{\omega}}{\mathrm{d}t}=\boldsymbol{\alpha},\frac{\mathrm{d}\boldsymbol{r}}{\mathrm{d}t}=\boldsymbol{v}$，于是有

$$\boldsymbol{a}=\boldsymbol{\alpha}\times\boldsymbol{r}+\boldsymbol{\omega}\times\boldsymbol{v} \tag{6-43}$$

上式右端第一项的大小为

$$|\boldsymbol{\alpha}\times\boldsymbol{r}|=|\boldsymbol{\alpha}|\times|\boldsymbol{r}|\sin\theta=\alpha R$$

$\boldsymbol{\alpha}\times\boldsymbol{r}$ 的大小恰等于点的切向加速度的大小，方向如图 6-25 所示，与 $\boldsymbol{a}_\tau$ 方向一致，因此矢积 $\boldsymbol{\alpha}\times\boldsymbol{r}$ 等于切向加速度 $\boldsymbol{a}_\tau$，即

$$\boldsymbol{a}_\tau=\boldsymbol{\alpha}\times\boldsymbol{r} \tag{6-44}$$

同理可知，式(6-43)中右端第二项等于点的法向加速度，即

$$\boldsymbol{a}_\mathrm{n}=\boldsymbol{\omega}\times\boldsymbol{v} \tag{6-45}$$

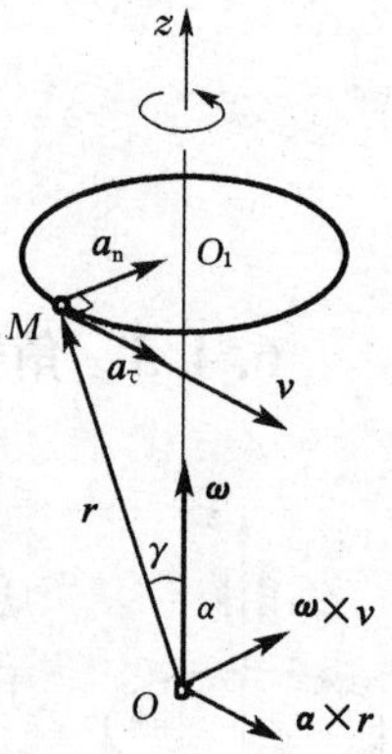

图 6-25

6.5 定轴轮系的传动比

6.5.1 齿轮传动

圆柱齿轮传动是常用的轮系传动方式之一，可用来升降转速、改变转动方向，图 6-26(a)、(b)为外啮合、内啮合的原理图。

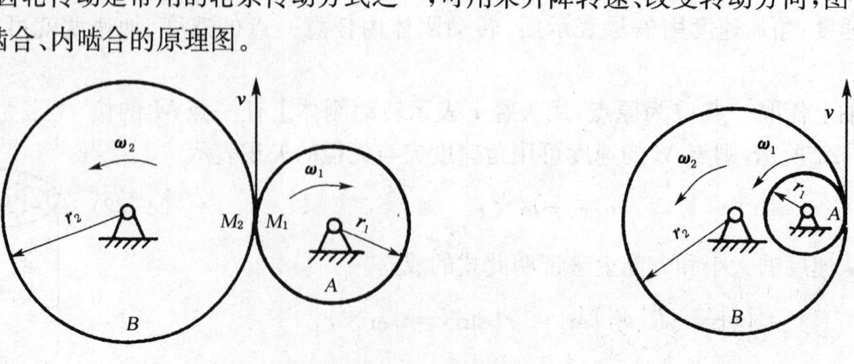

图 6-26

在定轴齿轮传动中，齿轮相互啮合，可视为两齿轮的节圆之间无相对滑动，设主动轮 A 和从动轮 B 的节圆半径分别为 r_1、r_2，角速度分别为 ω_1（转速 n_1）、ω_2（转速 n_2）。接触点 M_1、M_2 具有相同的速度 v

$$v = r_1\omega_1 = \frac{\pi n_1}{30}r_1, \quad v = r_2\omega_2 = \frac{\pi n_2}{30}r_2$$

得到

$$\omega_2 = \frac{r_1}{r_2}\omega_1, \quad n_2 = \frac{r_1}{r_2}n_1$$

主动轮的角速度（或转速）与从动轮的角速度（或转速）之比，通常称为传动比，用 i_{12} 表示，于是

$$i_{12} = \pm\frac{\omega_1}{\omega_2} = \pm\frac{n_1}{n_2}$$

式中的"+"号表示角速度的转向相同，为内啮合情形；"－"号表示转向相反，为外啮合情形。

设齿轮 A、B 的齿数为 z_1 和 z_2，由齿数与节圆半径的关系 $\dfrac{z_1}{z_2} = \dfrac{r_1}{r_2}$，最后可得

$$i_{12} = \pm\frac{\omega_1}{\omega_2} = \pm\frac{n_1}{n_2} = \pm\frac{r_2}{r_1} = \pm\frac{z_2}{z_1} \tag{6-46}$$

由此可见，互相啮合的两个齿轮的角速度（或转速）比值与其半径（或齿数）比值成反比。此结论对于锥齿轮传动（图 6-27）同样适用。

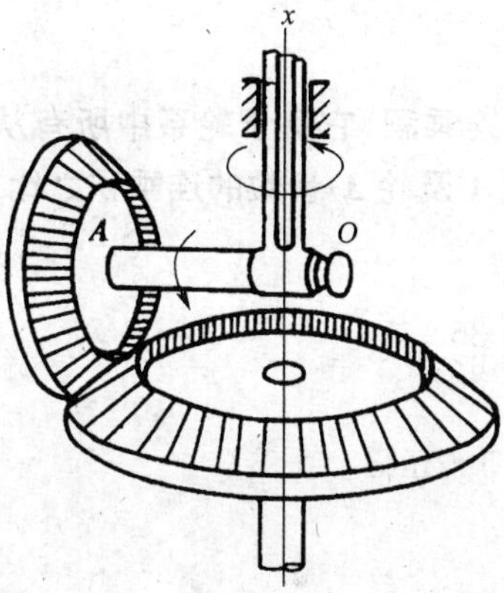

图 6-27

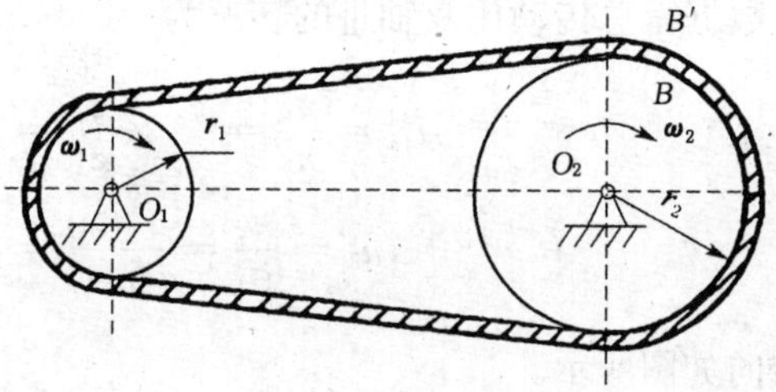

图 6-28

6.5.2 皮带（或链条）传动

在机床中，常用电动机通过传动带使变速器的轴转动。如图 6-28 所示的带轮传动装置中，主动轮和从动轮的半径分别为 r_1 和 r_2，角速度分别为 ω_1 和 ω_2。如不考虑传动带的厚度，并假定传动带与带轮间无相对滑动，则应用绕定轴转动的刚体上各点速度的公式，可得到下列关系式

$$r_1\omega_1 = r_2\omega_2$$

于是带轮的传动比公式为 $$i_{12}=\frac{\omega_1}{\omega_2}=\frac{r_2}{r_1} \tag{6-47}$$

即两轮的角速度与其半径成反比，转动方向相同。此结论对于链轮传动同样适用。

6.5.3 定轴轮系的传动比计算

以下用两个实例说明定轴轮系的传动比计算。

【例 6-11】 图 6-29 为减速器示意图，轴Ⅰ为主动轴，与电动机相联。已知电动机转速 $n=1\,450$ r/min，各齿轮的齿数 $z_1=14$，$z_2=42$，$z_3=20$，$z_4=36$。求减速器的总传动比 i_{13} 及轴Ⅲ的转速。

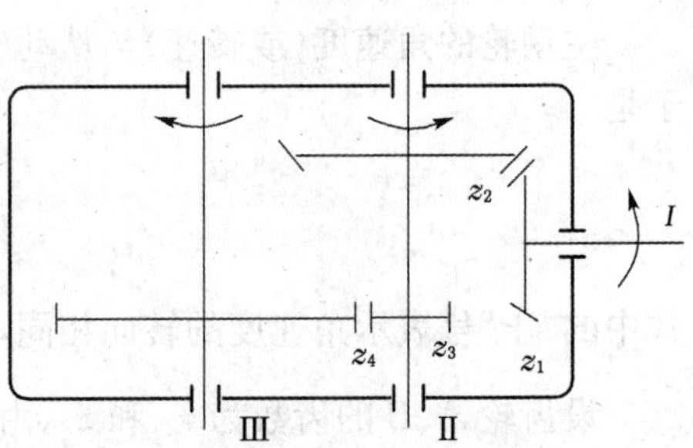

图 6-29

解：本题各齿轮作定轴转动，为定轴轮系的传动问题。

轴Ⅰ与Ⅱ的传动比为 $$i_{12}=\frac{n_1}{n_2}=\frac{z_2}{z_1}$$

轴Ⅱ与Ⅲ的传动比为 $$i_{23}=\frac{n_2}{n_3}=\frac{z_4}{z_3}$$

从轴Ⅰ至轴Ⅲ的总传动比为

$$i_{13}=\frac{n_1}{n_3}=\frac{n_1}{n_2}\times\frac{n_2}{n_3}=\frac{z_2}{z_1}\times\frac{z_4}{z_3}=i_{12}\times i_{23} \tag{6-48}$$

这就是说，**传动系统的总传动比等于各级传动比的连乘积，它等于轮系中所有从动轮（这里指轮 2 及轮 4）齿数的连乘积与所有主动轮（这里指轮 1 及轮 3）齿数的连乘积之比。**

代入数据得总传动比及轴Ⅲ的转速为

$$i_{13}=\frac{n_1}{n_3}=\frac{z_2}{z_1}\times\frac{z_4}{z_3}=\frac{42}{14}\times\frac{36}{20}=5.4$$

$$n_3=\frac{n_1}{i_{13}}=\frac{1\,450}{5.4}=268.5\ \text{r/min}$$

轴Ⅲ的转向如图所示。

【例 6-12】 图 6-30 所示为一带式输送机。已知：主动轮Ⅰ的转速 $n_1=1\,200$ r/min，齿数 $z_1=24$，齿轮Ⅱ的齿数为 $z_2=96$，轮Ⅲ和轮Ⅳ用链条传动，齿数分别为 $z_3=15$ 和 $z_4=45$，轮Ⅴ的直径 $D=460$ mm。试求输送带的速度。

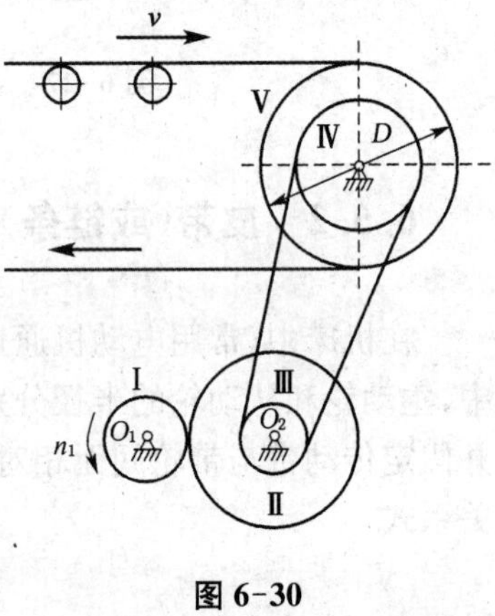

图 6-30

解：(1) 计算轮Ⅰ的角速度和轮系的传动比

$$\omega_1=\frac{\pi n_1}{30}=\frac{\pi\times1\,200}{30}=40\pi(\text{rad/s})$$

$$i_{14}=\frac{\omega_1}{\omega_4}=\frac{\omega_1}{\omega_2}\frac{\omega_2}{\omega_4}=\frac{\omega_1}{\omega_2}\frac{\omega_3}{\omega_4}=i_{12}i_{34}=\frac{z_2}{z_1}\frac{z_4}{z_3}$$

(2) 计算轮Ⅳ的角速度 $\omega_4 = \frac{\omega_1}{i_{14}} = \frac{z_1}{z_2}\frac{z_3}{z_4}\omega_1 = \frac{24}{96} \times \frac{15}{45} \times 40\pi = \frac{10\pi}{3}(\text{rad/s})$

(3) 计算输送带的速度 $v = \frac{D}{2}\omega_4 = \frac{460}{2 \times 1\,000} \times \frac{10\pi}{3} = 2.41\ \text{m/s}$

本章小结

1) 点的运动学

(1) 点的运动方程描述点在空间的几何位置随时间的变化规律，相对于同一参考体，若采用不同的坐标系，将有不同形式的运动方程。

矢量形式：$\boldsymbol{r} = \boldsymbol{r}(t)$

直角坐标形式：$x = f_1(t), y = f_2(t), z = f_3(t)$

弧坐标形式：$s = f(t)$

轨迹为动点在空间运动时所经过的一条连续曲线。

(2) 点的速度和加速度是矢量

以直角坐标轴上的分量表示

$$\boldsymbol{v} = \dot{\boldsymbol{r}}, \boldsymbol{a} = \dot{\boldsymbol{v}} = \ddot{\boldsymbol{r}}$$

$$v_x = \dot{x}, v_y = \dot{y}, v_z = \dot{z}$$

$$a_x = \ddot{x}, a_y = \ddot{y}, a_z = \ddot{z}$$

以自然坐标轴的分量表示

$$\boldsymbol{v} = v\boldsymbol{\tau}, \boldsymbol{a} = \boldsymbol{a}_\tau + \boldsymbol{a}_n = a_\tau\boldsymbol{\tau} + a_n\boldsymbol{n}$$

$$v = \dot{s}, a_\tau = \frac{dv}{dt} = \dot{v}, a_n = \frac{v^2}{\rho}$$

点的切向加速度只反映速度大小的变化，法向加速度只反映速度方向的变化。当速度与切向加速度方向相同时，点做加速运动；反之，点做减速运动。

2) 刚体运动的最简单形式为平动和定轴转动

3) 刚体的平动

(1) 刚体内任一直线段在运动过程中，若始终保持与初始位置平行，此种运动称为刚体平行移动，或平动。

(2) 刚体平动时，刚体内各点的轨迹形状相同，各点的轨迹可能是直线，也可能是曲线。

(3) 刚体平动时，同一瞬时刚体上各点的速度和加速度大小、方向都相同。

4) 刚体绕定轴转动

(1) 刚体运动时，其中有两点保持不动，此种运动称为刚体绕定轴转动。

(2) 用转角确定定轴转动刚体的位置，其运动方程为

$$\varphi = f(t)$$

(3) 运动的几何性质：角速度 ω，角加速度 α

$$\omega = \dot{\varphi}$$
$$\alpha = \dot{\omega} = \ddot{\varphi}$$

(4) 转动刚体上各点的速度和加速度

$$v = R\omega$$
$$a_\tau = R\alpha, a_n = R\omega^2$$
$$a = \sqrt{a_\tau^2 + a_n^2} = R\sqrt{\alpha^2 + \omega^4}$$

(5) 矢量表示法

$$\boldsymbol{v} = \boldsymbol{\omega} \times \boldsymbol{r}$$
$$\boldsymbol{a}_\tau = \boldsymbol{\alpha} \times \boldsymbol{r}, \boldsymbol{a}_n = \boldsymbol{\omega} \times \boldsymbol{v}$$

5）定轴轮系的传动比计算方法

(1) 互相传动的两个齿轮（皮带轮、链轮）的角速度（或转速）比值与其半径（或齿数）比值成反比。

(2) 传动系统的总传动比等于各级传动比的连乘积，它等于轮系中所有从动轮齿数的连乘积与所有主动轮齿数的连乘积之比。

复习思考题

一、是非题（正确的在括号内打"√"，错误的打"×"）

1. 运动学只研究物体运动的几何性质，而不涉及引起运动的物理原因。（　）
2. 在某瞬时，点的切向加速度和法向加速度都等于零，则该点一定作匀速直线运动。（　）
3. 已知点运动的轨迹，并且确定了原点，则用弧坐标 $s(t)$ 可以完全确定动点在轨迹上的位置。（　）
4. 定轴转动刚体上与转动轴平行的任一直线上的各点加速度的大小相等，而且方向也相同。（　）
5. 刚体作平动时，其上各点的轨迹可以是直线，可以是平面曲线，也可以是空间曲线。（　）
6. 刚体平动时，若刚体上任一点的运动已知，则其他各点的运动随之确定。（　）
7. 刚体作定轴转动时，垂直于转动轴的同一直线上的各点，不但速度的方向相同，而且其加速度的方向也相同。（　）
8. 定轴转动刚体上与转动轴平行的任一直线上的各点加速度的大小相等，而且方向也相同。（　）
9. 在自然坐标系中，如果速度 v＝常数，则加速度 a＝0。（　）

二、填空题

1. 点沿半径 $R = 50$ cm 的圆周运动，已知点的运动规律为 $s = Rt^3$ cm，则当 t＝1 s 时，该点的加速度的大小为________。

2. 点沿半径为 $R=4$ m 的圆周运动，初瞬时速度 $v_0=-2$ m/s，切向加速度 $a_\tau=4$ m/s²(为常量)。则 $t=2$ s 时，该点速度的大小为________，加速度的大小为________。

3. 在定轴转动的刚体上，________点的速度和加速度大小相等。

4. 一斜抛物体，初速为 v_0，抛射角为 φ，如图 6-31 所示。已知抛物体的轨迹方程为 $x=v_0\cos\varphi t$，$y=v_0\sin\varphi t-\frac{1}{2}gt^2$。则 $t=0$ 时的切向加速度 $a_\tau=$________，法向加速度 $a_n=$______，曲率半径 $\rho=$________。

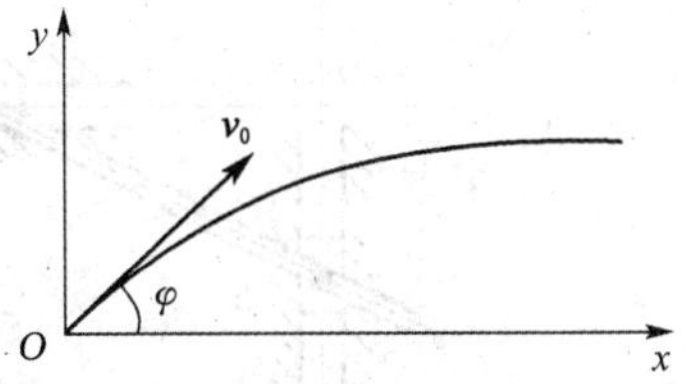

图 6-31

三、选择题

1. 一点作曲线运动，开始时速度 $v_0=10$ m/s，某瞬时切向加速度 $a_\tau=4$ m/s²，则 2 s 末该点的速度的大小为( )。

A. 2 m/s　　B. 18 m/s　　C. 12 m/s　　D. 无法确定

2. 点作曲线运动，若其法向加速度越来越大，则该点的速度( )。

A. 越来越大　　B. 越来越小　　C. 大小变化无法确定

3. 点作匀变速曲线运动是指( )。

A. 点的加速度大小 $a=$常量

B. 点的加速度 $\boldsymbol{a}=$常矢量

C. 点的切向加速度大小 $a_\tau=$常量

D. 点的法向加速度大小 $a_n=$常量

4. 点作曲线运动，若其切向加速度越来越大，则该点的速度( )。

A. 越来越小　　B. 越来越大　　C. 大小变化不能确定

5. 在图 6-32 所示机构中，杆 $O_1A \underline{\parallel} O_2B$，杆 $O_2C \underline{\parallel} O_3D$，且 $O_1A=20$ cm，$O_2C=40$ cm，$CM=MD=10$ cm，若杆 AO_1 以角速度 $\omega=3$ rad/s 匀速转动，则 D 点速度的大小为( )cm/s，M 点的加速度的大小为( )cm/s²。

A. 60　　B. 120

C. 150　　D. 360

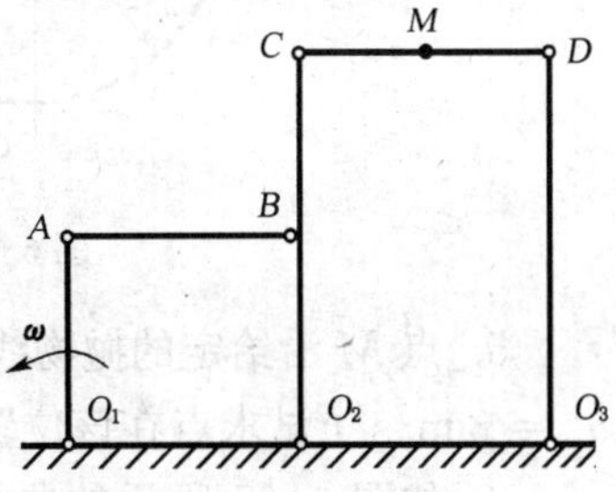

图 6-32

四、计算题

1. 如图 6-33 所示的平面机构中，滑块 A、B 在相互垂直的直线轨道上运动，且分别铰接在杆 CD 上，杆 CD 和 x 轴的夹角 $\varphi=\omega t$，ω 为常数。设 $CA=AB=l$，试求：(1) 点 C 的轨迹；(2) 当 $t=0$ 时，点 C 的曲率半径。

2. 如图 6-34 所示曲线规尺，各杆长为 $OA=AB=200$ mm，$CD=DE=AC=AE=50$ mm。如杆 OA 以等角速度 $\omega=\frac{\pi}{5}$ rad/s 绕 O 轴转动，并且当运动开始时，杆 OA 水平向右。求尺上点 D 的运动方程和轨迹。

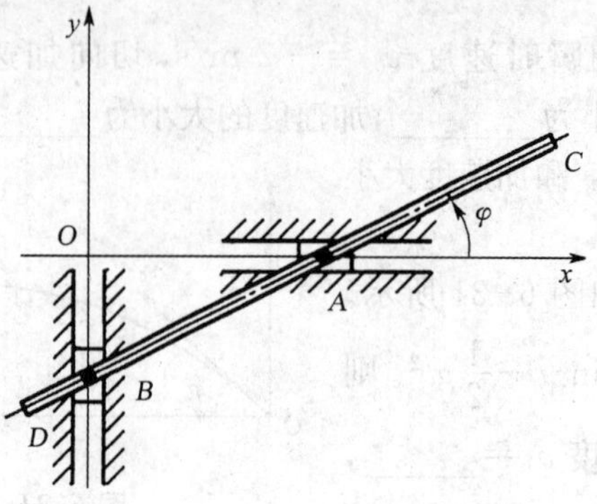

图 6-33

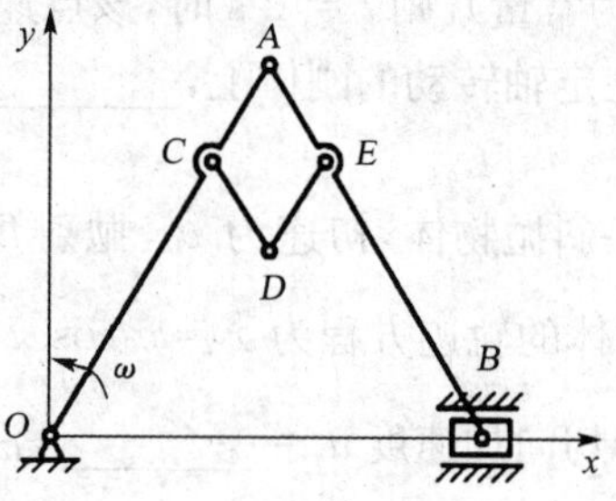

图 6-34

3. 如图 6-35 所示摇杆滑道机构中的滑块 M 同时在固定的圆弧槽 BC 和摇杆 OA 的滑道中滑动。如弧 BC 的半径为 R，摇杆 OA 的轴 O 在弧 BC 的圆周上。摇杆绕 O 轴以等角速度 ω 转动，当运动开始时，摇杆在水平位置。试分别用直角坐标法和自然法给出点 M 的运动方程，并求其速度和加速度。

4. 已知杆 OA 与铅垂线夹角 $\varphi = \pi t/6$（φ 以 rad 计，t 以 s 计），小环 M 套在杆 OA、CD 上，如图 6-36 所示。铰 O 至水平杆 CD 的距离 $h = 400$ mm，试求 $t = 1$ s 时，小环 M 的速度和加速度。

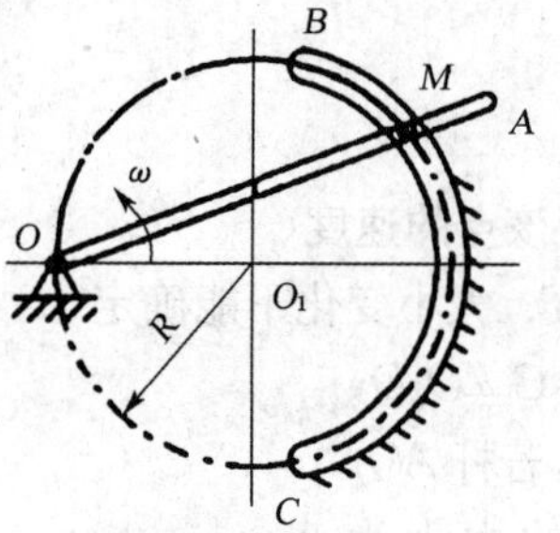

图 6-35

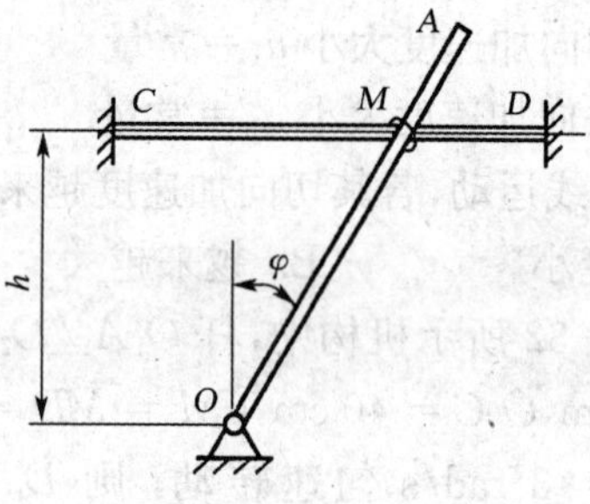

图 6-36

5. 点 M 沿给定的抛物线 $y = 0.2x^2$ 运动，其中 x 和 y 以 m 计，在 $x = 5$ m 处，$v = 4$ m/s，$a_\tau = 3$ m/s²，试求点在该位置时的加速度。

6. 如图 6-37 所示的曲柄滑杆机构中，滑杆 BC 上有一圆弧形轨道，其半径 $R = 100$ mm，圆心 O_1 在导杆 BC 上。曲柄长 $OA = 100$ mm，以等角速度 $\omega = 4$ rad/s 绕 O 轴转动。设 $t = 0$ 时，$\varphi = 0$，求导杆 BC 的运动规律以及曲柄与水平线的夹角 $\varphi = 30°$ 时，导杆 BC 的速度和加速度。

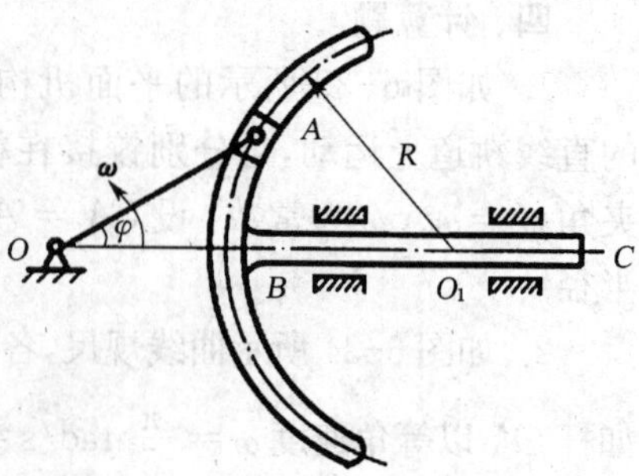

图 6-37

7. 杆 OA 可绕定轴 O 转动，一绳跨过定滑轮 B，其一端系于杆 OA 上 A 点，另一端以匀速 $\boldsymbol{u}$ 向下拉动，如图 6-38 所示，设 $OA = OB = l$，初始时 $\varphi=0$，试求杆 OA

的转动方程。

8. 如图 6-39 所示的曲柄连杆机构中，曲柄 OA 以匀角速度 ω 绕 O 轴转动。已知 $OA=r$，$AB=l$，连杆上 M 点距 A 端长度为 b，开始时滑块 B 在最右端位置。求 M 点的运动方程和 $t=0$ 时的速度和加速度。

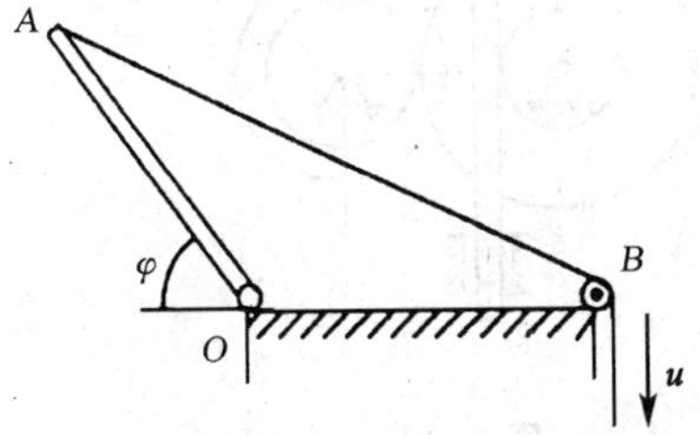

图 6-38

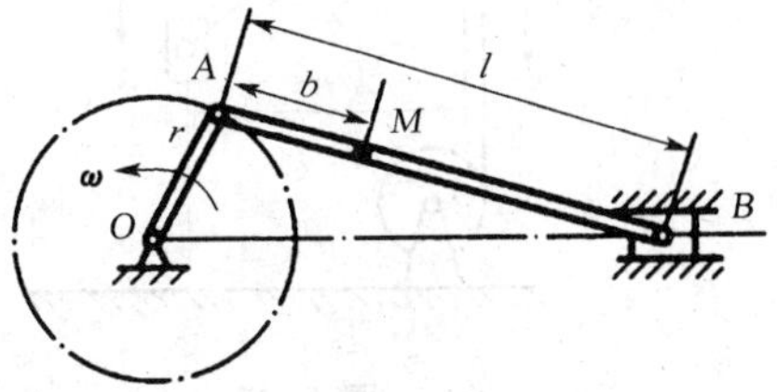

图 6-39

9. 点的运动方程为 $x=50t$，$y=500-5t^2$，其中 x 和 y 以 m 计。求当 $t=0$ 时，点的切向和法向加速度以及轨迹的曲率半径。

10. 如图 6-40 所示，一直杆以匀角速度 ω_0 绕其固定轴 O 转动，沿此杆有一滑块以匀速 v_0 滑动。设运动开始时，杆在水平位置，滑块在点 O。求滑块的轨迹(以极坐标表示)。

11. 如图 6-41 所示，曲柄 CB 以等角速度 ω_0 绕 C 轴转动，其转动方程为 $\varphi=\omega_0 t$。滑块 B 带动摇杆 OA 绕轴 O 转动。设 $OC=h$，$CB=r$，求摇杆的转动方程。

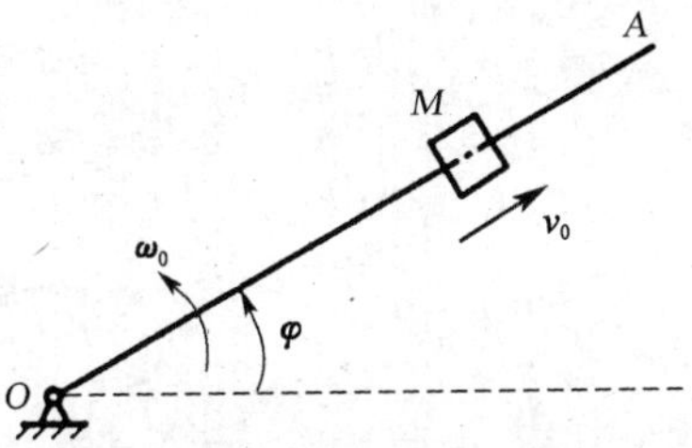

图 6-40

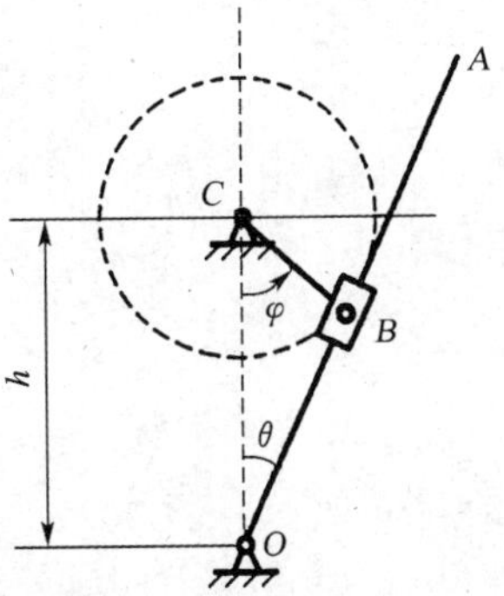

图 6-41

12. 套管 A 由绕过定滑轮 B 的绳索牵引而沿铅垂导轨上升，滑轮中心到导轨的距离为 l，如图 6-42 所示，设绳索以等速 v_0 下拉，忽略滑轮尺寸，求套管 A 的速度和加速度与距离 x 的关系式。

13. 如图 6-43 所示仪表机构中，已知各齿轮的齿数为 $z_1=6$，$z_2=24$，$z_3=8$，$z_4=32$，齿轮 5 的半径 $R=40$ mm，如齿条 BC 下移 10 mm，求指针 OA 转过的角度 φ。

14. 如图 6-44 所示，录音机磁带厚为 δ，图示的瞬时两轮的半径分别为 r_1 和 r_2，若驱动轮Ⅰ以不变的角速度 ω_1 转动，试求轮Ⅱ在图示瞬时的角速度和角加速度。

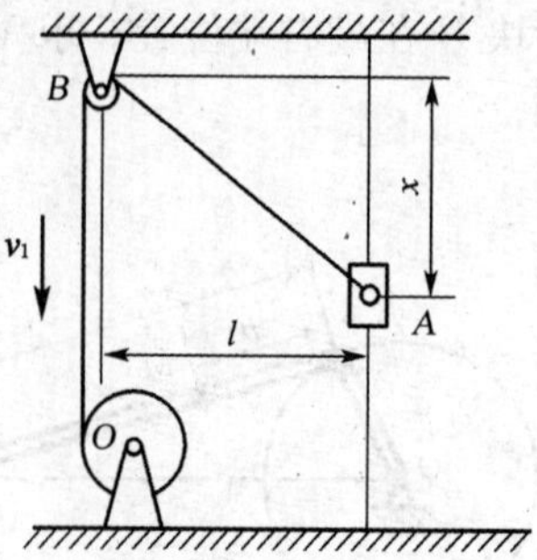

图 6-42

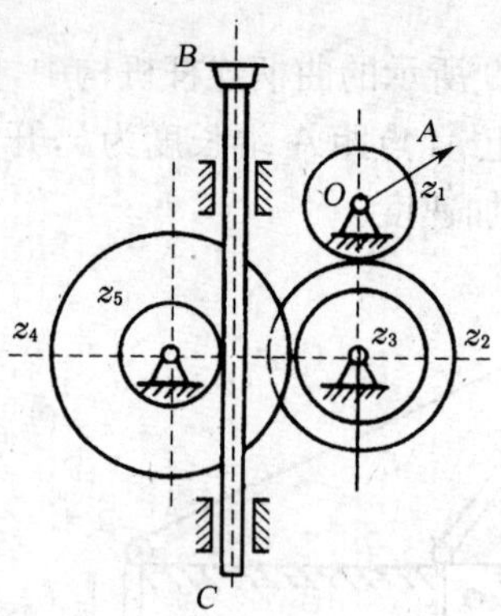

图 6-43

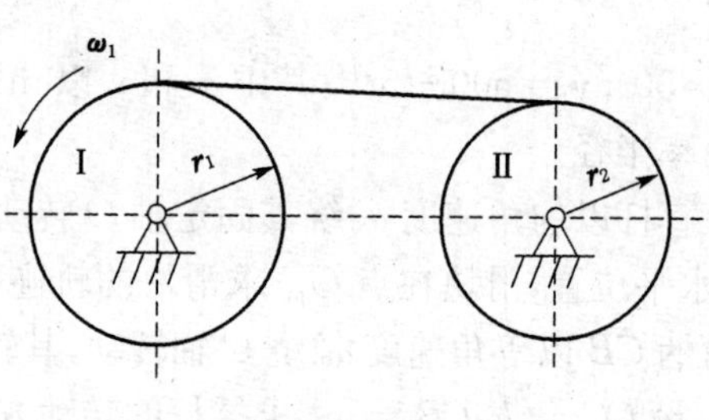

图 6-44

7 点的合成运动

本章导读

前一章分析了点或刚体相对于一个定参考系的运动，可称为简单运动。物体相对于不同参考系的运动是不同的。研究物体相对于不同参考系的运动，分析物体相对于不同参考系运动之间的关系，可称为复杂运动或合成运动。本章研究点的合成运动问题，即分析运动中某一瞬时点的速度合成和加速度合成的规律。

教学目标

了解：物体相对于不同参考系的三种运动：绝对运动、相对运动及牵连运动。

掌握：点的速度合成及加速度合成的规律。

应用：学会用速度合成定理及加速度合成定理求解各种运动问题。

分析：选择动点、动系不同时，进行速度合成与加速度合成的差别。

7.1 点的合成运动的基本概念

7.1.1 绝对运动、相对运动和牵连运动

在不同的参考体中研究同一个物体的运动，看到的运动情况是不同的。例如，如图 7-1(a)所示的自行车沿水平地面直线行驶，其后轮上的点 M，对于站在地面的观察者来说，轨迹为旋轮线，但对于骑车者，其轨迹则是圆。又如，在车床上加工螺纹，车刀刀尖对于地面作直线运动，但它在旋转的工件表面切出的却是螺旋线，如图 7-1(b)所示。显然，在上述两个例子中，动点 M 相对于两个参考系的速度和加速度也都不同。

通过观察可以发现，一个物体对一参考体的运动可以由几个运动组合而成。例如，在上述例子中，点 M 相对于地面作旋轮线运动，若以车架为参考体，车架本身作直线平动，点 M 相对于车架作圆周运动，点 M 的旋轮线运动可视为车架的平动和点 M 相对于车架的圆周运动的合成。将一种运动看作为两种运动的合成，这就是合成运动的方法。

可用合成运动的方法解决的问题，大致分为三类。

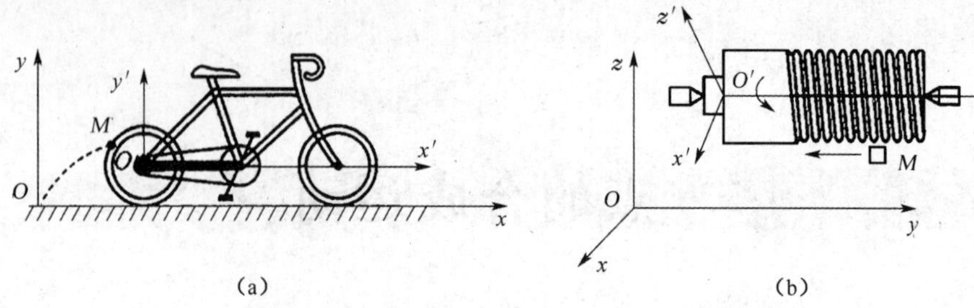

图 7-1

(1) 把复杂的运动分解成两种简单的运动，求得简单运动的运动量后，再加以合成。这种化繁为简的研究问题的方法，在解决工程实际问题时具有重要意义。

(2) 讨论机构中运动构件运动量之间的关系。例如图 7-2 所示的曲柄摇杆机构，已知曲柄 OA 的角速度 ω，可用合成运动的方法求得摇杆 O_1B 的角速度。

(3) 研究无直接联系的两运动物体运动量之间的关系。例如，大海上有甲、乙两艘行船，可用合成运动的方法求在甲船上所看到的乙船的运动量。

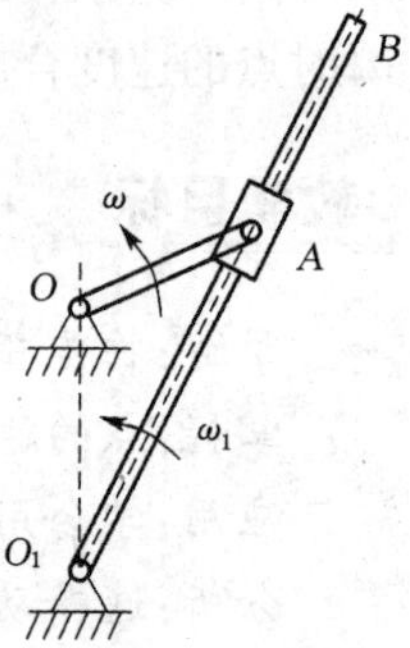

图 7-2

在点的合成运动中，将所考察的点称为动点。动点可以是运动刚体上的一个点，也可以是一个被抽象为点的物体。

当研究的问题涉及两个参考系时，习惯上把固定在地球上的参考系称为定参考系，简称定系。把相对定系运动的参考系称为动参考系，简称动系。在图 7-1 中，定系固连于地球，动系则分别固连于车架、工件。定系一般可以不画出来，和地球相固连时也不必说明。动系也可以不画，但一定要指明取哪个物体作为动系。

用点的合成运动理论分析点的运动时，必须选定动点、动系和定系，然后可将运动区分为三种：①动点相对于定系的运动称为绝对运动。在定系中看到的动点的轨迹为绝对轨迹；动点相对于动系的运动称为相对运动。在动系中看到的动点的轨迹为相对轨迹。②动系相对于定系的运动称为牵连运动。动系作为一个整体运动着，因此，牵连运动为刚体运动，它可以是平动、定轴转动或复杂运动。仍以图 7-1(a)为例，取后车轮上的点 M 为动点，车架为动系，点 M 相对于地面的运动为绝对运动，绝对轨迹为旋轮线；点 M 相对于车架的运动为相对运动，相对轨迹为圆，车架的牵连运动为平动。在图 7-1(b)中，取刀尖 M 为动点，工件为动系，点 M 相对于地面的运动为绝对运动，绝对轨迹为直线；点 M 相对于工件的运动为相对运动，相对轨迹为螺旋线；工件的牵连运动为转动。注意，在分析这三种运动时必须明确两个问题：①站在什么地方看物体的运动；②看什么物体的运动。

显然，如果没有牵连运动，则动点的相对运动和绝对运动完全相同；如果没有相对运动，则动点随动系的运动就是它的绝对运动。因此，动点的绝对运动是相对运动和牵连运动的合成。即绝对运动也可分解为相对运动和牵连运动。在研究比较复杂的运动时，如果适当地选取动参考系，往往能把比较复杂的运动分解为两个比较简单的运动，因此，这种研究方法无论在理论上还是在实践中都具有重要意义。

用合成运动的方法研究问题的关键在于合理地选择动点、动系。动点、动系的选择原则是:①动点相对于动系有相对运动。如在图 7-1(a)中,取后车轮上的点 M 为动点,就不能再取后轮为动系,必须把动系建立在车架上;②动点的相对轨迹应简单、直观。例如,在图 7-2 所示的曲柄摇杆机构中,取点 A 为动点,杆 O_1B 为动系,动点的相对轨迹为沿着 AB 的直线。若取杆 O_1B 上和点 A 重合的点为动点,杆 OA 为动系,动点的相对轨迹不便直观地判断,为一平面曲线。对比这两种选择方法,前一种方法是取两运动部件不变的接触点为动点,故相对轨迹简单。

7.1.2　三种速度及加速度的概念

动点在相对运动中的速度、加速度称为动点的相对速度、相对加速度,分别用 $\boldsymbol{v}_r$ 和 $\boldsymbol{a}_r$ 表示。动点在绝对运动中的速度、加速度称为动点的绝对速度和绝对加速度,分别用 $\boldsymbol{v}_a$ 和 $\boldsymbol{a}_a$ 表示。换而言之,观察者在定系中观察到动点的速度和加速度分别为绝对速度和绝对加速度;在动系中观察到动点的速度和加速度分别为相对速度和相对加速度。

下面讨论牵连速度和牵连加速度的概念。

由于动系的运动是刚体的运动而不是一个点的运动,所以除非动系作平移,否则其上各点的运动都不完全相同。那么动系与动点直接相关的就是动系上在一瞬时与动点相重合的那一点。因此定义:在某一瞬时,动系上与动点相重合的一点称为此瞬时动点的牵连点。牵连点是动系上的点,动点运动到动系上的哪一点,该点就是动点的牵连点,所以说牵连点是一个瞬时的概念,随着动点的运动,动系上牵连点的位置亦不断变动。定义某瞬时牵连点的速度、加速度称为动点的牵连速度、牵连加速度,分别用 $\boldsymbol{v}_e$ 和 $\boldsymbol{a}_e$ 表示。

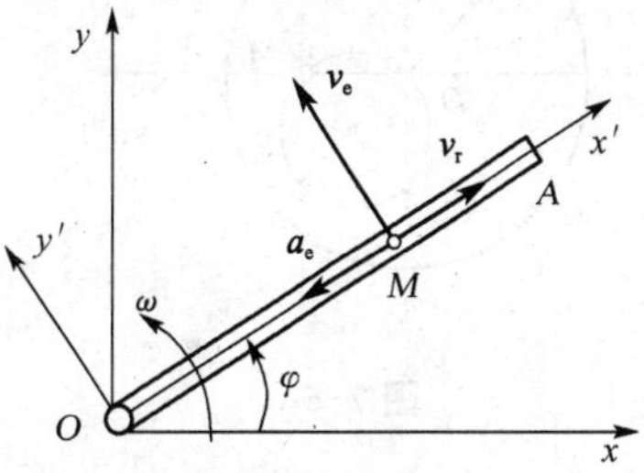

图 7-3

现举例说明牵连速度、牵连加速度的概念。例如,直管 OA 以等角速度 ω 绕 O 轴转动,起始瞬时管与 Ox 轴重合,如图 7-3 所示,管内的点 M 以匀速 $\boldsymbol{u}$ 相对于管运动。在某瞬时小球在直管中的 M 点,这时牵连速度的大小为 $v_e = OM \cdot \omega$,其方向与直管垂直;牵连加速度的大小为 $a_e = OM \cdot \omega^2$,其方向指向 O 点。

7.1.3　合成运动的解析关系

定系和动系是两个不同的坐标系,若已知动系的运动规律,可通过坐标变换求得动点绝对运动方程和相对运动方程的关系。以平面问题为例,如图 7-4 所示,设 Oxy 为定系,$O'x'y'$为动系,M 是动点。

动点的绝对运动方程为

$$x = x(t) \qquad y = y(t)$$

动点的相对运动方程为

$$x' = x'(t) \qquad y' = y'(t)$$

动系 $O'x'y'$ 相对于定系 Oxy 的运动可由以下三个方程完全描述：

$$x'_O = x'_O(t), y'_O = y'_O(t), \varphi = \varphi(t)$$

由图 7-4 容易看出，动点 M 在静系中的坐标 x、y 与其在动系中的坐标 x'、y' 有如下关系：

$$\left.\begin{aligned} x &= x'_O + x'\cos\varphi - y'\sin\varphi \\ y &= y'_O + x'\sin\varphi + y'\cos\varphi \end{aligned}\right\} \tag{7-1}$$

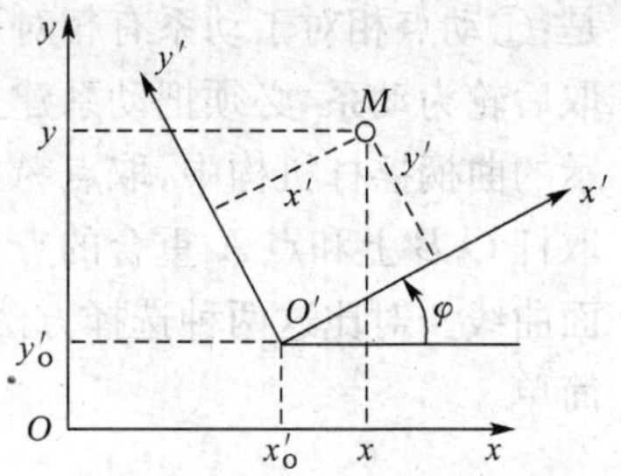

图 7-4

利用上述关系式，已知牵连运动方程，可由相对运动方程求得绝对运动方程，或由绝对运动方程求得相对运动方程。

【例 7-1】 用车刀切削工件的端面，车刀刀尖 M 沿水平轴 x 作往复运动，如图 7-5 所示，设 Oxy 为定坐标系，刀尖的运动方程为 $x = b\sin\omega t$。工件以等角速度 ω 逆时针方向转动。求车刀在工件圆端面上切出的痕迹。

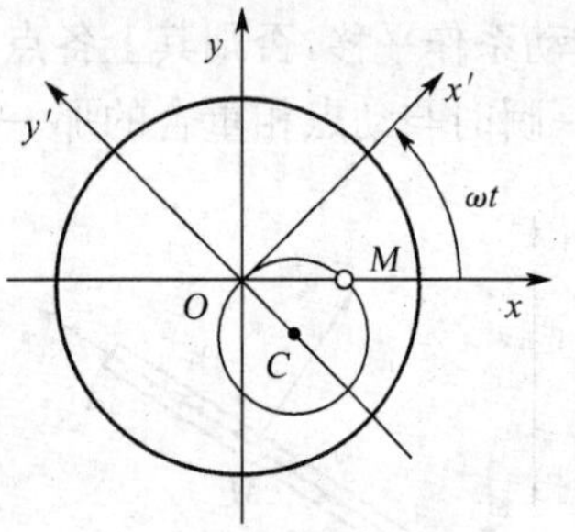

图 7-5

解：根据题意，需要求出车刀刀尖 M 相对于工件的轨迹方程。设刀尖 M 为动点，动系固定在工件上，则动点 M 在动系 $O'x'y'$ 和定系 Oxy 中的坐标关系为

$$x' = x\cos\omega t, y' = -x\sin\omega t$$

将点 M 的绝对运动方程代入上式中，得

$$x' = b\sin\omega t\cos\omega t = \frac{b}{2}\sin 2\omega t$$

$$y' = -b\sin^2\omega t = -\frac{b}{2}(1-\cos 2\omega t)$$

上式就是车刀相对于工件的运动方程。

从上式中消去时间 t，得到刀尖的相对轨迹方程

$$(x')^2 + \left(y' + \frac{b}{2}\right)^2 = \frac{b^2}{4}$$

可见，车刀在工件上切出的痕迹是一个半径为 $\frac{b}{2}$ 的圆，该圆的圆心 C 在动坐标轴 Oy' 上，圆周通过工件的中心 O。

7.2 点的速度合成定理

下面研究点的相对速度、牵连速度和绝对速度之间的关系。

设动点相对于动系运动，其相对轨迹为曲线 AB，如图 7-6 所示。为便于理解，将 AB 视为一极细的金属丝，动系固定于其上(动系未画出)，AB 的运动即代表了动系的牵连运动。

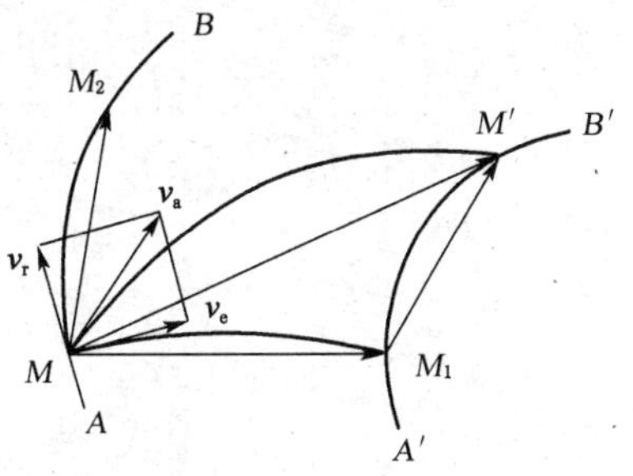

图 7-6

在 t 瞬时，动点位于曲线 AB 上点 M 处。经过一段时间 Δt 后，AB 运动到新位置 $A'B'$，同时，动点沿弧 MM' 运动到 M' 处。在静系中观察点的运动，动点的绝对轨迹为弧 MM'，在 AB 上观察，动点的相对轨迹为弧 MM_2。而 t 瞬时的牵连点，则随 AB 运动至 M_1 处，将弧 MM_1 称为 t 瞬时牵连点的轨迹。作矢量 $\overrightarrow{MM'}$、$\overrightarrow{MM_2}$ 和 $\overrightarrow{MM_1}$ 分别表示动点的绝对位移、相对位移和牵连点的位移。作矢量 $\overrightarrow{M_1M'}$，由图中矢量关系可得

$$\overrightarrow{MM'} = \overrightarrow{MM_1} + \overrightarrow{M_1M'}$$

以 Δt 除以等式的两边，并令 $\Delta t \to 0$，取极限，得

$$\lim_{\Delta t \to 0} \frac{\overrightarrow{MM'}}{\Delta t} = \lim_{\Delta t \to 0} \frac{\overrightarrow{MM_1}}{\Delta t} + \lim_{\Delta t \to 0} \frac{\overrightarrow{M_1M'}}{\Delta t}$$

分析式中各项，等式左端就是动点 t 瞬时的绝对速度 $\boldsymbol{v}_a$，它沿动点的绝对轨迹 MM' 在点 M 的切线方向。等式右端第一项是 t 瞬时牵连点的速度，即动点的牵连速度 $\boldsymbol{v}_e$，它沿曲线 MM_1 在点 M 的切线方向；而第二项则是动点在 t 瞬时的相对速度 $\boldsymbol{v}_r$，因 $\Delta t \to 0$ 时曲线 $A'B'$ 趋向于曲线 AB，所以 $\boldsymbol{v}_r$ 方向沿曲线 AB 在点 M 的切线方向。于是，上式可改写为

$$\boldsymbol{v}_a = \boldsymbol{v}_e + \boldsymbol{v}_r \tag{7-2}$$

上式表明：在任一瞬时，动点的绝对速度等于牵连速度和相对速度的矢量和。这称为点的速度合成定理。根据这一定理，在动点上作速度平行四边形时，绝对速度应在速度平行四边形的对角线方向。式(7-2)中共包含有 $\boldsymbol{v}_a$、$\boldsymbol{v}_e$、$\boldsymbol{v}_r$ 三者的大小和方向六个量，只要知道其中任意四个量，便可求出其余两个未知量。

在推导点的速度合成定理时，对动系作何种运动未作任何限制。因此，无论牵连运动是平动、转动还是复杂运动，速度合成定理都成立。

【例 7-2】 刨床的急回机构如图 7-7 所示，曲柄 OA 的一端 A 与滑块用铰链连接，当曲柄 OA 以匀角速度 ω 绕固定轴 O 转动时，滑块在摇杆上滑动，并带动摇杆 O_1B 绕固定轴 O_1 摆动。设曲柄长 $OA = r$，两轴间的距离 $OO_1 = l$。求当曲柄在水平位置时摇杆的角速度 ω_1。

解：(1) 选取动点和动系。

据题意，应选取曲柄端点 A 为动点，动系固定在摇杆 O_1B 上，并随 O_1B 绕固定轴 O_1 摆动。

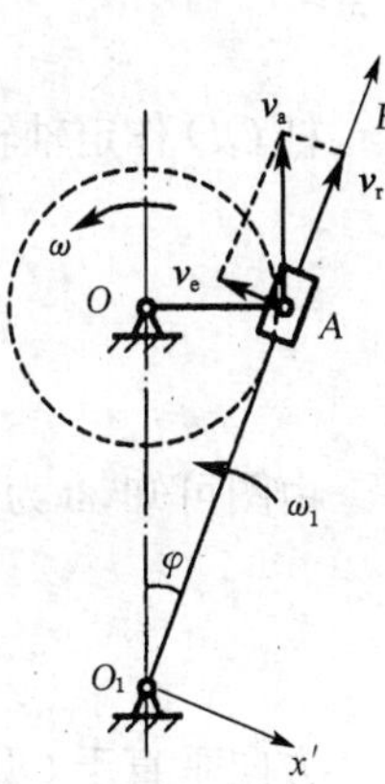

图 7-7

(2) 分析三种运动和三个速度。

点 A 的绝对运动是以点 O 为圆心的圆周运动，相对运动是沿 O_1B 方向的直线运动，而牵连运动是摇杆绕固定轴 O_1 摆动。

于是，绝对速度 $\boldsymbol{v}_a$ 的大小与方向都是已知的，大小为 $r\omega$，方向与曲柄 OA 垂直；相对速度 $\boldsymbol{v}_r$ 的方向是已知的，即沿 O_1B；而牵连速度是杆 O_1B 上与点 A 重合那一点的速度，方向垂直于 O_1B，也是已知的。

(3) 应用速度合成定理，作出速度平行四边形，求解。

经上述分析可知，共有四个要素已知，因此可以作出速度平行四边

形，如图 7-7 所示。

由几何关系可求得

$$v_e = v_a \sin\varphi$$

又 $\sin\varphi = \dfrac{r}{\sqrt{l^2 + r^2}}$，且 $v_a = r\omega$，则有

$$v_e = \frac{r^2\omega}{\sqrt{l^2 + r^2}}$$

设摇杆在此瞬时的角速度为 ω_1，由 $v_e = O_1A\omega_1$，有

$$\omega_1 = \frac{v_e}{O_1A} = \frac{r^2\omega}{l^2 + r^2}$$

方向如图所示。

【例 7-3】 如图 7-8 所示的摆杆机构中的滑杆 AB 以匀速 $\boldsymbol{u}$ 向上运动，铰链 O 与滑槽间的距离为 l。开始时 $\varphi = 0$，试求 $\varphi = \pi/4$ 时摆杆 OD 上 D 点的速度的大小。

解：D 是作定轴转动刚体上的点，要求点 D 的速度，必须先求得杆 OD 的角速度。因此，应通过对两运动部件的联接点 A 的运动分析，由已知运动量求得待求运动量。

取 A 为动点，杆 OD 为动系。

点 A 为作直线平动的杆 AB 上的点，其绝对运动是铅垂方向的直线运动，相对运动是沿 OD 的直线运动，而牵连运动为 OD 绕轴 O 的定轴转动。

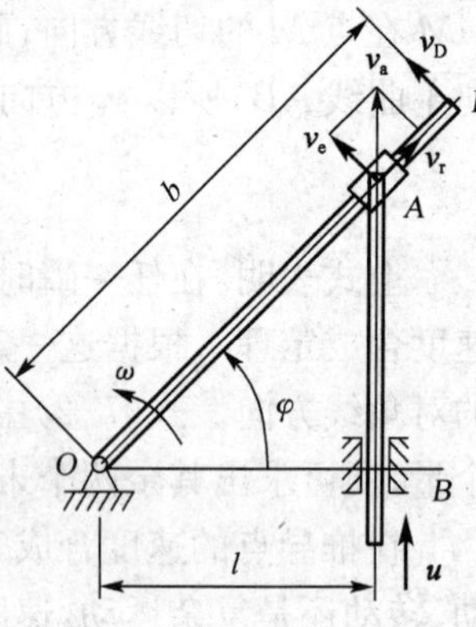

图 7-8

作动点的速度平行四边形如图所示。作速度图时，先作大小、方向已知的矢量 $\boldsymbol{v}_a$，$\boldsymbol{v}_r$ 大小未知，方向沿相对轨迹；$\boldsymbol{v}_e$ 大小未知，方向垂直于 OD 连线。根据 $\boldsymbol{v}_a$ 应在速度平行四边形的对角线方向，可定出 $\boldsymbol{v}_e$、$\boldsymbol{v}_r$ 的正确指向。

由图可知

$$\boldsymbol{v}_e = \boldsymbol{v}_a \cos 45^\circ = \frac{\sqrt{2}}{2}u$$

杆 OD 作定轴转动，得

$$\omega = \frac{\boldsymbol{v}_e}{OA} = \frac{\frac{\sqrt{2}}{2}u}{\sqrt{2}l} = \frac{u}{2l}$$

由图可知，ω 为逆时针转向，则 D 点的速度大小为

$$v_D = b\omega = \frac{bu}{2l}$$

方向垂直于 OD，指向如图所示。

【例 7-4】 如图 7-9(a)所示，半径为 R、偏心距为 e 的凸轮，以匀角速度 ω 绕 O 轴转动，杆

AB 能在滑槽中上下平动，杆的端点 A 始终与凸轮接触，且 OAB 成一条直线。求当 $\angle OCA = 90°$ 时，杆 AB 的速度。

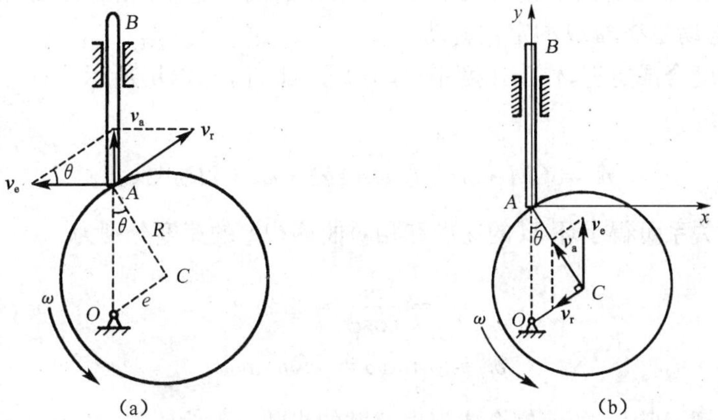

图 7-9

解：方法一：选取杆 AB 的端点 A 为动点，凸轮为动系。

杆 AB 作平移，其上任意一点的速度即为杆的速度，点 A 的绝对运动是直线运动，相对运动是以 C 为圆心的圆周运动，牵连运动为凸轮绕轴 O 的转动。绝对速度方向沿 AB，相对速度方向沿凸轮圆周的切线，而牵连速度的方向垂直于 OA，大小为

$$v_e = \sqrt{R^2 + e^2} \cdot \omega$$

根据速度合成定理，作出平行四边形，如图 7-9(a)所示，由几何关系可求得杆的绝对速度为

$$v_a = v_e \tan\theta = \frac{e}{R}\sqrt{R^2 + e^2}\omega$$

方法二：选取凸轮形心 C 点为动点，杆 AB 为动系。

根据速度合成定理，请读者自行分析，可作如图 7-9(b)所示平行四边形进行合成。

【例 7-5】 如图 7-10(a)所示，曲柄 OA 以匀角速度 ω 绕 O 轴转动，其上套有小环 M，而小环 M 又在固定的大圆环上运动。已知大圆环的半径为 R，试求当曲柄 OA 与水平方向夹角

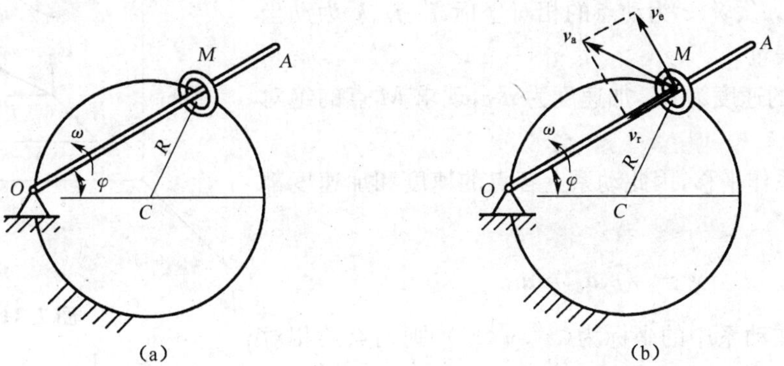

图 7-10

$\varphi = \omega t$ 时，小环 M 的速度和相对曲柄 OA 的速度。

解：选取小环 M 为动点，曲柄 OA 为动系。

动点 A 的绝对运动是以 C 点为圆心，R 为半径的圆周运动，相对运动为沿曲柄 OA 的直线运动，而牵连运动是绕轴 O 的定轴转动。

根据点的速度合成定理，作出速度平行四边形，如图 7-10(b)所示。

其中牵连速度为

$$v_e = OM \cdot \omega = (2R\cos\varphi) \cdot \omega = 2R\omega\cos\omega t$$

由图中几何关系可得小环 M 的速度和相对曲柄 OA 的速度分别为

$$v_a = \frac{v_e}{\cos\varphi} = 2R\omega$$

$$v_r = v_e \tan\varphi = 2R\omega\sin\omega t$$

总结以上各例，利用点的速度合成定理解题的步骤一般为：

(1) 选取动点、动系。所选取的动系应能将动点的运动分解为相对运动和牵连运动。因此，动点和动系不能选在同一个物体上。

(2) 分析三种运动和三种速度。各种运动的速度都有大小和方向两个要素，所以共有六个要素，只有已知四个要素时才能画出速度平行四边形。

(3) 利用速度合成定理，画出速度平行四边形，作图时要使绝对速度成为平行四边形的对角线。

(4) 利用速度平行四边形中的几何关系求解未知数。

7.3 牵连运动为平动时点的加速度合成定理

在点的合成运动中，速度合成定理和牵连运动的形式无关。但加速度合成问题就比较复杂，和牵连运动的形式有关。本节讨论牵连运动为平动时点的加速度合成问题。

设 $Oxyz$ 为定系，$O'x'y'z'$ 为动系，它相对于定系作平动，如图 7-11 所示。取 x'、y'、z' 轴分别和 x、y、z 轴相平行，由图可见，x'、y'、z' 为动点的相对坐标，$\boldsymbol{i}'$、$\boldsymbol{j}'$、$\boldsymbol{k}'$ 为动坐标轴的单位矢量。

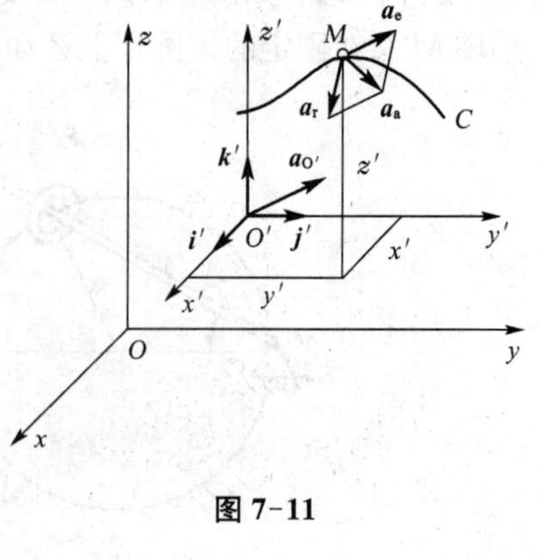

图 7-11

设 O' 点的速度为 $\boldsymbol{v}_{O'}$，加速度为 $\boldsymbol{a}_{O'}$，现求 M 点的绝对加速度。

因为动系作平移，因此动系上各点的速度和加速度都相同，即

$$\boldsymbol{v}_e = \boldsymbol{v}_{O'},\ \boldsymbol{a}_e = \boldsymbol{a}_{O'}$$

设动点在动系中的坐标为 (x', y', z')，则动点的相对矢径 $\boldsymbol{r}'$ 为

$$\boldsymbol{r}' = x'\boldsymbol{i}' + y'\boldsymbol{j}' + z'\boldsymbol{k}'$$

在动系中对时间求导,可得动点的相对速度和相对加速度,即

$$\boldsymbol{v}_{\mathrm{r}} = \dot{x}'\boldsymbol{i}' + \dot{y}'\boldsymbol{j}' + \dot{z}'k', \quad \boldsymbol{a}_{\mathrm{r}} = \ddot{x}'\boldsymbol{i}' + \ddot{y}'\boldsymbol{j} + \ddot{z}'\boldsymbol{k}'$$

由速度合成定理

$$\boldsymbol{v}_{\mathrm{a}} = \boldsymbol{v}_{\mathrm{e}} + \boldsymbol{v}_{\mathrm{r}}$$

等式两端对时间求一阶导数,得

$$\dot{\boldsymbol{v}}_{\mathrm{a}} = \dot{\boldsymbol{v}}_{\mathrm{e}} + \dot{\boldsymbol{v}}_{\mathrm{r}}$$

上式左端为动点对定系的绝对加速度 $\boldsymbol{a}_{\mathrm{a}}$。又

$$\dot{\boldsymbol{v}}_{\mathrm{e}},\ \dot{\boldsymbol{v}}_{O'}, \boldsymbol{a}_{O'} = \boldsymbol{a}_{\mathrm{e}}$$

而动系作平移,动系的三个单位矢量 $\boldsymbol{i}'$、$\boldsymbol{j}'$、$\boldsymbol{k}'$方向不变,有

$$\dot{\boldsymbol{v}}_{\mathrm{r}} = \ddot{x}'\boldsymbol{i}' + \ddot{y}'\boldsymbol{j}' + \ddot{z}'\boldsymbol{k}' = \boldsymbol{a}_{\mathrm{r}}$$

于是得到

$$\boldsymbol{a}_{\mathrm{a}} = \boldsymbol{a}_{\mathrm{e}} + \boldsymbol{a}_{\mathrm{r}} \tag{7-3}$$

上式表明,当牵连运动为平动时,动点的绝对加速度等于牵连加速度和相对加速度的矢量和。这就是牵连运动为平动时的加速度合成定理。

【例 7-6】 凸轮在水平面上向右作减速运动,如图 7-12(a)所示,设凸轮半径为 R,图示瞬时的速度和加速度分别为 $\boldsymbol{v}$ 和 $\boldsymbol{a}$,求杆 AB 在图示位置时的加速度。

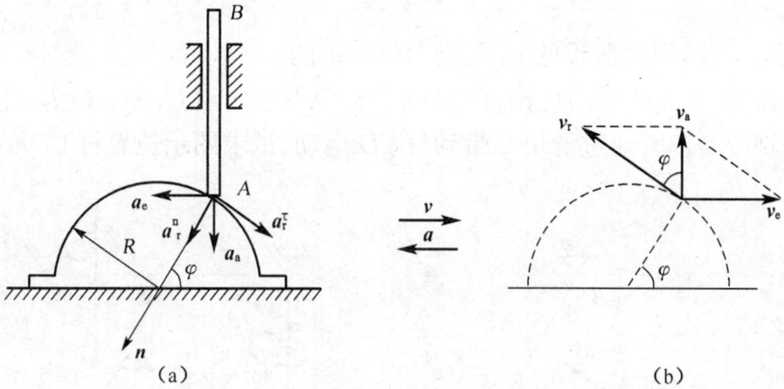

图 7-12

解:以杆 AB 上的点 A 为动点,凸轮为动系,则点 A 的绝对运动为铅垂直线运动,相对运动为沿凸轮的轮廓曲线的运动,牵连运动为凸轮的平动。

由于牵连运动为平动,点的加速度合成定理为

$$\boldsymbol{a}_{\mathrm{a}} = \boldsymbol{a}_{\mathrm{e}} + \boldsymbol{a}_{\mathrm{r}}$$

式中,$\boldsymbol{a}_{\mathrm{a}}$ 为所求的加速度,已知方向沿直线 AB,假设指向如图 7-12(a)所示。

点 A 的牵连加速度等于凸轮的加速度，即

$$a_e = a$$

点 A 的相对轨迹为曲线，于是相对加速度分为两个量：切向分量 $\boldsymbol{a}_r^\tau$ 的大小是未知的，法向分量 $\boldsymbol{a}_r^n$ 的方向如图所示，大小为

$$a_r^n = \frac{v_r^2}{R}$$

式中，相对速度 v_r 可由速度合成定理求出，如图 7-12(b)所示，大小为

$$v_r = \frac{v_e}{\sin\varphi} = \frac{v}{\sin\varphi}$$

于是有

$$a_r^n = \frac{1}{R}\frac{v^2}{\sin^2\varphi}$$

则加速度合成定理可以写成

$$\boldsymbol{a}_a = \boldsymbol{a}_e + \boldsymbol{a}_r^\tau + \boldsymbol{a}_r^n$$

为计算 $\boldsymbol{a}_a$ 的大小，将上式投影到法线 $\boldsymbol{n}$ 上，得

$$a_a\sin\varphi = a_e\cos\varphi + a_r^n$$

解得

$$a_a = \frac{1}{\sin\varphi}\left(a\cos\varphi + \frac{v^2}{R\sin^2\varphi}\right) = a\cot\varphi + \frac{v^2}{R\sin^3\varphi}$$

当 $\varphi<90°$时，$a_a>0$，说明假设的 $\boldsymbol{a}_a$ 的指向是正确的。

【例 7-7】 如图 7-13 所示的机构，已知 $O_1A=O_2B=r$，且 $O_1A \parallel O_2B$，杆 O_1A 以角速度 ω、角加速度 α 绕轴 O_1 转动，通过滑块 C 带动杆 CD 运动。试求图示位置杆 CD 的速度、加速度。

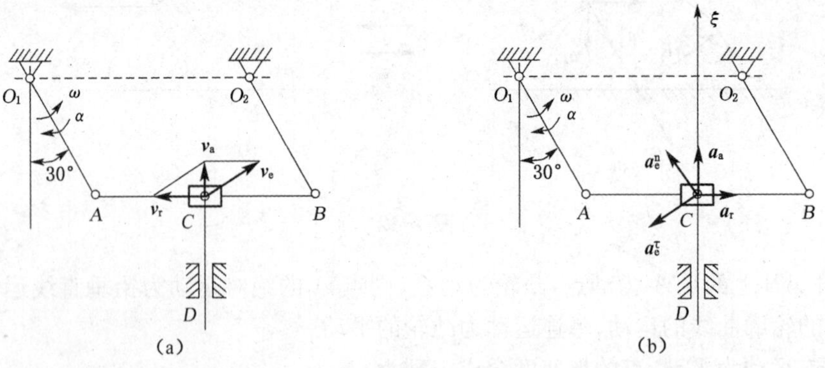

图 7-13

解：取 C 为动点，杆 AB 为动系。

动点的绝对轨迹为铅垂直线，相对轨迹为沿 AB 的水平直线，牵连运动为平动。作速度平

行四边形时，注意到动系作平动，C 点的牵连速度 $\boldsymbol{v}_e$ 大小、方向已知，先作 $\boldsymbol{v}_e$，再根据 $\boldsymbol{v}_a$ 为速度平行四边形的对角线，定出 $\boldsymbol{v}_a$、$\boldsymbol{v}_r$ 的正确指向，如图 7-13(a)所示。由几何关系得

$$v_a = v_e \sin 30°$$

而 $v_e = r\omega$，则

$$v_a = v_{CD} = \frac{1}{2} r\omega$$

作加速度图。先作出牵连加速度 $\boldsymbol{a}_e^\tau$、$\boldsymbol{a}_e^n$ 的正确指向，再作 $\boldsymbol{a}_a$、$\boldsymbol{a}_r$，沿其轨迹方向，假设其指向如图 7-13(b)所示。取投影轴垂直于 $\boldsymbol{a}_r$。将 $\boldsymbol{a}_a = \boldsymbol{a}_e^\tau + \boldsymbol{a}_e^n + \boldsymbol{a}_r$ 向 ξ 轴投影，得

$$a_a = a_e^n \cos 30° - a_e^\tau \sin 30°$$

式中

$$a_e^n = r\omega^2, a_e^\tau = r\alpha$$

得

$$a_a = \frac{\sqrt{3}}{2} r\omega^2 - \frac{1}{2} r\alpha = \frac{r}{2}(\sqrt{3}\omega^2 - \alpha)$$

7.4 牵连运动为转动时点的加速度合成定理

动系转动时，动点加速度合成定理和平动时不同。先看一个简单的实例。

一圆盘以匀角速度 ω 绕轴 O 作定轴转动，动点 M 在圆盘上半径为 r 的圆槽内以匀速 v_r，相对于圆盘运动，如图 7-14 所示。试求 M 点的加速度。

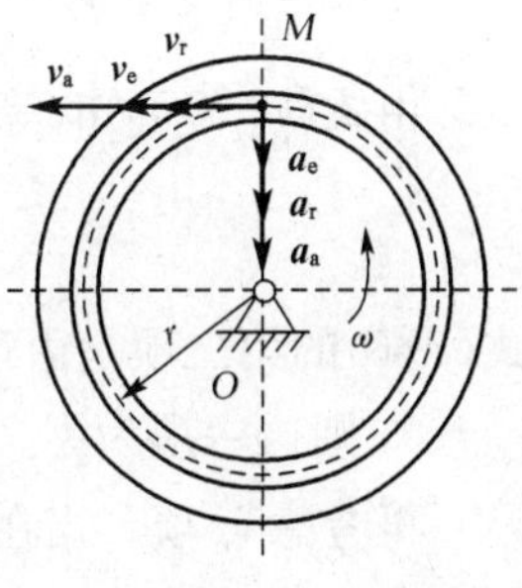

图 7-14

取 M 为动点，圆盘为动系。动点的相对轨迹为圆，牵连运动为定轴转动。任一瞬时，牵连速度 $v_e = r\omega$，方向与 $\boldsymbol{v}_r$ 相同。于是，点 M 的绝对速度的大小 $v_a = v_e + v_r = r\omega + v_r$ 为一常数。由此可见，点 M 的绝对运动是匀速圆周运动，绝对轨迹是半径为 r 的圆。因此，点的绝对加速度 $\boldsymbol{a}_a$ 的大小为

$$a_a = \frac{v_a^2}{r} = \frac{(r\omega + v_r)^2}{r} = r\omega^2 + 2\omega v_r + \frac{v_r^2}{r}$$

$\boldsymbol{a}_a$ 的方向指向圆心 O。上式的第一项 $r\omega^2$ 和第三项 v_r^2/r 分别是点 M 的牵连加速度 $\boldsymbol{a}_e$ 和相对加速度 $\boldsymbol{a}_r$ 的大小，$\boldsymbol{a}_e$ 和 $\boldsymbol{a}_r$ 的方向也指向圆心 O。可见，点 M 的绝对加速度 $\boldsymbol{a}_a$ 中，除了包含 $\boldsymbol{a}_e$ 和 $\boldsymbol{a}_r$ 外，还附加了一项 $2\omega v_r$。这是动系作转动时，牵连运动和相对运动互相影响所产生的加速度项。下面就一般情况推导动系作定轴转动时点的加速度合成定理。

设动点相对于动系 $O'x'y'z'$ 运动，相对轨迹为曲线 C，动系 $O'x'y'z'$ 以角速度 ω_e 绕定轴

转动，角速度矢为 $\boldsymbol{\omega}_e$，角加速度矢为 $\boldsymbol{\alpha}_e$。不失一般性，把定轴取为定系的 z 轴，如图 7-15 所示。

设动点 M 对定系原点 O 的矢径为 $\boldsymbol{r}$，动系上和动点相重合的点的矢径也是 $\boldsymbol{r}$，动点相对于动系原点 O' 的矢径为 $\boldsymbol{r}'$，动系原点 O' 对静系原点 O 的矢径为 $\boldsymbol{r}_{O'}$。由于牵连运动为转动，根据式(6-42)和式(6-43)，牵连点的速度、加速度可分别表示为

$$\boldsymbol{v}_e = \boldsymbol{\omega}_e \times \boldsymbol{r} \tag{7-4}$$

$$\boldsymbol{a}_e = \boldsymbol{\alpha}_e \times \boldsymbol{r} + \boldsymbol{\omega}_e \times \boldsymbol{v}_e \tag{7-5}$$

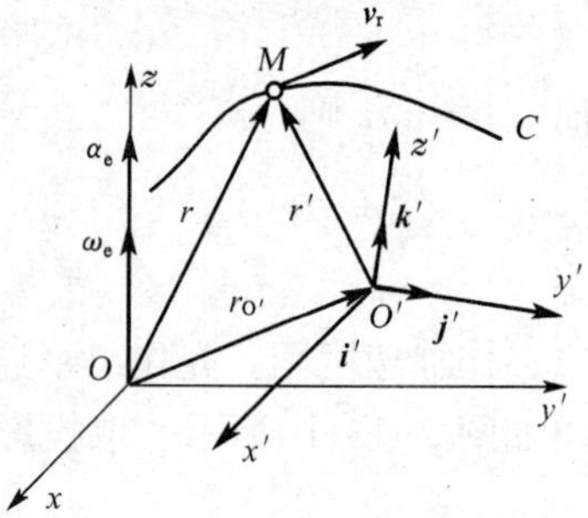

图 7-15

由速度合成定理

$$\boldsymbol{v}_a = \boldsymbol{v}_e + \boldsymbol{v}_r$$

对时间求一阶导数，得

$$\dot{\boldsymbol{v}}_a = \dot{\boldsymbol{v}}_e + \dot{\boldsymbol{v}}_r$$

等式的左边项为绝对加速度 $\boldsymbol{a}_a$。下面分别研究等式的右边两项。

先看第一项。由式(7-4)对时间求一阶导数，得

$$\dot{\boldsymbol{v}}_e = \dot{\boldsymbol{\omega}}_e \times \boldsymbol{r} + \boldsymbol{\omega}_e \times \dot{\boldsymbol{r}}$$

因为

$$\dot{\boldsymbol{\omega}}_e = \boldsymbol{\alpha}_e,\ \dot{\boldsymbol{r}} = \boldsymbol{v}_a = \boldsymbol{v}_e + \boldsymbol{v}_r$$

代入上式，得

$$\dot{\boldsymbol{v}}_e = \boldsymbol{\alpha}_e \times \boldsymbol{r} + \boldsymbol{\omega}_e(\boldsymbol{v}_e + \boldsymbol{v}_r) = \boldsymbol{\alpha}_e \times \boldsymbol{r} + \boldsymbol{\omega}_e \times \boldsymbol{v}_e + \boldsymbol{\omega}_e \times \boldsymbol{v}_r$$

由式(7-5)可知，等式右边前两项之和即为牵连加速度 $\boldsymbol{a}_e$，因此

$$\dot{v}_e = \boldsymbol{a}_e + \boldsymbol{\omega}_e \times \boldsymbol{v}_r \tag{7-6}$$

式(7-6)的第二项是由于相对运动引起牵连速度大小改变而产生的。假设没有相对运动，即 $\boldsymbol{v}_r = 0$，则这一项为零。

再考虑 $\dot{\boldsymbol{v}}_r$ 项。当在定系中观察 $\boldsymbol{v}_r$ 时，由于动系作定轴转动，单位矢量 $\boldsymbol{i}'$、$\boldsymbol{j}'$、$\boldsymbol{k}'$的方向在不断变化，这种导数称为绝对导数，即

$$\dot{\boldsymbol{v}}_r = \ddot{x}'\boldsymbol{i}' + \ddot{y}'\boldsymbol{j}' + \ddot{z}'\boldsymbol{k}' + \dot{x}'\dot{\boldsymbol{i}}' + \dot{y}'\dot{\boldsymbol{j}}' + \dot{z}'\dot{\boldsymbol{k}}'$$

上式等号右端的前三项即为 $\boldsymbol{a}_r$，后三项为

$$\begin{aligned}\dot{x}'\dot{\boldsymbol{i}}' + \dot{y}'\dot{\boldsymbol{j}}' + \dot{z}'\dot{\boldsymbol{k}}' &= \dot{x}'(\boldsymbol{\omega}_e \times \boldsymbol{i}') + \dot{y}'(\boldsymbol{\omega}_e \times \boldsymbol{j}') + \dot{z}'(\boldsymbol{\omega}_e \times \boldsymbol{k}') \\ &= \boldsymbol{\omega}_e \times (\dot{x}'\boldsymbol{i}' + \dot{y}\boldsymbol{j}' + \dot{z}\boldsymbol{k}') = \boldsymbol{\omega}_e \times \boldsymbol{v}_r\end{aligned}$$

于是，有

$$\dot{\boldsymbol{v}}_r = \boldsymbol{a}_r + \boldsymbol{\omega}_e \times \boldsymbol{v}_r \tag{7-7}$$

可见,变矢量的绝对导数等于相对导数加上一个补充项,该项为动系的角速度矢与被导矢量的叉积,是由于牵连运动为转动引起相对速度方向改变而产生的。如果牵连运动为平动,$\boldsymbol{i}'$、$\boldsymbol{j}'$、$\boldsymbol{k}'$是常矢量,这一项也就不存在了。

将式(7-6)和式(7-7)代入绝对加速度表达式,得

$$\boldsymbol{a}_a = \boldsymbol{a}_e + \boldsymbol{a}_r + 2\boldsymbol{\omega}_e \times \boldsymbol{v}_r$$

令

$$\boldsymbol{a}_C = 2\boldsymbol{\omega}_e \times \boldsymbol{v}_r \tag{7-8}$$

$\boldsymbol{a}_C$ 称为科氏加速度,它等于动系角速度矢与动点的相对速度矢的矢积的两倍。于是,有

$$\boldsymbol{a}_a = \boldsymbol{a}_e + \boldsymbol{a}_r + \boldsymbol{a}_C \tag{7-9}$$

上式表明:当牵连运动为转动时,在任一瞬时,动点的绝对加速度等于动点的牵连加速度、相对加速度和科氏加速度的矢量和。这就是牵连运动为转动时的加速度合成定理。

可以证明,对任何形式的牵连运动,其加速度都有上式的形式,当牵连运动为平动时,可认为 $\omega_e = 0$,因此 $\boldsymbol{a}_C = 0$。

科氏加速度是由于动系为转动时,牵连运动和相对运动互相影响所产生的加速度项,它是1832 年由科利奥里发现的,因而命名为科利奥里加速度,简称科氏加速度。

根据矢量运算规则,$\boldsymbol{a}_C$ 的大小为

$$a_C = 2\omega_e v_r \sin\theta$$

其中 θ 为 $\boldsymbol{\omega}_e$ 与 $\boldsymbol{v}_r$ 两矢量间的最小夹角。$\boldsymbol{a}_C$ 的方向垂直于 $\boldsymbol{\omega}_e$ 与 $\boldsymbol{v}_r$ 组成的平面,由右手法则确定,如图 7-16 所示。

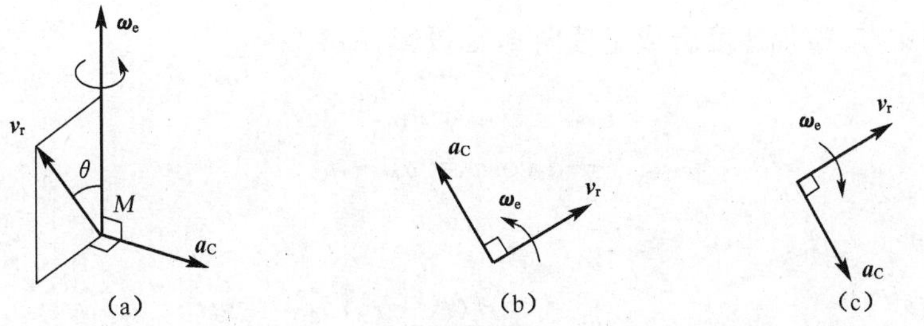

图 7-16

在下列情况下,$\boldsymbol{a}_C = 0$:

(1) $\boldsymbol{\omega}_e = 0$ 时,此时动系作平动,式(7-9)退化为式(7-3)。

(2) $\boldsymbol{v}_r = 0$ 时,即某瞬时的相对速度为零。

(3) $\boldsymbol{\omega}_e \parallel \boldsymbol{v}_r$ 时,此时 $\theta = 0$ 或 $\theta = 180^\circ$,故 $\sin\theta = 0$。

工程常见的平面机构中,$\boldsymbol{\omega}_e$ 是与 $\boldsymbol{v}_r$ 垂直的,此时 $a_C = 2\omega_e v_r$,且 $\boldsymbol{v}_r$ 按 $\boldsymbol{\omega}_e$ 转动 90°就是 $\boldsymbol{a}_C$ 的方向。

【例 7-8】 求例 7-2 中摇杆 O_1B 在如图 7-17 所示位置时的角加速度。

解:分析加速度时,一般应先进行速度分析,由例 7-2 已求得 ω_1,即

$$\omega_1=\frac{r^2\omega}{l^2+r^2}$$

还可求得相对速度大小为

$$v_r=v_a\cos\varphi=\frac{\omega rl}{\sqrt{l^2+r^2}}$$

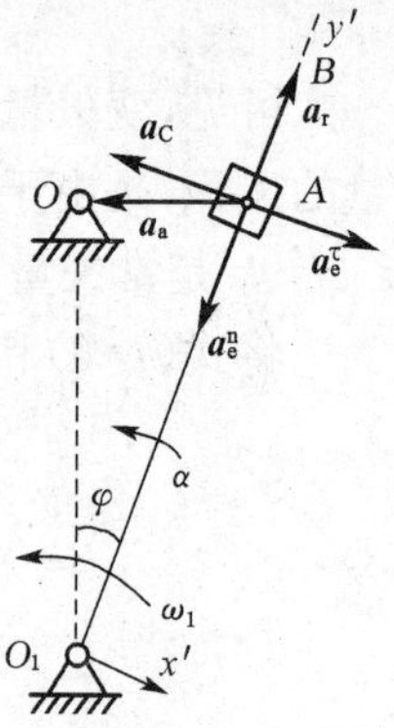

图 7-17

因动系作转动,因此加速度合成定理为

$$\boldsymbol{a}_a=\boldsymbol{a}_e+\boldsymbol{a}_r+\boldsymbol{a}_C$$

由于 $a_e^\tau=\alpha\cdot O_1A$,欲求摇杆 O_1B 的角加速度 α,只需求出 a_e' 即可。

现在分别分析上式中的各项。

$\boldsymbol{a}_a$:因绝对运动为匀速圆周运动,因此只有法向加速度,方向如图 7-17 所示,其大小为

$$a_a=\omega^2 r$$

$\boldsymbol{a}_e$:摇杆摆动,其上点 A 的切向加速度为 a_e^τ,垂直于 O_1A,假设指向如图所示,法向加速度 a_e^n 方向如图所示,大小为

$$a_e^n=\omega_1^2\cdot O_1A=\frac{r^4\omega^2}{(l^2+r^2)^{3/2}}$$

$\boldsymbol{a}_r$:因相对轨迹为直线,因此其方向沿 O_1A,大小未知。

$\boldsymbol{a}_C$:由 $\boldsymbol{a}_C=2\boldsymbol{\omega}_e\times\boldsymbol{v}_r$,可确定与 $\boldsymbol{a}_C$、$\boldsymbol{v}_r$ 垂直,指向如图所示,大小为

$$a_C=2\omega_1 v_r=\frac{2\omega^2r^3l}{(l^2+r^2)^{\frac{3}{2}}}$$

为了求得 a_e^τ,应按加速度合成定理向 x' 轴投影,即

$$a_{ax'}=a_{ex'}+a_{rx'}+a_{Cx'}$$
$$-a_a\cos\varphi=a_e^\tau-a_C$$

解得

$$a_e^\tau=-\frac{rl(l^2-r^2)}{(l^2+r^2)^{\frac{3}{2}}}\omega^2$$

式中 $l^2-r^2>0$,因此 a_e^τ 为负值,负号表示真实方向与假设方向相反。

摇杆 O_1A 的角加速度

$$\alpha=\frac{a_e^\tau}{O_1A}=-\frac{rl(l^2-r^2)}{(l^2+r^2)^2}\omega^2$$

α 的实际转向应为逆时针转向。

【例 7-9】 试求例 7-3 中 D 的加速度。

解:动点和动系的选择同例 7-3。

作动点的加速度图。绝对加速度为 $\boldsymbol{a}_a=0$，$\boldsymbol{a}_e^n$ 指向点 O，将 $\boldsymbol{v}_r$ 按 ω 的方向转过 90°即得 $\boldsymbol{a}_C$ 的正确指向。$\boldsymbol{a}_e^\tau$ 垂直于 OA 连线，$\boldsymbol{a}_r$ 沿相对轨迹，它们的指向假设如图 7-18 所示。

由牵连运动为转动时的加速度合成定理

$$\boldsymbol{a}_a=\boldsymbol{a}_e^\tau+\boldsymbol{a}_e^n+\boldsymbol{a}_r+\boldsymbol{a}_C$$

式中

$$a_C=2\omega v_r=2\times\frac{u}{2l}\times\frac{\sqrt{2}}{2}u=\frac{\sqrt{2}}{2l}u^2$$

注意到 $\boldsymbol{a}_a=0$，将加速度合成式向垂直于 $\boldsymbol{a}_r$ 的 ξ 轴投影，得

$$0=a_e^\tau+a_C$$

$$a_e^\tau=-a_C=OA\alpha$$

$$\alpha=-\frac{a_C}{OA}=-\frac{u^2}{2l^2}$$

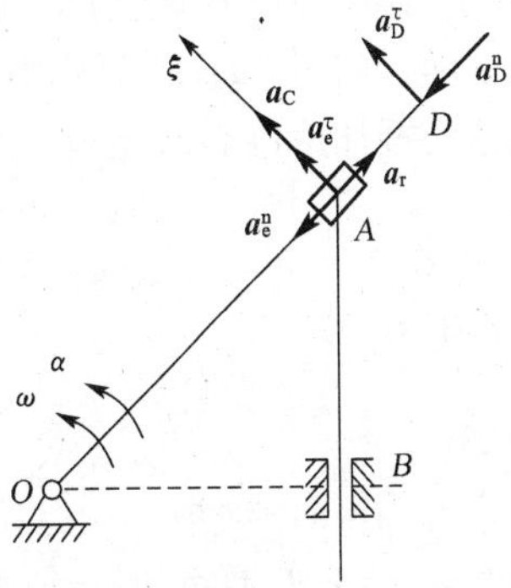

图 7-18

负号说明杆 OA 的角加速度的方向与图 7-18 所设方向相反，即为顺时针方向。

点 D 的加速度为

$$a_D^\tau=b\alpha=-\frac{bu^2}{2l^2},a_D^n=b\omega^2=-\frac{u^2}{2l^2}$$

$$a_D=\sqrt{(a_D^\tau)^2+(a_D^n)^2}=\frac{bu^2}{4l^2}\sqrt{4+1}=\frac{\sqrt{5}bu^2}{4l^2}$$

【例 7-10】 曲杆 OAB 绕轴 O 转动，使套在其上的小环 M 沿固定直杆 OC 滑动，如图 7-19 所示。已知曲杆的角速度 $\omega=0.5\ \text{rad/s}$，$OA=100\ \text{mm}$，且 OA 和 AB 垂直。试求当 $\varphi=60°$ 时小环 M 的速度和加速度。

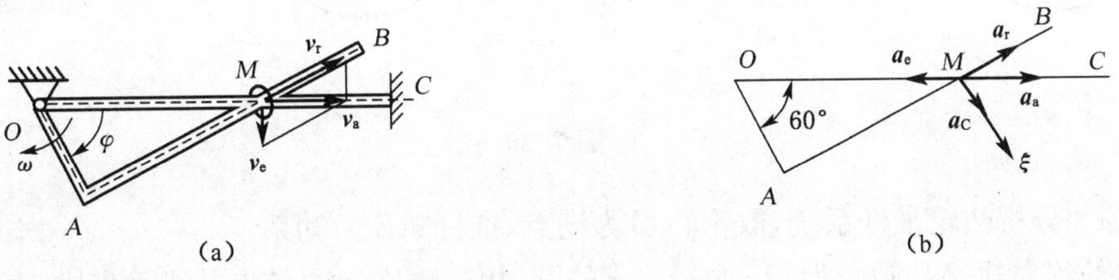

图 7-19

解：取小环 M 为动点，曲杆 OAB 为动系。

动点的绝对轨迹为水平直线，相对轨迹为沿 AB 的直线，牵连运动为绕轴 O 的定轴转动。作速度平行四边形。先作 $\boldsymbol{v}_e$ 垂直于点 M 到转轴 O 的连线，指向向下，再作 $\boldsymbol{v}_a$、$\boldsymbol{v}_r$ 沿其运动轨迹，$\boldsymbol{v}_a$ 在速度平行四边形的对角线方向，如图 7-19(a)所示。

$$v_e=OM\omega=\frac{OA\omega}{\cos 60°}=100\ \text{mm/s}$$

由几何关系得

$$v_a=v_e\tan 60°=100\tan 60°\ \text{mm/s}=173.2\ \text{mm/s}$$

$$v_r = \frac{v_e}{\sin 30^\circ} = 200\ \text{mm/s}$$

作动点的加速度图。作 $\boldsymbol{a}_e$ 指向点 O，将 $\boldsymbol{v}_r$ 顺着 ω 的方向，即顺时针方向转 90°即为 $\boldsymbol{a}_C$ 的正确指向，作 $\boldsymbol{a}_a$、$\boldsymbol{a}_r$ 分别沿其轨迹方向，假设指向如图 7-19(b)所示。

据加速度合成定理

$$\boldsymbol{a}_a = \boldsymbol{a}_e + \boldsymbol{a}_r + \boldsymbol{a}_C$$

式中

$$a_e = OM\omega^2 = 50\ \text{mm/s}^2$$
$$a_C = 2\omega v_r = 200\ \text{mm/s}^2$$

$\boldsymbol{a}_a$、$\boldsymbol{a}_r$ 的大小未知，取 ξ 轴垂直于 $\boldsymbol{a}_r$，将加速度合成式向 ξ 轴投影，得

$$a_a \cos 60^\circ = -a_e \cos 60^\circ + a_C$$
$$a_a = -a_e + \frac{a_C}{\cos 60^\circ} = 350\ \text{mm/s}^2$$

【例 7-11】 在图 7-20 所示的机构中，已知偏心轮半径为 R，偏心距 $O_1O=r$，偏心轮绕轴 O_1 转动的角速度 ω 为常数，试求杆 O_2E 的角速度和角加速度。

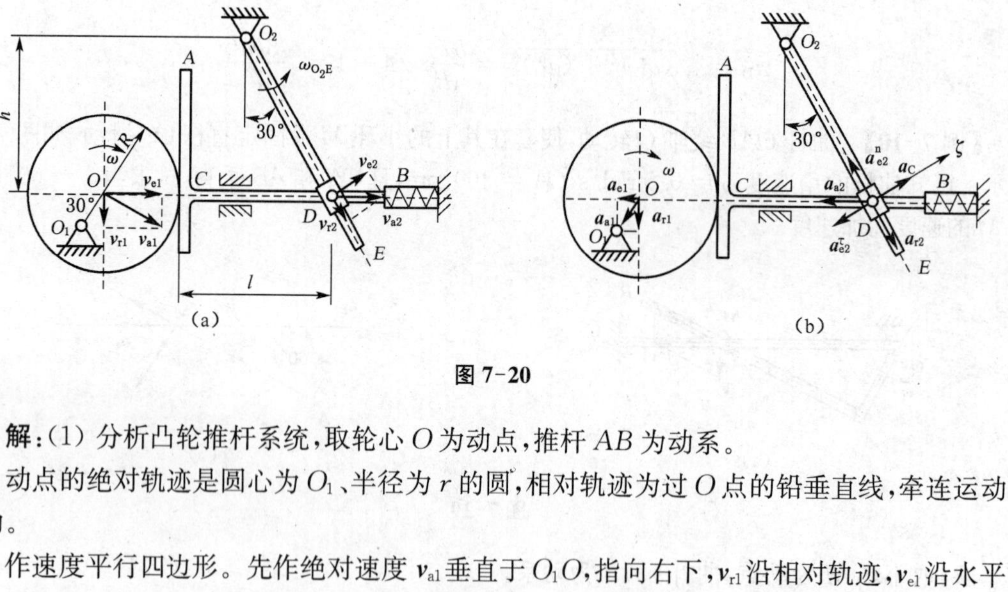

图 7-20

解：(1) 分析凸轮推杆系统，取轮心 O 为动点，推杆 AB 为动系。

动点的绝对轨迹是圆心为 O_1、半径为 r 的圆，相对轨迹为过 O 点的铅垂直线，牵连运动为平动。

作速度平行四边形。先作绝对速度 $\boldsymbol{v}_{a1}$ 垂直于 O_1O，指向右下，$\boldsymbol{v}_{r1}$ 沿相对轨迹，$\boldsymbol{v}_{e1}$ 沿水平方向。由 $\boldsymbol{v}_{a1}$ 在速度平行四边形的对角线方向确定 $\boldsymbol{v}_{e1}$、$\boldsymbol{v}_{r1}$ 的正确指向，如图 7-20(a)所示。

$$v_{a1} = r\omega$$

由几何关系得

$$v_{e1} = v_{a1}\cos 30^\circ = \frac{\sqrt{3}}{2} r\omega$$

因为动系作平动，其上各点的速度、加速度相同，故推杆的速度

3）点的加速度合成定理

$$\boldsymbol{a}_a = \boldsymbol{a}_e + \boldsymbol{a}_r$$

绝对加速度 $\boldsymbol{a}_a$：动点相对于定系运动的加速度：

相对加速度 $\boldsymbol{a}_r$：动点相对于动系运动的加速度；

牵连加速度 $\boldsymbol{a}_e$：动系上与动点相重合的那一点（牵连点）相对于定系运动的加速度；

科氏加速度 $\boldsymbol{a}_C$：牵连运动为转动时，牵连运动和相对运动相互影响而出现的一项附加的加速度。

$$\boldsymbol{a}_C = 2\omega_e \times \boldsymbol{v}_r$$

复习思考题

一、是非题（正确的在括号内打"√"，错误的打"×"）

1. 牵连速度是动参考系相对于固定参考系的速度。（　）

2. 当牵连运动为平动时，相对加速度等于相对速度对时间的一阶导数。（　）

3. 当牵连运动为定轴转动时，牵连加速度等于牵连速度对时间的一阶导数。（　）

4. 用合成运动的方法分析点的运动时，若牵连角速度 $\omega_e \neq 0$，相对速度 $v_r \neq 0$，则一定有不为零的科氏加速度。（　）

5. 点的速度合成定理对动系做何种运动没有限制。（　）

二、选择题

1. 在点的合成运动问题中，当牵连运动为平动时，（　）。

A. 一定会有科氏加速度　　B. 不一定会有科氏加速度

C. 一定没有科氏加速度

2. 已知雨点相对地面铅直下落的速度为 $\boldsymbol{v}_A$，火车沿水平直轨运动的速度为 $\boldsymbol{v}_B$，则雨点相对于火车的速度 $\boldsymbol{v}_r$ 的大小为（　）。

A. $v_r = v_A + v_B$　　B. $v_r = |v_A - v_B|$

C. $v_r = \sqrt{v_A^2 + v_B^2}$　　D. $v_r = \sqrt{|v_A^2 - v_B^2|}$

3. 平行四边形机构，如图 7-21 所示，杆 O_1A 以角速度 ω 转动，滑块 M 相对 AB 杆运动，若取 M 为动点，AB 为动系，则该瞬时动点的牵连速度与杆 AB 间的夹角为（　）。

A. 0°　　B. 30°

C. 60°　　D. 90°

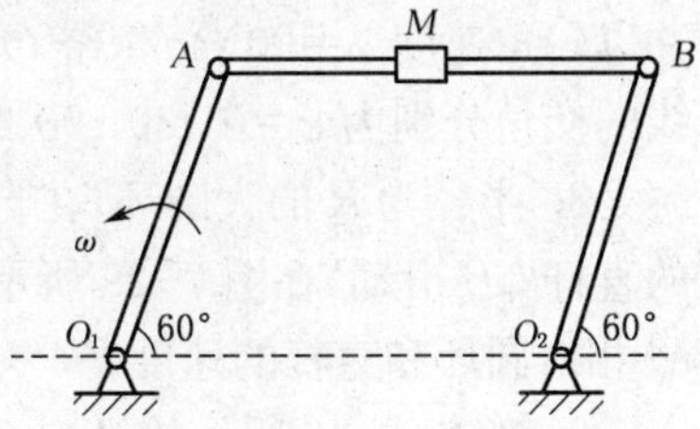

图 7-21

三、计算题

1. 在图 7-22 所示机构中，杆 AB 以速度 $\boldsymbol{u}$ 向左匀速运动。求当角 $\varphi=45°$时，OC 杆的角速度和角加速度。

2. 已知定滑轮半径为 R，以等角速度 ω 绕轴 O 顺时针方向转动，重物 M 铅垂下落，如图7-23所示，试求图示瞬时 M 相对于滑轮的相对速度。

3. 曲柄滑道机构如图 7-24 所示，曲柄长 $OA=10\,\text{cm}$。当 $\varphi=30^\circ$ 时，曲柄的加速度为 $\omega=1\ \text{rad/s}$，角加速度为 $\alpha=1\ \text{rad/s}^2$。求图示瞬时导杆的加速度。

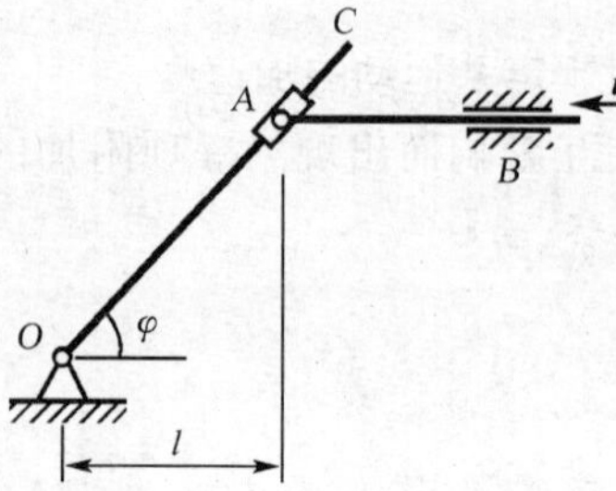

图 7-22

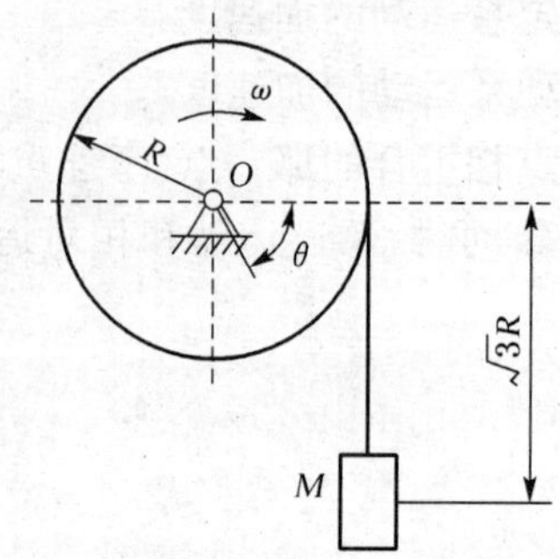

图 7-23

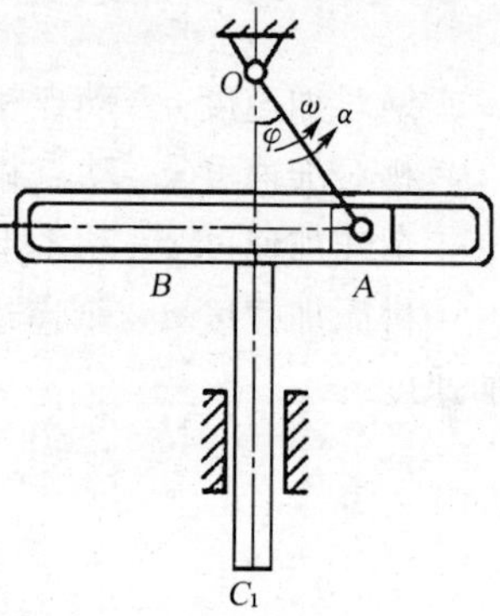

图 7-24

4. 杆 OA 由高为 h 的矩形板 $BCDE$ 推动而在图面内绕轴 O 转动，板以匀速 $\boldsymbol{u}$ 移动，如图 7-25 所示。试求图示位置杆 OA 的角速度（不计杆的宽度）。

5. 如图 7-26 所示的机构中，已知 $O_1O_2=a=200\ \text{mm}$，$\omega_1=3\ \text{rad/s}$，求图示位置时杆 O_2A 的角速度。

6. 曲杆 OAB 以角速度 ω 绕点 O 转动，通过滑块 B 推动杆 BC 运动，如图 7-27 所示，在图示瞬时 $AB=OA$，试求点 C 的速度。

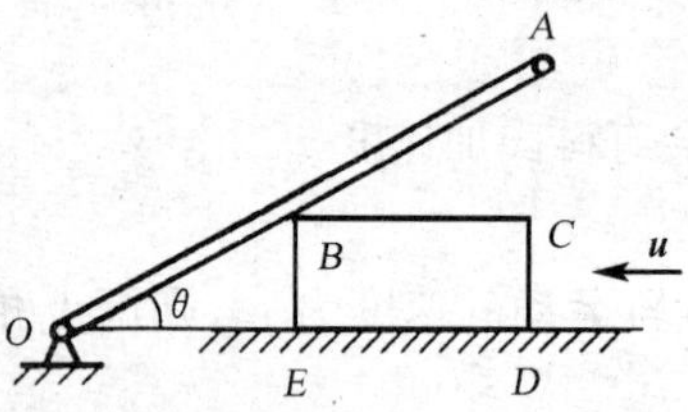

图 7-25

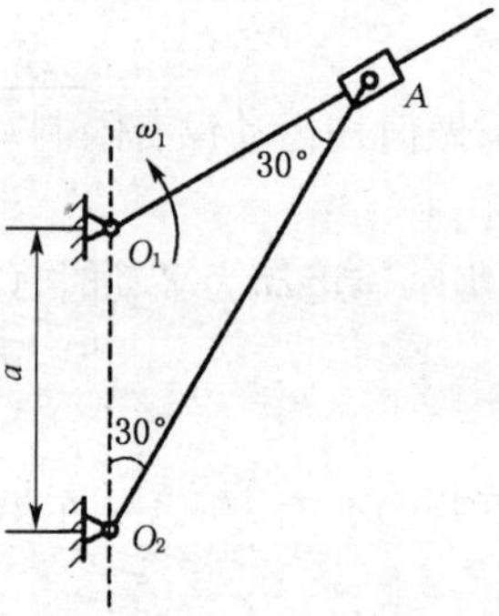

图 7-26

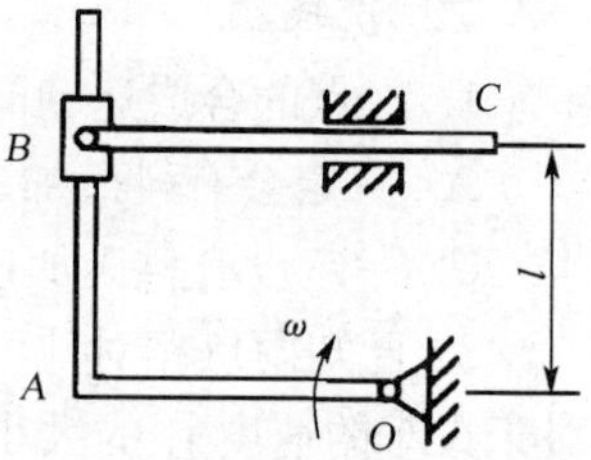

图 7-27

7. 如图 7-28 所示的曲柄滑道机构中，BC 为水平，而 DE 保持铅垂。曲柄长 $OA=0.1\ \text{m}$，并以匀角速度 $\omega=20\ \text{rad/s}$ 绕 O 轴转动，通过滑块 A 使杆 BC 作往复运动。求当曲柄与水平线的交角分别为 $\varphi=0^\circ$、30°、90° 时杆 BC 的速度。

8. 半径为 R 的大圆环，在自身平面内以等角速度 ω 绕轴 A 转动，并带动一小环 M 沿固定的直杆 CB 滑动，在图 7-29 所示瞬时，圆环的圆心 O 和点 A 在同一水平线上，试求此时小环 M 相对圆环和直杆的速度。

9. 如图 7-30 所示的机构，已知曲柄 OA 的角速度 $\omega=10\,\pi\ \text{rad/s}$，$OA=150\ \text{mm}$，试求 $\varphi=45^\circ$ 时，弯杆上点 B 的速度和套筒 A 相对于弯杆的速度及加速度。

10. 如图 7-31 所示，曲柄 OA 长 $0.4\ \text{m}$，以等角速度 $\omega=0.5\ \text{rad/s}$ 绕 O 轴逆时针转动。由于曲柄的 A 端推动水平板 B，使滑杆 C 沿铅直方向上升。求当曲柄与水平线间的夹角 $\theta=30^\circ$ 时，滑杆 C 的速度和加速度。

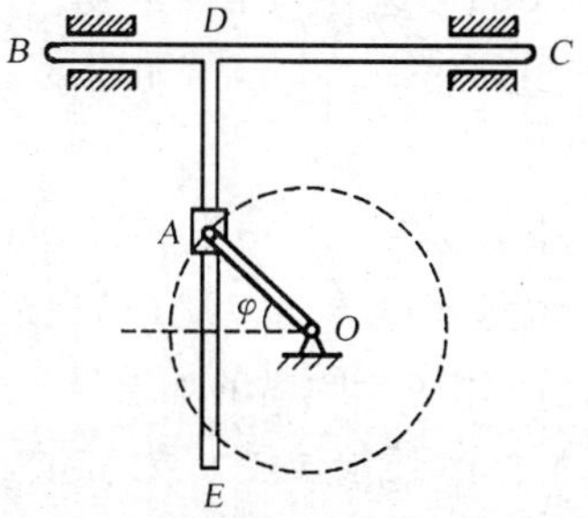

图 7-28

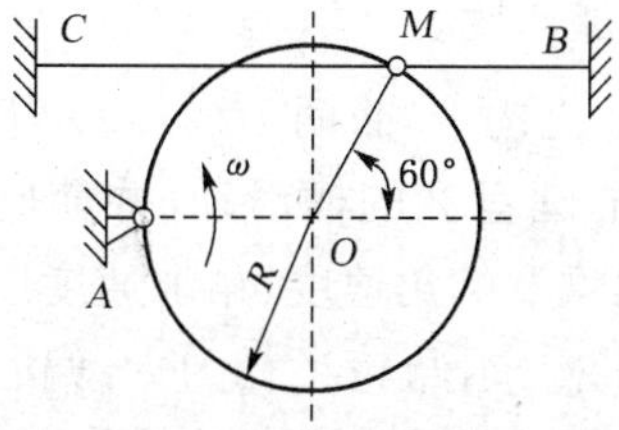

图 7-29

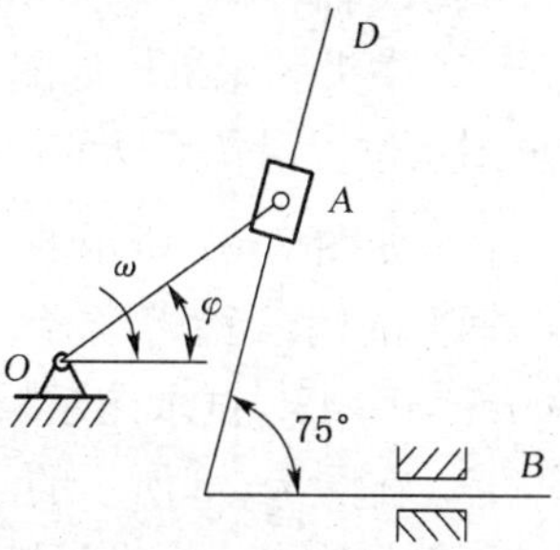

图 7-30

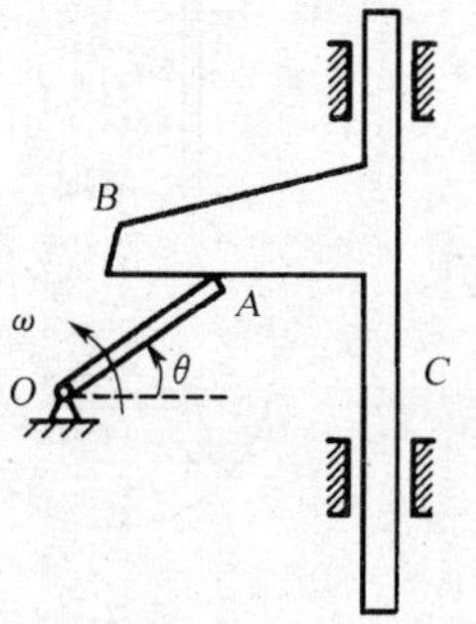

图 7-31

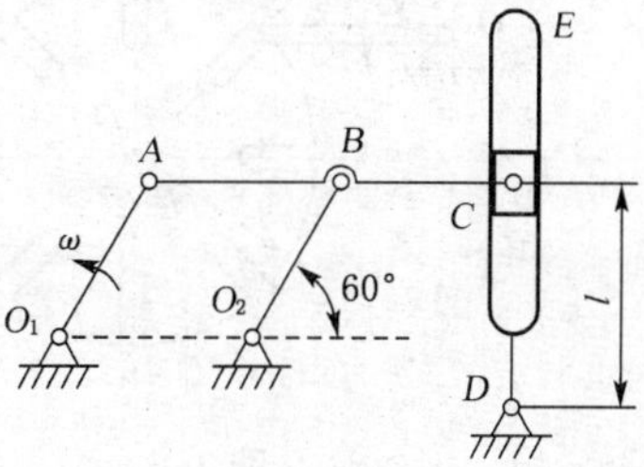

图 7-32

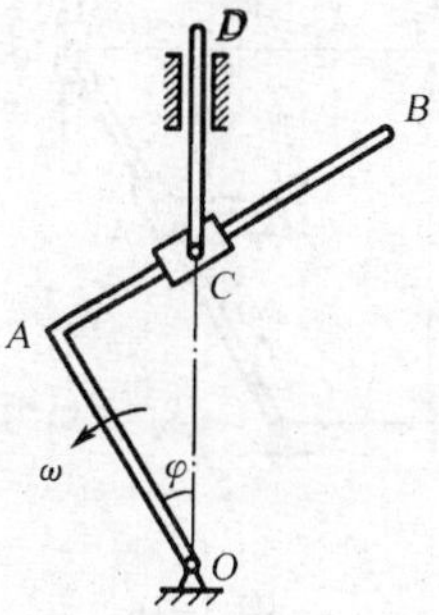

图 7-33

11. 如图 7-32 所示机构中，已知 $O_1A=O_2B=l$，杆 O_1A 以匀角速度 ω 绕点 O_1 转动。试求图示瞬时杆 DE 的角速度、角加速度。

12. 如图 7-33 所示，直角曲杆 OAB 以匀角速度 ω 绕 O 点逆时针转动。在曲杆的 AB 段装有滑筒 C，滑筒又与铅直杆 DC 铰接于 C，O 点与 DC 位于同一铅垂线上。设曲杆的 OA 段长为 r，求当 $\varphi=30°$ 时，DC 杆的速度和加速度。

13. 剪切金属板“飞剪机”的结构如图 7-34 所示，工作台 AB 的移动规律是 $s=0.2\cdot\sin(\pi t/6)$，滑块 C 带动上刀片 E 沿导柱运动以切断工件 D，下刀片固定在工作台上。设曲柄长 $OC=0.6$ m，$t=1$ s 时，$\varphi=60°$。试求该瞬时刀片 E 相对于工作台运动的速度和加速度，并求曲柄 OC 转动的角速度及角加速度。

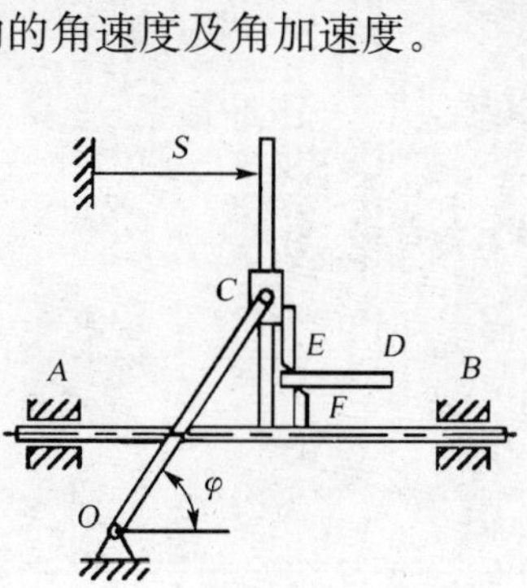

图 7-34

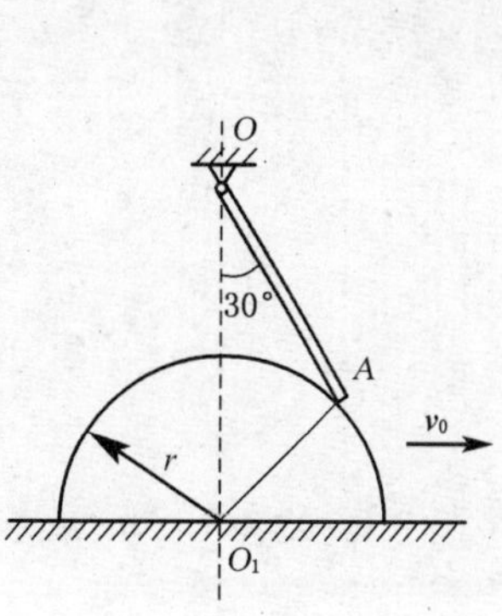

图 7-35

14. 如图 7-35 所示，半径为 r 的半圆形凸轮以匀速 v_0 在水平面上滑动，长为 $\sqrt{2}r$ 的直杆

OA 可绕 O 轴转动。求图示瞬时点 A 的速度与加速度，并求杆 OA 的角速度和角加速度。

15. 牛头刨床机构如图 7-36 所示，已知 $O_1A=200\ \text{mm}$，角速度 $\omega_1=2\ \text{rad/s}$，角加速度 $\alpha=0$，求图示位置滑枕 CD 的速度和加速度。

16. 如图 7-37 所示的马耳他机构中，曲柄 1 绕点 O 以匀角速度 $\omega_1=\sqrt{2}\ \text{rad/s}$ 转动，固定在曲柄上的销 A 沿着半径为 R 的圆盘 2 的槽滑动，并使圆盘 2 绕点 O_1 转动。设 $OA=R=200\ \text{mm}$，$\theta=45°$，试求图示瞬时圆盘 2 的角速度、角加速度以及销 A 相对于圆盘的加速度。

17. 在图 7-38 所示的凸轮机构中，凸轮半径为 R，偏心距 $OC=e$，其角速度 ω 为常量，顶杆 AB 与凸轮之间为光滑接触。试以两种动点和动系分别求顶杆的速度和加速度。

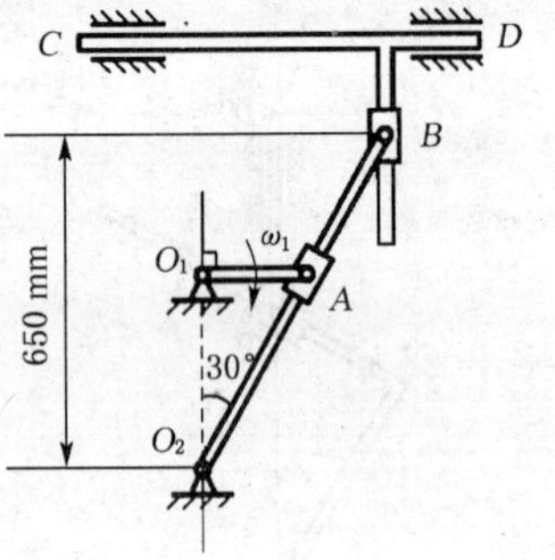

图 7-36

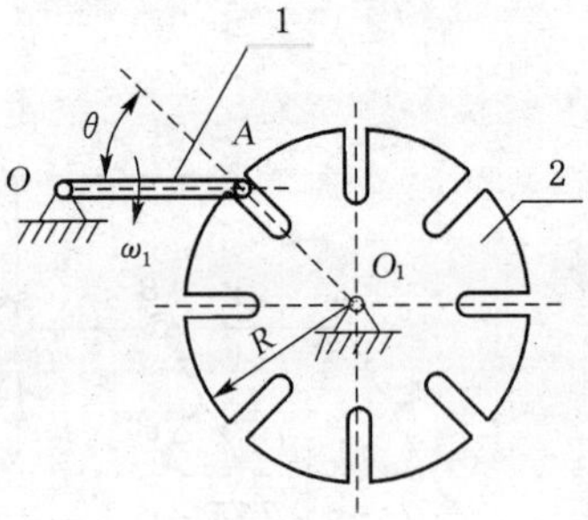

图 7-37

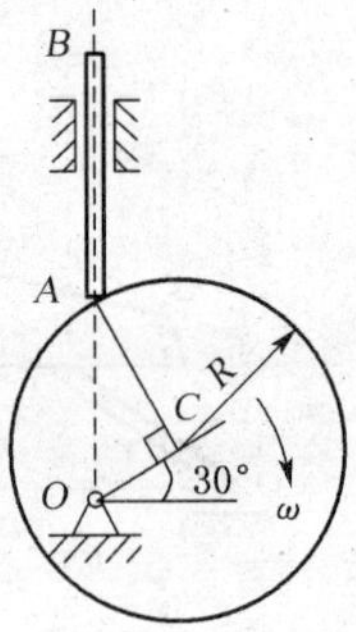

图 7-38

8 刚体的平面运动

本章导读

刚体的平移与定轴转动是最常见的、简单的刚体运动。刚体还可以有更复杂的运动形式，其中，刚体的平面运动是工程机械中较为常见的一种运动；它可以看作为平移与转动的合成，也可以看作为绕不断运动的轴(瞬心)作转动。

本章将分析刚体平面运动的分解，平面运动刚体的瞬心和角速度、角加速度规律，以及刚体上各点的速度和加速度之间的关系。

教学目标

了解：刚体平面运动的特征。

掌握：刚体平面运动的简化及分解。

应用：基点法求平面图形上各点的速度及加速度。

分析：速度瞬心位置的确定及瞬心法速度分析。

8.1 平面运动概述

8.1.1 刚体平面运动的特征

工程中有很多零件的运动，例如图 8-1(a)所示的车轮沿直线轨道的滚动，图 8-1(b)所示

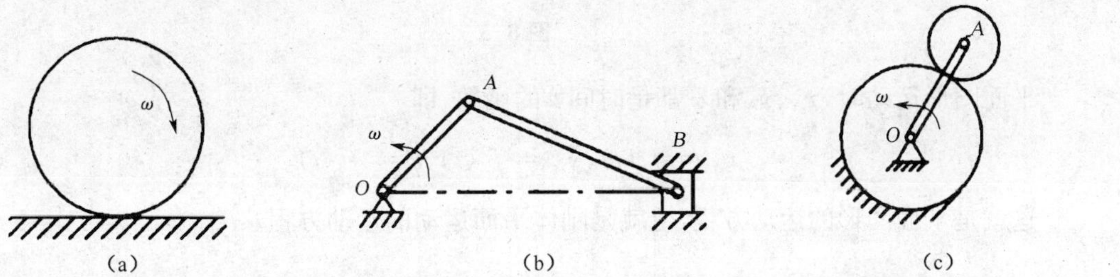

图 8-1

的曲柄连杆机构中连杆 AB 的运动以及图 8-1(c)所示的行星齿轮机构中动齿轮 A 的运动等，这些刚体的运动既不是平移，又不是绕定轴的转动，但它们有一个共同的特点，即在运动中，刚体上的任意一点到某一固定平面的距离始终保持不变，这种运动称为平面运动。平面运动刚体上的各点都在平行于某一固定平面的平面内运动，而且平面运动刚体上各点的轨迹都是平面曲线(或直线)。

8.1.2 刚体平面运动的简化

设一刚体作平面运动，运动中刚体内每一点到固定平面Ⅰ的距离始终保持不变，如图 8-2 所示。作一个与固定平面Ⅰ平行的平面Ⅱ来截割刚体，得截面 S，该截面称为平面运动刚体的平面图形。刚体运动时，平面图形 S 始终在平面Ⅱ内运动，即始终在其自身平面内运动，而刚体内与 S 垂直的任一直线 A_1AA_2 都作平动。因此，只要知道平面图形上点 A 的运动，便可知道 A_1AA_2 线上所有各点的运动。从而，只要知道平面图形 S 内各点的运动，就可以知道整个刚体的运动。由此可知，平面图形上各点的运动可以代表刚体内所有点的运动，即刚体的平面运动可以简化为平面图形在其自身平面内的运动。

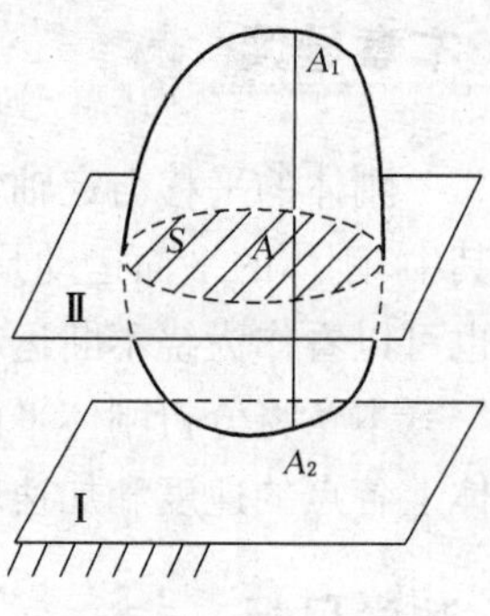

图 8-2

8.1.3 刚体平面运动方程

平面图形在其自身平面内运动时共有三个自由度，设 AB 是平面图形上任一线段，可取 x_A、y_A 和 φ 为广义坐标，如图 8-3(a)所示。

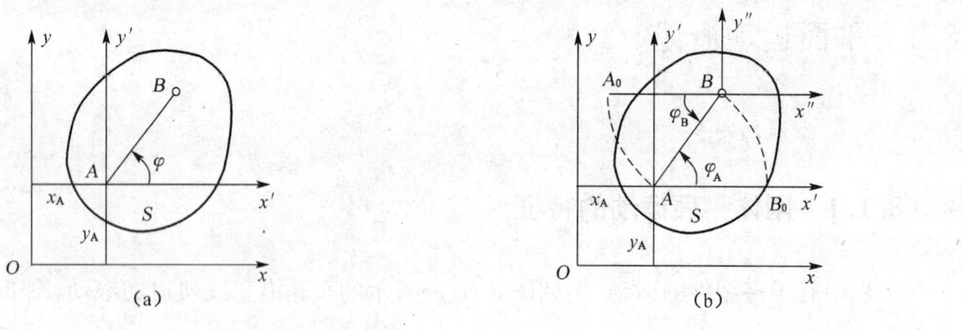

图 8-3

平面图形运动时，x_A、y_A 和 φ 都是时间 t 的函数，即

$$x_A = f_1(t), y_A = f_2(t), \varphi = f_3(t) \tag{8-1}$$

这就是平面图形的运动方程，也就是刚体平面运动的运动方程。

8.1.4 平面运动的分解

由式(8-1)可知，若 x_A、y_A保持不变，平面图形作定轴转动。若 φ 为常数，平面图形作平动。因此，平面运动可分解为平动和转动。

在平面图形上任取一点 A 作为运动分解的基准点，简称为基点。在基点假想地安上一个平动坐标系 $Ax'y'$，当平面图形运动时，该平动坐标系随基点作平动，如图 8-3(a)所示。这样按照合成运动的观点，平面图形的运动可以看成是随同动系作平动（又称为随同基点的平动）和绕基点相对于动系作转动这两种运动的合成，即平面图形的运动可以分解为随基点的平动和绕基点的转动。其中"随基点的平动"是牵连运动，"绕基点的转动"是相对运动。

基点的选择是任意的。因为一般情况下平面图形上各点的运动各不相同，所以选取不同的点作为基点时，平面图形运动分解后的平动部分与基点的选择有关；而转动部分的转角是相对于平动坐标系而言的，选择不同的基点时，图形的转角仍然相同。如图 8-3(b)所示，选 A 为基点时，线段 AB 从 AB_0转至 AB，转角为 $\varphi_A=\varphi$，而选 B 为基点时，线段 AB 从 BA_0转至 AB，转角为 φ_B。从图上可见，$\varphi_A=\varphi_B$，即平面图形相对于不同基点的转角相等，在同一瞬时平面图形绕基点转动的角速度、角加速度也相等。因此平面图形运动分解后的转动部分与基点的选择无关。对角速度、角加速度而言，无需指明是绕哪个基点转动的，而统称为平面图形的角速度、角加速度。

8.2 用基点法求平面图形内各点速度

8.2.1 用基点法求平面图形内一点的速度

平面图形的运动可以看成是牵连运动（随同基点 A 的平动）与相对运动（绕基点 A 的转动）的合成，因此平面图形上任意一点 B 的运动也可用合成运动的概念进行分析，其速度可用速度合成定理求解。

因为牵连运动是平动，所以点 B 的牵连速度就等于基点 A 的速度 $\boldsymbol{v}_A$，而点 B 的相对速度就是点 B 随同平面图形绕基点 A 转动的速度，以 $\boldsymbol{v}_{BA}$表示，其大小等于 $BA\omega$（ω 为图形的角速度），方向垂直于 BA 连线而指向图形的转动方向，如图 8-4 所示。

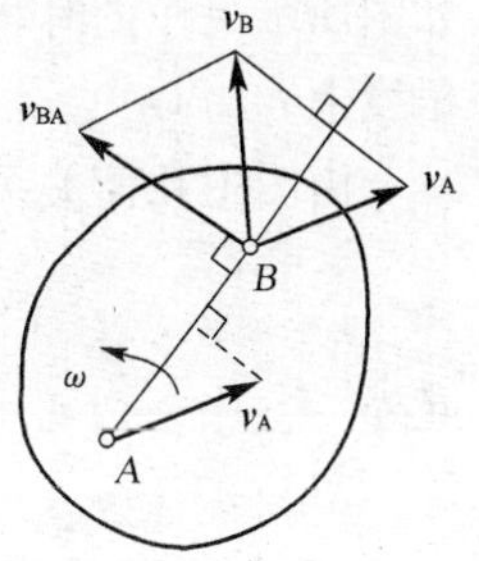

图 8-4

以 $\boldsymbol{v}_A$ 和 $\boldsymbol{v}_{BA}$为两邻边作出速度平行四边形，则点 B 的绝对速度由这个平行四边形的对角线表示，即

$$\boldsymbol{v}_B=\boldsymbol{v}_A+\boldsymbol{v}_{BA} \tag{8-2}$$

上式称为速度合成的矢量式。注意到 A、B 是平面图形上的任意两

点，选取点 A 为基点时，另一点 B 的速度由式(8-2)确定；但若选取点 B 为基点，则点 A 的速度表达式应写为 $\boldsymbol{v}_A = \boldsymbol{v}_B + \boldsymbol{v}_{AB}$。由此可得速度合成定理：平面图形上任一点的速度等于基点的速度与该点随图形绕基点转动速度的矢量和。

应用式(8-2)分析求解平面图形上点的速度问题的方法称为速度基点法，又叫做速度合成法。式(8-2)中共有三个矢量，各有大小和方向两个要素，总计六个要素，要使问题可解，一般应有四个要素是已知的。考虑到相对速度 $\boldsymbol{v}_{BA}$ 的方向必定垂直于连线 BA，于是只需再知道任何其他三个要素，即可解得剩余的两个未知量。

8.2.2 速度投影定理

定理 同一瞬时，平面图形上任意两点的速度在这两点连线上的投影相等。

证明：设 A、B 是平面图形上的任意两点，速度分别为 $\boldsymbol{v}_A$ 和 $\boldsymbol{v}_B$，如图 8-4 所示。将式(8-2)投影到 AB 连线上，并注意到 $\boldsymbol{v}_{BA}$ 垂直于 AB，在 AB 连线上的投影为零，则可得 $\boldsymbol{v}_B$ 在连线 AB 上的投影 $(\boldsymbol{v}_B)_{AB}$ 等于 $\boldsymbol{v}_A$ 在连线 AB 上的投影 $(\boldsymbol{v}_A)_{AB}$，即

$$(\boldsymbol{v}_B)_{AB} = (\boldsymbol{v}_A)_{AB} \tag{8-3}$$

于是定理得到了证明。

这个定理也可以由下面的理由来说明：因为 A 和 B 是刚体上的两点，它们之间的距离应保持不变，所以两点的速度在 AB 方向的分量必须相同。否则，线段 AB 不是伸长，便要缩短。因此，此定理不仅适用于刚体作平面运动，也适合于刚体作其他任意的运动。

应用速度投影定理求解平面图形上点的速度问题有时很方便，但由于投影定理中不出现绕基点转动时的相对速度，因此用此定理不能直接求解平面图形的角速度。

【例 8-1】 如图 8-5 所示椭圆规尺的 A 端以速度 $\boldsymbol{v}_A$ 沿 x 轴的负向运动，$AB=l$，求 B 端的速度及杆 AB 的角速度。

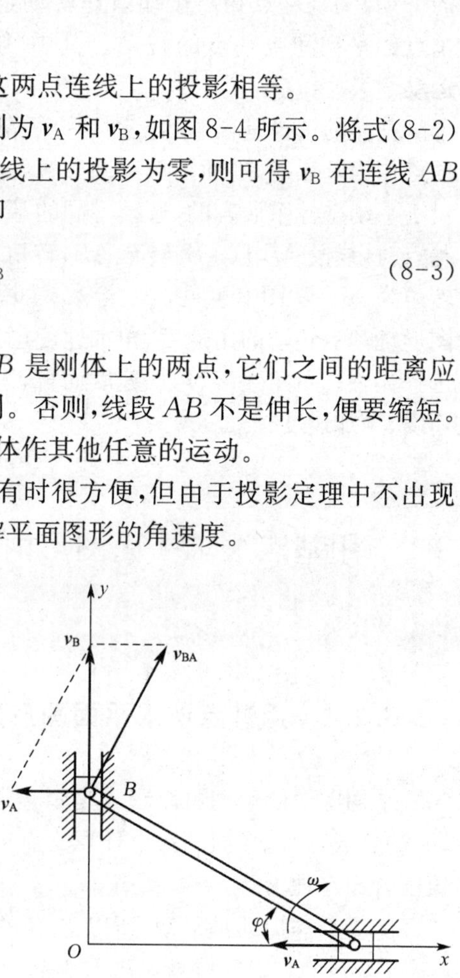

图 8-5

解：杆 AB 作平面运动，因此可用公式

$$\boldsymbol{v}_B = \boldsymbol{v}_A + \boldsymbol{v}_{BA}$$

其中 $\boldsymbol{v}_A$ 的大小和方向以及 $\boldsymbol{v}_B$ 的方向是已知的(B 端在 y 轴上作直线运动)。并且 $\boldsymbol{v}_{BA}$ 的方向垂直于 AB，共已知四个要素，可以作出速度平行四边形，如图所示。作图时，注意使 $\boldsymbol{v}_B$ 位于平行四边形的对角线上。

由图中几何关系可得

$$v_B = v_A \cot\varphi$$

此外

$$v_{BA} = \frac{v_A}{\sin\varphi}$$

又有

$$v_{BA}=AB\cdot\omega$$

式中 ω 即为杆 AB 的角速度，由此得

$$\omega=\frac{v_{BA}}{AB}=\frac{v_{BA}}{l}=\frac{v_A}{l\sin\varphi}$$

【例 8-2】 曲柄滑块机构如图 8-6 所示，$OA=r,AB=\sqrt{3}r$。如曲柄 OA 以匀角速度 ω 转动，试求当 $\varphi=60^\circ$ 时点 B 的速度和杆 AB 的角速度。

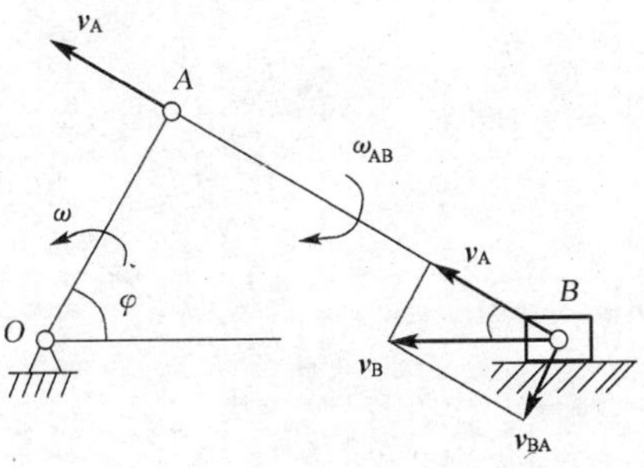

图 8-6

解：连杆 AB 作平面运动，以点 A 为基点，则点 B 的速度为

$$\boldsymbol{v}_B=\boldsymbol{v}_A+\boldsymbol{v}_{BA}$$

式中 $\boldsymbol{v}_A=r\omega$，方向垂直于 OA，指向左上方；$\boldsymbol{v}_B$ 水平向左，$\boldsymbol{v}_{BA}$ 垂直于 AB。再注意到当 $\varphi=60^\circ$ 时，OA 恰好与 AB 垂直，$\boldsymbol{v}_A$ 恰沿 BA 连线，故其速度平行四边形如图 8-6 所示。由图可得

$$v_B=\frac{v_A}{\cos30^\circ}=\frac{2\sqrt{3}}{3}r\omega$$

$$v_{BA}=v_A\tan30^\circ=\frac{\sqrt{3}}{3}r\omega$$

根据 $\boldsymbol{v}_{BA}=BA\omega_{AB}$，可得此瞬时杆 AB 平面运动的角速度为

$$\omega_{AB}=\frac{\boldsymbol{v}_{BA}}{BA}=\frac{\boldsymbol{\omega}}{3}$$

为顺时针转向。

B 点的速度还可以用速度投影定理求得，即

$$(\boldsymbol{v}_B)_{AB}=(\boldsymbol{v}_A)_{AB}$$
$$v_A=v_B\cos30^\circ$$

同样解得

$$v_B=\frac{v_A}{\cos30^\circ}=\frac{2\sqrt{3}}{3}r\omega$$

但用速度投影定理不能求杆 AB 的角速度。

【例 8-3】 双摇杆机构中，$O_1A=\sqrt{3}l,O_2B=l$。在图 8-7 所示瞬时，杆 O_1A 铅直，杆 AC、O_2B 水平，杆 BC 与铅垂方向成 30°角。已知杆 O_1A 的角速度为 ω_1，杆 O_2B 的角速度为 ω_2。试求该瞬时连杆 AC 和 BC 的连接点 C 的速度。

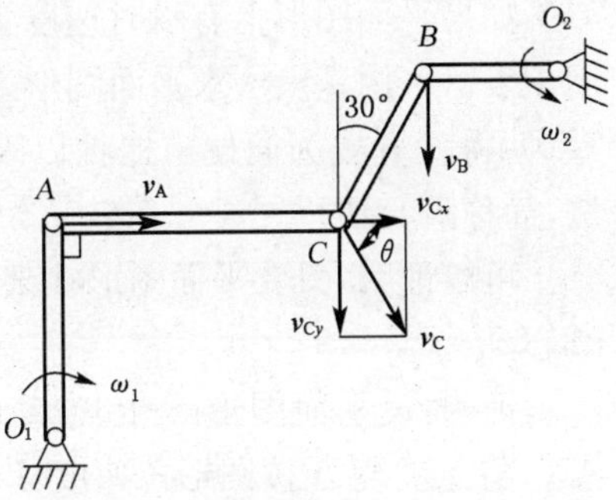

图 8-7

解：根据题意，摇杆 O_1A 绕轴 O_1 作定轴转动，点 A

的速度 $\boldsymbol{v}_A$ 的大小为 $v_A=\sqrt{3}l\omega_1$，方向水平向右。杆 O_2B 绕轴 O_2 作定轴转动，点 B 的速度 $\boldsymbol{v}_B$ 的大小为 $v_B=l\omega_2$，方向铅直向下。点 C 速度 $\boldsymbol{v}_C$ 的大小和方向均未知，用两分量 $\boldsymbol{v}_{Cx}$、$\boldsymbol{v}_{Cy}$ 表示，如图 8-7 所示。

由速度投影定理，杆 AC 上 A、C 两点的速度在 AC 连线上的投影相等，即

$$v_{Cx}=v_A=\sqrt{3}l\omega_1$$

同样，杆 BC 上 B、C 两点的速度在 BC 连线上的投影相等，即

$$v_{Cy}\cos30^\circ-v_{Cx}\sin30^\circ=v_B\cos30^\circ$$

得

$$v_{Cy}=v_B+v_{Cx}\tan30^\circ=l(\omega_1+\omega_2)$$

$\boldsymbol{v}_C$ 的大小为

$$v_C=\sqrt{v_{Cx}^2+v_{Cy}^2}=l\sqrt{4\omega_1^2+2\omega_1\omega_2+\omega_2^2}$$

与水平线的夹角

$$\theta=\arctan\frac{\omega_1+\omega_2}{\sqrt{3}\omega_1}$$

应用基点法分析点的速度时，首先要明确各物体的运动，哪些物体作平动，哪些物体作转动，哪些物体作平面运动。选取平面图形上速度已知的点为基点，应用基点法公式作速度平行四边形，注意作图时要使 $\boldsymbol{v}_B$ 成为平行四边形的对角线。

8.3 用瞬心法求平面图形内各点速度

研究平面图形上各点的速度，还可以采用瞬心法，求解问题时有时更方便。

8.3.1 平面图形上速度瞬心

如果平面图形上有瞬时速度为零的一点，则这样的点称为瞬时速度中心，简称速度瞬心，用 I 表示。用基点法求平面图形上任一点 B 的速度时，若取瞬心为基点，由于基点的速度为零，使得计算更为简便。这种以瞬心为基点求平面图形上任一点速度的方法，称为速度瞬心法，简称瞬心法。

可以证明，只要平面图形在某一瞬时的角速度不等于零，那么平面图形上必存在一个速度瞬心。

证明：设平面图形 S 上点 A 的速度为 $\boldsymbol{v}_A$，角速度为 ω。自点 A 以 $\boldsymbol{v}_A$ 的指向作半直线 AN，将此线绕 A 按图形角速度 ω 的转向转过 90°，得半直线 AN'，如图 8-8 所示。

取点 A 为基点，根据速度基点法，AN' 上任一点 M 的速度均可按下式进行计算：

$$\boldsymbol{v}_M = \boldsymbol{v}_A + \boldsymbol{v}_{MA}$$

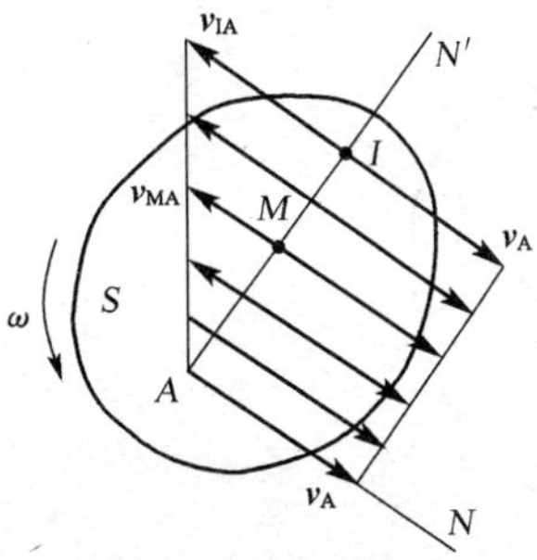

图 8-8

从图中看出，$\boldsymbol{v}_A$ 和 $\boldsymbol{v}_{MA}$ 反向共线，所以 v_M 的大小为

$$v_M = v_A - AM\omega$$

由上式可知，随着距离 AM 从零开始逐渐增大，$\boldsymbol{v}_M$ 的数值将不断减小。所以在半直线 AN' 上，总可以找到一点 I，点 I 的位置由下式确定

$$AI = \frac{v_A}{\omega}$$

点 I 的速度大小为

$$v_I = v_A - AI\omega = 0$$

显然，这样的点是唯一的，于是证明了平面图形上速度瞬心的存在，并且是唯一一个。

确定了速度瞬心 I 的位置之后，设取点 I 为基点，则该瞬时平面图形上任意一点 M 的速度可表示为

$$\boldsymbol{v}_M = \boldsymbol{v}_I + \boldsymbol{v}_{MI} = \boldsymbol{v}_{MI}$$

上式表明：任一瞬时，平面图形上任一点的速度等于该点随图形绕速度瞬心转动的速度。点 M 的速度大小为

$$v_M = MI\omega$$

方向垂直于 MI。各点速度分布如图 8-9 所示。

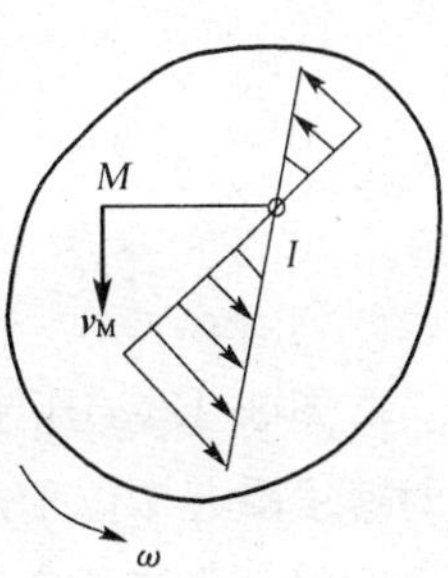

图 8-9

因此，平面图形上各点速度的大小与该点到速度瞬心的距离成正比，速度方向垂直于该点到速度瞬心的连线，指向图形转动的一方。与图形作定轴转动时各点速度的分布情况相似。

必须注意，在不同瞬时，速度瞬心在图形上的位置是不同的。速度瞬心在该瞬时的速度等于零，但加速度一般不为零。

8.3.2 平面图形上速度瞬心的求法

综上所述，如果已知平面图形在某一瞬时的速度瞬心的位置和角速度，则在该瞬时，图形上任一点速度的大小和方向就可以完全确定。解题时，根据运动机构的几何条件，确定速度瞬心的位置有如下几种情况：

(1) 若平面图形沿一固定面滚动而无滑动，如图 8-10 所示，则图形与固定面的接触点 I 就是该瞬时图形的速度瞬心，例如车轮在滚动过程中，轮缘上各点相继与地面接触而成为车轮在不同瞬时的速度瞬心。

(2) 已知某瞬时平面图形上任意两点的速度方向，且两者不相平行，则速度瞬心必在过每一点且与该点速度垂直的直线上。在图 8-11 中，已知图形上 A、B 两点的速度分别是 $\boldsymbol{v}_A$ 和 $\boldsymbol{v}_B$，过点 A 作 $\boldsymbol{v}_A$ 的垂线，再过点 B 作 $\boldsymbol{v}_B$ 的垂线，则这两垂线的交点 I 就是该瞬时平面图形的

速度瞬心。

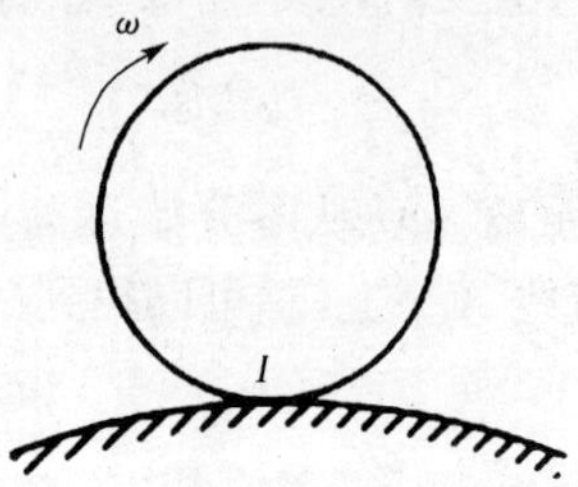

图 8-10

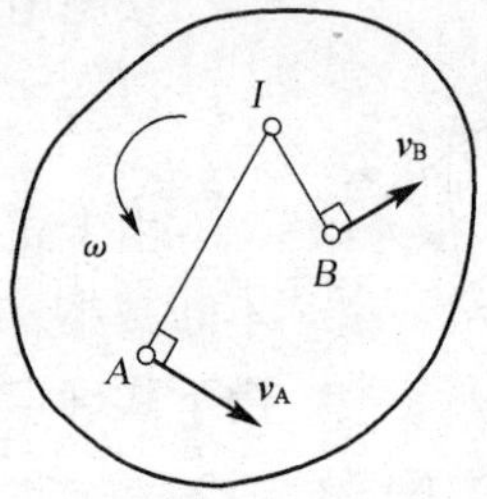

图 8-11

(3) 已知某瞬时平面图形上两点的速度相互平行，并且速度的方向垂直于这两点的连线，但两速度的大小不等，则图形的速度瞬心必在这两点的连线与两速度矢端连线的交点。

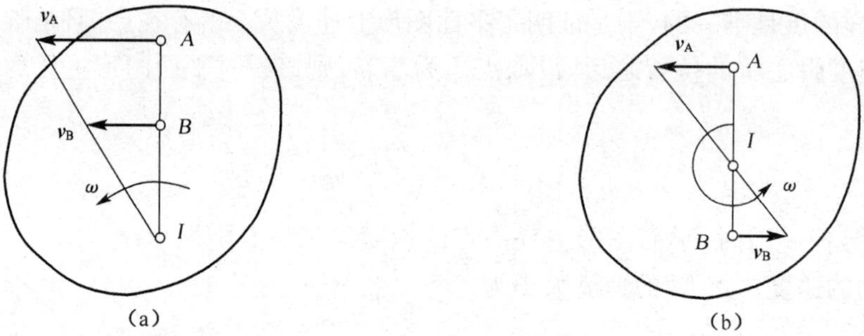

图 8-12

图 8-12(a)所示为 A、B 两点的速度 $\boldsymbol{v}_A$ 和 $\boldsymbol{v}_B$ 同向平行且垂直于连线 AB 的情况，显然，此时速度瞬心 I 位于 A、B 两点之外；在图 8-12(b)中，A、B 两点的速度 $\boldsymbol{v}_A$ 和 $\boldsymbol{v}_B$ 反向平行，此时速度瞬心 I 位于 A、B 两点之间。当然，欲确定速度瞬心 I 的具体位置，不仅需要知道 A、B 两点间的距离，而且还应知道 $\boldsymbol{v}_A$ 和 $\boldsymbol{v}_B$ 的大小。

(4) 已知某瞬时平面图形上两点的速度相互平行，但速度方向与这两点的连线不相垂直，如图 8-13(a)所示；或虽然速度方向与这两点的连线垂直，但两速度的大小相等，如图 8-13(b)所示，则该瞬时图形的速度瞬心在无限远处，图形的这种运动状态称为瞬时平动。此时，图形的角速度等于零，图形上各点的速度大小相等，方向相同，速度分布与平动时相似。

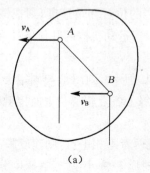

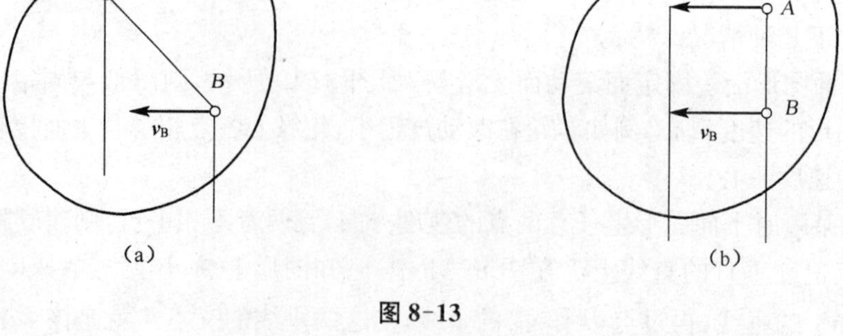

图 8-13

必须注意，瞬时平动只是刚体平面运动的一个瞬态，与刚体的平动是两个不同的概念，瞬时平动时，虽然图形的角速度为零，图形上各点的速度相等，但图形的角加速度不等于零，图形上各点的加速度也不相同。

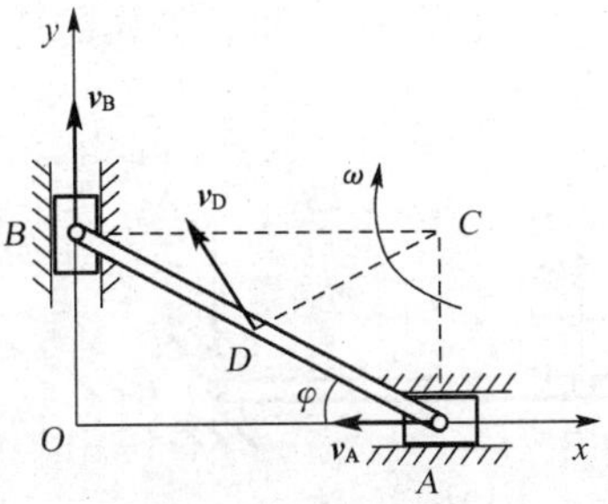

图 8-14

【例 8-4】 仍以例 8-1 为例，下面我们采用速度瞬心法进行求解。

解：分别作 A、B 两点速度的垂线，两直线的交点 C 就是杆 AB 的速度瞬心，如图 8-14 所示。

于是图形的角速度为

$$\omega = \frac{v_A}{AC} = \frac{v_A}{l\sin\varphi}$$

点 B 的速度为

$$v_B = BC \cdot \omega = \frac{BC}{AC}v_A = v_A\cot\varphi$$

以上结果与例 8-1 求得的完全相同。

用瞬心法也可以求得图形内任一点的速度，例如杆 AB 的中点 D 的速度为

$$v_D = DC \cdot \omega = \frac{l}{2} \cdot \frac{v_A}{l\sin\varphi} = \frac{v_A}{2\sin\varphi}$$

方向垂直于 DC，指向图形转动的一方。

【例 8-5】 如图 8-15 所示，行星轮系中大齿轮 Ⅰ 固定不动，半径为 R，行星齿轮 Ⅱ 在轮 Ⅰ 上作无滑动的滚动，半径为 r，系杆 OA 的角速度为 ω_0。试求轮 Ⅱ 的角速度以及其上 B、C、D 三点的速度。

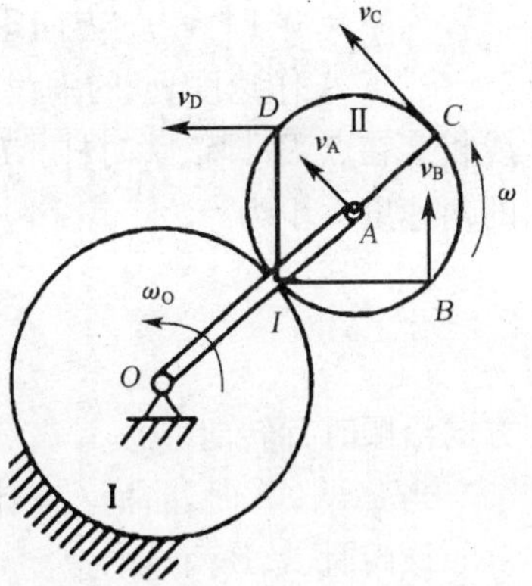

图 8-15

解：系杆 OA 作定轴转动，行星齿轮 Ⅱ 作平面运动，轮心 A 的速度可由系杆 OA 的转动求得 Ⅱ

$$v_A = OA\omega_0 = (R+r)\omega_0$$

方向如图 8-15 所示。

因为行星齿轮 Ⅱ 在固定不动的大齿轮 Ⅰ 上滚动而无滑动，故轮 Ⅱ 与轮 Ⅰ 的接触点 I 就是轮 Ⅱ 的速度瞬心。设轮 Ⅱ 的角速度为 ω，则由 $v_A = AI\omega = r\omega$，求得轮 Ⅱ 角速度的大小为

$$\omega = \frac{v_A}{r} = \frac{R+r}{r}\omega_0$$

转向如图 8-15 所示。

轮 Ⅱ 上 B、C、D 三点的速度大小分别为

$$v_B = BI\omega = \sqrt{2}r\omega = \sqrt{2}(R+r)\omega_0$$
$$v_C = CI\omega = 2r\omega = 2(R+r)\omega_0$$

$$v_D = DI\omega = \sqrt{2}r\omega = \sqrt{2}(R+r)\omega_0$$

三点的速度方向分别垂直于各点至速度瞬心Ⅰ的连线，指向如图8-15所示。

【例8-6】 曲柄滑块机构如图8-16(a)所示，曲柄 OA 绕固定轴 O 以匀角速度 ω 转动，设转角 $\varphi = \omega t$，杆长 $OA = r$，$AB = l$。试求 $\varphi = 0°$、$\varphi = 90°$ 时，连杆 AB 的角速度和滑块 B 的速度。

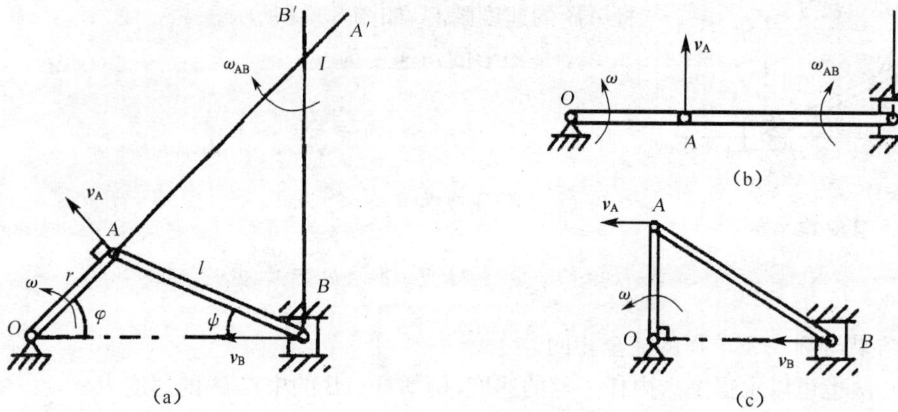

图8-16

解：曲柄 OA 作定轴转动，连杆 AB 作平面运动，滑块 B 只能在水平滑槽内滑动。点 A 的速度大小恒为 $v_A = r\omega$，滑块 B 的速度沿滑槽的中心线，方向始终水平，但大小未知。

当 $\varphi = 0°$ 时，$\boldsymbol{v}_A$ 的方向垂直于 OA 铅直向上，如图8-16(b)所示。

过点 A 作速度 $\boldsymbol{v}_A$ 的垂线（此线与 OAB 重合），再过点 B 作滑槽中心线的垂线 BB'，两垂线相交在点 B，即该瞬时杆 AB 的速度瞬心与点 B 重合。此时，滑块 B 的速度等于零，杆 AB 的角速度大小为

$$\omega_{AB} = \frac{v_A}{BA} = \frac{r\omega}{l}$$

方向沿顺时针转向。

当 $\varphi = 90°$ 时，曲柄 OA 铅直，$\boldsymbol{v}_A$ 水平向左，如图8-16(c)所示。

该瞬时 A、B 两点的速度 $\boldsymbol{v}_A$、$\boldsymbol{v}_B$ 的方向平行且与连线 AB 不相垂直，故杆 AB 作瞬时平动。由瞬时平动的特点可知，此时杆 AB 的角速度为零滑块 B 的速度大小为

$$v_B = v_A = r\omega$$

方向与 $\boldsymbol{v}_A$ 相同，也是水平向左。

由以上各例可以看出，用瞬心法解题，要根据已知条件，求出平面图形速度瞬心的位置和图形转动的角速度，最后求出各点的速度。

综上所述，对于平面运动速度问题可用三种方法进行求解。速度基点法是一种基本方法，可以求解图形上一点的速度或图形的角速度，作图时必须保证所求点的速度为平行四边形的对角线；当已知平面图形上某一点速度的大小和方向以及另一点速度的方向时，用速度投影定理可方便地求得该点速度的大小，但不能直接求出图形的角速度；速度瞬心法既可求解平面图

形的角速度，也可求解其上一点的速度，是一种直观、方便的方法。

8.4 用基点法求平面图形内各点的加速度

现在讨论平面图形内各点的加速度。

据平面运动的分解可知，如图 8-17 所示平面图形 S 的运动可以分解为两部分，即随同基点 A 的平动（牵连运动）和绕基点 A 的转动（相对运动）。那么，平面图形内任意一点 B 的运动也由两个运动合成，因此可用牵连运动为平动时的加速度合成定理求得 B 点的加速度。因为牵连运动为平动，点 B 的绝对加速度等于牵连加速度与相对加速度的矢量和。

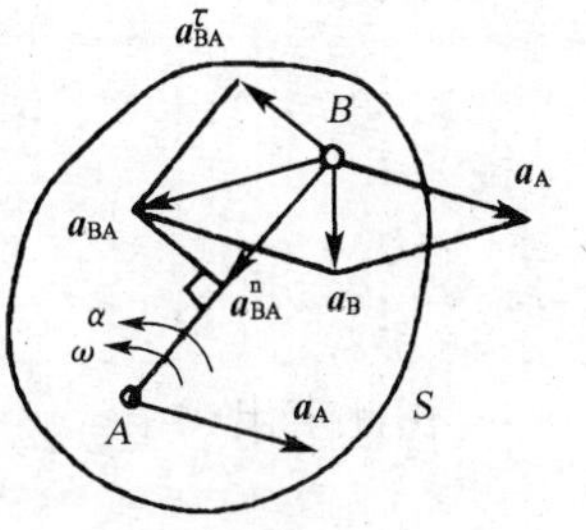

图 8-17

因为牵连运动是随同基点 A 的平动，所以点 B 的牵连加速度就等于基点 A 的加速度 $\boldsymbol{a}_A$；而点 B 的相对加速度就是点 B 随同平面图形绕基点 A 转动的加速度，用 $\boldsymbol{a}_{BA}$ 表示，且可分为切向加速度 $\boldsymbol{a}_{BA}^{\tau}$ 和法向加速度 $\boldsymbol{a}_{BA}^{n}$ 两部分。由加速度合成定理，有

$$\boldsymbol{a}_B = \boldsymbol{a}_A + \boldsymbol{a}_{BA}^{\tau} + \boldsymbol{a}_{BA}^{n} \tag{8-4}$$

即任一瞬时，平面图形上任一点的加速度等于基点的加速度与该点随图形绕基点转动的切向加速度和法向加速度的矢量和。

式中，$\boldsymbol{a}_{BA}^{\tau}$ 为点 B 绕基点 A 转动的切向加速度，方向与 AB 垂直，大小为

$$a_{BA}^{\tau} = AB \cdot \alpha$$

α 为平面图形的角加速度。$\boldsymbol{a}_{BA}^{n}$ 为点 B 绕基点 A 转动的法向加速度，指向基点 A，大小为

$$a_{BA}^{n} = AB \cdot \omega^2$$

ω 为平面图形的角速度。

式(8-4)是用基点法求解平面图形上任一点加速度的基本公式。具体解题时，若 B、A 两点都作曲线运动，则 B、A 两点的加速度也各有其切向加速度和法向加速度两个分量，这时式(8-4)中最多可有六项，有大小、方向共计十二个要素，分析各项的方向，计算各项的大小时，一定要认真仔细。

式(8-4)是一平面矢量方程式，只能求解两个未知量。具体解题时，通常是将此式向两个不相平行的坐标轴投影，得到两个投影表达式，用以求解两个未知量。

【例 8-7】 求例 8-2 中滑块 B 的加速度和连杆 AB 的角加速度。

解：连杆 AB 作平面运动，取 A 为基点，根据加速度基点法公式，有

$$\boldsymbol{a}_B = \boldsymbol{a}_A + \boldsymbol{a}_{BA}^{\tau} + \boldsymbol{a}_{BA}^{n}$$

因 OA 匀角速度转动，所以 $a_A = r\omega^2$，方向指向 O 点，例 8-2 中已求出 ω_{AB}，于是

$$a_{BA}^{n} = AB \cdot \omega_{AB}^{\ 2} = \frac{\sqrt{3}}{9} r\omega^2$$

各加速度方向如图 8-18 所示，将上式分别在 AB 轴和 a_A 方向上投影，得

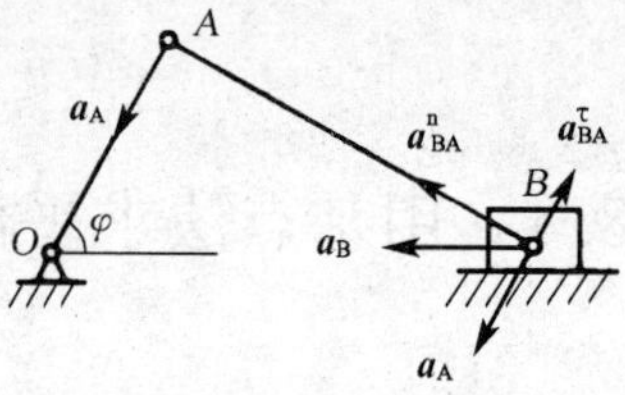

图 8-18

$$a_B\cos30^\circ = a_{BA}^{n}$$
$$a_B\sin30^\circ = a_A - a_{BA}^{\tau}$$

分别解得

$$a_B = \frac{2}{9} r\omega^2$$

$$a_{BA}^{\tau} = r\omega^2 - \frac{1}{9} r\omega^2 = \frac{8}{9} r\omega^2$$

由此求出

$$\alpha_{AB} = \frac{a_{BA}^{\tau}}{AB} = \frac{8\sqrt{3}}{27}\omega^2$$

α_{AB}为逆时针转向。

【例 8-8】 如图 8-19(a)所示的曲柄连杆机构中，已知连杆 AB 长 1 m，曲柄 OA 长0.2 m，以匀角速度 $\omega = 10$ rad/s 绕轴 O 转动。试求在图示位置时滑块 B 的加速度和连杆 AB 的角加速度。

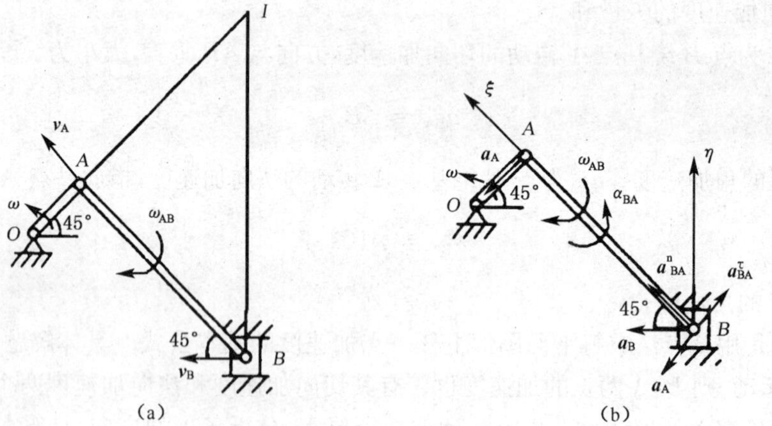

图 8-19

解：杆 AB 作平面运动，图示位置时速度瞬心在点 I，如图 8-19(a)所示。杆 AB 的角速度为

$$\omega_{AB} = \frac{v_A}{AI} = \frac{OA\omega}{AB} = \frac{0.2 \times 10}{1}\ \text{rad/s} = 2\ \text{rad/s}$$

以 A 为基点，则点 B 的加速度矢量合成式为

$$\boldsymbol{a}_B = \boldsymbol{a}_A + \boldsymbol{a}_{BA}^{\tau} + \boldsymbol{a}_{BA}^{n} \tag{1}$$

式中，因为曲柄 OA 作匀速转动，故点 A 的加速度 $\boldsymbol{a}_A$ 的方向由 A 指向 O，大小为

$$a_A = OA\omega^2 = 0.2 \times 10^2 \text{m/s}^2 = 20 \text{ m/s}^2$$

$\boldsymbol{a}_{BA}^n$ 的方向由 B 指向 A，大小为

$$a_{BA}^n = BA\omega_{AB}^2 = 1 \times 2^2 \text{m/s}^2 = 4 \text{ m/s}^2$$

$\boldsymbol{a}_{BA}^\tau$ 的方向垂直于 BA 杆，指向假设如图 8-19(b)所示，$\boldsymbol{a}_B$ 的方向沿滑槽中心线，指向假设向左。

沿 BA 方向作 ξ 轴，铅直方向上作 η 轴，如图 8-19(b)所示，将式(1)分别向 ξ 轴和 η 轴投影，得

$$a_B\cos45° = a_{BA}^n$$
$$0 = -a_A\cos45° + a_{BA}^\tau\cos45° + a_{BA}^n\cos45°$$

解得

$$a_B = \frac{a_{BA}^n}{\cos45°} = \frac{4}{\cos45°} \text{ m/s}^2 = 5.66 \text{ m/s}^2$$
$$a_{BA}^\tau = a_A - a_{BA}^n = (20 - 4) \text{ m/s}^2 = 16 \text{ m/s}^2$$
$$\alpha_{AB} = \frac{a_{BA}^\tau}{BA} = \frac{16}{1} \text{ m/s}^2 = 16 \text{ rad/s}^2$$

所得结果都是正的，表明实际方向与图中假设方向一致，如图所示。

【例 8-9】 在图 8-20(a)所示的平面机构中，$O_1A = AB = 2l$，$O_2B = l$，摇杆 O_1A 以匀角速度 ω_1 绕轴 O_1 转动。图示瞬时，A、B 两点的连线水平，两摇杆 O_1A、O_2B 平行，且 $\theta = 60°$。试求矩形板 D 的角加速度 α 和摇杆 O_2B 的角加速度 α_2。

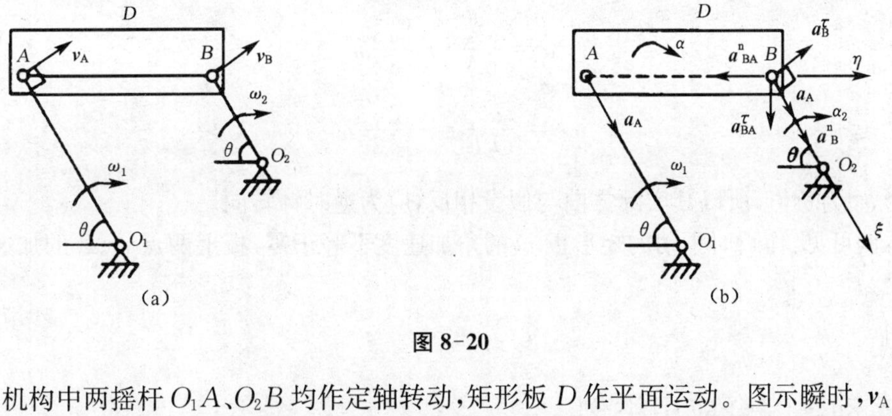

图 8-20

解：机构中两摇杆 O_1A、O_2B 均作定轴转动，矩形板 D 作平面运动。图示瞬时，$\boldsymbol{v}_A$、$\boldsymbol{v}_B$ 方向平行，且与 A、B 两点的连线不相垂直，故该瞬时板 D 作瞬时平动，如图 8-20(a)所示。此时，板 D 平面运动的角速度为 $\omega = 0$。故点 B 的速度大小为

$$v_B = v_A = O_1A\omega_1 = 2l\omega_1$$

摇杆 O_2B 的角速度为

$$\omega_2 = \frac{v_B}{O_2B} = 2\omega_1$$

转向如图 8-20(a)所示。

下面再求矩形板 D 的角加速度 α。

设板 D、摇杆 O_2B 的角加速度均沿顺时针方向，取点 A 为基点，因为摇杆 O_1A 作匀速转动，故 $\boldsymbol{a}_A$ 只有法向加速度一个分量。点 B 为杆 O_2B 上的一点，有切向加速度和法向加速度两个分量。由点的加速度合成公式得点 B 的加速度为

$$\boldsymbol{a}_B^\tau + \boldsymbol{a}_B^n = \boldsymbol{a}_A + \boldsymbol{a}_{BA}^\tau + \boldsymbol{a}_{BA}^n$$

式中

$$a_A = O_1A\omega_1^2 = 2l\omega_1^2$$
$$a_B^n = O_2B\omega_2^2 = 4l\omega_1^2$$
$$a_{BA}^n = BA\omega^2 = 0$$

各项方向如图 8-20(b)所示。

沿 O_2B 作 ξ 轴，沿 AB 连线作 η 轴，如图 8-20(b)所示，将上式分别向 ξ 轴和 η 轴投影，得

$$a_B^n = a_A + a_{BA}^\tau \cos 30^\circ$$
$$a_B^\tau \cos 30^\circ + a_B^n \cos 60^\circ = a_A \cos 60^\circ$$

解得

$$a_{BA}^\tau = \frac{a_B^n - a_A}{\cos 30^\circ} = \frac{4\sqrt{3}}{3} l\omega_1^2$$

$$a_B^\tau = \frac{\cos 60^\circ}{\cos 30^\circ}(a_A - a_B^n) = -\frac{2\sqrt{3}}{3} l\omega_1^2$$

最后解得板 D 和摇杆 O_2B 的角加速度为

$$\alpha = \frac{a_{BA}^\tau}{BA} = \frac{2\sqrt{3}}{3}\omega_1^2$$

$$\alpha_2 = \frac{a_B^\tau}{O_2B} = -\frac{2\sqrt{3}}{3}\omega_1^2$$

因为 α_2 为负值，所以其实际方向与假设相反，应为逆时针转向。

由本例可见，作瞬时平动的矩形板 D 的角加速度不等于零，板上两点 A、B 的加速度也不相等。

8.5 运动学综合应用举例

在运动机构中，为分析某点的运动，若能找出其位置与时间的函数关系，则可直接建立运动方程，用解析法求其运动全过程的速度和加速度。当难以建立点的运动方程，或只对机构某瞬时的运动参数感兴趣时，则常用合成运动或平面运动的理论来分析求解。

复杂机构中，可能同时出现点的合成运动和刚体平面运动问题，求解时要综合应用有关理

论。有时同一问题可有多种解法,应经分析、比较后,选用较简便的方法求解。

下面举例说明这些方法的综合应用。

【例 8-10】 如图 8-21(a)所示机构中,$AB=2l$,滑块 A 以匀速 $\boldsymbol{u}$ 向下运动。图示瞬时,杆 OD 水平,$AD=DB=OD=l$, $\varphi=45°$。试求该瞬时杆 AB 和杆 OD 的角速度、角加速度。

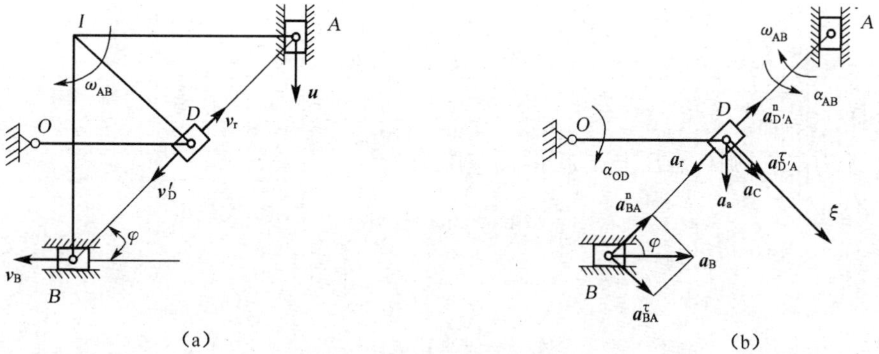

图 8-21

解:杆 AB 作平面运动,图示瞬时速度瞬心在点 I,解得其角速度为

$$\omega_{AB}=\frac{u}{AI}=\frac{u}{2l\cos\varphi}=\frac{\sqrt{2}u}{2l}$$

杆 AB 上与点 D 重合的点 D' 的速度大小为

$$v'_D=DI\omega_{AB}=l\times\frac{\sqrt{2}u}{2l}=\frac{\sqrt{2}u}{2}$$

方向垂直于 DI,从 D 指向 B,如图 8-21(a)所示。

取套筒 D 为动点,动系固结在杆 AB 上,由速度合成定理有

$$\boldsymbol{v}_a=\boldsymbol{v}_e+\boldsymbol{v}_r$$

式中,牵连速度即为杆 AB 上点 D' 的速度,即有 $\boldsymbol{v}_e=\boldsymbol{v}'_D$,相对速度 $\boldsymbol{v}_r$ 自 D 指向 A。$\boldsymbol{v}_e$、$\boldsymbol{v}_r$ 反向共线,均沿 AB 杆,而 $\boldsymbol{v}_a$ 应垂直于 OD,即沿铅直方向。则有

$$v_a=0\qquad\qquad v_r=v'_D=\frac{\sqrt{2}u}{2}$$

图示瞬时杆 OD 的角速度为

$$\omega_{OD}=\frac{v_a}{OD}=0$$

点 A 作匀速直线运动,$\boldsymbol{a}_A=0$。杆 AB 作平面运动,取点 A 为基点,由点的加速度合成公式,有

$$\boldsymbol{a}_B=\boldsymbol{a}^{\tau}_{BA}+\boldsymbol{a}^{n}_{BA}$$

式中,$\boldsymbol{a}_B$ 方向水平,$\boldsymbol{a}^{n}_{BA}$ 由 B 指向 A,大小为 $a^{n}_{BA}=BA\omega^2_{AB}=u^2/l$。以 $\boldsymbol{a}_B$ 为对角线,$\boldsymbol{a}^{\tau}_{BA}$ 和 $\boldsymbol{a}^{n}_{BA}$ 为

邻边作加速度平行四边形，如图 8-21(b)所示，得

$$a_{BA}^{\tau} = a_{BA}^{n}\tan\varphi = \frac{u^2}{l}$$

因此杆 AB 的角速度为

$$\alpha_{AB} = \frac{a_{BA}^{\tau}}{BA} = \frac{u^2}{2l^2}$$

方向为逆时针转向。

仍以 A 为基点，则杆 AB 上点 D' 的加速度为

$$a_{D}' = a_{D'A}^{\tau} + a_{D'A}^{n} \tag{1}$$

式中

$$a_{D'A}^{\tau} = D'A\alpha_{AB} = \frac{u^2}{2l}$$

$$a_{D'A}^{n} = D'A\omega_{AB}^{2} = \frac{u^2}{2l}$$

方向如图 8-21(b)所示。

以套筒 D 为动点，动系固结在杆 AB 上，由点的加速度合成定理，有

$$\boldsymbol{a}_a = \boldsymbol{a}_e + \boldsymbol{a}_r + \boldsymbol{a}_C \tag{2}$$

因杆 OD 的角速度等于零，式中绝对加速度 $\boldsymbol{a}_a$ 只有沿其切向的一个分量，方向垂直于 OD，牵连加速度 $\boldsymbol{a}_e = \boldsymbol{a}_D'$，科氏加速度 $\boldsymbol{a}_C = 2\boldsymbol{\omega}_e \times \boldsymbol{v}_r$，大小为

$$a_C = 2\omega_e v_r = 2\omega_{AB} v_r = 2 \times \frac{\sqrt{2}u}{2l} \times \frac{\sqrt{2}u}{2} = \frac{u^2}{l}$$

方向如图 8-21(b)所示。将式(1)代入式(2)得

$$\boldsymbol{a}_a = \boldsymbol{a}_{D'A}^{\tau} + \boldsymbol{a}_{D'A}^{n} + \boldsymbol{a}_r + \boldsymbol{a}_C$$

作 ξ 轴垂直于 AB，将上式向 ξ 轴投影，得

$$a_a\cos 45^\circ = a_{D'A}^{\tau} + a_C$$

解得

$$a_a = \frac{3\sqrt{2}u^2}{2l}$$

杆 OD 的角加速度为

$$\alpha_{OD} = \frac{a_a}{OD} = \frac{3\sqrt{2}u^2}{2l^2}$$

转向为顺时针，如图 8-21(b)所示。

【例 8-11】 在图 8-22 所示平面机构中，杆 AC 在导轨中以匀速 $\boldsymbol{v}$ 平移，同时通过铰链 A

带动杆 AB 沿导套 O 运动，导套 O 与杆 AC 距离为 l，图示瞬时杆 AB 与杆 AC 的夹角 $\varphi=60°$，求此瞬时杆 AB 的角速度及角加速度。

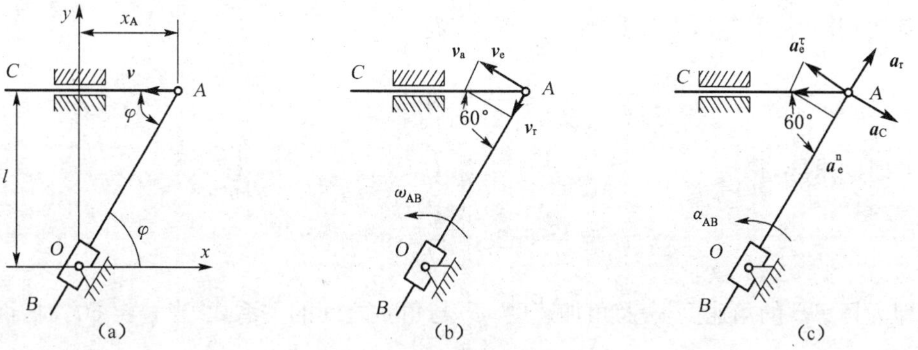

图 8-22

解：本题用两种方法求解。

方法一：以 A 为动点，动系固结在导套 O 上，牵连运动为绕 O 的转动。点 A 的绝对运动为以匀速 v 沿 AC 方向的运动，相对运动为点 A 沿导套 O 的运动，各速度矢如图 8-22(b)所示。由

$$\boldsymbol{v}_a=\boldsymbol{v}_e+\boldsymbol{v}_r=\boldsymbol{v}$$

可得

$$v_e=v_a\sin60°=\frac{\sqrt{3}}{2}v \qquad v_r=v_a\cos60°=\frac{v}{2}$$

由于杆 AB 在导套 O 中滑动，因此杆 AB 与导套 O 具有相同的角速度及角加速度，其角速度为

$$\omega_{AB}=\frac{v_e}{AO}=\frac{3v}{4l}$$

由于点 A 的绝对运动为匀速直线运动，故其绝对加速度为零。点 A 的相对运动为沿导套的直线运动，因此 $\boldsymbol{a}_r$ 沿杆 AB 方向，有

$$0=\boldsymbol{a}_e^\tau+\boldsymbol{a}_e^n+\boldsymbol{a}_r+\boldsymbol{a}_C$$

式中 $\boldsymbol{a}_C=2\boldsymbol{\omega}_e\times\boldsymbol{v}_r$，其方向如图 8-22(c)所示，大小为 $a_C=2\omega_e v_r=\dfrac{3v^2}{4l}$。$\boldsymbol{a}_e^\tau$、$\boldsymbol{a}_e^n$ 及 $\boldsymbol{a}_r$ 的方向如图 8-22(c)所示。

将加速度矢量方程式向 $\boldsymbol{a}_e^\tau$ 方向投影，得

$$a_e^\tau=a_C=\frac{3v^2}{4l}$$

杆 AB 的角加速度如图 8-22(c)所示，大小为

$$\alpha_{AB}=\frac{a_e^\tau}{AO}=\frac{3\sqrt{3}v^2}{8l^2}$$

方法二：以 O 为坐标原点，建立如图 8-22(a)所示的直角坐标系，由图可知

$$x_A = l\cot\varphi$$

将其两端对时间求导，并注意到 $\dot{x}_A = -v$，得

$$\dot{\varphi} = \frac{v}{l}\sin^2\varphi$$

将其再对时间求导，得

$$\ddot{\varphi} = \frac{v\dot{\varphi}}{l}\sin2\varphi = \frac{v^2}{l^2}\sin^2\varphi\sin2\varphi$$

上两式即为杆 AB 的角速度 $\dot{\varphi}$ 及角加速度 $\ddot{\varphi}$ 与角 φ 之间的关系式，当 $\varphi = 60°$ 时，得

$$\omega_{AB} = \dot{\varphi} = \frac{3v}{4l}, \alpha_{AB} = \ddot{\varphi} = \frac{3\sqrt{3}v^2}{8l^2}$$

两种解法结果相同。

本章小结

刚体内任意一点在运动过程中始终与某一固定平面保持不变的距离，这种运动称为刚体的平面运动。平行于固定平面所截出的任何平面图形都可代表此刚体的运动。

刚体的平面一点可简化为平面图形的运动，有三个自由度。平面图形的运动可分解为随基点的平动和绕基点的转动；还可看作是绕速度瞬心的瞬时转动。平面图形上的角速度和角加速度就是图形绕任意基点转动的角速度和角加速度。

速度分析的三种方法：

1）基点法

平面图形的运动可分解为随基点的平移和绕基点的转动。平移为牵连运动，它与基点的选择有关；转动为相对于平移参考系的运动，它与基点的选择无关。

平面图形上任意两点 A 和 B 的速度之间的关系为

$$\boldsymbol{v}_B = \boldsymbol{v}_A + \boldsymbol{v}_{BA}$$

2）速度投影法

平面图形上任意两点 A 和 B 的速度在该两点连线上的投影相等，即

$$(\boldsymbol{v}_B)_{AB} = (\boldsymbol{v}_A)_{AB}$$

3）速度瞬心法

若瞬心那点用 I 表示，则平面图形上任一点 B 的速度大小为

$$v_B = BI \cdot \omega$$

速度的方向垂直于该点到速度瞬心的连线，指向图形转动的一方。

此方法仅用来求解平面图形上点的速度问题。

(1) 平面图形内某一瞬时绝对速度为零的点称为该瞬时的瞬时速度中心，简称速度瞬心。

(2) 平面图形的运动可看成为绕速度瞬心作瞬时转动。

加速度分析的基点法：平面图形上任意两点 A 和 B 的加速度之间的关系为

$$a_{B} = a_{A} + a_{BA}^{\tau} + a_{BA}^{n}$$

复习思考题

一、是非题(正确的在括号内打"√",错误的打"×")

1. 刚体的平动和定轴转动均是刚体平面运动的特例。 (　　)

2. 刚体作瞬时平动时，刚体的角速度和角加速度在该瞬时一定都等于零。 (　　)

3. 轮子作平面运动时，如轮上与地面接触点 C 的速度不等于零，即相对地面有滑动，则此时轮子一定不存在瞬时速度中心。 (　　)

4. 若在作平面运动的刚体上选择不同的点作为基点时，则刚体绕不同基点转动的角速度是不同的。 (　　)

5. 某刚体作平面运动，若 A 和 B 是其平面图形上的任意两点，则速度投影定理永远成立。 (　　)

6. 作平面运动的平面图形上(瞬时平动除外)，每一瞬时都存在一个速度瞬心。 (　　)

二、填空题

1. 刚体的平面运动可分解为________和________，________与基点的选择有关，________与基点的选择无关。

2. 刚体定轴转动时，轴上各点的速度________，加速度________；而绕速度瞬心转动时，速度瞬心的速度________，加速度________。

3. 直角杆 OAB 可绕固定轴 O 在图 8-23 所示平面内转动，已知 $OA = 40\ \text{cm}$，$AB = 30\ \text{cm}$，角速度 $\omega = 2\ \text{rad/s}$，角加速度 $\alpha = 1\ \text{rad/s}^2$。则在图示瞬时，$B$ 点的加速度在 x 向的投影为________cm/s^2，在 y 向的投影为________cm/s^2。

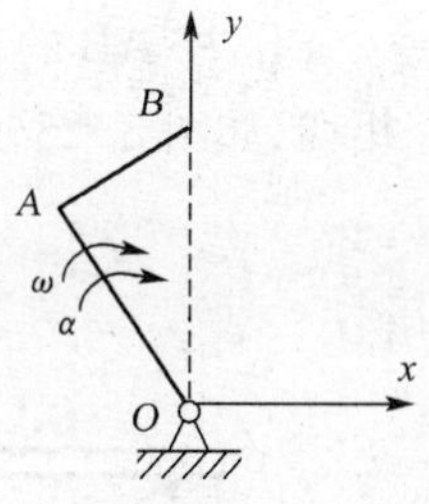

图 8-23

三、选择题

1. 刚体作平面运动，在瞬时平动的情况下，该瞬时(　　)。

A. 角速度 $\omega = 0$，角加速度 $\alpha = 0$

B. 角速度 $\omega = 0$，角加速度 $\alpha \neq 0$

C. 角速度 $\omega \neq 0$，角加速度 $\alpha = 0$

D. 角速度 $\omega \neq 0$，角加速度 $\alpha \neq 0$

2. 某一瞬时，作平面运动的平面图形内任意两点的加速度在此两点连线上投影相等，则可以断定该瞬时平面图形(　　)。

A. 角速度 $\omega = 0$　　　　B. 角加速度 $\alpha = 0$

C. ω、α 同时为零　　　　　　　　　　D. ω、α 均不为零

3. 如图 8-24 所示，刚体作平面运动，某瞬时平面图形的角速度为 ω，角加速度为 α，则其上任意两点 A、B 的加速度在 A、B 连线上的投影(　　)。

A. 必相等　　　　　　　　　　　　　B. 相差 $AB \cdot \omega^2$

C. 相差 $AB \cdot \alpha$　　　　　　　　　　D. 相差$(AB \cdot \omega^2 + AB \cdot \alpha)$

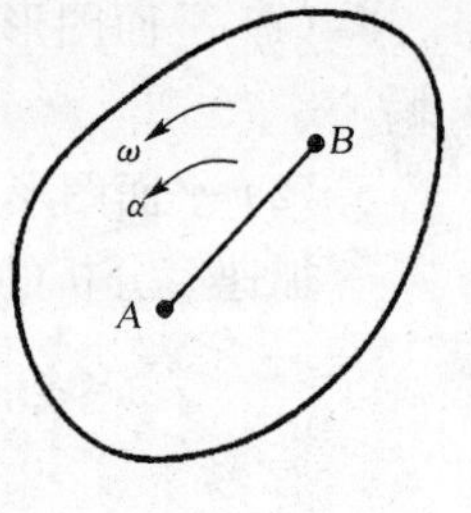

图 8-24

四、计算题

1. 在如图 8-25 所示的四连杆机构中，$OA = r$，$AB = b$，$O_1B = d$，已知曲柄 OA 以匀角速度 ω 绕轴 O 转动。试求在图示位置时，杆 AB 的角速度 ω_{AB} 以及摆杆 O_1B 的角速度 ω_1。

2. 椭圆规尺 AB 由曲柄 OC 带动，曲柄以等角速度 ω_0 绕轴 O 匀速转动，如图 8-26 所示。其中 $OC = BC = AC = r$，并取 C 为基点，求椭圆规尺 AB 的平面运动方程。

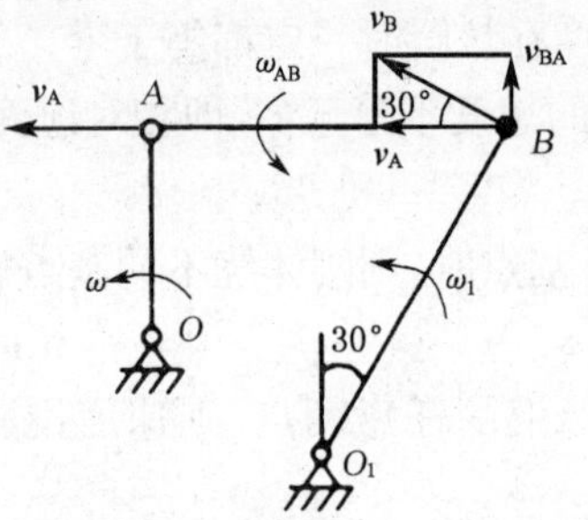

图 8-25

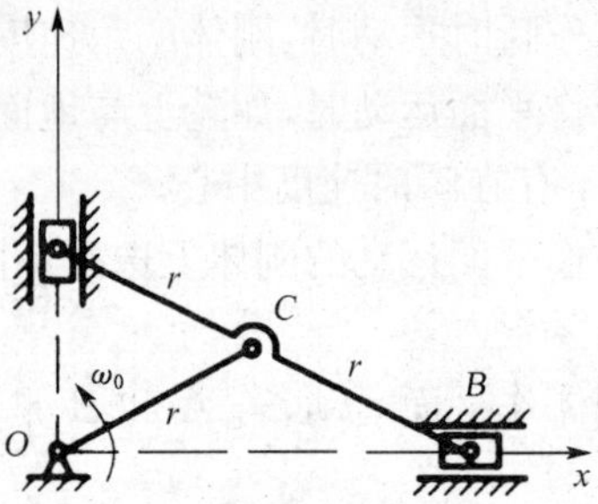

图 8-26

3. 如图 8-27 所示的筛动机构，筛子的摆动是由曲柄连杆机构带动的。已知曲柄 OA 的转速 $n_{OA} = 40\ \text{r/min}$，$OA = 0.3\ \text{m}$，当筛子 BC 运动到与点 O 在同一水平线上时，$\angle BAO = 90°$，求此时筛子 BC 的速度。

4. 杆 AB 的 A 端以等速 $\boldsymbol{v}$ 沿水平面向右运动，运动时杆恒与一半径为 R 的固定半圆柱面相切，如图 8-28 所示，设杆与水平面间的夹角为 θ，试以角 θ 表示杆的角速度。

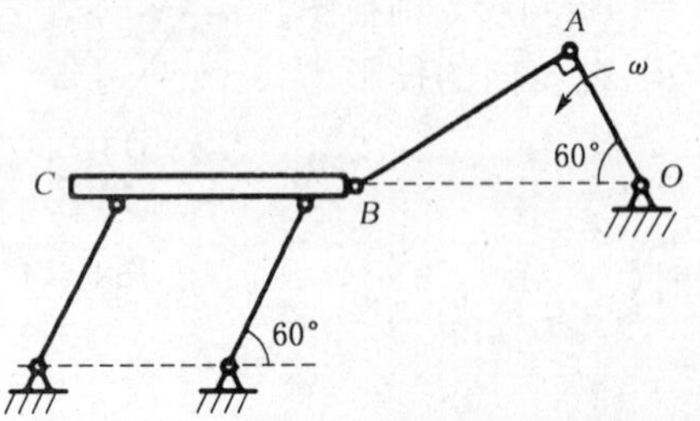

图 8-27

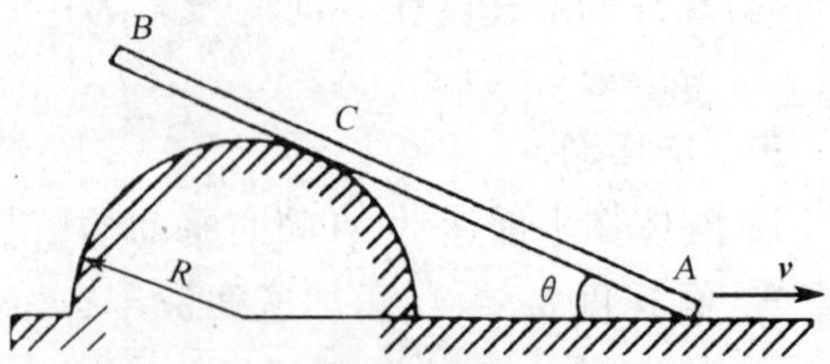

图 8-28

5. 两直杆 AC、BC 铰接于点 C，杆长均为 l，其两端 A、B 分别沿两直线运动，如图 8-29 所示。当 $ADBC$ 成一平行四边形时，$v_A = 0.2\ \text{m/s}$，$v_B = 0.4\ \text{m/s}$，求此时点 C 的速度。

6. 如图 8-30 所示曲柄摇块机构中，曲柄 OA 以等角速度 ω_0 绕 O 轴转动，带动连杆 AC 在摇块 B 内滑动，摇块及与其刚性连接的杆 BD 则绕铰 B 转动，且 $BD = l$，求在图示位置时摇

块的角速度及 D 点的速度。

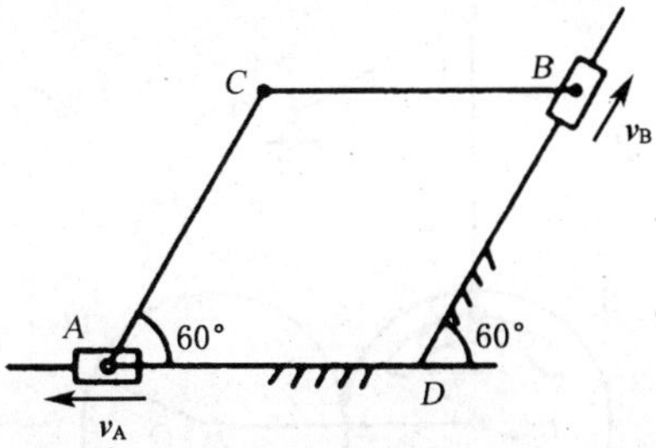

图 8-29

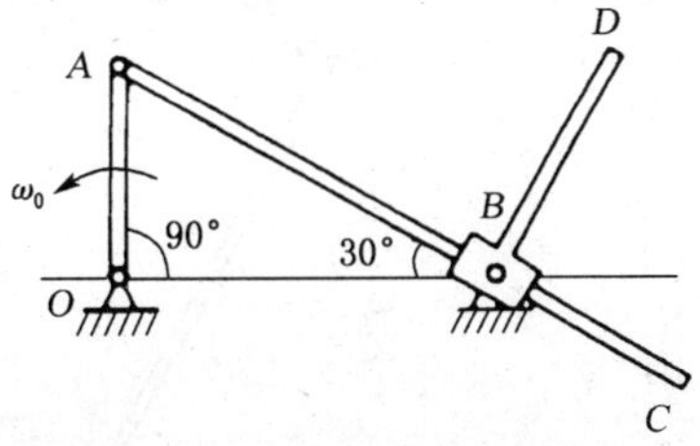

图 8-30

7. 在如图 8-31 所示的机构中，固定齿轮的半径 $r_1 = 0.1\ \text{m}$，曲柄 OA 以匀角速度 $\omega_0 = 0.5\ \text{rad/s}$绕轴 O 转动，并带动半径为 $r_2 = 0.2\ \text{m}$ 的大齿轮在小齿轮上滚动，连杆 BC 长 $l = 0.2\sqrt{26}\ \text{m}$。求图示瞬时滑块 C 的速度。

8. 如图 8-32 所示的四连杆机构中，连杆 AB 上固连一块直角三角板 ABC，曲柄 O_1A 的角速度为 $\omega_1 = 2\ \text{rad/s}$，已知 $O_1A = 0.1\ \text{m}$，$O_1O_2 = AC = 0.05\ \text{m}$，当 O_1A 铅直时，AB 平行于 O_1O_2，且 AC 与 O_1A 在同一直线上，$\varphi = 30°$，求此时直角三角板 ABC 的角速度和点 C 的速度。

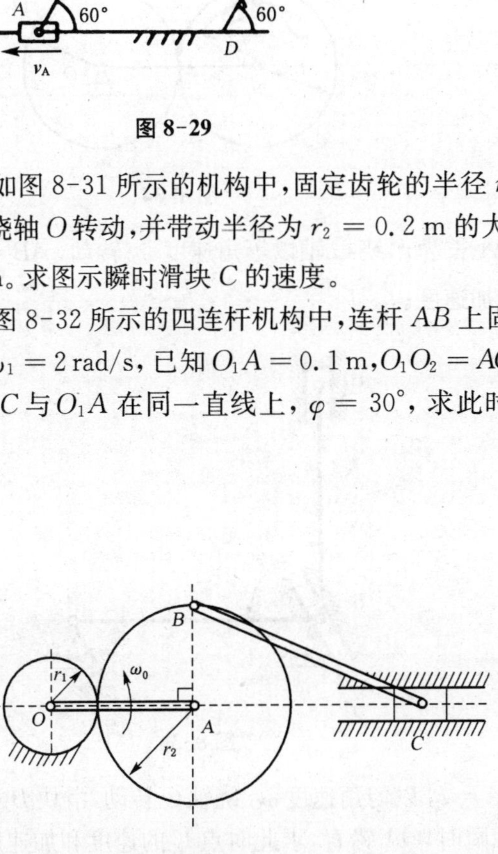

图 8-31

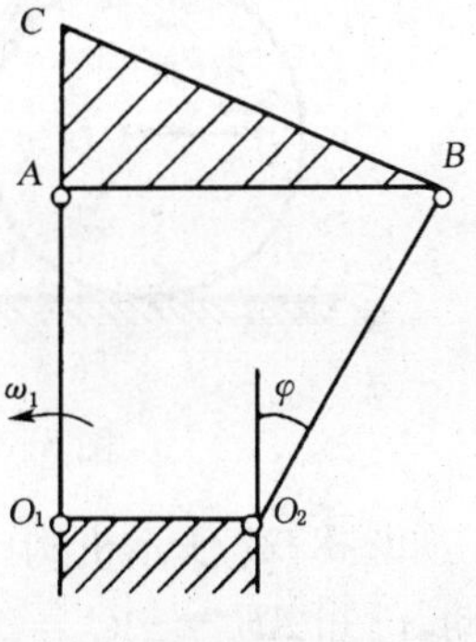

图 8-32

9. 曲柄机构在其连杆 AB 的中点 C 上以铰链与 CD 连接，而 CD 杆又与 DE 杆相铰接，DE 杆可绕 E 点转动，已知 OAB 成一水平线，曲柄 OA 的角速度 $\omega = 8\ \text{rad/s}$，$OA = 0.25\ \text{m}$，$DE = 1\ \text{m}$，$\angle CDE = 90°$，求在图 8-33 所示位置时，DE 杆的角速度。

10. 如图 8-34 所示为瓦特行星传动机构，平衡杆 O_1A 绕O_1 轴转动，并借连杆 AB 带动曲柄 OB，而曲柄 OB 活动地装置在 O 轴上。在 O 轴上装有齿轮Ⅰ，齿轮Ⅱ与连杆 AB 固连于一体。已知：$r_1 = r_2 = 0.3\sqrt{3}\ \text{m}$，$O_1A = 0.5\ \text{m}$，$AB = 1.5\ \text{m}$，且平衡杆的角速度 $\omega_{O1} = 6\ \text{rad/s}$。求当 $\gamma = 60°$，$\beta = 90°$ 时，曲柄 OB 和齿轮Ⅰ的角速度。

11. 如图 8-35 所示，轮 O 在水平面上滚动而不滑动，轮缘上固连销钉 B，此销钉在摇杆 O_1A 的槽内滑动，并带动摇杆绕 O_1 轴转动。已知：轮的半径 $R = 0.5\ \text{m}$，在图示位置时，AO_1 是轮的切线；轮心 O 的速度恒为 $v_0 = 20\ \text{cm/s}$；摇杆与水平面的交角为60°。求摇杆在该瞬时的角速度和角加速度。

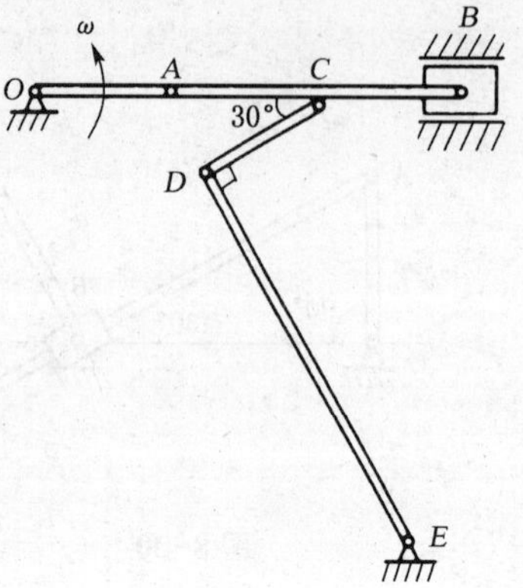

图 8-33

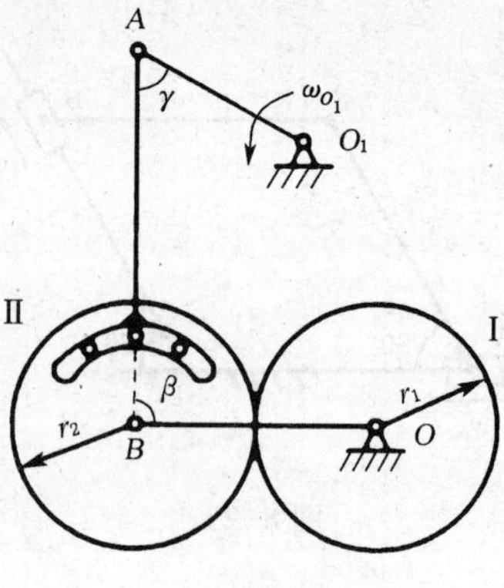

图 8-34

12. 在图 8-36 所示机构中，曲柄 OA 长为 r，绕 O 轴以等角速度 ω_0 转动，$AB=6r$，$BC=3\sqrt{3}\,r$。求图示位置时，滑块 C 的速度和加速度。

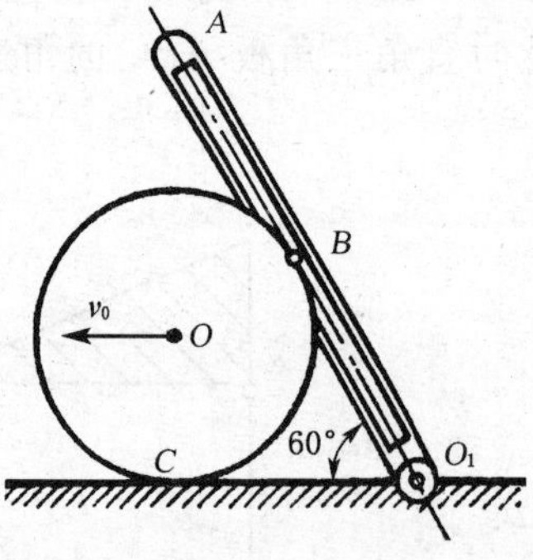

图 8-35

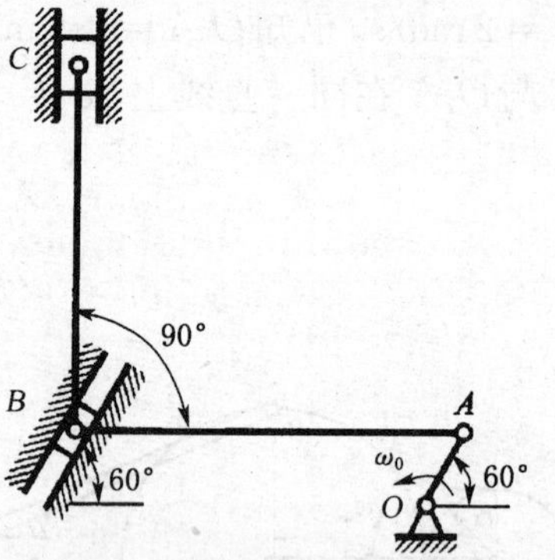

图 8-36

13. 如图 8-37 所示机构中，曲柄 $OA=l$，以匀角速度 ω_O 绕轴 O 转动，滑块 B 可在水平滑槽内滑动，已知 $AB=AC=2l$，在图示瞬时，OA 铅直，求此时点 C 的速度和加速度。

14. 如图 8-38 所示曲柄连杆机构中，曲柄 OA 绕轴 O 转动的角速度为 ω_O，角加速度为 α_O。某瞬时 OA 与水平方向成 60°角。而连杆 AB 与曲柄 OA 垂直。滑块 B 在圆弧槽内滑动，此时半径 O_1B 与连线 AB 间成 30°角。若 $OA=r$，$AB=2\sqrt{3}r$，$O_1B=2r$，求此瞬时滑块 B 的切向加速度和法向加速度。

15. 在图 8-39 所示四连杆机构中，已知：曲柄 $OA=r=0.5\text{ m}$，以匀角速度 $\omega_0=4\text{ rad/s}$ 转动，$AB=2r$，$BC=\sqrt{2}r$；图示瞬时 OA 水平，AB 铅直，$\varphi=45°$。试求该瞬时点 B 的加速度和摇杆 BC 的角速度和角加速度。

16. 滚压机构的滚子沿水平面滚动而不滑动，已知曲柄 OA 长 $r=10\text{ cm}$，以匀转速 $n=30\text{ r/min}$ 转动。连杆 AB 长 $l=17.3\text{ cm}$，滚子半径 $R=10\text{ cm}$。求在如图 8-40 所示位置时滚子的角速度及角加速度。

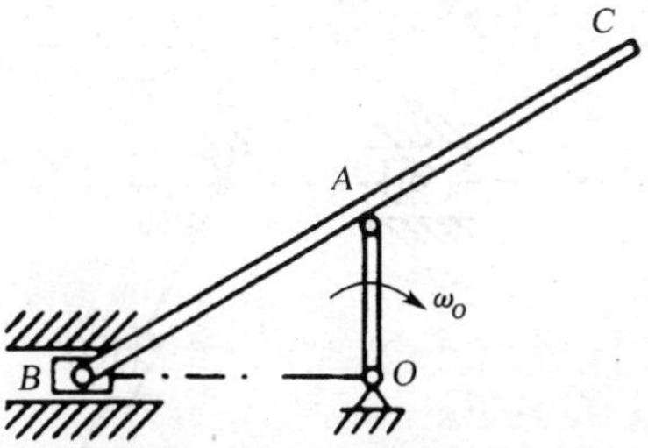

图 8-37

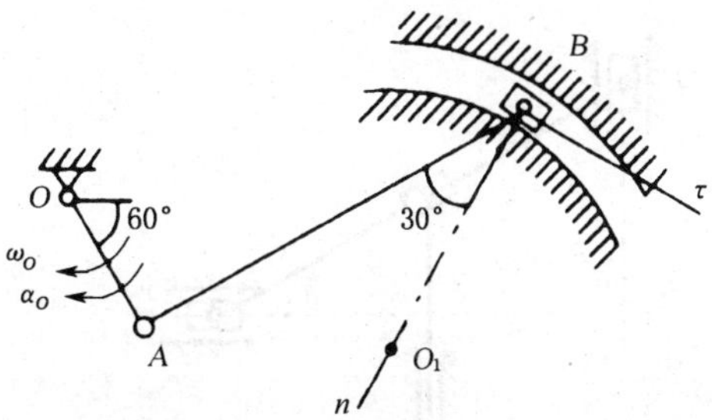

图 8-38

17. 如图 8-41 所示机构中，曲柄 OA 长为 $2l$，以匀角速度 ω_O 绕轴 O 转动，在图示瞬时，$AB = BO$，$\angle OAD = 90°$。求此时套筒 D 相对于杆 BC 的速度和加速度。

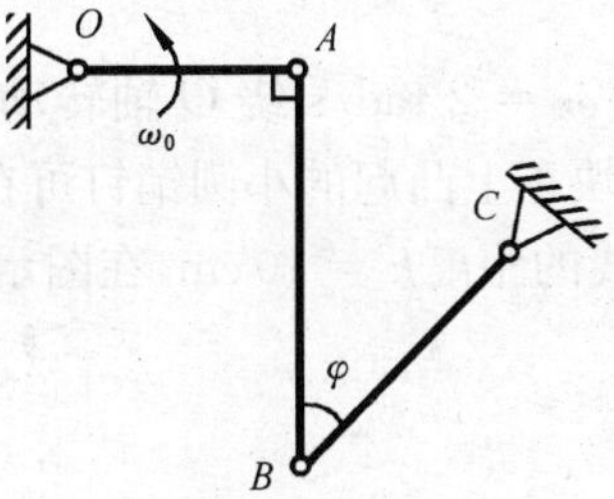

图 8-39

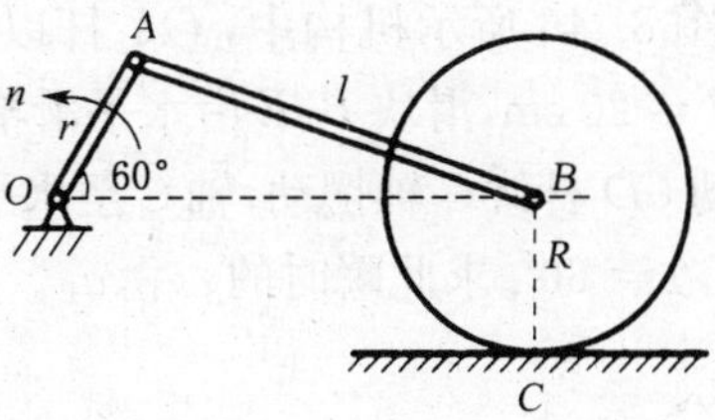

图 8-40

18. 纵向刨床机构如图 8-42 所示，曲柄 $OA = r$，以匀角速度 ω 转动。当 $\varphi = 90°$，$\beta = 60°$ 时，$DC = CB$，且 OC 与 BE 平行，连杆 $AC = 2r$，求刨杆 BE 的平移速度。

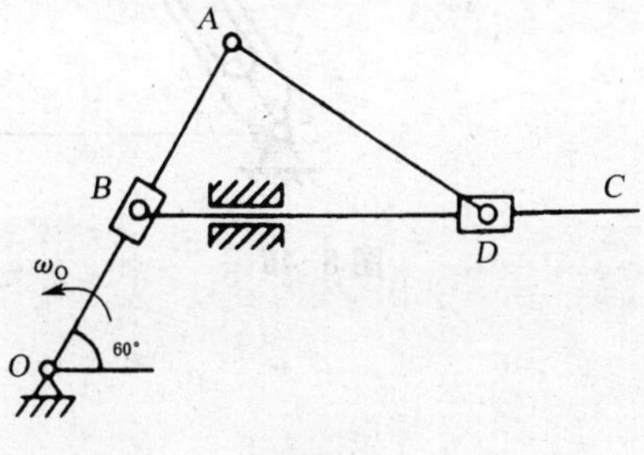

图 8-41

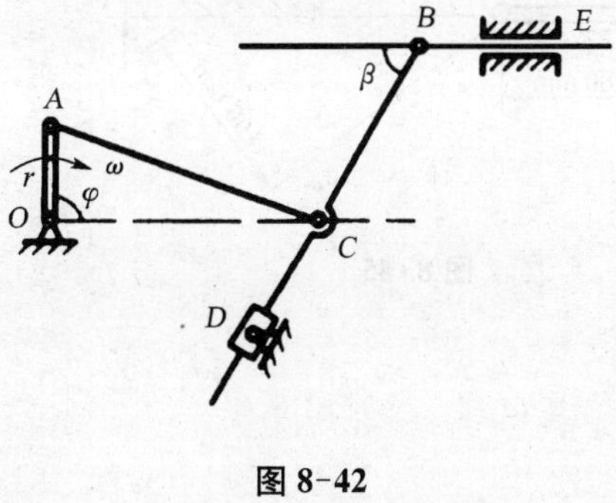

图 8-42

19. 如图 8-43 所示的机构中滑块 A 的速度为常值，$v_A = 0.2\ \text{m/s}$，$AB = 0.4\ \text{m}$，图示位置 $AC = BC$，$\theta = 30°$。求该瞬时杆 CD 的速度和加速度。

20. 如图 8-44 所示曲柄连杆机构中，滑块 B 可沿水平滑槽运动，套筒 D 可在摇杆 O_1C 上滑动，O、B、O_1 在同一水平直线上。已知：曲柄 $OA = 50\ \text{mm}$，匀速转动的角速度为 $\omega_0 = 10\ \text{rad/s}$。图示瞬时曲柄 OA 位于铅垂位置，$\angle OAB = 60°$，摇杆 O_1C 与水平线间成 60°角，距离 $O_1D = 70\ \text{mm}$，求摇杆的角速度和角加速度。

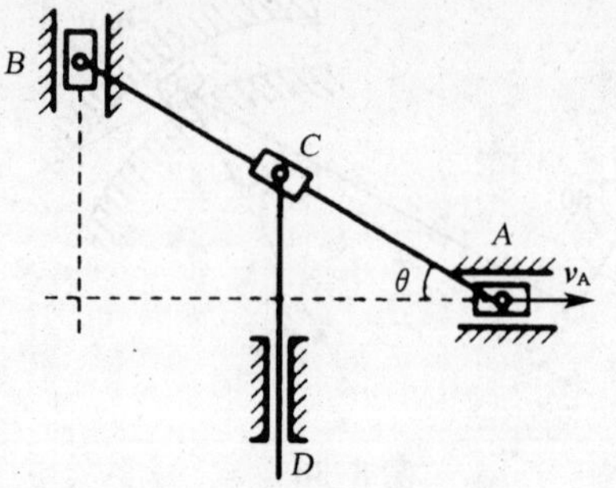

图 8-43

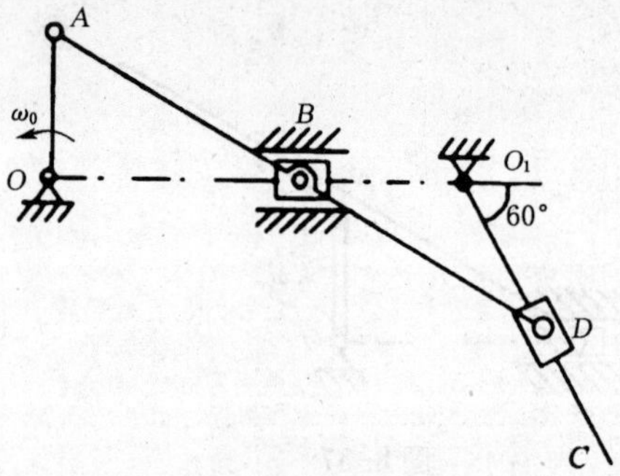

图 8-44

21. 如图 8-45 所示，物块 D 具有向左的速度 16 cm/s 和向右的加速度 30 cm/s^2。试求：在此位置，物块 A 的速度和加速度。

22. 在如图 8-46 所示机构中，OA 杆以匀角速度 $\omega = 2$ rad/s 绕 O 轴转动，$OA = r = 10$ cm，$AB = l = 20$ cm，滑块 B、E 沿水平滑槽移动，滑块正上凸起的小圆销钉可在 CD 杆上的槽内滑动，带动 CD 杆绕 C 轴摆动，轴 C 至水平滑槽轴线的距离 $h = 10$ cm，在图示瞬时，OA 杆铅垂，$\varphi = 30°$，$\theta = 60°$。求此瞬时的 ω_{CD}、a_B。

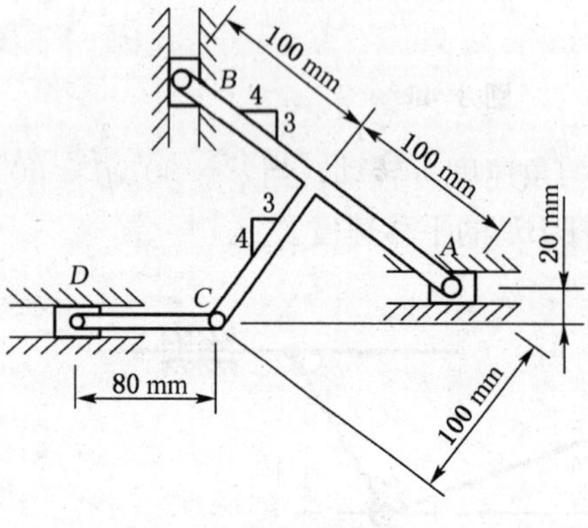

图 8-45

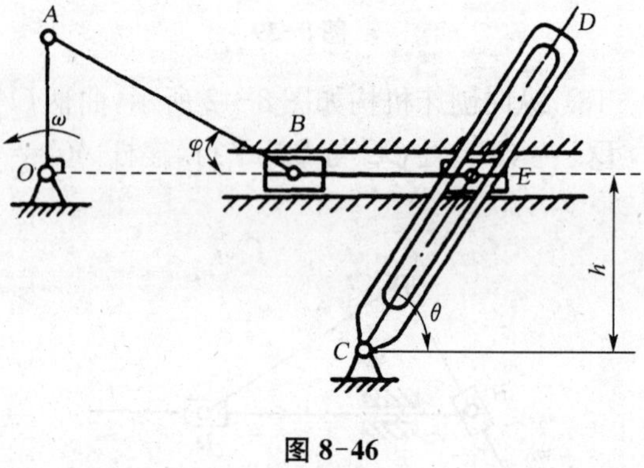

图 8-46

第三篇　动力学部分

9 质点动力学基本方程

本章导读

动力学基本方程建立了质点的运动与其所受力之间的关系。本章主要研究怎样建立质点运动微分方程，并应用它解决质点动力学的两类问题，即已知运动求力以及已知力求运动。

教学目标

了解：动力学基本定律。

掌握：质点运动微分方程形式。

应用：根据质点运动形式，选取相应的坐标系，解决动力学两类问题。

分析：熟练地对研究对象同时进行受力分析和运动分析。

9.1　动力学基本定律

9.1.1　牛顿定律

动力学基本定律是在对机械运动进行大量的观察及实验的基础上建立起来的。这些定律是牛顿总结了前人的研究成果，于 1687 年在他的名著《自然哲学的数学原理》中明确提出的，所以通常称为牛顿三大定律，它描述了动力学最基本的规律，是古典力学体系的核心。

第一定律　任何质点如不受力作用，则将保持其原来静止的或匀速直线运动的状态。

第二定律　质点受力作用时所获得的加速度的大小与作用力的大小成正比，与质点的质量成反比，加速度的方向与力的方向相同。

如果用 m 表示质点的质量，$\boldsymbol{F}$ 和 $\boldsymbol{a}$ 分别表示作用于质点上的力和质点的加速度，我们只要选取适当的单位，则第二定律可表示为

$$m\boldsymbol{a} = \boldsymbol{F} \tag{9-1}$$

上述方程建立了质量、力和加速度之间的关系，称为质点动力学的基本方程。它是推导其他动力学方程的出发点。若质点同时受几个力的作用，则力 $\boldsymbol{F}$ 应理解为这些力的合力。

这个定律给出了质点运动的加速度与其所受力之间的瞬时关系，说明作用力并不直接决定质点的速度，力对于质点运动的影响是通过加速度表现出来的，速度的方向可完全不同于作用力的方向。

同时，这个定律说明质点的加速度不仅取决于作用力，而且与质点的质量有关。若使不同的质点获得同样的加速度，质量较大的质点则需要较大的力，这说明较大的质量具有较大的惯性。由此可知，质量是质点惯性的度量。由于平动物体可以看作质点，所以质量也是平动物体惯性的度量。在国际单位制中，质量的单位为 kg，物体的质量 m 和重量 W 的关系为

$$\boldsymbol{W} = m\boldsymbol{g} \tag{9-2}$$

式中 g 是重力加速度。力和重量的单位是牛顿(N)，即：$1\ \mathrm{N} = 1\ \mathrm{kg} \cdot 1\mathrm{m/s^2} = 1\ \mathrm{kg} \cdot \mathrm{m/s^2}$。

加速度和力的量纲分别是 $\dim a = [L][t]^{-2}$ 和 $\dim F = [m][L][t]^{-2}$。

这里再次强调：质量和重量是两个不同的概念。质量是物体惯性的度量，在古典力学中作为不变的常量；而重量是地球对于物体的引力，由于在地面各处的重力加速度值略有不同，因此物体的重量是随地域不同而变的量，并且只在地面附近的空间内才有意义。

第三定律　两物体间相互作用的力总是同时存在，且大小相等、方向相反、沿同一直线，分别作用在两个物体上。

9.1.2　惯性坐标系

应该指出，上述的动力学基本定律是建立在绝对运动的基础上的。牛顿所理解的“绝对运动”系指在宇宙中存在着绝对静止的与物质无关的“死的”空间；而质点是在这样的空间里运动，也就是说把坐标系固连于这样绝对静止的空间里，而质点的运动称为绝对运动，与绝对运动相对应的时间被理解为与物质运动无关的绝对时间。因此，在古典力学中，时间与空间是不相干的。在动力学里，把适用于牛顿定律的这种参考坐标系称为惯性坐标系。

但是，宇宙中的任何物体都是运动的，根本不存在绝对静止的空间，自然也找不到绝对静止的惯性坐标系。对于一般工程问题，可以取与地球相固连的坐标系作为惯性坐标系。如果考虑到地球自转的影响，可选取地心为原点、三个轴分别指向三颗恒星的坐标系。

9.2　质点运动微分方程的三种形式

1）矢量形式

设质量为 m 的自由质点 M 在变力 $\boldsymbol{F}$ 作用下运动，如图 9-1 所示。根据动力学基本方程

$$m\boldsymbol{a} = \boldsymbol{F}$$

因 $$\boldsymbol{a} = \dot{\boldsymbol{v}} = \ddot{\boldsymbol{r}}$$

得 $$m\boldsymbol{a} = m\dot{\boldsymbol{v}} = m\ddot{\boldsymbol{r}} = \boldsymbol{F} \tag{9-3}$$

这就是矢量形式的质点运动微分方程。

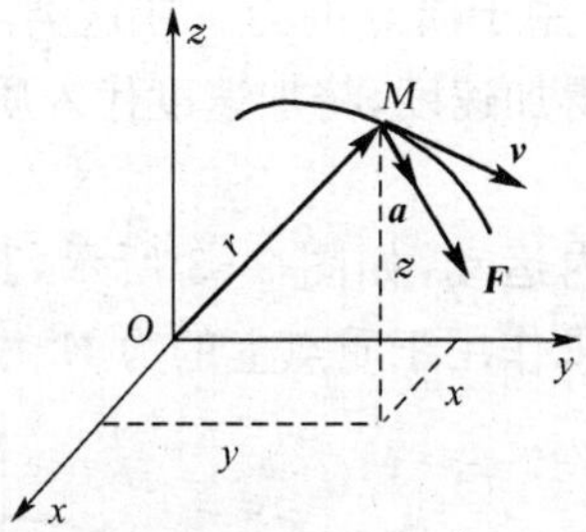

图 9-1

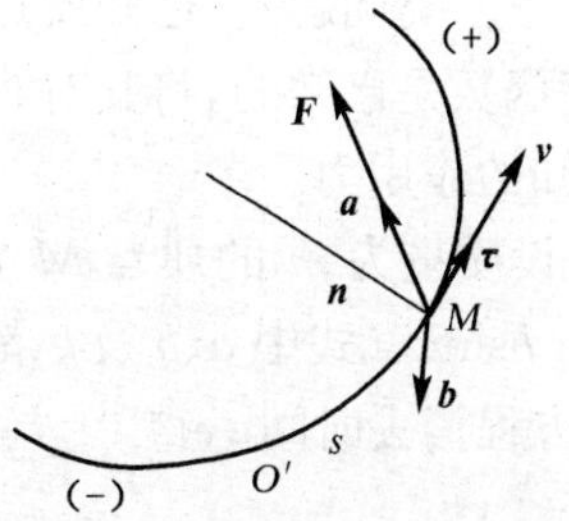

图 9-2

2）直角坐标形式

将式(9-3)投影在直角坐标轴上，则得

$$\left.\begin{aligned} m\ddot{x} &= F_x \\ m\ddot{y} &= F_y \\ m\ddot{x} &= F_z \end{aligned}\right\} \tag{9-4}$$

即 $$m\frac{\mathrm{d}^2x}{\mathrm{d}t^2} = F_x,\quad m\frac{\mathrm{d}^2y}{\mathrm{d}t^2} = F_y,\quad m\frac{\mathrm{d}^2z}{\mathrm{d}t^2} = F_z$$

这就是直角坐标形式的质点运动微分方程。

3）自然坐标形式

在实际应用中，采用自然坐标系有时更为方便。如图 9-2 所示，过 M 点作运动轨迹的切线、法线和副法线。将式(9-3)投影在自然轴上，则得

$$\left.\begin{aligned} ma_\tau &= m\ddot{s} = F_\tau \\ ma_\mathrm{n} &= m\frac{v^2}{\rho} = F_\mathrm{n} \\ 0 &= F_\mathrm{b} \end{aligned}\right\} \tag{9-5}$$

这是自然坐标形式的质点运动微分方程。

9.3 质点动力学的两类基本问题

动力学研究物体的运动与作用于物体上的力之间的关系。在动力学中，有两类基本问题：①已知物体的运动，求作用于物体上的力；②已知作用于物体上的力，求物体的运动。用投影形式的质点运动微分方程解决质点动力学问题是个基本的方法。在解决实际问题时，要注意

根据问题的条件作受力分析和运动分析。

9.3.1 质点动力学第一类问题

质点动力学第一类问题是：已知质点的运动，求作用于质点的力。在这类问题中，质点的运动方程或速度函数是已知的，将其对时间求导后即得加速度，将加速度代入质点运动微分方程，便可求出未知的作用力。

【例 9-1】 设质量为 m 的质点 M 在 Oxy 平面内运动，如图 9-3 所示，其运动方程为：$x = a\cos kt$，$y = b\sin kt$。式中 a、b 及 k 都是常数。试求作用于质点上的力 $\boldsymbol{F}$。

解：由运动方程消去时间 t，得

$$\frac{x^2}{a^2} + \frac{y^2}{b^2} = 1$$

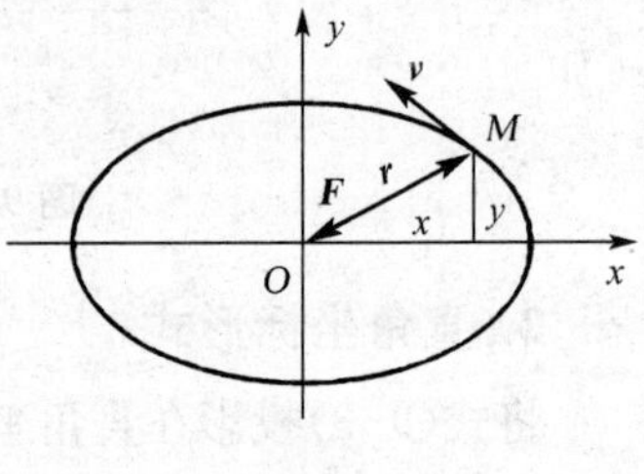

图 9-3

将运动方程取两次微分，得

$$\ddot{x} = -k^2 a\cos kt = -k^2 x$$
$$\ddot{y} = -k^2 b\sin kt = -k^2 y$$

将上式各乘以该质点的质量 m，则得到作用于质点上的力 $\boldsymbol{F}$ 的投影为

$$F_x = m\ddot{x} = -k^2 mx$$
$$F_y = m\ddot{y} = -k^2 my$$

由 $$\boldsymbol{F} = F_x \boldsymbol{i} + F_y \boldsymbol{j} = -mk^2(x\boldsymbol{i} + y\boldsymbol{j}) = -mk^2 \boldsymbol{r}$$

可知，力 $\boldsymbol{F}$ 与矢径 $\boldsymbol{r}$ 共线、反向，这表明此质点按给定的运动方程作椭圆运动时，其特点是：(1) 力的方向永远指向椭圆中心，为有心力；(2) 力的大小与此质点至椭圆中心的距离成正比。

【例 9-2】 质点 M 的质量为 m，由长为 l 的细绳悬于固定点 S，如图 9-4 所示。设 M 质点以匀速 $\boldsymbol{v}$(未知值)作水平圆周运动，测出悬绳和铅垂线的偏角为 α。求绳子的拉力 $\boldsymbol{T}$ 及质点 M 的圆周速度 v。

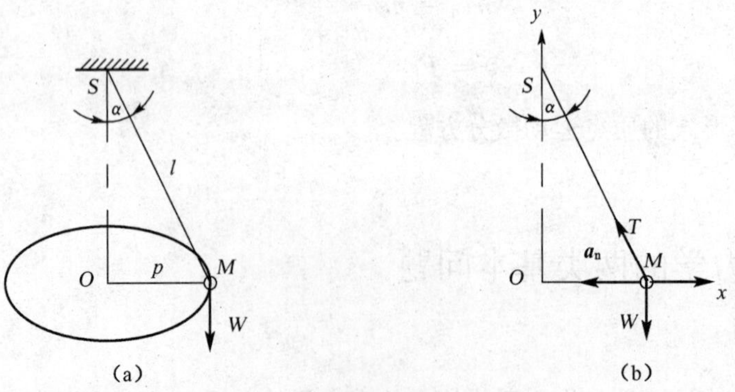

图 9-4

解：取质点 M 为研究对象。作用力有：重力 W，绳拉力 T。质点 M 作匀速圆周运动，有指向

圆心的向心加速度 $a_n = \dfrac{v^2}{l\sin\alpha}$。画出受力图，如图 9-4(b)所示。列出质点动力学基本方程

$$m\boldsymbol{a} = \boldsymbol{W} + \boldsymbol{T}$$

将上式向直角坐标 Oxy 的 x、y 轴分别投影，有

$$T\cos\alpha - mg = 0$$

$$T\sin\alpha = ma_n = m\frac{v^2}{l\sin\alpha}$$

由以上两式，可解得

$$T = \frac{mg}{\cos\alpha}, v = \sqrt{lg\ \sin^2\alpha/\cos\alpha}$$

【例 9-3】 如图 9-5 所示，桥式起重机上跑车悬吊一重为 $\boldsymbol{W}$ 的重物，沿水平横梁作匀速运动，其速度为 v_0，重物的重心至悬挂点的距离为 l。由于突然刹车，重物的重心因惯性绕悬挂点 O 向前摆动，试求钢绳的最大拉力。

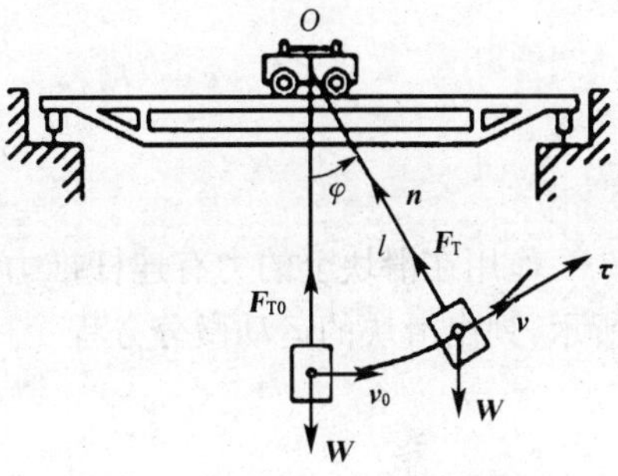

图 9-5

解：将重物视为质点，作用于其上的力有重力 $\boldsymbol{W}$ 和绳的拉力 $\boldsymbol{F}_T$。刹车前重物以速度 v_0 作匀速直线运动，即处于平衡状态，这时重力 $\boldsymbol{W}$ 与绳拉力 $\boldsymbol{F}_{T0}$ 大小相等。刹车后，重物沿以悬挂点 O 为圆心、l 为半径的圆弧向前摆动，考虑绳与铅垂线成 φ 角的任意位置时，由于运动轨迹已知，故应用式(9-5)，取自然轴见图 9-5，列运动微分方程

$$\frac{W}{g}\frac{\mathrm{d}v}{\mathrm{d}t} = -W\sin\varphi \tag{1}$$

$$\frac{W}{g}\frac{v^2}{l} = F_T - W\cos\varphi \tag{2}$$

由式(2)得 $$F_T = W\left(\cos\varphi + \frac{v^2}{gl}\right)$$

其中 v 及 $\cos\varphi$ 均为变量，由式(1)知重物作减速运动，故可判断出在初始位置 $\varphi = 0$ 时绳的拉力最大，其值为

$$F_{T\max} = W\left(1 + \frac{v_0^2}{gl}\right)$$

可见在一般情况下，钢绳拉力由两部分组成，一部分是静拉力 $F_{T0} = W$，另一部分是由于加速度引起的附加动拉力，两者的比值 $K_d = \dfrac{F_{T\max}}{F_{T0}} = \left(1 + \dfrac{v^2}{gl}\right)$，加速度越大，则比值和动拉力越大。

【例 9-4】 曲柄连杆机构如图 9-6(a)所示，曲柄 OA 以匀角速度 ω 绕 O 转动，滑块沿 x 轴线作往复直线运动，r 和 l 分别为曲柄 OA 和连杆 AB 的长度，$r = l$，滑块重 $\boldsymbol{W}$，不计摩擦。试求任意瞬时，当 $\theta=\omega t$ 时，连杆作用在滑块上的力 $\boldsymbol{T}$。

解:取滑块为研究对象作为运动质点,取 O 为坐标原点。先作机构的运动分析。由于 $OA = AB$,可列出质点的运动方程为

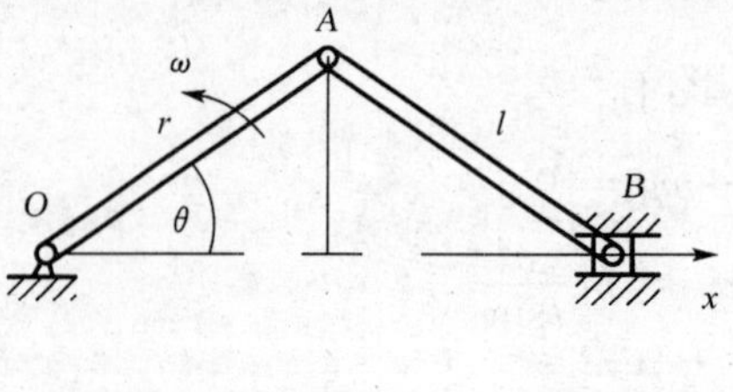

(a)

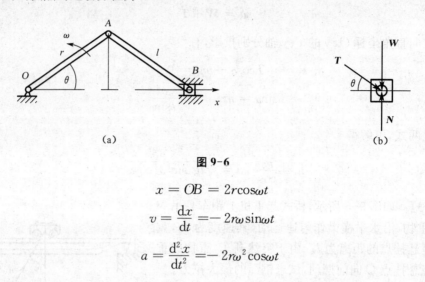

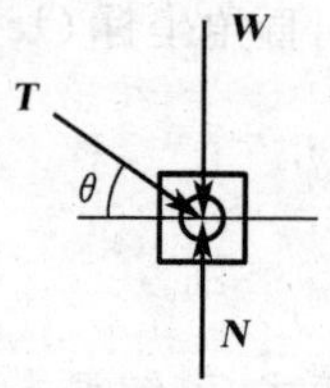

(b)

图 9-6

$$x = OB = 2r\cos\omega t$$

$$v = \frac{dx}{dt} = -2r\omega\sin\omega t$$

$$a = \frac{d^2x}{dt^2} = -2r\omega^2\cos\omega t$$

作用在滑块上的力有连杆推力 $\boldsymbol{T}$,滑块所受重力 $\boldsymbol{W}$,滑道反力 $\boldsymbol{N}$,画出受力图如图 9-6(b) 所示,列出滑块的运动微分方程

$$N - W - T\sin\omega t = 0$$

$$T\cos\omega t = \frac{W}{g}a = \frac{W}{g}(-2r\omega^2\cos\omega t)$$

可得
$$T = -\frac{2r\omega^2 W}{g}$$

式中负号表示作用于滑块的力 $\boldsymbol{T}$ 与图 9-6(b)中假设的方向相反。

9.3.2 质点动力学第二类问题

质点动力学第二类问题是:已知作用在质点上的力,求质点的运动。给出作用在质点上的力是多种多样的,可能是恒力,也可能是变力。力或者是时间的函数,或者是位置的函数,或者是速度的函数。

求解这类问题的方法和步骤是:先选取研究对象,分析作用在研究对象上的力,列出质点运动微分方程,求微分方程的解。一般力学问题给出的是二阶微分方程,其解即为质点的运动规律,其中包含两个待定积分常数。积分常数根据已知条件(如运动的初始条件,即 $t=0$ 时质点的坐标值和速度值),才能由此决定积分常数或积分的上下限,从而确定质点的运动规律。当力的变化规律复杂时,求解比较困难。计算时要根据力的表达形式(力为常数,还是时间或坐标的函数)及需求量的不同来分离变量。

【例 9-5】 垂直于地面向上发射一物体,试求该物体在地球引力作用下的运动速度,并求第二宇宙速度。不计空气阻力及地球自转的影响。

解:选地心 O 为坐标原点,x 轴铅垂向上,如图 9-7 所示。将物体视为质点,根据牛顿万有

引力定律，它在任意位置 x 处受到地球的引力 F 作用，方向指向地心 O，大小为

$$F = f\frac{mM}{x^2}$$

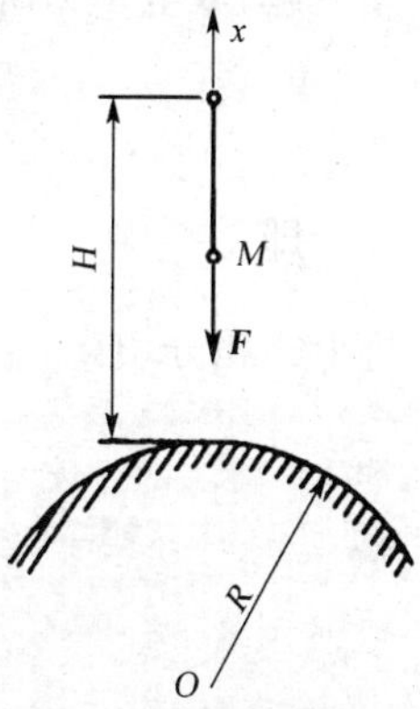

图 9-7

其中，f 为万有引力常数，m 为物体的质量，M 为地球的质量，x 为物体至地心的距离。由于物体在地球表面时所受的引力即为重力，故有

$$mg = f\frac{mM}{R^2}$$

所以有
$$f = \frac{gR^2}{M}$$

因此物体的运动微分方程为
$$m\frac{d^2x}{dt^2} = -F = -\frac{mgR^2}{x^2}$$

改写成
$$mv_x\frac{dv_x}{dx} = -\frac{mgR^2}{x^2}$$

分离变量得
$$mv_x dv_x = -\frac{mgR^2 dx}{x^2}$$

设物体在地面开始发射的速度为 v_0，在空中任意位置 x 处的速度为 v，对上式进行积分得

$$\int_{v_0}^{v} mv_x dv_x = \int_{R}^{x} -mgR^2\frac{dx}{x^2}$$

得
$$\frac{1}{2}mv^2 - \frac{1}{2}mv_0^2 = mgR^2\left(\frac{1}{x} - \frac{1}{R}\right)$$

所以物体在任意位置的速度为
$$v = \sqrt{(v_0^2 - 2gR) + \frac{2gR^2}{x}}$$

可见物体的速度将随 x 的增加而减小。

若 $v_0^2 < 2gR$，则物体在某一位置 $x = R + H$ 时速度将减少为零，此后物体将往回落下，H 为以初速 v_0 向上发射所能达到的最大高度。将 $x = R + H$ 及 $v = 0$ 代入上式，可得

$$H = \frac{Rv_0^2}{2gR - v_0^2}$$

若 $v_0^2 > 2gR$，则不论 x 为多大，甚至为无限大时，速度 v 都不会减少为零。因此欲使物体向上发射而一去不复返时必须具有的最小初速度为 $v_0 = \sqrt{2gR}$，如以 $g = 9.8\ \mathrm{m/s^2}$，$R =$ 6 370 km 代入，则得

$$v_0 = 11.2\ \mathrm{km/s}$$

这就是物体脱离地球引力范围所需的最小初速度，称为第二宇宙速度。

【例 9-6】 质量为10^4 kg 的电车启动时，由变阻器控制电车的驱动力，使驱动力由零开始与时间成正比地增加，每秒增加 1 200 N。初始时驱动力为零。地面的滑动最大摩擦力为恒值，等于 2 000 N。试求电车的运动方程及到达正常运行速度 $v = 1.71\ \mathrm{m/s}$ 的启动时间及启动过程中所走的直线路程。

解:取电车为研究对象。由 $F=ma$,可列出

$$1\,200t-2\,000=10^4 a$$

即
$$a=\frac{\mathrm{d}^2x}{\mathrm{d}t^2}=10^{-4}(1\,200t-2\,000)=0.12\left(t-\frac{5}{3}\right)$$

将上式积分,有

$$v=\frac{\mathrm{d}x}{\mathrm{d}t}=0.06\left(t-\frac{5}{3}\right)^2+C_1$$

$$x=0.02\left(t-\frac{5}{3}\right)^3+C_1t+C_2$$

当驱动力小于最大摩擦力 2 000 N 时,驱动力始终与摩擦力构成平衡,电车静止不动且不可能产生负向加速度,故设 $t<\frac{5}{3}$ s 为第一阶段,以上方程不适用于第一阶段。设 $t\geqslant\frac{5}{3}$ s 为第二阶段,可定其初始条件为

$$t=\frac{5}{3}\text{ s 时 } x=0,v=0;\text{因而 } C_1=0,C_2=0$$

使 $v=\frac{\mathrm{d}x}{\mathrm{d}t}=1.71\text{ m/s}$

$$1.71=0.06\left(t-\frac{5}{3}\right)^2$$

可得
$$t=7\text{ s}$$

启动过程(包括第一、二阶段)7 秒内所走路程为

$$x=0.02\left(7-\frac{5}{3}\right)^3=3.034\text{ m}$$

本章小结

1)质点动力学基本方程,定量地反映了作用在质点上的力与质点运动间的关系

动力学基本方程 $\boldsymbol{F}=m\boldsymbol{a}$ 应用时,其中 $\boldsymbol{a}$ 必须以质点运动的绝对加速度代入。在远小于光速的宏观力学问题中,可以得到足够精确的结果。

2)质点动力学问题一般可分为两类

(1) 根据质点已知的运动,求作用在质点上的力。对于此类问题,通过微分运算得到加速度,即可解得作用力。

(2) 根据作用在质点上的力,求质点的运动。对于此类问题,列出运动微分方程后,要通过积分运算求得运动规律,这时,不仅要已知作用力,还必须有已知运动的初始条件,才能确定积分常数或积分的上、下限。

复习思考题

一、问答题

1. 质点运动速度的方向，是否和作用在质点上的合力方向相同？某瞬时，运动质点有最大值的速度，此时作用在质点上的合力是否为最大值？某瞬时，质点速度为零，是否作用力为零？

2. 两个质量相同的质点，在大小和方向均相同的力作用下，这两个点的运动轨迹、速度和加速度的变化过程是否一定相同？一个质点在空中只受到重力的作用，为何质点的运动轨迹，可能是铅垂直线，也可能是抛物线？

3. 观察到一个质点在以加速度 a_0 作水平直线平动的小车内作匀速直线运动，即相对速度 v_r 为一常量，该质点是否不受力的作用？

4. 汽车在圆弧形桥面上匀速行驶时，它除了受到重力、桥面反力、牵引力、桥面阻力作用外，是否还受到向心力的作用？汽车以速度 v 驶过半径为 ρ 的圆弧桥顶时，其向心加速度值 $a_n = v^2/\rho$ 大于重力加速度 g 是否可能？汽车在水平地面上作较大车速的急拐弯时，其向心力是由什么物体作用提供的？

5. 正在光滑水平面上作匀速圆周运动的质点，有向心力 F_n 作用于质点。当 F_n 作下列不同情况变化时，质点运动将出现什么情况：

(1) F_n 消失，即 $F_n = 0$；

(2) F_n 值加倍；

(3) F_n 指向改变与原方向相反，其值不变；

(4) F_n 减少至 $1/3F_n$。

6. 试判断下面几种说法是否正确。

(1) 质点的运动方向，就是质点上所受合力的方向；(2) 两个质量相同的质点，只要在一般位置受力相同，则运动微分方程也必相同；(3) 质点的速度越大，所受的力也越大。

7. 如图 9-8 所示，绳的拉力 $F_T = 2\,\text{kN}$，重物 Ⅰ 重 $W_1 = 2\,\text{kN}$，重物 Ⅱ 重 $W_2 = 1\,\text{kN}$。若不计滑轮质量，问在图 9-8(a)、(b)两种情况下，重物Ⅱ的加速度是否相同？两根绳中的张力是否相同？

图 9-8

二、计算题

1. 质量各为 10 kg 的物块 A、B 放置在水平桌面上，并用不计质量的滑轮联系，如图 9-9 所示，设两物块与桌面的摩擦因数 $f = 0.2$。在物块 A 上作用一水平力 $F = 50\,\text{N}$，求物块 A、

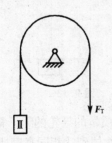

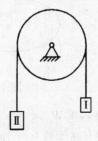

B 的加速度。

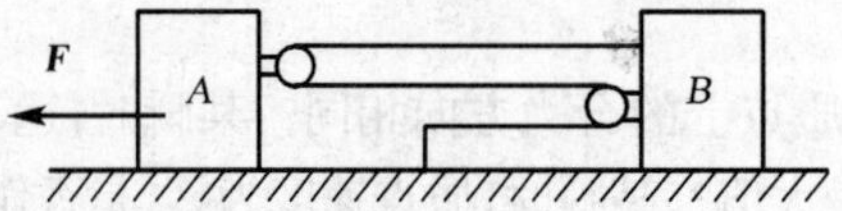

图 9-9

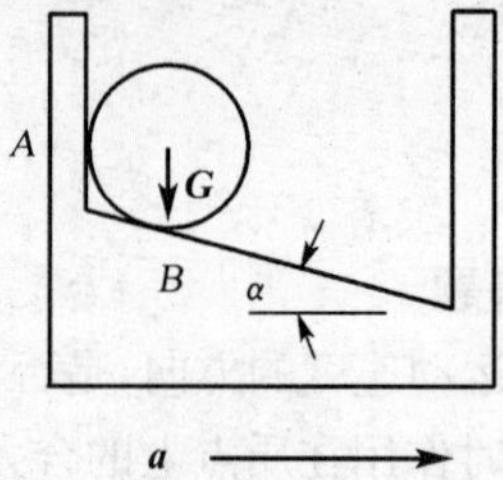

图 9-10

2. 如图 9-10,重 $G=98\ \mathrm{N}$ 的圆柱放在框架内,框架以加速度 $a=2g$ 作水平方向平动。求圆柱和框架铅垂侧面间的压力 N_A。已知 $\alpha=15°$,摩擦不计。

3. 质量 $m=2\,000\ \mathrm{kg}$ 的汽车,当以 $v=6\ \mathrm{m/s}$ 的速度先后驶过曲率半径 $\rho=120\ \mathrm{m}$ 的桥顶(如图 9-11(a)所示)和凹坑时(如图 9-11(b)所示),试分别求出桥面及凹坑底面反力。

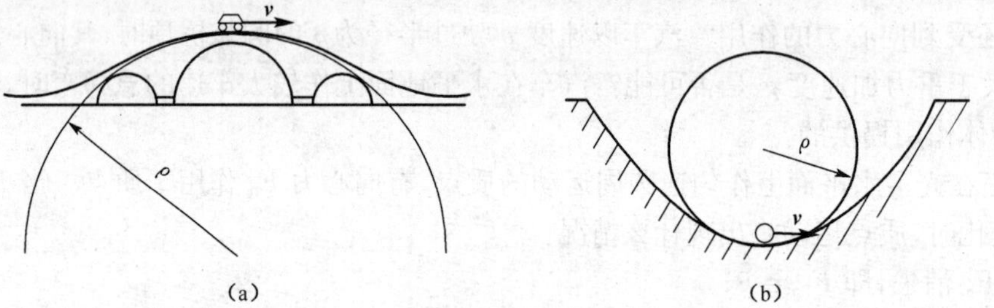

图 9-11

4. 如图 9-12 所示,小球在细绳拉力作用下作水平平面内的匀速圆周运动。设已知质点的重 $W=mg$,圆周速度 $\boldsymbol{v}$ 及绳长 l。试求绳与铅垂线的夹角 α。

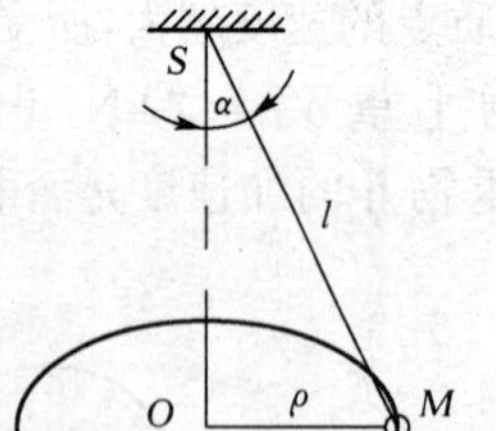

图 9-12

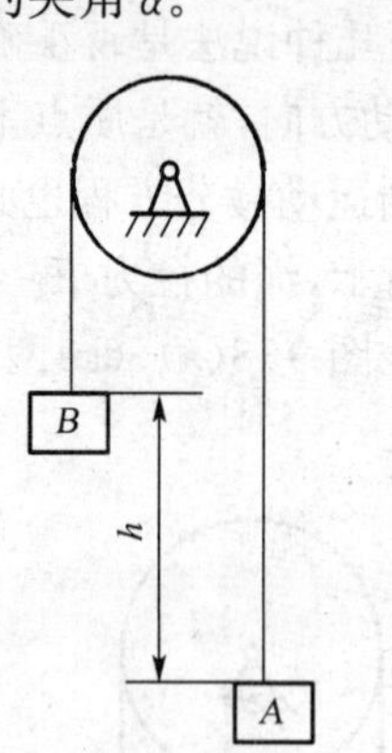

图 9-13

5. 物块 A、B 各重 $W_A=1\ \mathrm{kN}$、$W_B=3\ \mathrm{kN}$,用跨过不计质量的导轮的绳子相连,如图 9-13 所示,开始时两物块有高度差 $h=19.6\ \mathrm{m}$。求静止释放后,两物体到达相同高度所需的时间。

6. 欲测出正在高空作匀加速运动上升飞机的向上加速度。在飞机内弹簧秤上挂一重物,此重物在地面上测定弹簧秤上读数为 12 N,地面重力加速度 $g=9.8\ \mathrm{m/s^2}$,而在高空飞行的飞机内弹簧秤读数为 16 N,此时高空飞行位置的重力加速度 $g=8\ \mathrm{m/s^2}$。试求飞机上升加速度值 a。

提示:弹簧上挂重的质量 $m=12/9.8\ \mathrm{kg}$,在高空位置的重力为 $mg=(12/9.8)\times 8\ \mathrm{N}$。

7. 质量 $m=8\,000\,\text{kg}$ 的汽车以速度 $v=8\frac{1}{3}\ \text{m/s}$ 沿平直道路行驶，设汽车在刹车后经过8 m路程后停止，刹车期间汽车作匀减速运动，求作用于汽车上的制动力(包括各种阻力在内)。

8. 重物 A、B 的质量分别为 $m_A=20\ \text{kg}$，$m_B=40\ \text{kg}$。A、B 间用铅垂弹簧相连，如图 9-14 所示。重物 A 按 $y=H\cos\frac{2\pi}{T}t=12\cos\frac{2\pi}{0.25}t$ (mm)作铅垂简谐运动，其中 T 为周期，H 为振幅(偏离平衡位置的最大值)。试求物块 B 作用在地面上的压力的最大值和最小值。

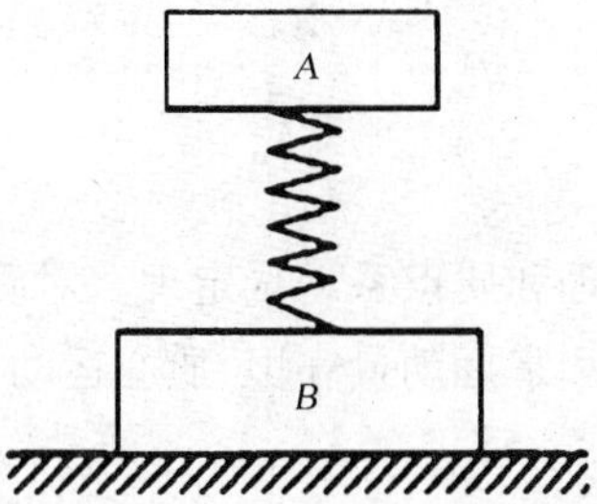

图 9-14

图 9-15

9. 如图 9-15，自行车以等速 $v=8\ \text{m/s}$ 沿曲率半径 $\rho=80\ \text{m}$ 的圆弧路拐弯，当路面为光滑时，问路面的侧向倾斜倾角应等于多少?

10. 汽车以水平方向车速 $v=14\ \text{m/s}$ 行驶，刹车后，以匀减速沿地面滑行 $s=20\ \text{m}$ 后停住，车上货物重 W 与车厢的摩擦因数 $f=0.45$。求货物在车厢内滑动的距离。

提示:货物在最大摩擦力 $F_{\max}=fW$ 作用下产生与车速相反的最大加速度 a_0，可由此求出货物速度自 14 m/s 降至零对静坐标所走的路程 s_0，s_0 大于 20 m。即货物在车上有相对滑动，滑行距离 (S_0-20)m。

11. 一个质量为 $m=10\ \text{kg}$ 的质点，在变力 $F=98(1-t)$ 的作用下作水平直线运动。式中 F 以 N 计，t 以 s 计。初始速度 $v_0=0.2\ \text{m/s}$，其方向与作用力相同。求经几秒后物体速度等于零，并求自开始至速度为零时间内经过的路程。

12. 曲柄滑块机构如图 9-16 所示，活塞和滑槽体的质量共为 50 kg，曲柄 OA 长 $r=30\ \text{cm}$，绕轴 O 作匀速转动，转速 $n=120\ \text{r/min}$。求当曲柄在 $\varphi=0$ 及 $\varphi=90°$ 两位置时，滑块作用在滑槽上的水平力。

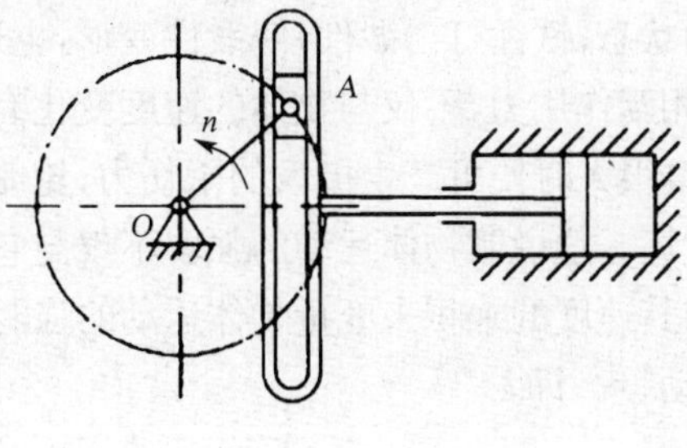

图 9-16

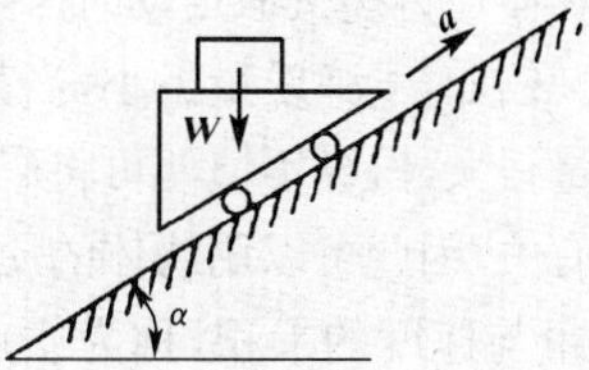

图 9-17

13. 小车以匀加速度 a 沿倾角为 α 的斜面向上运动，如图 9-17 所示。在小车的平顶上放一重 W 的物块，随车一同运动，试问物块与小车间的摩擦因数 f 至少为多少?

10 动量定理

本章导读

本章引入了动量和冲量的概念，介绍了质点动量定理和质点系动量定理。对质点、质点系(刚体)进行动力学分析，正确地应用动量定理的投影式和掌握动量守恒、质心运动守恒的条件是本章的重要内容。

教学目标

了解：动量、冲量的概念。

掌握：动量定理、质心运动定理。

应用：质点和质点系动量定理解答动力学问题。

分析：熟练地分析动量定理中各矢量的关系和动量守恒应用条件。

10.1 动量与冲量

10.1.1 质点的动量

我们知道，物体之间往往有机械运动的相互传递。例如，球杆击球，杆给球一个冲击力，使它获得新的运动速度，球杆也改变了原来的运动状态；铁锤打击锻件，使锻件变形，也通过砧座使基础发生振动。物体在传递机械运动时产生的相互作用力，不仅与物体的速度变化有关，而且与它们的质量有关。例如，子弹质量虽小，当其速度很大时便可产生极大的杀伤力；轮船靠岸时，速度虽小但因其质量很大，操纵不慎便可将码头撞坏。这说明物体运动的强弱不仅与它的速度有关，而且与其质量有关，因此可以用物体的质量与其速度的乘积来度量物体运动的强弱。

质点的质量与速度的乘积，称为质点的动量。即

$$\boldsymbol{p} = m\boldsymbol{v} \tag{10-1}$$

质点的动量是矢量，方向与质点速度的方向一致。

动量的量纲为 $\dim \boldsymbol{p} = mLt^{-1}$。在国际单位制中，动量的单位为 kg · m/s。

10.1.2 质点系的动量

设由 n 个质点组成的质点系，当质点系运动时，某一瞬时，第 i 个质点的动量为

$$\boldsymbol{p}_i = m_i \boldsymbol{v}_i$$

而质点系的动量定义为质点系中各质点动量的矢量和，即

$$\boldsymbol{p} = \sum m_i \boldsymbol{v}_i \tag{10-2}$$

由第 3 章中质点系的质量中心（简称质心）的概念可知，质点系质心的矢径可表示为

$$\boldsymbol{r}_C = \frac{\sum m_i \boldsymbol{r}_i}{m}$$

两边求导得

$$v_C = \frac{\sum m_i \boldsymbol{v}_i}{m}$$

式中，$\boldsymbol{v}_C$ 和 m 分别为质点系质心的速度和质点系的质量，因此式(10-2)可写成

$$\boldsymbol{p} = m\boldsymbol{v}_C \tag{10-3}$$

上式表明：质点系的动量等于质点系的质量乘以质心的速度。因此质点系的动量描述了质心的运动，从一个侧面反映了质点系的整体运动。

10.1.3 质点系动量的计算

某一瞬时质点系的动量既可按式(10-2)分别求出质点系中各质点的动量然后叠加，也可根据质点系质心的速度按式(10-3)计算。需要注意的是动量为矢量，有大小、方向。

设三个物块用绳相连，如图 10-1(a)所示，它们都可视为质点，其质量分别为 $m_1=2m_2=4m_3$。绳的质量和变形忽略不计，且 $\theta=45°$。由这三个质点组成的质点系的动量 $\boldsymbol{p}$ 等于这三个质点动量的矢量和，如图 10-1(b)所示。

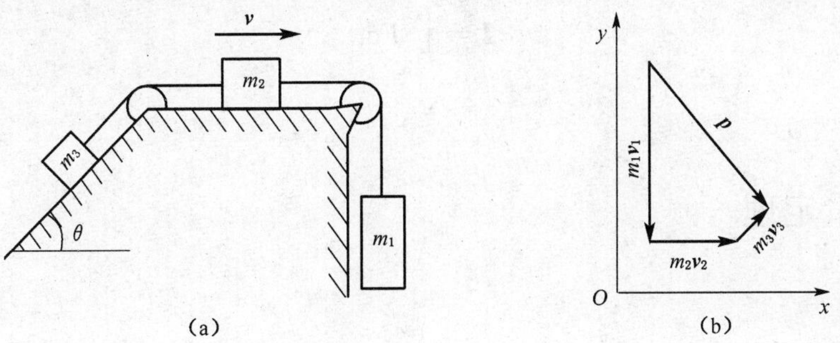

图 10-1

【例 10-1】 如图 10-2 所示的椭圆规，$OC = AC = BC = l$，曲柄 OC 与连杆 AB 的质量不计，滑块 A、B 的质量均为 m，曲柄以角速度 ω 转动。试求系统在图示位置时的动量。

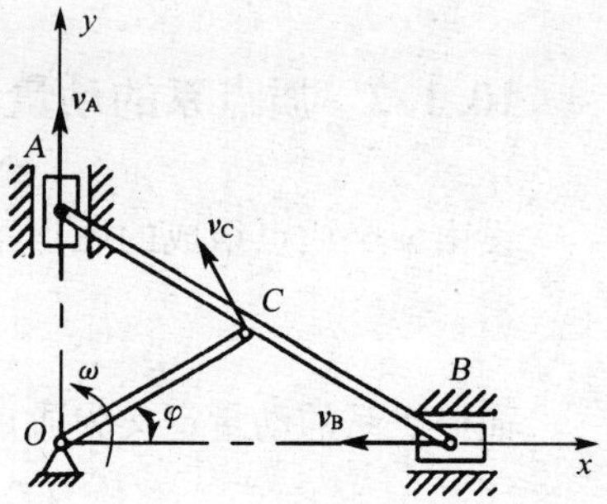

图 10-2

解:方法一:利用式(10-2),有

$$p = m_A v_A + m_B v_B \tag{1}$$

由 $$y_A = 2l\sin\varphi, v_{Ay} = 2l\omega\cos\varphi \tag{2}$$

$$x_B = 2l\cos\varphi, v_{Bx} = -2l\omega\sin\varphi$$

代入式(1)可得系统动量为

$$p = 2l\omega m(-\sin\varphi \boldsymbol{i} + \cos\varphi \boldsymbol{j}) \tag{3}$$

方法二:利用式(10-3)有

$$\boldsymbol{p} = m\boldsymbol{v}_C \tag{4}$$

质点系质量为 $\sum m = m_A + m_B = 2m$

质心在 C 点的速度为 $\boldsymbol{v}_C = l\omega(-\sin\varphi \boldsymbol{i} + \cos\varphi \boldsymbol{j})$

代入式(4),可得到与式(3)相同结果。

10.1.4 力的冲量

物体运动状态的改变不仅与作用在其上的力的大小和方向有关,而且与力作用的时间长短有关。为了反映力在一段时间内对物体作用的累积效应,我们把力与其作用时间的乘积称为力的冲量,用 $\boldsymbol{I}$ 表示。冲量是矢量,方向与力的方向一致。冲量的单位与动量相同,为 kg·m/s。在时间段 $t_2 - t_1$ 内,若力 $\boldsymbol{F}$ 是常力,则此力的冲量为

$$\boldsymbol{I} = \boldsymbol{F}(t_1 - t_2) \tag{10-4}$$

如果 $\boldsymbol{F}$ 是变力,可将力作用的时间分成无数微小的时间间隔 dt,在 dt 时间内力可看成是常力,因而在 dt 时间内的冲量(称元冲量)为

$$\mathrm{d}\boldsymbol{I} = \boldsymbol{F}\mathrm{d}t$$

将上式积分,可得在时间($t_2 - t_1$)内的冲量为

$$\boldsymbol{I} = \int_{t_1}^{t_2} \boldsymbol{F}\mathrm{d}t \tag{10-5}$$

10.2 动量定理

10.2.1 质点的动量定理

一质点的质量为 m,受到力 $\boldsymbol{F}$ 的作用,加速度为 $\boldsymbol{a}$,由牛顿第二定律可得 $m\boldsymbol{a} = \boldsymbol{F}$,改写为

$$\frac{\mathrm{d}}{\mathrm{d}t}(m\boldsymbol{v}) = \boldsymbol{F}$$

式中 $m\boldsymbol{v} = \boldsymbol{p}$ 为质点的动量，因此得

$$\frac{\mathrm{d}\boldsymbol{p}}{\mathrm{d}t} = \boldsymbol{F} \tag{10-6}$$

上式表明：质点动量对时间的导数等于作用在该质点上的力。这就是质点动量定理的微分形式。将式(10-6)改写为

$$\mathrm{d}\boldsymbol{p} = \boldsymbol{F}\mathrm{d}t$$

对上式积分，积分上下限取时间由 t_1 到 t_2，速度由 $\boldsymbol{v}_1$ 到 $\boldsymbol{v}_2$，得

$$\boldsymbol{p}_2 - \boldsymbol{p}_1 = \int_{t_1}^{t_2} F\mathrm{d}t = \boldsymbol{I} \tag{10-7}$$

式(10-7)为质点动量定理的积分形式，即在某一时间段内，质点动量的变化等于作用于质点上的力在同一时间段内的冲量。

10.2.2 质点系的动量定理

考察由 n 个质点组成的质点系，对其中第 i 质点应用动量定理式(10-6)，可得

$$\frac{\mathrm{d}\,\boldsymbol{p}_i}{\mathrm{d}t} = \boldsymbol{F}_i = \boldsymbol{F}_i^{(e)} + \boldsymbol{F}_i^{(i)}$$

式中，$\boldsymbol{F}_i^{(e)}$ 为该质点所受的质点系外力；$\boldsymbol{F}_i^{(i)}$ 为该质点所受的质点系内力。

这样的方程共有 n 个，将这 n 个方程两端分别相加，可得

$$\sum \frac{\mathrm{d}\,\boldsymbol{p}_i}{\mathrm{d}t} = \sum \boldsymbol{F}_i^{(e)} + \sum \boldsymbol{F}_i^{(i)}$$

交换求导和求和的顺序，上式可改写为

$$\frac{\mathrm{d}\boldsymbol{p}}{\mathrm{d}t} = \sum \boldsymbol{F}_i^{(e)} + \sum \boldsymbol{F}_i^{(i)} \tag{10-8}$$

由于质点系的内力总是大小相等方向相反，成对出现，必然 $\sum \boldsymbol{F}_i^{(i)} = 0$，于是

$$\frac{\mathrm{d}\boldsymbol{p}}{\mathrm{d}t} = \sum \boldsymbol{F}_i^{(e)} \tag{10-9}$$

上式表明：质点系动量对时间的一阶导数，等于作用于该质点系上所有外力的矢量和。这就是质点系动量定理的微分形式。在具体计算时，常把上式写成投影形式。如在直角坐标轴 x、y、z 上的投影式为

$$\left.\begin{aligned} \frac{\mathrm{d}p_x}{\mathrm{d}t} &= \sum F_{ix}^{(e)} \\ \frac{\mathrm{d}p_y}{\mathrm{d}t} &= \sum F_{iy}^{(e)} \\ \frac{\mathrm{d}p_z}{\mathrm{d}t} &= \sum F_{iz}^{(e)} \end{aligned}\right\} \tag{10-10}$$

将式(10-10)分离变量,并在瞬时 t_1 到 t_2 这段时间内积分,得

$$\boldsymbol{p}_2-\boldsymbol{p}_1=\int_{t_1}^{t_2}\sum \boldsymbol{F}_i^{(e)}\mathrm{d}t=\sum \boldsymbol{I}_i^{(e)} \tag{10-11}$$

上式表明:质点系在 t_1 到 t_2 时间内的动量的改变量等于作用于该项质点系的所有外力在同一时间内的冲量的矢量和。这就是质点系动量定理的积分形式。同样,它在直角坐标轴 x、y、z 上的投影式为

$$\left.\begin{aligned} p_{2x}-p_{1x}&=\sum I_x^{(e)}\\ p_{2y}-p_{1y}&=\sum I_y^{(e)}\\ p_{2z}-p_{1z}&=\sum I_z^{(e)} \end{aligned}\right\} \tag{10-12}$$

由质点系动量定理可知,只有外力才能改变质点系的动量,而内力则不能。但内力却能改变个别质点的动量,要改变整个质点系的动量只有依靠外力。

10.2.3 动量守恒定律

如作用于质点系的外力的矢量和恒等于零,即 $\sum F_i^{(e)}=0$,则由式(10-9)或式(10-11)可知,在运动过程中质点系的动量保持不变,即

$$\boldsymbol{p}=\boldsymbol{p}_1=\boldsymbol{p}_2=\text{常矢量}$$

如作用于质点系的外力的矢量和在某一轴上的投影恒等于零,如 $\sum F_{ix}^{(e)}=0$,则根据式(10-10)或式(10-12)可知,在运动过程中质点系的动量在该轴上的投影保持不变,即

$$p_x=p_{1x}=p_{2x}=\text{常量}$$

以上结论称为质点系动量守恒定律。

质点系动量定理说明,只有作用于质点系上的外力才能改变质点系的动量。作用于质点系上的内力虽不能改变整个系统的动量,却能改变质点系内各部分的动量。炮筒的反座就是一例。把炮筒和炮弹看成一个质点系。发射时,弹药爆炸产生的气体压力为内力,它使炮弹获得一个向前的动量,同时,也使炮筒获得一同样大小的向后的动量。这是常见的反座现象。在火箭或喷气式发动机中,火箭(飞机)在其发动机向后高速喷出燃气(燃料燃烧时产生的气体)的同时获得相应的前进的速度。

【例 10-2】 如图 10-3(a)所示,质量为 m_1 的矩形板可在垂直于板面的光滑平面上运动,板上有一半径为 R 的圆形凹槽,一质量为 m_2 的甲虫以相对速度 v_r 沿凹槽匀速运动。初始时板静止,甲虫位于圆形凹槽的最右端(即 $\theta=0$)。试求甲虫运动到图示位置时,板的速度和加速度及地面作用在板上的约束力。

解:以板和甲虫组成的质点系为研究对象,这样板与甲虫间的相互作用力为内力可不考虑。作出质点系运动到一般位置的受力图,如图 10-3(b)所示。

(1) 求板的速度和加速度。板作平动,设其速度为 v_1,方向见图 10-3(b),则板的动量为 m_1v_1。取板为动系,甲虫为动点,设甲虫相对于地面的速度为 v_2,则甲虫的动量为 $m_2v_2=$

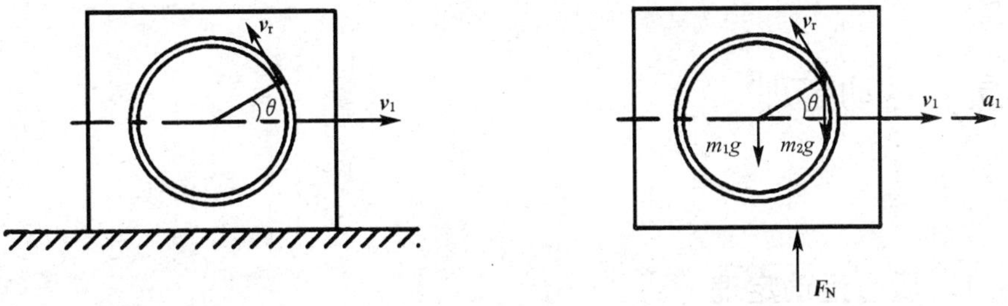

(a) (b)

图 10-3

$m_2(v_1+v_r)$，系统的动量为

$$p=m_1v_1+m_2v_2=m_1v_1+m_2(v_1+v_2) \tag{1}$$

由于水平方向无外力作用，故系统水平方向的动量守恒，即

$$p_x=p_{x0} \tag{2}$$

根据初始条件，当 $t=0$ 时 $v_{10}=0$，v_{20} 垂直于 x 轴，所以 $p_{x0}=0$。在任一时刻

$$p_x=m_1v_1+m_2(v_1-v_r\sin\theta)$$

将 p_{x0} 和 p_x 代入式(2)后整理可得 $\quad v_1=\dfrac{m_2v_r\sin\theta}{m_1+m_2}$

将上式对时间求导，可得板的加速度 $\quad a_1=\dfrac{dv_1}{dt}=\dfrac{m_2v_r\dot{\theta}\cos\theta}{m_1+m_2}$

设甲虫沿圆形凹槽爬行的弧长为 $s=R\theta$，则 $s=v_rt=R\theta$。该式求导可得 $\dot{\theta}=v_r/R$，将其代入上式，可得

$$a_1=\frac{m_2v_r^2\cos\theta}{(m_1+m_2)R}$$

(2) 求地面作用地板上的约束力。系统受力如图 10-3(b)所示，其中 $\boldsymbol{F}_N$ 即为要求的约束力。将式(1)在 y 轴上投影得

$$p_y=m_2v_r\cos\theta \tag{3}$$

由动量定理式(10-10)可知

$$\frac{dp_y}{dt}=F_N-m_1g-m_2g \tag{4}$$

将式(3)代入式(4)计算可得

$$m_2v_r(-\sin\theta)\dot{\theta}=F_N-m_1g-m_2g$$

$$F_N=(m_1+m_2)g-\frac{m_2v_r^2\sin\theta}{R}$$

10.3 质心运动定理

10.3.1 质心运动定理

将质点系的动量表达式 $\boldsymbol{p}=m\boldsymbol{v}_C$ 代入质点系的动量定律式(10-9)，可得

$$\frac{\mathrm{d}}{\mathrm{d}t}(m\boldsymbol{v}_C)=\sum\boldsymbol{F}_i^{(e)}$$

引入质心的加速度 $\boldsymbol{a}_C=\mathrm{d}\boldsymbol{v}_C/\mathrm{d}t$，则上式可写成

$$m\boldsymbol{a}_C=\sum\boldsymbol{F}_i^{(e)} \tag{10-13}$$

上式表明：质点系的质量与其质心加速度的乘积，等于作用在该质点系上所有外力的矢量和。这就是质心运动定理。把式(10-13)和牛顿第二定律的表达式 $m\boldsymbol{a}=\boldsymbol{F}$ 相比，可以看出它们在形式上相似。因此质心运动定理也可叙述为：质点系质心的运动，可看成是一个质点的运动，此质点集中了整个质点系的质量及其所受的外力。

式(10-13)是质心运动定理的矢量形式，具体计算时可将其投影到直角坐标轴上

$$\left.\begin{aligned} m\frac{\mathrm{d}^2x_C}{\mathrm{d}t^2}&=ma_{Cx}=\sum m_ia_{Cix}=\sum F_{ix}^{(e)}\\ m\frac{\mathrm{d}^2y_C}{\mathrm{d}t^2}&=ma_{Cy}=\sum m_ia_{Ciy}=\sum F_{iy}^{(e)}\\ m\frac{\mathrm{d}^2z_C}{\mathrm{d}t^2}&=ma_{Cz}=\sum m_ia_{Ciz}=\sum F_{iz}^{(e)}\end{aligned}\right\} \tag{10-14}$$

或投影到自然轴上

$$\left.\begin{aligned} ma_C^{\tau}&=\sum F_{i\tau}^{(e)}\\ ma_C^{n}&=\sum F_{in}^{(e)}\\ 0&=\sum F_{ib}^{(e)}\end{aligned}\right\} \tag{10-15}$$

10.3.2 质心运动守恒定律

由质心运动定理可知，内力不能影响质心的运动。如果作用于质点系的外力的矢量和恒等于零则质心作匀速直线运动；若质心原来是静止的，则其位置保持不动。如果作用于质点系的外力在某一轴上的投影的代数和恒等于零，则质心在该轴上的速度投影保持不变；若质心的速度投影原来就等于零，则质心沿该轴就没有位移。上述各种情况的结论统称为**质心运动守恒定律**。归纳如下：

(1) 当外力 $\sum \boldsymbol{F}_i^{(e)} = 0$，由式(10-13)得 $\boldsymbol{a}_C = 0$，即 $v_C =$ 常矢量，此时质心作惯性运动。

(2) 当外力 $\sum \boldsymbol{F}_i^{(e)} = 0$，且 $t = 0$ 时，$v_C = 0$，则 $r_C =$ 常矢量，或 $\sum m_i \Delta r_{Ci} = 0$，即质心在惯性空间保持静止，称为质心位置守恒。

(3) 当在某轴方向(x 轴)上，$\sum F_{ix}^{(e)} = 0$，则在该轴方向上(如 x 轴)，必 $v_{Cx} =$ 常量。且又同时 $t = 0$ 时，$v_{Cx} = 0$，则 $x_C =$ 常量，即质心 x 坐标不变。

利用质心运动定理，可以求解动力学两类基本问题。

【例 10-3】 电动机的外壳用螺栓固定在水平基础上，外壳与定子的总质量为 m_1。质心位于转轴的中心 O_1，转子质量为 m_2，如图 10-4 所示。由于制造和安装时的误差，转子的质心 O_2 到 O_1 的距离为 e。若转子匀速转动，角速度为 ω。试求基础的支座反力。

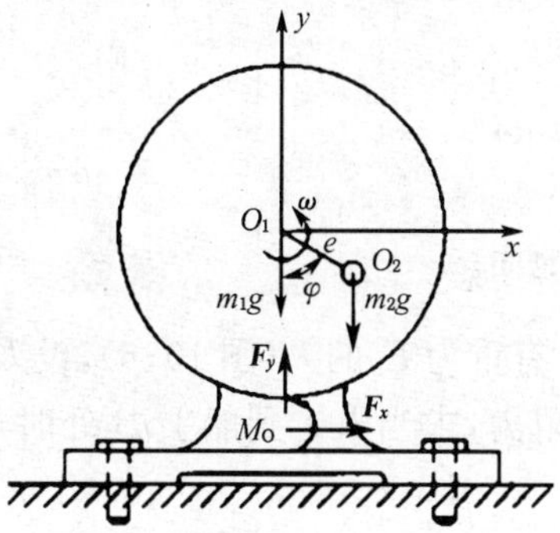

图 10-4

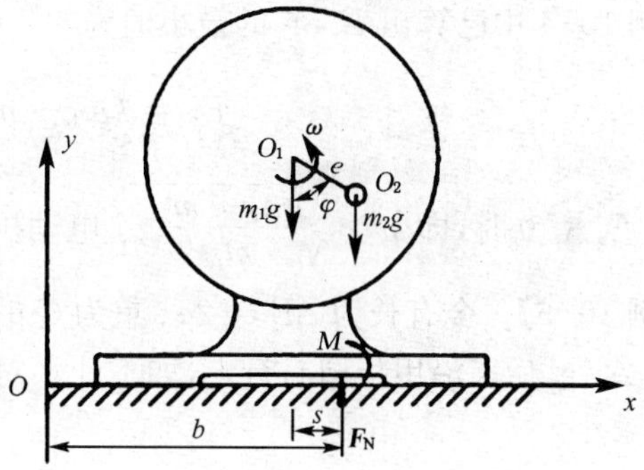

图 10-5

解：取电动机外壳、定子与转子组成的质点系为研究对象，这样就可不考虑使转子转动的电磁内力偶和转子轴与定子轴承间的内约束力。外力有重力 m_1g、m_2g 及基础的反力 F_x、F_y 和反力偶 M_O。取坐标轴如图 10-4 所示，质心坐标为

$$x_C = \frac{m_2 e \sin\omega t}{m_1 + m_2} \quad y_C = \frac{-m_2 e \cos\omega t}{m_1 + m_2}$$

由质心运动定理式(10-14)得

$$(m_1 + m_2)a_{Cx} = F_x$$
$$(m_1 + m_2)a_{Cy} = F_y - (m_1 + m_2)g$$

将质心坐标对时间求二阶导数，代入上式整理后可得基础的支座反力为

$$F_x = -m_2 e\omega^2 \sin\omega t$$
$$F_y = (m_1 + m_2)g + m_2 e\omega^2 \cos\omega t$$

电动机不转时，基础上只有向上的反力，可称为静反力。电动机转动时基础的反力可称为动反力。动反力与转速 ω^2 成正比，当转子的转速很高时，其数值可达到静反力的几倍，甚至几十倍。而且，这种约束力是周期性变化的，必然引起电动机和基础的振动。

【例 10-4】 如图 10-5 所示，在例 10-3 中若电动机没有用螺栓固定，各处摩擦不计，初始时电动机静止，试求转子以匀角速度 ω 转动时电动机外壳的运动。

解：电动机受到的作用力有外壳、定子、转子的重力和地面的法向反力，而在水平方向不受

力，且初始静止，因此系统质心的坐标 x_C 保持不变。

取坐标轴如图 10-5 所示。转子在静止时，设 $x_{C1}=b$。当转子转过角度 $\varphi=\omega t$ 时，定子应向左移动，设移动距离为 s，则质心坐标为

$$x_{C2}=\frac{m_1(b-s)+m_2(b+e\sin\omega t-s)}{m_1+m_2}$$

因为在水平方向质心守恒，所以有 $x_{C2}=x_{C1}$，解得

$$s=\frac{m_2}{m_1+m_2}e\sin\omega t$$

由此可见，当转子偏心的电动机未用螺栓固定时，它将在水平面上作往复运动。在铅垂方向，在例 10-4 中已算出 F_y，它的最小值为

$$F_y=(m_1+m_2)g-m_2e\omega^2$$

当 $F_y\leqslant 0$ 时，即 $\omega\geqslant\sqrt{\dfrac{m_1+m_2}{m_2e}g}$，电动机将跳离地面。

【例 10-5】 今有长为 $AB=2a$、重为 Q 的船，船上有重为 F_P 的人(图 10-6)，设人最初是在船上 A 处，后来沿甲板向右行走，如不计水对于船的阻力，求当人走到船上 B 处时，船向左方移动多少?

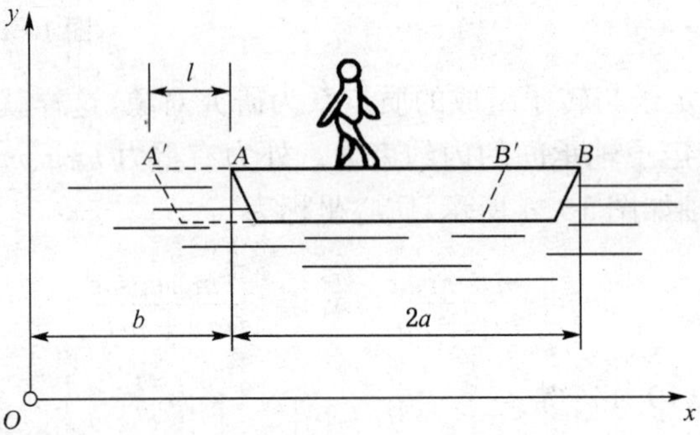

图 10-6

解：将人与船视为一质点系。作用于该质点系上的外力有人和船的重力 F_P 和 Q 及水对于船的约束力 F_N，显然各力在 x 轴上投影的代数和等于零。此外，人与船最初都是静止的，于是根据质心运动定理可知人与船的质心的横坐标 x_C 保持不变。

当人在 A 处、船在 AB 位置时，质心的坐标为

$$x_{C1}=\frac{\dfrac{F_P}{g}b+\dfrac{Q}{g}(b+a)}{\dfrac{F_P}{g}+\dfrac{Q}{g}}=\frac{F_Pb+Q(b+a)}{F_P+Q}$$

当人走到 B 处时，设船向左移动的距离为 l，这时船在 $A'B'$ 位置，在此情形下人与船的质心坐标为

$$x_{C2}=\frac{\frac{F_P}{g}(b+2a-l)+\frac{Q}{g}(b+a-l)}{\frac{F_P}{g}+\frac{Q}{g}}=\frac{F_P(b+2a-l)+Q(b+a-l)}{F_P+Q}$$

由于 $x_{C1}=x_{C2}=$ 常量，于是得到

$$\frac{F_Pb+Q(b+a)}{F_P+Q}=\frac{F_P(b+2a-l)+Q(b+a-l)}{F_P+Q}$$

由此求得船向左移动的距离为

$$l=2a\frac{F_P}{F_P+Q}$$

【例 10-6】 匀质曲柄 OA，质量为 m_1，长为 r，以匀角速度 ω 绕 O 转动，带动质量为 m_3 的滑槽作铅垂运动，E 为滑槽质心，$DE=b$，滑块 A 的质量为 m_2，如图 10-7 所示。当 $t=0$ 时，$\beta=0$。不计摩擦，试求 $\beta=30°$ 时：(1)系统的动量；(2)O 处铅垂方向的约束力。

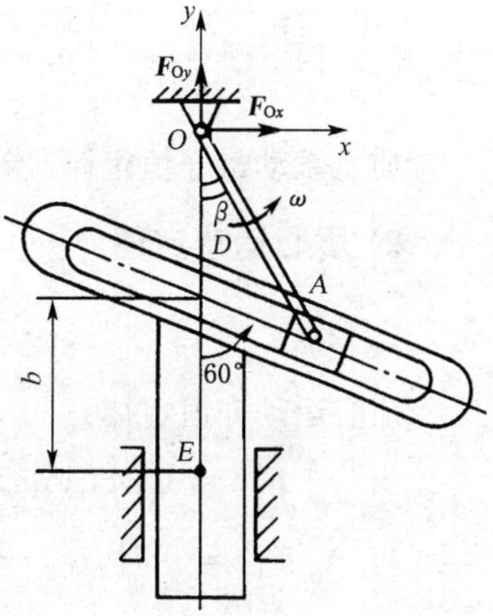

图 10-7

解：建立坐标系如图 10-7。系统质心坐标为

$$x_C=\frac{m_1\frac{r}{2}\sin\omega t+m_2\cdot r\sin\omega t}{m_1+m_2+m_3}$$

$$y_C=\frac{-m_1\frac{r}{2}\cos\omega t-m_2\cdot r\cos\omega t-m_3(r\cos\omega t-r\sin\omega t\cdot\cos60°+b)}{m_1+m_2+m_3}$$

将 x_C、y_C 分别对 t 求导，得 $\dot{x}_C$、$\dot{y}_C$，当 $\beta=30°$，系统的动量为

$$\boldsymbol{p}=\frac{\sqrt{3}}{4}\omega r(m_1+2m_2)\boldsymbol{i}-\frac{1}{4}\omega r(m_1+2m_2+2m_3)\boldsymbol{j}$$

将 $\dot{y}_C$ 再对 t 求导，得 $\ddot{y}_C$，由 $m\ddot{y}_C=\sum F_y^{(e)}$，当 $\beta=30°$ 时，得

$$\frac{1}{4}(m_1+2m_2+3m_3)\sqrt{3}\omega^2r=F_{Oy}-(m_1+m_2+m_3)g$$

$$F_{Oy}=\frac{1}{4}(m_1+2m_2+3m_3)\sqrt{3}\omega^2r+(m_1+m_2+m_3)g$$

本章小结

1）动量定理

质点的动量：$\boldsymbol{p}=m\boldsymbol{v}$

质点系的动量：$\boldsymbol{p}=\sum m_i\boldsymbol{v}_i=m\boldsymbol{v}_C$

力的冲量：$\boldsymbol{I}=\int_{t_1}^{t_2}\boldsymbol{F}\mathrm{d}t$

质点的动量定理：$\mathrm{d}(m\boldsymbol{v})=\boldsymbol{F}\mathrm{d}t$；

$$m\boldsymbol{v}_2-m\boldsymbol{v}_1=\int_{t_1}^{t_2}\boldsymbol{F}\mathrm{d}t=\boldsymbol{I}$$

质点系的动量定理：$\dfrac{\mathrm{d}\boldsymbol{p}}{\mathrm{d}t}=\sum\boldsymbol{F}_i^{(e)}$

$$\boldsymbol{p}_2-\boldsymbol{p}_1=\int_{t_1}^{t_2}\sum F_i^{(e)}\mathrm{d}t=\sum\boldsymbol{I}_i^{(e)}$$

质点系动量守恒定律：当 $\sum\boldsymbol{F}_i^{(e)}=0$，$\boldsymbol{p}=$ 常矢量；当 $\sum F_{ix}^{(e)}=0$，$p_x=$ 常量。

2）质心运动定理

$$m\boldsymbol{a}_C=\sum\boldsymbol{F}_i^{(e)}$$

质心运动守恒定律：

当 $\sum\boldsymbol{F}_i^{(e)}=0$ 时，$V_C=$ 常矢量。同时又有 $V_{C0}=0$ 时，$r_C=$常矢量，即质心位置不变。

当 $\sum F_{ix}^{(e)}=0$ 时，$v_{Cx}=$ 常量。同时又有 $v_{C0x}=0$ 时，$x_C=$ 常量，即质心 x 坐标不变。

复习思考题

一、问答题

1. 炮弹飞出炮膛后，如无空气阻力，质心沿抛物线运动。炮弹爆炸后，质心运动规律不变。若有一块碎片落地，质心是否还沿原抛物线运动？为什么？

2. 设 A、B 两质点的质量分别为 m_A、m_B，它们在某瞬时的速度大小分别是 v_A、v_B，则以下哪一个正确？

(1) 当 $v_A=v_B$，且 $m_A=m_B$时，该两质点的动量必定相等。

(2) 当 $v_A=v_B$，且 $m_A\neq m_B$时，该两质点的动量也可能相等。

(3) 当 $v_A\neq v_B$，且 $m_A=m_B$时，该两质点的动量有可能相等。

(4) 当 $v_A\neq v_B$，且 $m_A\neq m_B$时，该两质点的动量必不相等。

3. 在光滑的水平面上放置一静止的圆盘，当它受一力偶作用时，盘心将如何运动？盘心的运动情况与力偶的作用位置有关吗？如圆盘面内受一常力作用，盘心将如何运动？盘心运动情况与此力的作用点有关吗？

4. 宇航员 A 和 B 的质量分别为 m_A 和 m_B。两人在太空拔河，开始时两人在太空中保持静止，然后分别抓住绳子的两端使尽全力相互对拉，若 A 的力气大于 B，则拔河的胜负结果将如何？

5. 以下说法正确吗？

(1) 如果外力对物体不做功，则该力便不能改变物体的动量。

(2) 变力的冲量为零时，则变力 $\boldsymbol{F}$ 必为零。

(3) 质点系的质心位置保持不变的条件是作用于质点系的外力主矢恒为零及质心的初速

度为零。

6. 在光滑的水平面上放置一静止的圆盘，当它受一力偶作用时，盘心将如何运动？盘心运动情况与力偶作用位置有关吗？如果圆盘面内受一大小和方向都不变的力作用，盘心将如何运动？盘心运动情况与此力的作用点有关吗？

7. 两物块 A 和 B，质量分别为 m_A 和 m_B，初始静止。如 A 沿斜面下滑的相对速度为 v_r，如图 10-8 所示。设 B 向左的速度为 v，根据动量守恒定律，有 $m_A v_r \cos\theta = m_B v$ 对吗？

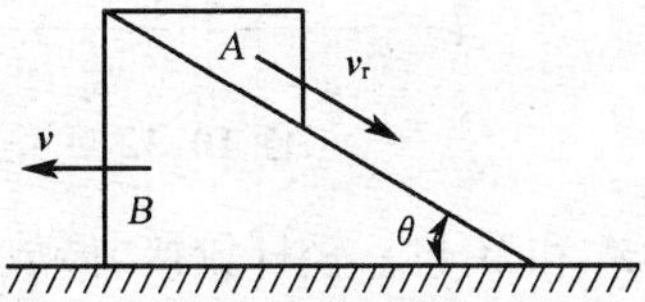

图 10-8

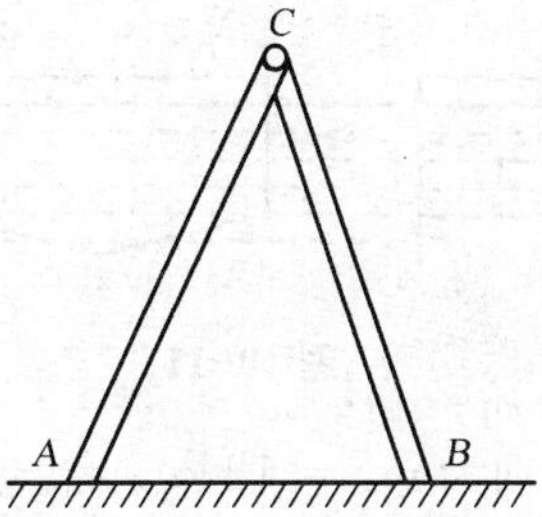

图 10-9

8. 两均质直杆 AC 和 CB，长度相同，质量分别为 m_1 和 m_2。两杆在点 C 由铰链连接，初始时维持在铅垂面内不动，如图 10-9 所示。设地面绝对光滑，两杆被释放后将分开倒向地面。问 m_1 与 m_2 相等或不相等时，C 点的运动轨迹是否相同？

9. 刚体受有一群力作用，不论各力作用点如何，此刚体质心的加速度都一样吗？

二、计算题

1. 计算图 10-10 所示各种情况下系统的动量。

(1) 如图 10-10(a)所示，质量为 m 的匀质圆盘沿水平面滚动，圆心 O 的速度为 v_0。

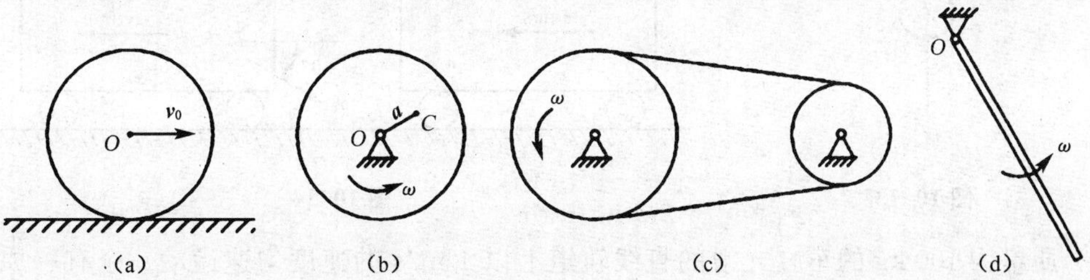

图 10-10

(2) 如图 10-10(b)所示，非匀质圆盘以角速度 ω 绕 O 轴转动，圆盘质量为 m，质心为 C，偏心距 $OC=a$。

(3) 如图 10-10(c)所示，带轮传动，大轮以角速度 ω 转动。设带及两带轮为匀质的。

(4) 如图 10-10(d)所示，质量为 m 的匀质杆，长度为 l，绕铰 O 以角速度 ω 转动。

2. 跳伞者质量为 60 kg，自停留在高空中的直升机中跳出，落下 100 m 后，将降落伞打开。设开伞前的空气阻力略去不计，伞重不计。开伞后阻力不变，经 5 s 后跳伞者的速度减为 4.3 m/s。试求阻力的大小。

3. 图 10-11 所示浮动起重机举起质量为 $m_1 = 2\,000$ kg 的重物。设起重机质量为 $m_2 = 20\,000$ kg，杆长 $OA = 8$ m，开始时与铅直位置成 60°角。水的阻力与杆重均略去不计。当起重

杆 OA 转到与铅直位置成 30°角时，试求起重机的位移。

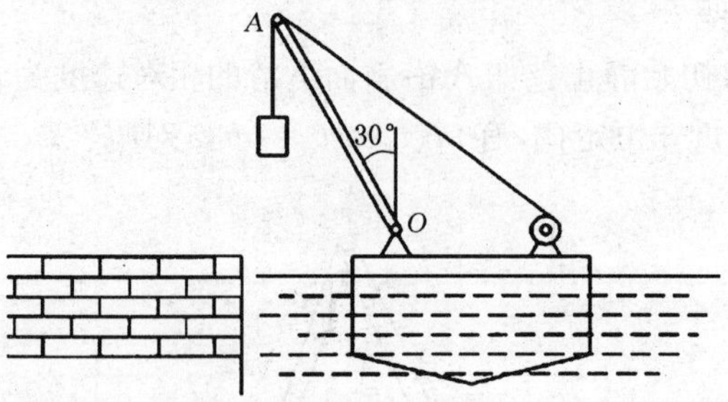

图 10-11

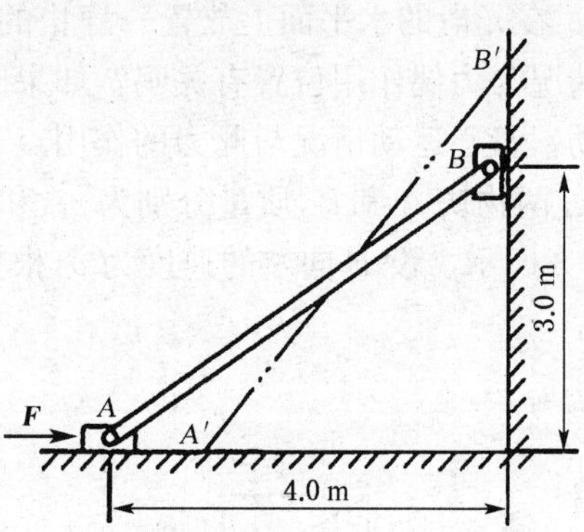

图 10-12

4. 质量分别为 $m_A = 12$ kg、$m_B = 10$ kg 的物块 A 和 B 与一轻杆铰接，倚放在铅垂墙面和水平地板上，如图 10-12 所示。在物块 A 上作用一常力 $F = 250$ N，使它从静止开始向右运动，假设经过 1 s 后，物块 A 移动了 1 m，速度 $v_A = 4.5$ m/s。一切摩擦均可忽略，试求作用在墙面和地面的冲量。

5. 一火箭铅垂向上发射，当它达到飞行的最大高度时，炸成三个等质量的碎片（如图 10-13），经观测，其中一块碎片铅垂落至地面，历时 t_1，另两块碎片则历时 t_2 落至地面。求发生爆炸的最大高度 H。

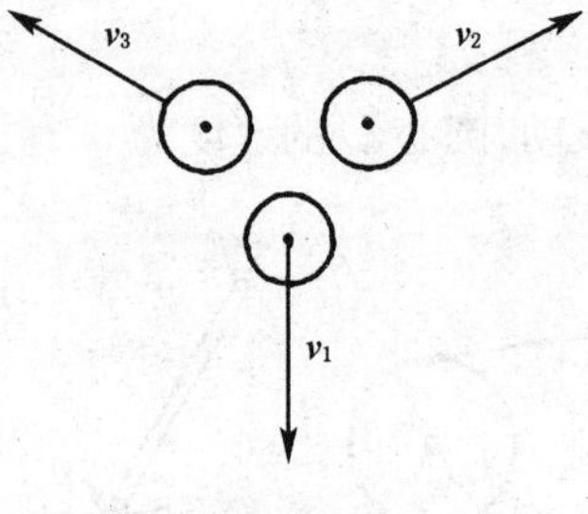

图 10-13

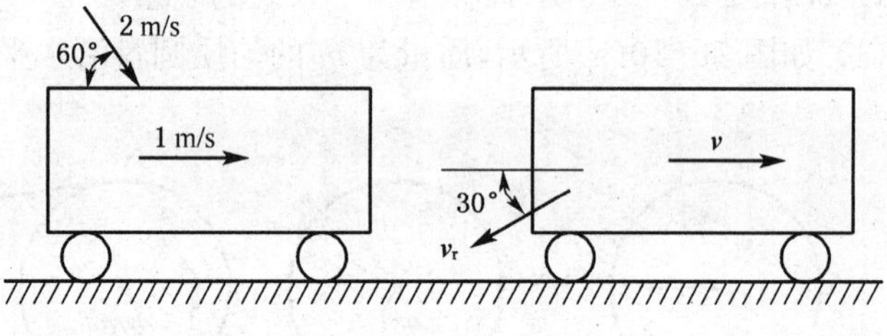

图 10-14

6. 质量为 100 kg 的车在光滑的直线轨道上以 1 m/s 的速度匀速运动。今有一质量为 50 kg的人从高处跳到车上，其速度为 2 m/s，与水平面成 60°角，如图 10-14 所示。随后此人又从车上向后跳下，他跳离车子后相对车子的速度为 $v_r = 1$ m/s，方向与水平成 30°角，求人跳离车子后的车速。

7. 重物 M_1 和 M_2 各重 F_{P1} 和 F_{P2}，分别系在两条绳子上，如图 10-15 所示。此两绳又分别绕在半径为 r_1 和 r_2 的塔轮上。已知 $F_{P1}r_1 > F_{P2}r_2$，重物受重力作用而运动，且塔轮重为 Q，对转轴的回转半径为 ρ，中心在转轴上，求轴承 O 的反力。

8. 如图 10-16，有一均质圆盘，质量为 m，半径为 r，可绕通过边缘 O 点且垂直于盘面的水平轴转动。设圆盘从最高位置无初速地开始绕轴 O 转动，试求当圆盘中心和轴的连线经过水平面的瞬时，轴承 O 的总反力的大小。

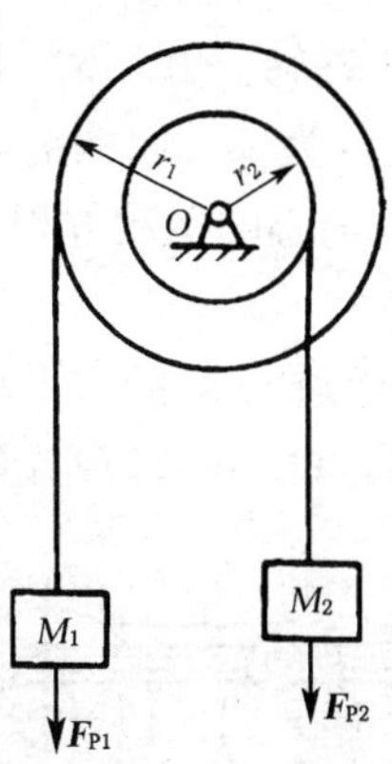

图 10-15

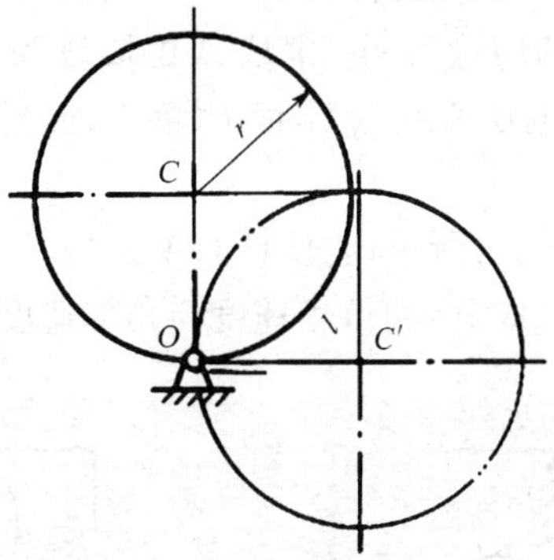

图 10-16

9. 图 10-17 所示机构中，鼓轮 A 质量为 m_1，转轴 O 为其质心。重物 B 的质量为 m_2，重物 C 的质量为 m_3。斜面光滑，倾角为 θ。已知重物 B 的加速度为 a，试求轴承 O 处的约束反力。

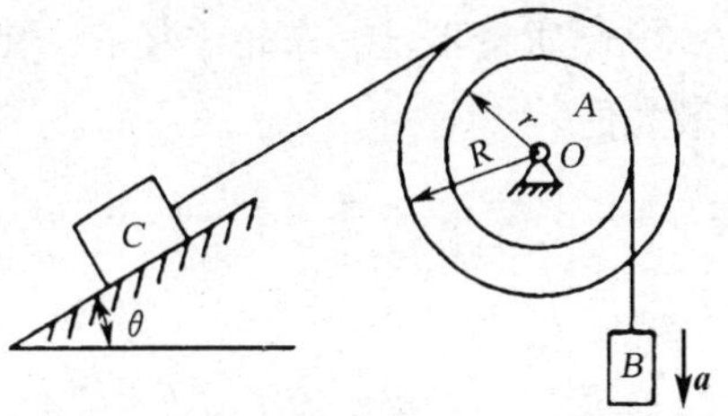

图 10-17

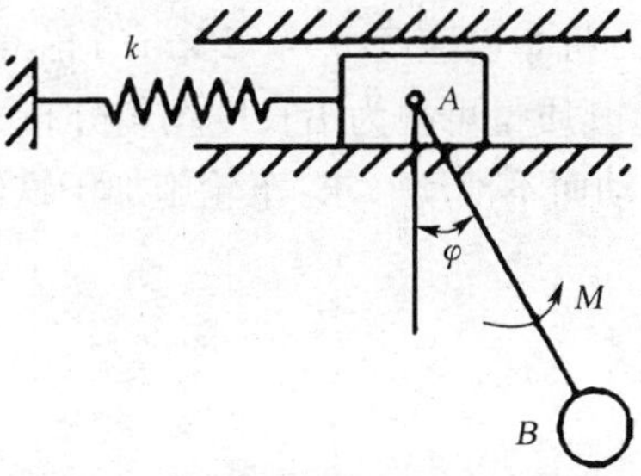

图 10-18

10. 如图 10-18 所示，质量为 m 的滑块 A，可以在水平光滑槽中运动，具有刚性系数为 k 的弹簧一端与滑块相连，另一端固定。杆长为 l，质量可忽略不计，A 端与滑块铰接，B 端装有质量为 m_1 的小球，在铅垂面内绕 A 点转动，设其在力偶 M 作用下转动角速度 ω 为常数。试求滑块 A 的运动微分方程。

11. 如图 10-19 中，长为 l 的细杆，一端固连一重为 F_{P1} 的小球 A，另一端用铰链与滑块 B 的中心相连。滑块重为 F_{P2}，放在光滑水平面上。如不计细杆质量，试求细杆于水平位置由静止进入运动后，到达铅垂位置时，滑块 B 在水平面上运动的距离以及获得的速度。

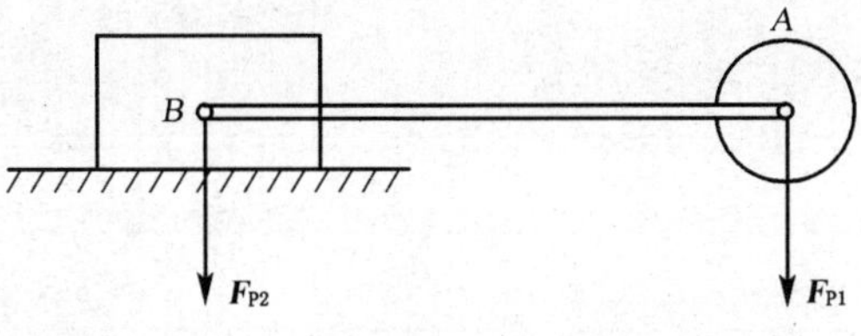

图 10-19

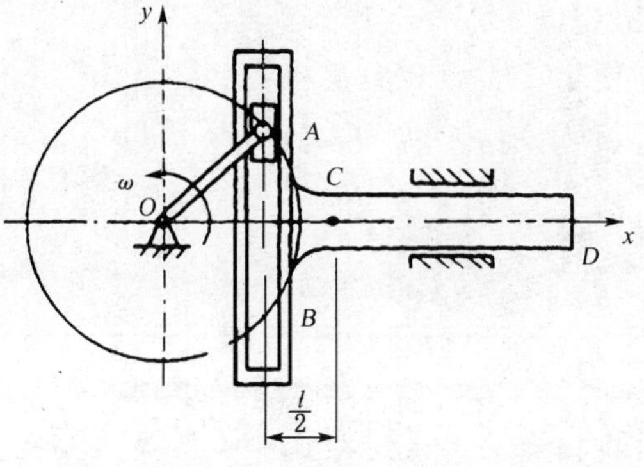

图 10-20

12. 图 10-20 曲柄滑杆机构中，曲柄以等角速度 ω 绕 O 轴转。开始时，曲柄 OA 水平向右。已知：曲柄的质量为 m_1，滑块 A 的质量为 m_2，滑杆的质量为 m_3，曲柄的质心在 OA 的中点，$OA=l$，滑杆的质心在点 C，而 $BC=l/2$。求：(1)机构质量中心的运动方程；(2)作用在点 O 的最大水平力。

13. 如图 10-21 所示，均质杆 OA 长 $2l$，质量为 m，绕着通过 O 端的水平轴在铅垂面内转动，转到与水平线成 φ 角时，角速度与角加速度分别为 ω 及 α。试求此时 O 端的反力。

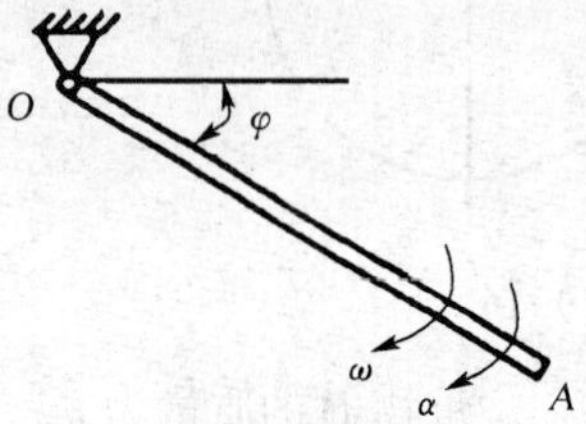

图 10-21

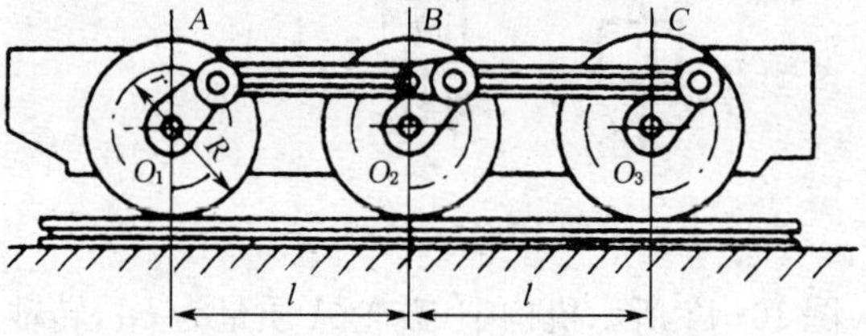

图 10-22

14. 机车以速度 $v=72\ \text{km/h}$ 沿直线轨道行驶，如图 10-22 所示。平行杆 ABC 质量为 200 kg，其质量可视为沿长度均匀分布。曲柄长 $r=0.3\ \text{m}$，质量不计。车轮半径 $R=1\ \text{m}$，车轮只滚动而不滑动。求：车轮施加于铁轨的动压力的最大值。

11 动量矩定理

本章导读

刚体运动的两种基本形式是平动和定轴转动，动量和动量矩则是描述这两种运动形式的基本物理量。本章引入了质点动量矩、质点系动量矩和转动惯量的概念，着重阐述了动量矩定理，建立了刚体转动时角加速度和外力矩之间的关系，并以此为基础，导出刚体绕定轴转动微分方程和刚体平面运动微分方程，从而解决刚体作基本运动时的动力学问题。

教学目标

了解：转动惯量和动量矩基本概念。

掌握：动量矩定理、质点系动量矩守恒和平面运动微分方程的应用。

应用：动量矩定理和刚体平面运动微分方程建立独立方程。

分析：学会分析用动量矩求解两类动力学问题。

11.1 动量矩的概念

11.1.1 质点的动量矩

设质点 M 的质量为 m，某瞬时速度为 v，质点相对于固定点 O 的矢径为 r，如图 11-1 所示。与静力学中空间力对点之矩的定义相似，质点对固定点的动量矩定义为：质点 M 的动量对于 O 点的矩，称为**质点对于 O 点的动量矩**，即

$$\boldsymbol{L}_{O} = \boldsymbol{M}_{O}(m\boldsymbol{v}) = \boldsymbol{r} \times m\boldsymbol{v} \tag{11-1}$$

可见，质点对于固定点 O 的动量矩是固定矢量，它垂直于矢径 $\boldsymbol{r}$ 与 $m\boldsymbol{v}$ 所形成的平面，指向按右手法则确定，其大小为

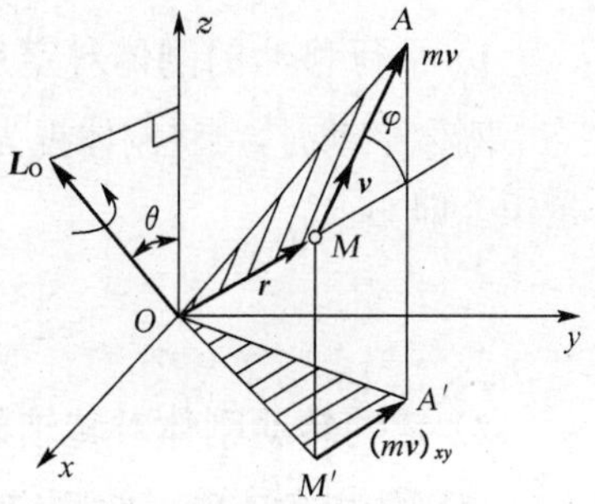

图 11-1

$$|\boldsymbol{L}_O| = |\boldsymbol{M}_O(m\boldsymbol{v})| = mvr\sin\varphi = 2A_{\triangle OMA}$$

式中，$A_{\triangle OMA}$表示三角形 OMA 的面积。

与空间力对轴之矩的定义相似，质点对固定轴的动量矩定义为：质点动量 $m\boldsymbol{v}$ 在 Oxy 平面内的投影$(m\boldsymbol{v})_{xy}$对于点 O 的矩，称为**质点对于 z 轴的动量矩**，即

$$L_z = M_z(m\boldsymbol{v}) = \pm 2A_{\triangle OM'A'} \tag{11-2}$$

质点对于固定轴 z 的动量矩是代数量，其正负号的规定与空间力对轴之矩的正负号规定相同。

质点对固定点 O 的动量矩与对固定轴 z 的动量矩的关系为：质点对固定点 O 的动量矩在过 O 点的某一轴 z 上的投影，等于质点对 z 轴的动量矩，即

$$[\boldsymbol{L}_O]_z = L_z \tag{11-3}$$

动量矩的量纲为 $\dim\boldsymbol{L}=[m][L]^2[t]^{-1}$。在国际单位制中，动量矩的单位为 $\text{kg}\cdot\text{m}^2/\text{s}$。

11.1.2 质点系的动量矩

质点系中各质点对固定点 O 的动量矩的矢量和称为**质点系对固定点 O 的动量矩**，或质点系动量对 O 点的主矩，即

$$\boldsymbol{L}_O = \sum \boldsymbol{L}_{Oi} = \sum \boldsymbol{M}_O(m_i\boldsymbol{v}_i) = \sum \boldsymbol{r}_i \times m_i\boldsymbol{v}_i \tag{11-4}$$

同样，质点系中各质点对同一轴 z 的动量矩的代数和称为**质点系对固定轴 z 的动量矩**，即

$$L_z = \sum L_{zi} = \sum M(m_i v_i) \tag{11-5}$$

由式(11-1)～式(11-5)容易得到

$$[\boldsymbol{L}_O]_z = L_z \tag{11-6}$$

即质点系对固定点 O 的动量矩在过 O 点的某一轴 z 上的投影，等于质点系对 z 轴的动量矩。

刚体的平动和转动是刚体的两种基本运动，对于这两种运动刚体的动量矩，可根据动量矩的定义进行计算。

1）平行移动的刚体对定点 O 的动量矩

刚体平动时，可将刚体视为一个全部质量集中于质心的质点来计算其动量矩。即

$$\boldsymbol{L}_O = \sum \boldsymbol{M}_O(m_i\boldsymbol{v}_i) = \boldsymbol{M}_O(m v_C)$$

2）定轴转动刚体对转轴的动量矩

设刚体以角速度 ω 绕固定轴 z 转动，如图 11-2 所示，则它对转轴的动量矩为

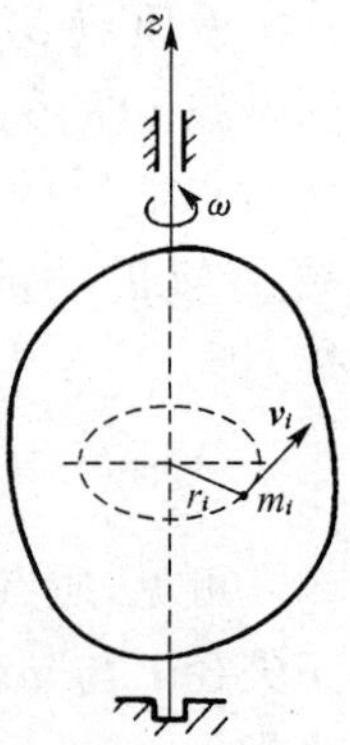

图 11-2

$$L_z = \sum L_{zi} = \sum M_z(m_i v_i) = \sum m_i v_i r_i = \sum m_i (r_i \omega) r_i = \omega \sum m_i r_i^2 = \omega \sum m r^2$$

令 $J_z = \sum mr^2$，J_z 称为刚体对于 z 轴的转动惯量，则

$$L_z = J_z \omega \tag{11-7}$$

即定轴转动刚体对其转轴的动量矩等于刚体对转轴的转动惯量与转动角速度的乘积。

11.2 转动惯量

11.2.1 转动惯量的概念

由上节可知，刚体对某轴 z 的转动惯量 J_z 等于刚体内各质点的质量与该质点到轴 z 的距离平方的乘积之和，即

$$J_z = \sum mr^2 \tag{11-8}$$

可见，转动惯量恒为正标量，其大小不仅与刚体质量大小和质量的分布情况有关，还与 z 轴的位置有关，转动惯量是刚体定轴转动时惯性的度量。

当质量连续分布时，刚体对 z 轴的转动惯量可写为

$$J_z = \int_M r^2 \mathrm{d}m \tag{11-9}$$

转动惯量的量纲为 $\dim J = mL^2$。在国际单位制中，转动惯量的单位为 $\mathrm{kg \cdot m^2}$。

11.2.2 回转半径

工程上常把刚体的转动惯量表示为

$$J_z = m\rho_z^2 \qquad \text{或} \qquad \rho_z = \sqrt{\frac{J_z}{m}} \tag{11-10}$$

式中 ρ_z 称为刚体对 z 轴的回转半径（或惯性半径），即物体的转动惯量等于该物体的质量与回转半径平方的乘积。

式(11-10)说明，如果把刚体的质量全部集中于与转轴垂直距离为 ρ_z 的一点处，则这一集中质量对于 z 轴的转动惯量，就正好等于原刚体的转动惯量。

【例 11-1】 长为 l、质量为 m 的均质细长杆，如图 11-3 所示。试求：(1)杆件对于过质心 C 且与杆的轴线上垂直的 z 轴的转动惯量；(2)杆件对于过杆端 A 且与 z 轴平行的 z_1 轴的转动惯量；(3)杆件对于 z 轴和 z_1 轴的回转半径。

解：设杆的线密度（单位长度的质量）为 ρ_l，则 $\rho_l = m/l$。现取杆上一微段 $\mathrm{d}x$，如图 11-3(a)

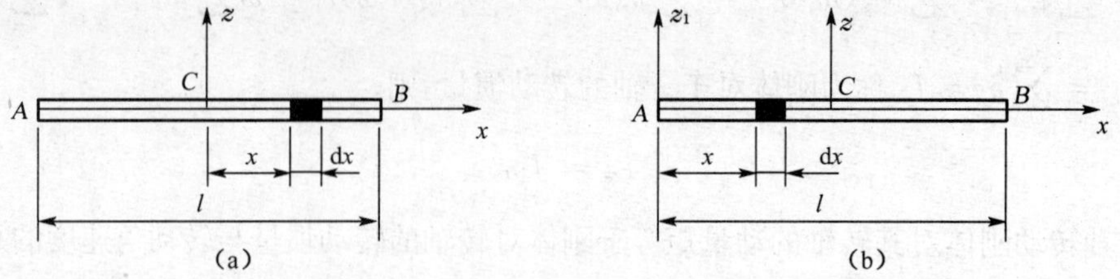

图 11-3

所示，其质量为 $\mathrm{d}m=\rho_l\mathrm{d}x$，则由式(11-9)知，杆件对于 z 轴的转动惯量为

$$J_z=\int_{-\frac{l}{2}}^{\frac{l}{2}}x^2\mathrm{d}m=\int_{-\frac{l}{2}}^{\frac{l}{2}}x^2\rho_l\mathrm{d}x=\int_{-\frac{l}{2}}^{\frac{l}{2}}x^2\frac{m}{l}\mathrm{d}x=\frac{1}{12}ml^2$$

同样，如图 11-3(b)所示，则杆件对于 z_1 轴的转动惯量为

$$J_{z1}=\int_0^l x^2\mathrm{d}m=\int_0^l x^2\rho_l\mathrm{d}x=\int_0^l x^2\frac{m}{l}\mathrm{d}x=\frac{1}{3}ml^2$$

求出转动惯量后，可得杆件对两轴的回转半径分别为

$$\rho_z=\sqrt{\frac{J_z}{m}}=\frac{l}{2\sqrt{3}},\rho_{z1}=\sqrt{\frac{J_{z1}}{m}}=\frac{l}{\sqrt{3}}$$

【例 11-2】 半径为 R、质量为 m 的均质薄圆盘，如图 11-4 所示，试求：

(1) 圆盘对于过中心 O 且与圆盘平面相垂直的 z 轴的转动惯量；

(2) 圆盘对其直径轴的转动惯量。

解：设圆盘的面密度(单位面积的质量)为 ρ_A，则 $\rho_A=\dfrac{m}{\pi R^2}$。现取圆盘上一半径为 r、宽度为 $\mathrm{d}r$ 的圆环分析，如图 11-4 所示。该圆环的质量为

$$\mathrm{d}m=\rho_A\mathrm{d}A=\frac{m}{\pi R^2}2\pi r\mathrm{d}r=\frac{2m}{R^2}r\mathrm{d}r$$

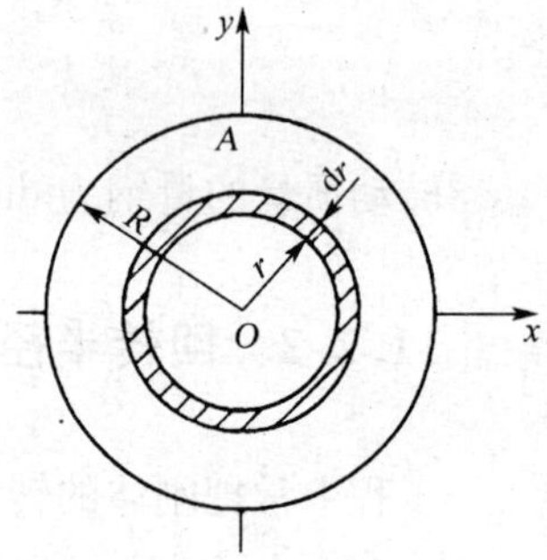

图 11-4

由于圆环上各点到 z 轴的距离均为 r，于是此圆环对于 z 轴的转动惯量为 $\mathrm{d}J_z=r^2\mathrm{d}m=\dfrac{2m}{R^2}r^3\mathrm{d}r$，因此整个圆盘对于 z 轴的转动惯量为

$$J_z=\int_0^R\frac{2m}{R^2}r^3\mathrm{d}r=\frac{1}{2}mR^2$$

由于均质圆薄板对 x、y 轴是对称的，故 $J_x=J_y$

根据 $J_z=\int_M r^2\mathrm{d}m=\int_M(x^2+y^2)\mathrm{d}m=\int_M x^2\mathrm{d}m+\int_M y^2\mathrm{d}m=J_y+J_x$，得圆盘对其直径轴的转动惯量 $J_x=J_y=\dfrac{1}{4}mR^2$。

应用积分法可求出其他形状均质刚体的转动惯量，表 11-1 列出了常见均质物体的转动惯

量和回转半径。

表 11-1 常见均质物体的转动惯量和回转半径

物体形状	简图	转动惯量	回转半径
细直杆	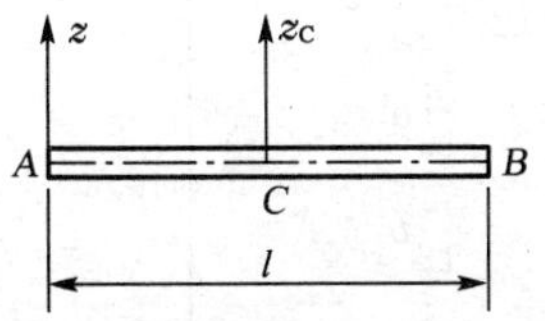	$J_{zC}=\frac{1}{12}ml^2$ $J_z=\frac{1}{3}ml^2$	$\rho_{zC}=\frac{l}{2\sqrt{3}}$ $\rho_z=\frac{l}{\sqrt{3}}$
薄圆板	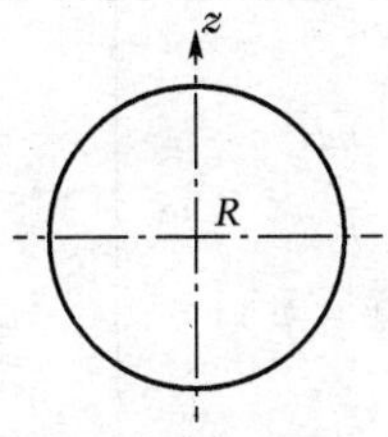	$J_z=\frac{1}{2}mR^2$	$\rho_z=\frac{R}{2}$
圆柱	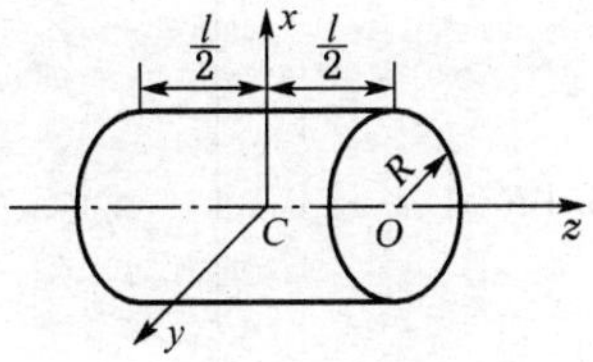	$J_z=\frac{1}{2}mR^2$ $J_x=J_y$ $=\frac{m}{12}(3R^2+l^2)$	$\rho_z=\frac{R}{\sqrt{2}}$ $\rho_x=\rho_y$ $=\sqrt{\frac{1}{12}(3R^2+l^2)}$
空心圆柱	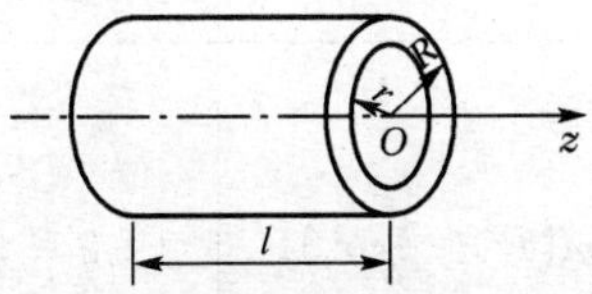	$J_z=\frac{1}{2}m(R^2+r^2)$	$\rho_z=\sqrt{\frac{1}{2}(R^2+r^2)}$
薄壁空心球	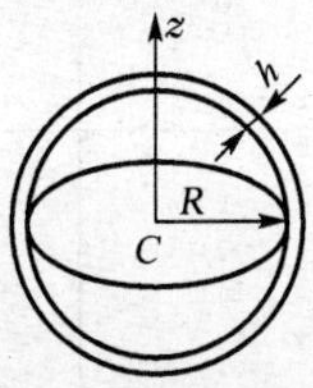	$J_z=\frac{2}{3}mR^2$	$\rho_z=\sqrt{\frac{2}{3}}R$
实心球	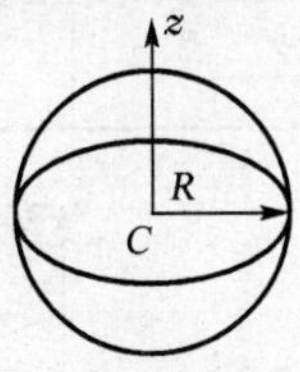	$J_z=\frac{2}{5}mR^2$	$\rho_z=\sqrt{\frac{2}{5}}R$
立方体	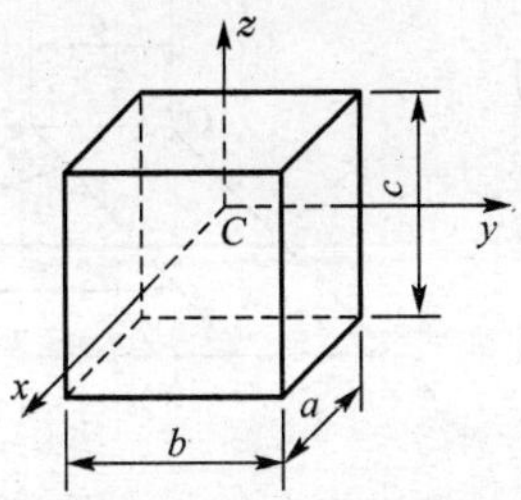	$J_z=\frac{m}{12}(a^2+b^2)$ $J_y=\frac{m}{12}(a^2+c^2)$ $J_x=\frac{m}{12}(b^2+c^2)$	$\rho_z=\sqrt{\frac{(a^2+b^2)}{12}}$ $\rho_y=\sqrt{\frac{(a^2+c^2)}{12}}$ $\rho_x=\sqrt{\frac{(b^2+c^2)}{12}}$

续表 11-1

物体形状	简图	转动惯量	回转半径
矩形薄板	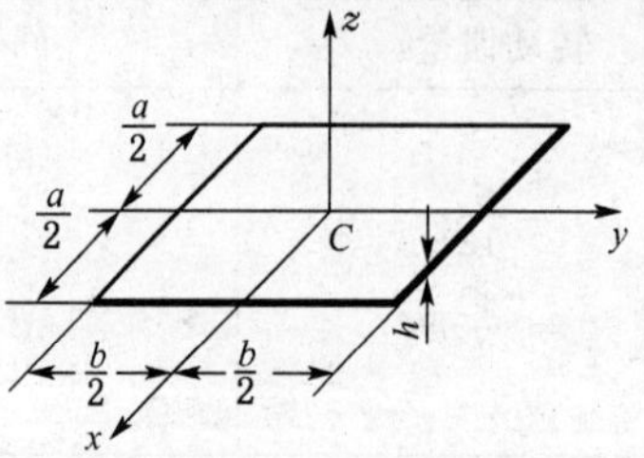	$J_z=\frac{m}{12}(a^2+b^2)$ $J_y=\frac{m}{12}a^2$ $J_x=\frac{m}{12}b^2$	$\rho_z=\sqrt{\frac{(a^2+b^2)}{12}}$ $\rho_y=\frac{a}{\sqrt{12}}$ $\rho_x=\frac{b}{\sqrt{12}}$
圆锥体	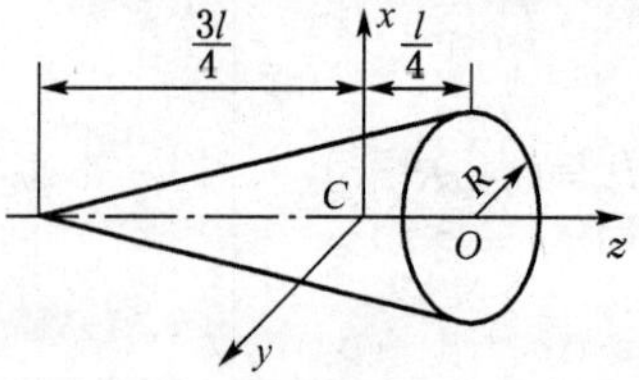	$J_z=\frac{3}{10}mR^2$ $J_x=J_y$ $=\frac{3m}{80}(4R^2+l^2)$	$\rho_z=\sqrt{\frac{3}{10}}R$ $\rho_x=\rho_y$ $=\sqrt{\frac{3}{80}(4R^2+l^2)}$
圆环	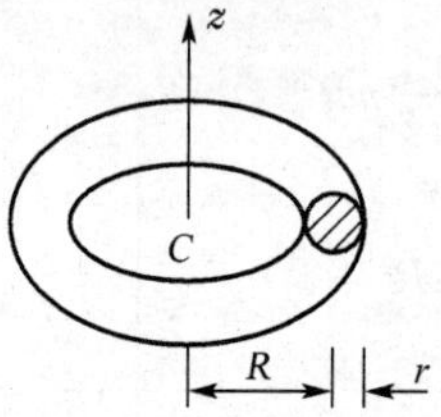	$J_z=m\left(R^2+\frac{3}{4}r^2\right)$	$\rho_z=\sqrt{R^2+\frac{3}{4}r^2}$
矩形截面环	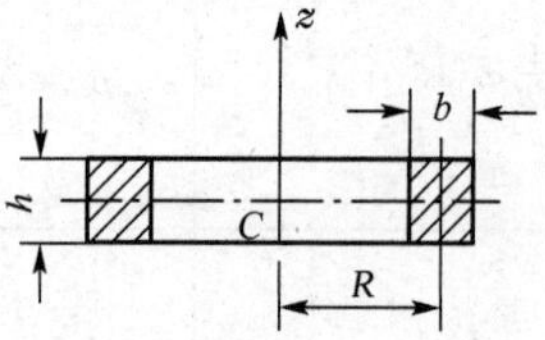	$J_z=m\left(R^2+\frac{1}{4}b^2\right)$	$\rho_z=\sqrt{R^2+\frac{1}{4}b^2}$
椭圆形薄板	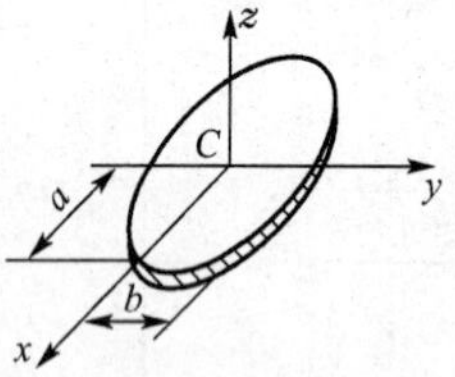	$J_z=\frac{m}{4}(a^2+b^2)$ $J_y=\frac{m}{4}a^2$ $J_x=\frac{m}{4}b^2$	$\rho_z=\frac{1}{2}\sqrt{a^2+b^2}$ $\rho_y=\frac{a}{2}$ $\rho_x=\frac{b}{2}$

11.2.3 平行轴定理

下面研究刚体对于两平行轴的转动惯量之间的关系。

设刚体的质量为 m，质心在 C 点，z_1 轴是通过刚体质心的轴（简称质心轴），z 轴平行于 z_1 轴，两轴间距离为 d，如图 11-5 所示。

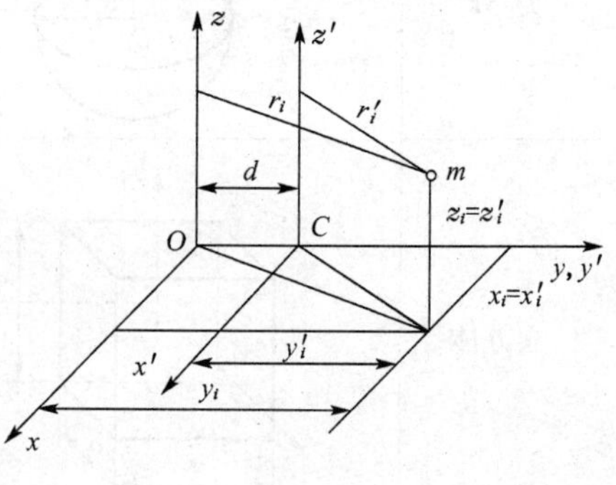

图 11-5

分别以 C 点、O 点为原点，作直角坐标系 $Cx'y'z'$

和 $Oxyz$。根据转动惯量的定义可知，刚体对质心轴的转动惯量 J_{zC} 和对 z 轴的转动惯量 J_z 分别为

$$J_{zC}=\sum m_i r_i'^2=\sum m_i(x_i'^2+y_i'^2)$$
$$J_z=\sum m_i r_i^2=\sum m_i(x_i^2+y_i^2)$$

因为 $$x_i=x_i',y_i=y_i'+d$$

所以 $$\begin{aligned}J_z&=\sum m_i r_i^2=\sum m_i[x_i^2+(y_i'+d)^2]\\&=\sum m_i(x_i'^2+y_i'^2)+2d\sum m_i y_i'+d^2\sum m_i\\&=J_{zC}+2d\sum m_i y_i'+md^2\end{aligned}$$

由质心坐标公式 $y_{C1}=\dfrac{\sum m_i y_i'}{m}$，可得 $\sum m_i y_i'=my_{C1}$，故

$$J_z=J_{zC}+2dmy_{C1}+md^2$$

式中，由于坐标原点取在质心 C，$y_{C1}=0$，于是得

$$J_z=J_{zC}+md^2 \tag{11-11}$$

上式表明：刚体对于任一轴的转动惯量，等于刚体对于平行于该轴的质心轴的转动惯量，加上刚体的质量与两轴间距离平方之乘积。这就是转动惯量的平行轴定理。

【例 11-3】 一个重 W、半径为 r 的匀质圆盘，绕铅垂轴 z（垂直于图面）作定轴转动，铅垂轴与水平圆盘的交点 D，$e=OD=0.2r$，盘上铰有一长 $l=\sqrt{3}r$、重 $W_2=0.2W$ 的细杆 AB，$AB\perp OD$，如图 11-6 所示。试求该构件绕 z 轴（D 点）转动的转动惯量 J_z。

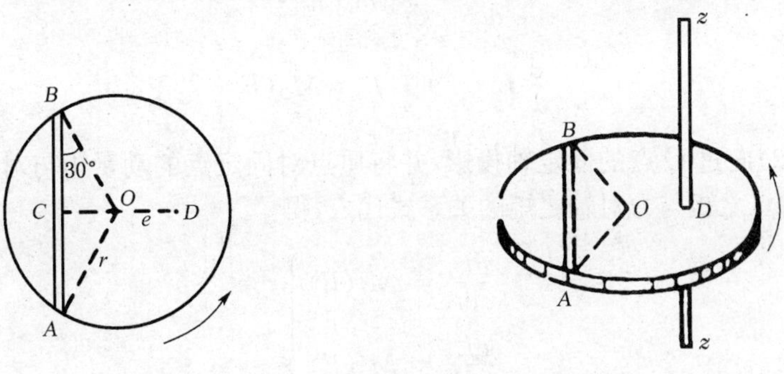

图 11-6

解： 因 $J_z=J_{z杆}+J_{z盘}$，其中

$$J_{z杆}=\frac{1}{12}m_2l^2+m_2(r\sin 30^\circ+e)^2=\frac{1}{12}m_2(\sqrt{3}r)^2+m_2\left(r\times\frac{1}{2}+0.2r\right)^2=0.74m_2r^2$$

$$J_{z盘}=\frac{1}{2}m_1r^2+m_1e^2=\frac{1}{2}m_1r^2+m_1(0.2r)^2=0.54m_1r^2$$

将 $m_2=0.2m_1$ 和 $m_1=\dfrac{W}{g}$ 代入，得

$$J_z = J_{z杆} + J_{z盘} = 0.688\frac{W}{g}r^2$$

11.3 动量矩定理

11.3.1 质点动量矩定理

设质点的质量为 m，在力 $\boldsymbol{F}$ 作用下运动，某瞬时其速度为 $\boldsymbol{v}$，如图 11-7 所示，则该质点对固定点 O 的动量矩为

$$\boldsymbol{L}_O = \boldsymbol{r} \times m\boldsymbol{v}$$

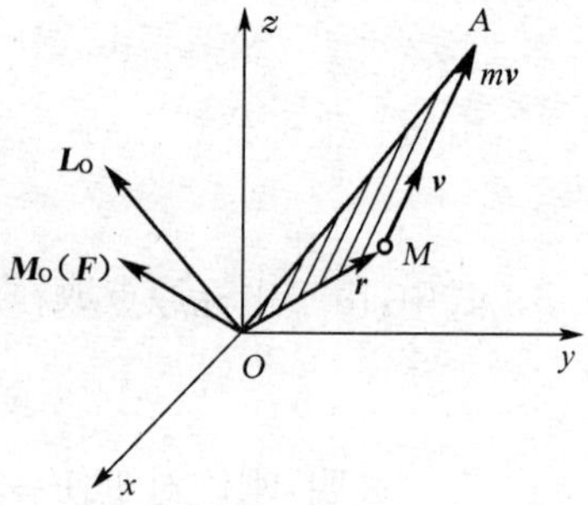

图 11-7

将上式对时间求一阶导数，有

$$\frac{\mathrm{d}}{\mathrm{d}t}\boldsymbol{L}_O = \frac{\mathrm{d}}{\mathrm{d}t}(\boldsymbol{r} \times m\boldsymbol{v}) = \frac{\mathrm{d}\boldsymbol{r}}{\mathrm{d}t} \times m\boldsymbol{v} + \boldsymbol{r} \times \frac{\mathrm{d}}{\mathrm{d}t}(m\boldsymbol{v})$$

因为 O 为固定点，故有

$$\frac{\mathrm{d}\boldsymbol{r}}{\mathrm{d}t} \times m\boldsymbol{v} = \boldsymbol{v} \times m\boldsymbol{v} = 0$$

又根据质点的动量定理，有

$$\frac{\mathrm{d}\boldsymbol{p}}{\mathrm{d}t} = \frac{\mathrm{d}}{\mathrm{d}t}(m\boldsymbol{v}) = \boldsymbol{F}$$

因此得

$$\frac{\mathrm{d}}{\mathrm{d}t}\boldsymbol{L}_O = \boldsymbol{r} \times \boldsymbol{F} = \boldsymbol{M}_O(F) \tag{11-12}$$

将式(11-12)向过 O 点的固定轴投影，并将质点对固定点的动量矩与对轴的动量矩之间的关系式和力对点之矩与力对轴之矩的关系式代入，得

$$\left.\begin{aligned} \frac{\mathrm{d}L_x}{\mathrm{d}t} &= M_x(F) \\ \frac{\mathrm{d}L_y}{\mathrm{d}t} &= M_y(F) \\ \frac{\mathrm{d}L_z}{\mathrm{d}t} &= M_z(F) \end{aligned}\right\} \tag{11-13}$$

式(11-12)和式(11-13)表明：质点对任一固定点(或轴)的动量矩对时间的一阶导数，等于作用于质点上的力对同一点(或轴)之矩。这就是**质点的动量矩定理**。

11.3.2 质点系动量矩定理

设质点系由 n 个质点组成，取其中第 i 个质点来考察，将作用于质点上的力分为内力 $F_i^{(i)}$

和外力 $F_i^{(e)}$，根据质点的动量矩定理，有

$$\frac{\mathrm{d}}{\mathrm{d}t}\boldsymbol{L}_{Oi}=\boldsymbol{M}_O(\boldsymbol{F}_i^{(i)})+M_O(\boldsymbol{F}_i^{(e)})$$

整个质点系共有 n 个这样的方程，相加后得

$$\sum\frac{\mathrm{d}}{\mathrm{d}t}\boldsymbol{L}_{Oi}=\sum\boldsymbol{M}_O(\boldsymbol{F}_i^{(i)})+\sum\boldsymbol{M}_O(\boldsymbol{F}_i^{(e)})$$

由于质点系中内力总是等值反向成对出现，因此，上式中 $\sum\boldsymbol{M}_O(\boldsymbol{F}_i^{(i)})=0$，交换左端求和及求导的次序，有

$$\frac{\mathrm{d}}{\mathrm{d}t}\boldsymbol{L}_O=\sum\boldsymbol{M}_O(\boldsymbol{F}_i^{(e)})$$

简写为

$$\frac{\mathrm{d}}{\mathrm{d}t}\boldsymbol{L}_O=\sum\boldsymbol{M}_O(\boldsymbol{F}^e) \tag{11-14}$$

将式(11-14)向直角坐标轴投影，得

$$\left.\begin{aligned}\frac{\mathrm{d}L_x}{\mathrm{d}t}&=\sum M_x(\boldsymbol{F}^e)\\\frac{\mathrm{d}L_y}{\mathrm{d}t}&=\sum M_y(\boldsymbol{F}^e)\\\frac{\mathrm{d}L_z}{\mathrm{d}t}&=\sum M_z(\boldsymbol{F}^e)\end{aligned}\right\} \tag{11-15}$$

式(11-14)和式(11-15)表明：质点系对任一固定点(或轴)的动量矩对时间的一阶导数，等于作用于质点系上所有外力对同一点(或轴)之矩的矢量和(或代数和)。这就是**质点系的动量矩定理**。

11.3.3 动量矩守恒定律

由质点系的动量矩定理可知，质点系的内力不能改变质点系的动量矩，只有作用于质点系的外力才能使质点系的动量矩发生变化。

当$\sum\boldsymbol{M}_O(\boldsymbol{F}^e)=0$ 时，$\boldsymbol{L}_O=$常矢量；

当$\sum M_z(\boldsymbol{F}^e)=0$ 时，$L_x=$常量。

即当外力系对某一固定点(或某固定轴)的主矩(或力矩的代数和)等于零时，则质点系对该点(或该轴)的动量矩保持不变，这就是**质点系的动量矩守恒定律**。

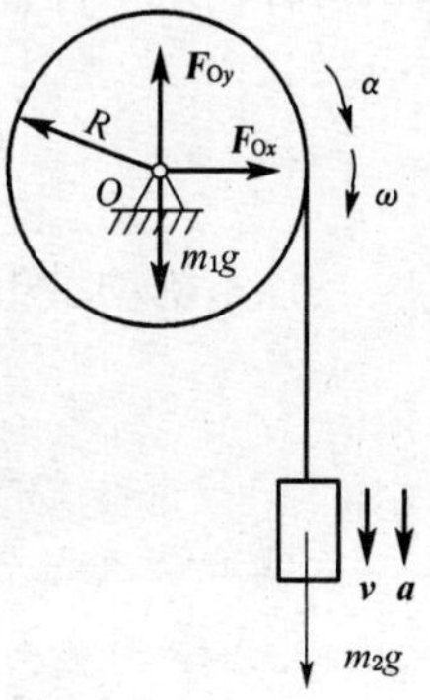

图 11-8

【例 11-4】 质量为 m_1、半径为 R 的均质圆轮绕定轴 O 转动，如图 11-8 所示。轮上缠绕细绳，绳端悬挂质量为 m_2 的物块。试求物块的加速度。

解：以整个系统为研究对象，先进行运动分析。设在图示瞬时，物块的速度为 $\boldsymbol{v}$，加速度为 $\boldsymbol{a}$，由运动学关系，圆轮的角速度为 $\omega=v/R$，因此

系统的动量矩为

$$L_O = -J_O\omega - m_2 vR = -\left(\frac{1}{2}m_1 R^2 \frac{v}{R} + m_2 vR\right) = -\left(\frac{1}{2}m_1 + m_2\right)vR$$

再进行受力分析。系统所受外力如图 11-10 所示，其中 $m_1 g$、$m_2 g$ 为主动力，F_{Ox}、F_{Oy} 为轴 O 处的约束力。根据动量矩定理

$$\frac{\mathrm{d}}{\mathrm{d}t}L_O = \sum M_O(F^e)$$

有
$$-\frac{\mathrm{d}\left(\frac{1}{2}m_1 + m_2\right)vR}{\mathrm{d}t} = -m_2 gR$$

故
$$-\left(\frac{1}{2}m_1 + m_2\right)Ra = -m_2 gR$$

得
$$a = \frac{m_2}{\left(\frac{1}{2}m_1 + m_2\right)}g = \frac{2m_2}{m_1 + 2m_2}g$$

【例 11-5】 在图 11-9 中，质量 $m_1 = 5\ \mathrm{kg}$、半径 $r = 300\ \mathrm{mm}$ 的均质圆盘，可绕铅垂轴 z 转动，在圆盘中心用铰链 D 连接一质量 $m_2 = 4\ \mathrm{kg}$ 的均质细杆 AB，AB 杆长为 $2r$，可绕 D 转动。当 AB 杆在铅垂位置时，圆盘的角速度为 $\omega = 90\ \mathrm{r/min}$。试求杆转到水平位置碰到销钉 C 而相对静止时，圆盘的角速度。

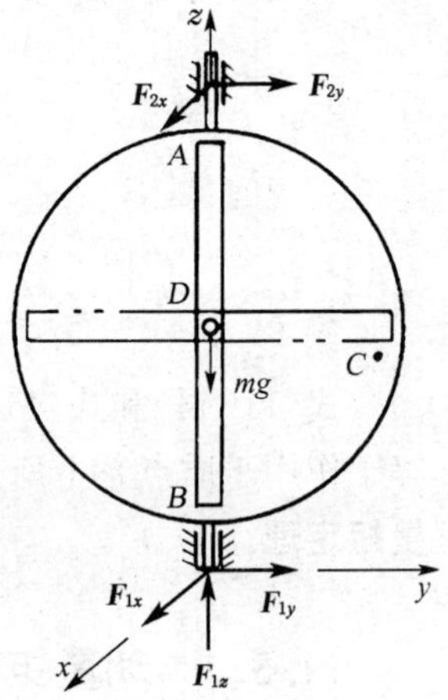

图 11-9

解：以圆盘、杆及轴为研究对象，画出其受力图。由受力分析看出，在 AB 杆由铅垂位置转至水平位置的整个过程中，作用在质点系上所有外力对 z 轴之矩为零，即 $\sum M_z(F^e) = 0$。因此，质点系对 z 轴的动量矩守恒。

杆在铅垂位置时，系统动量矩为 L_{z0}

$$L_{z0} = J_z\omega = \frac{1}{4}m_1 r^2\omega$$

杆在水平位置时，设系统的角速度为 ω_1，此时，系统对 z 轴的动量矩为 L_{z1}

$$L_{z1} = \frac{1}{4}m_1 r^2\omega_1 + \frac{1}{12}m_2\,(2r)^2\omega_1 = \frac{1}{4}m_1 r^2\omega_1 + \frac{1}{3}m_2 r^2\omega_1$$

该系统动量矩守恒，有 $L_{z0} = L_{z1}$，即

$$\frac{1}{4}m_1\omega r^2 = \frac{1}{4}m_1 r^2\omega_1 + \frac{1}{3}m_2 r^2\omega_1$$

$$\omega_1 = \frac{\frac{1}{4}m_1}{\frac{1}{3}m_2 + \frac{1}{4}m_1}\omega$$

将有关数据代入

$$\omega_1 = \frac{\frac{1}{4}\times 5}{\frac{1}{3}\times 4+\frac{1}{4}\times 5}\times\frac{90\pi}{30}\text{ rad/s} = 4.56\text{ rad/s}$$

11.4 刚体定轴转动微分方程

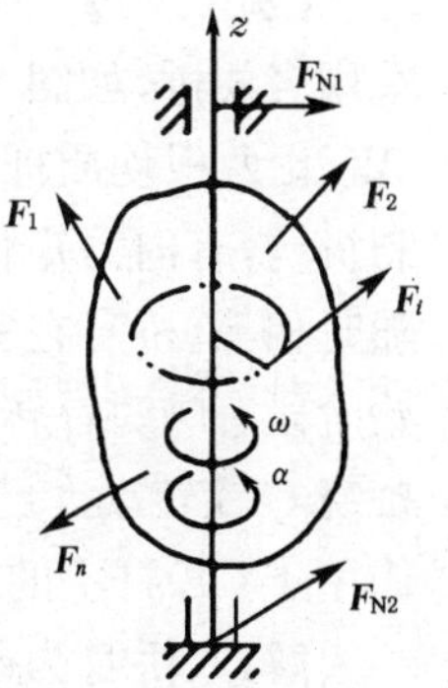

图 11-10

设一刚体在主动力 $\boldsymbol{F}_1$、$\boldsymbol{F}_2$、…、$\boldsymbol{F}_n$ 和轴承的约束力 $\boldsymbol{F}_{N1}$、$\boldsymbol{F}_{N2}$ 作用下，以角速度 ω 和角加速度 α 绕 z 轴转动，如图 11-10 所示，由于轴承约束力均通过 z 轴，如不计轴承的摩擦，则它们对 z 轴的力矩都等于零。根据式(11-7)知，刚体对 z 轴的动量矩为 $L_z = J_z\omega$

代入质点系对 z 轴的动量矩定理 $\frac{\mathrm{d}L_z}{\mathrm{d}t} = M_z(\boldsymbol{F}^{\mathrm{e}})$

得
$$J_z\frac{\mathrm{d}\omega}{\mathrm{d}t} = \sum M_z(\boldsymbol{F}^{\mathrm{e}}) \tag{11-16}$$

或
$$J_z\alpha = \sum M_z(\boldsymbol{F}^{\mathrm{e}}) \tag{11-17}$$

$$J_z\ddot{\varphi} = \sum M_z(F^{\mathrm{e}}) \tag{11-18}$$

以上三式均称为刚体定轴转动微分方程，它表明：刚体对转轴的转动惯量与角加速度的乘积，等于作用于刚体的主动力对该轴之矩的代数和。

从刚体定轴转动微分方程可以看出，对于不同的刚体，若主动力对转轴之矩相同时，转动惯量大的刚体，角加速度 α 小，即转动状态变化小；反之，转动惯量小的刚体，角加速度 α 大，即转动状态变化大。这说明，转动惯量是刚体转动时惯性的度量。用式(11-16)～式(11-18)也可求解刚体定轴转动的两类动力学问题，但它不能用来求解支座处的约束反力。

【例 11-6】 图 11-11 所示飞轮重 W，半径为 R，绕转轴 Ox 转动惯量为 J，并以角速度 ω_0 转动，制动时，闸块上施以常值压力 Q，闸块与轮缘的摩擦系数为 f。求制动时间 t 及停止前转过的圈数。

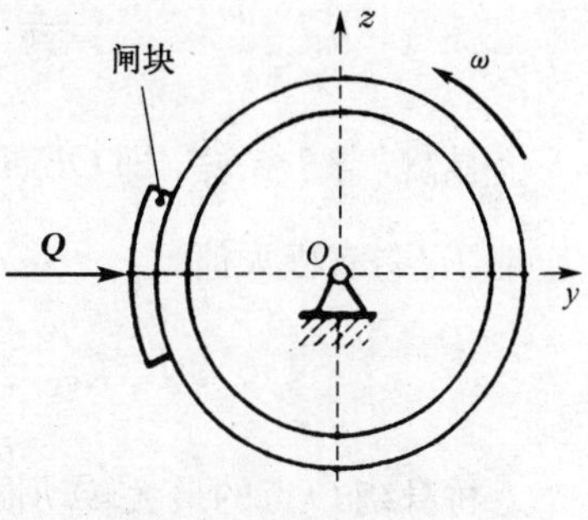

图 11-11

解：取飞轮为研究对象，轮缘摩擦力矩 M_f 使飞轮产生负值的角加速度。

与 ω_0 转向相反的摩擦阻力矩 $M_f = -QfR$，由 $J_z\alpha = \sum M_z(F^{\mathrm{e}})$，可列出

$$J\alpha = -QfR$$

则
$$\alpha = -\frac{QfR}{J}$$

由运动学知
$$\omega = \omega_0 + \alpha t$$

$$0=\omega_0-\frac{QfR}{J}t$$

则制动时间 $$t=\frac{\omega_0 J}{QfR}$$

由运动学匀加速转动公式 $$\omega_0^2=2\alpha\varphi$$

可得 $$\varphi=\frac{\omega_0^2}{2\alpha}=\frac{\omega_0^2 J}{2QfR}$$

停止转动前的转数为 $$n=\frac{\varphi}{2\pi}=\frac{\omega_0^2 J}{4\pi QfR}$$

【例 11-7】 坦克车用液压驱动力矩来架设军用轻便桥，如图 11-12 所示。桥身全长 $2l$，重 $2W$，由两根均质杆 OE、ED 组成，E 铰处有一控制机构，有内力矩使 OE、ED 杆与铅垂线夹角 θ 随时相等，桥身在完成运输任务后起吊，起吊初始阶段有顺时针转向角加速度 $\alpha=0.4\ \text{rad/s}^2$，全桥绕 O 铰转动。已知 $W=1\ \text{kN}$，$l=10\ \text{m}$。试求作用于 OE 杆上的最大驱动力矩 $M_{\max}$。

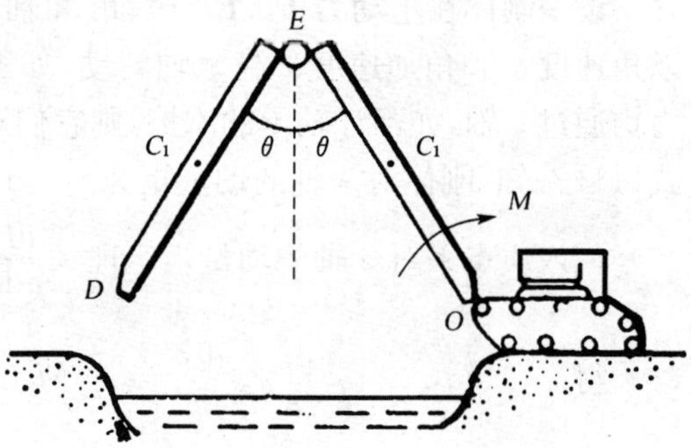

图 11-12

解：取桥身为研究对象。桥身 DEO 绕 O 作定轴转动过程中，绕 O 的转动惯量 J_O 随不同位置而变化，因 DE 杆与 OE 杆的夹角 2θ 会不断地发生变化。

OE 杆绕 O 点的转动惯量 J_{OE} 为一常值，即

$$J_{O(OE)}=\frac{1}{12}\frac{W}{g}l^2+\frac{W}{g}(0.5l)^2=\frac{1}{3}\frac{W}{g}l^2$$

DE 杆绕 O 点的转动惯量 J_{DE} 为一变值，即

$$J_{O(DE)}=\frac{1}{12}\frac{W}{g}l^2+\frac{W}{g}(\overline{OC}_1)^2$$

$$(\overline{OC}_1)^2=l^2+(0.5l)^2-2\times l\times 0.5l\cos 2\theta$$

显然，当 $\theta=\frac{\pi}{2}$，即 OE、DE 两杆均位于水平位置且共线时 OC_1 有极大值，等于 $1.5l$；相应地 $J_{O(DE)}$ 有极大值

$$J_{O(DE)\max}=\frac{1}{12}\frac{W}{g}l^2+\frac{W}{g}(1.5l)^2=2.33\frac{W}{g}l^2$$

桥身绕 O 点的最大转动惯量为

$$J_{O\max}=J_{O(OE)}+J_{O(DE)\max}=\left(\frac{1}{3}+2.33\right)\frac{W}{g}l^2=2.67\frac{W}{g}l^2$$

桥身重力对 O 点的力矩为 $$M_W=W\times 1.5l+W\times 0.5l=2Wl$$

由 $\sum M=J\alpha$，有

$$M_O - 2Wl = 2.67\,\frac{W}{g}l^2 \times \alpha$$

将 W、l、α 值代入上式可得驱动力矩

$$M_O = 30.9\ \text{kN}\cdot\text{m}$$

【例 11-8】 齿轮传动系统如图 11-13(a)所示,啮合处两齿轮的半径分别为 $R_1 = 0.4\ \text{m}$、$R_2 = 0.2\ \text{m}$,对轴 Ⅰ、Ⅱ 的转动惯量分别为 $J_1 = 10\ \text{kg}\cdot\text{m}^2$ 和 $J_2 = 7.5\ \text{kg}\cdot\text{m}^2$,轴 Ⅰ 上作用有主动力矩 $M_1 = 20\ \text{kN}\cdot\text{m}$,轴 Ⅱ 上有阻力矩 $M_2 = 4\ \text{kN}\cdot\text{m}$,转向如图所示。设各处的摩擦忽略不计,试求轴Ⅰ的角加速度及两轮间的切向压力 $\boldsymbol{F}_t$。

解:分别取轴Ⅰ和轴Ⅱ为研究对象,其受力情况如图 11-13(b)、(c)所示。

分别建立两轴的转动微分方程

$$J_1\alpha_1 = M_1 - F'_t R_1$$
$$J_2(-\alpha_2) = M_2 - F_t R_2$$

其中 $F'_t = F_t$,$\alpha_1/\alpha_2 = R_2/R_1 = i_{12}$,将各已知量代入以上两式,联立求解,得

$$\alpha_1 = 300\ \text{rad/s}^2 \qquad F_t = 42.5\ \text{kN}$$

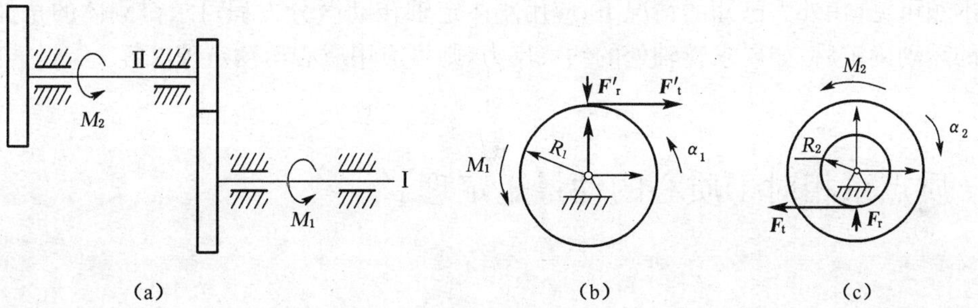

图 11-13

【例 11-9】 均质杆 OA 长 l,质量为 m,其 O 端用铰链支承,A 端用细绳悬挂,如图 11-14 所示。试求将细绳突然剪断的瞬时,铰链 O 的约束反力。

解:将细绳突然剪断,杆受重力 W 与铰链 O 的约束反力 F_{Ox}、F_{Oy} 作用,其受力如图 11-14 所示。杆作定轴转动,在该瞬时,角速度 $\omega=0$,但角加速度 $\alpha\neq0$。因此,必须先求出 α,再求 O 处的反力。

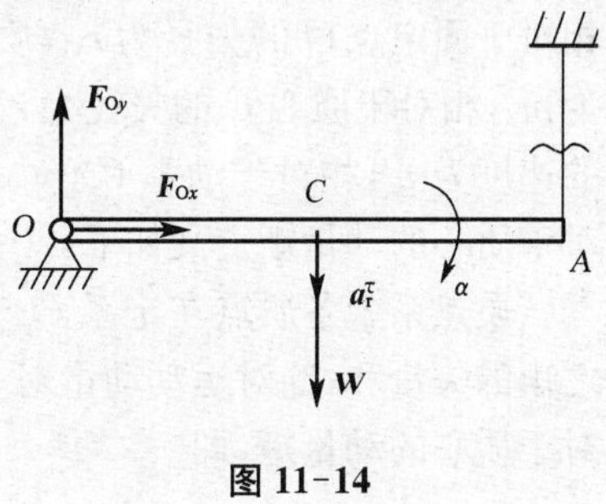

图 11-14

应用刚体定轴转动微分方程 $J_O\alpha = \sum M_O$,有

$$\frac{1}{3}ml^2(-\alpha) = -W\,\frac{l}{2}$$

$$\frac{1}{3}ml^2\alpha = mg\,\frac{l}{2}$$

得杆在细绳突然前剪断瞬时的角加速度 $\quad \alpha = \dfrac{3g}{2l}$

再由质心运动定理求 O 处的反力,在此瞬时,因 $a_C^n = l\omega^2/2 = 0$,故

$$a_C = a_C^\tau = l\alpha/2$$

由 $m\boldsymbol{a}_C = \sum \boldsymbol{F}^e$，得

$$ma_C^n = 0 = -F_{Ox}$$

$$ma_C^\tau = m\frac{l}{2}\alpha = W - F_{Oy}$$

由此解得
$$F_{Ox} = 0$$

$$F_{Oy} = mg - m\frac{l}{2}\alpha = mg - m\frac{l}{2}\cdot\frac{3g}{2l} = \frac{1}{4}mg$$

这类问题称为突然解除约束问题，简称为突解约束问题。该类问题的力学特征是：在解除约束后，系统自由度会增加。解除约束前后的瞬时，其一阶运动量（速度、角速度）连续，但二阶运动量（加速度、角加速度）会发生突变。因此，突解约束问题属于动力学问题，而不是静力学问题。

在本题中，在剪断绳子前，杆在重力、铰链 O 处的反力和绳子的拉力作用下保持平衡。在剪断绳子后，自由度变为 1，此时杆可绕 O 轴转动。在剪断绳子前后的瞬时，角速度 ω 均为零，但角加速度 α 发生突变。因此，本题中 O 处的反力 F_{Oy} 既不等于 $mg/2$，也不等于 mg。F_{Oy} 是动约束力，必须用动力学定理来求解。

从本题可见，在外力已知的情况下，应用刚体定轴转动微分方程可求得刚体的角加速度，在刚体的运动确定后，如要求转轴处的约束反力，则可应用质心运动定理求解。

11.5 质点系相对于质心的动量矩定理

11.5.1 质点系相对于质心的动量矩

如图 11-15 所示，O 为固定点，C 为质点系质心，建立固定坐标系 $Oxyz$ 及随质心平动的坐标系 $Cx'y'z'$，质心 C 相对于固定点 O 的矢径为 $\boldsymbol{r}_C$，质点系中第 i 个质点的质量为 m_i，相对于质心 C 的矢径为 $\boldsymbol{r}_{ir}$，相对于固定坐标系 $Oxyz$ 的速度为 v_i，相对于动系 $Cx'y'z'$ 的速度为 $\boldsymbol{v}_{ir}$，则质点系相对于质心的动量矩定义如下：

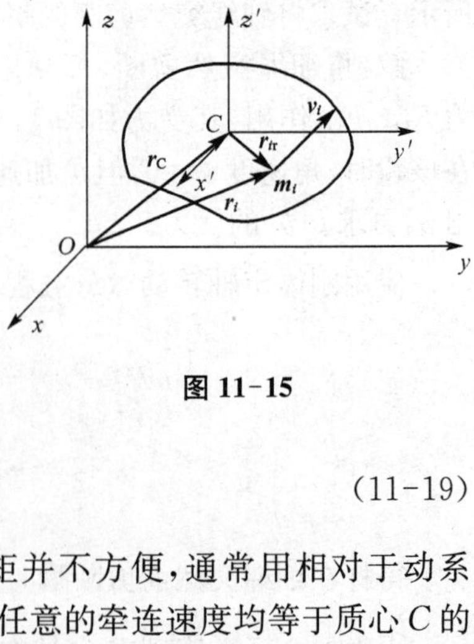

图 11-15

质点系中各质点在定系 $Oxyz$ 中运动的动量对质心 C 之矩的矢量和（绝对运动动量对 C 点的主矩）称为质点系相对于质心的动量矩，即

$$L_C = \sum \boldsymbol{r}_{ir} \times m_i\boldsymbol{v}_i \tag{11-19}$$

一般说来，用绝对速度计算质点系相对于质心的动量矩并不方便，通常用相对于动系 $Cx'y'z'$ 的相对速度进行计算。由于动系随质心作平动，质点任意的牵连速度均等于质心 C 的

速度 $\boldsymbol{v}_C$，根据速度合成定理，有

$$\boldsymbol{v}_i = \boldsymbol{v}_C + \boldsymbol{v}_{ir}$$

故
$$\boldsymbol{L}_C = \sum \boldsymbol{r}_{ir} \times m_i(\boldsymbol{v}_C + \boldsymbol{v}_{ir}) = \sum m_i \boldsymbol{r}_{ir} \times \boldsymbol{v}_C + \sum \boldsymbol{r}_{ir} \times m_i \boldsymbol{v}_{ir}$$

由质心的定义，有 $\sum m_i \boldsymbol{r}_{ir} = m\boldsymbol{r}_{Cr}$，其中$\boldsymbol{r}_{Cr}$为质心相对于动系原点的矢径，此时质心 C 恰为动系 $Cx'y'z'$的原点，故有 $\boldsymbol{r}_{Cr} = 0$。因此，上式可写成

$$\boldsymbol{L}_C = \sum \boldsymbol{r}_{ir} \times m_i \boldsymbol{v}_{ir} = \boldsymbol{L}_{Cr} \tag{11-20}$$

其中，$\boldsymbol{L}_{Cr}$是在随质心作平动的动系中，质点系相对运动对质心的动量矩（相对运动动量对 C 点主矩）。

结论：质点系相对质心的动量矩 $\boldsymbol{L}_C$既可用各质点的绝对速度来计算，也可用各质点在随质心平动的动坐标系中的相对速度来计算，其结果是一样的。

11.5.2 质点系相对于质心的动量矩 $\boldsymbol{L}_C$与 $\boldsymbol{L}_O$的关系

如图 11-15 所示，质点系对于固定点 O 的动量矩为

$$\boldsymbol{L}_O = \sum \boldsymbol{r}_i \times m_i \boldsymbol{v}_i$$

而
$$\boldsymbol{r}_i = \boldsymbol{r}_C + \boldsymbol{r}_{ir}$$

于是
$$\boldsymbol{L}_O = \sum (r_C + r_{ir}) \times m_i \boldsymbol{v}_i = \boldsymbol{r}_C \times \sum m_i \boldsymbol{v}_i + \sum \boldsymbol{r}_{ir} \times m_i \boldsymbol{v}_i$$

上式中，$\sum m_i r_i = m\boldsymbol{r}_C$，$\sum \boldsymbol{r}_{ir} \times m_i \boldsymbol{v}_{ir} = \boldsymbol{L}_{Cr}$，于是，得

$$\boldsymbol{L}_O = \boldsymbol{L}_C + \boldsymbol{r}_C \times m\boldsymbol{v}_C \tag{11-21}$$

上式表明：质点系对任一固定点 O 的动量矩，等于质点系对质心的动量矩 $\boldsymbol{L}_C$与集中于质心的质点系动量对于 O 点动量矩的矢量和。

11.5.3 质点系相对质心的动量矩定理

质点系对固定点 O 的动量矩定理为

$$\frac{\mathrm{d}}{\mathrm{d}t}\boldsymbol{L}_O = \sum \boldsymbol{M}_O(\boldsymbol{F}_i^e)$$

将式(11-21)和 $\boldsymbol{r}_i = \boldsymbol{r}_C + \boldsymbol{r}_{ir}$ 代入，有

$$\begin{aligned}\frac{\mathrm{d}\boldsymbol{L}_O}{\mathrm{d}t} &= \frac{\mathrm{d}\boldsymbol{L}_C}{\mathrm{d}t} + \frac{\mathrm{d}\boldsymbol{r}_C}{\mathrm{d}t} \times m\boldsymbol{v}_C + \boldsymbol{r}_C \times m\frac{\mathrm{d}\boldsymbol{v}_C}{\mathrm{d}t} \\ &= \frac{\mathrm{d}\boldsymbol{L}_C}{\mathrm{d}t} + \boldsymbol{v}_C \times m\boldsymbol{v}_C + \boldsymbol{r}_C \times m\frac{\mathrm{d}\boldsymbol{v}_C}{\mathrm{d}t}\end{aligned}$$

$$= \frac{d\boldsymbol{L}_C}{dt} + \boldsymbol{r}_C \times m\boldsymbol{a}_C$$

$$\sum \boldsymbol{M}_O(\boldsymbol{F}_i^e) = \sum \boldsymbol{r}_i \times \boldsymbol{F}_i^e = \sum (\boldsymbol{r}_C + \boldsymbol{r}_{ir}) \times \boldsymbol{F}_i^e = \boldsymbol{r}_C \times \sum \boldsymbol{F}_i^e + \sum \boldsymbol{r}_{ir} \times \boldsymbol{F}_i^e$$

即
$$\frac{d\boldsymbol{L}_C}{dt} + \boldsymbol{r}_C \times m\boldsymbol{a}_C = \boldsymbol{r}_C \times \sum \boldsymbol{F}_i^e + \sum \boldsymbol{r}_{ir} \times \boldsymbol{F}_i^e$$

根据质心运动定理 $m\boldsymbol{a}_C = \sum \boldsymbol{F}_i^e$，上式可改写为

$$\frac{d\boldsymbol{L}_C}{dt} = \sum \boldsymbol{r}_{ir} \times \boldsymbol{F}_i^e$$

而
$$\sum \boldsymbol{r}_{ir} \times \boldsymbol{F}_i^e = \sum \boldsymbol{M}_C(\boldsymbol{F}^e)$$

于是得
$$\frac{d\boldsymbol{L}_C}{dt} = \sum \boldsymbol{M}_C(\boldsymbol{F}^e) \tag{11-22}$$

上式表明：质点系相对于质心的动量矩对时间的一阶导数，等于作用于质点系上的所有外力对质心之矩的矢量和(外力系对质心的主矩)。这就是质点系相对于质心的动量矩定理。

由式(11-22)可知，质点系相对于质心的运动只与外力系对质心的主矩有关，而与内力无关。当外力系对质心的主矩为零时，**质点系相对于质心的动量矩守恒**。

即当 $\sum \boldsymbol{M}_C(\boldsymbol{F}^e) = 0$ 时，$\boldsymbol{L}_C$＝常矢量。

例如，跳水运动员跳水时，当他离开跳板直到入水前，如不计空气阻力，则只受重力作用，而重力过质心，对质心的力矩为零，因此质点系对质心的动量矩守恒。如果要翻跟头，就必须在起跳之前用力蹬跳板，以便获得初速度，使身体绕质心轴转动。他将身体和四肢伸展或蜷缩，是为了改变对质心轴的转动惯量，从而改变角速度。

11.6 刚体平面运动微分方程

设刚体在力 $\boldsymbol{F}_1$、$\boldsymbol{F}_2$、…、$\boldsymbol{F}_n$ 作用下作平面运动，如图 11-16 所示，作一随质心平动的动坐标系 $Cx'y'$，由运动学可知，刚体的平面运动可分解为随质心的平动和绕质心的转动。刚体相对于质心的动量矩为

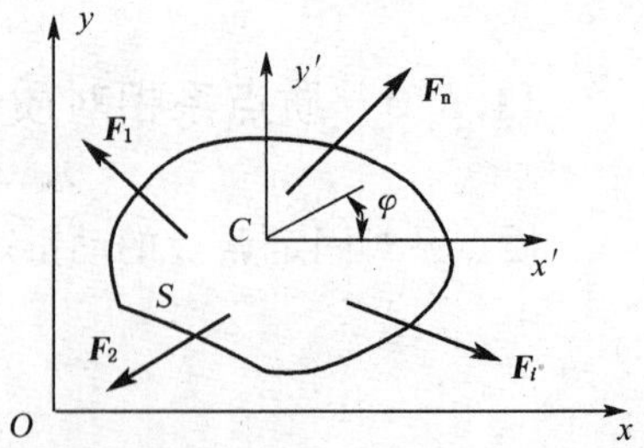

图 11-16

$$L_C = L_{Cr} = J_C\omega$$

应用质心运动定理和相对质心的动量矩定理，得

$$\left.\begin{aligned} m a_C &= \sum F^e \\ J_c\alpha &= \sum M_C(F^e) \end{aligned}\right\} \tag{11-23}$$

将第一式向 x、y 轴投影，得

$$\left.\begin{aligned} m\ddot{x}_{c} &= \sum F_x^{e} \\ m\ddot{y}_{c} &= \sum F_y^{e} \\ J_C\,\ddot{\varphi} &= \sum M_C(F^{e}) \end{aligned}\right\} \tag{11-24}$$

式(11-23)、式(11-24)称为刚体平面运动微分方程。式(11-24)中的三个独立方程恰好等于平面运动的自由度数(三个)，它可以用来求解动力学的两大类问题。但是在工程实际中，许多系统是由多个平面运动刚体组成的，未知量相应增加很多，除对每个刚体分别应用这三个动力学方程之外，还要根据具体的约束条件寻找运动的和力的补充方程才能求解。

【例 11-10】 在图 11-17(a)中，均质轮的圆筒上缠一绳索，并作用一水平方向的力200 N，轮和圆筒的总质量为 50 kg，对其质心的回转半径为 70 mm。已知轮与水平面间的静、动摩擦因数分别为 $f_s = 0.20$ 和 $f_d = 0.15$，求轮心 O 的加速度和轮的角加速度。

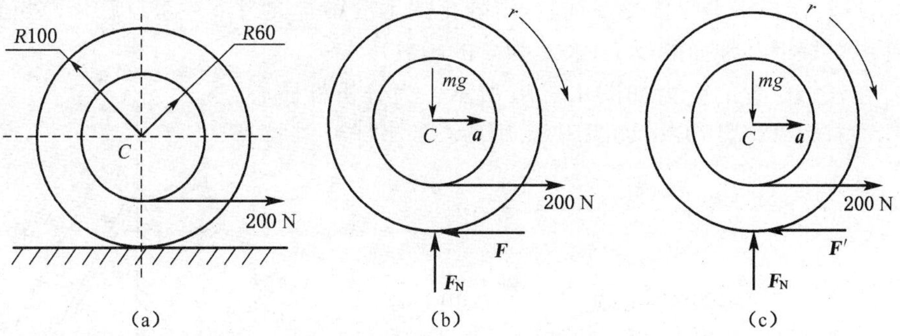

图 11-17

解：(1) 先假设轮子作纯滚动：其受力分析如图 11-17(b)所示。此时摩擦力 F 为静滑动摩擦力，$F \leqslant f_s F_N$。

设轮心的加速度为 a，角加速度为 α，建立圆轮的平面方程，得

$$ma_{Cx} = \sum F_x, 50a = 200 - F \tag{1}$$

$$ma_{Cy} = \sum F_y, 0 = F_N - 50 \times 9.8 \tag{2}$$

$$J_C\alpha = \sum M_C(F), 50 \times (0.07)^2\alpha = F \times 0.1 - 200 \times 0.06 \tag{3}$$

由于滚动而不滑动，有 $a = R\alpha$

即补充方程 $a = 0.1\alpha$ (4)

联立求解式(1)～(4)，得 $F_N = 490\ \text{N}$

$\alpha = 10.74\ \text{rad/s}^2$

$F=146.3\ \text{N}$ (5)

而其实最大静摩擦力 $F_{max} = f_s F_N = 0.2 \times 490 = 98\ \text{N}$。式(5)计算所得只滚不滑所需 $F = 146.3\ \text{N}$ 超过 F_{max}，故轮子不可能只滚不滑。

(2) 考虑轮子又滚又滑的情形：其受力分析如图 11-17(c)所示。此时动滑动摩擦力 $F' = f_d F_N$，而质心加速度 a 和角加速度 α 是两个独立的未知量，列平面运动方程：

$$ma_{Cx} = \sum F_x, 50a = 200 - F' \tag{6}$$

$$ma_{Cy} = \sum F_y, 0 = F_N - 50 \times 9.8 \tag{7}$$

$$J_C\alpha = \sum M_C(F), 50 \times (0.07)^2\alpha = F' \times 0.1 - 200 \times 0.06 \tag{8}$$

补充方程 $F' = f_d F_N$，即　　　$F' = 0.15F_N$　　　(9)

联立求解式(6)～式(9)，得

$$a = 2.53\ \text{m/s}^2$$

$$\alpha = -18.95\ \text{rad/s}^2$$

负号说明 α 的转向与图 11-17(c)所设相反，应为逆时针方向。

【例 11-11】 均质细杆 AB 长 l，重 W，两端分别沿铅垂墙和水平面滑动，不计摩擦，如图 11-18 所示。若杆在铅垂位置受干扰后，由静止状态沿铅垂面滑下。求杆在任意位置的角加速度、角速度及墙壁和地面的反力(表示为 φ 的函数)。

解：杆在任意位置的受力如图 11-18 所示。为分析杆质心的运动，建立直角坐标系 Oxy，如图所示，则质心的坐标为

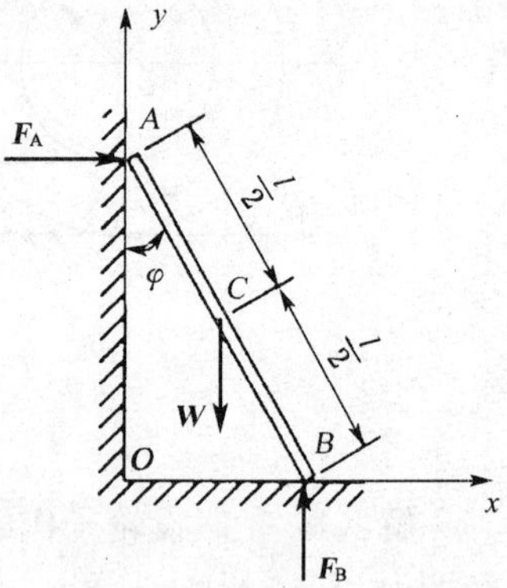

图 11-18

$$x_C = \frac{l}{2}\sin\varphi \qquad y_C = \frac{l}{2}\cos\varphi$$

则　$$\dot{x}_C = \frac{l}{2}\dot{\varphi}\cos\varphi \qquad \dot{y}_C = -\frac{l}{2}\dot{\varphi}\sin\varphi$$

$$\ddot{x}_C = -\frac{l}{2}\dot{\varphi}^2\sin\varphi + \frac{l}{2}\ddot{\varphi}\cos\varphi; \qquad \ddot{y}_C = -\frac{l}{2}\dot{\varphi}^2\cos\varphi - \frac{l}{2}\ddot{\varphi}\sin\varphi$$

列出杆的平面运动微分方程

$$m\ddot{x}_C = \sum F_x^e, \quad \frac{W}{g}\left(-\frac{l}{2}\dot{\varphi}^2\sin\varphi + \frac{l}{2}\ddot{\varphi}\cos\varphi\right) = F_A \tag{1}$$

$$m\ddot{y}_C = \sum F_y^e, \quad \frac{W}{g}\left(-\frac{l}{2}\dot{\varphi}^2\cos\varphi - \frac{l}{2}\ddot{\varphi}\sin\varphi\right) = F_B - W \tag{2}$$

$$J_C\ddot{\varphi} = \sum M_C(F^e), \frac{1}{12}\frac{W}{g}\frac{l}{2}\ddot{\varphi} = F_B\frac{l}{2}\sin\varphi - F_A\frac{l}{2}\cos\varphi \tag{3}$$

求解微分方程，将式(1)乘以 $\frac{l}{2}\cos\varphi$，式(2)乘以 $\frac{l}{2}\sin\varphi$，然后两式相减得

$$\frac{1}{4}\frac{W}{g}l^2\ddot{\varphi} = F_A\frac{l}{2}\cos\varphi - F_B\frac{l}{2}\sin\varphi + W\frac{l}{2}\sin\varphi \tag{4}$$

式(4)与式(3)联立求解，可得任意瞬时的角速度为

$$\ddot{\varphi} = \frac{3g}{2l}\sin\varphi \tag{5}$$

现求 AB 杆的角速度，利用　$$\ddot{\varphi} = \frac{d\dot{\varphi}}{dt} = \frac{d\dot{\varphi}}{d\varphi}\frac{d\varphi}{dt} = \dot{\varphi}\frac{d\dot{\varphi}}{d\varphi}$$

式(5)可改写成
$$\dot{\varphi}\frac{\mathrm{d}\dot{\varphi}}{\mathrm{d}\varphi}=\frac{3g\sin\varphi}{2l}$$

分离分量得
$$\dot{\varphi}\mathrm{d}\dot{\varphi}=\frac{3g\sin\varphi}{2l}\mathrm{d}\varphi \tag{6}$$

由初始条件 $t=0,\dot{\varphi}=0$,对式(6) 积分
$$\int_0^{\phi}\dot{\varphi}d\dot{\varphi}=\int_0^{\varphi}\frac{3g}{2l}\sin\varphi\mathrm{d}\varphi$$

得
$$\frac{1}{2}\dot{\varphi}^2=\frac{3g}{2l}(1-\cos\varphi)$$

$$\omega=\dot{\varphi}=\sqrt{\frac{3g}{l}(1-\cos\varphi)} \tag{7}$$

将式(5)和式(7)代入式(1)、(2)可得
$$F_{\mathrm{A}}=\frac{3mg}{4}\sin\varphi(3\cos\varphi-1) \tag{8}$$

$$F_{\mathrm{B}}=\frac{mg}{4}(1+7\cos^2\varphi-6\cos\varphi) \tag{9}$$

从 F_{A}的表达式(8)中,利用 $F_{\mathrm{A}}=0$ 的条件,可以求出 A 端脱离墙壁时间角度 φ,即
$$\varphi=\arccos\left(\frac{2}{3}\right)$$

本章小结

1）动量矩

质点对点 O 的动量矩 $\boldsymbol{L}_{\mathrm{O}}=\boldsymbol{M}_{\mathrm{O}}(m\boldsymbol{v})=\boldsymbol{r}\times m\boldsymbol{v}$

质点系对点 O 的动量矩 $\boldsymbol{L}_{\mathrm{O}}=\sum\boldsymbol{L}_{\mathrm{O}i}=\sum\boldsymbol{M}_{\mathrm{O}}(m_i\boldsymbol{v}_i)=\sum\boldsymbol{r}_i\times m_i\boldsymbol{v}_i$

质点系对固定轴 z 的动量矩 $L_z=\sum L_{zi}=\sum M(m_iv_i)=[\boldsymbol{L}_{\mathrm{O}}]_z$

质点系相对质心的动量矩 $\boldsymbol{L}_{\mathrm{C}}$ $\boldsymbol{L}_{\mathrm{O}}=\boldsymbol{L}_{\mathrm{C}}+\boldsymbol{r}_{\mathrm{C}}\times m\boldsymbol{v}_{\mathrm{C}}$

2）动量矩定理

对固定点 O 和固定轴 z 有 $\frac{\mathrm{d}}{\mathrm{d}t}L_{\mathrm{O}}=\sum M_{\mathrm{O}}(F_i^{(\mathrm{e})})$；$\frac{\mathrm{d}L_z}{\mathrm{d}t}=\sum M_z(F^{(\mathrm{e})})$

对质心 C 和质心轴有 $\frac{\mathrm{d}L_{\mathrm{C}}}{\mathrm{d}t}=\sum M_{\mathrm{C}}(F^{(\mathrm{e})})$； $\frac{\mathrm{d}L_{\mathrm{C}z}}{\mathrm{d}t}=\sum M_{\mathrm{C}z}(F^{(\mathrm{e})})$

3）质点系的动量矩守恒定律

当$\sum\boldsymbol{M}_{\mathrm{O}}(\boldsymbol{F}^{\mathrm{e}})=0$ 时,$\boldsymbol{L}_{\mathrm{O}}$=常矢量;当$\sum M_z(\boldsymbol{F}^{\mathrm{e}})=0$ 时,L_x=常量。

4）转动惯量

$$J_z = \sum mr^2$$

若 z_C 与 z 轴平行 $$J_z = J_{zC} + md^2$$

5）刚体绕 z 轴转动的动量矩

$$L_z = J_Z\omega$$

若 z 轴为定轴或过质心 $$J_z\alpha = \sum M_z(F^e)$$

6）刚体的平面运动方程

$$m\ddot{x}_C = \sum F_x^e ; m\ddot{y}_C = \sum F_y^e ; J_C\ddot{\varphi} = \sum M_C(F^e)$$

复习思考题

一、问答题

1. 一圆环与一实心圆盘材料相同，质量相同，绕质心作定轴转动，某一瞬时有相同的角加速度，作用在圆环和圆盘上的外力矩是否相同？

2. 作定轴转动的悬摆，在摆动过程中，各个不同瞬时的角加速度是否相等？悬摆在何位置时角加速度为零？

3. 一水平平面内放置的正方形薄片绕通过质心的铅垂轴在常值力矩作用下转动。薄片上有一质量为 m 的质点，沿正方形边缘作相对的匀速直线运动，正方形薄片的角加速度是否随时间变化？当质点运动至薄片上何位置时，薄片有最大及最小的角加速度？

4. 如图 11-19 所示，一正方形薄片绕 z_1、z_2 轴转动的转动惯量分别为 J_1、J_2，z_1、z_2 轴均不通过薄片质心 C，且相距 $0.5l$，则式 $J_2 = J_1 + m(0.5l)^2$ 是否成立(式中，m 为薄片质量，l 为正方形边长)？

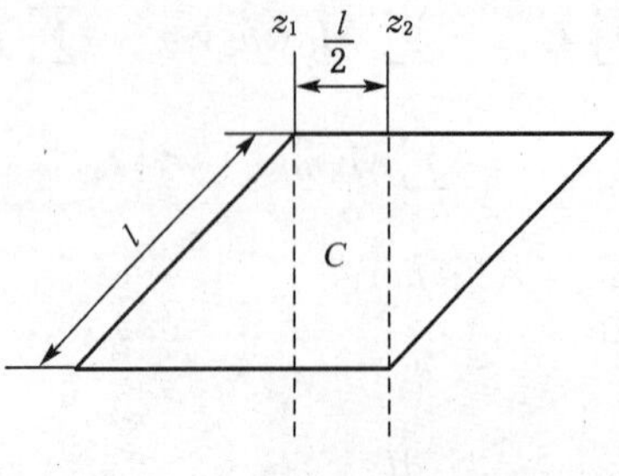

图 11-19

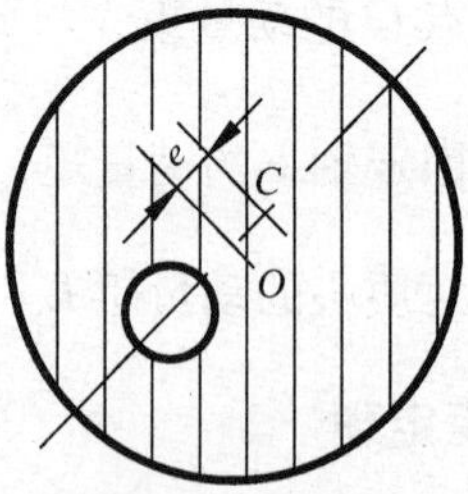

图 11-20

5. 偏心圆盘的质心离圆心的距离为 e，如图 11-20 所示。当圆盘绕圆心作定轴转动时，其对转轴的回转半径是否等于 e？是否有 $J_O = me^2$？

6. 刚体作定轴转动，当角速度很大时，是否外力矩一定很大？当角速度为零时，是否外力矩等于零？外力矩的转向是否一定和角速度的转向一致？

7. 一细杆由等长的钢与铜两段组成，如图 11-21 所示，两段质量分别为 m_1和 m_2，且都为均质杆。求细杆对图示三轴的转动惯量 J_{z_1}、J_{z_2}和 J_{z_3}分别为多少？

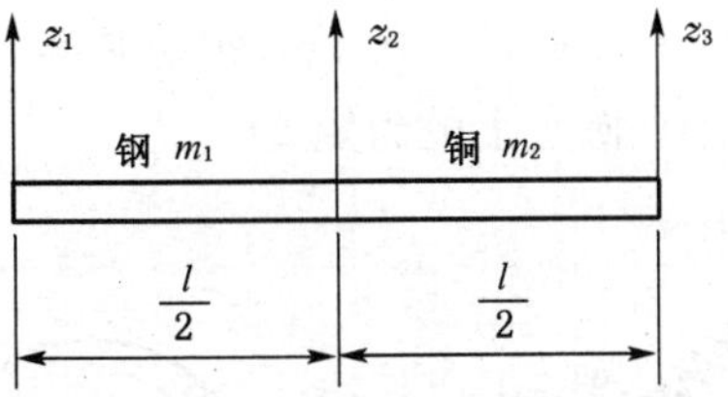

图 11-21

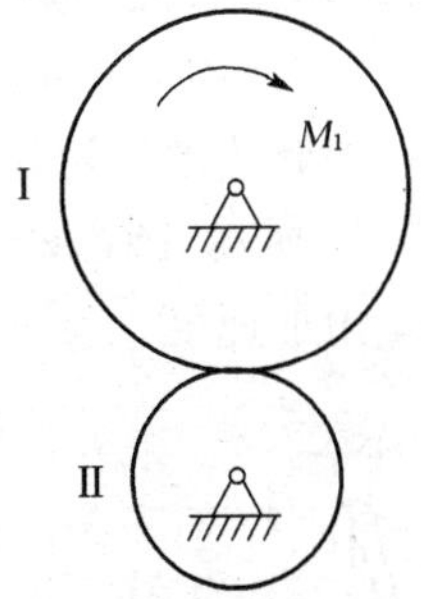

图 11-22

8. 平面运动刚体，当所受外力系的主矢为零时，刚体只能绕质心转动吗？当所受外力系对质心的主矩为零时，刚体只能作平动吗？

9. 在图 11-22 所示的齿轮传动系统中，两齿轮对转轴的转动惯量分别为 J_1和 J_2，则轮Ⅰ的角加速度能否按 $\alpha = M/(J_1 + J_2)$ 进行计算？为什么？

10. 如图 11-23 所示，在铅垂面内，杆 OA 可绕 O 轴自由转动，均质圆盘可绕其质心轴 A 自由转动。如杆 OA 水平时，系统静止，问自由释放后圆盘作什么运动？

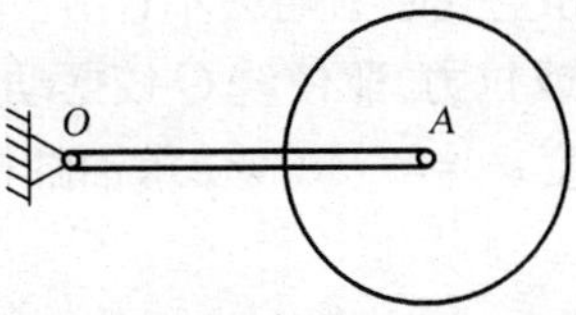

图 11-23

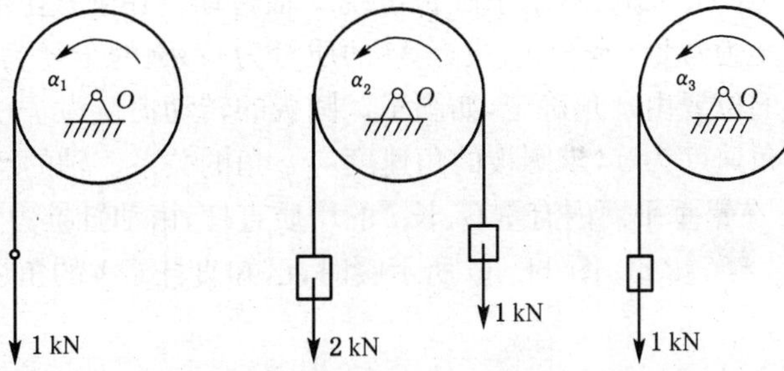

图 11-24

11. 在完全相同的三个转动轮上绕有软绳，在绳端作用有力或挂有重物，如图 11-24 所示，则各轮转动的角加速度的关系为______。

① $\alpha_1 = \alpha_2 = \alpha_3$　②$\alpha_1 < \alpha_2 < \alpha_3$　③$\alpha_1 > \alpha_2 > \alpha_3$　④ $\alpha_1 = \alpha_3 \neq \alpha_2$　⑤$\alpha_1 \neq \alpha_2 = \alpha_3$

12. 质量为 m 的均质圆盘，平放在光滑的水平面上，其受力情况如图 11-25 所示。设开始时圆盘静止，图中 $R = 2r$，试说明各圆盘将如何运动。

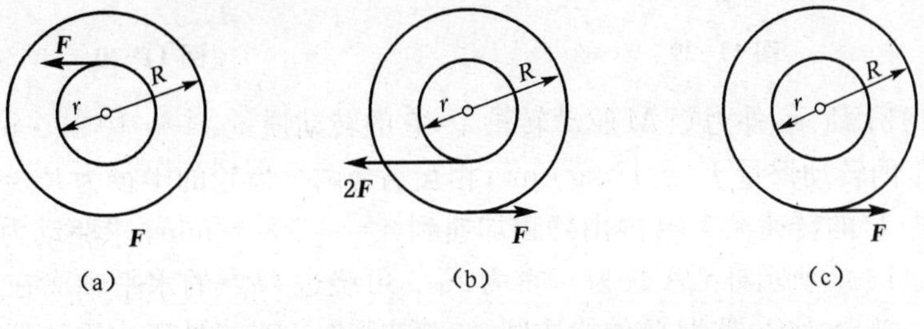

图 11-25

二、计算题

1. 图 11-26 所示均质细杆 OA 的质量为 m，长为 l，绕定轴 Oz 以匀角速度 ω 转动。设杆与 Oz 轴夹角为 α，求当杆运动到 Oyz 平面内的瞬时，对轴 x、y、z 及 O 点的动量矩。

2. 直杆长 $l = 3\,\text{m}$，质量 $m = 20\,\text{kg}$，绕 O 铰作定轴摆动；在 A 点有弹簧拉住，弹簧刚性系数 $k = 40\,\text{N/m}$，原长 $l_0 = 2.5\,\text{m}$。求图 11-27 所示位置时直杆的角加速度。

3. 如图 11-28 所示，圆盘的质量 $m = 300\,\text{kg}$，半径 $R = 0.4\,\text{m}$，转动惯量 $J_O = 24\,\text{kg}\cdot\text{m}^2$，悬重 $G = 6\,\text{kN}$，角加速度 $\alpha = 6\pi/\text{s}^2$。试求作用在圆盘上的力矩 M。

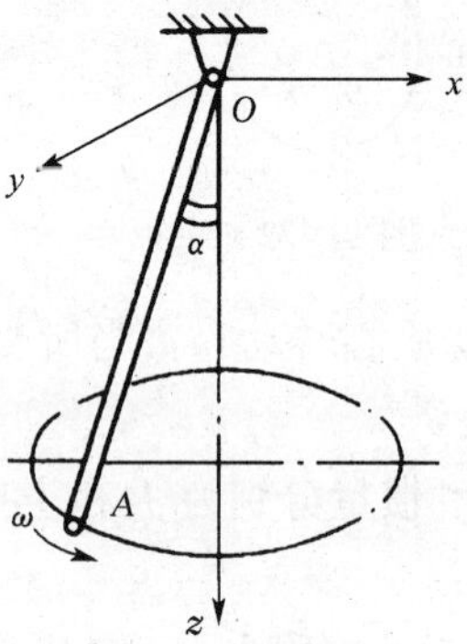

图 11-26

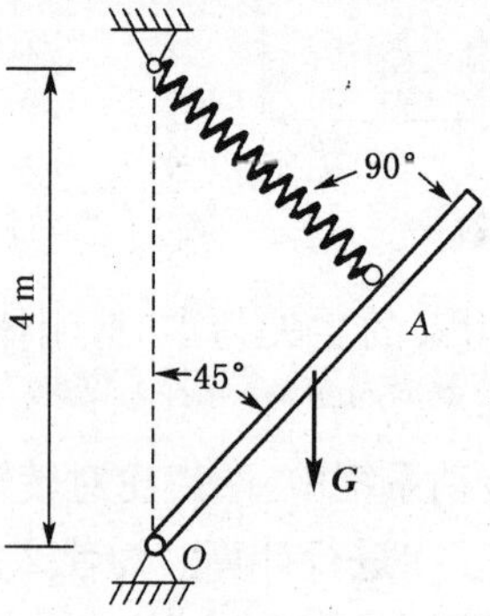

图 11-27

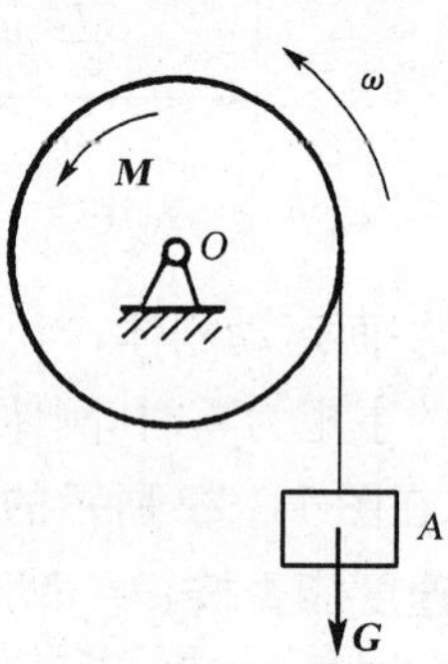

图 11-28

4. 图 11-29 所示水平圆板可绕 z 轴转动。在圆板上有一质点 M 作圆周运动，已知其速度的大小为常量，等于 v_0，质点 M 的质量为 m，圆的半径为 r，圆心到 z 轴的距离为 l，M 点在圆板上的位置由 φ 角确定，如图示。圆板的转动惯量为 J，并且当点 M 离 z 轴最远，在 M_0 时，圆板的角速度为零，求圆板的角速度与 φ 角的关系。轴的摩擦和空气阻力略去不计。

5. 在铅垂平面内有重 G、长 l 的均质直杆，由油缸推力 F_P（或拉力）驱使绕 O 铰摆动，$G = 300\,\text{N}$，$l = 1.2\,\text{m}$。图 11-30 所示瞬时，已知直杆 OA 的角加速度 $\alpha = 4\,\text{rad/s}^2$。求油缸推力。

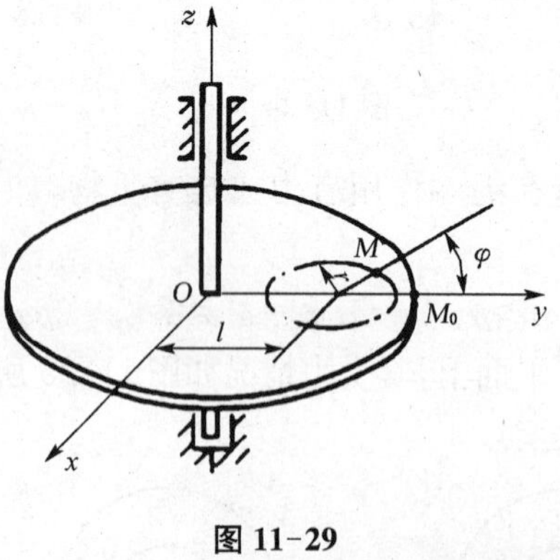

图 11-29

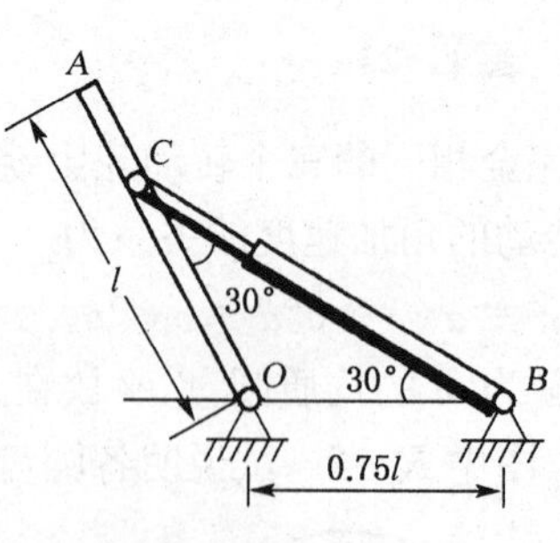

图 11-30

6. 如图 11-31 所示，外力矩 M 驱动转轴 Ⅰ，它的转动惯量 $J_1 = 10\,\text{kg}\cdot\text{m}^2$，轴 Ⅰ 经齿轮带动轴 Ⅱ，轴 Ⅱ 的转动惯量 $J_2 = 15\,\text{kg}\cdot\text{m}^2$；相互啮合两个齿轮的半径为 $R_1 = 100\,\text{mm}$，$R_2 = 200\,\text{mm}$。要求轴 Ⅰ 的转速在 10 s 内由静止加速到 $n = 1\,500\,\text{r/min}$，求驱动力矩 M。

7. 已知图 11-32 所示杆 OA 长为 l，重为 F_P。可绕过 O 点的水平轴而在铅垂面内转动，杆的 A 端铰接一半径为 R、重为 Q 的均质圆盘，若初瞬时 OA 杆处于水平位置，系统静止。略去各处摩擦，求 OA 杆转到任意位置（用 φ 角表示）时的角速度 ω 及角加速度 α。

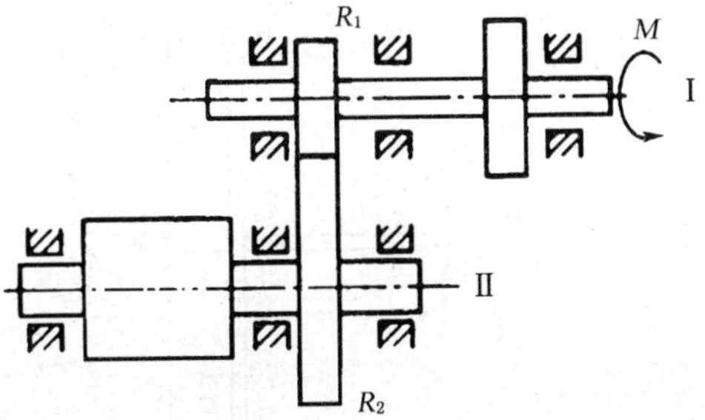

图 11-31

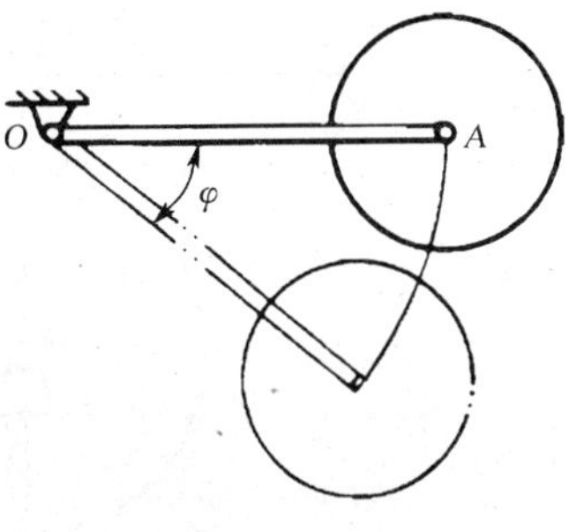

图 11-32

8. 图 11-33 均质圆柱体的质量为 4 kg，半径为 0.5 m，置于两光滑的斜面上。设有与圆柱轴线垂直且沿圆柱面的切线方向的力 $F = 20\text{ N}$ 作用，试求圆柱的角加速度及斜面的反力。

9. 两重物 B 和 A，其质量为 m_1 和 m_2，各系在两条绳子上，此两绳又分别围绕在半径为 r_1 和 r_2 的鼓轮上，如图 11-34 所示。设 $m_1 r_1 > m_2 r_2$，鼓轮和绳子的质量及轴的摩擦均略去不计。试求鼓轮的角加速度。

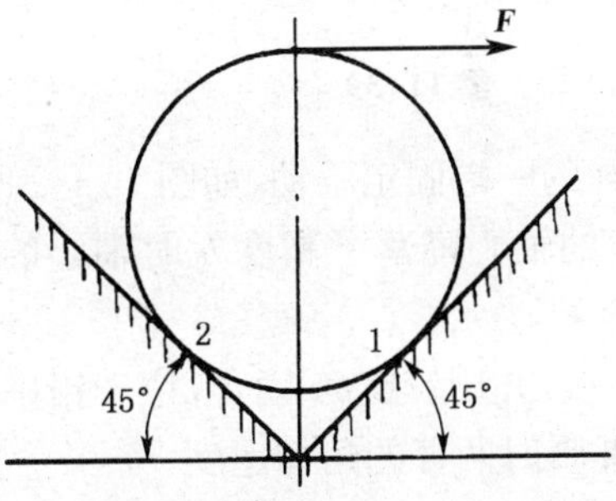

图 11-33

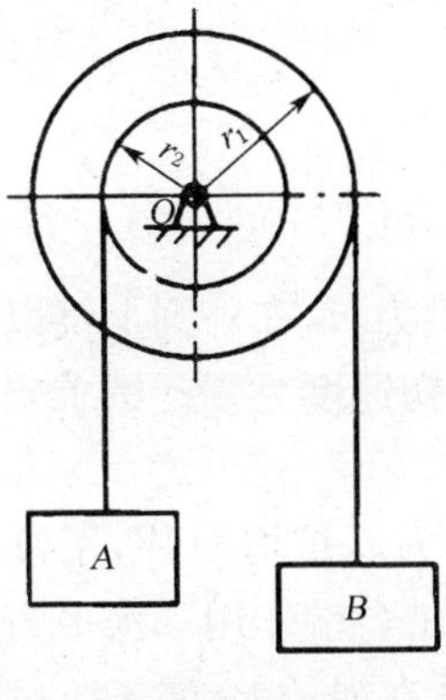

图 11-34

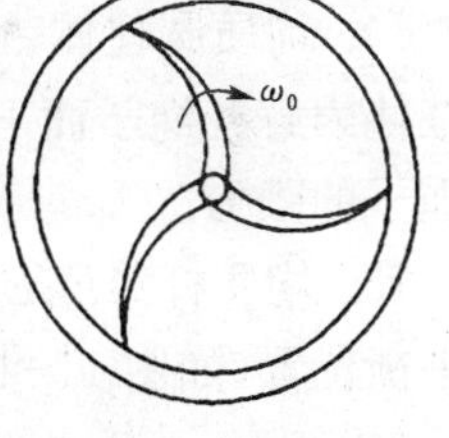

图 11-35

10. 通风机风扇叶轮的转动惯量为 J，以初角速度 ω_0 绕其中心轴转动，见图 11-35。设空气阻力矩与角速度成正比，方向相反，即 $M = -k\omega$，且已知比例系数 k。试求在阻力作用下，经过多少时间角速度减少一半？在此时间间隔内叶轮转了多少转？

11. 如图 11-36 所示，均质圆轮 A 的质量为 m_1，半径为 r_1，以角速度 ω 绕 OA 杆的 A 端转动，此时将轮放置在质量为 m_2 的另一均质圆轮 B 上，其半径为 r_2，B 轮原为静止，但可绕其中心轴自由转动。放置后，A 轮的重量由 B 轮支持，略去轴承的摩擦与杆 OA 的质量，并设两轮间的摩擦系数为 f。问自 A 轮放在 B 轮上到两轮间没有滑动为止，经过多少时间。

12. 两均质细杆 OC 和 AB 的质量分别为 50 kg 和 100 kg，在 C 点互相垂直焊接起来。若在图 11-37 所示位置由静止释放，试求释放瞬时铰支座 O 的约束力。铰 O 处的摩擦忽略不计。

13. 半径为 R、质量为 m 的均质圆盘，沿倾角为 θ 的斜面作纯滚动，如图 11-38 所示。不计滚动阻碍，试求：(1)圆轮质心的加速度。(2)圆轮在斜面上不打滑的最小静摩擦因数。

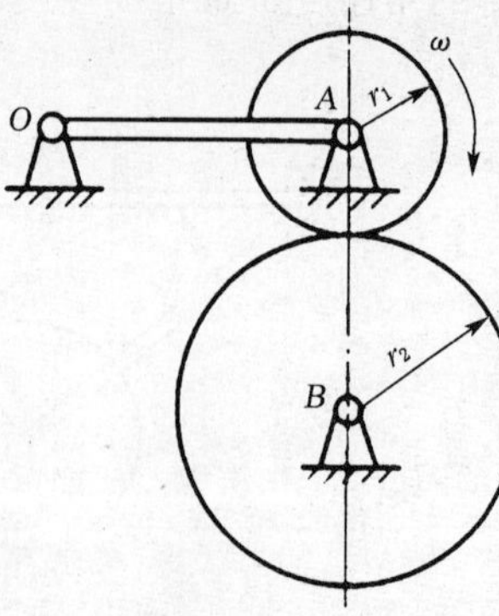

图 11-36

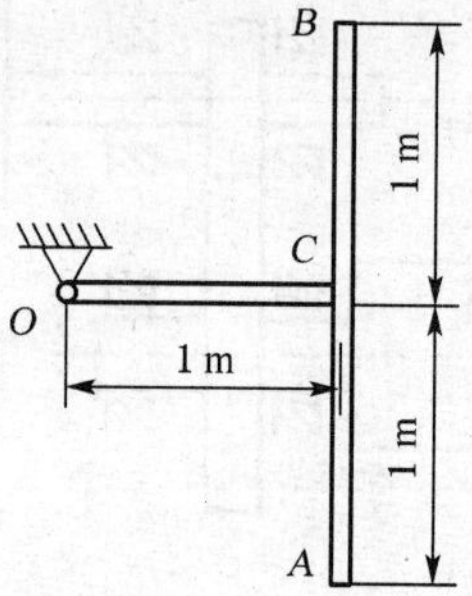

图 11-37

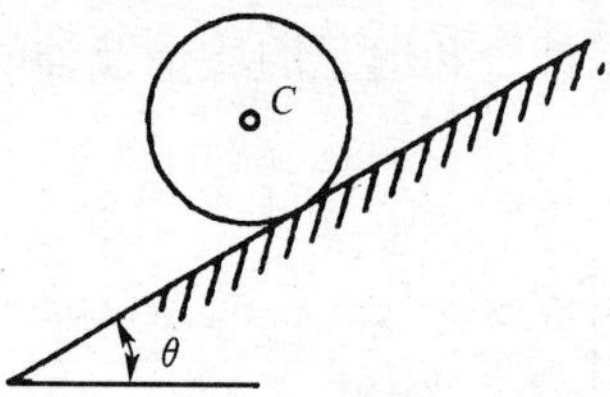

图 11-38

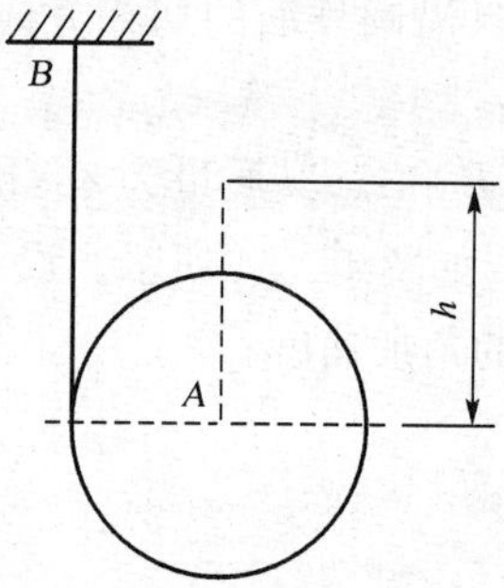

图 11-39

14. 均质圆柱体 A 的质量为 m，在外圆上绕以细绳，绳的一端固定不动，如图 11-39 所示。圆柱体因解开绳子而下降，其初速度为零。试求当圆柱体的轴心降落了高度 h 时轴心的速度和绳子的张力。

15. 均质杆 AB、BC 长均为 l，重均为 W，用铰链 B 连接，并用铰链 A 固定，位于铅垂面内的平衡位置，如图 11-40。今在 C 端作用一水平力 F，求此瞬时两杆的角加速度。

16. 重物 A 质量为 m_1，系在绳子上，绳子跨过不计质量的固定滑轮 D，并绕在鼓轮 B 上，如图 11-41 所示。由于重物下降，带动轮 C 沿水平轨道滚动而不滑动。设鼓轮半径为 r，轮 C 的半径为 R，两者固连在一起，总质量为 m_2，对于其水平轴 O 的回转半径为 ρ。试求重物 A 的加速度。

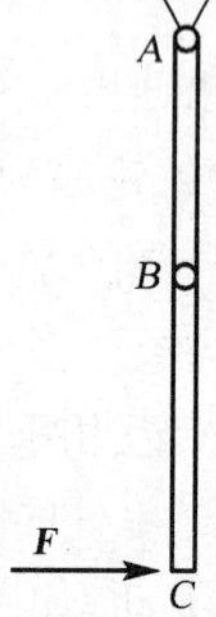

图 11-40

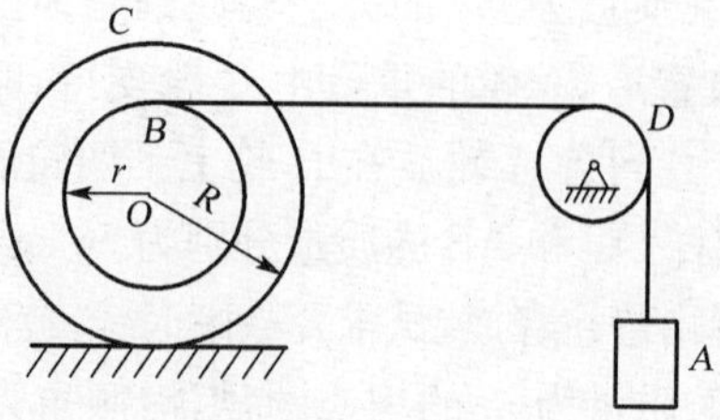

图 11-41

17. 如图 11-42 所示，圆环以角速度 ω 绕铅垂轴 AC 自由转动，圆环的半径为 R，对转轴的转动惯量为 J；在圆环中的 A 点放一质量为 B 的小球。设由于微小的干扰，小球离开 A 点。忽略一切摩擦，求当小球达到 B 点和 C 点时，圆环的角速度和小球速度的大小。

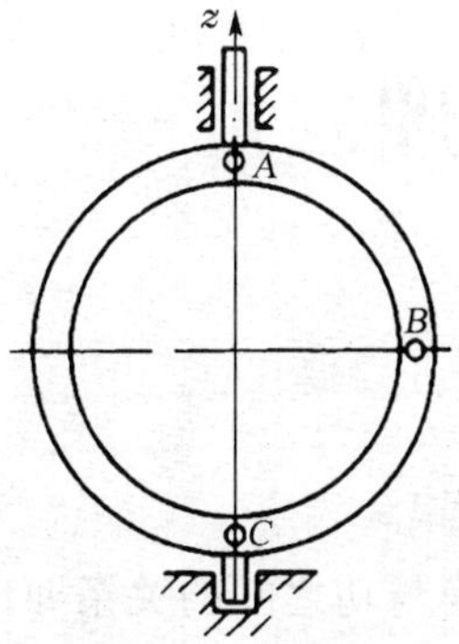

图 11-42

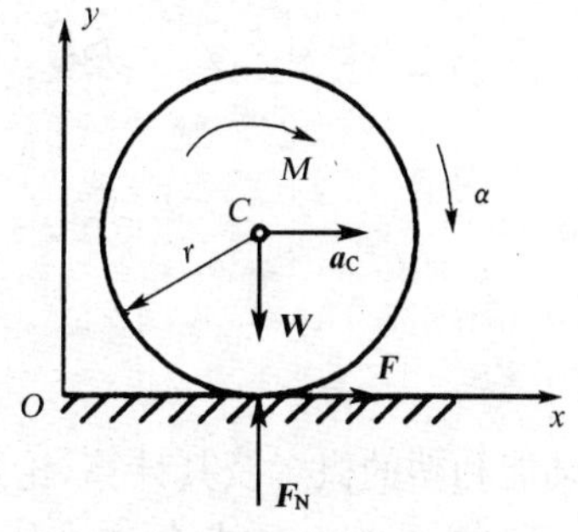

图 11-43

18. 半径为 r、质量为 m 的均质圆轮沿水平直线纯滚动，如图 11-43 所示。设轮对质心 C 的回转半径为 ρ_C，作用于圆轮上的力偶矩为 M，圆轮与地面间的静摩擦因数为 f_s。试求：(1)轮心的加速度；(2)地面对圆轮的约束力；(3)使圆轮只滚不滑的力偶矩 M 的大小。

19. 质量为 4 kg 的矩形均质板，用两根等长的不变形的软绳悬挂在如图 11-44 所示位置(AB 水平)。该板处于静止状态时，B 端的绳子突然被剪断，试求：(1)此瞬时该板质心的加速度及 A 端绳子张力；(2)若将两绳换成弹簧，在 B 端的弹簧突然被剪断时，质心加速度及 A 端弹簧张力将如何？

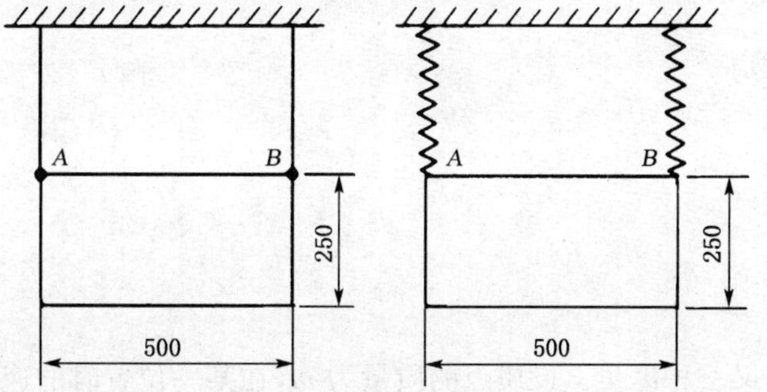

图 11-44

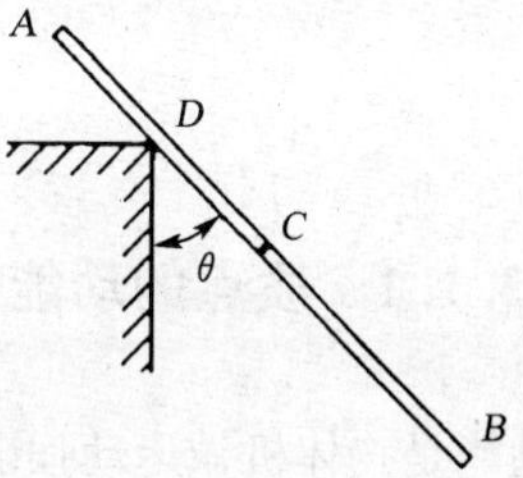

图 11-45

20. 均质细长杆 AB，质量为 m，长为 l，$CD=d$，与铅垂墙间的夹角为 θ，D 处的棱是光滑的，在图 11-45 所示位置将杆突然释放，试求刚释放时，质心 C 的加速度和 D 处的约束力。

12

动 能 定 理

本章导读

本章介绍动能和功的概念及其计算，论述了能量转换与功之间的关系即动能定理及其应用，从能量的角度分析质点和质点系的动力学问题，最后介绍了综合运用动力学普遍定理分析较为复杂的动力学问题。

教学目标

了解：动能和功的概念。
掌握：计算常见力的功和系统动能。
应用：动能定理及其应用。
分析：运用动力学普遍定理分析复杂动力学问题。

12.1 动能的概念和计算

12.1.1 质点的动能

动能是物体机械运动强弱的又一种度量。设质点的质量为 m，在某一位置时的速度为 $\boldsymbol{v}$，则该质点的动能为

$$T = \frac{1}{2}mv^2$$

动能恒为正值，它是一个与速度方向无关的标量。动能的量纲为 $\dim T=[m][L]^2[t]^{-2}$，动能的单位为 N·m(牛·米)，即 J(焦耳)。

动能和动量都是表征物体机械运动的量，都与物体的质量和速度有关，但各有其特点和适用范围。动量为矢量，是以机械运动形式传递运动时的度量；而动能为标量，是机械运动形式转化为其他运动形式(如热、电等)的度量。

12.1.2 质点系的动能

质点系内各质点的动能的总和，称为质点系的动能，即

$$T = \sum \frac{1}{2} m_i v_i^2 \tag{12-1}$$

刚体是由无数质点组成的质点系，刚体作不同的运动时，各质点的速度分布不同，故刚体的动能应按照刚体的运动形式来计算。

12.1.3 平动刚体的动能

当刚体作平动时，在每一瞬时刚体内各质点的速度都相同，以刚体质心的速度 $\boldsymbol{v}_C$ 为代表，于是，由式(12-1)可得平动刚体的动能

$$T = \sum \frac{1}{2} m_i v_i^2 = \frac{1}{2} v_C^2 \sum m_i = \frac{1}{2} m v_C^2 \tag{12-2}$$

上式表明：平动刚体的动能等于刚体的质量与其质心速度平方乘积的一半。

12.1.4 定轴转动刚体的动能

设刚体在某瞬时绕固定轴 z 转动的角速度为 ω，则与转动轴 z 相距为 r_i、质量为 m_i 的质点的速度为 $v_i = r_i \omega_i$。于是，由式(12-2)可得定轴转动刚体的动能。

$$T = \sum \frac{1}{2} m_i v_i^2 = \sum \frac{1}{2} m_i r_i^2 \omega^2 = \frac{1}{2} \left(\sum m_i r_i^2\right) \omega^2 = \frac{1}{2} J_z \omega^2$$

故

$$T = \frac{1}{2} J_z \omega^2 \tag{12-3}$$

上式表明：定轴转动刚体的动能等于刚体对转轴的转动惯量与角速度平方乘积的一半。

12.1.5 平面运动刚体的动能

刚体作平面运动时，任一瞬时的速度分布可看成绕其速度瞬心作瞬时转动，因此，该瞬时的动能可按式(12-4)进行计算。

取刚体质心 C 所在的平面图形如图 12-1 所示，设图形中的点 P 是某瞬时的瞬心，ω 是平面图形转动的角速度，于是，平面运动刚体的动能为

$$T = \frac{1}{2} J_P \omega^2 \tag{12-4}$$

式中，J_P 为刚体对速度瞬心的转动惯量。由于速度瞬心 P 的位置随时间而改变，应用上式进行计算不太方便，故常采用另一种形式。

根据转动惯量的平行移轴公式有 $J_P = J_C + md^2$

$$T = \frac{1}{2}(J_C + md^2)\omega^2 = \frac{1}{2}J_C\omega^2 + \frac{1}{2}m(d\omega)^2$$

因为 $v_C = d\omega$，故

$$T = \frac{1}{2}mv_C^2 + \frac{1}{2}J_C\omega^2 \tag{12-5}$$

上式表明：平面运动刚体动能等于刚体随质心平动动能与绕质心转动动能之和。

【例 12-1】 在图 12-2 所示系统中，均质定滑轮 B（视为均质圆盘）和均质圆柱体 C 的质量均为 m_1，半径均为 R，圆柱体 C 沿倾角为 θ 的斜面作纯滚动，重物 A 的质量为 m_2，不计绳的伸长与质量。在图示瞬时，重物 A 的速度为 v，试求系统的动能。

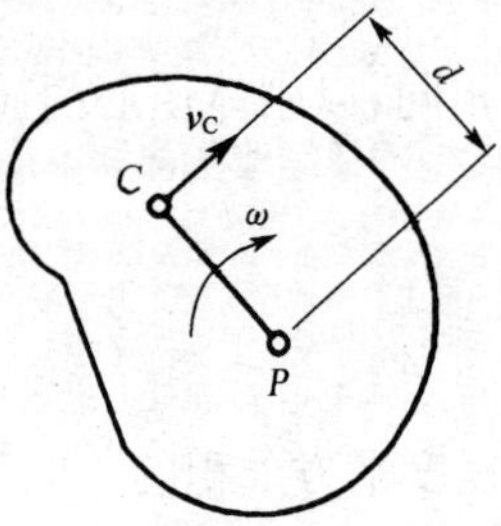

图 12-1

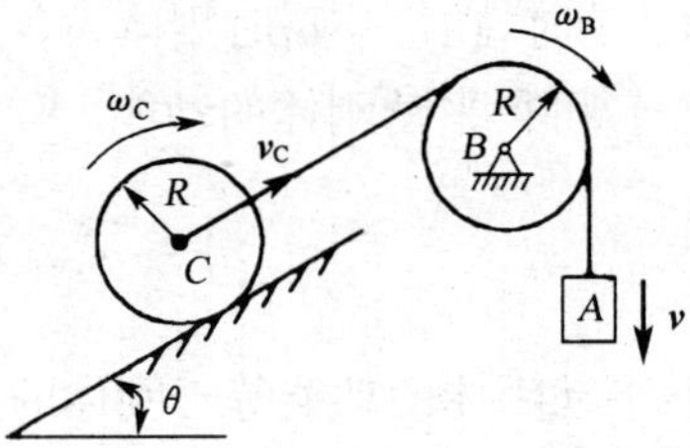

图 12-2

解：对系统进行运动分析。A 物体作平动，速度为 v。滑轮 B 作定轴转动，角速度 $\omega_B = v/R$。圆柱体 C 作平面运动，质心 C 的速度为 $v_C = v$，角速度 $\omega_C = v_C/R = v/R$，则由式(12-3)、式(12-4)和式(12-6)分别计算刚体 A、B、C 的动能。

$$T_A = \frac{1}{2}m_2v^2$$

$$T_B = \frac{1}{2}J_B\omega_B^2 = \frac{1}{2}\left(\frac{1}{2}m_1R^2\right)\left(\frac{v}{R}\right)^2 = \frac{1}{4}m_1v^2$$

$$T_C = \frac{1}{2}m_1v_C^2 + \frac{1}{2}J_C\omega_C^2 = \frac{1}{2}m_1v^2 + \frac{1}{2}\left(\frac{1}{2}m_1R^2\right)\left(\frac{v}{R}\right)^2 = \frac{3}{4}m_1v^2$$

系统的动能为

$$T = T_A + T_B + T_C = \frac{1}{2}m_2v^2 + \frac{1}{4}m_1v^2 + \frac{3}{4}m_1v^2 = \frac{1}{2}(m_2 + 2m_1)v^2$$

12.2 功的概念和计算

12.2.1 功的一般表达式

作用在质点上的力 $\boldsymbol{F}$ 与质点的无限小位移 $\mathrm{d}\boldsymbol{r}$ 的矢积，称为力的元功，以 δW 表示。

$$\delta W = \boldsymbol{F} \cdot \mathrm{d}\boldsymbol{r} \tag{12-6}$$

亦可写作
$$\delta W = F \cdot v\mathrm{d}t = F_{\tau}\mathrm{d}s \tag{12-7}$$

或
$$\delta W = F\cos\alpha\mathrm{d}s \tag{12-8}$$

式中 α 为力 $\boldsymbol{F}$ 与轨迹切线间的夹角，如图 12-3 所示。质点从 M_1 运动至 M_2，力所做的元功沿路径 M_1M_2 的积分为

$$W = \int_{M_1M_2} F \cdot \mathrm{d}r \tag{12-9}$$

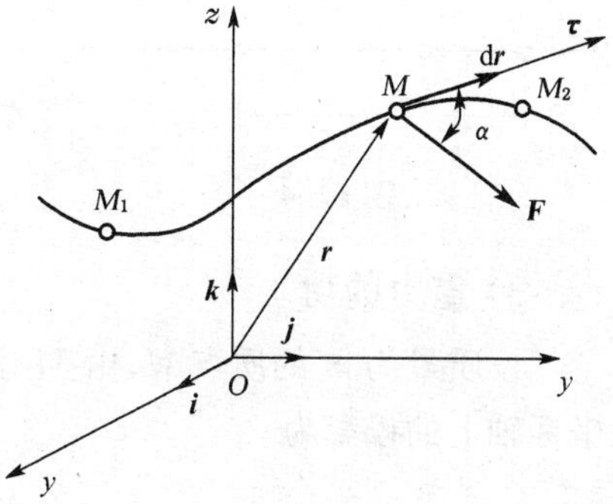

图 12-3

建立直角坐标系 $Oxyz$，力 $\boldsymbol{F}$ 在各轴上的投影为 F_x、F_y、F_z，$\mathrm{d}\boldsymbol{r}$ 在轴上的投影为 $\mathrm{d}x$、$\mathrm{d}y$、$\mathrm{d}z$，于是

$$\boldsymbol{F} = F_x\boldsymbol{i} + F_y\boldsymbol{j} + F_z\boldsymbol{k}$$
$$\mathrm{d}\boldsymbol{r} = \mathrm{d}x\boldsymbol{i} + \mathrm{d}y\boldsymbol{j} + \mathrm{d}z\boldsymbol{k}$$

将上式代入式(12-6)和式(12-9)，根据矢量运算规则，得到力的元功和功的解析表达式

$$\delta W = F_x\mathrm{d}x + F_y\mathrm{d}y + F_z\mathrm{d}z \tag{12-10}$$

$$W = \int_{M_1M_2} (F_x\mathrm{d}x + F_y\mathrm{d}y + F_z\mathrm{d}z) \tag{12-11}$$

以上各元功的表达式的右端，并不一定是某个函数的全微分，所以用 δW 表示元功，而不用 $\mathrm{d}W$。

由上式可知，功是标量，可为正、负或零。

功的量纲为 $\dim W = [m][L][t]^{-2}[L] = [m][L]^2[t]^{-2}$。在国际单位制中，功的单位为 J（焦耳）。

12.2.2 几种常见力的功

1）常力的功

设有一质点 M 在常力 $\boldsymbol{F}$ 的作用下沿直线运动，如图 12-4 所示。若质点由 M_1 处移至 M_2 的路程为 s，则力 $\boldsymbol{F}$ 在路程 s 中所做的功为

$$W = Fs\cos\theta \tag{12-12}$$

2）变力的功

设有质点 M 在变力 $\boldsymbol{F}$ 的作用下沿曲线运动，如图 12-5 所示。将曲线 M_1M_2 分成无限多个微段 $\mathrm{d}s$，在这一段弧长内，力 $\boldsymbol{F}$ 可视为不变，于是由式(12-12)得到在 $\mathrm{d}s$ 路程中力所作的微小功或称元功为

$$\delta W = \boldsymbol{F} \cdot \mathrm{d}\boldsymbol{r} = F\mathrm{d}s\cos\theta = F_{\tau}\mathrm{d}s$$

$$W = \int_{M_1M_2} \boldsymbol{F} \cdot \mathrm{d}\boldsymbol{r} = \int_{M_1M_2} F\cos\theta\mathrm{d}s = \int_{M_1M_2} F_{\tau}\mathrm{d}s \tag{12-13}$$

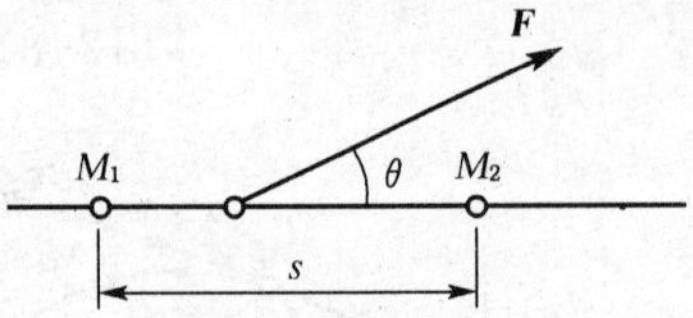

图 12-4

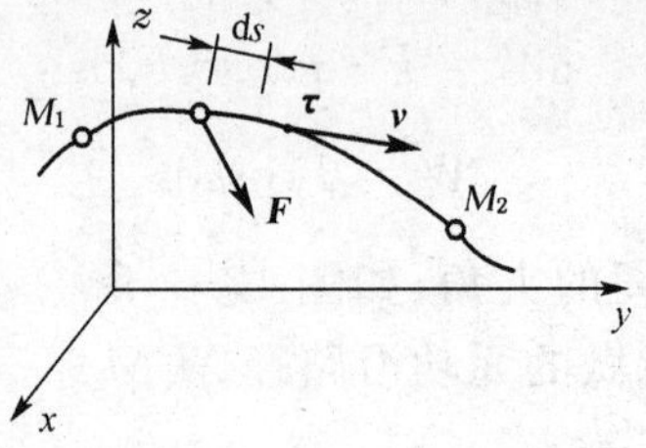

图 12-5

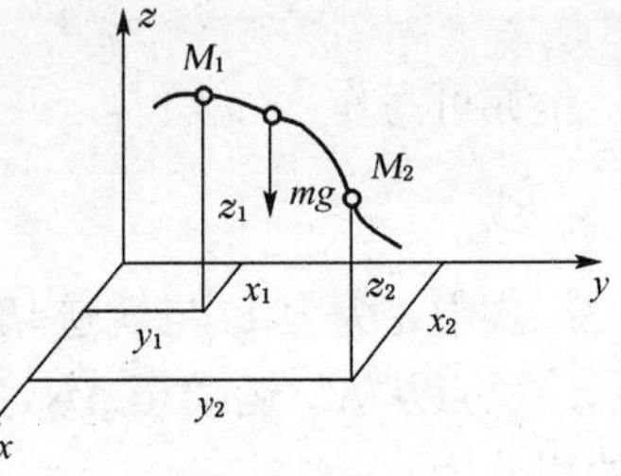

图 12-6

3）重力的功

设质量为 m 的质点 M，由 M_1 沿曲线 M_1M_2 运动到 M_2，如图 12-6 所示。重力 mg 在直角坐标轴上的投影为

$$F_x=0, F_y=0, F_z=-mg$$

代入式(12-11)可得重力在曲线 M_1M_2 上的功为

$$W=\int_{z_1}^{z_2}F_z\mathrm{d}z=\int_{z_1}^{z_2}(-mg)\mathrm{d}z=-mg(z_2-z_1)=mgh \tag{12-14}$$

式中，h 为质点起止位置的高度差，$h=z_1-z_2$。

上式表明：重力的功等于质点的重量与起止位置间的高度差的乘积，而与质点的运动路径无关。若质点 M 下降，h 为正值，重力做功为正；若质点 M 上升，h 为负值，重力做功亦为负。

对于质点系，重力做功为

$$W=mg(z_{C1}-z_{C2})=mgh \tag{12-15}$$

$$h=z_{C1}-z_{C2}$$

式中，m 为质点系质量，h 为质点系质心起止位置间的高度差。

4）弹性力的功

设质点 M 与弹簧连接，如图 12-7 所示，弹簧的自然长度为 l_0，在弹簧的弹性极限内，弹簧作用于质点的弹性力 F 的大小与弹簧的变形 δ（伸长或压缩）成正比，即 $F=k\delta$。

式中，比例系数 k 称为弹簧刚度系数。单位为 N/m。因此，当质点 M 由弹簧变形为 δ_1 处沿直线运动至变形为 δ_2 处时，弹性力的功

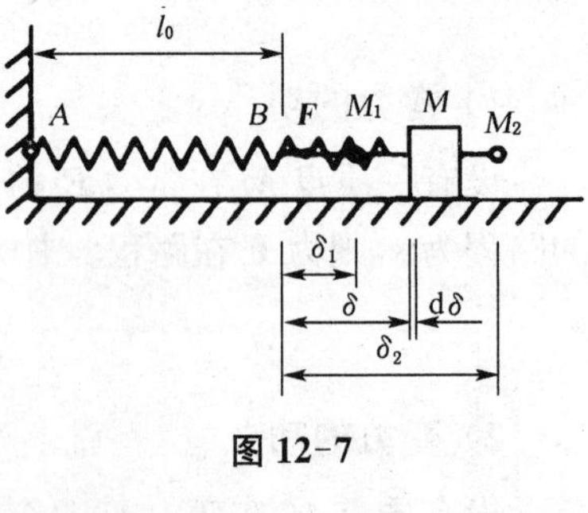

图 12-7

$$W=\int_{\delta_1}^{\delta_2}(-F)\mathrm{d}\delta=\int_{\delta_1}^{\delta_2}(-k\delta)\mathrm{d}\delta=\frac{k}{2}(\delta_1^2-\delta_2^2) \tag{12-16}$$

可以证明，当质点的运动轨迹不是直线时，弹性力的功的表达式(12-16)仍然是正确的。上式表明：弹性力的功等于弹簧的起始变形与终止变形的平方差和刚度系数的乘积的一半，而与质点运动的路径无关。

5）滑动摩擦力的功

物体沿图 12-8(a)所示粗糙轨道滑动时，动滑动摩擦力 $F' = f_d F_N$，其方向总与滑动方向相反，所以，功恒为负值，由式(12-8)知：

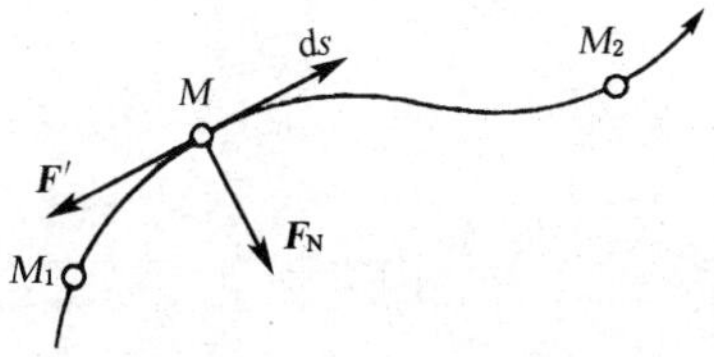

(a)

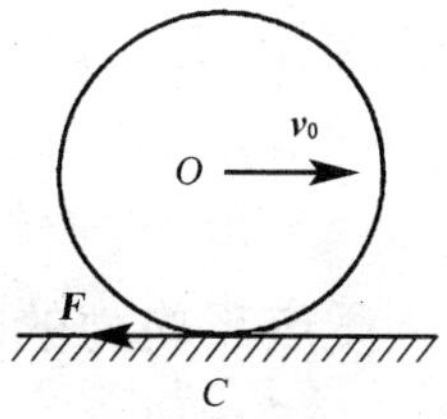

(b)

图 12-8

$$W = -\int_{M_1M_2} F'\mathrm{d}s = -\int_{M_1M_2} f_d F_N \mathrm{d}s \qquad (12\text{-}17)$$

这是曲线积分，因此，动滑动摩擦力的功不仅与起止位置有关，还与路径有关。

当物体纯滚动时，例如，图 12-8(b)所示纯滚动的圆轮，它与地面之间没有相对滑动，其滑动摩擦力属于静滑动摩擦力，轮与地面的接触点 C 是圆轮在此时的速度瞬心，$v_C = 0$，由式(12-7)得

$$\delta W = \boldsymbol{F} \cdot \mathrm{d}\boldsymbol{r} = \boldsymbol{F} \cdot \boldsymbol{v}_C \mathrm{d}t = 0$$

即物体纯滚动时，滑动摩擦力不做功。

6）定轴转动刚体上力的功、力偶的功

设刚体绕定轴 z 转动，一力 F 作用在刚体上 M 点，如图 12-9 所示。将力 F 分解成三个分力：平行于 z 轴的力 F_z、沿 M 点运动轨迹的切向力 F_τ 和沿径向方向的力 $\boldsymbol{F}_r$。若刚体转动一微小转角 $\mathrm{d}\varphi$，则 M 点有一微小位移 $\mathrm{d}s = r\mathrm{d}\varphi$，其中 r 是 M 点的转动半径。由于 $\boldsymbol{F}_z$ 和 $\boldsymbol{F}_r$ 都不做功，则力 $\boldsymbol{F}$ 所做的功等于切向力 F_τ 所做的功。故力 $\boldsymbol{F}$ 在位移 $\mathrm{d}s$ 上的元功为

$$\delta W = F_\tau \mathrm{d}s = F_\tau r \mathrm{d}\varphi$$

$F_\tau r = M_z(F)$，是力 $\boldsymbol{F}$ 对于转动轴 z 之矩，即

$$\delta W = M_z(F)\mathrm{d}\varphi \qquad (12\text{-}18)$$

上式表明：作用于定轴转动刚体上的力的元功，等于该力对转动轴之矩与刚体微小转角的乘积。

当刚体转过一角度(即有角位移) $\varphi_2 - \varphi_1$ 时，由式(12-17)可得力 $\boldsymbol{F}$ 所做的功

$$W = \int_{\varphi_1}^{\varphi_2} M_z(F)\mathrm{d}\varphi \qquad (12\text{-}19)$$

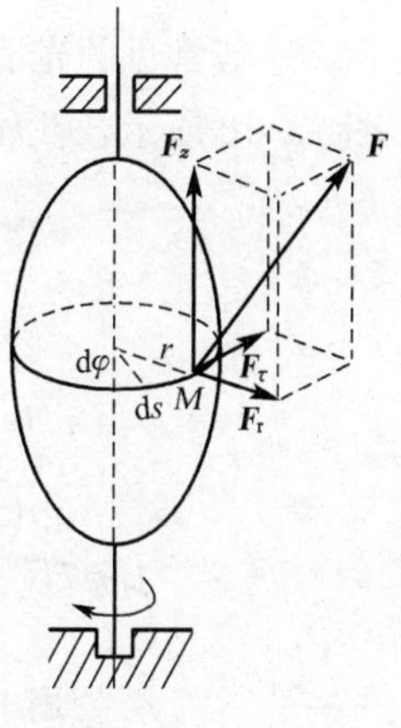

图 12-9

若 $M_z(F)$ 为常量，则

$$W = M_z(F)(\varphi_2 - \varphi_1) \qquad (12\text{-}20)$$

如果在转动刚体上作用一个力偶，其力偶矩为 M，该力偶作用面与转动轴垂直，则力偶对转动轴 z 的矩为 M。因此，力偶的功可表示为

$$W = \int_{\varphi_1}^{\varphi_2} M\mathrm{d}\varphi \tag{12-21}$$

若力偶矩为常量，则

$$W = M(\varphi_2 - \varphi_1) \tag{12-22}$$

12.2.3 质点系内力的功

质点系中两质点间的内力 $F_A = -A_B$，如图 12-10 所示，内力元功之和

$$\delta W = \boldsymbol{F}_A \cdot \mathrm{d}\boldsymbol{r}_A + \boldsymbol{F}_B \cdot \mathrm{d}\boldsymbol{r}_B = \boldsymbol{F}_A \cdot \mathrm{d}\boldsymbol{r}_A - \boldsymbol{F}_A \cdot \mathrm{d}\boldsymbol{r}_B$$
$$= \boldsymbol{F}_A \cdot \mathrm{d}(\boldsymbol{r}_A - \boldsymbol{r}_B) \tag{a}$$

$$\boldsymbol{r}_A + \overrightarrow{AB} = \boldsymbol{r}_B, \boldsymbol{r}_A - \boldsymbol{r}_B = -\overrightarrow{AB} \tag{b}$$

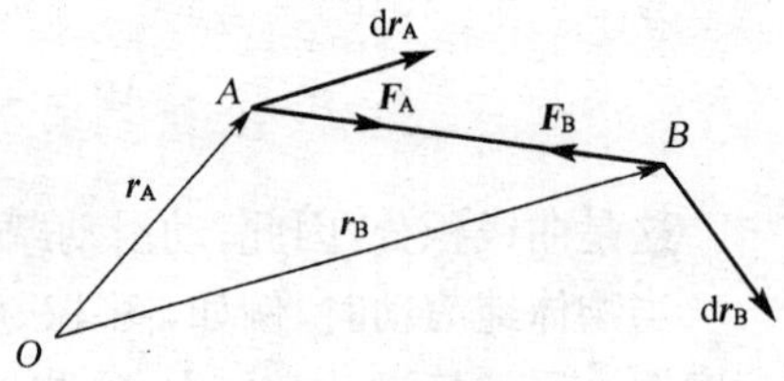

图 12-10

将式(b)代入式(a)：

$$\delta W = -F_A \cdot \mathrm{d}\overrightarrow{AB}$$

即 $$\delta W = -F_A \mathrm{d}\overrightarrow{AB} \tag{12-23}$$

由此看出，当质点系中质点间的距离 AB 可变化时，内力功之和一般不为零，例如弹簧内力、发动机气缸内气体压力的功等。对刚体来说，任何两质点间的距离保持不变，所以刚体内力的元功之和恒等于零。

12.2.4 约束力的功

一般常见的光滑面约束或光滑铰链约束，因约束力恒与其作用点的位移垂直，如图 12-11、图 12-12 所示，所以约束力元功为零。

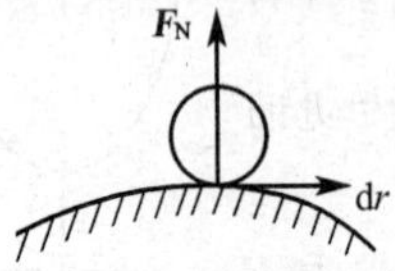

图 12-11

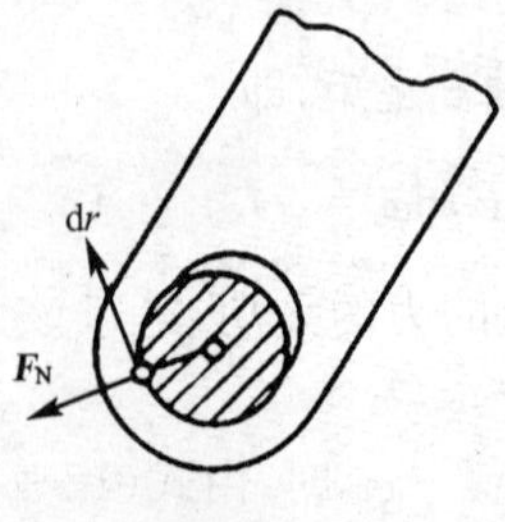

图 12-12

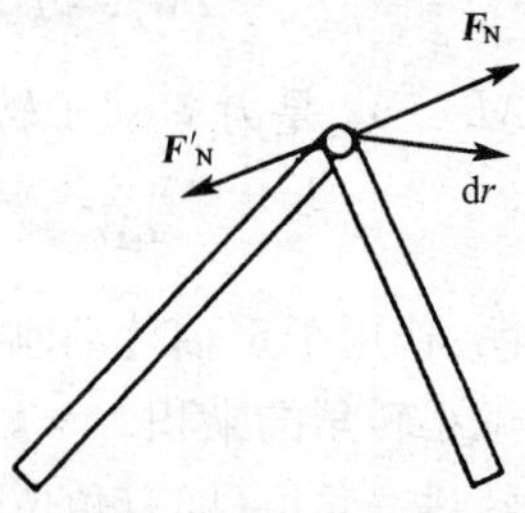

图 12-13

图 12-13 所示两刚体用中间铰链连接时，相互作用的约束力 $F_N = -F'_N$，其元功之和

$$\delta W = F_N \cdot \mathrm{d}r + F'_N \cdot \mathrm{d}r = F_N \cdot \mathrm{d}r - F_N \cdot \mathrm{d}r = 0$$

即两刚体铰链处，相互作用的约束力的元功之和为零。

用无重刚体连接时，其约束力和刚体内力相同，元功之和为零。

不难证明，不可伸长的绳索，其约束力的元功之和也为零。在图 12-14 中，跨过无重滑轮且不可伸长的绳索，对 A、B 的约束力 F_T 和 F'_T，大小相等，其元功之和

$$\delta W = F_T \cdot dr_A + F'_T \cdot dr_B = -F_T dr_A + F'_T dr_B \cos\alpha$$

$$\delta W = -F_T(dr_A - dr_B\cos\alpha) \tag{c}$$

绳索不可伸长，有

$$dr_A = dr_B\cos\alpha \tag{d}$$

将式(d)代入式(c) $\qquad \delta W = 0$

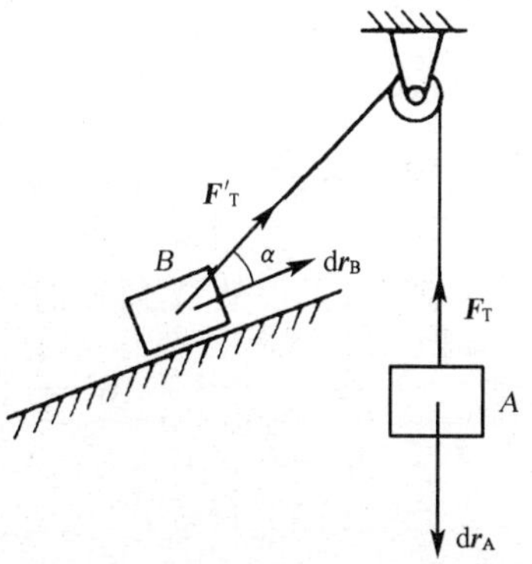

图 12-14

以上所列各种约束，不论是质点系外部的约束，还是各质点相互之间的约束，其约束力的元功之和均为零。这些约束称为**理想约束**。

若以 $\sum\delta W_N$ 表示质点系全部约束力的元功和，那么，对于理想约束的质点系来说，有

$$\sum\delta W_N = 0 \tag{12-24}$$

【例 12-2】 重 9.8 N 的滑块放在光滑的水平槽内，一端与刚度系数是 $k = 50$ N/m 的弹簧连接，另一端被一绕过定滑轮 C 的绳子拉住，如图 12-15(a)所示。滑块在位置 A 时，弹簧具有拉力 2.5 N。滑块在 20 N 的绳子拉力作用下由位置 A 运动到位置 B，试计算作用于滑块的所有力的功之和。已知 $AB = 200$ mm，不计滑轮的大小及轴承摩擦。

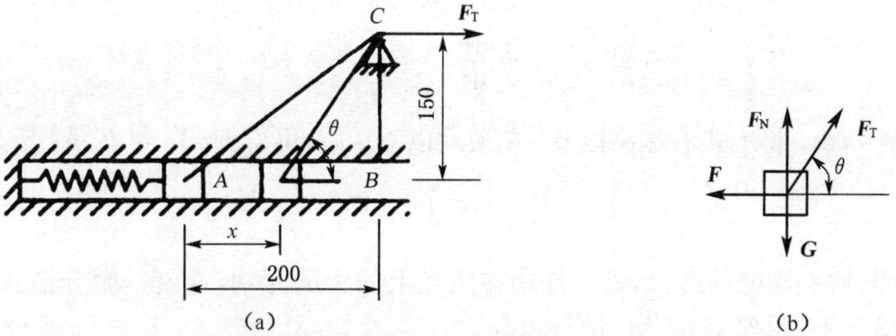

图 12-15

解：取滑块为研究对象，对其进行受力分析。在任一瞬时，滑块在距 A 点 x 处的受力图如图 12-15(b)所示。滑块受重力 $\boldsymbol{G}$、水平槽法向约束力 $\boldsymbol{F}_N$、弹性力 $\boldsymbol{F}$ 及绳子拉力 $\boldsymbol{F}_T$ 的作用。由于重力 $\boldsymbol{G}$、法向约束力 $\boldsymbol{F}_N$ 均与滑块的运动方向垂直，因此它们做功为零，即

$$W_G = W_{F_N} = 0$$

弹性力 $\boldsymbol{F}$ 做的功：设以 δ_1、δ_2 分别表示滑块在位置 A、B 处弹簧的变形，则有

$$\delta_1 = \frac{2.5}{50}\text{ m} = 0.05\text{ m}, \quad \delta_2 = (0.05 + 0.2)\text{ m} = 0.25\text{ m}$$

得 $\qquad W_F = \dfrac{k}{2}(\delta_1^2 - \delta_2^2) = \dfrac{1}{2}\times 50(0.05^2 - 0.25^2)\text{J} = -1.5\text{ J}$

拉力 $\boldsymbol{F}_T$ 做的功：由图 12-15(a)可知，拉力 $\boldsymbol{F}_T$ 与 x 轴的夹角余弦为

$$\cos\theta = \frac{0.2 - x}{\sqrt{(0.2-x)^2 + 0.15^2}}$$

得 $$W_{F_N} = \int_0^{0.2} F_N \cos\theta \mathrm{d}x = \int_0^{0.2} 20 \times \frac{0.2 - x}{\sqrt{(0.2-x)^2 + 0.15^2}} \mathrm{d}x = 2\ \mathrm{J}$$

所以，滑块从 A 到 B 时，作用于滑块上所有力的功之和为

$$W = \sum W_i = W_G + W_{F_N} + W_F + W_{F_T} = 0.5\ \mathrm{J}$$

12.3 动能定理

12.3.1 质点的动能定理

设有质量为 m 的质点 M 在合力 $\boldsymbol{F}$ 的作用下沿曲线运动，如图 12-16 所示。根据动力学第二基本定律有 $m\boldsymbol{a} = \boldsymbol{F}$，将该式在切线方向投影，得

$$ma_\tau = F_\tau$$

即 $$m\frac{\mathrm{d}v}{\mathrm{d}t} = F_\tau$$

由于 $\mathrm{d}s = v\mathrm{d}t$，将上式右端乘以 $\mathrm{d}s$、左端乘以 $v\mathrm{d}t$ 后，可得 $mv\mathrm{d}v = F_\tau \mathrm{d}s$。于是

$$\mathrm{d}\left(\frac{1}{2}mv^2\right) = \delta W \tag{12-25}$$

上式表明：质点动能的微分，等于作用在质点上的力的元功，这就是微分形式的质点动能定理。将式(12-25)沿路径 M_1M_2 进行积分

$$\int_{v_1}^{v_2} \mathrm{d}\left(\frac{1}{2}mv^2\right) = \int_{M_1M_2} \delta W$$

得 $$\frac{1}{2}mv_2^2 - \frac{1}{2}mv_1^2 = W \tag{12-26}$$

上式表明：在任一路程中质点动能的变化，等于作用于质点上的力在同一路程中所做的功，这就是积分(有限)形式的质点动能定理。它说明了机械运动中功和动能相互转化的关系。

由式(12-26)可知，若力做正功，则质点的动能增加，即接收能量；若力做负功，则质点的动能减少，即输出能量，故可用动能 $mv^2/2$ 来度量质点因运动而具有的做功能力。

若作用于质点的力为常力或是质点位置坐标的已知函数，而质点的运动路程已知或相反为所求，解这类问题宜用有限形式的质点动能定理。

【例 12-3】 将一物块自倾角为 α 的斜面上 B 点无初速地开始下滑，滑行 s_1 到达水平面后，又在和斜面材料相同的水平平面上滑行 s_2 至 A 点停止，如图 12-16 所示。试求物块与斜

面间的摩擦系数 f。

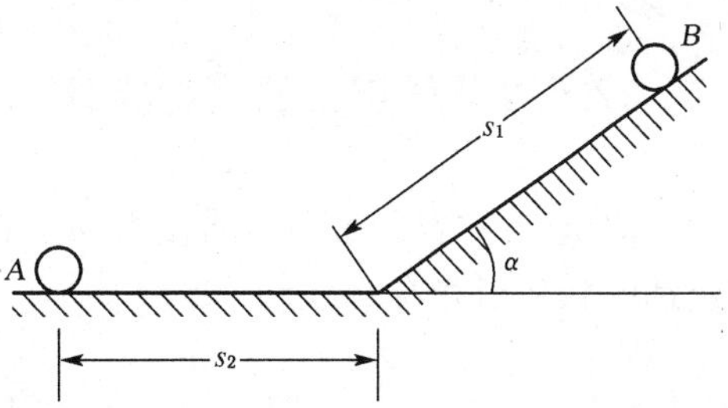

图 12-16

解:取物块为研究对象。设物块自重 mg。物块在初始时速度为零,$v_B=0$;路程终了时停止,$v_A=0$。

物块在滑行路程 s_1 过程中,有重力功 $mgs_1\sin\alpha$,摩擦力功$-mg\cos\alpha fs_1$;斜面反力不做功。

物块在滑行路程 s_2 过程中,有摩擦力做功$-mgfs_2$,重力及桌面反力不做功。

由质点动能定理

$$\frac{1}{2}mv_A^2-\frac{1}{2}mv_B^2=mgs_1\sin\alpha+(-mg\cos\alpha fs_1)+(-mgfs_2)$$

即
$$0=mgs_1\sin\alpha-mg\cos\alpha fs_1-mgfs_2$$

由上式可得
$$f=\frac{s_1\sin\alpha}{s_1\cos\alpha+s_2}$$

【例 12-4】 重 G 的邮包以速度 v_0 从运输带进入圆弧光滑滑道升高 h 后至 B 点,然后由上层的运输带送走,如图 12-17 所示。已知滑道圆弧半径 r 及 $h=r(1+\sin30°)=1.5r$,求 v_0 的最小值及邮包运动至 C 点处时滑道的约束反力 F_{NC}。

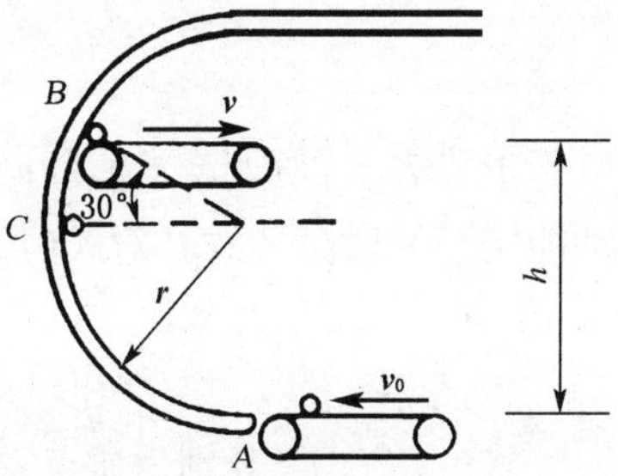

图 12-17

解:邮包为运动质点。设邮包进入滑道时,在 A 点处有最小值速度 v_0,滑行至 B 点处时,$v_B=0$。在滑行过程中有重力功 $W_G=-Gh$,滑道约束反力 N 因垂直于各个瞬时的 ds,不做功。

由质点动能定理
$$\frac{1}{2}\frac{G}{g}v_B^2-\frac{1}{2}\frac{G}{g}v_0^2=-Gh$$

$$0-\frac{1}{2}\frac{G}{g}v_0^2=-G\times1.5r$$

得
$$v_0=\sqrt{2gh}=\sqrt{3gr}$$

当邮包滑行至 C 点处时,重力功 $W_{AC}=-Gr$,由动能定理

$$\frac{1}{2}\frac{G}{g}v_C^2-\frac{1}{2}\frac{G}{g}v_0^2=-Gr$$

$$\frac{1}{2}\frac{G}{g}v_C^2-\frac{1}{2}\frac{G}{g}(3gr)=-Gr$$

得
$$v_C^2=gr$$

邮包在 C 处有向心加速度 $a_n=\dfrac{v_C^2}{r}=g$

则滑道约束反力 $F_{NC}=m\dfrac{v_C^2}{r}=mg=G$(水平向右)

12.3.2 质点系的动能定理

取质点系内任一质点，质量为 m_i，速度为 $\boldsymbol{v}_i$，作用在该质点上的力为 F_i。根据质点的动能定理的微分形式有

$$\mathrm{d}\left(\frac{1}{2}m_iv_i^2\right)=\delta W_i$$

式中，δW_i 表示作用于这个质点的力所做的元功。

设质点系有 n 个质点，对于每个质点都可列出一个微分形式的质点动能定理方程，将 n 个方程相加，得

$$\sum \mathrm{d}\left(\frac{1}{2}m_iv_i^2\right)=\sum \delta W_i \quad 或 \quad \mathrm{d}\left[\sum\left(\frac{1}{2}m_iv_i^2\right)\right]=\sum \delta W_i$$

式中，$\sum\left(\frac{1}{2}m_iv_i^2\right)$ 为质点系的动能，以 T 表示。于是上式可写成

$$\mathrm{d}T=\sum \delta W \tag{12-27}$$

上式表明：质点系动能的微分，等于作用于质点系全部力所做的元功的和。这就是质点系动能定理的微分形式。对式(12-27)积分，得

$$T_2-T_1=\sum W_i \tag{12-28}$$

式中，T_1、T_2 分别为质点系在某一段运动过程中初始瞬时和终止瞬时的动能。

上式表明：质点系在某一段运动过程中，动能的改变量，等于作用于质点系的全部力在这段过程中所做功的和。这就是质点系动能定理的积分形式。

在应用质点系的动能定理时，要根据具体情况仔细分析所有的作用力，以确定它是否做功。应注意：理想约束的约束力不做功，而质点系的内力做功之和并不一定等于零。工程中很多约束可视为理想约束，此时求知的约束反力不做功，这对动能定理的应用是非常方便的。

【例 12-5】 铰车机构如图 12-18 所示，初始时静止，驱动力 M 带动轴 Ⅰ 转动，并经由齿轮带动轴 Ⅱ 及卷筒转动，卷筒上绕着的钢索将重物 G 向上提升，轴 Ⅰ、Ⅱ 的转动惯量分别为 J_1、J_2，卷筒半径 R，两齿轮的节圆半径比 $i=r_2/r_1$。求重物上升的加速度 a。

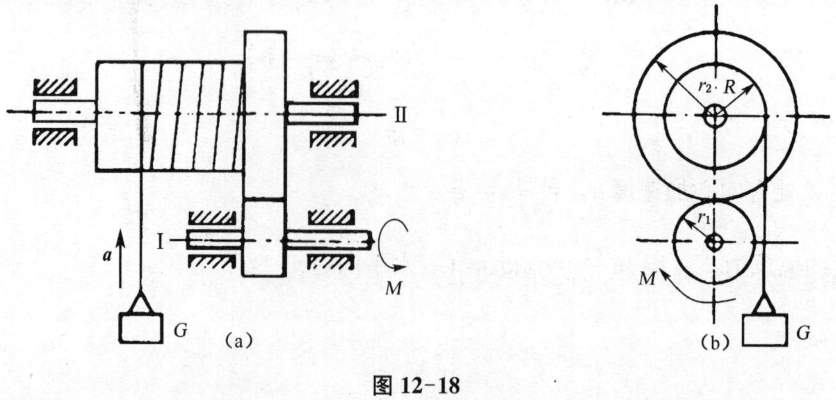

图 12-18

解:取轴Ⅰ、轴Ⅱ、悬重为质点系。

设于某一瞬时:轴Ⅰ的转角 φ_1,角速度 ω_1;轴Ⅱ的转角 φ_2,角速度 ω_2。重物 G 上升位移 h,上升速度 v,加速度 a。

由于两齿轮节圆速度相等,有 $r_1\omega_1 = r_2\omega_2$;重物上升速度 $v = R\omega_2$ 可得关系式

$$\omega_2 = \frac{v}{R}, \omega_1 = \frac{r_2}{r_1}\omega_2 = i\frac{v}{R}$$

又因 $h = R\varphi_2, r_1\varphi_1 = r_2\varphi_2$,故有关系式

$$\varphi_2 = \frac{h}{R}, \varphi_1 = \frac{r_2}{r_1}\varphi_2 = i\frac{h}{R}$$

质点系的动能:

$T_1 = 0$

$$T_2 = \frac{1}{2}\frac{G}{g}v^2 + \frac{1}{2}J_1\omega_1^2 + \frac{1}{2}J_2\omega_2^2 = \frac{1}{2}\frac{G}{g}v^2 + \frac{1}{2}J_1\left(i\frac{v}{R}\right)^2 + \frac{1}{2}J_2\left(\frac{v}{R}\right)^2$$
$$= \frac{1}{2}\left(\frac{G}{g} + i^2\frac{J_1}{R^2} + \frac{J_2}{R^2}\right)v^2$$

质点系具有理想约束,且内力做功之和为零,则只有主动力做功,故

$$W = M\varphi_1 - Gh = M\left(i\frac{h}{R}\right) - Gh = (\frac{Mi}{R} - G)h$$

由质点系动能定理可得

$$\frac{1}{2}\left(\frac{G}{g} + i^2\frac{J_1}{R^2} + \frac{J_2}{R^2}\right)v^2 - 0 = (\frac{Mi}{R} - G)h$$
$$v^2 = 2ghR(Mi - GR)/(R^2G + J_1i^2g + J_2g)$$

将上式对时间求导,并有 $v = \frac{dh}{dt}, a = \frac{dv}{dt}$

$$2v\frac{dv}{dt} = 2gR(M_i - GR)\frac{dh}{dt}/(R^2G + J_1i^2g + J_2g)$$

即得 $$a = \frac{gR(Mi - GR)}{R^2G + J_1i^2g + J_2g}$$

因重物作匀加速上升,求得 v^2 值后,应用 $v^2 = 2ah$ 式,也可求出相同结果的 a 值。

【例 12-6】 椭圆规位于水平面内,由曲柄带动规尺 AB 运动,如图 12-19(a)所示。曲柄和 AB 都是均质杆,重力分别为 F_P 和 $2F_P$,$OC = AC = BC = l$,滑块 A 和 B 重量均为 Q。常力偶 M 作用在曲柄上,设 $\varphi=0$ 时系统静止,求曲柄角速度和角加速度。

解:由图 12-19(a)的几何条件知,$OC = BC, \varphi = \theta$,因此 $\dot{\varphi} = \dot{\theta} = \omega_{OC} = \omega_{BC} = \omega$,系统由静止开始运动,当转过 φ 角时,系统的动能为

$$T = \frac{1}{2}\frac{Q}{g}v_A^2 + \frac{1}{2}\frac{Q}{g}v_B^2 + \frac{1}{2}J_{O(OC)}\omega^2 + \frac{1}{2}J_{I(AB)}\omega^2$$

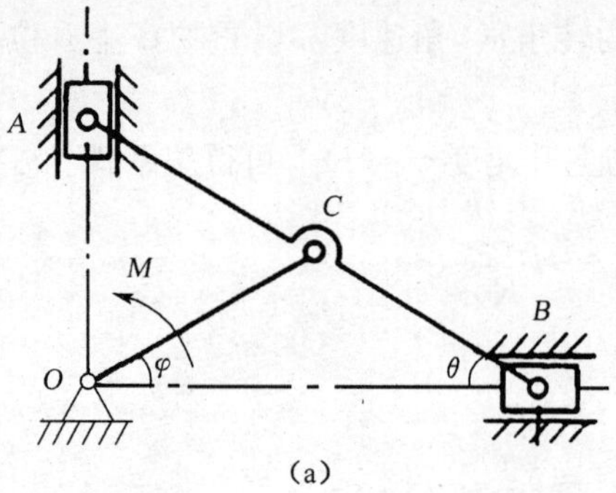

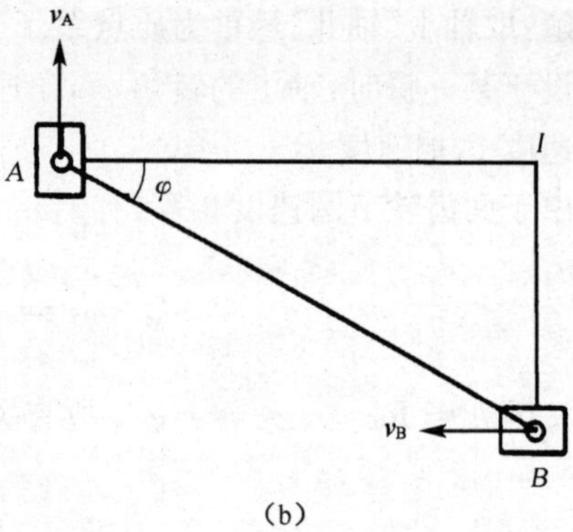

图 12-19

对 AB 杆如图 12-19(b)所示，瞬心为 I，有运动关系为

$$\frac{v_A}{2l\cos\varphi}=\frac{v_B}{2l\sin\varphi}=\omega$$

$$T=\frac{1}{2}\frac{Q}{g}(2l\omega\cos\varphi)^2+\frac{1}{2}\frac{Q}{g}(2l\omega\sin\varphi)^2+\frac{1}{2}\cdot\frac{1}{3}\frac{F_P}{g}l^2\omega^2+\frac{1}{2}\cdot\left[\frac{1}{12}\frac{2F_P}{g}(2l)^2+\frac{2F_P}{g}l^2\right]\omega^2$$

得 $$T=\frac{(4Q+3F_P)l^2\omega^2}{2g} \tag{a}$$

系统中力做的功为 $$\sum W=M\varphi$$

由动能定理的积分形式，得 $$T_2-T_1=\sum W$$

其中，$T_1=0, T_2=T$，解得 $$\omega=\sqrt{\frac{2gM\varphi}{(4Q+3F_P)l^2}}$$

由动能定理的微分形式，对式(a)可得 $$\mathrm{d}T=\frac{(4Q+3F_P)l^2\omega}{g}\mathrm{d}\omega$$

$$\sum\delta W=M\mathrm{d}\varphi$$

由 $\frac{\mathrm{d}T}{\mathrm{d}t}=\frac{\sum\delta W}{\mathrm{d}t}$，得

$$[(4Q+3F_P)l^2\omega/g]\dot{\omega}=M\dot{\varphi}$$

角加速度 $$\alpha=\dot{\omega}=\frac{Mg}{(4Q+3F_P)l^2}$$

12.4 功率和机械效率

12.4.1 功率

单位时间内力所做的功，称为功率。功率是力做功快慢程度的度量，它是衡量机械性能的

一项重要指标。用 P 表示功率,则

$$P=\frac{\delta W}{\mathrm{d}t}=\boldsymbol{F}\cdot\frac{\mathrm{d}\boldsymbol{r}}{\mathrm{d}t}=\boldsymbol{F}\cdot\boldsymbol{v}=F_{\tau}v \tag{12-29}$$

上式表明:功率等于切向力与力作用点速度的乘积。例如,用机床加工零件时,切削力越大,切削速度越高,则要求机床的功率越大。每台机床、每部机器能够输出的最大功率是一定的,因此用机床加工时,如果切削力较大,必须选择较小的切削速度,使二者的乘积不超过机床能够输出的最大功率。又如汽车上坡时,由于需要较大的驱动力,这时驾驶员一般选用低速挡,以求在发动机功率一定的条件下,产生最大的驱动力。

作用在转动刚体上的力的功率为

$$P=\frac{\delta W}{\mathrm{d}t}=\frac{M\mathrm{d}\varphi}{\mathrm{d}t}=M\omega=\frac{\pi n}{30}M \tag{12-30}$$

式中,n 为每分钟的转数。

功率的量纲为 $\dim P=[m][L][t]^{-2}[L][t]^{-1}=[m][L]^{2}[t]^{-3}$

在国际单位制中,功率的单位为 W(瓦),1 W=1 J/s,1 000 W=1 kW(千瓦)。

工程中,常给出转动物体的转速 n、转矩 T 和功率的关系式

$$T(\mathrm{N\cdot m})=9\,549\,\frac{P(\mathrm{kW})}{n(\mathrm{r/min})} \tag{12-31}$$

12.4.2 功率方程

任何机器都要依靠不断地输入功,才能维持它的正常运行。譬如,用电动机带动机器运行时,设输入功为 δW(输入),机器为完成其工作所需消耗的功为 δW(有用),还有为克服机械摩擦阻尼等消耗的无用功 δW(无用)。由动能定理

$$\mathrm{d}T=\delta W(\text{输入})+\delta W(\text{有用})+\delta W(\text{无用})$$

等号两端除以 $\mathrm{d}t$,即

$$\frac{\mathrm{d}T}{\mathrm{d}t}=P_{\text{输入}}-P_{\text{有用}}-P_{\text{无用}} \tag{12-32}$$

式(12-32)称为功率方程,它表明机器的输入、消耗的功率与动能变化率之间的关系。

当机器在起动过程中,要求 $\frac{\mathrm{d}T}{\mathrm{d}t}>0$,即 $P_{\text{输入}}>P_{\text{有用}}+P_{\text{无用}}$;当机器正常运行时,$\frac{\mathrm{d}T}{\mathrm{d}t}=0$,即 $P_{\text{输入}}=P_{\text{有用}}+P_{\text{无用}}$;当机器在制动过程中,停止输入功,即$\frac{\mathrm{d}T}{\mathrm{d}t}<0$,即 $P_{\text{输入}}=0$,机器停止工作,$P_{\text{有用}}=0$,只有无用功的消耗,即$\frac{\mathrm{d}T}{\mathrm{d}t}=-P_{\text{无用}}$,$\frac{\mathrm{d}T}{\mathrm{d}t}<0$,直至机器停止。在一般情形下,式(12-27)可写成

$$P_{\text{输入}}=P_{\text{有用}}+P_{\text{无用}}+\frac{\mathrm{d}T}{\mathrm{d}t} \tag{12-33}$$

上式表明，系统的输入功率等于有用功率、无用功率与系统动能的变化率之和。

12.4.3 机械效率

任何一部机器在工作时都需要从外界输入功率，同时由于一些机械能转化为热能、声能将消耗一部分功率。在工程中，把有效功率(包括克服有用阻力的功率和使系统动能改变的功率)与输入功率的比值称为机器的机械效率，用 η 表示，即

$$\eta=\frac{\text{有效功率}}{\text{输入功率}} \tag{12-34}$$

其中，有效功率 $=P_{\text{有用}}+\dfrac{\mathrm{d}T}{\mathrm{d}t}$。由上式可知，机械效率 η 表明机器对输入功率的有效利用程度，它是评价机器质量好坏的指标之一，它与传动方式、制造精度和工作条件有关。一般机械或机械零件传动的效率可在手册或有关说明书中查到。显然，$\eta<1$。

【例 12-7】 车床的电动机功率 $P=5.4\ \text{kW}$。由于传动零件之间的摩擦，损耗功率占输入功率的 30%。如工件的直径 $d=100\ \text{mm}$，转速 $n=42\ \text{r/min}$，试问允许的切削力最大值为多少？若工件的转速变为 $n_1=112\ \text{r/min}$，问允许的切削力最大值为多少？

解：由题意知，车床的输入功率为 $P=5.4\ \text{kW}$，损耗的无用功率 $P_{\text{无用}}=P\times 30\%=1.62\ \text{kW}$。当工件匀速转动时，有用功率为

$$P_{\text{有用}}=P-P_{\text{无用}}=3.78\ \text{kW}$$

设切削力为 F，切削速度为 v，由

$$P_{\text{有用}}=Fv=F\times\frac{d}{2}\times\frac{n\pi}{30}$$

$$F=\frac{60}{\pi dn}P_{\text{有用}}$$

当 $n=42\ \text{r/min}$ 时，允许的最大切削力为

$$F=\frac{60}{\pi\times 0.1\times 42}\times 3.78=17.19\ \text{kN}$$

当 $n=112\ \text{r/min}$ 时，允许的最大切削力为

$$F=\frac{60}{\pi\times 0.1\times 112}\times 3.78=6.45\ \text{kN}$$

12.5 势力场、势能和机械能守恒定律

12.5.1 势力场

如果质点在某空间中的任一位置，都受到一个大小和方向完全决定于质点位置的力的作

用，则这部分空间称为力场。例如，地球表面附近的空间是重力场；当质点离地面较远时，质点将受到万有引力的作用，引力的大小和方向也完全决定于质点的位置，所以这部分空间称为万有引力场；系在弹簧上的质点受到弹簧的弹性力的作用，弹性力的大小和方向也只与质点的位置有关，因而弹性力所及的空间称为弹性力场。

如果质点在某力场中运动时，作用在质点上的力所做的功与质点路径无关，只取决于质点的初始位置和终止位置，则该力场称为势力场，而质点所受的力称为有势力。例如，重力、万有引力及弹性力都是有势力，重力场、万有引力场及弹性力场都是势力场。显然，如果质点经过一封闭曲线回到起点，有势力的功恒等于零。

12.5.2 势能

在势力场中，质点从点 M 运动到选定的参考点 M_0 的过程中，有势力所做的功称为质点在点 M 位置的势能。用 V 表示，即

$$V=\int_{M}^{M_0}\boldsymbol{F}\cdot \mathrm{d}\boldsymbol{r}=\int_{M}^{M_0}(F_x\mathrm{d}x+F_y\mathrm{d}y+F_z\mathrm{d}z) \tag{12-35}$$

参考点 M_0 的势能等于零，我们称它为零势能点。

下面介绍几种常见的势能。

1）重力场中的势能

在重力场中，取如图 12-20 所示坐标系。重力 mg 在各轴上的投影为

$$F_x=0, F_y=0, F_z=-mg$$

取 M_0 为零势能点，则点 M 的势能为

$$V=\int_{z}^{z_0}-mg\,\mathrm{d}z=mg(z-z_0) \tag{12-36}$$

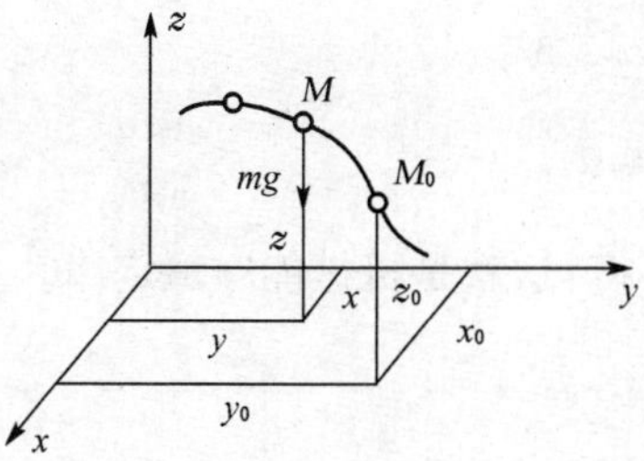

图 12-20

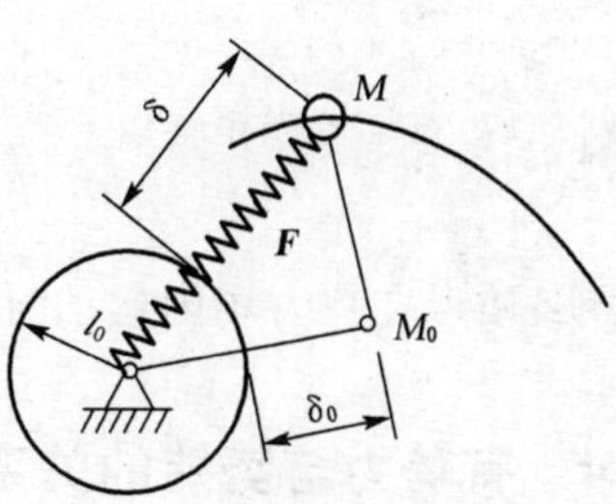

图 12-21

2）弹性力场中的势能

设弹簧的一端固定，另一端与物体连接，如图 12-21 所示，弹簧的刚度系数为 k。取点 M_0 为零势能点，则质点 M 的势能

$$V=\frac{k}{2}(\delta^2-\delta_0^2) \tag{12-37}$$

式中，δ、δ_0分别为弹簧在M和M_0时的变形量。

如果取弹簧的自然位置为零势能点，则有 $\delta_0=0$，于是得

$$V=\frac{k}{2}\delta^2 \tag{12-38}$$

3）万有引力场中的势能

设质量为 m_1 的质点受质量为 m_2 的物体的万有引力 F 作用，如图 12-22 所示。取点 M_0为零势能点，则质点在点 M 的势能

$$V=\int_M^{M_0}\boldsymbol{F}\cdot\mathrm{d}\boldsymbol{r}=\int_M^{M_0}-\frac{fm_1m_2}{r^2}\boldsymbol{r}_0\cdot\mathrm{d}\boldsymbol{r}$$

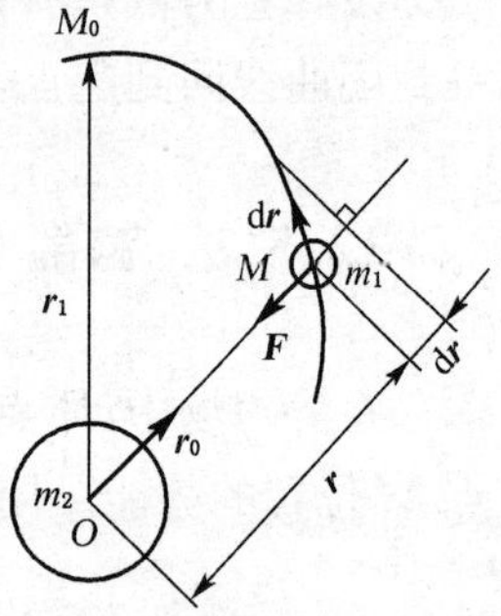

图 12-22

式中，f 为引力常数，$\boldsymbol{r}_0$为质点的矢径方向的单位矢量。$\boldsymbol{r}_0\cdot\mathrm{d}\boldsymbol{r}$ 为矢径增量 d$\boldsymbol{r}$ 在矢径方向的投影，由图 12-22 可知，它应等于矢径长度的增量 dr，即 $\boldsymbol{r}_0\cdot\mathrm{d}\boldsymbol{r}=\mathrm{d}r$。设 r_1 是零势能点的矢径，于是有

$$V=\int_r^{r_1}-\frac{fm_1m_2}{r^2}\mathrm{d}r=fm_1m_2\left(\frac{1}{r_1}-\frac{1}{r}\right) \tag{12-39}$$

如果选取的零势能点在无穷远处，即 $r_1=\infty$，于是得 $V=-\frac{fm_1m_2}{r}$。

12.5.3 机械能守恒定律

质点系在某瞬时的动能与势能的代数和称为机械能。设质点系在运动过程中的初始瞬时和终止瞬时的动能分别为 T_1 和 T_2，所受力在运动过程中所做的功为 W，根据动能定理有

$$T_2-T_1=W$$

若系统运动中，只有有势力做功，而有势力的功可用势能计算，即

$$T_2-T_1=W=V_1-V_2$$

则

$$T_1+V_1=T_2+V_2 \tag{12-40}$$

上式表明：质点在势力场内运动时机械能保持不变，这就是机械能守恒定律。

12.5.4 有势力与势能的关系

在势力场中，势能的大小因其在势力场中的位置不同而异，可写作坐标的单值连续函数 $V(x、y、z)$，称为势能函数。由式(12-34)

$$V=\int_M^{M_0}(F_x\mathrm{d}x+F_y\mathrm{d}y+F_z\mathrm{d}z)$$

或

$$V=-\int_{M_0}^{M}(F_x\mathrm{d}x+F_y\mathrm{d}y+F_z\mathrm{d}z)$$

注意到势力的功与路径无关，其元功必是函数 V 的全微分，即

$$dV = -(F_x dx + F_y dy + F_z dz) \tag{12-41}$$

由高等数学知，V 的全微分

$$dV = \frac{\partial V}{\partial x}dx + \frac{\partial V}{\partial y}dy + \frac{\partial V}{\partial z}dz \tag{12-42}$$

比较式(12-41)及式(12-42)，得到

$$\left.\begin{aligned} F_x &= -\frac{\partial V}{\partial x} \\ F_y &= -\frac{\partial V}{\partial y} \\ F_z &= -\frac{\partial V}{\partial z} \end{aligned}\right\} \tag{12-43}$$

12.6 动力学普遍定理的综合应用

普遍定理的综合应用主要是指动量定理、动量矩定理、动能定理以及运动微分方程的综合应用。如前所述，各个普遍定理都是从不同的方面提出了建立运动微分方程的方法，从而为解决动力学的两类基本问题提供了依据。

动量定理(或质心运动定理)建立了动量的变化(或质心运动的变化)与外力系主矢的关系，它涉及速度、时间和外力三种量。对于用时间表示的运动过程，通常使用动量定理求解。特别是已知运动求约束反力的问题，必须用动量定理(或质心运动定理)求解。

动量矩定理建立了质点系动量矩的变化与外力系主矩的关系。当质点系绕轴运动时，可考虑使用动量矩定理求解。如果已知运动，则可使用动量矩定理求解作用线不通过转轴的力。如果已知外力矩，则可使用动量矩定理求解质点系绕轴(或点)的运动。

动能定理建立了质点系动能的变化与力的功的关系。它涉及速度、路程和力三种量。对于用路程表示的运动过程，当已知力求质点系运动的速度(或角速度)、加速度(或角加速度)时，通常使用动能定理求解较为方便。

此外还要注意各定理的守恒条件。通过守恒定理直接列出运动量之间的关系。

普遍定理综合应用的难点，是如何选用合适的定理。不少工程问题，既需要求物体的运动规律，又需要求未知的约束力，是动力学的综合问题。一般说来，解决问题的简便方法，是先求运动，后求力。对于物体系统问题，往往优先考虑应用动能定理求速度和加速度。但依据动能定理所列方程是一个标量方程，因此，对于具有一个自由度的系统的动力学问题，应用动能定理就比较方便。质心运动定理描述了质心运动的变化规律与作用在其上所有外力主矢之间的关系，即反映某瞬时质心的加速度与外力主矢之间的关系，所以在已知质心加速度的情况下，应用质心运动定理求解约束力就方便了。此外，根据质点系运动的具体条件，应用动量矩定理求运动或力、力矩也是很方便的。

在领会各定理的特征的同时，还要学会针对具体问题进行受力分析和运动分析，弄清楚问题的性质和条件，再结合各定理所反映的规律，选择适用的定理。

下面通过具体问题来说明普遍定理的综合应用。

【例 12-8】 如图 12-23(a)所示，铰车鼓轮的半径为 r，重为 G_1，重心与轴承 O 的中心相重合，在其上作用一力偶矩为 M 的常力偶，使半径为 R、重为 G_2 的滚子(鼓轮和滚子均视为均质圆盘)沿倾角为 θ 的斜面由静止开始向上作纯滚动。设绳子不能伸长且不计质量，求鼓轮由静止开始转过角 φ 时，滚子质心 C 的速度、加速度、绳子的拉力和轴承 O 处的约束力。

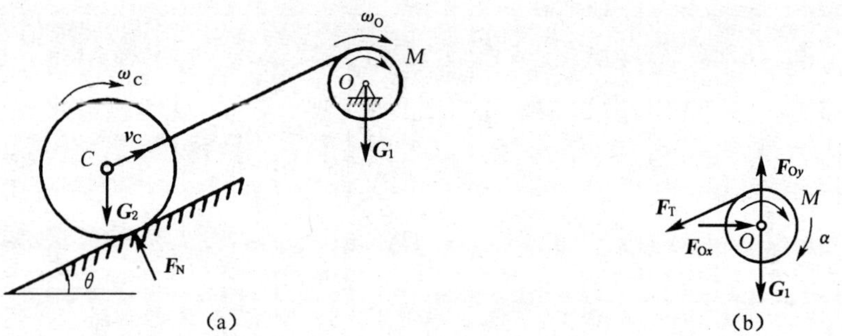

图 12-23

解：(1) 取整个系统为研究对象，应用动能定理求滚子质心 C 的速度、加速度。

系统初始瞬时的动能 $T_1 = 0$

系统终止瞬时的动能

$$T_2 = \frac{1}{2}\frac{G_2}{g}v_C^2 + \frac{1}{2}J_C\omega_C^2 + \frac{1}{2}J_O\omega_O^2$$

式中，v_C 为滚子质心 C 的速度，ω_C、ω_O 分别为滚子和鼓轮的角速度。由运动学可知 $\omega_C = v_C/R, \omega_O = v_C/r$，则

$$\begin{aligned} T_2 &= \frac{1}{2}\frac{G_2}{g}v_C^2 + \frac{1}{2}J_C\left(\frac{v_C}{R}\right)^2 + \frac{1}{2}J_O\left(\frac{v_C}{r}\right)^2 \\ &= \frac{1}{2}\frac{G_2}{g}v_C^2 + \frac{1}{2}\cdot\frac{G_2}{2g}R^2\cdot\frac{v_C^2}{R^2} + \frac{1}{2}\cdot\frac{G_1}{2g}r^2\cdot\frac{v_C^2}{r^2} \\ &= \frac{(3G_2 + G_1)}{4g}v_C^2 \end{aligned}$$

系统具有理想约束且内力功之和恒等于零。主动力所做功的总和为

$$\sum W = -G_2 r\varphi\sin\theta + M\varphi$$

根据质点系的动能定理，可得

$$\frac{(3G_2 + G_1)}{4g}v_C^2 - 0 = -G_2 r\varphi\sin\theta + M\varphi \tag{1}$$

解得
$$v_C = \sqrt{\frac{4(M - G_2 r\sin\theta)g\varphi}{3G_2 + G_1}}$$

将式(1)对 t 求一阶导数，得

$$\frac{(3G_2+G_1)}{4g}2v_C\frac{dv_C}{dt}=(M-G_2r\sin\theta)\frac{d\varphi}{dt}$$

将 $\frac{d\varphi}{dt}=\omega_O=v_C/r$ 代入上式，可得滚子质心 C 的加速度

$$a_C=\frac{dv_C}{dt}=\frac{2(M-G_2r\sin\theta)g}{(3G_2+G_1)r} \tag{2}$$

(2) 取鼓轮(包括绳子)为研究对象，其受力图如图 12-23(b)所示，应用刚体定轴转动微分方程求滚子对绳子的拉力。

根据刚体定轴转动微分方程，可得

$$J_O(-\alpha)=F_Tr-M$$

而
$$J_O=\frac{1}{2}\frac{G_1}{g}r^2,\quad \alpha=\frac{a_C}{r}=\frac{2(M-G_2r\sin\theta)g}{(3G_2+G_1)r^2}$$

故滚子对绳子的拉力

$$F_T=\frac{M}{r}-\frac{(M-G_2r\sin\theta)G_1}{(3G_2+G_1)r} \tag{3}$$

(3) 仍以鼓轮(包括绳子)为研究对象，根据质心运动定理求轴承 O 处约束力。

因鼓轮质心的加速度为零，故由质心运动定理在 x、y 轴上的投影式可得

$$0=F_{Ox}-F_T\cos\theta$$
$$0=F_{Oy}-G_1-F_T\sin\theta$$

将式(3)代入，解得

$$F_{Ox}=F_T\cos\theta=\left[\frac{M}{r}-\frac{G_1(M-G_2r\sin\theta)}{(3G_2+G_1)r}\right]\cos\theta$$
$$F_{Oy}=G_1+\left[\frac{M}{r}-\frac{G_1(M-G_2r\cos\theta)}{(3G_2+G_1)r}\right]\sin\theta$$

【例 12-9】 图 12-24 中 AD 为一软绳。ACB 为一均质细杆，长为 $2l$，质量为 m，质心在 C 点，且 $AC=CB=l$。滑块 A、C 的质量略去不计，各接触面均光滑。在 A 点作用铅垂向下的力 F，且 $F=mg$。图 12-24(a)所示位置杆处于静止状态。现将 AD 绳剪断，当杆运动到水平位置时，求杆的角速度、角加速度及 A、C 处的约束力。

解：(1) 由动能定理 $\quad T-T_0=\sum W$

其中 $\quad T_0=0,T=\frac{1}{2}m_{AB}v_C^2+\frac{1}{2}J_C\omega_{AB}^2$

由运动学分析，系统在图 12-24(b)所示位置时，$v_C=0$，即 C 为 AB 杆的速度瞬心。最后得

$$\frac{1}{2}\left(\frac{m\cdot 4l^2}{12}\right)\omega^2=\frac{\sqrt{2}}{2}lmg$$

$$\omega^2=\frac{3\sqrt{2}}{l}g$$

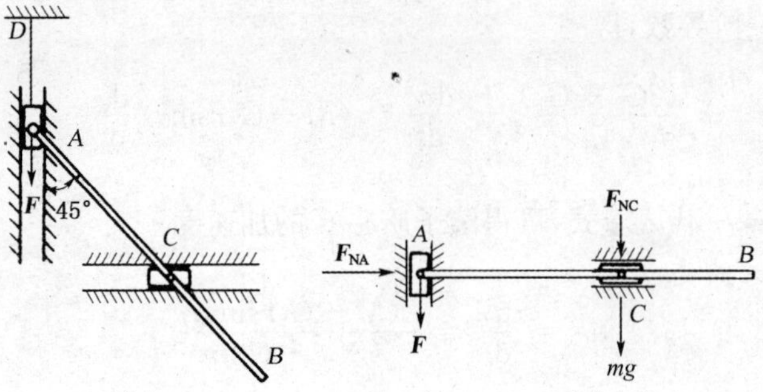

(a)　(b)

图 12-24

(2) 系统在所求位置的受力图如图 12-24(b)所示

由相对质心的动量矩定理得

$$J_C\dot{\omega}_{AB}=\sum M_C(F_i^{(e)})$$

得到
$$\frac{1}{3}ml^2\dot{\omega}_{AB}=Fl$$

因本题已知条件 $F=mg$,所以
$$\dot{\omega}_{AB}=\frac{3g}{l}$$

(3) 由质心运动定理

$$ma_{Cx}=F_{NA} \quad ①$$

$$ma_{Cy}=-F-F_{NC}-mg \quad ②$$

以 A 为基点对 C 点进行加速度分析,如图 12-25 所示,得

$$\boldsymbol{a}_C=\boldsymbol{a}_A+\boldsymbol{a}_{CA}^n+\boldsymbol{a}_{CA}^{\tau}$$

将上式向 x 轴和 y 轴投影可得

$$a_{Cx}=-a_{CA}^n=-l\omega^2=-3\sqrt{2}g,a_{Cy}=0$$

将值代入①②两式得

$$F_{NA}=-3\sqrt{2}mg$$
$$F_{NC}=-2mg$$

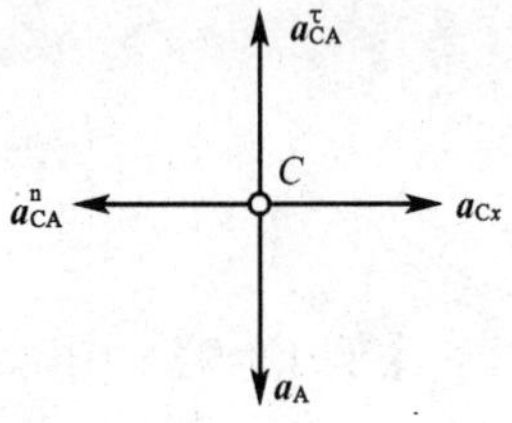

图 12-25

本 章 小 结

1) 动能是物体机械运动的一种度量

质点的动能
$$T=\frac{1}{2}mv^2$$

质点系的动能 $T=\sum \frac{1}{2}m_i v_i^2$

平移刚体的动能 $T=\frac{1}{2}mv_C^2$

绕定轴转动刚体的动能 $T=\frac{1}{2}J_z\omega^2$

平面运动刚体的动能 $T=\frac{1}{2}mv_C^2+\frac{1}{2}J_C\omega^2$

2）力的功是力对物体作用的积累效应的度量

$$W=\int_{M_1M_2}\boldsymbol{F}\cdot \mathrm{d}\boldsymbol{r}=\int_{M_1M_2}F\cos\theta\cdot \mathrm{d}s$$

或 $W=\int_{M_1M_2}(F_x\mathrm{d}x+F_y\mathrm{d}y+F_z\mathrm{d}z)$

重力的功 $W=mg(z_1-z_2)$

弹性力的功 $W=\frac{k}{2}(\delta_1^2-\delta_2^2)$

定轴转动刚体上力的功 $W=\int_{\varphi_1}^{\varphi_2}M_z(F)\mathrm{d}\varphi$

3）动能定理

微分形式 $\mathrm{d}T=\sum \delta W$

积分形式 $T_2-T_1=\sum W$

理想约束条件下，约束力做功为零，只计算主动力的功，内力有时做功之和不为零。

4）功率是力在单位时间内所做的功

$$P=\frac{\delta W}{\mathrm{d}t}=\boldsymbol{F}\cdot \boldsymbol{v}=F_\tau v,P=M\omega=\frac{\pi n}{30}M$$

5）转矩 $\boldsymbol{T}$ 和功率的关系式

$$T(\mathrm{N}\cdot\mathrm{m})=9\,549\,\frac{P(\mathrm{kW})}{n(\mathrm{r/min})}$$

6）功率方程

$$\frac{\mathrm{d}T}{\mathrm{d}t}=P_{输入}-P_{有用}-P_{无用}$$

7）机械效率

$$\eta=\frac{有效功率}{输入功率}$$

$$有效功率=P_{有用}+\frac{\mathrm{d}T}{\mathrm{d}t}=P_{输入}-P_{无用}$$

8）有势力的功只与物体运动的起点和终点的位置有关，而与物体内各点轨迹的形状无关

9）物体在势力场中某位置的势能等于有势力从该位置到一任选的零势能位置所做的功

重力场中的势能 $V=mg(z-z_0)$

弹性力场中的势能　　$V=\frac{k}{2}(\delta^2-\delta_0^2)$

万有引力场中的势能　　$V=fm_1m_2\left(\frac{1}{r_0}-\frac{1}{r}\right)$

10）有势力的功可通过势能的差来计算

$$W=V_1-V_2$$

11）机械能＝动能＋势能＝$T+V$

机械能守恒定律：如质点或质点系只在有势力作用下运动，则机械能保持不变，即

$$T+V=\text{常值}$$

复习思考题

一、问答题

1. 一个质量为 m 的质点在水平平面内，由于向心力 $\boldsymbol{F}_n$ 的作用，作半径为 R 的匀速圆周运动，速度为 v_0，若将向心力增为 $2\boldsymbol{F}_n$，此向心力将对质点动能的变化起什么作用？对质点运动状态的变化起什么作用？

2. 如图 12-26 所示，质点 M 在水平平面内作匀速圆周运动，弹簧的一端固定于质点运动轨迹为圆的中心轴线上。当质点自 A 运动至 B 的过程中，求弹簧力及质点重力所做的功。

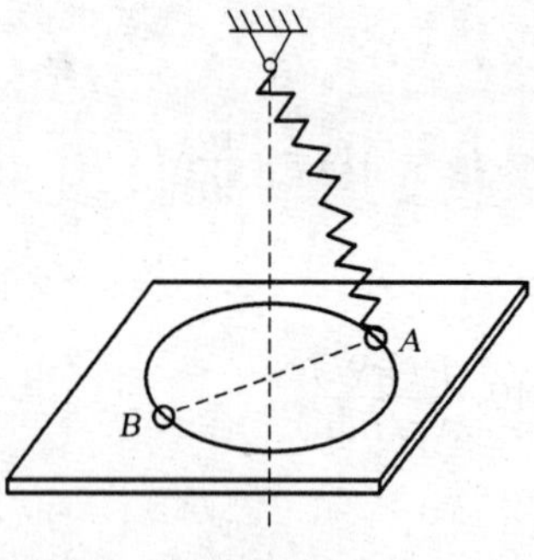

图 12-26

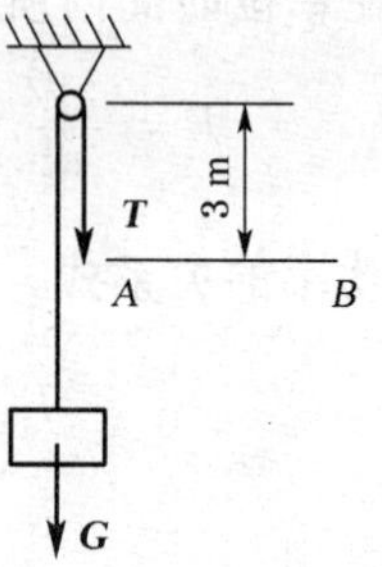

图 12-27

3. 如图 12-27 所示，重物 G 在绳端 A 处的外力作用下匀速地上升了 s，绳端自 A 水平移动至 B，$AB=4$ m。求绳端外力所做的功 W_{AB}。

提示：重物的动能未增加。绳端外力（变力）的功等于重力 G 的功，其代数和为零。

4. 弹簧由其自然位置拉长 10 mm 或压缩 10 mm，弹簧力做功是否相等？拉长 10 mm 后再拉长 10 mm，这两个过程中位移相等，弹簧力做功是否相等？

5. 一刚性系数 $k=400$ N/cm 的弹簧，在外力作用下伸长 $\delta=5$ cm，求弹性力做功为多少？是否等于 $\frac{1}{2}kx^2=\frac{1}{2}\times 400\times 5^2=5\ 000$ N·cm？

6. 某人骑一自行车，设前后轮均沿地面纯滚动前进，自行车是由于后轮与地面有摩擦力

的作用而推动前进。自行车的动能是否等于后轮摩擦力所做的功？

7. 一质点在空中作无空气阻力的抛物体运动，取运动轨迹上两个等高度的点 A、B。质点先后经过 A、B 点时，速度 v_A、v_B 的值是否相等？为什么？

8. 为什么切向力做功，法向力不做功？为什么作用在瞬心上的力不做功？

9. 自 A 点以相同大小但倾角不同的初速度 v_0 抛出物体（视为质点），如图 12-28 所示。不计空气阻力，当这一物体落到同一水平面上时，它的速度大小是否相等？为什么？

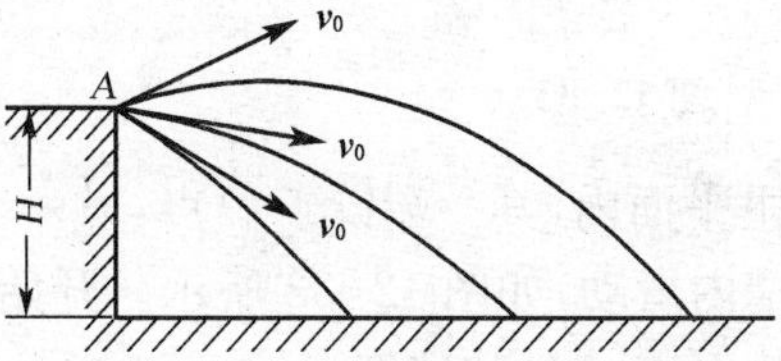

图 12-28

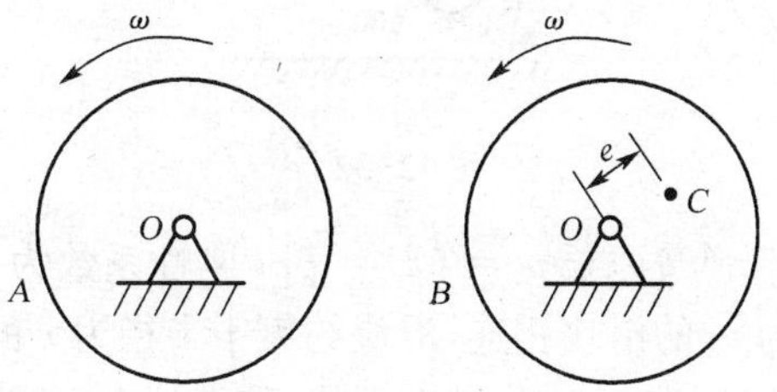

图 12-29

10. 如图 12-29 所示两轮的质量相同，轮 A 的质量均匀分布，轮 B 的质心 C 偏离几何中心 O。设两轮以相同的角速度绕中心 O 转动，问它们的动能是否相同？

11. 一匀质圆盘重 G、半径为 r，绕离质心 C 的 O 点作定轴转动，质心有速度 v_C，$OC = e = r/4$。该圆盘的动能是否等于 $\frac{1}{2}\frac{G}{g}v_C^2$？

12. 均质圆轮无初速地沿斜面作纯滚动，轮心降落高度 h 而到达水平面，如图 12-30 所示，忽略滚动阻碍和空气阻力，问到达水平面时轮心的速度。与圆轮半径大小是否有关？当轮半径趋于零时，与质点滑下结果是否一致？轮半径趋于零，还能只滚不滑吗？

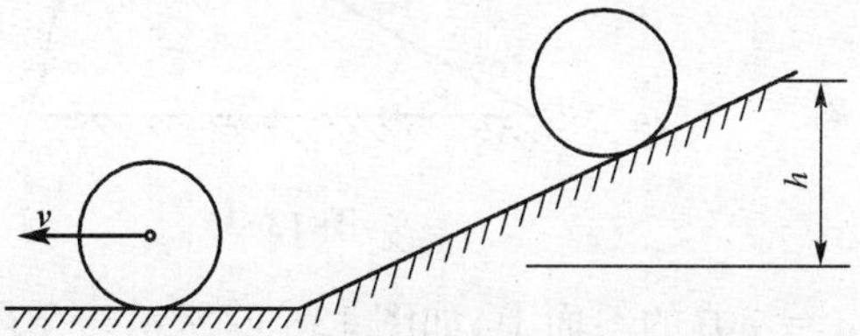

图 12-30

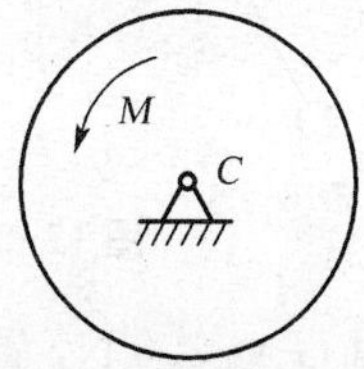

图 12-31

13. 均质圆盘绕通过圆盘的质心 C 而垂直于圆盘平面的轴转动，在圆盘平面内作用一力偶矩为 M 的力偶，如图 12-31 所示，问圆盘的动量、动量矩、动能是否守恒？为什么？

14. 机器运转时，是否凡摩擦力做的功一定是无用功？研磨机运转工作时，作用在工件上的摩擦力，它的功是否为无用功？

二、计算题

1. 重 G、比重为 0.78 的物体，自离水面高 $h = 20$ m 处由静止开始自由落下投入水中，入水后，只计浮力，不计其他阻力。问物体能否碰到深 18 m 的河底？

提示：设物体的体积为 V，$G = 0.78V$，浮力 $F = 1 \times V = G/0.78$。

2. 如图 12-32 所示自动弹射器倾斜地放置，倾角 $\alpha = 30°$，弹簧未受力时原长 $l_0 = 20$ cm 恰好等于筒长，刚性系数 $k = 2$ N/cm。将弹簧压缩到长 10 cm，然后将重为 0.3 N 的小球借弹力射出。求小球离开筒口时的速度。

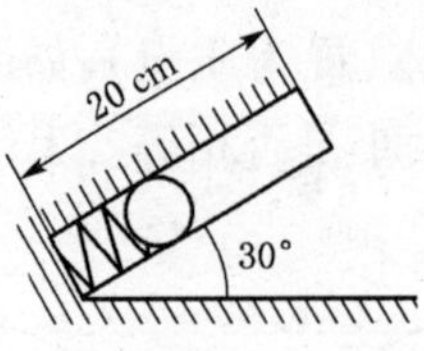

图 12-32

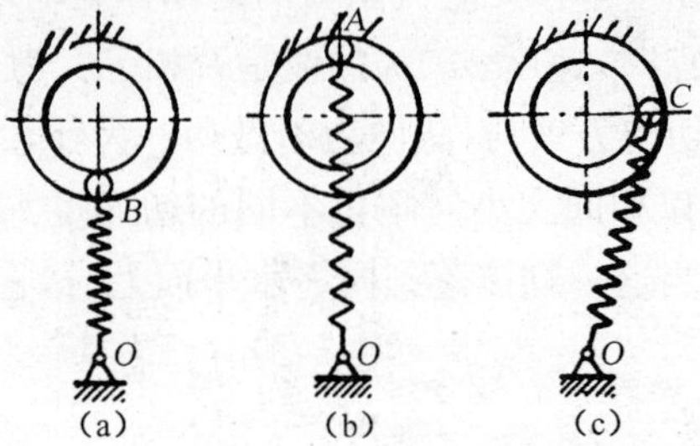

图 12-33

3. 弹簧原长 $l_0 = OB = 6r$，刚性系数为 k。在铅垂平面内，其一端铰于 O 点，另一端与一质量为 m 的滑块相连，滑块约束于半径为 r 的圆弧形槽内滑动，如图 12-33 所示。开始时，滑块静止地位于 A 点，稍有干扰后，滑块向下滑行，求滑块至 C 点处的速度 v_C。

4. 重 G 的小球悬在长 l 的细绳上，自 $\theta = 30^\circ$ 处由静止释放，当绳摆动至铅垂位置时，绳长的中点被钉子 C 阻挡，只有下半段绕 C 点继续摆动，如图 12-34 所示。求小球摆至最右位置 B 时(此时 $v=0$)，绳的下半段 CB 与铅垂线的夹角 φ。

提示：由动能定理，可得 A、B 两点应处于同一高度。

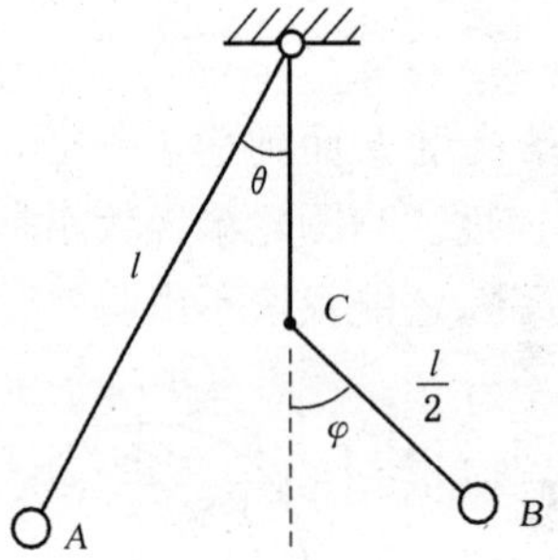

图 12-34

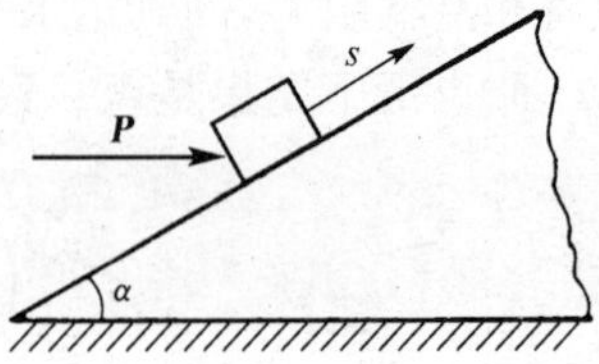

图 12-35

5. 物体重 $G = 200$ N，置于倾角 $\alpha = 30^\circ$ 的斜面上，如图 12-35 所示。今在水平力 $P = 500$ N 的作用下沿斜面向上移行 $s = 5$ m，物体与斜面间的动摩擦因数 $f = 0.25$。试求物体由静止开始至行程末时的速度。

提示：斜面压力 $F_N = (P\sin\alpha + G\cos\alpha)$。

6. 如图 12-36，质量 700 kg 的小车，初始时位于 A 点，有恒力 $F = 200$ N 作用于钢索一端，另一端拉住小车。从静止开始，在水平恒力 $P = 500$ N 作用下，小车沿地面滑行至 B 点，已知 $h = 4$ m，$s = AB = 3$ m。试求小车到达 B 点时的速度。(摩擦不计)

提示：索端外力 F 做的功为 $W_F = -F(\sqrt{h^2 + s^2} - h)$。

7. 套筒质量 $m = 1$ kg，初始时位于 A 点，有速度 $v = 2$ m/s，在弹簧力作用下，沿水平杆滑行，如图 12-37 所示。不计摩擦，$AB = 2$ m，$OB = 1.5$ m，弹簧原长 $l_0 = 1.5$ m，$k = 20$ N/m。求套筒运动至 B 点时的速度。

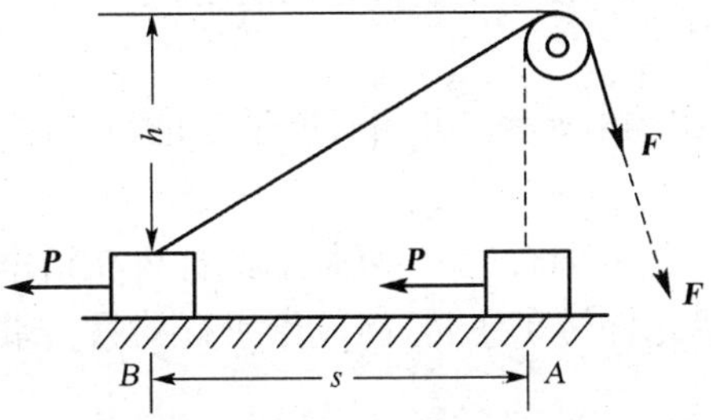

图 12-36

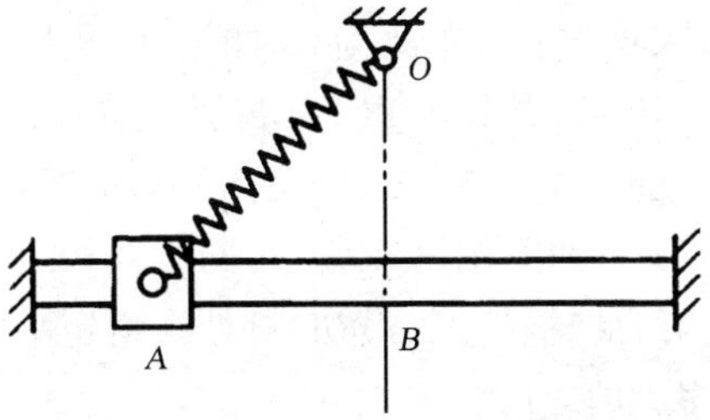

图 12-37

8. 均质杆 OA 长 l，质量为 m，绕着球形铰链 O 的铅垂轴以匀角速度 ω 转动，如图 12-38 所示，如杆与铅垂轴的夹角为 θ，试求杆的动能。

9. 质量为 m_1 的滑块 A 沿水平面以速度 v 移动，质量为 m_2 的物块 B 沿滑块 A 以相对速度 u 滑下，如图 12-39 所示。试求系统的动能。

10. 如图 12-40 所示，在半径为 r 的卷筒上，作用一力偶矩 $M=a\varphi+b\varphi^2$，其中 φ 为转角，a 和 b 为常数。卷筒上的绳索拉动水平面上的重物 B。设重物 B 的质量为 m，它与水平面之间的滑动摩擦因数为 f_d。不计绳索质量。当卷筒转过两圈时，试求作用于系统上所有力的功的总和。

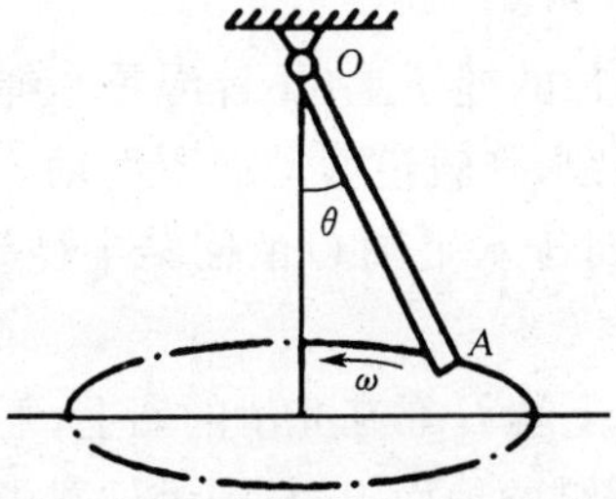

图 12-38

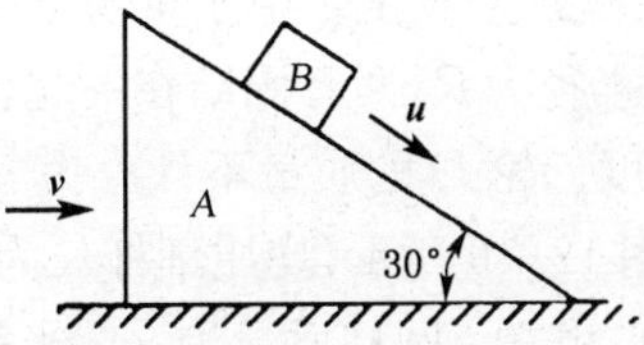

图 12-39

11. 质量为 2 kg 的物块 A 在弹簧上处于静止，如图 12-41 所示。弹簧刚度系数为 $k=400$ N/m。现将质量为 4 kg 的物块 B 放置在物块 A 上，刚接触就释放它。求：(1)弹簧对两物块的最大作用力；(2)两物块得到的最大速度。

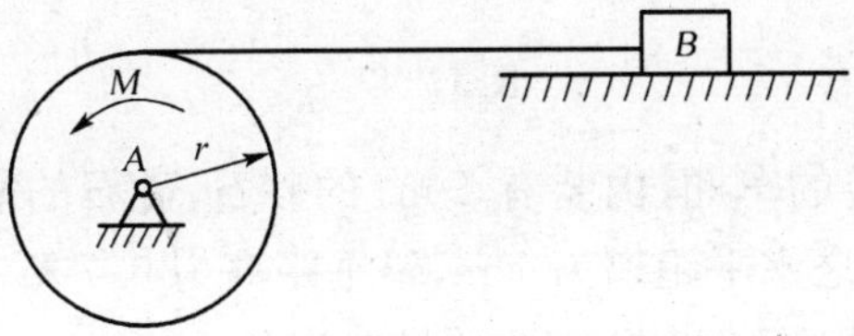

图 12-40

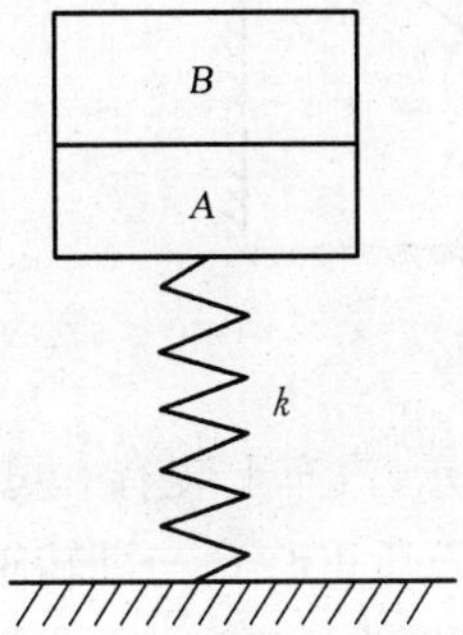

图 12-41

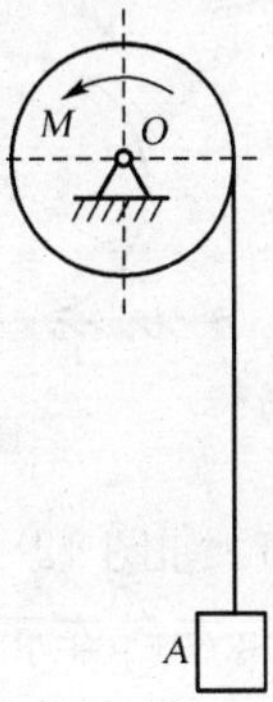

图 12-42

12. 如图 12-42 所示滑轮重 Q，半径为 R，对转轴 O 的回转半径为 ρ，一绳绕在滑轮上，绳

的另一端系一重为 F_P 的物体 A，滑轮上作用一不变转矩 M，使系统由静止而运动；不计绳的质量，求重物上升距离为 s 时的速度及加速度。

13. 链条长 l，重 F_P，展开放在光滑桌面上，如图 12-43 所示。开始时链条静止，并有长度为 a 的一段下垂。求链条离开桌面时的速度。

14. 如图 12-44 所示，均质杆 OA 长 $l = 3.27$ m，杆上端 O 套在某轴上，此杆可在铅垂平面内绕此轴转动。最初，杆处在稳定平衡位置，今欲使此杆转 1/4 转，问应给予杆的另一端 A 点多大的速度？

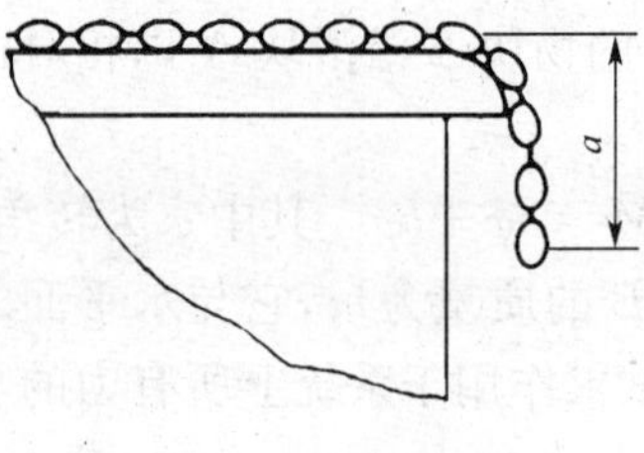

图 12-43

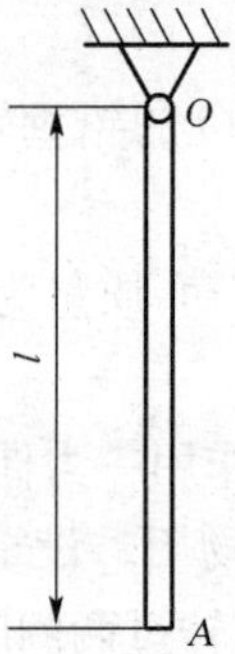

图 12-44

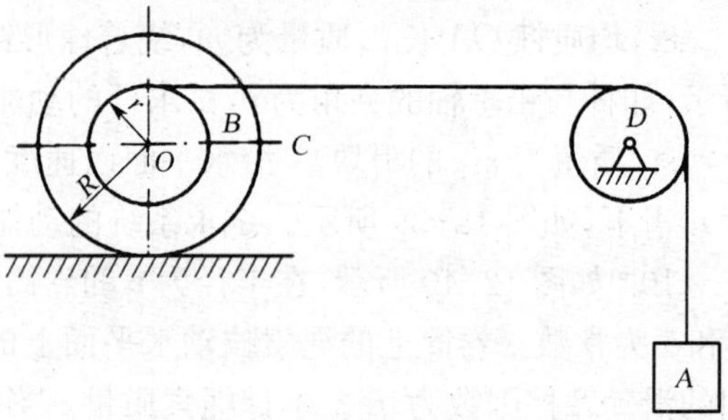

图 12-45

15. 图 12-45 所示重物 A 重 F_P，挂在一根不可伸长的绳子上（不计绳重），绳子绕过固定滑轮 D，并绕在鼓轮 B 上。由于重物下降，带动轮 C 沿水平轨道滚动而不滑动。鼓轮的半径为 r，轮 C 的半径为 R，两者固结在一起，总重量为 Q，对于水平轴 O 的回转半径等于 ρ。求重物 A 的加速度。轮 D 的质量不计。

16. 如图 12-46 所示，均质细杆长为 l，质量为 m_1，上端 B 靠在光滑的墙上，下端 A 用铰链与圆柱的中心相连。圆柱质量为 m_2，半径为 R，放在粗糙的地面上，自图示位置由静止开始滚动而不滑动。如杆与水平线的夹角 $\theta = 45°$，不计滚动阻碍，试求 A 点在初瞬时的加速度。

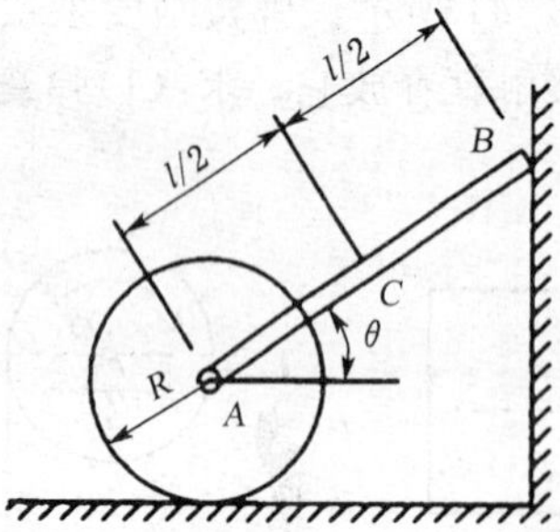

图 12-46

图 12-47

17. 如图 12-47 所示，汽车上装有一可翻转的车厢，内装有 5 m^3 的砂石，砂石的密度为 2 296 kg/m^3。车厢装砂石后重心 C 与翻转轴 A 之水平距离为 1 m，铅垂距离为 0.7 m。若使车厢绕 A 轴翻转的角速度为 0.06 rad/s，试求砂石倾倒时所需要的最大功率。

18. 矿用水泵的电机功率 $N = 25$ kW，机械效率 $\eta = 0.6$，井深 $H = 150$ m，求每小时抽上的水量。

19. 为了把 5 000 m^3 的水提升 3 m，安装一 2 kW 功率的抽水机，如抽水机的效率为 0.8，试求抽水机完成此项工作所需的时间。

20. 质点在变力 $\boldsymbol{F}=60t\boldsymbol{i}+(180t^2-10)\boldsymbol{j}-120\boldsymbol{k}$ 的作用下沿空间曲线运动，其矢径 $\boldsymbol{r}=(2t^3+t)\boldsymbol{i}+(3t^4-t^2+8)\boldsymbol{j}-12t^2\boldsymbol{k}$。试求力 F 的功率。

21. 一载重汽车总重 100 kN，在水平路面上直线行驶时，空气阻力 $F_R=0.001v^2$（v 以 m/s 计，F_R 以 kN 计），其他阻力相当于车重的 0.016 倍。设机械的总效率为 $\eta_m=0.85$。试求此汽车以 54 km/h 的速度行驶时，发动机输出的功率。

22. 均质直杆 AB 的质量 $m=1.5$ kg，长度 $l=0.9$ m，在图 12-48 所示水平位置静止释放。试求当杆 AB 经过铅垂位置时的角速度及支座 A 的反力。

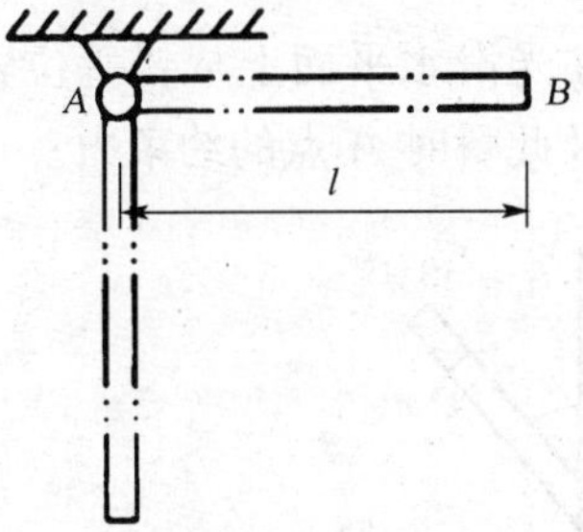

图 12-48

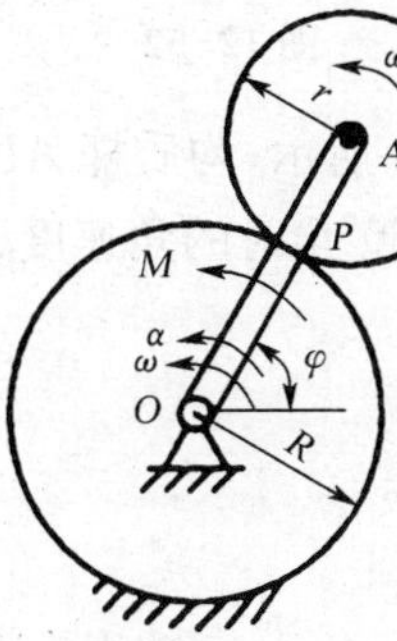

图 12-49

23. 图 12-49 所示的行星轮系位于水平面内，由半径为 R 的固定大齿轮 O，半径为 r、质量为 m_1 的均质小齿轮 A（可视为均质圆盘）和质量为 m_2、长为 $(R+r)$ 的曲柄 OA（可视为均质杆）组成。曲柄 OA 在力偶矩为 M 的常力偶作用下由静止开始运动。求曲柄的角速度 ω 与转角 φ 之间的关系，并求其角加速度。

24. 图 12-50 所示为放在水平面内的曲柄滑道机构。曲柄 OA 长为 l，质量为 m_1，视为匀质直杆。丁字形滑道连杆 BCD 的质量为 m_2，对称于 x 轴。在曲柄上施加一力偶，其力偶矩为 M。设开始时 $\varphi_0=0°$，$\omega=0$，试求当曲柄与 x 轴夹角为 φ 时，曲柄的角速度、角加速度及滑块 A 对槽面的压力。摩擦和滑块质量均不计。

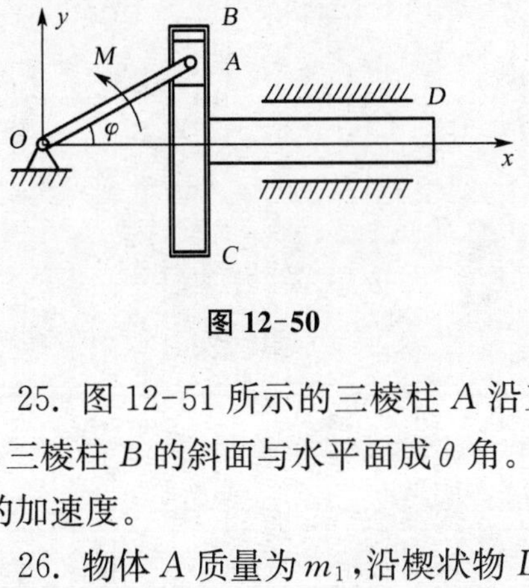

图 12-50

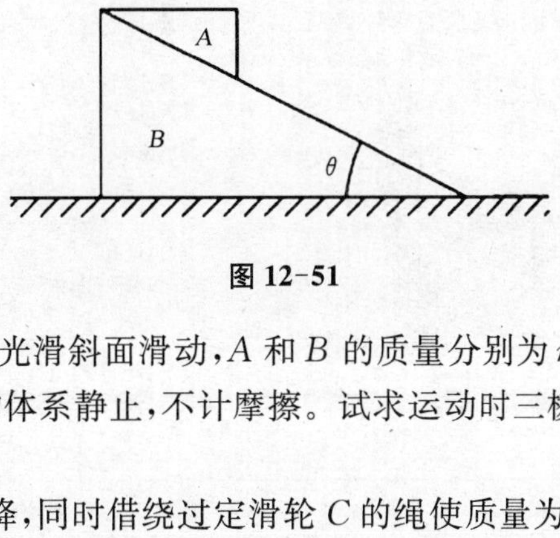

图 12-51

25. 图 12-51 所示的三棱柱 A 沿三棱柱 B 的光滑斜面滑动，A 和 B 的质量分别为 m_1、m_2，三棱柱 B 的斜面与水平面成 θ 角。如开始时物体系静止，不计摩擦。试求运动时三棱柱 B 的加速度。

26. 物体 A 质量为 m_1，沿楔状物 D 的斜面下降，同时借绕过定滑轮 C 的绳使质量为 m_2

的物体 B 上升，如图 12-52 所示。斜面与水平面成 θ 角，滑轮和绳的质量及一切摩擦均略去不计。试求楔状物 D 作用于地面凸出部分 E 的水平压力。

27. 均质杆 AB 的质量为 $m=4\ \mathrm{kg}$，其两端悬挂于两条平行绳上，杆处于水平位置，如图 12-53 所示。若其中一绳突然断了，试求此瞬时另一绳的张力 F。

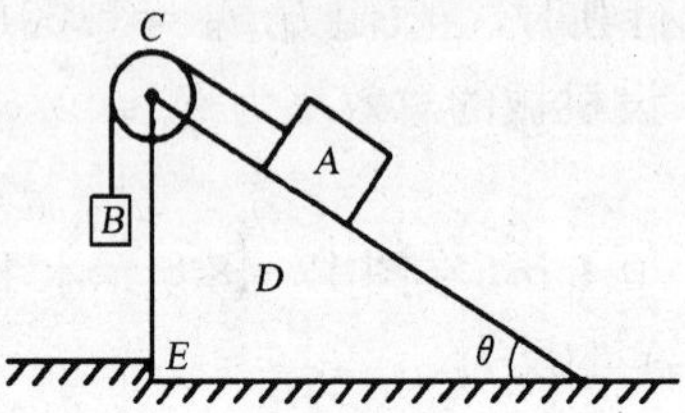

图 12-52

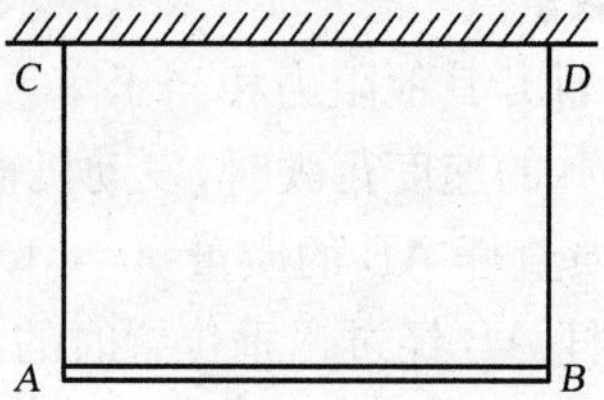

图 12-53

28. 如图 12-54 所示，均质杆 AB 重 G，长 l，在光滑水平面上从铅垂位置无初速地倒下，求当杆与铅垂线成 60°角时的角速度、角加速度以及此瞬时 A 点的约束力。

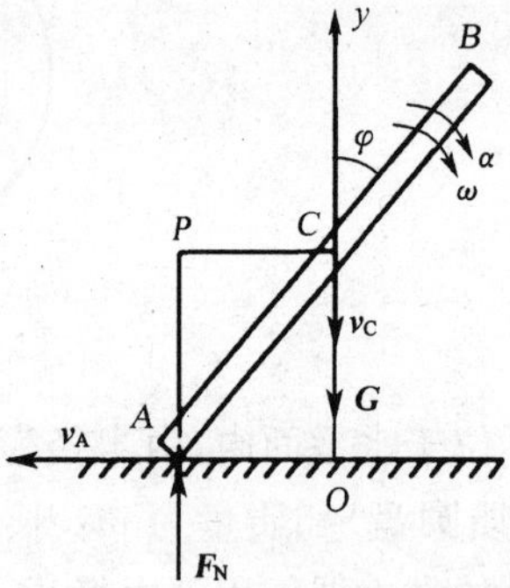

图 12-54

13 达朗贝尔原理

本章导读

达朗贝尔原理是法国科学家达朗贝尔于1743年提出的，是分析力学的两个基本原理之一。该原理揭示，对动力系统加入惯性力后，惯性力与外力构成平衡，因而提供了一种用静力平衡方法处理动力学问题的普遍方法——动静法。本章着重介绍惯性力的基本概念，并列举几种常见的刚体运动惯性力系的简化方法。

教学目标

了解：惯性力系的基本概念。

掌握：刚体平动、定轴转动和平面运动刚体惯性力系的简化。

应用：达朗贝尔原理求解质点系的动力学问题。

分析：用动静法对动力学问题的分析处理

13.1 惯性力、质点的达朗贝尔原理

前面介绍了解决动力学问题的两种方法，即质点运动微分方程的方法和牛顿定律为基础的动力学普遍定理方法，能有效地解决某些质点或质点系(刚体)的动力学问题。但随着社会科技水平的提高，各种不同的机器和机械设备在工程实际中得到越来越多的使用。在这些机器设备的设计、制造和使用中出现了大量的非自由质点系的动力学问题。对于这些问题，人们引入惯性力的概念，假想在质点或质点系(刚体)上加上惯性力，则可应用静力学列平衡方程的方法求解动力学问题，这种方法称为达朗贝尔原理(也称动静法)，它提供了求解动力学问题的一种普遍方法。

13.1.1 惯性力的概念

在达朗贝尔原理中涉及惯性力，我们可先讨论惯性力的概念。

下面先看两个实例：

例1 一工人在水平光滑直线轨道上推质量为 m 的小车，如图13-1(a)所示，设手作用在

小车上的水平力为 $\boldsymbol{F}$,小车将获得水平加速度 $\boldsymbol{a}$,如图 13-1(b)所示。

由牛顿第二定律可知 $\boldsymbol{F}=m\boldsymbol{a}$,同时,由于小车具有惯性,这个惯性力图使小车保持其原来的运动状态而给手一个反作用力 F',由作用与反作用定律可知

$$\boldsymbol{F}'=-\boldsymbol{F}=-m\boldsymbol{a}$$

即小车的惯性力大小等于小车质量与加速度的乘积,方向和加速度的方向相反。

例 2 质量为 m 的小球,在光滑的水平面内通过绳子绕中心轴 O 作匀速圆周运动,圆周运动的半径为 R,小球的速度为 v,加速度为 a_n,如图 13-2(a)所示,小球在水平面内只受绳子的拉力 F(向心力)的作用,两者之间的关系由牛顿第二定律可写为 $\boldsymbol{F}=m\boldsymbol{a}_n$。由于小球的惯性,小球将给绳子一个反作用力 F',如图 13-2(b)所示,由作用与反作用定律可知

$$\boldsymbol{F}'=-\boldsymbol{F}=-m\boldsymbol{a}_n$$

即小球的惯性力大小等于小球质量与加速度的乘积,方向和加速度的方向相反。

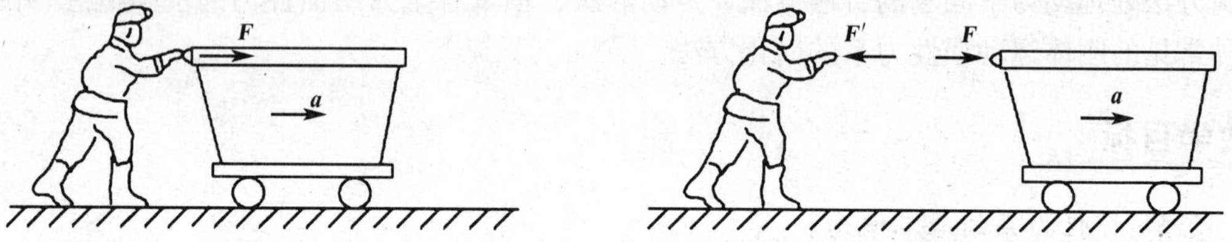

图 13-1

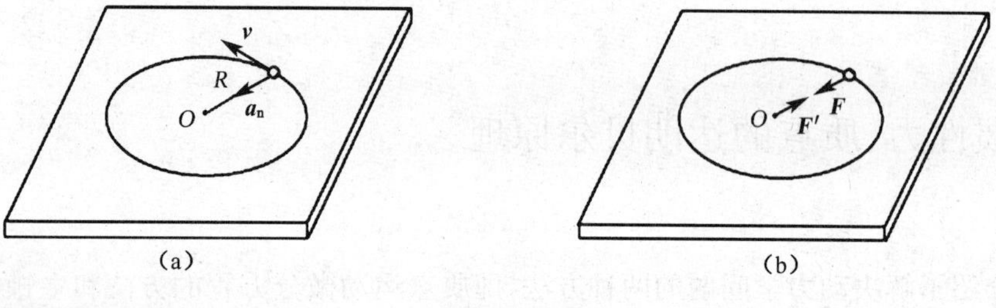

图 13-2

从以上两个例子可见,质点受力改变运动状态时,由于质点的惯性,质点将给予施力物体一个反作用力,这个反作用力称为质点的惯性力。质点惯性力的大小等于质点的质量与其加速度的乘积,方向与质点加速度的方向相反。

13.1.2 质点的达朗贝尔原理

设一质点的质量为 m,在主动力 $\boldsymbol{F}$ 和约束外力 $\boldsymbol{F}_N$ 的共同作用下,产生的加速度为 $\boldsymbol{a}$,如图 13-3 所示。根据牛顿第二定律,有

$$\boldsymbol{F}+\boldsymbol{F}_N=m\boldsymbol{a}$$

上式又可写为

$$\boldsymbol{F}+\boldsymbol{F}_{\mathrm{N}}+(-m\boldsymbol{a})=0$$

上式中$-m\boldsymbol{a}$ 即为质点的惯性力，用 $\boldsymbol{F}_{\mathrm{I}}$ 来表示，于是上式可写为

$$\boldsymbol{F}+\boldsymbol{F}_{\mathrm{N}}+\boldsymbol{F}_{\mathrm{I}}=0 \tag{13-1}$$

式(13-1)表明，质点运动的任一瞬时，作用于质点上的主动力、约束反力以及假想加在质点上的惯性力，在形式上组成一平衡力系，这就是质点的达朗贝尔原理。

应该着重指出，质点真实的受力只有主动力和约束反力，惯性力只是假想地加在质点上，上面提到的“平衡”力系只是形式上的一种平衡力系，质点也并非处于平衡状态。我们这样做的目的只是将动力学问题化为静力学问题求解，为动力学问题提供另一条求解的途径。同时，达朗贝尔原理与下一章的虚位移原理构成了分析力学的基础。

【例 13-1】 一圆锥摆如图 13-4 所示。质量为 m 的小球系于长为 l 的绳上，绳的另一端系在固定点 O。当小球在水平面内以速度 $\boldsymbol{v}$ 做匀速圆周运动时，绳子与铅垂线成 θ 角。用达朗贝尔原理求速度 v 与 θ 角之间的关系。

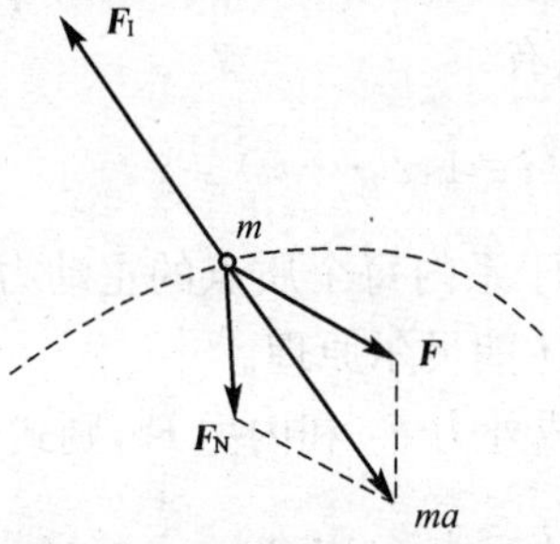

图 13-3

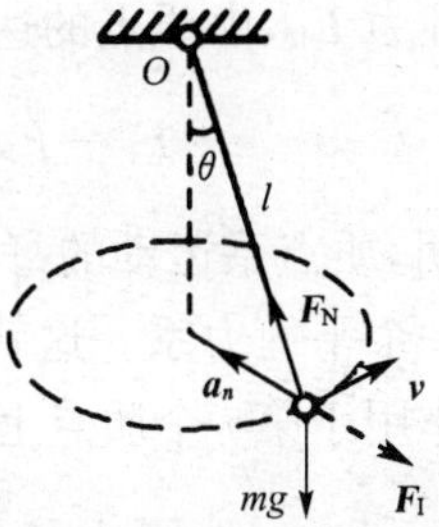

图 13-4

解：将小球视为质点，小球在主动力 mg 和约束力 $\boldsymbol{F}_{\mathrm{N}}$ 的作用下作匀速圆周运动。由质点的运动情况可知质点只有法向加速度$\boldsymbol{a}_{\mathrm{n}}$，在质点上假想地增加一个惯性力 $\boldsymbol{F}_{\mathrm{I}}$，由达朗贝尔原理，质点在这三个力作用下在每一瞬时都处于平衡状态，故有

$$F_{\mathrm{N}}\sin\theta-F_{\mathrm{I}}=0 \quad F_{\mathrm{N}}\cos\theta-mg=0$$

由上面两式消去 F_{N} 可得

$$F_{\mathrm{I}}=mg\tan\theta$$

而 $F_{\mathrm{I}}=ma_{\mathrm{n}}=m\dfrac{v^2}{l\sin\theta}$，即有

$$v^2=gl\tan\theta\sin\theta$$

也即
$$v=\sqrt{gl\tan\theta\sin\theta}$$

【例 13-2】 如图 13-5 所示的列车在水平轨道上行驶，车厢内悬挂一单摆，摆锤的质量为 m。当车厢向右做匀加速运动时，单摆向左偏转的角度为 φ，求车厢的加速度 a。

解：选摆锤为研究对象，它受到重力 mg 和绳子拉力 $\boldsymbol{F}_{\mathrm{N}}$ 的作用。假想地增加一个惯性力 $\boldsymbol{F}_{\mathrm{I}}$，由达朗贝尔原理可知，摆锤在这些力的作用下处于平衡状态。列 x 方向的平衡方程，即

$$mg\sin\varphi - F_{\mathrm{I}}\cos\varphi = 0$$

而 $F_{\mathrm{I}} = ma$，代入上式，可解得

$$a = g\tan\varphi$$

φ 角随着加速度 a 的变化而变化，当 a 固定时，φ 角也固定不变。因此，只要测得偏角 φ，就能知道列车的加速度 a，这就是摆式加速度器原理。

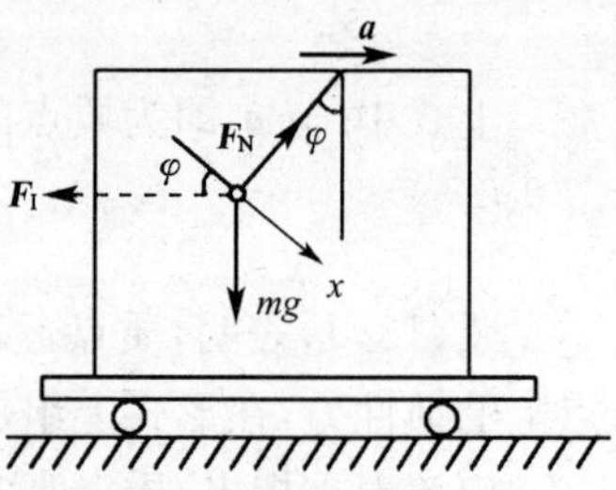

图 13-5

13.2 质点系的达朗贝尔原理

设有 n 个质点组成的质点系，其中任一个质点 i 的质量为 m_i，加速度为 a_i，此质点上除了作用有真实的主动力 $\boldsymbol{F}_i$ 和约束反力 $\boldsymbol{F}_{\mathrm{N}i}$ 外，还假想地在这个质点上增加它的惯性力 $\boldsymbol{F}_{\mathrm{I}i}$，由质点的达朗贝尔原理，有

$$F_i + F_{\mathrm{N}i} + F_{\mathrm{I}i} = 0 \quad (i=1,2,\cdots,n) \tag{13-2}$$

式(13-2)表明，质点系运动的每一瞬时，作用于系内每个质点的主动力、约束反力和该质点的惯性力组成一个平衡力系。这就是质点系的达朗贝尔原理。

如果把真实作用于第 i 个质点上的所有力分成外力 $\boldsymbol{F}_i^{\mathrm{e}}$ 和内力 $\boldsymbol{F}_i^{\mathrm{i}}$，则式(13-2)可改写为

$$F_i^{\mathrm{e}} + F_i^{\mathrm{i}} + F_{\mathrm{I}i} = 0 \quad (i = 1,2,\cdots,n) \tag{13-3}$$

这表明，质点系中每个质点上作用真实的外力、内力和虚假的惯性力在形式上组成一平衡力系。

必须指出，对于由 n 个质点组成的质点系，由于每一个质点处于平衡，整个质点系也就处于平衡。对于整个质点系的平衡，由静力学中的平衡条件可知，空间任意力系平衡的充分必要条件是力系的主矢和对于任一点的主矩等于零，即

$$\sum \boldsymbol{F}_i^{\mathrm{e}} + \sum \boldsymbol{F}_i^{\mathrm{i}} + \sum \boldsymbol{F}_{\mathrm{I}i} = 0$$

$$\sum \boldsymbol{M}_O(F_i^{\mathrm{e}}) + \sum \boldsymbol{M}_O(\boldsymbol{F}_i^{\mathrm{i}}) + \sum \boldsymbol{M}_O(\boldsymbol{F}_{\mathrm{I}i}) = 0$$

由于质点系的内力总是成对出现的，且等值反向、共线，因此，有 $\sum \boldsymbol{F}_i^{\mathrm{i}} = 0$，$\sum M_O(\boldsymbol{F}_i^{\mathrm{i}}) = 0$，这样，上面两式可简化为

$$\left.\begin{aligned} &\sum \boldsymbol{F}_i^{\mathrm{e}} + \sum \boldsymbol{F}_{\mathrm{I}i} = 0 \\ &\sum \boldsymbol{M}_O(\boldsymbol{F}_i^{\mathrm{e}}) + \sum \boldsymbol{M}_O(\boldsymbol{F}_{\mathrm{I}i}) = 0 \end{aligned}\right\} \tag{13-4}$$

式(13-4)表明，作用于质点系上的所有外力与虚加在每一个质点上的惯性力在形式上组成平衡力系，这就是质点系达朗贝尔原理的又一表述形式。

在静力学中，称 $\sum \boldsymbol{F}_i$ 为力系的主矢，$\sum \boldsymbol{M}_O(\boldsymbol{F}_i)$ 为力系对点 O 的主矩。现在称 $\sum \boldsymbol{F}_{\mathrm{I}i}$ 为

惯性力系的主矢，$\sum \boldsymbol{M}_O(\boldsymbol{F}_{Ii})$ 为惯性力系对点 O 的主矩。将静力学中空间任意力系的平衡方程和式(13-4) 比较，式(13-4) 中分别多出了惯性主矢 $\sum \boldsymbol{F}_{Ii}$ 和主矩 $\sum \boldsymbol{M}_O(\boldsymbol{F}_{Ii})$。由质点系的达朗贝尔原理，质点系所受的全部真实力加上全部虚假惯性力后，在形式上构成一平衡力系。因而可用静力学所述的求解平衡问题的方法，求解动力学问题。

【例 13-3】 如图 13-6 所示的定滑轮半径为 r，质量为 F_3，均匀分布在轮缘上，可绕水平轴 O 转动。跨过滑轮的无重绳的两端挂有质量分别为 m_1 和 m_2 的两重物($m_1 > m_2$)，绳和轮之间不打滑，轴承摩擦忽略不计，求重物的加速度。

解：以滑轮和两重物组成的质点系为研究对象。作用在该系统上的外力有重力 $m_1 g$、$m_2 g$、$m_3 g$ 和轴承的约束反力 $\boldsymbol{F}_{Oy}$。

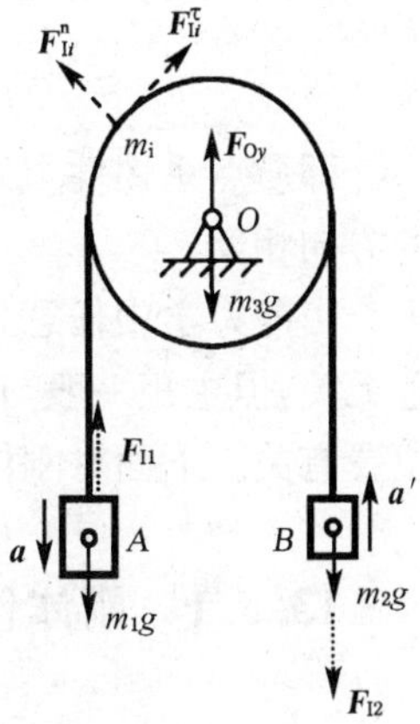

图 13-6

因为 $m_1 > m_2$，则两重物加速度的方向和惯性力的方向如图 13-6 所示。其中，$a' = -a$，惯性力分别为

$$F_{I1} = -m_1 a \qquad F_{I2} = -m_2 a' = m_2 a$$

滑轮可视为由许多质点组成的质点系。记轮缘上任一点 i 的质量为 m_i，由该点加速度的大小和方向可确定该质点的惯性力的大小和方向

$$F_{Ii}^n = m_i \frac{v^2}{r} \qquad F_{Ii}^\tau = m_i r \varepsilon = m_i a$$

方向如图 13-6 所示，由质点系的达朗贝尔原理，质点系在所有这些力的作用下处于平衡状态。由 $\sum \boldsymbol{M}_O(\boldsymbol{F}_i) = 0$，有

$$(m_1 g - F_{I1} - m_2 g - F_{I2})r - \sum F_{Ii}^\tau r = 0$$

即
$$(m_1 g - m_1 a - m_2 g - m_2 a)r - \sum m_i a r = 0$$

而
$$\sum m_i a r = (\sum m_i) a r = m_3 a r$$

代入上式，整理后得
$$a = \frac{m_1 - m_2}{m_1 + m_2 + m_3} g$$

13.3 刚体惯性力系的简化

应用动静法求解质点系动力学问题时，需在质点系实际所受的力系上虚加各质点的惯性力，以便构成假想的平衡力系。所有质点的惯性力也构成一个力系，称为惯性力系。由于刚体是由无数个质点组成的质点系，要对每一个质点添加惯性力，然后列平衡方程来计算，一般来说是相当困难的，若利用静力学中力系简化理论，可将原惯性力系向一点简化，得到主矢和主

矩,并用它来表示原来整个较为复杂的惯性力系的作用效果,将给解题带来很大方便。所以,在用动静法分析刚体动力学问题之前,先要分析刚体惯性力系的简化问题。

对于作任意运动的质点系,把实际所受的力系和虚惯性力系向任意点 O 简化,所得的主矢和主矩分别记为 $\boldsymbol{F}_{\mathrm{R}}$、$\boldsymbol{M}_{\mathrm{O}}$、$\boldsymbol{F}_{\mathrm{IR}}$、$\boldsymbol{M}_{\mathrm{IO}}$,由力系的平衡条件,可得

$$\boldsymbol{F}_{\mathrm{R}}+\boldsymbol{F}_{\mathrm{IR}}=0 \qquad \boldsymbol{M}_{\mathrm{O}}+\boldsymbol{M}_{\mathrm{IO}}=0$$

由质心运动定理 $\boldsymbol{F}_{\mathrm{R}}=m\boldsymbol{a}_{\mathrm{C}}$,代入上式得

$$\boldsymbol{F}_{\mathrm{IR}}=-m\boldsymbol{a}_{\mathrm{C}} \tag{13-5}$$

即质点系惯性力系的主矢恒等于质点系总质量与质心加速度的乘积,方向与质心加速度的方向相反。

由静力学中任意力系的简化理论可知,一个任意力系的主矢的大小和方向与简化中心位置无关,但主矩一般与简化中心的位置有关。至于惯性力系的主矩,一般说来也与简化中心的位置有关。下面对刚体平移、定轴转动、平面运动时惯性力系简化的主矩进行讨论。

13.3.1 刚体作平动

刚体作平动时,每一瞬时刚体内任一质点 i 的加速度 $\boldsymbol{a}_i$ 与质心 C 的加速度 $\boldsymbol{a}_{\mathrm{c}}$ 相同,即 $\boldsymbol{a}_i=\boldsymbol{a}_{\mathrm{c}}$,刚体的惯性力系构成一组相互平行的力系,如图 13-7 所示。任选一点 O 为简化中心,主矩用 $\boldsymbol{M}_{\mathrm{IO}}$ 表示,有

$$\begin{aligned}\boldsymbol{M}_{\mathrm{IO}}&=\sum \boldsymbol{r}_i\times\boldsymbol{F}_{\mathrm{I}i}=\sum \boldsymbol{r}_i\times(-m_i\boldsymbol{a}_i)\\&=(\sum m_i\boldsymbol{r}_i)\times\boldsymbol{a}_{\mathrm{C}}=-m\boldsymbol{r}_{\mathrm{C}}\times\boldsymbol{a}_{\mathrm{C}}=-\boldsymbol{r}_{\mathrm{C}}\times\boldsymbol{F}_{\mathrm{IR}}\end{aligned} \tag{13-6}$$

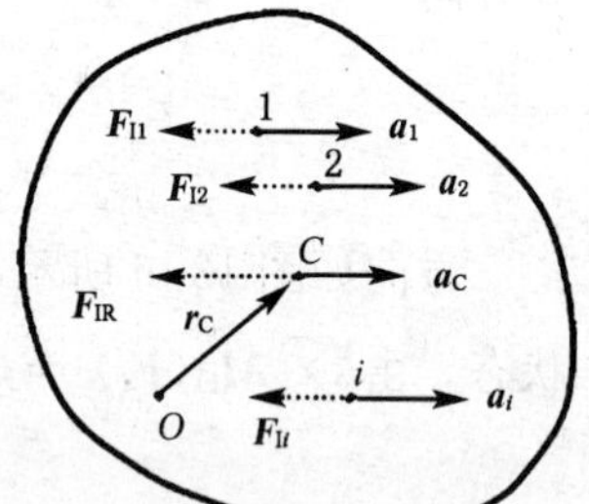

图 13-7

式(13-6)中,$\boldsymbol{r}_{\mathrm{C}}$ 为质心 C 到简化中心 O 的矢径。上式也表明,如果取质心 C 为力系的简化中心,即 $\boldsymbol{r}_{\mathrm{C}}=0$,则惯性力系的主矩恒等于零。因而,刚体平动时惯性力系可以简化为作用在质心上的一个合力 $\boldsymbol{F}_{\mathrm{IR}}$,其大小和方向由式(13-5)给出。

13.3.2 刚体作定轴转动

刚体绕定轴 z 转动,转动的角速度和角加速度分别为 ω 和 α。在刚体内任取一质点 M_i,其质量为 m_i,其到转动轴的距离为 r_i,根据刚体转动的角速度和角加速度可以确定质点 M_i 的切向惯性力 $\boldsymbol{F}_{\mathrm{I}i}^{\tau}$和法向惯性力 $\boldsymbol{F}_{\mathrm{I}i}^{\mathrm{n}}$,它们的方向如图 13-8 所示,大小分别为

$$F_{\mathrm{I}i}^{\tau}=m_ia_i^{\tau}=m_ir_i\alpha \qquad F_{\mathrm{I}i}^{\mathrm{n}}=m_ia_i^{\mathrm{n}}=m_ir_i\omega^2$$

在转轴上任选一点 O 为简化中心,建立如图 13-8(a)所示的坐标系 $Oxyz$,质点 M_i 的坐标为(x_i、y_i、z_i)。由前面的分析已经知道,力对任意点 O 的矩矢在通过该点的某轴上的投影,等于力对该轴的矩,所以只要知道惯性力对三个坐标轴的矩 $M_{\mathrm{I}x}$、$M_{\mathrm{I}y}$ 和 $M_{\mathrm{I}z}$,惯性力对点 O 的矩

矢就可以确定了。下面分别计算惯性力对 x、y、z 轴的矩。

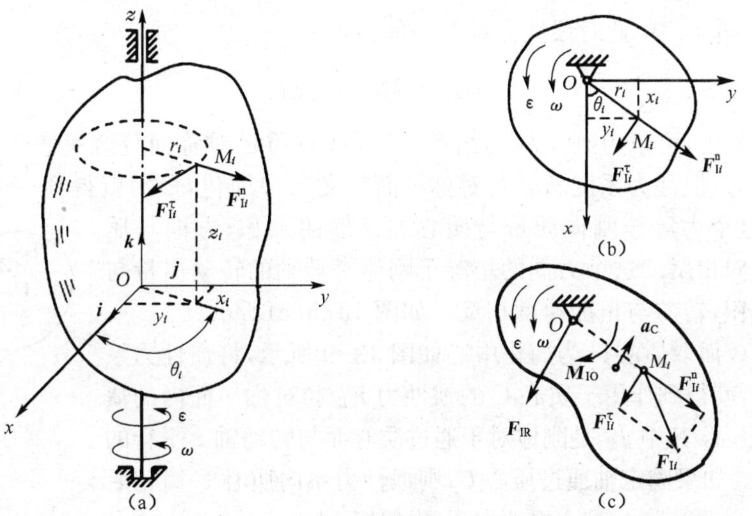

图 13-8

由图 13-8(b)，很容易求得惯性力对 x 轴的矩

$$M_{Ix}=\sum M_x(F_{Ii})=\sum M_x(F_{Ii}^{\tau})+\sum M_x(F_{Ii}^{n})$$
$$=\sum m_i r_i \alpha\cos\theta_i\times z_i-\sum m_i r_i\omega^2\sin\theta_i\times z_i$$

其中 $\cos\theta_i=\dfrac{x_i}{r_i}$，$\sin\theta_i=\dfrac{y_i}{r_i}$，$M_{Ix}=\alpha\sum m_i x_i z_i-\omega^2\sum m_i y_i z_i$

即 $J_{yz}=\sum m_i y_i z_i$，$J_{xz}=\sum m_i x_i z_i$

J_{yz}、J_{xz} 是刚体对于 z 轴的两个惯性积，它们取决于刚体质量对于坐标的分布情况。于是，惯性力系对于 z 轴的矩为

$$M_{Ix}=\alpha J_{xz}-\omega^2 J_{yz} \tag{13-7}$$

同理，可得惯性力系对于 y 轴的矩为

$$M_{Iy}=\alpha J_{yz}-\omega^2 J_{xz} \tag{13-8}$$

惯性力系对于 z 轴的矩为

$$M_{Iz}=-\alpha J_z \tag{13-9}$$

式中，J_z 为刚体对转轴 z 的转动惯量。

可见，当刚体绕定轴转动时，惯性力系向转轴上一点 O 简化的主矩为

$$\boldsymbol{M}_{IO}=M_{Ix}\boldsymbol{i}+M_{Iy}\boldsymbol{j}+M_{Iz}\boldsymbol{k} \tag{13-10}$$

式中，M_{Ix}、M_{Iy}、M_{Iz} 的表达式如式(13-7)～式(13-9)所示。如果刚体有质量对称平面且该平面与转轴 z 垂直，简化中心 O 取为此平面与 z 轴的交点，则

$$J_{yz} = \sum m_i y_i z_i = 0, J_{xz} = \sum m_i x_i z_i = 0$$

则 $M_{Ix} = M_{Iy} = 0$，此时惯性力对点 O 的主矩为

$$M_{IO} = M_{Iz} = -\alpha J_z$$

通过以上分析，可以得到这样的结论：当刚体有质量对称面且绕垂直于该对称平面的轴作定轴转动时，惯性力系向转轴与对称平面的交点 O 简化，最后就得到一个力 $\boldsymbol{F}_{IR}$ 和矩为 M_{IO} 的力偶。这个力等于刚体质量与质心加速度的乘积，方向与质心加速度的方向相反。这个力偶的矩等于刚体对转轴的转动惯量与角加速度的乘积，转向与角加速度相反。如图 13-8(c)所示。

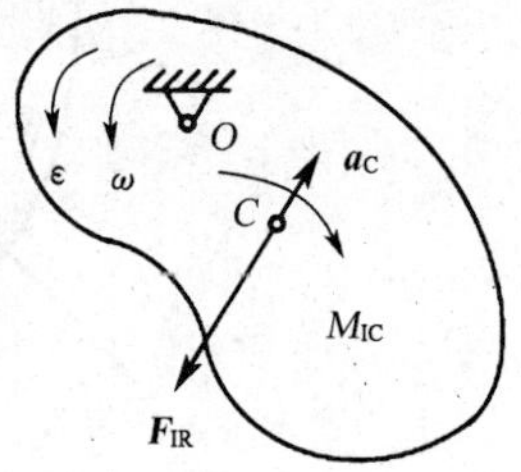

图 13-9

如不取点 O 而取质心 C 为简化中心如图 13-9 所示，将惯性力系向质心 C 简化，就得到作用于质心 C 的惯性力 $\boldsymbol{F}_{IR}$ 和对称平面内的惯性矩 $M_{IC} = -J_C\alpha$，其中 J_C 是刚体对于通过质心而与转动轴 z 平行的轴的转动惯量。如果固定轴通过质心 C，则惯性力系向质心 C 简化后的主矢 $F_{IR} = 0$，只需增加一个惯性力偶，力偶矩 $M_{IC} = -J_C\alpha$。

13.3.3 刚体作平面运动

只讨论刚体有质量对称平面，且平行于此平面运动的情形。取质量对称平面内的平面图形，如图 13-10 所示。由运动学可知，平面运动可分解为随质心的平动和绕质心的转动。

设质心 C 的加速度为 a_C，转动的角加速度为 α，则

$$F_{IR} = -ma_C$$
$$M_{IC} = -J_C\alpha$$

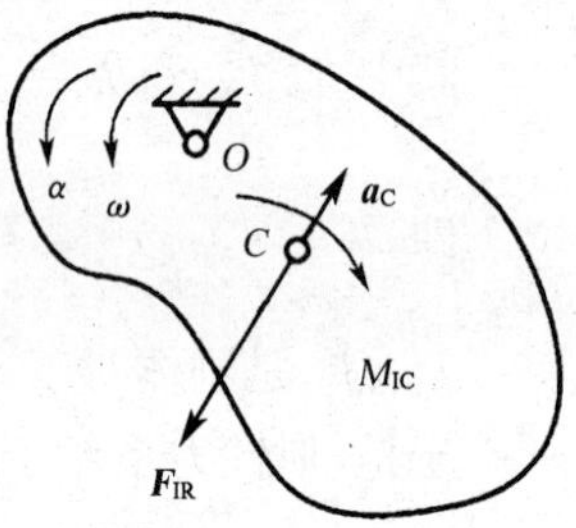

图 13-10

式中，J_C 是刚体对于质心 C 且垂直于质量对称平面的轴的转动惯量。

由以上讨论可知，有质量对称平面的刚体，当平行于此平面运动时，刚体的惯性力系简化为在此平面内的一个力和一个力偶。这个力通过质心 C，大小等于刚体的质量与质心加速度的乘积，其方向与质心加速度的方向相反。这个力偶的矩等于刚体对通过质心且垂直于质量对称面的轴的转动惯量与角加速度的乘积，转向与角加速度相反。

由以上分析可知，刚体的运动形式不同，惯性力系简化结果也不同。因此，应用达朗贝尔原理求解刚体动力学问题时，应首先分析刚体的运动形式，在简化中心上正确地加上惯性力和惯性力偶，然后再写出平衡方程求解。

【例 13-4】 涡轮机的转轮具有对称面，并有偏心距 $e = 0.5$ mm。已知转轮重量为 $W = 20$ kN，并以 $n = 6\,000$ r/min 的速度匀速转动。设 $AB = h = 1$ m，$BD = h/2 = 0.5$ m，转动轴垂直于对称面，如图 13-11 所示。试求当质心 C 处于转轮的转动中心 D 的正右方时，即当 CD 平行于 y 轴时，止推轴承 A 及环轴承 B 处的反力。

解：转轮做匀速转动时，因为没有角加速度，质心 C 只有向心加速度，而无切向加速度。刚体惯性力系向质心 C 简化后得到惯性力系的主矢 $\boldsymbol{F}_{IR}$，而主矩 $\boldsymbol{M}_{IC} = 0$，如图 13-11 所示。

选整体为研究对象，进行受力分析。根据达朗贝尔原理，整体在 A、B 所受的约束反力和重力以及惯性力 $\boldsymbol{F}_{IR}$ 的作用下处于平衡状态。而

$$F_{IR}=\frac{W}{g}e\omega^2$$

列平衡方程

$$\sum F_x=0 \quad F_{Ax}+F_{Bx}=0$$

$$\sum F_y=0 \quad F_{Ay}+F_{By}+F_{IR}=0$$

$$\sum F_z=0 \quad \sum F_{Az}-W=0$$

$$\sum M_x(F)=0 \quad -F_{By}\times h-F_{IR}\times\frac{h}{2}-W\times e=0$$

$$\sum M_y(F)=0 \quad F_{Bx}\times h=0$$

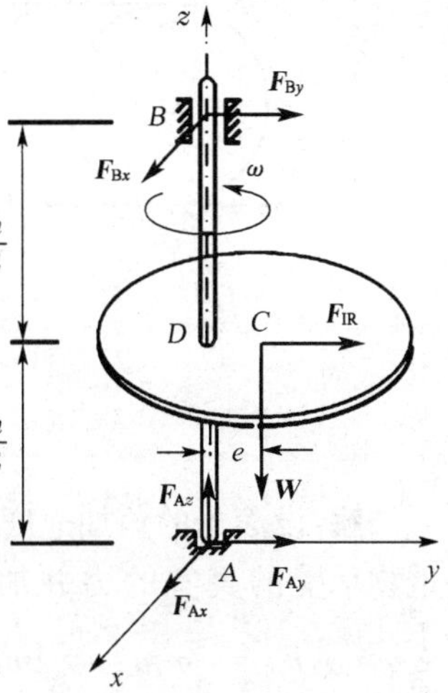

图 13-11

由上述 5 个方程解得轴承的约束反力为

$$F_{Ax}=F_{Bx}=0$$

$$F_{By}=-We\left(\frac{1}{h}+\frac{\omega^2}{2g}\right),F_{Ay}=We\left(\frac{1}{h}-\frac{\omega^2}{2g}\right)$$

将 $\omega=6\,000\ \text{r/min}=2\pi\times100\ \text{rad/s}$ 及其他数据代入，解得

$$F_{Ay}=-200\ \text{kN},F_{By}=-200\ \text{kN},F_{Az}=20\ \text{kN}$$

在 F_{Ay} 及 F_{By} 的表达式中，$\frac{We}{2g}\omega^2$ 这一项是由于转动引起的，称为动反力。计算数值时，$\frac{1}{h}$ 这一项因远比 $\frac{\omega^2}{2g}$ 小而被忽略了，所以，F_{Ay}、F_{By} 几乎完全等于偏心转轮的转动而产生的动反力。

从计算结果可以看出，虽然只有 0.5 mm 的偏心距，转速也不是太高，而动反力却达到轮重的 10 倍。而且从上面分析可知，转速越高，偏心距越大，轴承的动约束反力越大，这势必使轴承磨损加快，甚至引起轴承的破坏。再次，注意到质心位置是随时间改变的，惯性力系的主矢 F_{IR} 随时间而发生周期性的变化，使轴承动约束反力的大小和方向也随时间发生周期性的变化，这势必引起机器的振动和噪声，同样加速轴承的磨损和破坏。所以对于高速旋转的物体而引起的动反力必须予以足够重视，尽量减小或消除偏心距。为了消除轴承上的附加动反力，必须也只需转轴通过刚体的质心 C，通过质心的惯性主轴称为中心惯性主轴。要使定轴转动刚体的轴承不受附加动反力的作用，只需转动轴是刚体的中心惯性主轴。

【例 13-5】 均质滚子质量 $m=20$ kg，被水平绳拉着在水平面上做纯滚动。绳子跨过滑轮 B 而在另一端系有质量 $m_1=10$ kg 的重物 A，如图 13-12(a)所示。求滚子中心 O 的加速度。滑轮和绳的质量都忽略不计。

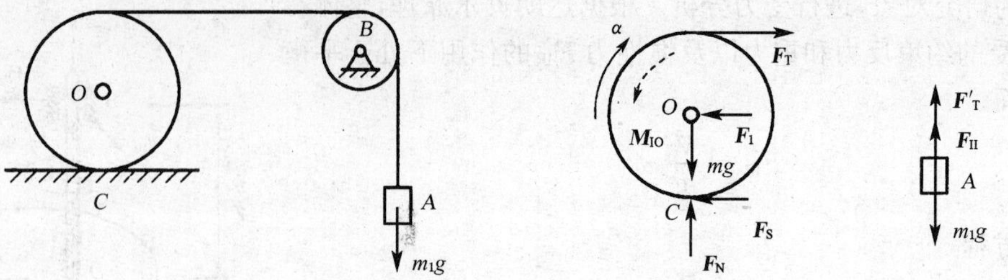

图 13-12

解:设滚子的角加速度为 α,方向为顺时针转向。分别取滚子和重物为研究对象,滚子和重物承受的真实的力并加上惯性力如图 13-12(b)、(c)所示,$F_I = ma_O = mr\alpha$,$M_{IO} = \frac{1}{2}mr^2\alpha$,$F_{II} = m_1a_A = 2m_1r\alpha$,按照达朗贝尔原理列平衡方程:

滚子 O 的平衡方程有

$$\sum M_C(F) = 0, -F_T \times 2r + F_I \times r + M_{IO} = 0 \quad (1)$$

重物 A 的平衡方程有

$$\sum F_y = 0, F'_T + F_{II} - m_1g = 0 \quad (2)$$

其中,$F_T = F'_T$,将惯性力的表达式代入式(1)、(2),并联立求解,可得

$$\alpha = \frac{4m_1}{3m + 8m_1} \times \frac{g}{r}$$

这样,滚子中心 O 的加速度为

$$a = r\alpha = \frac{4m_1}{3m + 8m_1}g = 2.8\ \mathrm{m/s^2}$$

【例 13-6】 均质圆盘 O,质量 $m = 20$ kg,半径 $r = 0.45$ m,有一长 $l = 1.2$ m、质量为 $m_1 = 10$ kg 的均质直杆 AB 铰接在圆盘边缘的 A 点,如图 13-13(a)所示。设圆盘上有一力偶矩 $M = 20\ \mathrm{N \cdot m}$ 的力偶作用。求在开始运动($\omega = 0$)时:(1)圆盘和杆的角加速度;(2)轴承 O 点的约束反力。

解:设圆盘和杆的角加速度分别为 α_1 和 α_2。取杆为研究对象,杆承受的真实的力并加上惯性力如图 13-13(c)所示,其中 $F_{IC} = m_1a_C = m_1\left(r\alpha_1 + \frac{l}{2}\alpha_2\right)$,$M_{IC} = \left(\frac{1}{12}m_1l^2\alpha_2\right)$。按照达朗贝尔原理列平衡方程

$$\sum M_A(F) = 0, -F_{IC} \times \frac{l}{2} - M_{IC} = 0 \quad (1)$$

取整体为研究对象,承受真实的力并加上惯性力如图 13-13(b)所示,按照达朗贝尔原理列平衡方程有

$$\sum M_O(F) = 0, -F_{IC} \times \left(r + \frac{l}{2}\right) - M_{IC} - M_{IO} + M = 0 \quad (b)$$

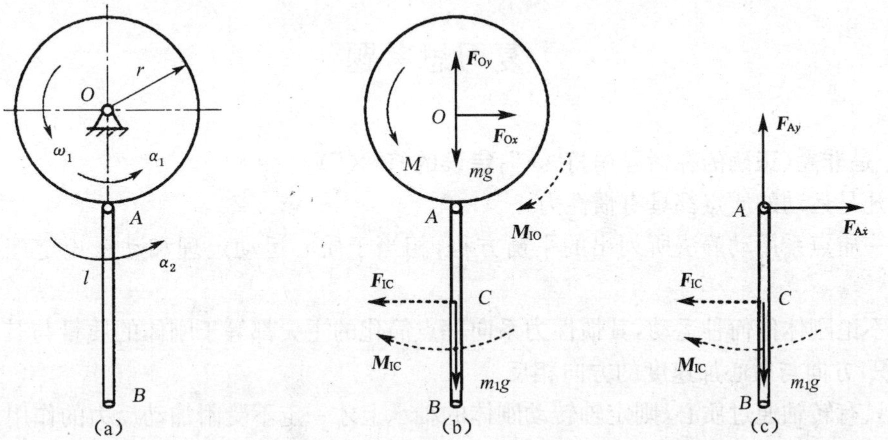

图 13-13

将以上表达式及各量的数值代入后，联立求解式(1)、式(2)，得

$$\alpha_1 = 7.9\ \text{rad/s}^2 \qquad \alpha_2 = -4.44\ \text{rad/s}^2$$

由 $\sum F_x = 0$，即 $F_{Ox} - F_{IC} = 0$，解得轴承 O 水平方向的约束反力

$$F_{Ox} = F_{IC} = m_1(r\alpha_1 + \frac{l}{2}\alpha_2) = 8.91\ \text{N}$$

由 $\sum F_y = 0$，即 $F_{Oy} - mg - m_1 g = 0$，解得轴承 O 垂直方向的约束反力

$$F_{Oy} = mg + m_1 g = 294.3\ \text{N}$$

本章小结

本章通过在运动的物体上假想地增加物体的惯性力，而将动力学问题变成静力学问题，然后应用静力学列平衡方程来解决动力学问题。达朗贝尔原理又称为动静法。该原理是求解非自由质点和质点系动力学问题的普遍方法，在求动约束反力和构件的动载荷等问题中得到了广泛应用。

本章要求掌握惯性力的概念，理解质点和质点系的达朗贝尔原理，重点是将刚体作为一个质点系，其惯性力的简化要依据刚体作平动、定轴转动和平面运动三种情况而有不同的处理方法。

动静法极大地简化了对动力学问题的分析处理，因此在工程上有着十分广泛的应用。

复习思考题

一、是非题（正确的在括号内打"√"，错误的打"×"）

1. 凡是运动的质点都具有惯性力。（　）

2. 一质点系用动静法所列出的平衡方程，相当于质心运动定理和动量矩定理的联合应用。（　）

3. 不论刚体作何种运动，其惯性力系向一点简化的主矢都等于刚体的质量与其质心加速度的乘积，方向与质心加速度的方向相反。（　）

4. 只有转轴通过质心，则定轴转动刚体的轴承上才一定不受附加动反力的作用。（　）

5. 应用动静法，对静止的质点都不需要增加惯性力，而对运动的质点都需要增加惯性力。（　）

6. 作瞬时平动的刚体，在该瞬时其惯性力系向质心简化的主矩必为零。（　）

7. 平面运动刚体上的惯性力系如果有合力，则必作用在刚体的质心上。（　）

二、填空题

1. 质点惯性力的大小等于质点的________和________的乘积。

2. 把动力学问题在形式上变为静力学问题的求解方法，称为________。

3. 两根长度均为 l、质量均为 m 的均质细杆 AB、BC，在 B 处铰接在一起。杆 AB 可绕中心 O 转动，如图 13-14 所示。当三点 A、B、C 在同一水平直线上，由此位置在重力作用下开始运动时，杆 AB 的角加速度比杆 BC 的角加速度________。

4. 均质细杆 AB 质量为 m，长为 L，置于水平位置，如图 13-15 所示。若在绳 BC 突然剪断瞬时角加速度为 ε，则杆上各点惯性力的合力大小为____________，方向为____________，作用点的位置在杆的____________处。

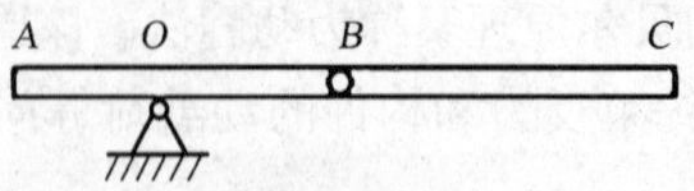

图 13-14

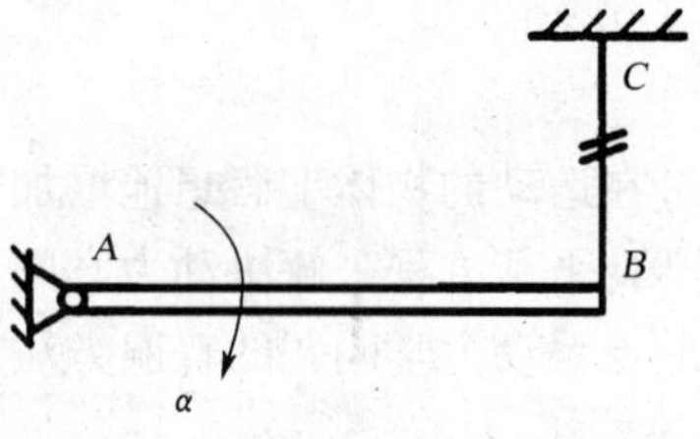

图 13-15

5. 如图 13-16 所示的质量 $m=1\,\mathrm{kg}$、长 $L=1\,\mathrm{m}$ 的均质细杆 OA 在铅直面内绕其一端 O 转动，其转动规律为 $\varphi=t-2t^2$，t 以秒计，φ 以 rad 计，则 $t=1\,\mathrm{s}$ 时，该杆的惯性力系向点 O 简化的主矢的大小为____________，主矩的大小为____________。

6. 如图 13-17 所示均质圆盘的质量为 m，半径为 r，在水平直线轨道上做纯滚动。若圆盘中心 C 的加速度为 a_C，则圆盘的惯性力向盘质心 C 简化的主矢大小为________，主矩的大小为________。

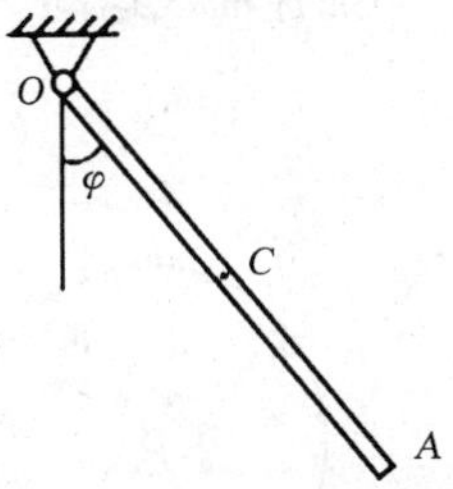

图 13-16

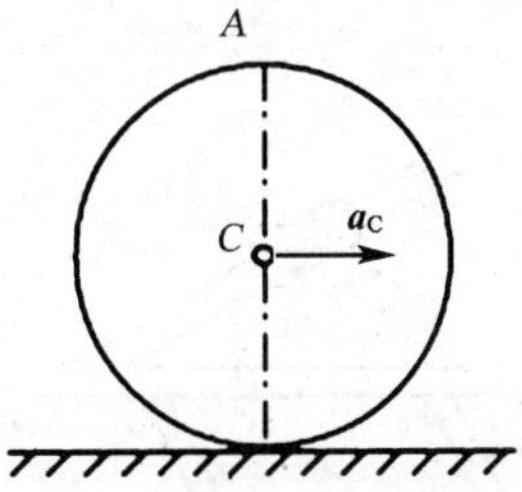

图 13-17

三、选择题

1. 如图 13-18 所示四种情况，惯性力系的简化只有(　　)图正确。

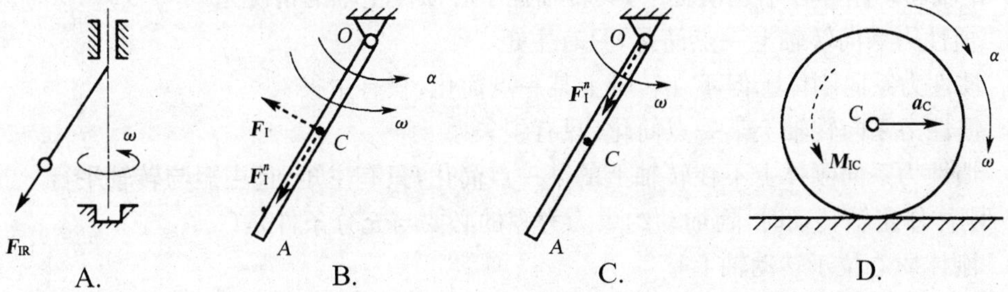

图 13-18

2. 四个具有相同质量的小球，分别按图 13-19 中四种情形运动，其中惯性力为 $F_{IR}=-mg\boldsymbol{j}$ 的图是(　　)，其中 $\boldsymbol{j}$ 表示 y 轴的单位矢量。

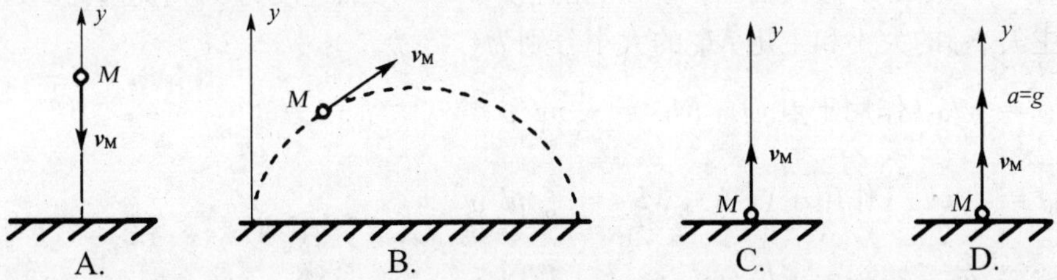

图 13-19

3. 已知曲柄 $OA \parallel O_1B$，$OA=O_1B$，$OA=r$，转动角速度和角加速度分别为 ω 和 α，如图 13-20 所示。$ABCD$ 为一弯杆，质量为 m 的滑块 E 可沿杆 CD 运动。则在图示 $O_2E \parallel AB$ 瞬时，此滑块 E 的惯性力大小 F_{IR} 应为(　　)。

A. $F_{IR}=\dfrac{1}{8}mr(3\alpha+\sqrt{3}\omega^2)$　　B. $F_{IR}=\dfrac{\sqrt{3}}{3}mr\omega^2$

C. $F_{IR}=\dfrac{1}{2}mr(\sqrt{3}\alpha+\omega^2)$　　D. $F_{IR}=0$

4. 重量为 Q 的均质圆轮受到大小相等、方向相反、不共线的两个水平力 F_1 和 F_2 作用。如图 13-21 所示。若地面光滑时，圆轮质心做(　　)。

A. 匀加速直线运动　　B. 匀速直线运动

C. 匀速曲线运动　　　　　　　　　　　　　D. 匀加速曲线运动

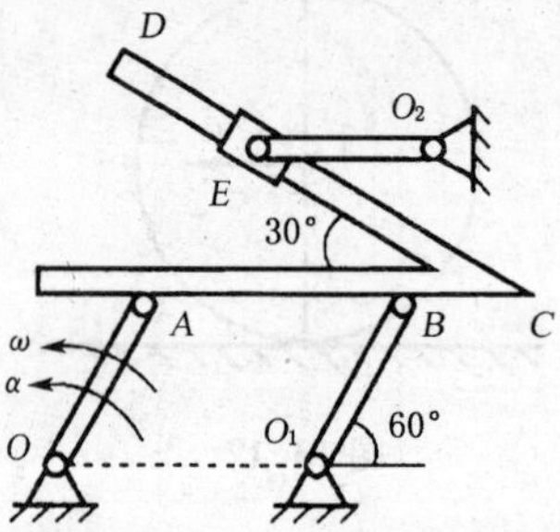

图 13-20

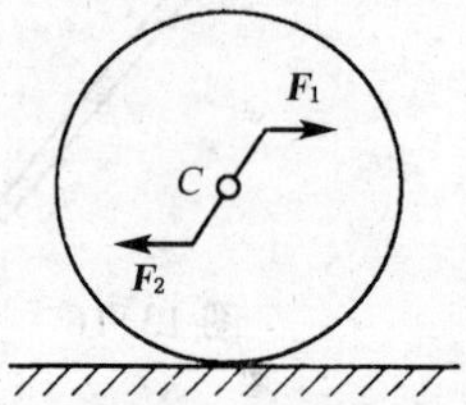

图 13-21

5. 定轴转动刚体在下述情况下，其转轴是中心惯性主轴的情况是(　　)。

A. 惯性力系向转轴上一点简化，只有主矩

B. 惯性力系向刚体上但不在转轴上某一点简化，只有主矢

C. 惯性力系向转轴上某一点简化，只有主矢

D. 惯性力系向刚体上不在转轴上的某一点简化，只有主矩，且主矩与转轴平行

6. 刚体作定轴转动时，附加动约束力为零的必要与充分条件是(　　)。

A. 刚体质心位于转动轴上

B. 刚体有质量对称面，转动轴与对称面垂直

C. 转动轴是中心惯性主轴

D. 刚体有质量对称面，转动轴与对称面成一个适当的角度

7. 长度为 l 的无重杆 OA 与质量为 m、长为 $2l$ 的均质杆 AB 在 A 端垂直固接，可绕轴 O 转动，如图 13-22 所示。假设在图示瞬时，角速度 $\omega=0$，角加速度为 α，则此瞬时 AB 杆惯性力系简化的主矢 F_{IR} 的大小和主矩 M_{IC} 的大小分别为(　　)。

A. $F_{IR}=ml\alpha$ (作用于点 O)，$M_{IC}=\frac{1}{3}ml^2\alpha$

B. $F_{IR}=\sqrt{2}ml\alpha$ (作用于点 A)，$M_{IC}=\frac{4}{3}ml^2\alpha$

C. $F_{IR}=\sqrt{2}ml\alpha$ (作用于点 O)，$M_{IC}=\frac{7}{3}ml^2\alpha$

D. $F_{IR}=\sqrt{3}ml\alpha$ (作用于点 C)，$M_{IC}=\frac{7}{3}ml^2\alpha$

8. 如图 13-23 所示，用小车运送货箱。已知货箱宽 $b=1\,\text{m}$，高 $h=2\,\text{m}$，可视为均质长方体。货箱与小车间的静摩擦因数 $f=0.35$，为了安全运送，则小车的最大加速度 a_{max} 应为(　　)。

A. $0.35g$　　　B. $0.2g$　　　C. $0.5g$　　　D. $0.4g$

9. 均质圆盘做定轴转动，图 13-24 中 A、C 图的转动角速度为常数 ($\omega=C$)，而 B、D 图的角速度不为常数($\omega\neq C$)，则惯性力系简化的结果为平衡力系的是(　　)图。

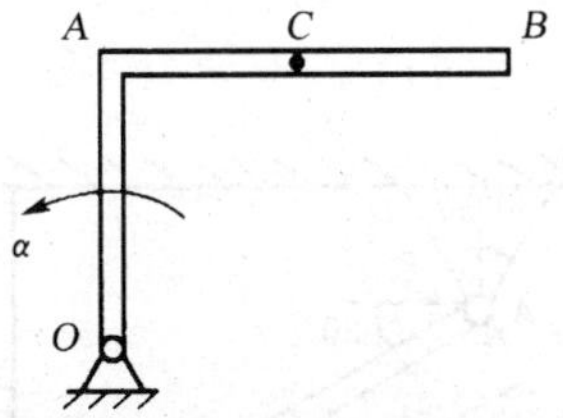

图 13-22

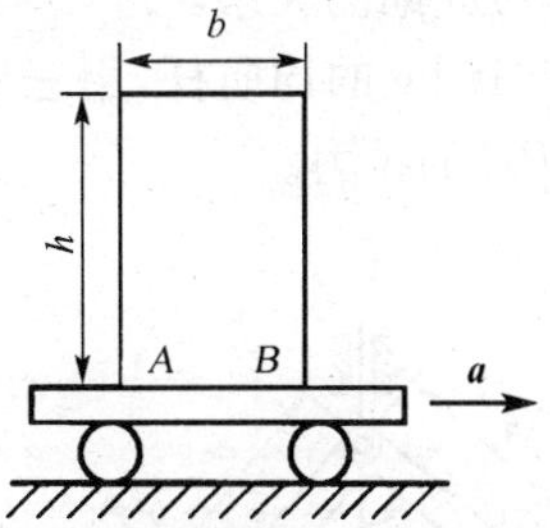

图 13-23

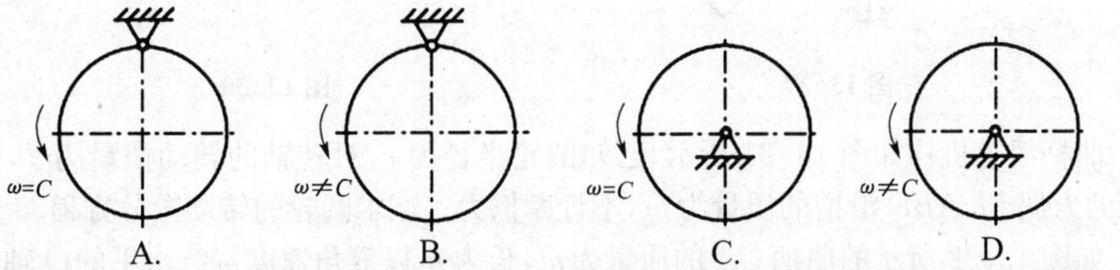

图 13-24

四、计算题

1. 均质圆盘半径为 r，重量为 P，从静止开始沿倾角为 α 的斜面做纯滚动，如图 13-25 所示。不计滚动摩擦力，求轮心的加速度。

2. 如图 13-26 所示，滑轮重量为 W，可视为均质圆盘。轮上绕以细绳，绳的一端固定在 A 点，求滑轮下降时轮心 C 的加速度和绳子的拉力。

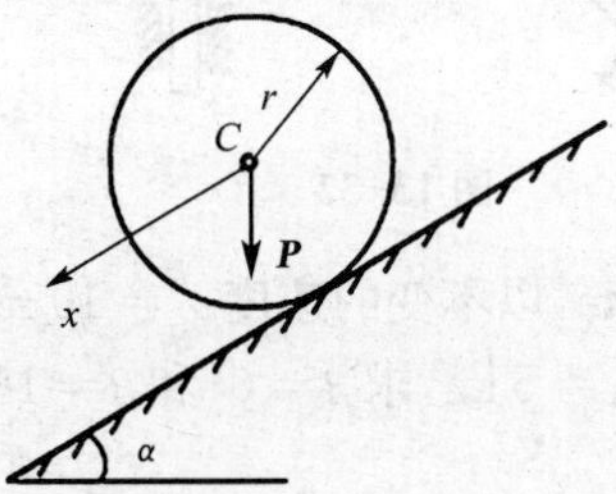

图 13-25

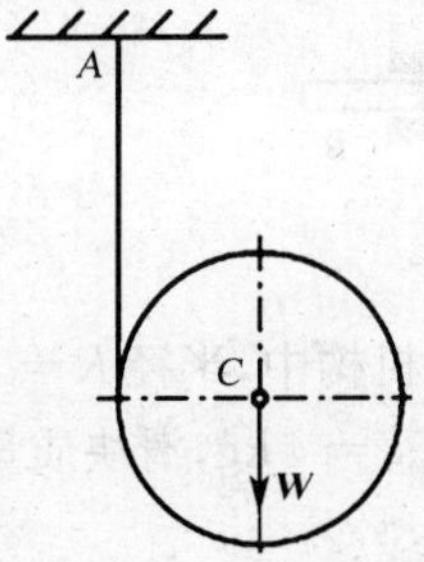

图 13-26

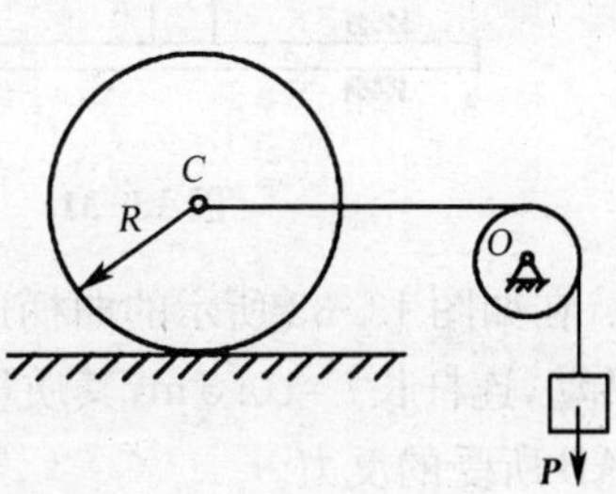

图 13-27

3. 如图 13-27 所示为一半径为 R、重量为 Q 的均质圆轮，其轮心 C 处系一细绳绕过滑轮 O，绳的另一端系一重量为 P 的重物，轮子在水平面上做纯滚动，不计滑轮的质量。试求：(1)轮心 C 的加速度；(2)轮子与地面间的摩擦力。

4. 均质圆柱重量为 P，半径为 R，在常力 F 作用下沿水平面做纯滚动，如图 13-28 所示。求轮心的加速度以及地面的约束反力。

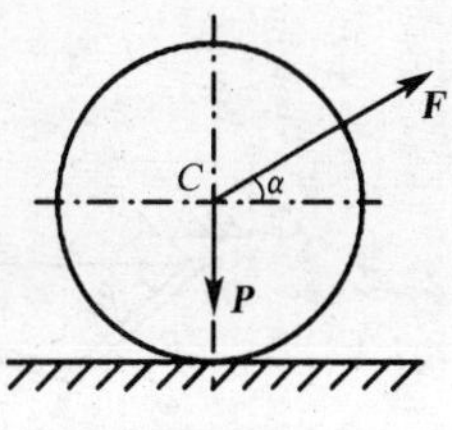

图 13-28

5. 两细长均质直杆互成直角地固连在一起，其顶点 O 与铅垂轴以铰链相连，此轴以匀角速度 ω 转动，如图 13-29 所示。求长为 a 的杆离

铅垂线的偏角 φ 与 ω 间的关系。

6. 质量 $m=10\,\text{kg}$ 的均质杆，用三根绳子吊住，尺寸如图 13-30 所示。求当绳子 AC 突然断裂时，绳 AD、BE 的拉力。

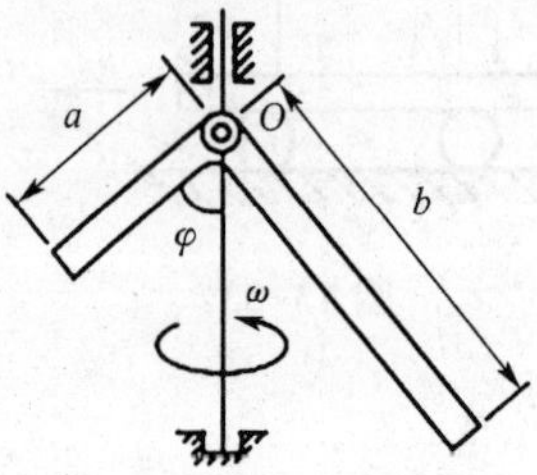

图 13-29

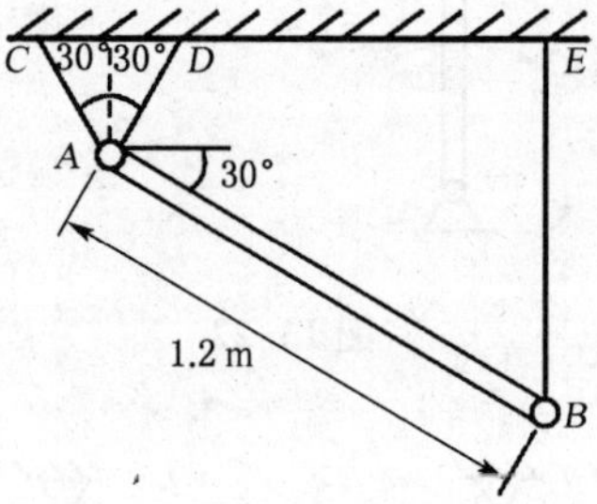

图 13-30

7. 曲柄滑道机构如图 13-31 所示，已知圆轮半径为 r，对转轴的转动惯量为 J，轮上作用一不变的力偶 M，ABD 滑槽的质量为 m，不计摩擦力。试求圆轮的转动微分方程。

8. 如图 13-32 所示的曲柄 OA 的质量为 m，长为 r，以等角速度 ω 绕水平的 O 轴逆时针方向转动。曲柄的 A 端推动水平板 B，使质量为 m_2 的滑块 C 沿铅直方向运动。不计摩擦力，求当曲柄与水平方向夹角为 30°时的力偶矩 M 以及轴承 O 的反力。

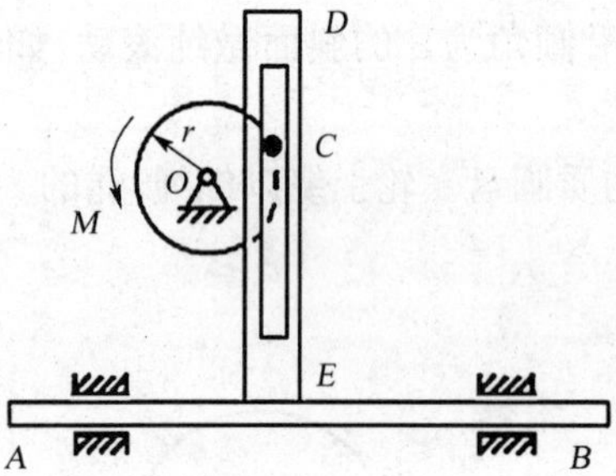

图 13-31

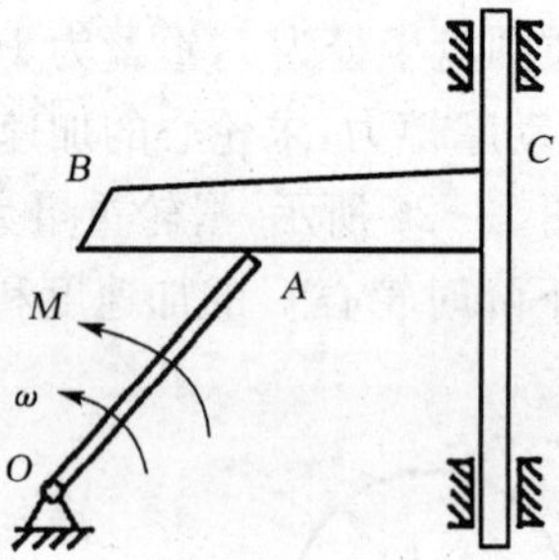

图 13-32

9. 在如图 13-33 所示的曲柄连杆机构中，半径 $R=0.2\,\text{m}$，以不变的速度 $\omega=10\,\text{rad/s}$ 绕 O 轴转动，连杆长 $l=0.5\,\text{m}$，其质量 $m_{AB}=4\,\text{kg}$，滑块质量 $m_B=5\,\text{kg}$，求 $\beta=0°$ 和 $\beta=180°$ 时，连杆 AB 所受的反力。

10. 在如图 13-34 所示机构中，各杆单位长度质量为 m，圆盘在铅直平面内做匀速转动，角速度为 ω_0。求在图示位置时，作用于 AB 杆上 A 点和 B 点的反力大小，尺寸如图所示。

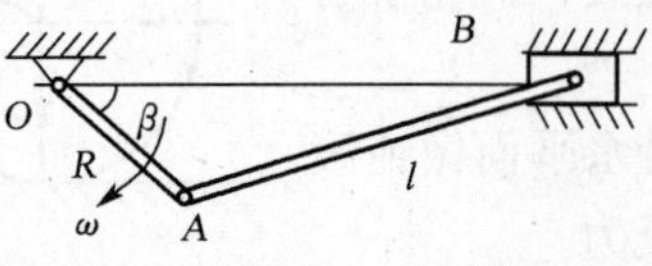

图 13-33

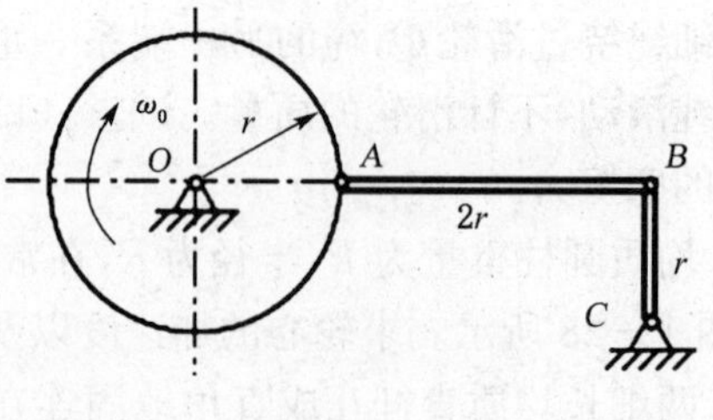

图 13-34

11. 均质长方形板 $ABDE$ 的质量为 m，边长 $AB = 2b, AE = b$，用两根等长细绳 O_1A 和 O_2B 吊在水平固定板上，如图 13-35 所示。若在静止状态突然剪断细绳 O_2B，试求该瞬时质心 C 的加速度 a_C 和绳 O_1A 的拉力 F 的大小。

12. 两根相同的均质杆 OA 和 AB 的质量各为 m，长度为 l，以铰链 A 连接，左端为固定铰链支座 O。求该系统在如图 13-36 所示的水平位置由静止开始运动的瞬时，杆 OA 和 AB 的角加速度以及铰链 O 的约束反力。

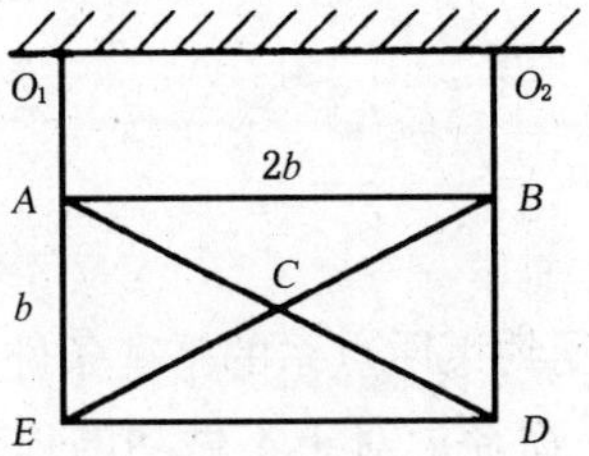

图 13-35

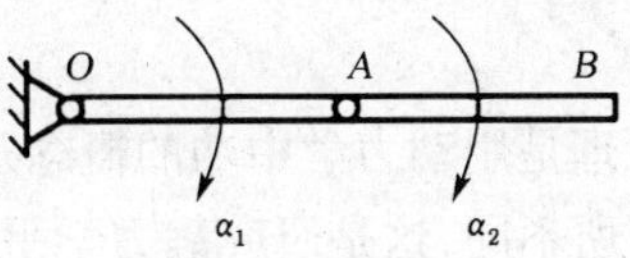

图 13-36

14 虚位移原理及动力学普遍方程

本章导读

虚位移原理是用动力学中功的概念及方法来建立受约束质点系的平衡条件。它与静力学的平衡方程有所不同,这是研究静力学平衡问题的另一途径。对于不做功的理想约束的物体系统而言,有时应用虚位移原理求解比建立静力学平衡方程更为方便。另外还介绍法国著名数学家、物理学家拉格朗日将达朗贝尔原理和虚位移原理相结合,建立的解决动力学问题的动力学普遍方程。

教学目标

了解:约束、约束方程、广义坐标、自由度等概念。

掌握:虚位移、虚功的概念以及动力学普遍方程。

应用:熟练应用虚位移原理、动力学普遍方程解决工程实际问题。

分析:正确分析、计算虚位移和虚加的惯性力,利用虚位移原理和动力学普遍方程分析力学问题并求解。

14.1 自由度和广义坐标

14.1.1 约束及其分类

质点系内的质点,由于受到约束,其运动不可能是完全自由的。如图 14-1 所示的曲柄连杆机构,质点 A 只能在半径为 r 的圆周上运动,滑块 B 只能沿滑道运动,杆 AB 的长度不变,这样的质点称为非自由质点系,把限制质点系运动的条件称为约束。

在静力学中,所研究的一些约束是使物体的位置受到一定限制。但在研究物体的运动时,约束是对物体的速度的限制。因此,在一般情况下,约束对质点系限制可以通过质点系中各质点的坐标和速度以及时间的数学方程来表示。这种方程称为约束方程。如图 14-2 所示的球面摆,质点 M 被限制在以固定点 O 为球心、l 为半径的球面上运动,若取固定参考系 $Oxyz$,则点 M 的坐标(x、y、z)满足方程

$$x^2+y^2+z^2=l^2 \tag{14-1}$$

这就是加于球面摆的约束方程。

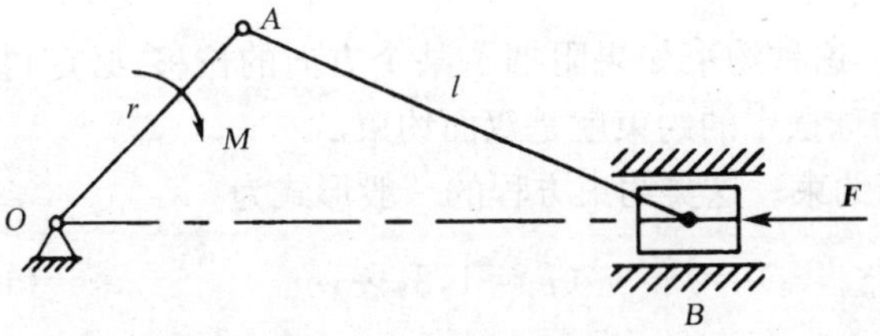

图 14-1

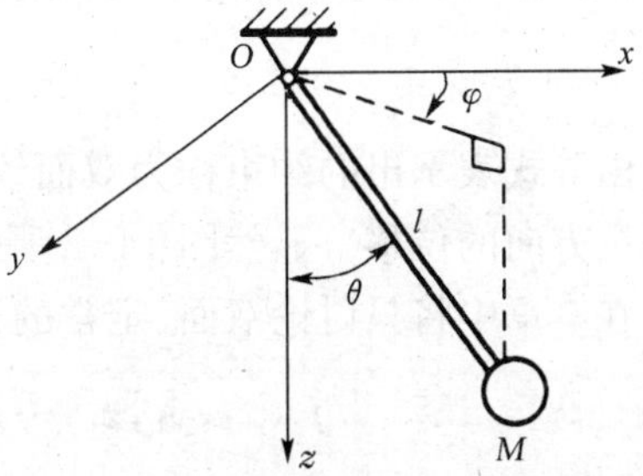

图 14-2

按照约束对质点系运动限制的不同情况，可将约束分类如下：

1）完整约束和非完整约束

上例中约束只是与质点系的几何坐标有关，在更一般的情况下，它还与时间、速度有关。其约束方程的一般形式为

$$f_j(x_1,y_1,z_1;\cdots;x_n,y_n,z_n;\dot{x}_1,\dot{y}_1,\dot{z}_1,\cdots,\dot{x}_n,\dot{y}_n,\dot{z}_n;t)=0$$

$$(j=1,2,\cdots,s) \tag{14-2}$$

式中，n 为系统中质点的个数，s 为约束方程的数目。

这种显含坐标对时间的导数的约束方程是微分方程，如果此方程不可积分成有限形式，那么就不能引入积分常数，则相应的约束称为非完整约束。只要质点系中存在一个非完整约束，这个系统便称为非完整系统。

如果约束方程(14-2)可以积分成有限形式，则这样的约束称为完整约束。方程中不显含坐标对时间导数的约束称为几何约束。当然，几何约束也属于完整约束。几何约束的一般形式为

$$f_j(x_1,y_1,z_1;\cdots;x_n,y_n,z_n;t)=0 \quad (j=1,2,\cdots,s) \tag{14-3}$$

2）定常约束和非定常约束

如果约束方程中不显含时间 t，这种约束称为定常约束或稳定约束。定常约束的一般形式为

$$f_j(x_1,y_1,z_1;\cdots;x_n,y_n,z_n;\dot{x}_1,\dot{y}_1,\dot{z}_1;\cdots;\dot{x}_n,\dot{y}_n,\dot{z}_n)=0 \quad (j=1,2,\cdots,s) \tag{14-4}$$

如果约束方程中显含时间 t，这种约束称为非定常约束或不稳定约束。非定常约束方程一般形式如式(14-2)和式(14-3)所示。如果图 14-2 中的球摆摆线长度是时间的函数 $l(t)$，此时球摆的约束方程为

$$x^2+y^2+z^2=l^2(t) \tag{14-5}$$

这就是定常约束。

3）双面约束和单面约束

由不等式表示的约束称为单面约束。设球摆的摆线为软绳，则摆锤 A 不仅能在球面上运动，而且还可能在球内空间运动。这时就出现单面约束方程，即

$$x^2 + y^2 + z^2 \leqslant l^2 \tag{14-6}$$

由等式表示出的约束称为双面约束。这种约束如果阻挡了某个方向的位移，必定也能阻挡相反方向的位移。显然图 14-2 所示的球摆中的约束就是双面约束。

在本章中将只讨论双面、定常的几何约束。这类约束方程的一般形式为

$$f_j(x_1, y_1, z_1; \cdots; x_n, y_n, z_n) = 0 \qquad (j = 1, 2, \cdots, s) \tag{14-7}$$

14.1.2　广义坐标和自由度

一个不受内、外约束的由 n 个质点组成的质点系，其位形需用 $3n$ 个坐标来确定，这 $3n$ 个坐标相互独立；一旦质点系受到 s 个完整约束，则 $3n$ 个坐标就不完全独立，系统中独立坐标就减少为 $k = 3n - s$ 个。在一般情况下可以选择 k 个任意参量（直角坐标或弧度坐标）来表示质点的位置，这种用以确定质点系位置的独立参量称为广义坐标。而将广义坐标数 k 定义为系统的自由度数目，简称自由度。

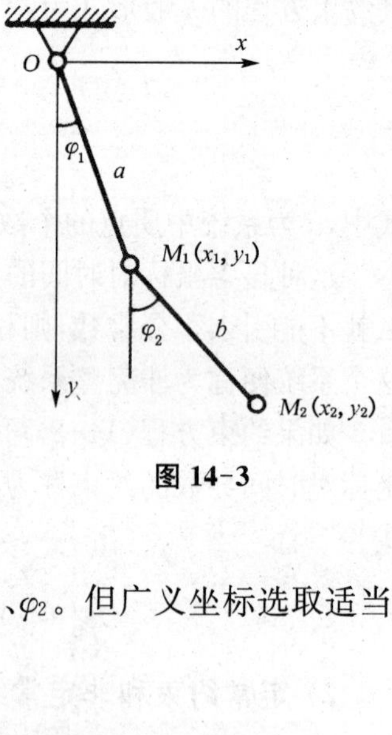

图 14-3

图 14-3 所示的双锤摆，系统有 M_1、M_2 两个质点，设在铅直平面内摆动，则确定该系统的位置需 4 个坐标 x_1、y_1、x_2、y_2，但各坐标须满足 2 个约束方程：

$$x_1{}^2 + y_1{}^2 = a^2$$
$$(x_1 - x_2)^2 + (y_1 - y_2)^2 = b^2$$

因为是平面运动机构，所以现在只有 2 个坐标是独立的，系统具有 2 个自由度。应指出，在同一系统中，广义坐标的选取不是唯一的，可以是直角坐标 x_1、x_2 或 y_1、y_2，也可以是转角 φ_1、φ_2。但广义坐标选取适当，将会给计算带来方便。

14.2　虚位移、虚功和理想约束

14.2.1　虚位移

在静止平衡问题中，质点系中各个质点都不动，设想某质点在约束允许的条件下，给其一个任意的、极其微小的位移。在图 14-4 中，可设想曲柄在平衡位置上转过任一微小角度 $\delta\varphi$，这时 A 点沿圆弧切线方向有相应的位移 δr_A，点 B 沿导轨方向有相应的位移 δr_B，这些位移都

是约束所允许的极微小的位移。在某个瞬时，质点系在约束允许的条件下，可能实现的任何无限小的位移称为虚位移或可能位移。虚位移可以是线位移，也可以是角位移。虚位移用符号 δ 表示，以区别于实位移，如 δr、δs、$\delta\varphi$、δx、δy、δz 等。

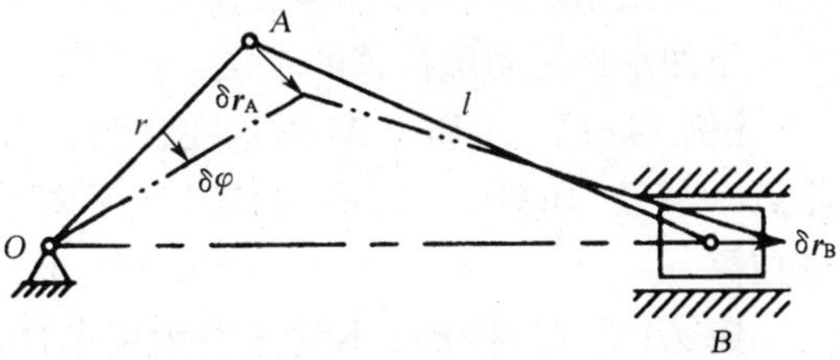

图 14-4

与实际发生的微小位移（实位移）不同，虚位移纯粹是一个几何概念，是假想的位移，只是用来反映约束在给定瞬时的性质，与质点系是否实际发生运动无关，不涉及运动时间、主动力和运动初始条件。虚位移仅与约束条件有关，在不破坏约束的情况下，具有任意性。而实位移是在一定时间内真正实现的位移，具有确定的方向，它除了与约束条件有关外，还与时间、主动力以及运动的初始条件有关。例如一个被约束在固定面上的质点，它的实际位移只有一个，而在它的约束面上则有无限多个虚位移。

在应用虚位移原理时，求出系统各虚位移间的关系是关键，常用的方法有几何法和解析法。

1）几何法

在定常约束的情况下，实位移是虚位移中的一个，因此，用求实位移的方法来求虚位移间的关系，特别是实位移正比于速度，所以常可通过各点速度间的关系来确定对应点的虚位移关系。这种方法称为几何法。

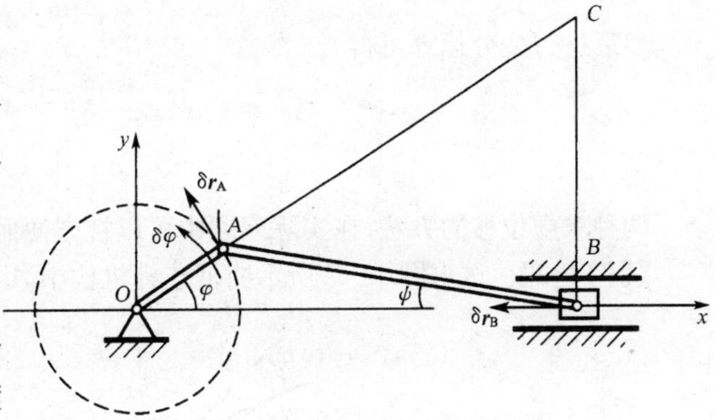

图 14-5

以图 14-5 所示的曲柄连杆机构为例，由于连杆 AB 作平面运动，其速度瞬心为 C 点，所以，虚位移 δr_A 和 δr_B 大小间的关系为

$$\frac{\delta r_A}{\delta r_B} = \frac{CA}{CB}$$

方向如图 14-5 所示。

2）解析法

对于较复杂的系统，各点虚位移间的关系比较复杂，这时可建立一固定直角坐标系，将系统置于一般位置，写出各点的直角坐标（表示为某些独立参变量的函数），然后进行等时变分运算，求出各点虚位移的投影。这种确定虚位移间关系的方法称为解析法。

在图 14-5 中，设曲柄长 $OA = r$，则点 A 的坐标为

$$x_A = r\cos\varphi, \qquad y_A = r\sin\varphi$$

求等时变分，有

$$\delta x_A = -r\sin\varphi\delta\varphi, \qquad \delta y_A = r\cos\varphi\delta\varphi$$

上式给出了点 A 虚位移的投影 δx_A、δy_A 与虚位移 $\delta\varphi$ 的关系。

下面举例说明虚位移的求法。

【例 14-1】 一质点 M 固定在长为 l 的刚性杆的 A 端，此杆可绕定点 O 转动，如图 14-6 所示，使其处于图示平衡位置，试求该质点的虚位移。

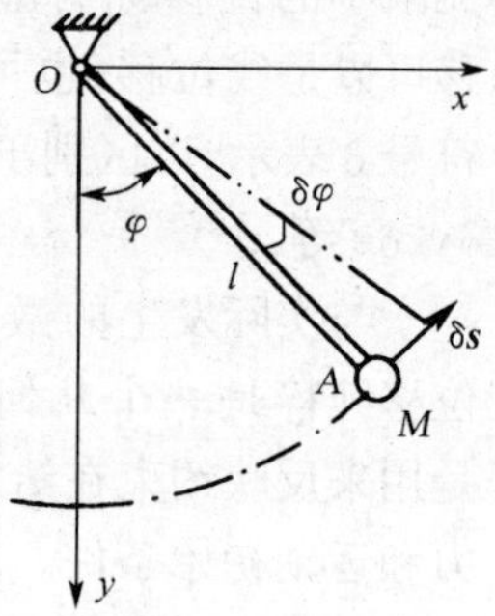

图 14-6

解：只要保持杆长 l 不变这一约束条件，质点 M 的虚位移就可以用该点沿圆周曲线切线上的微小长度 δs 来表示。现取矢量 $\delta \boldsymbol{s}$，如图 14-6 所示，由几何关系得

$$\delta s = l\delta\varphi$$

在图示的情况下不难求得 δs 在 Ox 和 Oy 两坐标轴上的投影为

$$\delta x = \delta s\cos\varphi = l\delta\varphi\cos\varphi$$

$$\delta y = -\delta s\sin\varphi = -l\delta\varphi\sin\varphi$$

如果用坐标的变分计算质点 M 的虚位移，则需先写出用参数 φ 表示的质点 M 的坐标

$$x = l\sin\varphi \qquad y = l\cos\varphi$$

然后进行变分运算可得

$$\delta x = l\cos\varphi\delta\varphi \quad \delta y = -l\sin\varphi\delta\varphi$$

得
$$\delta s = \sqrt{(\delta x)^2 + (\delta y)^2} = l\delta\varphi$$

两种求虚位移的方法，在实际问题中可以视方便而采用。

【例 14-2】 试求图 14-7 所示曲柄连杆机构中 A、B 两点的虚位移之间的关系。

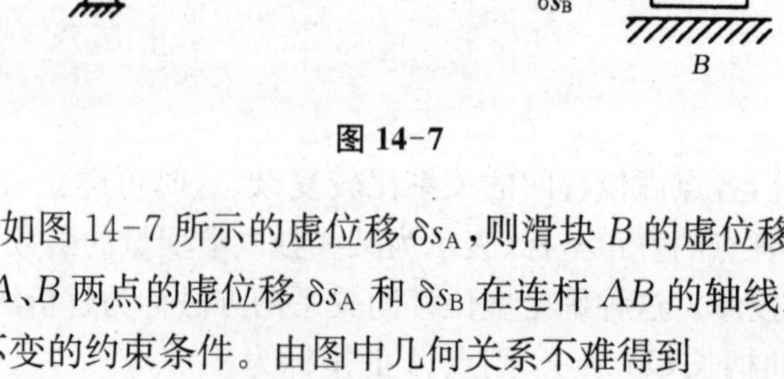

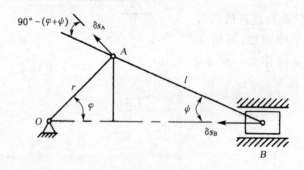

图 14-7

解：给曲柄销 A 以如图 14-7 所示的虚位移 δs_A，则滑块 B 的虚位移 δs_B 必定水平向左，因为有连杆 AB 的约束，A、B 两点的虚位移 δs_A 和 δs_B 在连杆 AB 的轴线上的投影必定相等，否则就会破坏连杆长度不变的约束条件。由图中几何关系不难得到

$$\delta s_A\cos[90^\circ - (\varphi + \psi)] = \delta s_B\cos\psi$$

即
$$\delta s_A\sin(\varphi + \psi) = \delta s_B\cos\psi$$

本题也可用对坐标求等时变分的方法求解，请读者自己分析。

【例 14-3】 试求图 14-8 所示的压紧机构中点 A 与点 G(或点 H)的虚位移之间的关系。

解:由于结构的对称性,A 点的虚位移只能沿对称线 AA' 方向出现。设 A 点的虚位移为 δs_A,则两边杠杆就有绕支点的微小转角 $\delta\theta$,因杠杆为刚性杆,故其两端点的虚位移都与杠杆垂直,如图所示,显然 δs_B 与 δs_G 之间的关系为

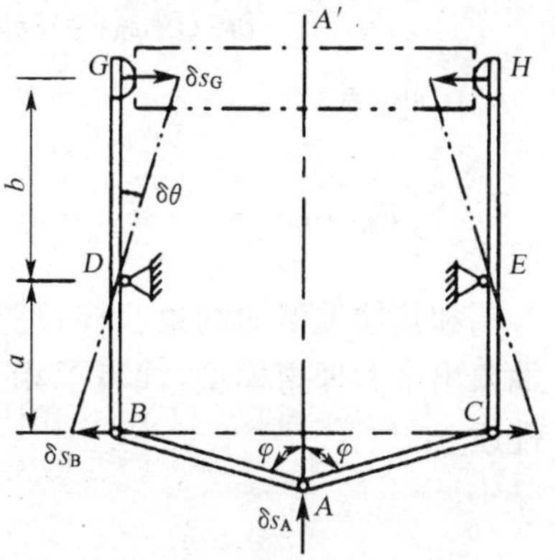

图 14-8

$$\frac{\delta s_G}{\delta s_B} = \frac{b}{a}$$

而杆 AB 上 A、B 两点虚位移在 AB 方向的投影相等,即

$$\delta s_A \cos\varphi = \delta s_B \sin\varphi$$

得
$$\delta s_G = \frac{b}{a}\delta s_B = \frac{b}{a}\frac{\cos\varphi}{\sin\varphi}\delta s_A = \frac{b}{a}\delta s_A \cot\varphi$$

14.2.2 虚功

质点或质点系所受的力在虚位移上所做的功称为虚功,力在虚位移上做功的计算与作用力在真实小位移上所做元功的计算是一样的。

设某质点受力 $\boldsymbol{F}$ 作用,现给质点一虚位移 $\delta\boldsymbol{r}$,则力 $\boldsymbol{F}$ 在虚位移上所做的虚功为

$$\delta W = \boldsymbol{F} \cdot \delta\boldsymbol{r}$$

上式也可写成
$$\delta W = F\delta r \cos\langle \boldsymbol{F}, \delta\boldsymbol{r}\rangle$$

应该指出,虚位移只是假想的,而不是真实发生的,因而虚功也是假想的。

如果约束力在质点系的任何虚位移中所做元功之和等于零,则这种约束称为理想约束。以 $\boldsymbol{F}_{Ni}$ 表示第 i 个质点受到的约束力合力,$\delta\boldsymbol{r}_i$ 表示该质点的虚位移,则质点系的理想约束条件为

$$\sum_{i=1}^{n} \boldsymbol{F}_{Ni} \cdot \delta\boldsymbol{r}_i = 0 \tag{14-8}$$

能满足式(14-8)的理想约束有下列 4 种类型:

(1) $\delta\boldsymbol{r}_i = 0$,即约束处于无虚位移,如固定端约束,铰支座等。

(2) $\boldsymbol{F}_{Ni} \perp \delta\boldsymbol{r}_i$,即约束力与虚位移相垂直,如光滑接触面约束等。

(3) $\boldsymbol{F}_{Ni} = 0$,即约束点上约束力的合力为零,如铰链连接等。

(4) $\sum_{i=1}^{n} \boldsymbol{F}_{Ni} \cdot \delta\boldsymbol{r}_i = 0$,即一个约束在一处约束力的虚功不为零,但若干处的虚功之和为零。如连接两质点的无重刚性杆(图 14-9),此杆为二力杆,两端受力大小相等,方向相反,作用线沿杆轴;而 A、B 两点的虚位移分别为 $\delta\boldsymbol{r}_A$ 和 $\delta\boldsymbol{r}_B$,且 $|\delta\boldsymbol{r}_A| \neq |\delta\boldsymbol{r}_B|$,但在刚性杆约束下,两点虚位移沿杆轴的投影相等,即

$$\delta r_A \cos\varphi_A = \delta r_B \cos\varphi_B$$

因此，有

$$\sum_{i=1}^{2} \boldsymbol{F}_{Ni} \cdot \delta \boldsymbol{r}_i = F_A \delta r_A \cos\varphi_A - F_B \delta r_B \cos\varphi_B = 0$$

和其他类型的约束一样，理想约束是从实际约束中抽象出来的理想模型，代表了相当多的实际约束的力学性质。

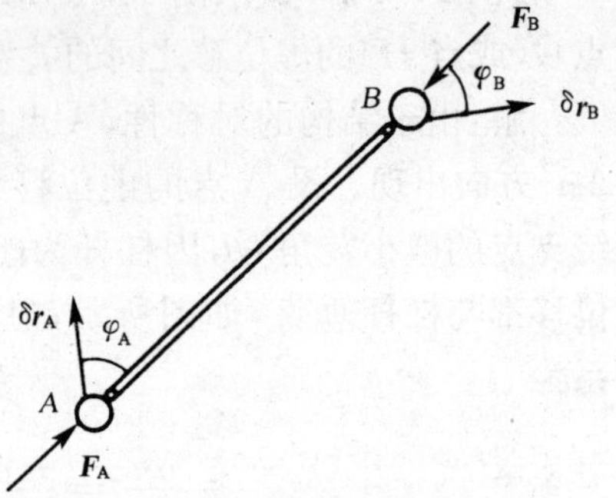

图 14-9

14.3 虚位移原理及应用

设有一质点系处于静止平衡，取质点系中任一质点 M_i，如图 14-10 所示，作用在该质点上的主动力的合力为 $\boldsymbol{F}_i$，约束反力的合力为 $\boldsymbol{F}_{Ni}$。因为质点系平衡，因此有 $\boldsymbol{F}_i + \boldsymbol{F}_{Ni} = 0$。若给质点系以某个虚位移，其中质点 M_i 上的力 $\boldsymbol{F}_i$ 和 $\boldsymbol{F}_{Ni}$ 的虚功的和为

$$\boldsymbol{F}_i \cdot \delta \boldsymbol{r}_i + \boldsymbol{F}_{Ni} \cdot \delta \boldsymbol{r}_i = 0 \tag{14-9}$$

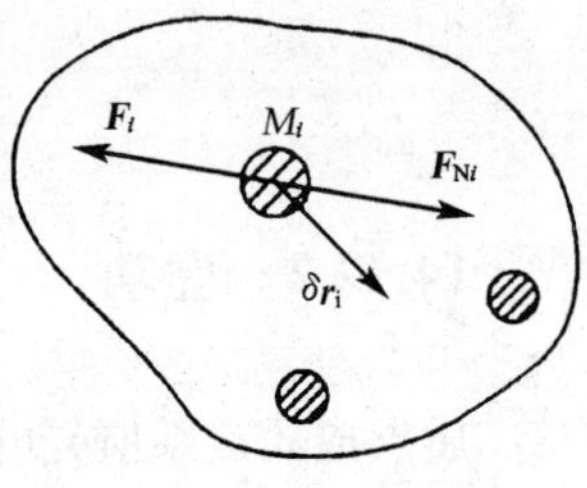

图 14-10

对于质点系内所有质点，都可以得到与式(14-9)同样的等式。将这些等式相加，得

$$\sum \boldsymbol{F}_i \cdot \delta \boldsymbol{r}_i + \sum \boldsymbol{F}_{Ni} \cdot \delta \boldsymbol{r}_i = 0 \tag{14-10}$$

如果质点系具有理想约束，则约束反力在虚位移中所做虚功的和为零，即

$$\sum \boldsymbol{F}_{Ni} \cdot \delta \boldsymbol{r}_i = 0$$

代入上式得

$$\sum \boldsymbol{F}_i \cdot \delta \boldsymbol{r}_i = 0 \tag{14-11}$$

因此，具有理想约束的质点系平衡的充要条件是：作用于质点系的主动力在任何虚位移中所做的虚功之和等于零。这就是虚位移原理，又称虚功原理，式(14-11)称为虚功方程。也可写成解析表达式

$$\sum (F_{ix}\delta x_i + F_{iy}\delta y_i + F_{iz}\delta z_i) = 0 \tag{14-12}$$

式中，F_{ix}、F_{iy}、F_{iz} 分别为作用于质点 M_i 的主动力 $\boldsymbol{F}_i$ 在各直角坐标轴上的投影。

以上证明了虚位移原理的必要性，下面采用反证法证明其充分性，即证明如果质点系受力作用时满足式(14-11)，则质点系必定平衡。

假设质点系受力作用而不平衡，则此质点系在初始静止状态下，经过 dt 时间，必有某些质点由静止而发生运动，而且其微小位移应沿该质点所受合力的方向。设该质点主动力的合力为 $\boldsymbol{F}_i$，约束反力的合力为 $\boldsymbol{F}_{Ni}$。当约束条件不随时间而变化时，真实发生的微小位移也应满足

该质点的约束条件，是可能实现的虚位移之一，记为 $\delta \boldsymbol{r}_i$，则必有不等式

$$(\boldsymbol{F}_i + \boldsymbol{F}_{Ni}) \cdot \delta \boldsymbol{r}_i > 0$$

质点系中发生运动的质点上作用力的虚功都大于零，而保持静止的质点上作用力的虚功等于零，因而全部虚功相加仍为不等式，即

$$\sum (\boldsymbol{F}_i + \boldsymbol{F}_{Ni}) \cdot \delta \boldsymbol{r}_i > 0$$

理想约束下，有
$$\sum \boldsymbol{F}_{Ni} \cdot \delta \boldsymbol{r}_i = 0$$

于是得到
$$\sum \boldsymbol{F}_i \cdot \delta \boldsymbol{r}_i > 0$$

这与式(14-11)是矛盾的。因此，在满足式(14-11)条件下，质点系必定保持平衡，这就证明了虚位移原理的充分性。

应该指出，虚位移原理是在质点系具有理想约束的条件下建立的，但是也可以推广应用于约束中有摩擦的情形，这时只要把摩擦力也当作主动力，在虚功方程中计入摩擦力所做的虚功即可。

虚位移原理是解决静力学平衡问题的普遍定理，所以虚功方程式(14-11)或式(14-12)又称为静力学普遍方程，这个方程可用来导出刚体静力学的全部平衡条件，亦可方便地用来解决一般质点系的平衡问题。在工程实际中，特别是解决一些复杂的机构或结构的平衡问题时，不必像几何静力学那样解一系列的联立方程组，而是根据具体的要求建立方程，使那些未知的但不需要求出的约束反力在方程中不出现，从而使繁冗的运算过程得到大幅度的简化。

下面举例说明虚位移原理在工程实际中的应用。

【例 14-4】 如图 14-11 所示，在螺旋压榨机的手柄 AB 上作用一在水平面内的力偶($\boldsymbol{F},\boldsymbol{F}'$)，其力偶矩为 $2Fl$，设螺杆的螺距为 h，试求平衡时作用于被压榨物体上的压力。

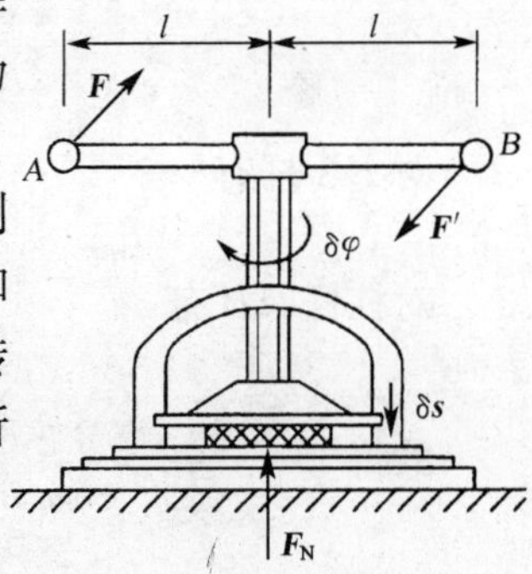

图 14-11

解：以整个系统为研究对象。若忽略螺杆和螺母间的摩擦，则约束是理想的。作用于系统上的主动力有手柄上的力偶($\boldsymbol{F},\boldsymbol{F}'$)和被压物体对压板的反力 $\boldsymbol{F}_N$。给系统以虚位移，将手柄按顺时针转向转过极小角 $\delta\varphi$，于是螺杆和压板得到向下的虚位移 δs。计算所有主动力在这虚位移中的虚功之和，列虚功方程

$$\delta W_F = 2Fl\delta\varphi - F_N\delta s = 0 \quad (1)$$

现求 $\delta\varphi$ 和 δs 之间的关系。对于单头螺纹，手柄 AB 转一周，螺杆上升或下降一个螺距，有

$$\frac{\delta\varphi}{2\pi} = \frac{\delta s}{h}$$

即
$$\delta s = \frac{h}{2\pi}\delta\varphi$$

代入式(1)，得

$$\sum \delta W_F = \left(2Fl - \frac{F_N h}{2\pi}\right)\delta\varphi = 0$$

因 $\delta\varphi$ 是任意的，故 $$2Fl - \frac{F_N h}{2\pi} = 0$$

解得 $$F_N = 4\pi \frac{l}{h} F$$

【例 14-5】 图 14-12 所示为一夹紧装置的简图，设缸体内压力的压强为 p，活塞直径为 D，尺寸如图所示，试求作用在工件上的压力 F_N。

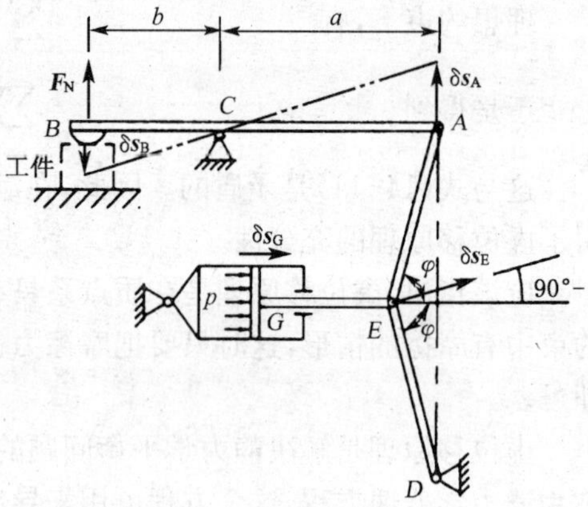

图 14-12

解：取整个系统为研究对象，不计摩擦及各杆自重，故此系统具有理想约束，作用于活塞上的总压力为 $F = p\pi D^2/4$。如将工件给予杠杆的有用阻力 $\boldsymbol{F}_N$ 也作为主动力，则作用于此系统上的主动力有 $\boldsymbol{F}$ 与 $\boldsymbol{F}_N$。给活塞以向右的虚位移 δs_G，则系统中点 E、A 及 B 的虚位移如图 14-12 所示，计算主动力在虚位移上的元功，得虚功方程

$$\sum \delta W_F = F\delta s_G - F_N \delta s_B = 0$$

得 $$F_N = F\frac{\delta s_G}{\delta s_B} \tag{1}$$

现求 δs_G 与 δs_B 之间的关系，由图 14-12 可知，对活塞杆有

$$\delta s_G = \delta s_E \cos(90° - \varphi)$$

对 EA 杆有 $$\delta s_E \cos(2\varphi - 90°) = \delta s_A \sin\varphi$$

对杠杆 AB 有 $$\frac{\delta s_A}{\delta s_B} = \frac{a}{b}$$

故得 $$\frac{\delta s_G}{\delta s_B} = \frac{\delta s_G}{\delta s_E}\frac{\delta s_E}{\delta s_A}\frac{\delta s_A}{\delta s_B} = \cos(90° - \varphi)\frac{\sin\varphi}{\cos(2\varphi - 90°)}\frac{a}{b} = \frac{a}{2b}\tan\varphi$$

代入式(1)，得 $$F_N = F\frac{\delta s_G}{\delta s_B} = \frac{Fa}{2b}\tan\varphi = \frac{pa\pi D^2}{8b}\tan\varphi$$

【例 14-6】 如图 14-13(a)所示连续梁，其载荷及尺寸均为已知。试求 A、B、C 三处的支座反力。

解：图 14-13(a)所示连续梁由于存在多个约束而成为没有自由度的结构。为用虚位移原理求约束力，可解除求其约束力的约束而代之以约束力，从而使结构获得相应的自由度。

1）求支座 D 处的约束力

解除支座 D 约束，代之以约束力 $\boldsymbol{F}_D$（图 14-13(b)），系统具有一个自由度。给系统以虚位移 $\delta\theta$，由虚位移原理

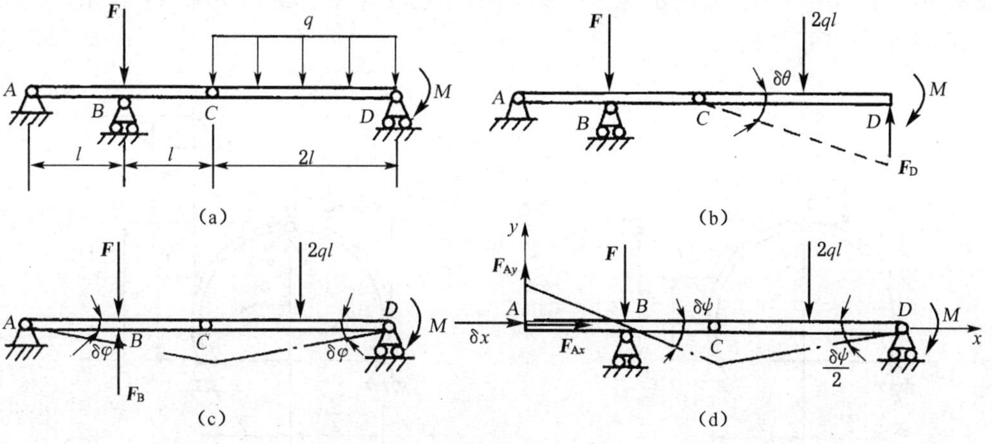

图 14-13

$$\sum \delta W_F = 0, \qquad 2ql \cdot l\delta\theta + M\delta\theta - F_D \cdot 2l\delta\theta = 0$$

由于 $\delta\theta \neq 0$，则得

$$F_D = ql + \frac{M}{2l}(\uparrow)$$

2）求支座 *B* 处的约束力

解除支座 B 约束，代之以约束力 $\boldsymbol{F}_B$（图 14-13(c)），系统具有一个自由度。给出虚位移 $\delta\varphi$，由虚位移原理

$$\sum \delta W_F = 0, \qquad F \cdot l\delta\varphi - F_B \cdot l\delta\varphi + 2ql \cdot l\delta\varphi - M\delta\varphi = 0$$

由于 $\delta\varphi \neq 0$，解得

$$F_B = F + 2ql - \frac{M}{2l}(\uparrow)$$

3）求支座 *A* 处的约束力

解除支座 A 约束，代之以约束力 $\boldsymbol{F}_{Ax}$ 及 $\boldsymbol{F}_{Ay}$（图 14-13(d)），系统具有两个自由度。可给出系统的一组虚位移为 δx 及 $\delta\psi$。

设先给系统一组虚位移 $\delta x \neq 0, \delta\psi = 0$，则由虚位移原理

$$\sum \delta W_F = 0, F_{Ax} \cdot \delta x = 0$$

解得
$$F_{Ax} = 0$$

再给系统一组虚位移 $\delta x = 0, \delta\psi \neq 0$，则由虚位移原理

$$\sum \delta W_F = 0, F_{Ay} \cdot \delta\psi + 2ql \cdot l\frac{\delta\psi}{2} - M\frac{\delta\psi}{2} = 0$$

解得
$$F_{Ay} = \frac{M}{2l} - ql(\uparrow)$$

【例 14-7】 图 14-14(a)所示为三铰拱支架，求由于不对称载荷 $\boldsymbol{F}_1$ 和 $\boldsymbol{F}_2$ 作用，在铰链 B 处所引起的水平约束力 $\boldsymbol{F}_{Bx}$。

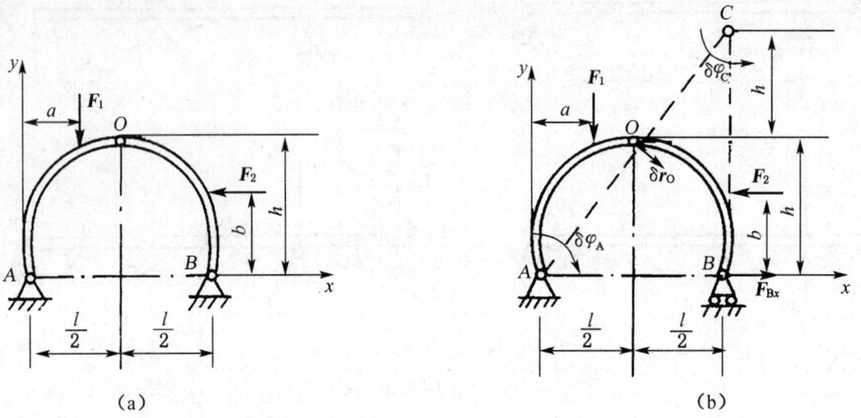

图 14-14

解:为了求出 B 点的水平约束力 $\boldsymbol{F}_{Bx}$，首先解除铰链 B 水平方向的约束而成为可动的铰链支座，并以约束力 $\boldsymbol{F}_{Bx}$ 代替其约束，如图 14-14(b)所示。设系统发生虚位移，其 OA 半拱的虚位移为 $\delta\varphi_A$，O 点虚位移为 δ_{rO}，OB 半拱是作平面运动，则 B 点虚位移为 δx_B，因此 OB 半拱在虚位移过程中相当于绕瞬心 C 点的虚位移为 $\delta\varphi_C$。由虚位移原理

$$\sum \delta W_F = 0, M_C(F_{Bx})\delta\varphi_C + M_C(F_2)\delta\varphi_C + M_A(F_1)\delta\varphi_A = 0$$

即

$$F_{Bx} 2h\delta\varphi_C - F_2(2h-b)\delta\varphi_C + F_1 a\delta\varphi_A = 0$$

由于 $AO=CO$，因此 $\delta\varphi_C = \delta\varphi_A$，代入上式可解得

$$F_{Bx} = \frac{1}{2h}[F_2(2h-b) - F_1 a] = 0$$

由此可知，对于一些定点转动和平面运动的刚体，采用作用于该刚体上的主动力对转轴或瞬时速度中心的力矩与瞬时转动虚位移的乘积来计算虚功是较为简便的。

14.4 动力学普遍方程

动力学普遍方程是虚位移原理与达朗贝尔原理简单结合的产物。假设一质点系由 n 个质点组成，其中任一质点 M_i 的质量为 m_i，作用于它上面的主动力和约束力用 $\boldsymbol{F}_i$ 和 $\boldsymbol{F}_{Ni}$ 表示，在任一瞬时，它的加速度为 $\boldsymbol{a}_i$。如果在此质点上假想地加上一惯性力 $\boldsymbol{F}_{Ii} = -m_i\boldsymbol{a}_i$，根据达朗贝尔原理，在此瞬时，作用于此质点上的主动力 $\boldsymbol{F}_i$、约束力 $\boldsymbol{F}_{Ni}$ 和虚加的惯性力 $\boldsymbol{F}_{Ii}$ 在形式上组成一平衡力系，即

$$\boldsymbol{F}_i + \boldsymbol{F}_{Ni} + \boldsymbol{F}_{Ii} = 0$$

对质点系的 n 个质点都做这样的处理，则在任一瞬时，作用于整个质点系的主动力、约束力和虚加的惯性力，在形式上组成一平衡力系，即

$$\sum_{i=1}^{n}\boldsymbol{F}_i+\sum_{i=1}^{n}\boldsymbol{F}_{Ni}+\sum_{i=1}^{n}\boldsymbol{F}_{Ii}=0$$

如果此质点系的约束是理想约束，应用虚位移原理，则有

$$\sum_{i=1}^{n}(\boldsymbol{F}_i+\boldsymbol{F}_{Ii})\cdot\delta\boldsymbol{r}_i=0 \tag{14-13}$$

或
$$\sum_{i=1}^{n}(\boldsymbol{F}_i-m_i\boldsymbol{a}_i)\cdot\delta\boldsymbol{r}_i=0 \tag{14-14}$$

这就是动力学普遍方程。它表明，在具有理想约束的质点系中，在任一瞬时，作用于各质点上的主动力和虚加的惯性力在任一虚位移上所做虚功之和等于零。写成笛卡儿坐标系上的投影式为

$$\sum_{i=1}^{n}[(F_{xi}-m_i\ddot{x}_i)\cdot\delta x_i+(F_{yi}-m_i\ddot{y}_i)\delta y_i+(F_{zi}-m_i\ddot{z}_i)\delta z_i]=0 \tag{14-15}$$

可以看出，在动力学普遍方程中不包含约束力。

【例 14-8】 图 14-15 所示的瓦特调速器绕铅垂轴 y 转动，重球 A 及 B 重为 $F_{P1}=F_{P2}=F_P$，重为 G 的套筒 C 可沿 y 轴滑动，各连杆的长均为 l，重量略去不计；当调速器以匀角速度 ω 转动时，求重球张开的角度 φ。

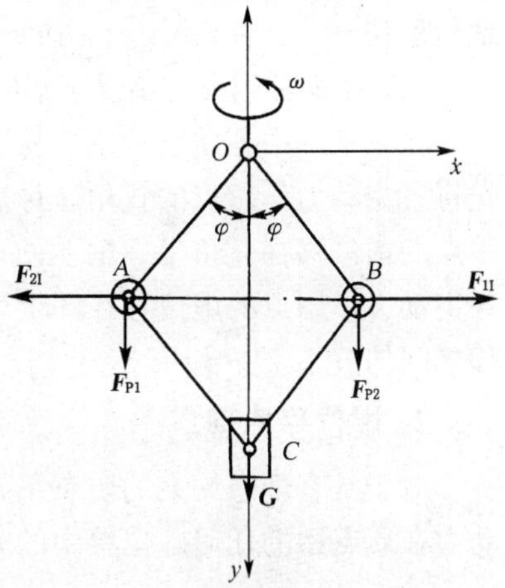

图 14-15

解：以调速器为研究对象，作用于此系统的主动力为 $\boldsymbol{F}_{P1}$、$\boldsymbol{F}_{P2}$ 和 $\boldsymbol{G}$。当调速器以匀角速度 ω 转动时，φ 角保持不变，因而套筒 C 的加速度等于零；在此系统中仅重球 A 及 B 有法向加速度 $a_{1n}=a_{2n}=\omega^2 l\sin\varphi$，在重球 A 及 B 上虚加惯性力 $\boldsymbol{F}_{1I}$ 及 $\boldsymbol{F}_{2I}$，其大小为

$$F_{1I}=F_{2I}=\frac{F_P}{g}\omega^2 l\sin\varphi$$

在 Oxy 平面上选 φ 角为广义坐标，由图有

$$x_A=-x_B=l\sin\varphi;y_A=y_B=l\cos\varphi;y_C=2l\cos\varphi$$

因此各点的虚位移为

$$\delta x_A=-\delta x_B=l\cos\varphi\delta\varphi,\delta y_A=\delta y_B=-l\sin\varphi\delta\varphi,\delta y_C=-2l\sin\varphi\delta\varphi$$

根据动力学普遍方程得

$$F_{P1}\delta y_A+F_{P2}\delta y_B+G\delta y_C+F_{1I}\delta x_A-F_{2I}\delta x_B=0$$

即
$$-2F_{P1}l\sin\varphi\delta\varphi-2Gl\sin\varphi\delta\varphi+2\left(\frac{F_P}{g}\omega^2 l\sin\varphi\right)l\cos\varphi\delta\varphi=0$$

因 $\delta\theta\neq0$，故

$$\sin\varphi\left(-F_{\mathrm{P}}-G+\frac{F_{\mathrm{P}}}{g}\omega^{2}l\cos\varphi\right)=0$$

可得：

(1) $\sin\varphi=0$，则 $\varphi=0$，此解无意义。

(2) $-F_{\mathrm{P}}-G+\dfrac{F_{\mathrm{P}}}{g}\omega^{2}l\cos\varphi=0$，则 $\cos\varphi=\dfrac{F_{\mathrm{P}}+G}{F_{\mathrm{P}}}\dfrac{g}{\omega^{2}l}$，为所求的解。

上式建立了相对平衡位置 φ 与转动角速度 ω 间的关系，可作为选择调速器参数的依据。

本章小结

1）虚位移概念

这是本章中学习的重点和难点之一，在学习时应注意：

(1) 虚位移和实位移虽然都是约束所容许的位移，但二者是有区别的，实位移是质点系在实际运动中发生的位移，而虚位移仅仅是想象中质点系可能发生的位移，不涉及质点系的实际运动，也不涉及力的作用。

(2) 实位移无所谓大小的限制，而虚位移则必须是微小的。虚位移可以是线位移，也可以是角位移。

(3) 在定常约束的情况下质点微小的实位移才成为虚位移中的一个真实情况。

在求系统中各质点的虚位移之间的关系时可用解析法也可用几何法。在用解析法时，应先将各主动力作用点的直角坐标表示为广义坐标的函数，然后通过变分运算求出各主动力作用点的虚位移在直角坐标轴上的投影。变分的求法与微分的求法相同。在用几何法时，应将各主动力作用点的虚位移在图上表示出来，并可应用运动学中求速度的方法来求各点的虚位移之间的关系。

2）虚位移原理

对于具有理想约束的质点系，原处于静止状态，则其保持平衡的必要和充分条件是所有主动力在质点系的任何虚位移中的元功之和等于零。即

$$\sum_{i=1}^{n}\delta W_{\mathrm{F}i}=\sum_{i=1}^{n}F_{i}\cdot\delta r_{i}=0$$

虚位移原理建立了质点系平衡的必要和充分条件，是解决质点系平衡问题的一般原理。它是从功的角度来研究质点系的平衡问题，不仅能用来求质点系平衡动力之间的关系和平衡位置，而且也能用来求约束反力以及有摩擦存在时质点平衡问题。

3）动力学普遍方程

在具有理想约束的质点系中，在任一瞬时，作用于各质点上的主动力和虚加的惯性力在任一虚位移上所做虚功之和等于零。即

$$\sum_{i=1}^{n}(F_{i}+F_{\mathrm{I}i})\cdot\delta r_{i}=0$$

应用动力学普遍方程可以方便、快捷地求解力学中许多工程实际问题。

复习思考题

一、是非题(正确的在括号内打"√",错误的打"×")

1. 虚位移原理与静力学平衡方程给出了刚体平衡的充分必要条件,对于变形体只给出了平衡的必要条件。 (　　)

2. 质点系的虚位移是由约束条件所决定的,具有任意性,与所受力及时间无关。 (　　)

3. 只要约束允许,可任意假设虚位移的大小和方向。 (　　)

4. 对质点系的运动所加的限制条件为约束,表示这种限制条件的数学方程称为约束方程。 (　　)

5. 因为实位移也是约束所允许的,因此在任何情况下,实位移都是虚位移中的一个。 (　　)

6. 在完整约束条件下,质点系的自由度数等于确定质点系位置的独立参数的个数。 (　　)

二、填空题

1. 如图 14-16 所示,为了用虚位移原理求解系统 B 处约束力,需将 B 支座解除,代以适当的约束力,其时 B、D 点虚位移之比值为 $\delta r_B : \delta r_D =$ ________,若已知 $F = 50\ \text{N}$,则 B 处约束力的大小为________(需在图中画出方向)。

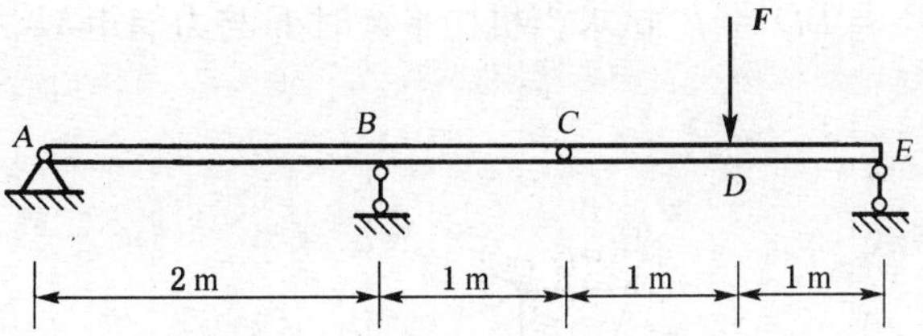

图 14-16

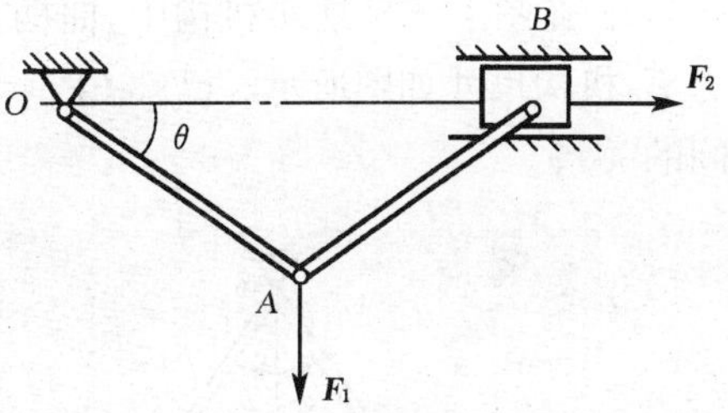

图 14-17

2. 图 14-17 所示机构中二连杆 OA、OB 各长 l,重量均不计,若用虚位移原理求解,在铅直力 $\boldsymbol{F}_1$ 和水平力 $\boldsymbol{F}_2$ 作用下保持平衡时(不计摩擦),必要的虚位移之间的关系有(方向在图中画出)________,平衡时角 θ 的值为________。

3. 如图 14-18 所示平面机构,其系统 a 的约束方程________________,系统 b 的约束方程________________。

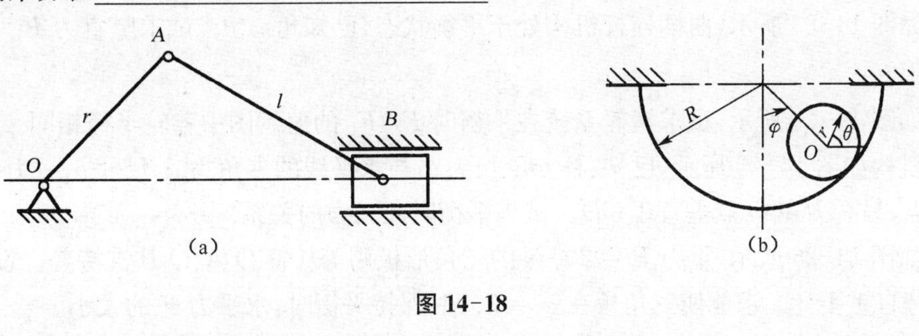

图 14-18

三、计算题

1. 如图 14-19 所示，在曲柄式压榨机的销钉 B 上作用水平力 F，此力位于平面 ABC 内，作用线平分$\angle ABC$。设 $AB=BC$，$\angle ABC=2\theta$，各处摩擦及杆重不计，试求物体所受的压力。

2. 如图 14-20 所示，在压缩机的手轮上作用一力偶，其矩为 M，手轮轴的两端各有螺距同为 P 但方向相反的螺纹。螺纹上各套有一个螺母 A 和 B，这两个螺母分别与长为 l 的杆相铰接，四杆形成菱形框，如图所示，此菱形框的点 D 固定不动，而点 C 连接在压缩机的水平压板上。试求当菱形框的顶角等于 2φ 时，压缩机对被压物体的压力。

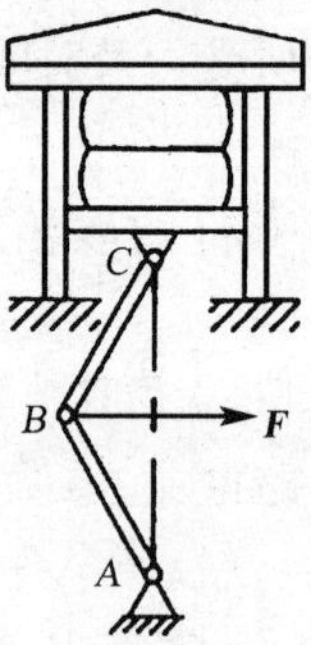

图 14-19

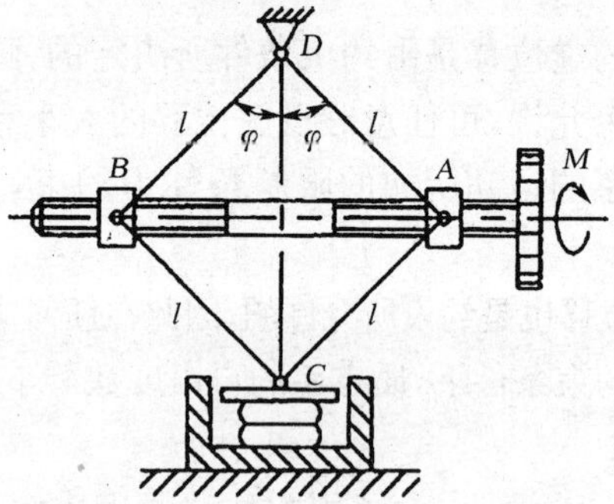

图 14-20

3. 四铰连杆组成如图 14-21 所示的菱形 $ABCD$，受力如图，试求平衡时 θ 应等于多少？

4. 在图 14-22 所示机构中，曲柄 OA 上作用一力偶矩为 M 的力偶，滑块 D 上作用一水平力 F，机构尺寸如图所示。已知 $OA=a$，$CB=BD=l$，试求当机构平衡时 F 与力偶矩 M 之间的关系。

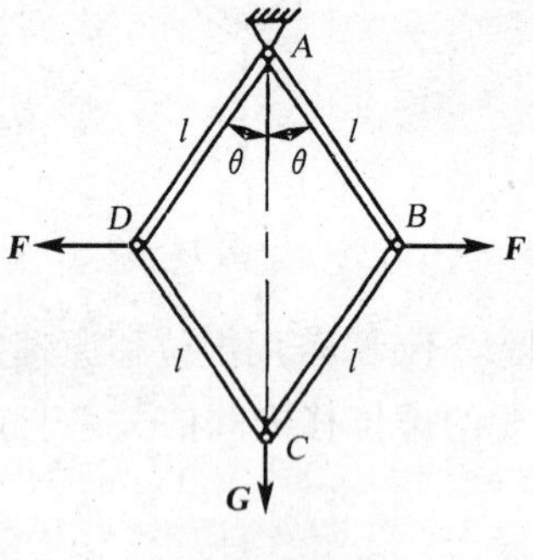

图 14-21

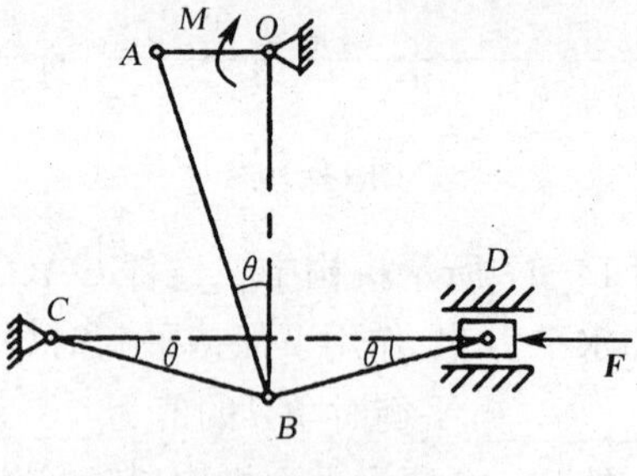

图 14-22

5. 如图 14-23 所示，曲柄连杆机构处于平衡状态，已知角 φ、θ。试求竖直力 F_1 与水平力 F_2 的比值。

6. 如图 14-24 所示，试求滑轮系统在平衡时 F_2/F_1 的值。图中各轮半径相同。

7. 机构如图 14-25 所示，已知：杆 OD 长为 l，与水平线的夹角为 φ，尺寸 b，一力铅直地作用在 B 点，另一力在 D 点垂直于 OD。试求平衡时此二力的关系。

8. 如图 14-26 所示，重力 $P=200\text{ N}$ 的三角形板用等长杆 O_1A、O_2B 支持着。设 $O_1O_2=AB$，各杆自重不计。求能使三角板在 $\varphi=30^\circ$ 时保持平衡时，水平力 F 的大小。

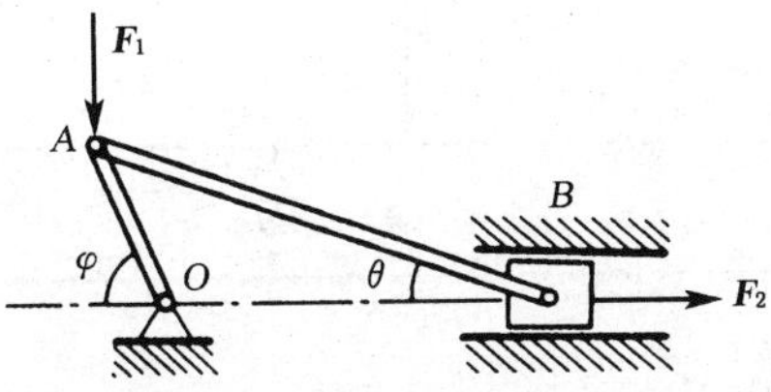

图 14-23

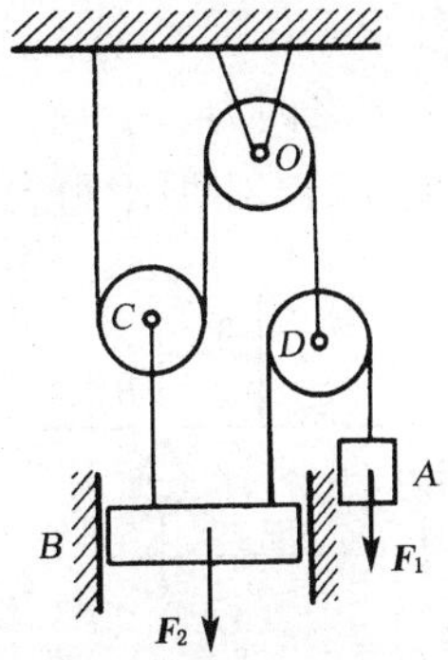

图 14-24

9. 图 14-27 所示摇杆机构位于水平面上，已知 $OO_1 = OA$。机构上受到力偶矩 M_1 和 M_2 的作用。已知机构在可能的任意角度 φ 下面处于平衡时，试用虚位移原理求 M_1 和 M_2 之间的关系。

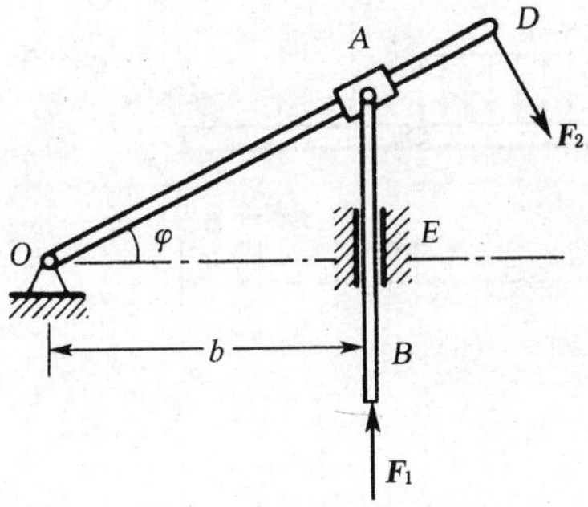

图 14-25

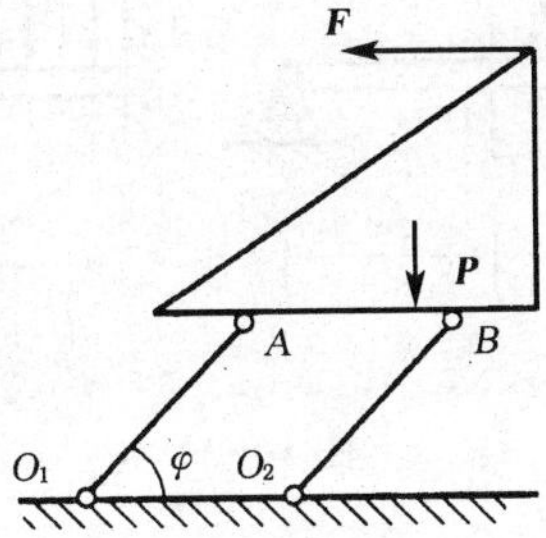

图 14-26

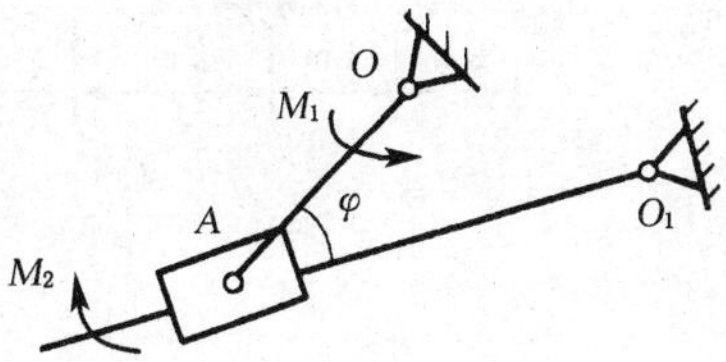

图 14-27

10. 组合梁由 AG、GD、DH 组成，如图 14-28 所示，已知 $q = 2\ \text{kN/m}$，$F = 4\ \text{kN}$，$M = 3\ \text{kN} \cdot \text{m}$，求 B 处的支座约束力。

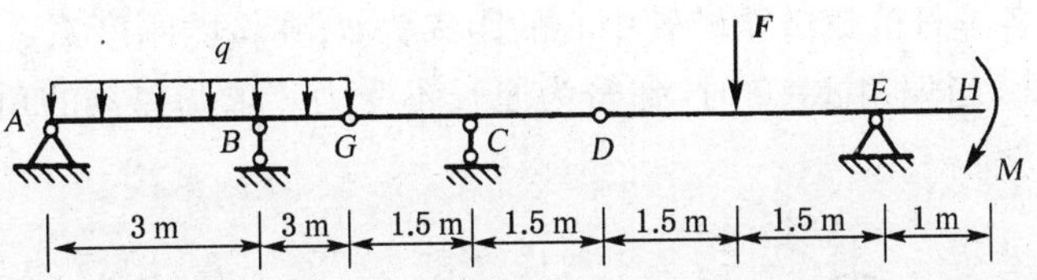

图 14-28

11. 多跨静定梁由 AC 和 CD 组成。梁的重力不计，载荷分布如图 14-29 所示。已知 $F_1 = 5\ \text{kN}$，$F_2 = 4\ \text{kN}$，$F_3 = 3\ \text{kN}$，$M = 2\ \text{kN} \cdot \text{m}$，求固定端 A 的约束力。

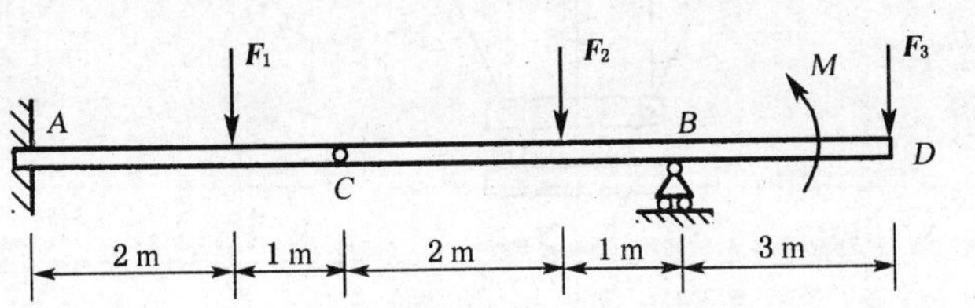

图 14-29

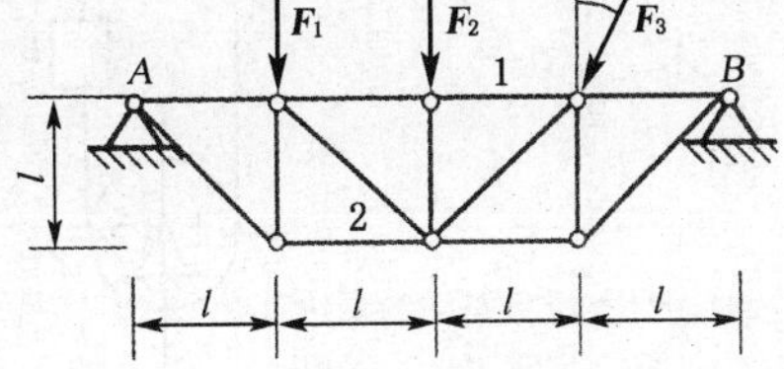

图 14-30

12. 在图 14-30 所示的桁架中,已知 $F_1 = 19\ \mathrm{kN}$,$F_2 = F_3 = 20\ \mathrm{kN}$,$\theta = 30°$。试用虚位移原理求杆件 1、2 之内力。

13. 试求图 14-31 所示组合梁中支座 A 的约束反力。

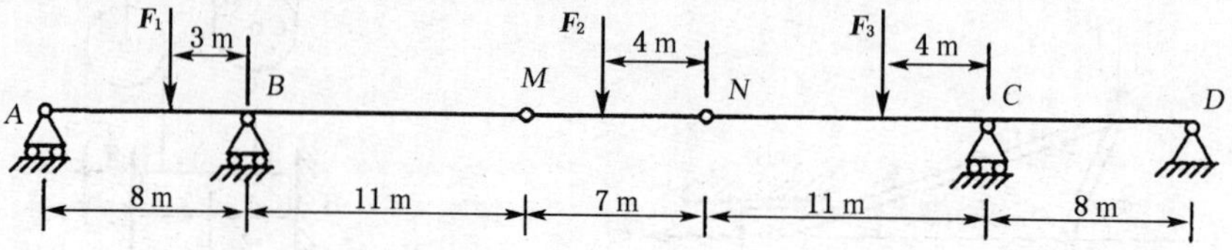

图 14-31

14. 组合梁的支承及荷载情况如图 14-32 所示,试求:(1)支座 A、B、E 三处的约束力;(2)支座 A 和 C 处的约束力。

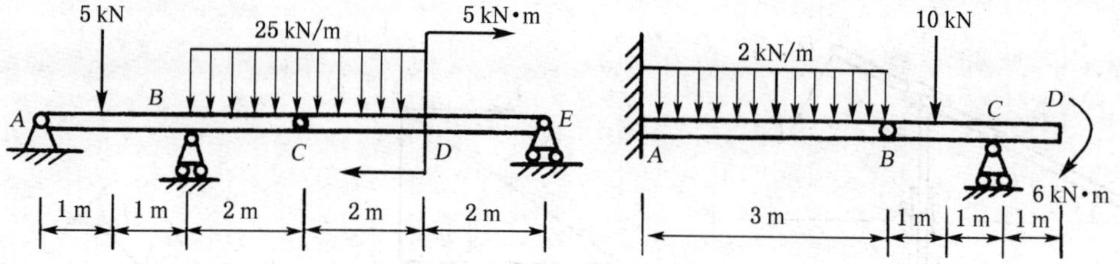

(a)　　　　(b)

图 14-32

15. 图 14-33 为一升降机的简图,被提升的物体 A 重为 F_{P1},平衡锤 B 重为 F_{P2};带轮 C 及 D 重均为 F_{P3},半径均为 r,可视为均质圆柱。设电动机作用于轮 C 的转矩为 M,皮带的质量不计,求重物 A 的加速度。

16. 如图 14-34 所示,离心调速器以匀角速度 ω 转动。如重球 A、B 各重 F_{P1},套筒 C 重 F_{P2};连杆长均为 l,各连杆的铰链至转轴中心的距离为 d;弹簧的刚度系数为 k,其上端与转轴紧接,下端压住套筒,当偏角 $\alpha=0$ 时,弹簧为原长不受力。求调速器的角速度 ω 与偏角 α 的关系。

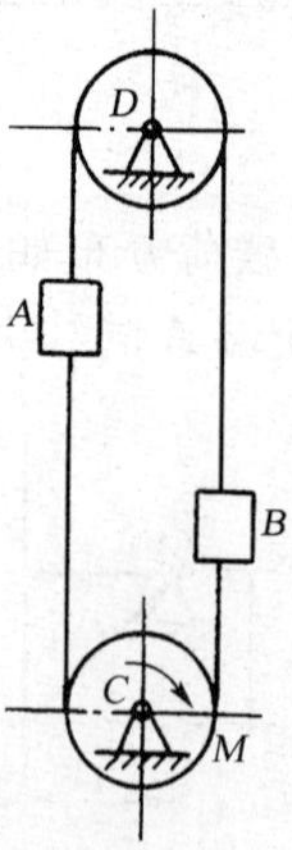

图 14-33

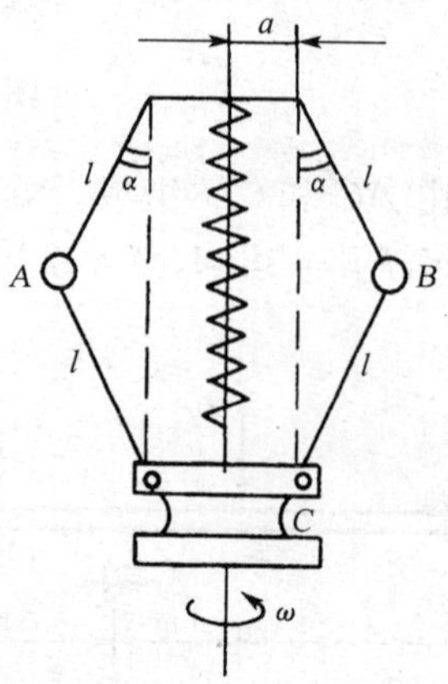

图 14-34

各章计算题答案

第2章

1. $F_R = 3.248\ \text{kN}, \cos(\boldsymbol{F}_R, \boldsymbol{i}) = 206.3^\circ, \cos(\boldsymbol{F}_R, \boldsymbol{j}) = 116.3^\circ$

2. $T_3 = 16.2\ \text{kN}, \beta = 30^\circ$

3. $\alpha = 48.2^\circ, F_{Rx} = 4.96\ \text{kN}$

4. $F_{1x} = 86.6\ \text{N}, F_{1y} = 50\ \text{N}, F_{2x} = 30\ \text{N}, F_{2y} = -40\ \text{N}, F_{3x} = 0, F_{3y} = 60\ \text{N}, F_{4x} = 56.6\ \text{N}, F_{4y} = 56.6\ \text{N}$

5. $F_R = 0$

6. (a) $F_{Ax} = 7.07\ \text{kN}, F_{Ay} = 3.54\ \text{kN}, F_B = 3.54\ \text{kN}$; (b) $F_{Ax} = 0, F_{Ay} = 5\ \text{kN}, F_B = 5\ \text{kN}$;
(c) $F_{Ax} = 9.33\ \text{kN}, F_{Ay} = 4.33\ \text{kN}, F_B = 6.12\ \text{kN}$

7. $F_{\min} = 15\ \text{kN}, F_N = 25\ \text{kN}$

8. $F_{Ax} = 0.866\ \text{kN}, F_{Ay} = 0.5\ \text{kN}, F_{BD} = 1\ \text{kN}$

9. $F_{NA} = 1.732\ \text{kN}, F_{NC} = 3.464\ \text{kN}, AC = 1.5\ \text{m}$

10. $F_{AB} = 0, F_{AC} = 34.36\ \text{kN}$

11. $F_{BC} = \dfrac{2\sqrt{3}}{3}G, F_{Ax} = \dfrac{\sqrt{3}}{3}G, F_{Ay} = G$

12. $F_{NE} = G + \dfrac{6}{5}F$

13. $F_{NC} = F_{ND} = \sqrt{3}G$

14. $F_{AB} = 231\ \text{N}, F_{AE} = 115.5\ \text{N}, F_{BC} = 231\ \text{N}, F_{BD} = 84.5\ \text{N}$

15. (a) $F_{Ay} = -\dfrac{P}{3}, F_B = \dfrac{P}{3}$; (b) $F_A = F_B = \dfrac{\sqrt{2}}{3}P$; (c) $F_A = F_B = 0$

16. $F_1 = \dfrac{7\sqrt{3}}{3}\ \text{kN}, F_{AB} = \dfrac{7\sqrt{3}}{3}\ \text{kN}, F_{OA} = \dfrac{7\sqrt{3}}{6}\ \text{kN}, F_{BC} = -7\ \text{kN}$

17. $F_{Ax} = -1\,905\ \text{N}, F_{Ay} = 1\,905\ \text{N}, F_{Cx} = 1\,905\ \text{N}, F_{Cy} = -1\,905\ \text{N}$

18. $F_{Ax} = 3\,571\ \text{N}, F_{Ay} = -3\,571\ \text{N}, F_{Cx} = -3\,571\ \text{N}, F_{Cy} = 3\,571\ \text{N}$

19. $M_2 = 4\ \text{kN} \cdot \text{m}, F_A = F_B = 1.115\ \text{kN}$

第3章

1. $M = 17.32\ \text{N} \cdot \text{m}$（顺时针方向）

2. $F_4 = 1\,200\ \text{N}, F_R = 400\ \text{N}, d = 1.5\ \text{m}$

3. (a) $F_{Ax} = 0, F_{Ay} = -1\ \text{kN}, F_B = 4\ \text{kN}$; (b) $F_A = 3.75\ \text{kN}, F_{Bx} = 0, F_{By} = -0.25\ \text{kN}$

4. $F_T = \dfrac{Fa\cos\theta}{2h}$

5. $P_2 = 333.3\ \text{kN}, x = 6.75\ \text{m}$

6. $F_O = 385\ \text{kN}$(向下), $M_O = 1\ 626\ \text{kN}\cdot\text{m}$(顺时针方向)
7. $F_{ED} = 2F, F_{DC} = -2.24F, F_{EC} = F, F_{CB} = -2F, F_{BE} = 0, F_{EA} = 2.24F$
8. $F_1 = -125\ \text{kN}, F_2 = 53\ \text{kN}, F_3 = -87.5\ \text{kN}$
9. $F_1 = 45\ \text{kN}, F_2 = 54.08\ \text{kN}, F_3 = 30\ \text{kN}$
10. (a) $F_A = -qa, F_B = 4qa, F_C = qa, F_D = qa$

(b) $F_A = \dfrac{F}{2} + \dfrac{M}{2a}, F_B = \dfrac{F}{2} - \dfrac{M}{a}, F_C = \dfrac{M}{2a}, F_D = \dfrac{M}{2a}$

(c) $F_{Ax} = \dfrac{\sqrt{2}}{2}F, F_{Ay} = \dfrac{\sqrt{2}}{4}F, M_A = \dfrac{\sqrt{2}}{2}Fa + M, F_{Cx} = \dfrac{\sqrt{2}}{2}F, F_{Cy} = \dfrac{\sqrt{2}}{4}F, F_D = \dfrac{\sqrt{2}}{4}F$

(d) $F_A = \dfrac{7}{4}qa, M_A = 3qa^2, F_C = \dfrac{3}{4}qa, F_D = \dfrac{1}{4}qa$

11. $F_{Ax} = 267\ \text{N}, F_{Ay} = -87.5\ \text{N}, F_B = 550\ \text{N}, F_{Cx} = 209\ \text{N}, F_{Cy} = -187.5\ \text{N}$
12. $F_{CD} = F_B = F_D = 2\sqrt{2}\ \text{kN} = F_{CA}; F_{Ax} = -4\ \text{kN}, F_{Ay} = 2\ \text{kN}, M_A = 6\ \text{kN}\cdot\text{m}$

第4章

1. $F_x = 354\ \text{N}; F_y = -354\ \text{N}, F_z = -866\ \text{N};$
$M_x(F) = -258\ \text{N}\cdot\text{m}, M_y(F) = 966\ \text{N}\cdot\text{m}, M_z(F) = -500\ \text{N}\cdot\text{m}$
2. $M_x(F) = -43.3\ \text{N}\cdot\text{m}, M_y(F) = -10\ \text{N}\cdot\text{m}, M_z(F) = -7.5\ \text{N}\cdot\text{m}$
3. $F_{Ox} = -5\ \text{kN}; F_{Oy} = -4\ \text{kN}, F_{Oz} = 8\ \text{kN}; M_x = 32\ \text{kN}\cdot\text{m}, M_y = -30\ \text{kN}\cdot\text{m}, M_z = 20\ \text{kN}\cdot\text{m}$
4. $F_{CA} = -\sqrt{2}P$(压力), $F_{BD} = P(\cos\alpha - \sin\alpha)$, $F_{BE} = P(\cos\alpha + \sin\alpha)$, $F_{AB} = -\sqrt{2}P\cos\alpha$
5. $F = F' = 500\ \text{N}, \alpha = 143°7'$
6. $F_T = 577\ \text{kN}, F_{Ay} = 0, F_{Az} = 26.5\ \text{kN}, F_{By} = 0, F_{Bz} = 612\ \text{kN}$
7. $F_{DE} = 667\ \text{N}$(压力), $F_{Hx} = 133.4\ \text{N}, F_{Hz} = 500\ \text{N}, F_{Kx} = -667\ \text{N}, F_{Kz} = -100\ \text{N}$
8. $F_2 = 1\ 600\ \text{N}, F_{Ax} = -320\ \text{N}, F_{Az} = -960\ \text{N}, F_{Bx} = -1\ 120\ \text{kN}, F_{Bz} = -640\ \text{N}$
9. $F_1 = F_5 = -F, F_3 = F, F_2 = F_4 = F_6 = 0$
10. $F_1 = F_2 = F_3 = \dfrac{2M}{3a}, F_4 = F_5 = F_6 = -\dfrac{4M}{3a}$
11. (a) $x_C = 0, y_C = 60.8\ \text{mm}$; (b) $x_C = 110\ \text{mm}, y_C = 0$; (c) $x_C = 51.2\ \text{mm}, y_C = 101.2\ \text{mm}$
12. (a) $x_C = 511.2\ \text{mm}, y_C = 430\ \text{mm}$; (b) $x_C = 90.6\ \text{mm}, y_C = 35.7\ \text{mm}$
13. $x_C = 1.68\ \text{m}$(距B端), $y_C = 0.659\ \text{m}$(距底边)

第5章

1. $F_{min} = G\sqrt{\dfrac{f_s^2}{1+f_s^2}}, \theta = \arctan f_s$　　2. $f_s = 0.223$　　3. $f_s = 0.387$

4. $h_{max} = \dfrac{f_s(\sqrt{3}f_s + 3)}{2(1+f_s^2)}l = 0.404l$

5. (1) $F = \dfrac{\sin\theta - f_s\cos\theta}{\cos\theta + f_s\sin\theta}P$; (2) $F = \dfrac{\sin\theta + f_s\cos\theta}{\cos\theta - f_s\sin\theta}P$; (3) $\theta \leqslant \arctan f_s$

6. $M = 1.867\ \text{kN}\cdot\text{m}, f_s \geqslant 0.752$　　7. $\theta \leqslant \arctan\dfrac{\delta}{r}$　　8. $F = 5\ \text{N}$(向右)　　9. $\alpha \geqslant \text{arccot}(2f_s)$

10. $b \leqslant 110\ \text{mm}$　　11. $a < \dfrac{b}{2f_s}$　　12. $34\ \text{N} \leqslant F \leqslant 85\ \text{N}$

第6章

1. (1) 点C的轨迹为椭圆;(2) $\rho = \dfrac{l}{2}$

2. $x=200\cos\frac{\pi t}{5}$；$y=100\sin\frac{\pi t}{5}$；点 D 的轨迹为长半轴为 200 mm、短半轴为 100 mm 的椭圆

3. 直角坐标法运动方程：$\begin{cases}x=R(1+\cos2\omega t)\\y=R\sin2\omega t\end{cases}$

速度：$v=2R\omega$；加速度：$a=4R\omega^2$；自然法运动方程：$s=2R\omega t$

4. $v=279\ \text{mm/s}, a=169\ \text{mm/s}^2$

5. $a=3.05\ \text{m/s}^2$

6. $x_{O1}=0.2\cos4t\ \text{m}, v=0.4\ \text{m/s}, a=2.77\ \text{m/s}^2$

7. $\varphi=2\arccos\left(1-\frac{ut}{2l}\right)$

8. $x=r\cos\omega t+b\sqrt{1-\frac{r^2}{l^2}\sin^2\omega t}, y=r\left(1-\frac{b}{l}\right)\sin\omega t, v=\left(1-\frac{b}{l}\right)r\omega, a=r\omega^2+b\left(\frac{r\omega}{l}\right)^2$

9. $a_\tau=0, a_n=10\ \text{m/s}^2, \rho=250\ \text{m}$

10. $r=\frac{v_0}{\omega_0}\varphi$

11. $\theta=\arctan\left[\frac{\sin\omega_0 t}{\frac{h}{r}-\cos\omega_0 t}\right]$

12. $\dot{x}=-\frac{v_0\sqrt{l^2+x^2}}{x}, \ddot{x}=-\frac{v_0^2 l^2}{x^3}$

13. $\varphi=4\ \text{rad}$

14. $\omega_2=\frac{r_1}{r_2}\omega_1$；$\alpha_2=\frac{\omega_1^2\delta}{2\pi r_2}\left(1+\frac{r_1^2}{r_2^2}\right)$

第7章

1. $\omega_{OC}=\frac{u}{2l}$（逆时针），$\alpha_{OC}=\frac{u^2}{2l^2}$（逆时针）　　2. $v_r=\sqrt{3}R\omega$　　3. $a=13.66\ \text{cm/s}^2$

4. $\omega=\frac{u}{h}\sin^2\theta$　　5. $\omega_{O_2A}=2.0\ \text{rad/s}$　　6. $v_C=l\omega$

7. $v_e=2\sin\varphi\ \text{m/s}, \varphi=0°, v_e=0; \varphi=30°, v_e=1\ \text{m/s}; \varphi=90°, v_e=2\ \text{m/s}$

8. $v_a=\sqrt{3}R\omega, v_r=3R\omega$　　9. $v_e=4.23\ \text{m/s}, v_r=3.45\ \text{m/s}, a_r=108.38\ \text{m/s}^2$

10. $v_C=0.173\ \text{m/s}, a_C=0.05\ \text{m/s}^2$　　11. $\omega_{DE}=\frac{\sqrt{3}}{2}\omega, \alpha_{DE}=\frac{1}{2}\omega^2(\sqrt{3}-1)$

12. $v_r=\frac{4}{3}r\omega, v_a=v_{CD}=\frac{2}{3}r\omega$，$a_a=a_{CD}=\frac{10}{9}\sqrt{3}r\omega^2$

13. $v_r=0.052\ \text{m/s}, a_r=0.0053\ \text{m/s}^2, \omega=0.175\ \text{rad/s}, \alpha=0.035\ \text{rad/s}^2$

14. $v_A=(\sqrt{3}-1)v_0, a_A=\sqrt{2}(2-\sqrt{3})\frac{v_0^2}{r}$　　$\omega=\frac{1}{2}\sqrt{2}(\sqrt{3}-1)\frac{v_0}{r}, \alpha=(2-\sqrt{3})\frac{v_0^2}{r^2}$

15. $v=0.325\ \text{m/s}, a=0.657\ \text{m/s}^2$　　16. $\omega_2=1\ \text{rad/s}, \alpha_2=3.4\ \text{rad/s}^2, a_r=483\ \text{mm/s}^2$

17. $v_{AB}=\frac{2\sqrt{3}e\omega}{3}, a_{AB}=\frac{2e\omega^2}{9}$

第8章

1. $\omega_{AB}=\frac{\sqrt{3}r\omega}{3b}, \omega_1=\frac{2\sqrt{3}r\omega}{3d}$　　2. $x_C=r\cos\omega_0 t, y_C=r\sin\omega_0 t, \varphi=\omega_0 t$

3. $v_{BC}=v_B=2.51\ \text{m/s}$　　4. $\omega=\dfrac{v\sin^2\theta}{R\cos\theta}$　　5. $v_C=0.306\ \text{m/s}$

6. $\omega_B=\dfrac{\omega_0}{4}, v_D=\dfrac{l\omega_0}{4}$　　7. $v_C=0.18\ \text{m/s}$　　8. $\omega_{ABC}=1.07\ \text{rad/s}, v_C=0.254\ \text{m/s}$

9. $\omega_{DE}=0.5\ \text{rad/s}$　　10. $\omega_{OB}=2.5\ \text{rad/s}$（逆时针），$\omega_I=4\ \text{rad/s}$（逆时针）

11. $\omega_{BO_1}=0.2\ \text{rad/s}, \alpha_{BO_1}=0.462\ \text{rad/s}^2$

12. $v_C=\dfrac{3}{2}\omega_0 r$(方向向下)，$a_C=\dfrac{\sqrt{3}}{12}\omega_0^2 r$(方向向上)

13. $v_C=l\omega_O, a_C=2.08l\omega_O^2$

14. $a_n=2r\omega_O^2, a_t=r(\sqrt{3}\omega_O^2-2\alpha_O)$

15. $a_B^n=8\sqrt{2}\ \text{m/s}^2, a_B^t=-4\sqrt{2}\ \text{m/s}^2, \omega_{BC}=4\ \text{rad/s}, \alpha_{BC}=-8\ \text{rad/s}^2$（逆时针）

16. $\omega_B=3.62\ \text{rad/s}, \alpha_B=2.2\ \text{rad/s}^2$

17. $v_r=1.16l\omega_O, a_r=2.22l\omega_O^2$

18. $v_{BE}=3r\omega$

19. $v_C=0.1155\ \text{m/s}, a_C=0.667\ \text{m/s}^2$

20. $\omega_{O_1C}=6.186\ \text{rad/s}, \alpha_{O_1C}=78.17\ \text{rad/s}^2$

21. $v_A=13.71\ \text{cm/s}, a_A=20.4\ \text{cm/s}^2$

22. $\omega_{CD}=1.5\ \text{rad/s}, a_B=23.1\ \text{cm/s}^2$

第9章

1. $a_A=1.2\ \text{m/s}^2, a_B=0.8\ \text{m/s}^2$　　2. $N_A=169.7\ \text{N}$

3. (a) $F_N=19\ \text{kN}$; (b) $F_N=20.2\ \text{kN}$　　4. $\cos\alpha=\sqrt{\left(\dfrac{v^2}{2gl}\right)^2+1}-\dfrac{v^2}{2gl}$

5. $t=2\ \text{s}$　　6. $a=5.067\ \text{m/s}^2$　　7. $F=34.75\ \text{kN}$　　8. $F_{max}=740\ \text{N}, F_{min}=436\ \text{N}$

9. $\alpha=12.3°$　　10. $\Delta s=2.22\ \text{m}$　　11. $t=2.02\ \text{s}, s=6.94\ \text{m}$

12. $\varphi=0, F=2\,368\ \text{N}; \varphi=90°, F=0$　　13. $f\geqslant\dfrac{a\cos\alpha}{a\sin\alpha+g}$

第10章

1. (1) $p=mv_0$; (2) $p=ma\omega$（方向与C点速度方向相同）;
   (3) $p=0$; (4) $p=ml\omega/2$（方向与C点速度方向相同）

2. $F=1\,068\ \text{N}$

3. 向左移动0.266 m

4. $I_x=200.2\ \text{N}\cdot\text{s}(\rightarrow), I_y=246.7\ \text{N}\cdot\text{s}(\downarrow)$

5. $H=\dfrac{1}{2}gt_1t_2\dfrac{2t_2+t_1}{t_2+2t_1}$

6. $v=1.29\ \text{m/s}$

7. $F_{Ox}=0, F_{Oy}=F_{P1}+F_{P2}+Q-\dfrac{(F_{P1}r_1-F_{P2}r_2)^2}{Q\rho^2+F_{P1}r_1^2+F_{P2}r_2^2}$

8. $F_{OR}=\sqrt{17}mg/3$

9. $F_{Ox}=m_3\dfrac{R}{r}a\cos\theta+m_3g\cos\theta\sin\theta$; $F_{Oy}=(m_1+m_2+m_3)g-m_3g\cos^2\theta+m_3\dfrac{R}{r}a\sin\theta-m_2a$

10. $\ddot{x}+\dfrac{k}{m+m_1}x=\dfrac{m_1l\omega^2}{m+m_1}\sin\varphi$

11. $\Delta x_B = \dfrac{F_{P1} l}{F_{P1} + F_{P2}}, v_B = \dfrac{F_{P1}}{F_{P2}}\sqrt{\dfrac{2Qlg}{F_{P1} + F_{P2}}}$

12. (1) $x_C = \dfrac{m_3 l}{2(m_1 + m_2 + m_3)} + \dfrac{m_1 + 2m_2 + 2m_3}{2(m_1 + m_2 + m_3)} l\cos\omega t$；$y_C = \dfrac{m_1 + 2m_2}{2(m_1 + m_2 + m_3)} l\sin\omega t$

(2) $F_{x\max} = \dfrac{1}{2}(m_1 + 2m_2 + 2m_3) l\omega^2$

13. $F_{Ox} = -m(l\omega^2\cos\varphi + l\alpha\sin\varphi), F_{Oy} = mg + m(l\omega^2\sin\varphi - l\alpha\cos\varphi)$

14. $F_{N\max} = 24$ kN

第11章

1. $L_x = 0, L_y = -\dfrac{ml^2}{3}\omega\sin\alpha\cos\alpha$，$L_z = \dfrac{1}{3}ml^2\omega\sin^2\alpha, L_O = \dfrac{1}{3}ml^2\omega\sin^2\alpha$

2. $\alpha = 2.846\ \text{rad/s}^2$

3. $M = 4\,700\ \text{N}\cdot\text{m}$

4. $\omega = \dfrac{-ml(1-\cos\varphi)}{1 + m(l^2 + r^2 + 2lr\cos\varphi)}$

5. $F_P = 69.38$ N

6. $M = 216\ \text{N}\cdot\text{m}$

7. $\omega = \sqrt{\dfrac{F_P + 2Q}{F_P + 3Q}\cdot\dfrac{3g}{l}\sin\varphi}, \alpha = \dfrac{F_P + 2Q}{F_P + 3Q}\cdot\dfrac{3g}{2l}\cos\varphi$

8. $F_{N1} = 13.6$ N, $F_{N2} = 41.9$ N, $\alpha = 20\ \text{rad/s}^2$

9. $\alpha = \dfrac{m_1 r_1 - m_2 r_2}{m_1 r_1^2 + m_2 r_2^2} g$

10. $t = \dfrac{J}{k}\ln 2, n = \dfrac{J\omega_0}{4\pi k}$

11. $t = \dfrac{\omega r_1}{2fg\left(1 + \dfrac{m_1}{m_2}\right)}$

12. $F_{Ox} = 0, F_{Oy} = 449$ N

13. (1) $a_C = \dfrac{2g\sin\theta}{3}$；(2) $f_{s\min} = \dfrac{1}{3}\tan\theta$

14. $v = \dfrac{2}{3}\sqrt{3gh}, F_T = \dfrac{1}{3}mg$

15. $\alpha_{AB} = \dfrac{6}{7}\dfrac{Fg}{Wl}$，顺时针；$\alpha_{BC} = \dfrac{30}{7}\dfrac{Fg}{Wl}$，逆时针

16. $a_A = \dfrac{m_1 g(R+r)^2}{m_1(R+r)^2 + m_2(\rho^2 + R^2)}$

17. $\omega_B = \dfrac{J}{J + mR^2}\omega, v_B = \sqrt{\dfrac{2mgR - J\omega^2\left[\left(\dfrac{J}{J+mR^2}\right)^2 - 1\right]}{m}}, \omega_C = \omega, v_C = 2\sqrt{Rg}$

18. (1) $a_C = \dfrac{Mr}{m(\rho_C^2 + r^2)}$；(2) $F_N = mg$；(3) $M \leqslant \dfrac{3f_s mgr}{2}$

19. (1) $a_C = 6.92\ \text{m/s}^2(\downarrow), F_{TA} = 11.52$ N；(2) $a_C = 4.9\ \text{m/s}^2(\downarrow), F_{TA} = 19.6$ N

20. $a_{Cx} = \dfrac{l^2\sin\theta\cos\theta}{l^2 + 12d^2} g, a_{Cy} = -\dfrac{12d^2 + l^2\cos^2\theta}{l^2 + 12d^2} g, F_D = \dfrac{mgl^2\sin\theta}{l^2 + 12d^2}$

第12章

1. $x = 70.9$ m，沉到底　2. $v = 25.54$ m/s　3. $v_C = \sqrt{2(1.427kr^2 + mgr)/m}$

4. $\varphi=\arccos(1-2\cos\theta)$　5. $v=10.55\ \text{m/s}$　6. $v_B=1.93\ \text{m/s}$　7. $v_B=4.899\ \text{m/s}$

8. $T=\dfrac{ml^2\omega^2\sin^2\theta}{6}$　9. $T=\dfrac{1}{2}m_1v^2+\dfrac{1}{2}m_2(v^2+u^2+\sqrt{3}vu)$

10. $W=\dfrac{4\pi}{3}(6\pi a+16\pi^2b-3f_d mgr)$

11. (1) $F_{max}=k(\delta+\delta_0)=(2m_b+m_A)g=98\ \text{N}$;(2) $v_{max}=0.8\ \text{m/s}$

12. $v=\sqrt{2gs\dfrac{M/R-F_P}{F_P+\dfrac{Q\rho^2}{R^2}}}$, $a=\dfrac{M/R-F_P}{F_P+\dfrac{Q\rho^2}{R^2}}g$　13. $v=\sqrt{g(l^2-a^2)/l}$　14. $v_A=9.80\ \text{m/s}$

15. $a=\dfrac{F_P(R+r)^2g}{Q(\rho^2+R^2)+F_P(R+r)^2}$　16. $a_A=\dfrac{3m_1g}{4m_1+9m_2}$　17. $P_{max}=6.75\ \text{kW}$

18. $36.7\ \text{m}^3/\text{h}$　19. 25 h 31 min 15 s　20. $P=2160t^5-120t^3+2960t$　21. $P=32.2\ \text{kW}$

22. $\omega=5.72\ \text{rad/s}$; $F_{Ax}=0$, $F_{Ay}=36.75\ \text{N}$

23. $\omega=\dfrac{2}{R+r}\sqrt{\dfrac{3M\varphi}{9m_1+3m_2}}$, $\alpha=\dfrac{6M}{(9m_1+2m_2)(R+r)^2}$

24. $\omega=\sqrt{\dfrac{6M\varphi}{(m_1+3m_2\sin^2\varphi)l^2}}$, $\alpha=3M\dfrac{m_1+3m_2\sin^2\varphi-3m_2\varphi\sin2\varphi}{(m_1+3m_2\sin^2\varphi)^2l^2}$, $F=\dfrac{3M-m_1l^2\alpha}{3l\sin\varphi}$

25. $a_B=\dfrac{m_1g\sin2\theta}{2(m_2+m_1\sin^2\theta)}$

26. $F_x=\dfrac{m_1\sin\theta-m_2}{m_1+m_2}m_1g\cos\theta$

27. $F=9.8\ \text{N}$

28. $\omega=1.359\sqrt{\dfrac{g}{l}}$, $\alpha=0.861\dfrac{g}{l}$, $F_N=0.166G$

第13章

1. $a=\dfrac{2}{3}g\sin\alpha$　2. $a=\dfrac{2}{3}g$, $F_T=\dfrac{W}{3}$

3. (1) $a_C=\dfrac{2Pg}{2P+3Q}$;(2) $F_S=\dfrac{PQ}{2P+3Q}$

4. $a_C=\dfrac{2F\cos\alpha}{3P}g$, $F_N=P-F\sin\alpha$, $F_S=\dfrac{1}{3}F\cos\alpha$

5. $\omega^2=3g\dfrac{b^2\cos\varphi-a^2\sin\varphi}{(b^3-a^3)\sin^2\varphi}$

6. $F_{AD}=44.5\ \text{N}$, $F_{BE}=54\ \text{N}$

7. $(J+mr^2\sin^2\varphi)\ddot{\varphi}+mr^2\dot{\varphi}^2\cos\varphi\sin\varphi=M$

8. $M=\dfrac{\sqrt{3}}{4}(m_1+2m_2)gr-\dfrac{\sqrt{3}}{4}m_2r^2\omega^2$, $F_{Ox}=-\dfrac{\sqrt{3}}{4}m_1r\omega^2$, $F_{Oy}=(m_1+m_2)g-(m_1+m_2)\dfrac{1}{4}r\omega^2$

9. $\beta=0^\circ$ 时, $F_{Ax}=-2\,604\ \text{N}$, $F_{Bx}=1\,656\ \text{N}$, $F_{Ay}=F_{By}=19.62\ \text{N}$

$\beta=180^\circ$ 时, $F_{Ax}=1\,340\ \text{N}$, $F_{Bx}=-710\ \text{N}$, $F_{Ay}=F_{By}=19.62\ \text{N}$

10. $F_{Ax}=-3mr^2\omega_0^2$, $F_{Ay}=mgr$, $F_{Bx}=\dfrac{1}{2}mr^2\omega_0^2$, $F_{By}=mgr$

11. $a_{Cx}=0$, $a_{Cy}=\dfrac{12}{17}g$, $F=\dfrac{5}{17}mg$

12. $\alpha_1=\dfrac{9}{7l}g$, $\alpha_2=-\dfrac{3}{7l}g$, $F_{Ox}=0$, $F_{Oy}=\dfrac{2}{7}mg$

第14章

1. $F_N = \frac{F}{2}\tan\theta$　2. $F_N = \frac{\pi M}{P}\cot\varphi$　3. $\tan\theta = \arctan\frac{E}{G}$　4. $M = Fa\tan 2\theta$

5. $\frac{F_2}{F_1} = \frac{\cos\varphi\cos\theta}{\sin(\varphi - \theta)}$　6. $\frac{F_2}{F_1} = 5$　7. $F_2 = \frac{b}{l\cos^2\varphi}F_1$　8. $F = 346\ \text{N}$　9. $M_1 = 2M_2$

10. $F_{RB} = 4\ \text{kN}$　11. $M_A = 7\ \text{kN}\cdot\text{m}, F_{Ay} = 10\ \text{kN}, F_{Ax} = 0$

12. $F_{N1} = -43.66\ \text{kN}, F_{N2} = 21.83\ \text{kN}$　13. $F_A = \frac{3}{8}F_1 - \frac{11}{14}F_2$

14. (1) $F_{RA} = -2.5\ \text{kN}, F_{NB} = 15\ \text{kN}, F_{NE} = 2.5\ \text{kN}$; (2) $M_A = 15\ \text{kN}\cdot\text{m}, F_{RA} = 8\ \text{kN}, F_{NC} = 8\ \text{kN}$

15. $a_A = \frac{M + (F_{P2} - F_{P1})r}{(F_{P1} + F_{P2} + F_{P3})r}g$　16. $\omega^2 = \frac{F_{P1} + F_{P2} + 2kl(1 - \cos\alpha)}{F_{P1}(a + l\sin\alpha)}g\tan\alpha$

参 考 文 献

[1] 哈尔滨工业大学理论力学教研室. 理论力学[M]. 7 版. 北京:高等教育出版社,2009.
[2] 朱炳麒. 理论力学[M]. 北京:机械工业出版社,2005.
[3] 贾启芬,刘习军. 理论力学[M]. 北京:机械工业出版社,2005.
[4] 范钦珊. 工程力学[M]. 北京:机械工业出版社,2007.
[5] 李俊峰,周克民. 理论力学[M]. 北京:清华大学出版社,2003.
[6] 王铎. 理论力学习题集(第六版)[M]. 北京:人民教育出版社,2015.
[7] 和兴锁. 理论力学(1)[M]. 北京:科学出版社,2005.
[8] 蔡泰信,和兴锁. 理论力学解题方法和技巧[M]. 北京:科学出版社,2005.
[9] 王崇革,付彦坤,戴葆青. 理论力学教程[M]. 北京:北京航空航天大学出版社,2004.
[10] 西北工业大学网络教育学院. 理论力学作业集[M]. 西安:西北工业大学出版社,2005.
[11] 重庆建筑大学. 理论力学[M]. 北京:高等教育出版社,1999.
[12] 陈长征,罗跃纲,邹进和,等. 理论力学[M]. 北京:科学出版社,2004.
[13] 谢传锋. 理论力学[M]. 北京:中央广播电视大学出版社,1987.
[14] 韦林,周松鹤,唐晓弟. 理论力学[M]. 上海:同济大学出版社,2007.
[15] 陈平. 理论力学辅导及习题精解[M]. 西安:陕西师范大学出版社,2006.
[16] 李银山. Maple 理论力学[M]. 北京:机械工业出版社,2006.
[17] 哈尔滨工业大学理论力学教研室. 理论力学[M]. 6 版. 北京:高等教育出版社,2002.
[18] 哈尔滨工业大学理论力学教研室,理论力学思考题集[M]. 北京:高等教育出版社,2004.
[19] 李冬华. 理论力学同步辅导[M]. 哈尔滨:哈尔滨工业大学出版社,2003.
[20] 贾书惠. 理论力学教程[M]. 北京:清华大学出版社,2004.
[21] 邵兴,梁醒培,王辉,等. 理论力学[M]. 北京:清华大学出版社,2009.
[22] 彭慧莲,马晓燕,傅晋. 理论力学(1)全程导学及习题全解(哈工大第六版)[M]. 北京:中国时代经济出版社,2007.
[23] 王永廉,唐国兴,王晓军. 理论力学学习指导与题解[M]. 北京:机械工业出版社,2010.
[24] 蔡泰信,和兴锁. 理论力学辅导讲案[M]. 西安:西北工业大学出版社,2008.
[25] 胡仰馨. 理论力学[M]. 北京:高等教育出版社,1994.